# RESISTÊNCIA DE PLANTAS A INSETOS

## FUNDAMENTOS E APLICAÇÕES

# RESISTÊNCIA DE PLANTAS A INSETOS

## FUNDAMENTOS E APLICAÇÕES

**EDITORES**

**Edson Luiz Lopes Baldin**

**José Djair Vendramim**

**André Luiz Lourenção**

FEALQ

Av. Centenário, 1080
13416-000 Piracicaba, SP, Brasil

Fone: 19-3417-6609

livros@fealq.org.br
fealq.org.br

Dados Internacionais de Catalogação na Publicação
DIVISÃO DE BIBLIOTECA - Esalq/USP

Baldin, Edson Luiz Lopes
Resistência de plantas a insetos: fundamentos e aplicações / Edson Luiz Lopes Baldin, José Djair Vendramim e André Luiz Lourenção. - - Piracicaba: FEALQ, 2019.
493 p. : il.
Bibliografia.

1. Resistência genética vegetal 2. Insetos nocivos 3. Plantas cultivadas I. Vendramim. J. D. II. Lourenção, A. L. III. Título

CDD 632.7
B177r

Elaborada por Maria Cristina Moura Rocha de Andrade - CRB-8/3576

ISBN 978-85-7133-089-4

Ao Professor Doutor Fernando Mesquita Lara, que muito contribuiu para a formação de pesquisadores na área de resistência de plantas a insetos e foi o principal difusor dos estudos nessa linha no Brasil.

Ao Doutor Carlos Jorge Rossetto, precursor dos estudos de resistência de plantas a insetos no país.

# SUMÁRIO


**EDITORES** ..... 15

**AUTORES** ..... 16

**PREFÁCIO** ..... 19

**1. INTRODUÇÃO** ..... 25

**EDSON LUIZ LOPES BALDIN, JOSÉ DJAIR VENDRAMIM, ANDRÉ LUIZ LOURENÇÃO**

1. CONSIDERAÇÕES GERAIS ..... 25

2. HISTÓRICO ..... 27

3. USO DE PLANTAS RESISTENTES A INSETOS ..... 30

3.1. No mundo ..... 30

3.2. No Brasil ..... 32

4. CONCEITOS ..... 37

4.1. Planta resistente ..... 37

4.2. Resistência múltipla ..... 40

4.3. Resistência horizontal e vertical ..... 41

4.4. Resistência intrínseca e extrínseca ..... 42

4.5. Graus de resistência ..... 42

4.6. Cultivar/variedade/genótipo ..... 43

4.7. Pseudorresistência ..... 45

4.7.1. Escape ..... 45

4.7.2. Evasão hospedeira ou assincronia fenológica ..... 46

4.7.3. Resistência induzida ..... 46

5. VANTAGENS E DESVANTAGENS DO USO DE PLANTAS RESISTENTES A INSETOS ..... 49

6. CATEGORIAS DE RESISTÊNCIA ..... 50

REFERÊNCIAS BIBLIOGRÁFICAS ..... 52

**2. INTERAÇÕES INSETO-PLANTA** ..... 65

**FLÁVIA AUGUSTA CLOCLET DA SILVA, ANTÔNIO RICARDO PANIZZI**

1. INTRODUÇÃO ..... 65

2. Cronologia dos estudos e das teorias sobre as interações inseto–planta ... 66

3. Interações entre plantas e insetos ... 71
3.1. Interações não antagônicas ... 71
3.2. Interações antagônicas ... 74
3.2.1. Insetos mastigadores de folhas ... 74
3.2.2. Insetos sugadores de seiva de sementes ... 75
3.2.3. Insetos broqueadores de sementes e grãos ... 76
3.2.4. Insetos rizófagos ... 77
3.2.5. Insetos galhadores ... 79
3.2.6. Insetos frugívoros ... 80
3.2.7. Insetos sugadores de seiva de folhas ... 81

4. Interações tróficas e o impacto dos nutrientes e dos aleloquímicos nos diferentes níveis tróficos ... 82
4.1. Impacto no segundo nível trófico (herbívoros) ... 83
4.2. Impacto no terceiro nível trófico (carnívoros) ... 84

5. Mecanismos de defesa das plantas contra insetos ... 85
5.1. Defesa direta e defesa indireta ... 85
5.2. Custos e benefícios da defesa ... 87

Referências bibliográficas ... 89

**3. O PAPEL DOS METABÓLITOS SECUNDÁRIOS NA RESISTÊNCIA DE PLANTAS A INSETOS** ... 99

**Clara Beatriz Hoffmann-Campo, José Perez da Graça**

1. Introdução ... 99

2. Metabólitos secundários de plantas ... 101
2.1. Terpenos ... 102
2.1.1. Terpenos e tricomas glandulares ... 105
2.1.2. Terpenos e compostos voláteis orgânicos ... 106
2.1.3. Monoterpenos ... 106
2.1.4. Sesquiterpenos ... 107
2.2. Compostos secundários nitrogenados ou derivados de aminoácidos ... 108
2.2.1. Glicosídeos cianogênicos ... 108
2.2.2. Glucosinolatos ... 110
2.2.3. Aminoácidos não proteicos ... 111
2.2.4. Alcaloides ... 113
2.3. Compostos fenólicos ... 115
2.3.1. Ácidos fenólicos ... 115
2.3.2. Flavonoides ... 116
2.3.3. Isoflavonoides ... 121

3. Considerações finais ... 125
Referências bibliográficas ... 126

## 4. ANTIXENOSE ... 137

**Edson Luiz Lopes Baldin, Luiz Eduardo da Rocha Pannuti, José Paulo Franco Bentivenha**

1. Introdução ... 137
2. Estímulos envolvendo a seleção hospedeira ... 138
3. Sistema sensorial dos artrópodes envolvidos na seleção ... 140
 3.1. Olfato ... 140
 3.2. Visão ... 144
 3.3. Tato ou tigmorrecepção ... 147
 3.4. Gustação ... 147
4. Defesas físicas ... 148
5. Defesas morfológicas ... 149
 5.1 Fatores estruturais ... 149
  5.1.1. Dimensão das estruturas vegetais ... 149
  5.1.2. Disposição das estruturas vegetais ... 150
 5.2. Fatores da epiderme ... 152
  5.2.1. Pilosidade ... 152
  5.2.2. Cerosidade ... 159
  5.2.3. Espessura ... 161
  5.2.4. Dureza ... 161
  5.2.5. Textura ... 164
6. Defesas químicas ... 164
 6.1. Repelentes ... 165
 6.2. Deterrentes ... 167
Referências bibliográficas ... 170

## 5. ANTIBIOSE ... 185

**José Djair Vendramim, Élio Cesar Guzzo, Leandro do Prado Ribeiro**

1. Introdução: aspectos conceituais ... 185
2. Fatores antibióticos de plantas para artrópodes ... 188
 2.1. Fatores morfológicos ... 189
  2.1.1. Rigidez e espessamento da epiderme ... 190
  2.1.2. Cerosidade da epiderme ... 196
  2.1.3. Pilosidade da epiderme ... 198
 2.2. Fatores químicos ... 200
  2.2.1. Toxinas ... 201
  2.2.2. Lectinas ... 204

2.2.3. Inibidores enzimáticos ........ 210
EFERÊNCIAS BIBLIOGRÁFICAS ........ 214

**6. TOLERÂNCIA** ........ 225
**KYLE GENE KOCH, TERESA DONZE-REINER, THOMAS ELLIOTT HUNT, TIFFANY MARIE HENG-MOSS, EDSON LUIZ LOPES BALDIN**
1. INTRODUÇÃO ........ 225
2. EXPRESSÃO DE TOLERÂNCIA EM PLANTAS CULTIVADAS ........ 226
3. CARACTERIZAÇÃO DE TOLERÂNCIA ........ 233
3.1. Parâmetros de atividade fotossintética ........ 234
3.1.1. Teor de clorofila ........ 234
3.1.2. Trocas gasosas ........ 235
3.1.3. Fluorescência de clorofila ........ 236
3.2 Avaliação de altura e peso de plantas ........ 236
3.3. Mudança de peso proporcional (DWT) ........ 237
3.4. Índice de tolerância (TI) ........ 238
3.5. Avaliações visuais ........ 240
3.6. Índice funcional de perda na planta (FPLI) ........ 240
4. MECANISMOS DE TOLERÂNCIA ........ 242
5. CONCLUSÕES ........ 246
REFERÊNCIAS BIBLIOGRÁFICAS ........ 246

**7. TÉCNICAS PARA AVALIAÇÃO DE RESISTÊNCIA** ........ 255
**JOSÉ MAGID WAQUIL, JOÃO ROBERTO SPOTTI LOPES, JOSÉ FRANCISCO DA SILVA MARTINS, PAULO AFONSO VIANA, NATHALIE KRISTINE PRADO MALUTA**
1. INTRODUÇÃO ........ 255
2. TESTES PARA AVALIAÇÃO DE RESISTÊNCIA ........ 258
2.1. Teste de campo ........ 259
2.2. Teste de livre escolha ........ 260
2.3. Teste sem chance de escolha (confinamento) ........ 261
2.4. Teste de biologia ........ 262
2.5. Teste de produção ........ 262
3. AMBIENTES PARA AVALIAÇÃO DE RESISTÊNCIA ........ 263
3.1. Campo ........ 263
3.2. Gaiolas ........ 264
3.3. Telado ........ 264
3.4. Casa de vegetação ........ 265
3.5. Laboratório ........ 265

4. Populações de artrópodes 266
4.1. População de campo 267
4.2. População de laboratório 268
5. Métodos de infestação artificial 270
5.1. Campo 271
5.2. Casa de vegetação 272
5.3. Laboratório 273
5.4. Métodos de infestação 273
6. Prospecção de fontes de resistência 276
6.1. Coleção de cultivares 276
6.2. Coleção de trabalho 277
6.3. Coleção de fontes de resistência 278
6.4. Banco de germoplasma 278
7. Variáveis 282
7.1. Variáveis da planta 283
7.2. Variáveis do artrópode 290
8. Índices para avaliar a interação artrópode–planta 306
8.1. Índices nutricionais 306
8.2. Índice de desenvolvimento (ID) 307
8.3. Índice de suscetibilidade (IS) 307
8.4. Índice de adaptação (fitness) 311
Referências bibliográficas 313

**8. FATORES QUE AFETAM A EXPRESSÃO DA RESISTÊNCIA** 323

**Edson Luiz Lopes Baldin, José Paulo Franco Bentivenha**

1. Introdução 323
2. Fatores bióticos 324
2.1. Fatores relacionados às plantas 324
2.1.1. Idade do tecido 324
2.1.2. Altura 326
2.1.3. Diâmetro 328
2.1.4. Infestação anterior por outras pragas ou doenças 329
2.1.5. Parte infestada 331
2.1.6. Época de plantio e fenologia 332
2.1.7. Enxertia ou cruzamento 335
2.1.8. Densidade 336
2.1.9. Plantas adjacentes e cultivos anteriores 336
2.2. Fatores relacionados aos insetos 337
2.2.1. Idade 337

2.2.2. Condicionamento pré-imaginal 338
2.2.3. Nível e duração da infestação 340
2.2.4. Entomopatógenos, fitovírus, predação e parasitismo 343
2.2.5. Sexo 344
2.2.6. Período de atividade 344
2.2.7. Biótipo 344

3. Fatores abióticos 347
3.1. Condições atmosféricas 347
3.2. Temperatura 348
3.3. Fertilidade do solo 349
3.4. Umidade do solo 352
3.5. Agroquímicos 353
3.6. Tamanho das parcelas 353
3.7. Luz 355

4. Considerações finais 356

Referências bibliográficas 356

**9. INDUÇÃO DE RESISTÊNCIA A INSETOS** 365

**José Djair Vendramim, Leandro do Prado Ribeiro**

1. Introdução 365

2. Mecanismos bioquímicos e moleculares da resistência induzida 369

3. Indutores de resistência 373
3.1. Fatores abióticos 373
3.1.1. Fatores não controláveis pelo manejo agrícola 373
3.1.2. Fatores controláveis pelo manejo agrícola 375
3.2. Fatores bióticos 379
3.2.1. Insetos e ácaros 379
3.2.2. Microrganismos patogênicos 382
3.2.3. Microrganismos não patogênicos 382

4. Emprego de indutores de resistência: o estado da arte e as perspectivas 384

Referências bibliográficas 386

**10. PLANTAS GENETICAMENTE MODIFICADAS PARA RESISTÊNCIA A INSETOS** 391

**Ane Hackbart de Medeiros, José Magid Waquil, Simone Martins Mendes**

1. Introdução 391

2. Melhoramento genético clássico por cruzamento e seleção e melhoramento por engenharia genética 392

3. COMO PRODUZIR UMA PLANTA GENETICAMENTE MODIFICADA ..... 394
3.1. Breve histórico da tecnologia do DNA recombinante ..... 394
3.2. O processo de produção de plantas transgênicas ..... 395
4. USO DE GENES QUE EXPRESSAM CRISTAIS DE PROTEÍNA DE *Bacillus thuringiensis* (*Bt*) NA PRODUÇÃO DE PLANTAS RESISTENTES A INSETOS ..... 397
4.1. Alternativas ao uso de proteínas Cry-3D ..... 398
4.1.1. Piramidamento de genes *cry* ..... 398
4.1.2. Modificações das proteínas Cry ..... 399
4.1.3. Proteínas inseticidas vegetativas (Vip – vegetative insecticidal proteins) ..... 400
5. ALTERNATIVAS AOS GENES *cry* PARA TRANSFORMAÇÃO DE PLANTAS VISANDO RESISTÊNCIA A INSETOS ..... 400
5.1. Inibidores de proteases ..... 401
5.2. Inibidores de alfa-amilases ..... 402
5.3. Lectinas ..... 402
5.4. Polifenoloxidases ..... 403
5.5. Quitinases ..... 403
5.6. Uso de promotores induzidos por insetos e promotores tecido-específicos ..... 404
5.7. Transformação do genoma dos plastídeos ..... 404
6. BIOSSEGURANÇA DE ORGANISMOS GENETICAMENTE MODIFICADOS ..... 405
6.1. A Lei de Biossegurança no Brasil e a CTNBio ..... 406
6.2. Elaboração de análise de risco ..... 407
6.3. Identificação das espécies mais expostas ..... 408
6.4. Estudos com grupos e organismos selecionados ..... 409
6.5. Efeitos das plantas geneticamente modificadas para resistência a insetos sobre inimigos naturais ..... 410
6.6. Fluxo gênico ..... 411
6.7. Coexistência de plantas transgênicas e não transgênicas no mesmo ambiente ..... 411
6.8. Aspectos da biossegurança relativos ao solo ..... 412
7. MANEJO DAS PLANTAS GENETICAMENTE MODIFICADAS PARA RESISTÊNCIA A INSETOS CONFERIDA PELOS GENES *cry* ..... 413
7.1. Caracterização da resistência na população de insetos ..... 415
7.2. Aumento da frequência de indivíduos resistentes na população de insetos ..... 416
7.3. Fatores genéticos relacionados ao inseto-alvo ..... 417
7.4. Fatores bioecológicos relacionados ao inseto-alvo ..... 418
7.5. Estratégias para o manejo da resistência ..... 419
7.5.1. Área de refúgio ..... 420
7.5.2. Monitoramento de biótipos resistentes ..... 423
REFERÊNCIAS BIBLIOGRÁFICAS ..... 424

**11. A RESISTÊNCIA DE PLANTAS E O MANEJO DE PRAGAS** ..... 435
**José Djair Vendramim, Enrique Ariel Castiglioni Rosales**
1. Introdução ..... 435
2. Resistência de plantas como método único de controle ..... 436
3. Resistência de plantas em associação com outros métodos de controle de pragas ..... 442
3.1. Considerações gerais ..... 442
3.2. Resistência de plantas e controle cultural ..... 443
3.3. Resistência de plantas e controle biológico ..... 448
3.4. Resistência de plantas e controle químico ..... 457
Referências bibliográficas ..... 465

**Índice Remissivo** ..... 473

# EDITORES

## Edson Luiz Lopes Baldin

**Engenheiro agrônomo**

Doutor em Ciências (Entomologia) pela Faculdade de Filosofia, Ciências e Letras, USP, Ribeirão Preto, SP. Professor Associado, Departamento de Proteção Vegetal, Faculdade de Ciências Agronômicas, Unesp, Botucatu, SP. E-mail: elbaldin@fca.unesp.br

## José Djair Vendramim

**Engenheiro agrônomo**

Doutor em Agronomia (Entomologia) pela Escola Superior de Agricultura "Luiz de Queiroz", Esalq, USP, Piracicaba, SP. Professor titular, Departamento de Entomologia e Acarologia, Escola Superior de Agricultura "Luiz de Queiroz", Esalq, USP, Piracicaba, SP. E-mail: jdvendra@usp.br

## André Luiz Lourenção

**Engenheiro agrônomo**

Doutor em Ciências (Entomologia) pela Escola Superior de Agricultura "Luiz de Queiroz", Esalq, USP, Piracicaba, SP. Pesquisador Científico, Instituto Agronômico (IAC), Campinas, SP. E-mail: andre@iac.sp.gov.br

# AUTORES


## André Luiz Lourenção

Doutor em Ciências (Entomologia) pela Escola Superior de Agricultura "Luiz de Queiroz", Esalq, USP, Piracicaba, SP. Pesquisador científico, Instituto Agronômico (IAC), Campinas, SP.
E-mail: andre@iac.sp.gov.br

## Ane Hackbart de Medeiros

Doutora em Agronomia (Genética e Melhoramento de Plantas) pela Escola Superior de Agricultura "Luiz de Queiroz", Esalq, USP, Piracicaba, SP. Professora adjunta, Universidade Federal de São Carlos, UFSCar, Araras, SP.
E-mail: anehm@cca.ufscar.br

## Antônio Ricardo Panizzi

Doutor em Entomologia pela Universidade da Flórida, EUA. Pesquisador, Empresa Brasileira de Pesquisa Agropecuária, Embrapa Trigo, Passo Fundo, RS.
E-mail: antonio.panizzi@embrapa.br

## Clara Beatriz Hoffmann-Campo

Doutora em Botânica pela Universidade de Reading, Reino Unido. Pesquisadora, Empresa Brasileira de Pesquisa Agropecuária, Embrapa Soja, Londrina, PR.
E-mail: cbhcampo@gmail.com

## Edson Luiz Lopes Baldin

Doutor em Ciências (Entomologia) pela Faculdade de Filosofia, Ciências e Letras, USP, Ribeirão Preto, SP. Professor Associado, Departamento de Proteção Vegetal, Faculdade de Ciências Agronômicas, Unesp, Botucatu, SP.
E-mail: elbaldin@fca.unesp.br

## Élio Cesar Guzzo

Doutor em Ciências (Entomologia) pela Escola Superior de Agricultura "Luiz de Queiroz", Esalq, USP, Piracicaba, SP. Pesquisador, Empresa Brasileira de Pesquisa Agropecuária, Embrapa Tabuleiros Costeiros, Aracaju, SE.
E-mail: elio.guzzo@embrapa.br

## Enrique Ariel Castiglioni Rosales

Doutor em Ciências (Entomologia) pela Escola Superior de Agricultura "Luiz de Queiroz", Esalq, USP, Piracicaba, SP. Professor titular, Centro Universitário Regional Este, Universidade de la República, Udelar, Maldonado, Rocha, Uruguai.
E-mail: bbcastbb@gmail.com

### Flávia Augusta Cloclet da Silva

Doutora em Ciências Biológicas (Entomologia) pela Universidade Federal do Paraná, UFPR, Londrina, PR. Professora titular, Universidade Norte do Paraná, Unopar, Londrina, PR.
E-mail: cloclet@hotmail.com

### João Roberto Spotti Lopes

Doutor em Entomologia pela Universidade Estadual de Ohio, OSU, Wooster, OH, EUA. Professor titular, Departamento de Entomologia e Acarologia, Escola Superior de Agricultura "Luiz de Queiroz", Esalq, USP, Piracicaba, SP.
E-mail: jrslopes@usp.br

### José Djair Vendramim

Doutor em Agronomia (Entomologia) pela Escola Superior de Agricultura "Luiz de Queiroz", Esalq, USP, Piracicaba, SP. Professor titular, Departamento de Entomologia e Acarologia, Escola Superior de Agricultura "Luiz de Queiroz", Esalq, USP, Piracicaba, SP.
E-mail: jdvendra@usp.br

### José Francisco da Silva Martins

Doutor em Agronomia (Entomologia) pela Escola Superior de Agricultura "Luiz de Queiroz", Esalq, USP, Piracicaba, SP. Pesquisador, Empresa Brasileira de Pesquisa Agropecuária, Embrapa Clima Temperado, Pelotas, RS.
E-mail: jose.martins@embrapa.br

### José Magid Waquil

Doutor em Filosofia (Entomologia) pela Universidade do Texas A&M, EUA.
Consultor, Sete Lagoas, MG.
E-mail: jmwaquil@gmail.com

### José Paulo Franco Bentivenha

Doutor em Agronomia (Proteção de Plantas) pela Faculdade de Ciências Agronômicas, Unesp, Botucatu, SP. Professor, Faculdade de Ensino Superior e Formação Integral, FAEF, Garça, SP.
E-mail: jpbentivenha@gmail.com

### José Perez da Graça

Doutor em Agronomia (Genética e Melhoramento de Plantas) pela Faculdade de Ciências Agrárias e Veterinárias, Unesp, Jaboticabal, SP. Pós-doutorando, Empresa Brasileira de Pesquisa Agropecuária, Embrapa Soja, Londrina, PR.
E-mail: perezparr@yahoo.com.br

### Kyle Gene Koch

Mestre em Ciências (Entomologia) pela Universidade de Nebraska, Lincoln, NE, EUA. Doutorando em Ciências (Entomologia), Universidade de Nebraska, Lincoln, NE, EUA.
E-mail: kylegkoch@gmail.com

### Leandro do Prado Ribeiro

Doutor em Ciências (Entomologia) pela Escola Superior de Agricultura "Luiz de Queiroz", Esalq, USP, Piracicaba, SP. Pesquisador, Empresa de Pesquisa Agropecuária e Extensão Rural de Santa Catarina, Epagri, Chapecó, SC.
E-mail: leandroribeiro@epagri.sc.gov.br

## LUIZ EDUARDO DA ROCHA PANNUTI

Doutor em Agronomia (Proteção de Plantas) pela Faculdade de Ciências Agronômicas, Unesp, Botucatu, SP. Coordenador de Entomologia e Planejamento da SLC Agrícola, Porto Alegre, RS.
E-mail: Luiz.Pannuti@slcagricola.com.br

## NATHALIE KRISTINE PRADO MALUTA

Doutora em Ciências (Entomologia) pela Escola Superior de Agricultura "Luiz de Queiroz", Esalq, USP, Piracicaba, SP. Pós-doutoranda no Instituto Agronômico (IAC), Campinas, SP.
E-mail: nathaliemaluta@usp.br

## PAULO AFONSO VIANA

Doutor em Entomologia pela Universidade de Purdue, EUA. Pesquisador, Empresa Brasileira de Pesquisa Agropecuária, Embrapa Milho e Sorgo, Sete Lagoas, MG.
E-mail: paulo.viana@embrapa.br

## SIMONE MARTINS MENDES

Doutora em Agronomia (Entomologia) pela Universidade Federal de Lavras, Ufla, Lavras, MG. Pesquisadora, Empresa Brasileira de Pesquisa Agropecuária, Embrapa Milho e Sorgo, Sete Lagoas, MG.
E-mail: simone.mendes@embrapa.br

## TERESA DONZE-REINER

Doutora em Filosofia (Entomologia) pela Universidade de Nebraska, Lincoln, NE, EUA. Professora assistente na West Chester University, Pensilvânia, EUA.
E-mail: tdonze@wcupa.edu

## THOMAS ELLIOTT HUNT

Doutor em Filosofia (Entomologia) pela Universidade de Nebraska, UNL, Lincoln, NE, EUA. Professor de Entomologia e extensionista na Estação de Haskel, Universidade de Nebraska, UNL, Concord, NE, EUA.
E-mail: thunt2@unl.edu

## TIFFANY MARIE HENG-MOSS

Doutora em Filosofia (Entomologia) pela Universidade de Nebraska, UNL, Lincoln, NE, EUA. Professora e diretora associada na Faculdade de Ciências Agronômicas e Recursos Naturais da Universidade de Nebraska, Lincoln, NE, EUA.
E-mail: thengmoss2@unl.edu

# PREFÁCIO

Seres humanos começaram a interferir com a evolução das plantas desde os primórdios da agricultura, dez a doze mil anos atrás. Essa interferência cresceu exponencialmente com os avanços da ciência e da tecnologia agrícolas e se reflete: na domesticação de plantas de valor alimentício, medicinal ou ornamental, assim como de plantas florestais de valor industrial; na criação de uma nova classe de plantas, as ervas daninhas; e na destruição da vegetação natural para abrir espaço para culturas agrícolas e o pastoreio de animais domésticos. Plantas domesticadas mostram resultados tanto intencionais como acidentais das ações humanas.

A seleção não intencional de plantas resistentes contra ataques de herbívoros e doenças foliares provavelmente ocorreu cedo na evolução da agricultura. Vestígios de depósitos de refugos de comida associados com remanescentes de habitações humanas primitivas formam a base para uma das hipóteses da origem da agricultura. Sementes de plantas mais agressivas brotavam nesses depósitos. Com o tempo, essas plantas passaram a ser colhidas e cultivadas. Das possíveis centenas de espécies que colonizavam os depósitos, somente algumas poucas começaram a ser domesticadas. Esses ancestrais de nossas plantas cultivadas certamente sofriam pressões ambientais consideráveis, inclusive ataques de insetos e outros animais herbívoros que competiam com os humanos pela colheita dos grãos. Nessas condições, somente as plantas menos suscetíveis sobreviviam para produzir sementes viáveis para a próxima safra. Essa seleção natural talvez tenha continuado até que algum "melhorista ancestral" começou a interferir ativamente nesse processo, favorecendo plantas que produziam mais e maiores grãos ou frutos mais saborosos. Nessas alturas, a resistência natural das plantas foi inadvertidamente reprimida em favor de outras qualidades mais desejáveis. Embora ainda exista controvérsia sobre as hipóteses da origem da agricultura, é geralmente aceito que a domesticação resultou da incapacidade da maioria das plantas cultivadas de sobreviver por muito tempo sem a proteção humana.

O esforço para melhorar propriedades organolépticas das plantas cultivadas resulta, com frequência, na redução de fatores que, coincidentemente, protegem-nas da herbivoria. Um exemplo recente ocorreu com a expansão do cultivo da mandioca na África. Reservas de amido em raízes de plantas primitivas de mandioca são protegidas contra herbívoros por uma alta concentração de glucosídeos cianogenéticos. Essa "mandioca brava" (amarga) podia crescer, sem sofrer grandes danos, em regiões com populações abundantes de porcos selvagens, babuínos, porcos-espinhos e, possivelmente, também gafanhotos. As mandiocas "doces", que substituíram a mandioca brava, têm baixo teor de glucosídeos e são mais seguras para o consumo humano, mas também são altamente suscetíveis a ataques de muitas pragas nativas e exóticas

Décadas de atividades de melhoramento resultaram na uniformidade genética extrema de muitas plantas cultivadas, tornando-as altamente vulneráveis a pragas e doenças e também aos impactos de fatores abióticos. Numa época em que métodos de combate a pragas eram restritos e pouco eficientes, agricultores e biólogos de campo ficavam atentos a qualquer manifestação de resistência em plantas cultivadas. Assim, em meados do século XIX, na Inglaterra, foi observada resistência em cultivar de maçã contra o pulgão-lanígero e, nos Estados Unidos, resistência em trigo contra a mosca-de-hesse. Em fins desse século, a filoxera-da-uva, espécie norte-americana, invasora de vinhedos europeus, foi totalmente controlada com porta-enxertos de raízes de videira resistente importados dos Estados Unidos. O Capítulo 1, que introduz este livro, de autoria dos três editores, oferece um excelente resumo histórico da pesquisa e da aplicação da resistência no controle de insetos-praga.

Um dos primeiros trabalhos de revisão de estudos de resistência até a década de 1940 é o de R.O. Snelling: RESISTANCE OF PLANTS TO INSECT ATTACKS (Botanical Review, 1941). Merecidamente, no entanto, Reginald H. Painter (1901-1968) é considerado o pioneiro nos estudos de resistência nos Estados Unidos. Painter estabeleceu o primeiro curso sobre resistência a insetos na Universidade do Estado de Kansas (Kansas State University) e, em 1951, publicou o primeiro livro inteiramente dedicado à resistência, INSECT RESISTANCE IN CROP PLANTS (1951), no qual estabeleceu os critérios para definição das categorias de resistência: antixenose ("não preferência", na designação original de Painter): resistência que interfere no comportamento dos insetos na seleção de hospedeiro (Capítulo 4 deste volume); antibiose: resistência que interfere nos processos fisiológicos dos insetos (Capítulo 5); e tolerância: resistência que se expressa em plantas que, embora atacadas, não sofrem perda de produção ou qualidade do produto (Capítulo 6). Painter também definiu a metodologia para a seleção e o desenvolvimento de variedades resistentes (Capítulo 7) e critérios para identificar biótipos de pragas virulentos contra plantas resistentes (Capítulo 8). Os capítulos mencionados neste parágrafo oferecem ampla atualização desses tópicos da teoria e da prática da resistência a plantas a partir dos trabalhos de Painter, seus colaboradores e alunos.

Os anos de 1920 a 1990 podem ser considerados a idade de ouro da pesquisa e do ensino da resistência de plantas contra artrópodes (resistência clássica). Essa "fase áurea" engloba os quatro períodos definidos no Capítulo 1 deste livro, inclusive um hiato significante durante as décadas de 1940-1950, quando o apoio à pesquisa de resistência em plantas agrícolas, bem como a todos os outros métodos não químicos de controle de pragas de insetos, foram relegados a um segundo plano, frente à ênfase nos recém-descobertos inseticidas organossintéticos (período 2, Capítulo 1).

O uso excessivo dos produtos organossintéticos, com as consequentes falhas de controle, devido à seleção de genes de resistência aos inseticidas, o surto de pragas secundárias em decorrência da destruição dos seus inimigos naturais e impactos ecológicos generalizados reavivaram o interesse nos métodos preventivos do controle de pragas, inclusive a resistência das plantas. As pressões econômicas, ecológicas e sociais, combinadas, inspiraram cientistas agrícolas a formular os princípios de uma abordagem holística do controle de pragas: o manejo integrado de pragas (MIP). A resistência das plantas e o controle biológico foram realçados como duas das táticas fundamentais em programas de manejo integrado.

Além do advento do manejo integrado de pragas, a investigação sobre a resistência das plantas a insetos e patógenos ganhou ímpeto após 1959, quando o Instituto Internacional de Pesquisa do Arroz (International Rice Research Institute – IRRI) foi estabelecido em Los Baños, Filipinas. Esse foi o primeiro de dezenove centros internacionais estabelecidos sob a égide das Nações Unidas (FAO – Consultative Group on International Agricultural Research – CGIAR) dedicados a promover a produção agrícola em países em desenvolvimento, na África, na Ásia, e na América Latina. A ênfase nesses centros era aumentar a produtividade por meio da criação de variedades de alto rendimento (*high yielding varieties* – HYV) adaptadas às condições ecológicas e econômico-sociais dos países em desenvolvimento. O sucesso espetacular alcançado com variedades de alto rendimento de trigo e mais tarde de arroz passou a ser conhecido como a revolução verde. Norman Borlaug (1914-2009), principal mentor dessa revolução, foi o primeiro agrônomo a receber o Prêmio Nobel.

No entanto, os produtos da revolução verde colidiram com os objetivos dos programas de resistência a insetos e doenças, pois muitas das variedades de alto rendimento eram altamente suscetíveis. Assim, paralelamente aos programas visando o aumento de produtividade, foram intensificados esforços para identificar fontes de resistência a insetos e patógenos. No Capítulo 7 deste livro é apresentada excelente revisão das técnicas usadas para identificação de linhagens resistentes, com potencial de uso nos programas de melhoramento genético. Coleções de germoplasmas de arroz, milho, trigo, sorgo, painço, soja, mandioca, batatinha e outros, foram intensivamente testadas para a identificação de fontes de resistência. As linhagens resistentes mais promissoras foram incorporadas nos programas de melhoramento, e algumas alcançaram grande sucesso, como a variedade de arroz IR26, resistente à cigarrinha-marrom, *Nilaparvata lugens* (Stål) (Hemiptera: Delphacidae). Mas, como acontece com frequência, poucos anos depois de essas variedades serem propagadas, biótipos da cigarrinha-marrom adaptados às variedades resistentes foram detectados na Índia e no sudeste e leste da Ásia, ameaçando novamente a estabilidade da produção de arroz na região. O surto de biótipos virulentos a variedades previamente resistentes representa um dos fatores ecológicos mais sérios à estabilidade dessas variedades. Esses fatores, além dos muitos outros fatores bióticos e abióticos que podem alterar a expressão da resistência, são discutidos detalhadamente no Capítulo 8.

No Brasil, papel semelhante ao dos centros internacionais do CGIAR tem sido desempenhado pela Embrapa desde a sua criação, em 1973. Os centros de pesquisas de produtos uniram-se aos veneráveis institutos estaduais de pesquisa agrícola, como o Instituto Agronômico de Campinas (IAC), o Instituto Agronômico do Paraná (Iapar) e outros, e às melhores escolas de agronomia do país para avançar no melhoramento das principais culturas agrícolas brasileiras, inclusive com ênfase na resistência a insetos-praga e doenças.

No início da década de 1950, pesquisadores da área de resistência de plantas a herbívoros reconheceram a necessidade de identificar os complexos mecanismos da resistência. Muitos dos fatores físicos das plantas já eram bem conhecidos e documentados, como pilosidade, espinhos, espessamento de tecidos, brácteas. A evidência da importância dos fatores químicos, no entanto, só foi comprovada com os trabalhos de Stanley Beck (1919-1997) da Universidade de Wisconsin, EUA. A descoberta de DIMBOA como um fator de resistência química em plantas jovens de milho contra a broca-europeia (*Ostrinia nubilalis* (Hübner) (Lepidotera: Noctuidae), constituiu um dos primeiros estudos detalhados de mecanismos bioquímicos de resistência. Pesquisas subsequentes se beneficiaram grandemente dos avanços dos estudos da ecologia e da evolução das interações inseto–planta. Um acervo enorme de trabalhos sobre a teoria e as bases fisiológicas, ecológicas e comportamentais dessas interações é objeto excelente de revisão nos capítulos 2 e 3 deste livro.

Até o início da década de 1970, o foco da pesquisa sobre as bases químicas das interações inseto–planta era o papel dos compostos secundários constitutivos, isto é, dos componentes naturais dos mecanismos químicos de defesa anti-herbivoria que ocorriam nas plantas, mesmo na ausência de herbívoros. A existência desses compostos foi a base para a teoria da coevolução de insetos e plantas proposta por Erhlich e Raven em 1964. Mas, já nessa época, fitopatologistas haviam demonstrado que plantas tinham a capacidade de produzir de novo compostos de defesa contra patógenos, tais como inibidores de tripsina e fitoalexinas, como resposta à infecção. A gliceolina, uma fitoalexina da soja, era conhecida como fator de resistência induzida por infestações do fungo *Phytophthora infestans* (Mont.) de Bary. Testes de preferência com o besouro-mexicano-do-feijão, *Epilachna varivestis* Mulsant (Coleoptera: Coccinellidae), mostraram que essa mesma fitoalexina era fator de inibição de alimentação de adultos e larvas do besouro. Essa foi uma das primeiras demonstrações do efeito inibidor de alimentação de um fator de resistência induzida efetiva contra microrganismos patogênicos e insetos fitófagos. Nos últimos dez a vinte anos, a resistência induzida por infecção microbiana, infestação de nematoides ou herbivoría prévia por insetos fitófagos tornou-se uma das áreas mais prolíficas na pesquisa da resistência de plantas. O Capítulo 9 oferece excelente panorama dessa área da resistência de plantas.

A década de 1990 é considerada o período aproximado do final da época áurea da resistência clássica. A partir de então, avanços no conhecimento das bases moleculares da genética de plantas e animais permitiram realizar o que anteriormente era apenas uma visão futurista, como sugere a citação: "dia virá em que novas variedade resistentes serão 'planejadas' e 'construídas', combinando o conhecimento do comportamento e metabolismo dos insetos-praga e a identificação nas plantas dos genes que regulam os fatores químicos e físicos da resistência". Essa visão não se realizou, inicialmente, com a transferência de genes naturais de resistência, mas sim com genes exóticos que regulam a produção de endotoxinas provenientes de uma bactéria, o *Bacillus thuringiensis* Berliner. Em um primeiro momento, variedades de batata e milho foram produzidas e testadas a campo em meados de 1990. Havia começado uma nova era da resistência: a da engenharia genética. No Capítulo 10 é feito um abrangente resgate do desenvolvimento histórico, das técnicas de produção, das aplicações, dos riscos e das precauções no desenvolvimento e uso no extensivo de variedades produzidas pela engenharia genética.

No Capítulo 11, último capítulo do livro, a resistência de plantas é apropriadamente inserida no contexto do manejo integrado de pragas. A completa imunidade de uma planta contra herbívoros é relativamente rara na natureza. Até mesmo a árvore de nim (*Azadirachta indica* A. Juss.), cujos derivados apresentam amplo efeito inseticida sobre muitas espécies de insetos, é atacada por um complexo de curculionídeos do gênero *Myllocerus* no Sri Lanka. Assim, não é de estranhar a falta de exemplos de resistência em plantas cultivadas, permitindo que essa tática, por si só, possa proteger uma cultura contra o ataque de todas as pragas potenciais. No entanto, exemplos de variedades comerciais altamente resistentes contra insetos existem e são citados neste livro.

Mais comumente, a resistência é considerada uma tática de grande eficiência quando integrada com outras táticas do manejo integrado de pragas, principalmente o controle biológico. A partir de 1980, com a formulação do conceito de interações tritróficas nas relações inseto–planta, estabeleceu-se uma base teórica robusta para fundamentar a integração do controle biológico com a resistência de plantas. Desenvolvimento paralelo tiveram os programas de agroecologia, promovendo técnicas de manejo do habitat para conservar e atrair a ação de inimigos naturais em pomares, hortas e culturas de campo. Esses avanços têm o potencial de promover o manejo aos níveis mais elevados de integração.

Incentivos para o ensino e a pesquisa entomológica no Brasil, nos últimos cinquenta anos, resultaram, nesta segunda década do século XXI, na existência de um quadro de professores e pesquisadores de alto nível nas universidades e nos centros de pesquisa estaduais e federais. Este volume reúne, na autoria de cada capítulo, técnicos que estão na vanguarda da pesquisa das relações inseto–planta e da sua aplicação na resistência de plantas na expressão ecológica mais abrangente. A literatura brasileira de entomologia agrícola deu passos gigantescos desde a publicação, em 1921, do livro ENTOMOLOGIA AGRÍCOLA BRASILEIRA, de Carlos Moreira, publicado pelo Ministério de Agricultura, Indústria e Comércio. Visitando a exposição de livros no XV Simpósio de Controle Biológico (Siconbiol), realizado em Ribeirão Preto, SP, entre 4 e 8 de junho de 2017, encontrei dezenas de títulos, de autores e editores brasileiros, abrangendo os mais diversos aspectos da ciência entomológica, especialmente da entomologia agrícola. O presente volume, RESISTÊNCIA DE PLANTAS A INSETOS: FUNDAMENTOS E APLICAÇÕES, adiciona a esse acervo da literatura entomológica brasileira um título de excepcional importância para o ensino e a pesquisa de uma tática fundamental para o manejo integrado de pragas, além de proporcionar uma visão clara e elucidativa das bases ecológicas das interações inseto–planta.

**MARCOS KOGAN**
PROFESSOR EMERITUS
OREGON STATE UNIVERSITY

# 1

# Introdução

**Edson Luiz Lopes Baldin**
**José Djair Vendramim**
**André Luiz Lourenção**

## 1. Considerações gerais

Insetos e plantas coexistem no ambiente natural há milhares de anos. As relações variam conforme as espécies de plantas e artrópodes envolvidos e podem favorecer os dois organismos ou apenas um deles. As plantas dependem dos insetos para uma série de fatores, envolvendo sua dispersão e reprodução, e os insetos, por sua vez, se beneficiam de estruturas vegetativas e reprodutivas das plantas para sua nutrição, proteção e multiplicação. No entanto, existem situações em que a infestação do artrópode provoca efeitos deletérios sobre a planta, prejudicando seu desenvolvimento em diferentes níveis, podendo inclusive levá-la à morte. Considerando que os dois grupos de organismos estão intimamente ligados na natureza e têm coevoluído desde épocas remotas, é de esperar que também tenham desenvolvido mecanismos de defesa interespecíficos. No caso das plantas, os fatores intrínsecos de defesa têm por finalidade evitar que a população do artrópode atinja níveis prejudiciais e podem se expressar por meio de características químicas, físicas e/ou morfológicas. Por sua vez, os insetos tendem a encontrar mecanismos de adaptação diversos sobre o hospedeiro, a fim de garantir sua sobrevivência e colonização sobre ele.

Acredita-se que há mais de dez mil anos os primeiros ancestrais do homem já selecionavam plantas menos atacadas por insetos, no intuito de garantir sua sobrevivência (Smith e Clement, 2012). Plantas de batata, milho, cucurbitáceas, girassol, trigo, aveia e lentilha foram as primeiras a serem cultivadas com finalidades de subsistência (Garofalo, 1999). Com o aumento exponencial da população humana ao longo dos séculos, houve a necessidade de domesticação e cultivo de espécies de plantas, visando suprir a necessidade crescente de alimentos. Assim, com o passar do tempo, o homem passou a utilizar a terra de forma mais racional, surgindo a atividade agrícola. A partir do século XVIII, notáveis avanços, tais como a seleção de variedades mais produtivas, a disponibilização de defensivos, o uso de insumos de melhor qualidade e a introdução de implementos específicos, vêm exercendo papel fundamental na agricultura, permitindo que o suprimento de alimentos seja compatível com a demanda. Embora esse avanço das fronteiras agrícolas tenha possibilitado expressiva elevação de produtividade em todo o mundo, o cultivo abundante e ininterrupto tem servido como fonte permanente de alimento a muitas espécies de insetos, as quais passaram a competir com o homem pelos produtos vegetais, assumindo assim o *status* de pragas.

A fim de minimizar os prejuízos ocasionados pelos artrópodes-praga nas lavouras, o homem vem utilizando diversas táticas de controle, com destaque para o método químico, por meio da aplicação de inseticidas sintéticos nas mais variadas formulações. Embora ainda seja a prática mais usual nas lavouras, visando manter as populações de insetos sob controle, esse método, quando utilizado de forma inapropriada ou isolada, pode ser tóxico ao meio ambiente, ao homem e a organismos não alvo, além de exercer forte pressão de seleção sobre os insetos, favorecendo a seleção de populações resistentes. Entre as estratégias de manejo alternativas ao controle químico na agricultura moderna, a resistência de plantas representa opção valiosa para a manutenção de populações de artrópodes-praga nas lavouras abaixo do nível de dano econômico (NDE), além de ser compatível com a maioria das estratégias preconizadas pelo manejo integrado de pragas (MIP). Outras vantagens desse método em relação aos demais serão apresentadas no item 5 deste capítulo.

O uso de plantas com algum tipo de resistência ao ataque de artrópodes teve início em meados do século XIX, mesmo período em que se iniciaram os primeiros programas oficiais de melhoramento de plantas focando resistência a insetos-praga nos Estados Unidos. No século seguinte, em 1951, Reginald H. Painter, considerado o "pai da resistência" nesse país, publicou o primeiro livro sobre o tema: *Plant resistance to insect pests*. Posteriormente, surgiram outras importantes publicações internacionais, como as de Russell, *Plant breeding for pest and disease resistance* (1978); Panda, *Principles of host-plant resistance to insect pests* (1979); Maxwell e Jennings, *Breeding plants resistant to insects* (1980); Smith, *Plant resistance to insects* (1989); Smith et al., *Techniques for the evaluation of insect resistance in crop plants* (1994); Panda e Khush, *Host plant resistance to insects* (1995); e Smith, *Plant resistance to arthropods – molecular and conventional approaches* (2005). No Brasil, as pesquisas com plantas resistentes a insetos se iniciaram na década de 1970 e os estudos se intensificaram a partir da obra *Resistência de plantas a insetos* (1969), de Carlos Jorge Rossetto, considerado o precursor dos estudos nessa linha no país. Posteriormente, Fernando Mesquita Lara, apontado como um dos maiores especialistas e divulgadores dessa técnica no Brasil a partir da década de 1980, publicou a primeira edição do livro *Princípios de resistência de plantas a insetos* (1979). A segunda edição com o mesmo título viria a ser publicada em 1991. Desde então, diversos estudos sobre diferentes técnicas e abordagens nessa área de conhecimento vêm sendo realizados no Brasil e no mundo, estimulando a construção deste livro.

## 2. Histórico

O relato de Havens (1792) de que a cultivar Underhill de trigo era resistente nos Estados Unidos à mosca-de-hesse, *Mayetiola destructor* (Say) (Diptera: Cecidomyiidae), é considerado, pela maioria dos autores, a primeira informação de ocorrência de uma variedade resistente a insetos. Já o primeiro relato de uso de planta resistente a insetos é o que se refere à cultivar Winter Majetin de macieira, resistente ao pulgão-lanígero, *Eriosoma lanigerum* (Hausmann) (Hemiptera: Aphididae), na Inglaterra (Lindley, 1831), que ainda hoje mantém-se resistente.

O caso clássico de sucesso no controle de pragas por meio de resistência de plantas, no entanto, é o que se refere à resistência da videira à filoxera *Daktulosphaira vitifoliae* (Fitch) (Hemiptera: Phylloxeridae), praga que, no século XIX, causou enormes prejuízos na Europa, principalmente na França. A filoxera é nativa de uma região ao leste das Montanhas Rochosas, nos Estados Unidos, e foi introduzida na Europa por meio de estacas enraizadas (Bioletti, 1901), provavelmente antes de 1863, embora a descrição da praga só tenha sido feita em 1868, quando ela se tornou um grave problema. Na França, a infestação iniciou-se, simultaneamente, em duas regiões: no sudeste, em Gard, e no sudoeste, próximo a Bordeaux. Em 1884, a filoxera já havia destruído mais de um milhão e duzentos mil hectares de videira, o correspondente a mais de um terço da área cultivada na França, provocando, no período em que se manteve sem controle, um prejuízo superior a dois bilhões de dólares.

Na tentativa de obter uma solução para o problema, foram criadas comissões internacionais e oferecidos até prêmios aos que pudessem encontrar um meio de controle da praga. Finalmente, foi descoberto, por meio do uso da resistência de plantas, uma maneira de controlá-la. A operação toda custou mais de dez bilhões de francos aos cofres franceses. Para entender como a técnica foi utilizada, é interessante conhecer o modo de ataque do inseto. A filoxera ataca as raízes e as folhas da videira, e o ataque às raízes provoca os maiores prejuízos. Inicialmente, fêmeas aladas depositam ovos nas folhas e nos ramos, dos quais eclodem, na primavera, fêmeas galícolas que provocam galhas nas folhas e produzem, por partenogênese, ovos que dão origem às fêmeas radícolas, que descem pela planta e se fixam às raízes, provocando nodosidades e tuberosidades. Nelas, novamente se reproduzem, produzindo machos e fêmeas alados que abandonam o solo em período próximo ao inverno para depositarem ovos. As plantas atacadas apresentam crescimento retardado, ramos mais curtos e folhas menores; as bagas tornam-se reduzidas e mudam de cor antecipadamente. De início, a filoxera ataca apenas as raízes mais finas, causando nodosidades, uma vez que o tecido ainda é herbáceo. Depois, ataca as raízes principais, que contêm tecido lignificado, onde se formam tuberosidades que se rompem, permitindo a entrada de microrganismos do solo, o que leva ao apodrecimento das raízes e à morte da planta. Nas folhas, o ataque produz galhas como reação às picadas, contudo, não há prejuízos à produção.

Assim, conhecendo o hábito da praga, foi possível estabelecer o seu controle por meio de enxertia, utilizando como porta-enxerto variedades americanas altamente resistentes (ainda que produtoras de uvas e vinhos de qualidade inferior) e, como enxerto, as variedades europeias de *Vitis vinifera* L., suscetíveis, que já eram tradicionalmente cultivadas pelas suas boas qualidades agroindustriais. Com essa técnica bastante simples, utilizada até os dias de hoje, conseguiu-se o controle da filoxera.

Em termos de pesquisa efetivamente direcionada à obtenção de variedades resistentes a insetos, os primeiros trabalhos foram iniciados em 1881, no estado da Califórnia, EUA, onde, num período de dez anos, mais de cem variedades de cereais, principalmente trigo, foram expostas ao ataque da mosca-de-hesse. Embora os resultados tivessem sido promissores com alguns materiais, nada foi efetivamente implementado por várias décadas. O melhoramento genético de plantas focando a resistência a insetos tornou-se realidade apenas após a redescoberta da lei da hereditariedade de Mendel, em 1900. Durante os anos 1920 e 1930, o desenvolvimento de técnicas de melhoramento de plantas tornou possível utilizar essa informação, no sentido de incorporar fatores genéticos de resistência em variedades de trigo. Possivelmente, os primeiros estudos sobre herança da resistência tenham sido feitos em 1916 ou 1917, envolvendo a avaliação da resistência de materiais de algodoeiro ao ataque do ácaro *Eriophyes gossypii* Banks (Acari: Eriophyidae) e da cochonilha *Parasaissetia nigra* (Nietner) [= *Saissetia nigra* (Nietner)] (Hemiptera: Coccidae). Estudos de campo e posteriormente em casas de vegetação sobre a resistência de trigo à mosca-de-hesse foram iniciados na Estação Experimental de Kansas em 1914. Os prejuízos ocasionados pela praga apenas naquele estado variaram entre 5 e 25 milhões de dólares. A partir de pesquisas conjuntas envolvendo entomologistas e melhoristas dos estados de Kansas, Califórnia e Indiana, foi possível desenvolver variedades resistentes, permitindo suprimir o inseto da lista de pragas importantes do trigo. A partir de 1942, sessenta variedades de trigo resistentes a *M. destructor* foram liberadas nos Estados Unidos (Panda e Khush, 1995).

No que diz respeito ao desenvolvimento da resistência de plantas a insetos (RPI) como ciência propriamente dita, podem ser considerados quatro períodos:

1º) Antes da Segunda Guerra Mundial. Nesta fase, a evolução do estudo da resistência de plantas a insetos se dava de acordo com a evolução dos limitados conhecimentos da genética. Mendel (1822-1884), ao estabelecer as leis que levaram o seu nome e que revolucionaram os conhecimentos genéticos, permitiu grandes avanços.

2º) Imediatamente após a Segunda Guerra Mundial. A partir da descoberta das propriedades inseticidas do DDT (1939) e do BHC (1942), os produtos químicos pareciam ser a solução para todos os problemas relacionados ao ataque de pragas e, assim, todos os outros métodos de controle foram relegados a um plano secundário, incluindo, obviamente, o que utilizava plantas resistentes. É evidente que, embora tenham diminuído, os estudos sobre resistência de plantas a insetos continuaram, o que pode ser atestado pela liberação, nesse período, de diversas cultivares nos Estados Unidos (Kansas), por exemplo: cv. Pawnee de trigo resistente à mosca-de-hesse, em 1943; cv. KS 2234 de milho resistente ao gafanhoto *Melanoplus* spp., em 1943; e cv. KS 1859 de milho resistente ao pulgão *Rhopalosiphum maidis* (Fitch) (Hemiptera: Aphididae), em 1950.

3º) Após 1960 até a ampliação das ferramentas moleculares. Embora, já em 1951, tivesse sido disponibilizada a clássica obra de Painter, foi realmente a partir de 1960 que ocorreu um incremento no estudo de variedades resistentes, o que se deveu principalmente a dois fatores: o surgimento dos primeiros casos concretos de resistência de insetos a inseticidas e os problemas de poluição ambiental. Quanto ao segundo aspecto, deve-se destacar o impacto causado pela obra *Silent Spring* (Primavera silenciosa), de Rachel Carson, publicada em 1962, que abordava de modo dramático o perigo do uso indiscriminado de defensivos agrícolas e de outras substâncias químicas no ambiente.

4º) Após o surgimento dos transgênicos. O contínuo desenvolvimento das ferramentas moleculares permitiu acelerar o processo de melhoramento de cultivares resistentes, por meio da seleção de genes diretamente ligados à expressão de resistência ao artrópode. Assim, plantas geneticamente modificadas (PGM) têm desempenhado importante papel no desenvolvimento e na utilização de cultivares resistentes a insetos. A técnica de inserir genes artificialmente dentro de plantas, ao invés da polinização, foi originalmente descrita na década de 1980, visando conferir resistência a antibióticos (Smith, 2005). No entanto, apenas na década de 1990 a adoção dessa tecnologia começou a ser destinada ao desenvolvimento de cultivares resistentes a artrópodes. Nas últimas três décadas, plantas transgênicas a partir de *Bacillus thuringiensis* Berliner (*Bt*), que codificam proteínas inseticidas (Cry ou Cyt), têm sido inseridas em diferentes sistemas de cultivo, incluindo milho, algodoeiro, arroz e soja.

Desse modo, a divisão do estudo da resistência de plantas a insetos em quatro fases distintas está basicamente relacionada à forma como os inseticidas eram empregados até meados do terceiro período, e sofreu grande mudança a partir da ampliação das ferramentas moleculares. Assim, a primeira fase compreende o período anterior à descoberta dos primeiros inseticidas modernos; a segunda fase vai do aparecimento desses produtos à ocorrência dos primeiros casos de resistência de insetos e aos problemas de poluição ambiental; a terceira, a partir da maior conscientização em relação às questões ambientais e da disseminação da biologia molecular; a quarta, a partir de novos avanços da engenharia genética, até a produção de plantas geneticamente modificadas visando a resistência de plantas a insetos.

## 3. Uso de plantas resistentes a insetos

### 3.1. No mundo

Smith e Clement (2012) afirmam que, até meados da década de 1970, já haviam sido desenvolvidos e registrados mais de quinhentos genótipos, pertencentes a diferentes espécies de plantas, resistentes a artrópodes. Com o advento das ferramentas moleculares, a área de resistência de plantas ganhou novo impulso e tem oferecido inúmeras possibilidades para o desenvolvimento de genótipos com resistência mais duradoura no longo prazo. Na Tabela 1 são apresentados importantes exemplos de pragas, em termos mundiais, cujo controle por variedades resistentes não transgênicas apresenta grande eficiência.

**Tabela 1.** Exemplos de artrópodes-praga controlados por meio do uso de genótipos resistentes.

| Cultura | Espécie | Ordem / Família |
|---|---|---|
| Alfafa | *Acyrthosiphon pisum* (Harris)<br>*Empoasca fabae* (Harris)<br>*Hypera postica* (Gyllenhal)<br>*Therioaphis maculata* (Buckton) | Hemiptera: Aphididae<br>Hemiptera: Cicadellidae<br>Coleoptera: Curculionidae<br>Hemiptera: Aphididae |
| Algodoeiro | *Anthonomus grandis* Boheman<br>*Empoasca fascialis* (Jacobi)<br>*Helicoverpa zea* (Boddie)<br>*Pectinophora gossypiella* (Saunders) | Coleoptera: Curculionidae<br>Hemiptera: Cicadellidae<br>Lepidoptera: Noctuidae<br>Lepidoptera: Gelechiidae |

*Continua...*

*Continuação*

| Cultura | Espécie | Ordem / Família |
|---|---|---|
| Amendoinzeiro | *Aphis craccivora* Koch<br>*Diabrotica undecimpunctata howardi* Barber | Hemiptera: Aphididae<br>Coleoptera: Chrysomelidae |
| Arroz | *Nilaparvata lugens* (Stål)<br>*Laodelphax striatellus* (Fallén)<br>*Pachydiplosis oryzae* (Wood-Mason)<br>*Sogatella furcifera* (Horváth) | Hemiptera: Delphacidae<br>Hemiptera: Delphacidae<br>Diptera: Cecidomyiidae<br>Hemiptera: Delphacidae |
| Batata | *Empoasca fabae* (Harris)<br>*Leptinotarsa decemlineata* (Say)<br>*Macrosiphum euphorbiae* (Thomas)<br>*Myzus persicae* (Sulzer) | Hemiptera: Cicadellidae<br>Coleoptera: Chrysomelidae<br>Hemiptera: Aphididae<br>Hemiptera: Aphididae |
| Cana-de-açúcar | *Diatraea saccharalis* (Fabricius) | Lepidoptera: Crambidae |
| Cevada | *Diuraphis noxia* (Kurdjumov)<br>*Rhopalosiphum padi* (Linnaeus)<br>*Schizaphis graminum* (Rondani) | Hemiptera: Aphididae<br>Hemiptera: Aphididae<br>Hemiptera: Aphididae |
| Ervilha | *A. pisum* | Hemiptera: Aphididae |
| Caupi | *A. craccivora* | Hemiptera: Aphididae |
| Feijoeiro | *Acanthoscelides obtectus* (Say)<br>*Apion godmani* Wagner<br>*Thrips palmi* Karny<br>*Zabrotes subfasciatus* (Boheman) | Coleoptera: Bruchidae<br>Coleoptera: Curculionidae<br>Thysanoptera: Thripidae<br>Coleoptera: Bruchidae |
| Macieira | *Dysaphis devecta* (Walker)<br>*Dysaphis plantaginea* (Passerini)<br>*Eriosoma lanigerum* (Hausmann) | Hemiptera: Aphididae<br>Hemiptera: Aphididae<br>Hemiptera: Aphididae |
| Meloeiro | *Aphis gossypii* Glover | Hemiptera: Aphididae |
| Milho | *Diabrotica virgifera virgifera* LeConte<br>*Diatraea grandiosella* Dyar<br>*D. saccharalis*<br>*H. zea*<br>*Ostrinia nubilalis* (Hübner)<br>*Rhopalosiphum maidis* (Fitch)<br>*Spodoptera frugiperda* (J. E. Smith) | Coleoptera: Chrysomelidae<br>Lepidoptera: Crambidae<br>Lepidoptera: Crambidae<br>Lepidoptera: Noctuidae<br>Lepidoptera: Crambidae<br>Hemiptera: Aphididae<br>Lepidoptera: Noctuidae |
| Soja | *Aphis glycines* Matsumura<br>*Cerotoma trifurcata* Forster<br>*Epilachna varivestis* Mulsant<br>*Helicoverpa zea* (Boddie) | Hemiptera: Aphididae<br>Coleoptera: Chrysomelidae<br>Coleoptera: Coccinellidae<br>Lepidoptera: Noctuidae |
| Sorgo | *Atherigona soccata* (Rondani)<br>*S. graminum*<br>*Stenodiplosis sorghicola* (Coquillett) | Diptera: Muscidae<br>Hemiptera: Aphididae<br>Diptera: Cecidomyiidae |
| Tomateiro | *Bemisia tabaci* (Gennadius)<br>*Bactericera cockerelli* (Sulc)<br>*Macrosiphum euphorbiae* (Thomas)<br>*Tetranychus urticae* Koch | Hemiptera: Aleyrodidae<br>Hemiptera: Triozidae<br>Hemiptera: Aphididae<br>Acari: Tetranychidae |

*Continua...*

*Continuação*

| Cultura | Espécie | Ordem / Família |
|---|---|---|
| Trigo | *Aceria tosichella* Keifer<br>*Cephus cinctus* Norton<br>*D. noxia*<br>*Mayetiola destructor* (Say)<br>*Oulema melanopus* (Linnaeus)<br>*S. graminum*<br>*Sitodiplosis mosellana* (Géhin) | Acari: Eriophyidae<br>Hymenoptera: Cephidae<br>Hemiptera: Aphididae<br>Diptera: Cecidomyiidae<br>Coleoptera: Chrysomelidae<br>Hemiptera: Aphididae<br>Diptera: Cecidomyiidae |
| Videira | *Daktulosphaira vitifoliae* (Fitch) | Hemiptera: Phylloxeridae |

## 3.2. No Brasil

O melhoramento genético para resistência a insetos no Brasil ainda é restrito, em comparação com outros países, já que é notória a preocupação dos melhoristas com as pesquisas, visando, além do aumento de produtividade, a obtenção de materiais resistentes a doenças, em detrimento de cultivares resistentes a pragas.

Dentre os poucos casos, pode ser destacado, inicialmente, o que se refere à resistência do sorgo à mosca *Stenodiplosis sorghicola* (Coquillett) [= *Contarinia sorghicola* (Coquillett)] (Diptera: Cecidomyiidae). Em 1967, foi noticiada a ocorrência de alguns genótipos de sorgo resistentes a essa praga, dentre os quais se destacava o genótipo AF-28, provocando danos extremamente baixos, mesmo na presença de altas populações do inseto. A resistência desse material foi determinada por Rossetto e Banzatto (1967), e mais tarde foi caracterizada como do tipo antixenose para oviposição (Rossetto et al., 1984). Essa resistência em AF-28 passou despercebida nos Estados Unidos, já que, por apresentar ciclo longo, não floresce nesse país. Trata-se, no entanto, de uma variedade com características agronômicas inadequadas, já que é bastante alta, atinge até 4 metros, e apresenta sementes pequenas, razão pela qual é considerada mais forrageira do que granífera. Quando a resistência foi determinada no Brasil, ela passou também a ser pesquisada em outros países, tendo sido lançadas nos Estados Unidos e na Argentina cultivares resistentes que tinham como base a resistência dessa variedade. No Brasil, o genótipo AF-28 foi incluído em programas de melhoramento pelo Instituto Agronômico (IAC) e pela Embrapa Milho e Sorgo, visando a obtenção de materiais resistentes (Lara, 1991).

Um exemplo brasileiro bem-sucedido de melhoramento genético para resistência a insetos é o da soja no Instituto Agronômico, nele iniciado em 1936, quando a coleção de variedades do Instituto recebeu acréscimos de acessos dos Estados Unidos, do Ministério da Agricultura e da colônia japonesa radicada no Brasil, com posterior condução de experimentação em campo (Miranda et al., 1981). A partir desses experimentos, puderam ser liberadas as cultivares Abura para a indústria e Otootan como forrageira. Desse período até a década de 1970, o programa de melhoramento passou por diversas etapas, ampliando os objetivos e lançando diversas cultivares que impulsionaram a sojicultura paulista.

Nessa década, o melhorista Manoel Albino Coelho de Miranda incluiu nova linha no programa de melhoramento, com foco na obtenção de cultivares resistentes a pragas e doenças. A adoção da linha de resistência a insetos baseou-se na identificação, realizada nos Estados Unidos, naquela época, de três linhagens com resistência múltipla a insetos (Duyn et al., 1971; Clark et al., 1972; Luedders e Dickerson, 1977). Essas linhagens, PI 171451, PI 227686 e PI 229358, avaliadas como portadoras de resistência ao besouro-mexicano *Epilachna varivestis* Mulsant (Coleoptera: Coccinellidae), a *Epicauta vittata* (Fabricius) (Coleoptera: Meloidae), a *Cerotoma trifurcata* Forster (Coleoptera: Chrysomelidae), a *Helicoverpa zea* (Boddie) (Lepidoptera: Noctuidae) e a *Trichoplusia ni* (Hübner) (Lepidoptera: Noctuidae), foram introduzidas pelo Instituto Agronômico para hibridações com diversas cultivares, principalmente aquelas desenvolvidas pela instituição. Além dessas três linhagens, também foram introduzidas, dos Estados Unidos, as linhagens PI 274453, PI 274454 e D 72-9601, reconhecidamente resistentes a insetos.

Um método para seleção de linhagens de soja resistentes a percevejos pentatomídeos, com base em hibridações com uma fonte de resistência, em condições de campo, foi apresentado por Lourenção et al. (1985). De acordo com Miranda et al. (1987), a existência de supergenes em soja para resistência múltipla a insetos dinamizou o melhoramento nessa linha, uma vez que facilita a transferência dos fatores de resistência, sem a necessidade de avaliar o germoplasma em estudo para todas as pragas, utilizando-se apenas aquelas que ocorrem no campo. Dessa forma, tendo em sua genealogia a PI 229358, foi selecionada a linhagem IAC 78-2318, com resistência múltipla a vários insetos, como mosca-branca, coleópteros desfolhadores, lagartas, percevejos e broca-das-axilas (Lourenção et al., 1987a), mas ela não pode ser liberada aos produtores, por apresentar algumas características agronômicas indesejáveis, como porte baixo e produtividade reduzida. Em seguida, tendo como base para hibridações principalmente essa linhagem e a linhagem D 72-9601, foram desenvolvidas as cultivares resistentes a insetos IAC 17, IAC 19, IAC 24 e IAC 100.

Outros exemplos, no Brasil, de resistência de culturas de interesse econômico constatada sobre importantes artrópodes-praga, encontram-se relacionados na Tabela 2.

**Tabela 2.** Exemplos de estudos envolvendo resistência de plantas a importantes artrópodes-praga no Brasil.

| Cultura | Espécie | Referência |
|---|---|---|
| Abobrinha | *Diaphania nitidalis* (Stoll) | Baldin e Lara, 1998 |
| | *Diabrotica speciosa* (Germar) | Lara e Baldin, 2000 |
| | *Bemisia tabaci* (Gennadius) | Baldin et al., 2009a |

*Continua...*

*Continuação*

| Cultura | Espécie | Referência |
|---|---|---|
| Aboboreira | *Aphis gossypii* Glover<br>*B. tabaci*<br><br>*D. speciosa*<br>*Leptoglossus gonagra* (Fabricius)<br>*Trialeurodes vaporariorum* (Westwood) | Baldin et al., 2009b<br>Alves et al., 2005; Baldin et al., 2009a; Baldin e Beneduzzi, 2010<br>Baldin e Lara, 2001<br>Baldin et al., 2002<br>Alves et al., 2006 |
| Algodoeiro | *Alabama argillacea* (Hübner)<br><br>*Anthonomus grandis* Boheman<br>*B. tabaci*<br><br>*Chrysodeixis includens* (Walker)<br>*Chloridea virescens* (Fabricius)<br>*Spodoptera frugiperda* (J. E. Smith) | Lara et al., 1999a;<br>Santos e Boiça Jr., 2001<br>Soares e Lara, 1993<br>Boiça Jr. et al., 2007; Campos et al., 2009; Prado et al., 2016<br>Funichello et al., 2013<br>Correia e Vendramim, 1986<br>Campos et al., 2012 |
| Amendoinzeiro | *Anticarsia gemmatalis* Hübner<br>*Enneothrips flavens* Moulton<br><br>*Stegasta bosquela* (Chambers) | Boiça Jr. et al., 2008a; Pitta et al., 2010<br>Moraes et al., 2005; Janini et al., 2010; Boiça Jr. et al., 2012a<br>Di Bello et al., 2015 |
| Arroz | *Diatraea saccharalis* (Fabricius)<br>*Sitophilus zeamais* Motschulsky / *S. oryzae* (Linnaeus)<br>*Sitotroga cerealella* (Oliver)<br>*Tibraca limbativentris* Stål | Martins et al., 1977<br>Vendramim et al., 1989;<br>Souza et al., 2010<br>Link e Rossetto, 1972<br>Souza et al., 2008 |
| Banana | *Cosmopolites sordidus* (Germar) | Lara et al., 2000 |
| Batata | *B. tabaci*<br>*D. speciosa*<br>*Phthorimaea operculella* (Zeller) | Rocha et al., 2012; Silva et al., 2008;<br>Lara et al., 2000b; Lara et al., 2004<br>Stein e Vendramim, 2000; Lopes e Vendramim, 2001 |
| Batata-doce | *Euscepes postfasciatus* (Fairmaire) | Wanderley et al., 2004 |
| Cafeeiro | *Leucoptera coffeella* (Guérin-Ménéville) | Guerreiro-Filho et al., 1991 |
| Cana-de-açúcar | *D. sacccharalis*<br><br>*Mahanarva frimbriolata* (Stål) | Lourenção et al., 1982;<br>Derneika e Lara, 1991.<br>Garcia et al., 2011 |
| Cebola | *Thrips tabaci* Lindeman | Boiça Jr. e Domingues, 1987 |
| Citros | *Diaphorina citri* Kuwayama<br>*Dilobopterus costalimai* Young<br>*Oncometopia facialis* (Signoret)<br>*Phyllocnistis citrella* Stainton<br>*Selenaspidus articulatus* (Morgan) | Bogorni et al., 2014<br>Marucci et al., 2004<br>Marucci et al., 2004<br>Santos et al., 2011<br>Loaysa et al., 2003 |
| Couve | *Agrotis subterranea* (Fabricius)<br>*Ascia monuste orseis* Godart<br><br>*Brevicoryne brassicae* (Linnaeus) | Vendramim et al., 1983<br>Fancelli e Vendramim, 1993; Schlick-Souza et al., 2011; Baldin et al., 2014<br>Lara et al., 1978 |

*Continua...*

*Continuação*

| Cultura | Espécie | Referência |
|---|---|---|
| Couve-flor | *Plutella xylostella* (Linnaeus) | Chagas Filho et al., 2010 |
| Erva-mate | *Oligonychus yothersi* (McGregor) | Alves et al., 2007 |
| Eucalipto | *Glycaspis brimblecombei* Moore<br>*Thyrinteina arnobia* (Stoll) | Pereira et al., 2012; Ribeiro et al., 2015<br>Jesus et al., 2015 |
| Feijoeiro | *Acanthoscelides obtectus* (Say)<br><br>*B. tabaci*<br><br>*C. includens*<br>*D. speciosa*<br><br>*Zabrotes subfasciatus* (Boheman) | Baldin e Lara, 2004; Baldin e Lara, 2008; Guzzo et al., 2015<br>Boiça Jr. e Vendramim, 1986; Oriani et al., 2008; Torres et al., 2012<br>Morando et al., 2015<br>Paron e Lara, 2001;<br>Boiça Jr. et al., 2015a<br>Lara, 1997; Mazzonetto e Vendramim, 2002; Guzzo et al., 2015 |
| Caupi | *B. tabaci*<br><br>*Callosobruchus maculatus* (Fabricius)<br><br>*Spodoptera eridania* (Stoll) | Cruz et al., 2012; Rodrigues et al., 2012; Cruz et al., 2014<br>Chaves e Vendramim, 1995; Costa e Boiça Jr., 2004; Castro et al., 2013<br>Souza et al., 2012a |
| Gramíneas forrageiras | *M. fimbriolata* | Grisoto et al., 2014 |
| Girassol | *Chlosyne lacinia saundersii* Doubleday & Hewitson | Lourenção e Ungaro, 1983;<br>Vendramim e Boiça Jr., 1994 |
| Goiabeira | *Anastrepha fraterculus* (Wiedemann) | Oliveira et al., 2014 |
| Macieira | *A. fraterculus*<br>*Panonychus ulmi* (Koch) | Branco et al., 1999<br>Kovaleski e Vendramim, 1993 |
| Mamoneira | *Philosamia ricini* (Drury) | Negreiros et al., 1994;<br>Negreiros et al., 1998 |
| Mangueira | *Aceria mangiferae* Sayed | Reis et al., 1970 |
| Maracujazeiro | *Anisosceles foliacea marginella* (Dallas)<br>*Epicauta atomaria* (Germar)<br>*Dione juno juno* (Cramer)<br><br>*Holhymenia histrio* (Fabricius)<br><br>*Leptoglossus zonatus* Dallas | Baldin et al., 1999<br><br>Baldin e Lara, 2002<br>Boiça Jr. et al., 1999; Angelini e Boiça Jr., 2007; Boiça Jr. et al., 2008b<br>Baldin e Boiça Jr., 1999;<br>Baldin et al., 2001<br>Caetano et al., 1999;<br>Caetano e Boiça Jr., 2000 |
| Meloeiro | *B. tabaci* | Coelho et al., 2009; Baldin et al., 2012 |
| Milho | *L. zonatus*<br>*Helicoverpa zea* (Boddie)<br><br>*S. frugiperda*<br><br>*S. zeamais* | Souza e Baldin, 2009<br>Osuna et al., 1983; Lara et al., 1985; Sawazaki et al., 1990<br>Boiça Jr. et al., 1993; Ota et al., 2011; Moraes et al. 2016<br>Boiça Jr. et al., 1997; Toscano et al., 1999; Guzzo et al., 2002 |

*Continua...*

*Continuação*

| Cultura | Espécie | Referência |
|---|---|---|
| Morangueiro | *Tetranychus urticae* Koch | Lourenção et al., 2000 |
| Repolho | *P. xylostella* | Vendramim et al., 2010 |
| Seringueira | *Erinnyis ello* (Linnaeus)<br>*Leptopharsa heveae* Drake & Poor | Reis Filho e Vendramim, 1986<br>Lara e Tanzini, 1997; Tanzini e Lara, 1998 |
| Soja | *Anticarsia gemmatalis* Hübner<br><br>*B. tabaci*<br><br><br>*Cerotoma* sp.<br><br>Complexo de percevejos<br><br>*D. speciosa*<br>*Dichelops melacanthus* (Dallas)<br>*Crocidosema aporema* (Walsingham)<br>*Omiodes* (Fabricius)<br><br>*Nezara viridula* (Linnaeus)<br><br>*Piezodorus guildinii* (Westwood)<br>*Spodoptera cosmioides* (Walker)<br>*Spodoptera eridania* (Stoll) | Castiglioni e Vendramim, 1996; Fugi et al., 2005; Boiça Jr. et al., 2015b<br>Lima e Lara, 2004; Valle e Lourenção, 2002; Valle et al., 2012; Cruz e Baldin, 2016<br>Rossetto et al., 1995; Boiça Jr. et al., 2015c<br>Lourenção et al., 1987b; Lourenção et al., 2002a; Souza et al., 2016<br>Lara et al., 1999b; Costa et al., 2014<br>Canassa et al., 2016<br>Lourenção e Miranda, 1983<br>Bortoli et al., 1982; Lourenção et al., 1984<br>Rossetto et al., 1981; Piubelli et al., 2003; Souza et al., 2013a<br>Silva et al., 2013; Silva et al., 2014<br>Boiça Jr. et al., 2015d<br>Souza et al., 2013b; Souza et al., 2014 |
| Sorgo | *D. saccharalis*<br>*Rhopalosiphum maidis* (Fitch)<br>*Schizaphis graminum* (Rondani)<br><br>*S. zeamais*<br>*S. frugiperda*<br>*Stenodiplosis sorghicola* (Coquillett) | Boiça Jr. e Lara, 1993; Lara et al., 1994<br>Rossetto et al., 1976<br>Alvarenga et al., 1995; Cruz e Vendramim, 1995; Santos et al., 2003<br>Oliveira et al., 2000<br>Lordello e Lara, 1980<br>Lara et al., 1977; Rossetto et al., 1984; Lara et al., 1997 |
| Tomateiro | *B. tabaci*<br><br>*Neoleucinodes elegantalis* (Guenée)<br>*Phthorimaea operculella* (Zeller)<br>*Tetranychus evansi* Baker & Pritchard<br>*T. urticae*<br>*Tuta absoluta* (Meyrick) | Baldin et al.; 2005; Fancelli et al., 2005; Oriani e Vendramim, 2010<br>Lara et al.; 1980; Moreira et al., 1985<br>Ventura e Vendramim, 1996<br>Silva et al., 1992<br>Maruyama et al., 2002<br>Lourenção et al., 1984; Thomazini et al., 2001; Boiça Jr. et al., 2012b; Bottega et al., 2015 |
| Videira | *Eurhizococus brasiliensis* (Hempel) | Lourenção et al., 2002b |

## 4. Conceitos

Nem sempre há uniformidade em relação aos conceitos utilizados nos diversos trabalhos sobre resistência de plantas. Assim, muitas vezes, são empregados diversos termos, como resistente, tolerante, imune, suscetível etc., de forma subjetiva, o que pode trazer dificuldades de interpretação aos leitores menos esclarecidos. Para tentar evitar tal problema, é interessante usar conceitos emitidos por autores de renome, que tenham sido amplamente divulgados e aceitos pela maioria dos pesquisadores. Assim, neste livro, a maioria dos conceitos utilizados está baseada em Painter (1951), exceção feita aos termos criados mais recentemente.

### 4.1. Planta resistente

Painter (1951) definiu a resistência de plantas como a "soma relativa de qualidades hereditárias apresentadas por uma planta, as quais influenciam na intensidade do dano provocado pelo inseto". Na prática agrícola, isso representa a capacidade que certos genótipos possuem de apresentar maior quantidade de produtos de boa qualidade, comparativamente a outros, em geral sob um mesmo nível de infestação do inseto. Assim, pode-se considerar que uma variedade resistente é aquela que, devido à sua constituição genotípica, apresenta-se menos danificada do que outras em condições de igualdade para o ataque de uma praga.

Com base nesses conceitos, uma série de aspectos implícitos devem ser ressaltados:

- A resistência é **relativa**. Não existe uma escala objetiva para medi-la, o que exige a comparação de duas ou mais variedades. Assim, quando se diz que uma variedade A é resistente, isso significa que ela se comporta assim quando comparada à variedade B ou às variedades B, C, D e outras. Portanto, a resistência não é uma característica absoluta. Por exemplo, imaginemos uma variedade A de algodoeiro que sofra um dano de 50% devido ao ataque de determinada praga. Apenas esse dado não permite dizer se ela é resistente ou suscetível, pois pode ser considerada resistente quando comparada a uma variedade B que, nas mesmas condições, sofre dano de 70%; porém, será suscetível em relação a uma variedade C cujos danos sejam da ordem de 30%, desde que haja uma diferença estatística entre 50 e 70% e entre 50 e 30%. Do mesmo modo, uma variedade X de determinada planta que apresente média de folíolos danificados igual a 20% pode ser considerada suscetível em relação a uma variedade Y com danos de 5%, e resistente em relação a uma variedade Z com 50% de danos, desde que haja diferença estatística entre 20 e 5% e entre 20 e 50% (Figura 1).
- A resistência é **hereditária**, ou seja, as progênies de uma variedade resistente devem se comportar da mesma maneira quando testadas nas mesmas condições em que a resistência se revelou.

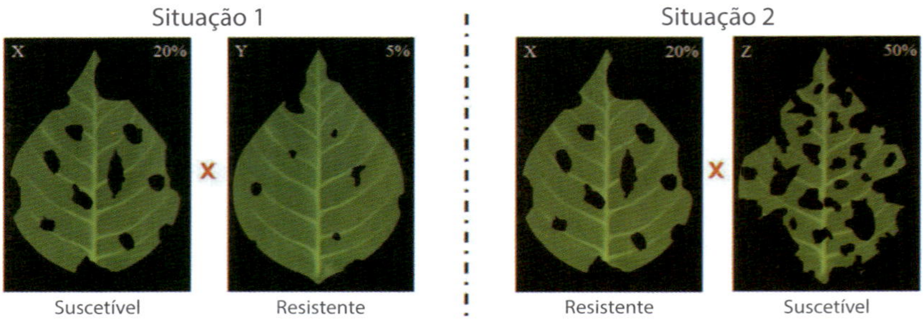


**Figura 1.** Relatividade de resistência, com ênfase na variedade X de determinada planta. A variedade pode ser considerada suscetível (Situação 1) ou resistente (Situação 2), dependendo da comparação estabelecida.

- A resistência é **específica** e, assim, quando se diz que uma variedade é resistente, deve-se citar a que espécie de inseto isso se refere, pois a variedade em questão pode ser resistente a uma espécie, mas suscetível a outros artrópodes-praga daquela cultura. A Tabela 3 ilustra essa situação, mostrando que o genótipo AF-37 de sorgo é resistente ao pulgão *R. maidis*, mas é suscetível à mosca *S. sorghicola*, enquanto 'Sumac' é suscetível ao pulgão e apresenta resistência moderada à mosca (Rossetto et al., 1976).

**Tabela 3.** Comportamento de variedades de sorgo em relação ao pulgão *Rhopalosiphum maidis* e à mosca *Stenodiplosis sorghicola* (adaptado de Rossetto et al., 1976).

| Genótipo | *R. maidis* | *S. sorghicola* |
|---|---|---|
| AF-37 | Resistente | Suscetível |
| 'Sumac' | Suscetível | Resistente |
| A. Orange | Resistente | Suscetível |
| M35-1 | Suscetível | Suscetível |

Essa variação pode ocorrer mesmo entre espécies próximas, como evidenciam os dados de Rossetto (1969), segundo os quais a cultivar Ladak de alfafa é resistente ao pulgão *Acyrthosiphon pisum* (Harris) (Hemiptera: Aphididae) e suscetível ao pulgão *Therioaphis maculata* (Buckton) (Hemiptera: Aphididae), mas ocorre exatamente o oposto com a cultivar Cody (Tabela 4).

**Tabela 4.** Comportamento de cultivares de alfafa em relação aos pulgões *Acyrthosiphon pisum* e *Therioaphis maculata* nos Estados Unidos (adaptado de Rossetto, 1969).

| Cultivar | *A. pisum* | *T. maculata* |
|---|---|---|
| Bufalo | Suscetível | Suscetível |
| Ladak | Resistente | Suscetível |
| Cody | Suscetível | Resistente |

Outro exemplo desse tipo aparece ilustrado na Tabela 5. A cultivar de centeio Caribou Selection é resistente ao biótipo B e suscetível ao biótipo C de *Schizaphis graminum* (Rondani) (Hemiptera: Aphididae).

**Tabela 5.** Danos causados pelos biótipos B e C de *Schizaphis graminum* a duas cultivares de centeio (adaptado de Harvey e Hackerott, 1969).

| Cultivar | Dano[1] | | |
|---|---|---|---|
| | Biótipo B | | Biótipo C |
| Pierre | 7,2 | ns | 6,5 |
| | ns | | ** |
| Caribou Selection | 7,0 | ** | 1,7 |
| | ** | | ns |
| Invase F.A. | 1,2 | ns | 1,4 |

[1] Média de quatro plantas, seguindo escala de notas de 0 (sem dano) a 10 (planta morta).
** Diferença significativa ($p < 0,01$); ns: não significativa.

- **Repitabilidade**: todas as vezes que se avaliar a variedade resistente em comparação com as mesmas cultivares testadas previamente, nas mesmas condições, aquela característica deverá permanecer. Caso contrário, é provável que tenha ocorrido pseudorresistência.
- Uma variedade resistente em **determinadas condições** pode ou não manter esse caráter em outras condições. Por exemplo, as cultivares de trigo Big Club 43 e Poso 42 são resistentes à mosca-de-hesse na Califórnia e suscetíveis na região central dos Estados Unidos. Já no caso da macieira Northern Spy em relação ao pulgão-lanígero e do genótipo de sorgo AF-28 em relação à mosca--do-sorgo, a resistência tem sido demonstrada em todos os locais testados (Rossetto, 1969; Lara, 1991).
- A variedade resistente é aquela menos **danificada**. Assim, duas variedades podem ser atacadas e uma delas pode mostrar-se menos prejudicada, pelo fato de apresentar tolerância. A resistência refere-se, portanto, ao dano econômico e não ao ataque.

A resistência pode ocorrer tanto em germoplasma cultivado como em genótipos selvagens. A resistência de cultivares em relação a genótipos selvagens pode passar despercebida devido à falta de comparações. Em cafeeiro, por exemplo, pode ser citada a saúva (*Atta* spp.), que ataca genótipos selvagens de cafeeiro, mas não as cultivares. De forma oposta, Guerreiro-Filho et al. (1991) destacam que o bicho-mineiro, *Leucoptera coffeella* (Guérin-Méneville) [= *Perileucoptera coffeella* (Guérin-Méneville)] (Lepidoptera: Lyonetiidae), ataca as cultivares de forma intensa, mas tem infestações muito baixas em espécies não cultivadas de *Coffea,* como *C. stenophylla* G. Don, *C. salvatrix* Swinn & Philipson, *C. liberica* Hiern e *C. brevipes*

Hiern. Outros exemplos de germoplasma comercial resistente a pragas incluem: as cultivares de morangueiro IAC Princesa Isabel e IAC Campinas, desenvolvidas pelo Instituto Agronômico e que são resistentes ao ácaro-rajado *T. urticae* (Lourenção et al., 2000); os porta-enxertos de videira Jundiaí (IAC 571-6) e Jales (IAC 572), também desenvolvidos pelo Instituto, que apresentam resistência à pérola-da-terra *Eurhizococcus brasiliensis* (Hempel) (Hemiptera: Margarodidae) e/ou ao declínio da videira (Lourenção et al., 2002b; Dalbó et al., 2016); as cultivares de milho plantadas no Brasil, que são resistentes à broca *Diatraea saccharalis* (Fabricius) (Lepidoptera: Crambidae); a cultivar Niagara de uva, resistente às moscas-das-frutas; as cultivares IAC 6-22 (Pomelo) e IAC 152-7 (Fuyuhama) de caquizeiro, resistentes à broca *Hypocala andremona* (Stoll) (Lepidoptera: Noctuidae); a cultivar Ângela de tomateiro, resistente à broca-pequena *Neoleucinodes elegantalis* (Guenée) (Lepidoptera: Crambidae); e a cultivar de cebola Roxa Barreiro, resistente a *Thrips tabaci* Lindeman (Thysanoptera: Thripidae).

## 4.2. Resistência múltipla

A especificidade da resistência de um genótipo de planta a determinado artrópode-praga costuma prevalecer, via de regra. No entanto, em alguns casos, uma variedade pode expressar resistência a duas ou mais espécies de artrópodes, o que caracteriza a presença de resistência múltipla. Dentre os diversos exemplos descritos na literatura, pode-se citar o caso dos genótipos americanos de soja PI 171451, PI 229358 e PI 227687, resistentes a vários insetos (Smith e Gilman, 1981; Boethel, 1999), conforme relatado no item 3.2 deste capítulo. A resistência múltipla do genótipo de soja americano GatIR81-296 também foi registrada em relação a *Chrysodeixis includens* (Walker) [= *Pseudoplusia includens* (Walker)] (Lepidoptera: Noctuidae), *Anticarsia gemmatalis* Hübner (Lepidoptera: Noctuidae) e *H. zea*, em comparação com o genótipo suscetível Cobb (Nault et al., 1992).

No Brasil, a cultivar de soja IAC 100, desenvolvida pelo Instituto Agronômico, comportou-se como resistente ao complexo de percevejos da soja (McPherson e Buss, 2007; Souza et al., 2016) e a diversos desfolhadores, como *A. gemmatalis* (Piubelli et al., 2005) e *Spodoptera eridania* (Stoll) (Lepidoptera: Noctuidae) (Souza et al., 2012b). Outras cultivares de soja do Instituto, como IAC 17, IAC 19 e IAC 24, também demonstraram resistência múltipla a vários insetos-praga da cultura (Miranda et al., 2003; Fugi et al., 2005; Silva et al., 2012; Souza et al., 2013a). Recentemente, também se constatou resistência múltipla na variedade de soja americana KS-4202, tolerante ao pulgão-da-soja *Aphis glycines* Matsumura (Hemiptera: Aphididae) nos Estados Unidos (Prochaska et al., 2013; Marchi-Werle et al., 2014) e que também é resistente à mosca-branca *B. tabaci* biótipo B no Brasil (Cruz et al., 2016).

Embora os relatos de resistência múltipla sejam mais comuns sobre artrópodes-praga de grandes culturas, em hortaliças esse fato também já foi documentado.

No caso de cucurbitáceas, a elevada resistência da cultivar de abobrinha Sandy já foi relatada para o pulgão *Aphis gossypii* Glover (Hemiptera: Aphididae) (Baldin et al., 2009b) e para a mosca-branca *B. tabaci* biótipo B (Baldin e Beneduzzi, 2010). Em tomateiro, a resistência múltipla da linhagem selvagem LA-716 sobre pulgões (Simmons et al., 2005) e mosca-branca (Baldin et al., 2005) também já foi devidamente discutida.

## 4.3. Resistência horizontal e vertical

A resistência de plantas ao ataque de um artrópode-praga é considerada **horizontal** quando uma série de variedades de uma mesma cultura, sob infestação de diferentes biótipos de uma mesma espécie de artrópode, não apresenta resposta diferencial quanto ao nível de dano ocasionado (Van der Plank, 1968). Em síntese, isso significa que o nível de resistência apresentado por uma variedade de planta mostra-se semelhante contra todos os biótipos do artrópode em teste. Trata-se de uma herança poligênica (vários genes envolvidos) e, por isso, esse tipo de resistência é considerado mais estável ou permanente no ambiente. Em geral, expressa-se em níveis baixos ou moderados e é comum em genótipos portadores de tolerância (ver Capítulo 6) frente ao ataque de insetos-praga. Por ser mais moderada, exerce menor pressão de seleção sobre a população da espécie-praga, reduzindo a chance de quebra de resistência, bem como de surgimento de novos biótipos do artrópode. Dessa forma, é bastante compatível com outras práticas do manejo integrado de pragas. Dentre as dificuldades que envolvem o desenvolvimento de plantas com resistência horizontal, destacam-se a ausência de cruzamento em espécies autopolinizadas e a necessidade de infestações intensas e uniformes de insetos para a caracterização da resistência.

O termo resistência **vertical** é comumente aplicado quando uma série de variedades de uma mesma cultura, sob infestação de diferentes biótipos de uma mesma espécie de inseto, apresenta resposta diferencial quanto ao nível de dano ocasionado (Van der Plank, 1968). Assim, algumas variedades são consideradas resistentes e apresentam menos danos ou nenhum dano, enquanto outras são consideradas suscetíveis quando infestadas com o mesmo biótipo do inseto. A resistência vertical tem herança monogênica, ou seja, é decorrente do efeito de um único gene, que resulta em um elevado nível de resistência contra determinada população de insetos. Essa resistência é comum em materiais que expressam elevados níveis de antibiose (ver Capítulo 5) ou antixenose (ver Capítulo 4) e é considerada menos estável do que a horizontal, pois, ao exercer grande pressão sobre a população da praga, favorece o surgimento de biótipos virulentos. Smith (2005) relata que, no intuito de prolongar a eficiência desse tipo de resistência, os melhoristas têm desenvolvido materiais com genes dominantes e recomendado seu uso até que se tornem ineficientes, liberando em seguida novos materiais com outros genes dominantes. Segundo o mesmo autor, outra alternativa seria o piramidamento de mais de um gene dominante para resistência na mesma variedade.

## 4.4. Resistência intrínseca e extrínseca

Considerando as inter-relações inseto–planta, Van Emden e Way (1972) propuseram a classificação da resistência em **intrínseca** e **extrínseca** (Figura 2). A resistência intrínseca está relacionada aos mecanismos de que a planta dispõe para se defender do ataque da praga. Na resistência extrínseca, ela se beneficia da ação dos inimigos naturais, constituindo, portanto, uma forma de defesa indireta sobre a praga.

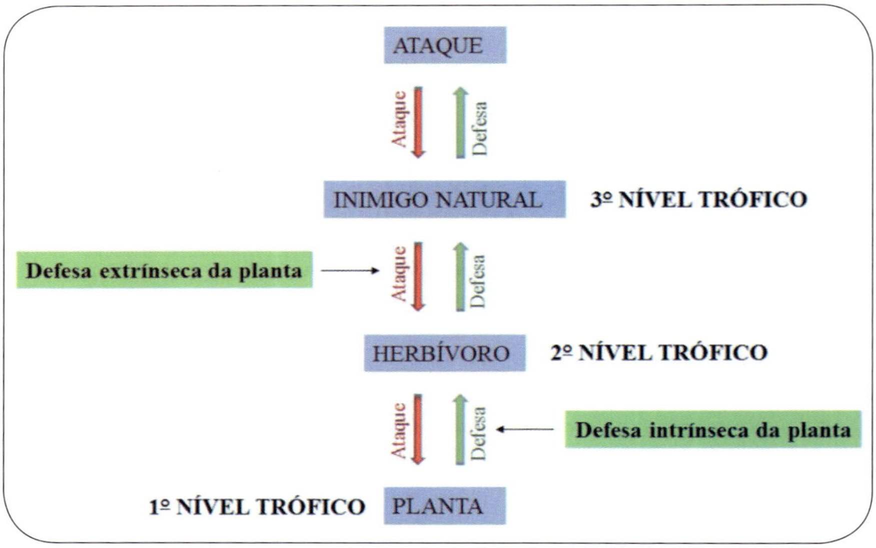


**Figura 2.** Defesa intrínseca e extrínseca de plantas em relação a um artrópode-praga (adaptado de Price, 1986).

## 4.5. Graus de resistência

A comparação de variedades ou espécies vegetais em relação ao ataque de uma espécie de inseto pode evidenciar diferentes níveis de danos. De tal modo, é possível atribuir a essas plantas diferentes graus de resistência, de acordo com o nível verificado. Painter (1951) estabeleceu cinco graus ou níveis de resistência:

- **Imunidade**: quando a variedade não sofre dano do inseto (não é consumida nem injuriada) sob nenhuma condição. É evidente que se trata de um conceito teórico, visto que a simples incidência de um indivíduo atacando a planta já refutaria esse conceito. Consequentemente, não se conhece até o momento nenhum caso de imunidade de uma variedade a um inseto que costume atacar as outras variedades da mesma espécie vegetal. Na literatura, são encontrados alguns casos em que o grau de resistência se aproxima da imunidade, como o da cultivar Northern Spy de macieira em relação ao pulgão *E. lanigerum* e de cultivares de arroz em casca em relação ao gorgulho *Sitophilus* spp. (Lara, 1991).

- **Alta resistência**: quando, sob determinadas condições, a variedade sofre pequeno dano em relação ao dano médio sofrido pelas variedades em geral. É um grau bastante subjetivo, difícil de ser determinado numericamente e, desse modo, depende muito do conhecimento, por parte do pesquisador, da resistência da cultura à espécie em estudo.
- **Resistência moderada**: quando a variedade sofre um dano um pouco menor do que o dano médio sofrido pelas variedades em geral.
- **Suscetibilidade**: quando a variedade sofre um dano semelhante ao dano médio sofrido pelas variedades em geral.
- **Alta suscetibilidade**: quando a variedade sofre um dano maior do que o dano médio sofrido pelas variedades em geral (Tabela 6).

**Tabela 6.** Exemplo hipotético, ilustrando como obter o dano médio sofrido por diferentes variedades de uma planta sob ataque de um inseto mastigador e discriminação de graus de resistência.

| Variedade | Média de dano foliar (%)[1] | Dano médio (DM) | Classificação |
|---|---|---|---|
| A | 15 c | $DM = \frac{A+B+C+D+E}{5}$ | A - moderadamente resistente |
| B | 60 a | | B - altamente suscetível |
| C | 30 b | Assim: | C - suscetível |
| D | 5 d | **DM = 30%** | D - altamente resistente |
| E | 40 b | | E - suscetível |

[1] Médias seguidas da mesma letra, dentro da coluna, não diferem entre si pelo teste de Tukey ($p > 0,05$).

Em estudos de resistência, a classificação dos genótipos quanto aos diferentes graus de resistência depende da análise estatística empregada e das diferenças estatísticas obtidas. No exemplo da Tabela 6, o teste de comparação de médias empregado (Tukey) permitiu separar os materiais em quatro diferentes níveis de resistência. Isso também ocorre com insetos sugadores, sendo os genótipos classificados com base nos sintomas de danos causados pelo inseto. Muitas vezes, isso pode não ocorrer e faz-se necessária a comparação de outros parâmetros a fim de discriminar corretamente os materais.

## 4.6. Cultivar/variedade/genótipo

Rochelle (1979), baseando-se no Código Internacional da Nomenclatura das Plantas Cultivadas, definiu cultivar (abreviatura: cv.) como "um complexo de plantas cultivadas que diferem por caracteres morfológicos, fisiológicos, citológicos, químicos ou outros, essenciais à silvicultura e horticultura, e que são mantidos quando as plantas são reproduzidas por via sexual ou assexual". O termo "cultivar", que deriva diretamente do inglês (*cultivated variety*), refere-se a uma palavra criada por esse Código, que, em todas as línguas, significa "variedade".

No Brasil, a Lei de Proteção de Cultivares foi sancionada em 1997, com o objetivo de fortalecer e padronizar os direitos de propriedade intelectual. De acordo com a legislação, "cultivar" é a variedade de qualquer gênero ou espécie vegetal claramente distinguível de outras conhecidas por uma margem mínima de características descritas, pela denominação própria, homogeneidade, capacidade de se manter estável por gerações sucessivas, além de ser passível de utilização. A nova cultivar é aquela que não tenha sido oferecida à venda no Brasil há mais de doze meses, em relação à data do pedido de proteção, e em outros países, com o consentimento do dono, há mais de seis anos, para espécies de árvores e videiras, e há mais de quatro anos para as demais espécies (Ministério da Agricultura, Pecuária e Abastecimento – Mapa, 2016).

Ainda de acordo com Rochelle (1979), uma cultivar pode ser constituída de: a) um clone, b) uma linha, c) uma linha híbrida, d) um grupo híbrido, e) uma covariedade, f) um conjunto de indivíduos com notáveis diferenças genéticas, porém com uma ou mais características pelas quais pode ser diferenciado de outras cultivares, g) uma forma apomítica.

Pode ocorrer confusão entre os termos "cultivar" e "variedade", já que esta pode ser confundida com a variedade botânica. Assim, no exemplo *Brassica oleracea* var. *acephala* cv. Manteiga Tupi, tem-se:

*Brassica*: nome genérico (com inicial maiúscula e em itálico)

*oleracea*: nome específico (com inicial minúscula e em itálico)

*acephala*: nome de variedade botânica (com inicial minúscula e em itálico)

Manteiga Tupi: nome do cultivar ou variedade cultivada (com iniciais maiúsculas e sem itálico). Quando a palavra "cultivar" não estiver imediatamente próxima do nome dela, deve-se usá-la entre aspas simples. Exemplo: 'Manteiga Tupi'.

Há bastante controvérsia no que diz respeito ao gênero da palavra. O assunto vem sendo intensamente discutido pelos pesquisadores brasileiros. Assim, Rochelle (1979) e Resh e Almeida (1985) recomendam o uso do gênero feminino, enquanto Lordello (1982) e Gomes (1983) entendem que a palavra é do gênero masculino. Neste livro, utilizaremos sempre o feminino, conforme citado em Mapa (2016).

Os termos "fenótipo" e "genótipo" foram criados no início do século XX pelo pesquisador dinamarquês Wilhelm L. Johannsen. O termo "fenótipo" refere-se a características morfológicas, fisiológicas ou mesmo etológicas do ser vivo estudado. Entretanto, o fenótipo não permanece inalterado no ser vivo, pode se modificar por meio da interação entre o ambiente e suas características genéticas. O termo "genótipo" se refere ao conjunto formado pelos genes de um indivíduo que não são modificados naturalmente. Logo, os genes que formam uma planta procedem de seus parentais e estes determinam seu genótipo. Este livro trata majoritariamente da resistência de plantas a artrópodes a partir do melhoramento genético convencional, por isso o termo "genótipo" será frequentemente utilizado no texto e congrega variedades ou cultivares.

## 4.7. Pseudorresistência

Pseudorresistência é o fenômeno em que, sob determinadas condições, uma variedade ou planta se apresenta pouco danificada em comparação com outras, embora não seja resistente. Existem três modalidades principais de pseudorresistência, apresentadas a seguir.

### 4.7.1. Escape

O escape ocorre quando a variedade ou planta não é infestada por mero acaso. Embora seja mais comum a sua ocorrência em condições de baixa infestação da praga, ele também pode ser constatado sob alta infestação. Há situações em que se mostra tão frequente que o pesquisador desconsidera os dados referentes às plantas não atacadas. No entanto, se esse procedimento é vantajoso por eliminar o escape, contribuindo, desse modo, para o processamento de menor número de dados discrepantes, por outro lado tem a desvantagem de, eventualmente, descartar uma planta de alta resistência. Evidentemente, a ocorrência de escape é mais comum em plantas individualizadas do que em plantas agrupadas em uma parcela. Assim, é mais comum nos casos em que as sementes de uma variedade são submetidas a um agente mutagênico, podendo, em consequência, originar plantas genotipicamente distintas, ou mesmo no caso de plantas alógamas como o milho, em que uma mesma planta origina sementes com variabilidade genética. O escape em geral é detectado quando se instalam outros ensaios visando a observação da repitabilidade ou ainda em testes de progênie do material em que se detectou a pseudorresistência.

O escape pode ocorrer em duas formas distintas:

- **Escape no espaço ou escape espacial**: quando a praga não ataca naquele espaço onde se encontra a variedade ou planta. Isso pode ocorrer devido à presença, nas proximidades, de plantas repelentes ao inseto.
- **Escape no tempo ou escape temporal**: quando, por uma razão qualquer, como a ocorrência de dias chuvosos, a praga não ataca nesse período, bastante curto. Isso pode acontecer, por exemplo, com a mosca-do-sorgo *S. sorghicola*, que não ataca as flores em antese em dias chuvosos, o que pode evitar que sejam infestadas, considerando-se que são atacadas apenas nos dez dias subsequentes à antese, com máxima suscetibilidade no quarto dia (momento em que a panícula apresenta cerca de 90% das flores abertas).

### 4.7.2. Evasão hospedeira ou assincronia fenológica

A evasão hospedeira ocorre quando a planta passa rapidamente pela sua fase de maior suscetibilidade, ou quando essa fase coincide com uma época de baixa densidade populacional da praga em estudo. Kogan (1975) propôs para a evasão hospedeira o termo "assincronia fenológica" (ou "escape no tempo").

Um exemplo do primeiro caso ocorre com a cultivar de soja IAC 100. Quando o plantio dessa cultivar é retardado, é mais curta a fase de maior suscetibilidade aos percevejos, que é o período de enchimento das vagens (R5 a R7), em comparação com o plantio realizado no período regular.

O segundo caso pode ser exemplificado pelos dados de Huddleston et al. (1972), que constataram menores danos provocados pela mosca-do-sorgo quanto mais precoce o florescimento da cultura de sorgo, já que nos primeiros florescimentos (fase de suscetibilidade da cultura) a população da praga ainda se mostrou bastante reduzida. Assim, considerando que a mosca só ocorre com a emergência da panícula e durante os dez dias seguintes e que a época de emissão depende da duração do ciclo da cultura, verifica-se que, ocorrendo cultivares com ciclos diferenciados, as cultivares precoces, certamente devido à menor população do inseto por ocasião do seu florescimento serão menos atacadas do que as tardias. Não se deve confundir, no entanto, plantio precoce com variedade precoce, já que, no segundo caso, a característica é genética.

Outro exemplo de evasão hospedeira ocorre com o ataque de lagartas à cultura de soja. A fase da cultura mais suscetível a lagartas é a reprodutiva (R1 a R8). Assim, em determinadas regiões, onde os plantios são mais tardios, a fase suscetível ocorre num período em que a infestação de lagartas normalmente é mais baixa (Figura 3). É interessante ressaltar que, se a soja for plantada em duas épocas (início de outubro e segunda quinzena de novembro), haverá duas evasões hospedeiras, uma para percevejos, outra para lagartas.

### 4.7.3. Resistência induzida

A resistência induzida ou adquirida é uma manifestação temporária da resistência, resultante de condições especiais do meio ambiente. Quando estas deixam de existir, a planta retorna a sua condição de suscetibilidade.

Esse tipo de resistência pode ser observada, por exemplo, no trabalho de Leuck (1972), que verificou um efeito adverso da adubação de *Pennisetum typhoides* (N. L. Burman) (painço) no desenvolvimento e na sobrevivência de *S. frugiperda*. Lagartas dessa espécie criadas em folhas provenientes de plantas tratadas com nitrogênio apresentaram menor peso (aos dez dias de idade) e maior mortalidade larval, em comparação com a das lagartas criadas em folhas de plantas sem nitrogênio (Tabela 7).

Os resultados relativos ao efeito de nutrientes são bastante contraditórios e variam conforme a espécie de planta e/ou de inseto envolvida. Diferentemente dos

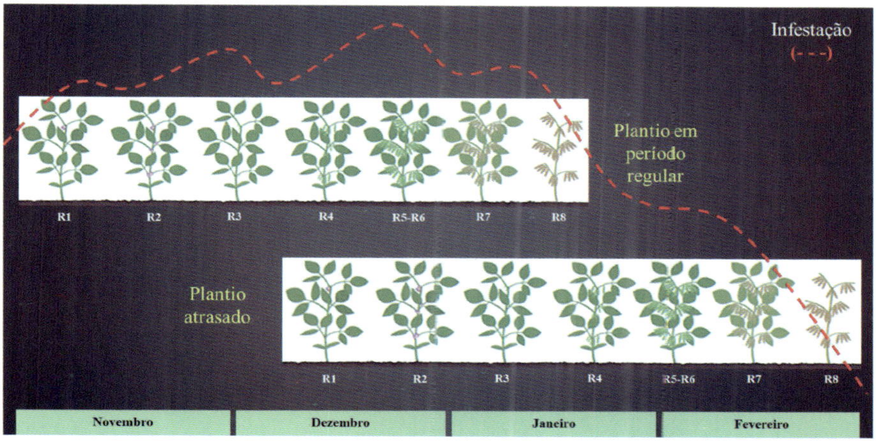


**Figura 3.** Flutuação populacional de lagartas da soja, considerando-se dois períodos de instalação da cultura. O atraso no plantio ocasiona assincronia entre hospedeiro e artrópode-praga.

dados de Leuck (1972), foi constatada que a aplicação de nitrogênio em *Eremochloa ophiuroides* (Munro) (grama-centípede) fez as folhas dessa planta serem mais consumidas por lagartas recém-eclodidas de *S. frugiperda*, em comparação com plantas não fertilizadas (Tabela 8), o que refletiu em maior número de lagartas por folha e maior nota de dano nas plantas que receberam o nutriente (Chang et al., 1985).

**Tabela 7.** Efeito da adubação nitrogenada em *Pennisetum typhoides* sobre a biologia de *Spodoptera frugiperda* (adaptado de Leuck, 1972).

| Tratamento | Peso de lagartas aos dez dias (mg) | Mortalidade larval (%) |
|---|---|---|
| Sem nitrogênio | 30,4 | 11,1 |
| Com nitrogênio | 5,2 | 100 |

**Tabela 8.** Preferência de lagartas recém-emergidas de *Spodoptera frugiperda* por folhas de grama-centípede, fertilizadas ou não com nitrogênio (adaptado de Chang et al., 1985).

| Dias após a fertilização | Número de lagartas/folha (4 cm)[1] | | | Nota de dano[3] | | |
|---|---|---|---|---|---|---|
| | Com N[2] | | Sem N | Com N | | Sem N |
| 15 | 3,9 a | * | 2,1 a | 5,1 b | * | 2,9 a |
| 30 | 4,2 a | * | 1,7 a | 7,2 a | * | 1,3 b |
| 40 | 3,7 a | * | 0,4 b | 4,8 b | * | 0,3 c |

[1] 10 lagartas por repetição
[2] 5 g de nitrato de amônia/vaso (= 376 kg N/ha)
[3] 0 = nenhum dano ... 9 = folha completamente consumida
* Médias, dentro da mesma coluna, seguidas por letras diferentes ou separadas por *, em cada comparação horizontal, diferem significativamente entre si (Duncan, 5%).

Karban (1986), por outro lado, constatou que plantas de algodoeiro previamente expostas ao ácaro *Tetranychus* spp. e plantas com os cotilédones mecanicamente injuriados apresentaram menor infestação por esses ácaros em comparação com plantas não submetidas ao ataque prévio dos ácaros ou sem injúria mecânica dos cotilédones.

Outro exemplo de resistência induzida é oferecido por meio dos dados obtidos por Chiang et al. (1987), que compararam o consumo alimentar por *E. varivestis* em folhas de soja submetidas e não submetidas a herbivoria prévia desse inseto. No período de 12 a 48 horas após a herbivoria, constatou-se redução no consumo alimentar do inseto nas folhas atacadas previamente, as quais, por sua vez, apresentaram aumento bastante acentuado na quantidade de fenóis. Kogan e Paxton (1983) listaram vários exemplos envolvendo plantas herbáceas e arbóreas no que diz respeito à indução de resistência por insetos (Tabela 9).

Kogan (1975) propôs que a resistência induzida e a assincronia fenológica (evasão hospedeira) sejam consideradas resistência ecológica, em contraposição à resistência genética, devido à constituição genotípica da planta.

**Tabela 9.** Exemplos de indução de resistência[1] por prévia herbivoria por insetos (adaptado de Kogan e Paxton, 1983).

| Inseto indutor | Espécie de planta | Reação induzida |
|---|---|---|
| *Acyrthosiphon pisum* (Harris) | Alfafa | Cumestrol |
| *Neodiprion sertifer* (Geoffroy) | Pinus | Polifenóis |
| *Cylas formicarius* (Fabricius) | Batata-doce | Ipomeamarone |
| *Lymantria dispar* (Linnaeus) | Bétula-cinza | < Valor nutricional |
| Lagartas desfolhadoras | Carvalho-negro | Compostos fenólicos |
| *Lygus disponsi* Linnavuori | Bétula | Quinonas |
| *Heliothis* spp. | Algodoeiro | Compostos fenólicos |
| *Acalymma vittata* (Fabricius) | Aboboreira | Cucurbitacinas |

[1] Resistência induzida ao próprio inseto indutor, com exceção de curcubitacinas, que são fagoestimulantes a *A. vittata*, mas fagodeterentes em altas concentrações, a *Epilachna tredecimnotata* (Latreille) (Coleoptera: Coccinellidae).

Rossetto e Lara (1991) propuseram um quarto tipo de pseudorresistência, que denominaram de diluição de dano. Esta modalidade foi proposta para os casos em que a porcentagem de órgãos frutíferos atacados é menor, pelo fato de a planta produzi-los em maior quantidade, para compensar o seu menor tamanho. Isso está exemplificado na Tabela 10, na qual se verifica que, na linhagem de soja BR79-15807, o número de sementes por planta é praticamente o dobro em relação à cultivar Bragg. Como o número de sementes picadas pelo percevejo *Nezara viridula* (Linnaeus) (Hemiptera: Pentatomidae) é semelhante, independentemente do tamanho delas, a porcentagem de sementes danificadas na linhagem tende a ser menor, o que a torna menos danificada (Panizzi et al., 1986). Contudo, BR79-15807 não pode ser considerada verdadeiramente resistente, já que não há efeito sobre o comportamento e/ou a biologia do inseto (efeitos comuns em materiais portadores de resistência por antixenose e antibiose), tampouco reação da planta ao ataque do inseto (comum na tolerância).

**Tabela 10.** Número médio de sementes produzidas por planta; número médio e porcentagem de sementes picadas em dois genótipos de soja submetidos ao ataque de um adulto de *Nezara viridula* (adaptado de Panizzi et al., 1986).

| Genótipo | Número de sementes produzidas/planta | | Sementes picadas/planta | | | |
|---|---|---|---|---|---|---|
| | | | Número | | Porcentagem | |
| | 2 dias | 10 dias | 2 dias | 10 dias | 2 dias | 10 dias |
| Bragg | 67,5 | 54,3 | 10,1 | 27,6 | 15,0% | 50,8% |
| BR79-15807 | 115,1 | 105,0 | 9,6 | 32,3 | 8,3% | 30,8% |

Outros exemplos de diluição de danos podem ser observados no genótipo de sorgo AF-28. Por apresentar sementes pequenas e maior número de internódios, esse genótipo sofre menores danos causados pela mosca-do-sorgo e pela broca-da--cana, respectivamente. Mais detalhes sobre resistência induzida a artrópodes--praga são oferecidos no Capítulo 10 deste livro.

## 5. Vantagens e desvantagens do uso de plantas resistentes a insetos

Na agricultura moderna, o uso de genótipos resistentes é considerado uma ferramenta valiosa no conjunto de estratégias do manejo integrado de pragas (MIP). A resistência de plantas a insetos (RPI) é um método alternativo ao controle químico e apresenta diversas vantagens, como redução ou eliminação de aplicação de inseticidas nas lavouras, diminuição de resíduos nos alimentos e no ambiente e manutenção da entomofauna benéfica. Além dessas vantagens, a resistência de plantas apresenta efeito cumulativo e persistente, não onera significativamente os custos de produção (exceto produtos geneticamente modificados), não exige reaplicações e, em geral, é compatível com outros métodos de controle, credenciando a técnica para incorporação em qualquer programa de manejo de pragas.

Essas vantagens específicas, que não se aplicam à maioria dos outros métodos alternativos, fazem que a resistência varietal se aproxime do método ideal de controle de insetos, pela possibilidade de manter a população do artrópode-praga abaixo do nível de dano econômico, sem causar problemas ao homem e ao ambiente e sem trazer qualquer ônus adicional (exceto produtos geneticamente modificados) ao agricultor. De acordo com Smith e Clement (2012), os benefícios associados ao uso de genótipos resistentes na agricultura mundial superam dois bilhões de dólares ao ano. Obviamente, esse montante é bem maior na atualidade, considerando-se a crescente participação dos transgênicos nesse sistema. Deve-se levar em conta que, em geral, o cálculo dos "lucros" (perdas evitadas) decorrentes da resistência de plantas a insetos acaba sendo subestimado, porque em geral não se considera nesse cálculo o ganho resultante da não poluição do ambiente, a redução do ataque da praga em outras culturas ou áreas vizinhas cultivadas com variedades suscetíveis.

Apesar dessas vantagens, o uso de genótipos resistentes pode apresentar algumas desvantagens. Smith (2005) observa que, em materiais portadores de alta resistência, é possível que a entomofauna benéfica seja prejudicada. Isso poderia ocorrer em plantas com elevada densidade de tricomas glandulares ou alta concentração de aleloquímicos, pois os predadores, parasitoides ou patógenos teriam sua eficiência reduzida no controle biológico de determinadas espécies de artrópodes-praga. Artrópodes que se alimentam de plantas ricas em aleloquímicos tóxicos também podem se tornar mais aptos a detoxificar inseticidas sintéticos, reduzindo a eficácia desses compostos na regulação da população da praga.

Outro fator que pode restringir o uso dessa técnica está relacionado ao tempo necessário para o desenvolvimento de variedades resistentes. Segundo Smith (2005), são necessários de três a cinco anos até que um material resistente a uma espécie de inseto seja liberado para utilização; quando se almeja a resistência a um complexo de espécies (resistência múltipla), são necessários dez anos ou mais. Por fim, muitas vezes as fontes de resistência são primeiramente constatadas em materiais selvagens. Isso torna o processo de melhoramento genético extremamente laborioso, uma vez que muitos desses genótipos selvagens apresentam características agronômicas indesejáveis, tais como produto final fora dos padrões de mercado, baixa qualidade, produtividade reduzida, baixa performance ou suscetibilidade a patógenos.

## 6. Categorias de resistência

Uma espécie de planta ou variedade usa diferentes estratégias para resistir ao ataque de um artrópode-praga. Painter (1951) refere-se a elas como "mecanismos" de resistência, enquanto Lara (1991) utiliza o termo "tipos" de resistência. Smith (1995) fala em "categorias" de resistência, por entender que esse termo se refere ao modo como um conjunto de itens são classificados (de modo mais amplo), enquanto o termo "mecanismo" denota o principal processo a governar um fenômeno natural. Neste livro será utilizado o termo "categoria".

Segundo a classificação de Painter (1951), a resistência de uma planta frente ao ataque de um inseto expressa-se de três formas: antibiose, não preferência (antixenose, de acordo com Kogan e Ortman, 1978) e tolerância (Figura 4).

A antibiose ocorre quando o inseto, após colonizar determinada espécie ou variedade de planta, passa a utilizá-la como fonte de alimento, e esta, por sua

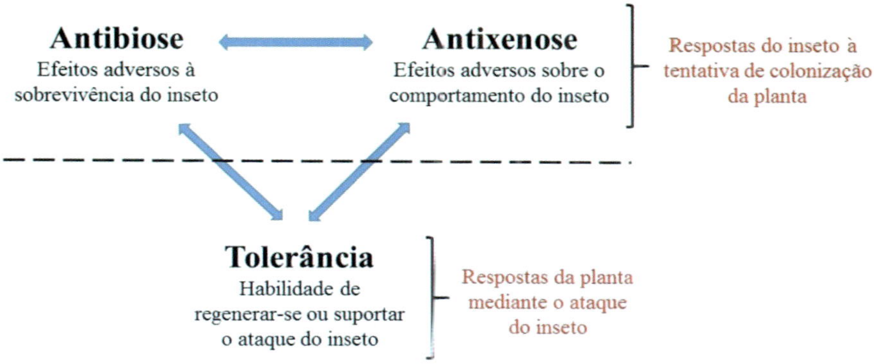


**Figura 4.** Categorias de resistência: antibiose, antixenose e tolerância, originalmente descritas como mecanismos (adaptado de Painter, 1951, e Smith, 2005).

vez, exerce efeitos deletérios sobre sua biologia. Os efeitos antibióticos podem resultar em alterações no tempo de vida dos insetos, redução no tamanho e no peso dos indivíduos, diminuição de processos metabólicos e aumento de mortalidade nas fases imaturas, além de efeitos negativos na fecundidade e na fertilidade.

Antixenose é a categoria de resistência em que a planta impede ou reduz a colonização pelo inseto. Em síntese, a presença de fatores antixenóticos diversos (biofísicos e/ou bioquímicos) torna a planta menos adequada à alimentação, oviposição ou abrigo, fazendo que o artrópode selecione outro hospedeiro.

A tolerância se caracteriza quando uma planta, sob ataque de determinado inseto, sofre menor índice de danos, em comparação com outras, num mesmo nível de infestação, sem afetar o comportamento ou a biologia do inseto. Pode-se dizer que a planta tolerante apresenta a habilidade de suportar ou recuperar-se do ataque de um artrópode-praga, por meio de mecanismos diversos de compensação (regeneração de tecidos danificados, emissão de perfilhos, aumento no número de estruturas reprodutivas, entre outros), de forma que sua produtividade não seja significativamente comprometida.

A antibiose e a antixenose podem ser interpretadas por meio das respostas dos insetos frente a uma planta resistente, ao passo que a tolerância se enquadra como uma resposta da planta ao ataque do artrópode (Figura 4). Frequentemente, antibiose e antixenose se sobrepõem, devido às dificuldades de isolamento das causas da resistência, bem como à ausência de procedimentos experimentais específicos para a caracterização de cada categoria. Por exemplo, se um inseto adquire menor peso ao ser confinado em estruturas de determinada variedade de planta, presume-se, num primeiro momento, que isso decorre de efeitos adversos de compostos presentes no alimento e que provocam essa redução, levando à conclusão de ocorrência de antibiose. No entanto, é possível que o menor peso também seja decorrente da inibição da alimentação do inseto sobre a planta, em função da presença de fatores de resistência que impedem que se alimente, ou inibem outros tipos de comportamento, aspectos diretamente relacionados à expressão de antixenose. Uma maneira para melhor distinguir os mecanismos nesse tipo de estudo seria determinar o volume ou o peso de alimento ingerido pelo inseto, de tal forma que fosse possível estimar o seu aproveitamento ou a sua conversão. Entretanto, essa prática torna-se mais difícil especialmente com insetos diminutos (moscas-brancas, pulgões etc.) e espécies que passam determinadas fases do ciclo biológico abrigadas no interior de estruturas vegetais (carunchos, insetos galhadores etc.).

Recentemente, Stout (2013) propôs uma classificação dicotômica das categorias de resistência, excluindo os termos "antibiose" e "antixenose", por entender que, na prática, os dois fenômenos são difíceis de distinguir. O autor sugeriu a utilização das categorias resistência e tolerância. A categoria resistência seria subdividida em duas subcategorias (constitutiva/indutiva e direta/indireta), enquanto a tolerância consideraria as características previamente descritas por outros autores.

Neste livro, será adotada a classificação tricotômica proposta por Painter (1951), que vem sendo amplamente utilizada e aceita em todo o mundo (Kogan, 1975; Panda, 1979; Panda e Khush, 1985; Lara, 1991; Smith, 1995; Smith e Clement, 2012). Embora a distinção de antibiose e antixenose possa gerar questionamentos, acredita-se que a disponibilização de novas ferramentas de pesquisa poderá assegurar maior acurácia na discriminação das três categorias.

## Referências bibliográficas

ALVARENGA, C. D.; VENDRAMIM, J. D.; CRUZ, I. Controle integrado de *Schizaphis graminum* (Rond.) em sorgo através de genótipos resistentes e do predador *Doru luteipes* (Scuder). *Anais da Sociedade Entomológica do Brasil* 24: 507-16, 1995.

ALVES, A. C.; LOURENÇÃO, A. L.; MELO, A. M. T. Resistência de genótipos de aboboreira a *Bemisia tabaci* (Genn.) biótipo B (Hemiptera: Aleyrodidae). *Neotropical Entomology* 34: 973-79, 2005.

ALVES, A. C. et al. Atratividade e preferência para oviposição de *Trialeurodes vaporariorum* em genótipos de aboboreira. *Horticultura Brasileira* 24: 446-49, 2006.

ALVES, L. F. A. et al. Não preferência do ácaro-vermelho, *Oligonychus yothersi* McGregor (Acari: Tetranychidae), para oviposição em folhas de progênies de erva-mate (*Ilex paraguariensis*). Semina. *Ciências Agrárias* 28: 179-86, 2007.

ANGELINI, M. R.; BOIÇA JR., A. L. Preferência alimentar de *Dione juno juno* (Cramer, 1779) (Lepidoptera: Nymphalidae) por genótipos de maracujazeiro. *Revista Brasileira de Fruticultura* 29: 276-81, 2007.

BALDIN, E. L. L.; LARA, F. M. Interação de genótipos de abobrinha italiana com inseticida no controle da broca das cucurbitáceas *Diaphania nitidalis* Cr. *Anais da Sociedade Entomológica do Brasil* 27: 621-26, 1998.

BALDIN, E. L. L.; BOIÇA JR., A. L. Desenvolvimento de *Holhymenia histrio* (Fabr.) (Hemiptera: Coreidae) em frutos de cinco genótipos de maracujazeiro (*Passiflora* spp.). *Anais da Sociedade Entomológica do Brasil* 28: 421-27, 1999.

BALDIN, E. L. L.; CAETANO, A. C.; BOIÇA JR., A. L. Resistência de espécies de maracujazeiro ao percevejo *Anisosceles foliacea marginella* (Dallas, 1852) (Hemiptera: Coreidae). *Cultura Agronômica* 8: 131-41, 1999.

BALDIN, E. L. L.; LARA, F. M. Atratividade e consumo foliar por adultos de *Diabrotica speciosa* (Germ.) (Coleoptera: Chrysomelidae) em diferentes genótipos de abóbora. *Neotropical Entomology* 30: 675-79, 2001.

BALDIN, E. L. L. et al. Atratividade de frutos de espécies de maracujazeiro a *Holhymenia histrio* Fabr. (Hemiptera: Coreidae) e preferência alimentar. *Boletín de Sanidad Vegetal. Plagas* 27: 35-39, 2001.

BALDIN, E. L. L.; CAETANO, A. C.; LARA, F. M. Atração e desenvolvimento de *Leptoglossus gonagra* (Fabr.) (Hemiptera: Coreidae) em cultivares de abóbora e moranga. *Scientia Agricola* 59: 191-96, 2002.

BALDIN, E. L. L.; LARA, F. M. Atratividade e preferência alimentar de adultos de *Epicauta atomaria* (Germ., 1821) (Col.: Meloidae) em maracujazeiros (*Passiflora* spp.), sob condições de laboratório. *Revista Brasileira de Fruticultura* 24: 68-71, 2002.

BALDIN, E. L. L.; LARA, F. M. Efeito de temperaturas de armazenamento e de genótipos de feijoeiro sobre a resistência a *Acanthoscelides obtectus* (Say) (Coleoptera: Bruchidae). *Neotropical Entomology* 33: 365-69, 2004.

BALDIN, E. L. L.; VENDRAMIM, J. D.; LOURENÇÃO, A. L. Resistência de genótipos de tomateiro à mosca-branca *Bemisia tabaci* (Gennadius) biótipo B (Hemiptera: Aleyrodidae). *Neotropical Entomology* 34: 435-41, 2005.

BALDIN, E. L. L.; LARA, F. M. Resistance of stored bean varieties to *Acanthoscelides obtectus* (Coleoptera: Bruchidae). *Insect Science* 15: 317-26, 2008.

BALDIN, E. L. L. et al. Resistência de genótipos de abobrinha a *Bemisia tabaci* (Genn.) biótipo B. *Neotropical Entomology* 38: 526-30, 2009a.

BALDIN, E. L. L.; MARCHI, L. S.; SCHLICK, E. C. Resistance of squash cultivars to *Aphis gossypii*. *Horticultura Brasileira* 27: 345-49, 2009b.

BALDIN, E. L. L.; BENEDUZZI, R. A. Characterization of antibiosis and antixenosis to the whitefly silverleaf *Bemisia tabaci* B biotype (Hemiptera: Aleyrodidae) in several squash varieties. *Journal of Pest Science* 83: 223-29, 2010.

BALDIN, E. L. L.; SILVA, J. P. G. F.; PANNUTI, L. E. R. Resistance of melon cultivars to *Bemisia tabaci* biotype B. *Horticultura Brasileira* 30: 600-6, 2012.

BALDIN, E. L. L. et al. Resistance of collard greens to *Ascia monuste orseis* (Lepidoptera: Pieridae). *Arthropod-Plant Interactions* 9: 67-74, 2014.

BIOLETTI, F. T. The phylloxera of the vine. *Bulletin n. 131*. Agricultural Experiment Station. State Printing, Sacramento, USA, 1901.

BOETHEL, D. J. Assessment of soybean germplasm for multiple insect resistance. In: CLEMENT, S. L.; QUISENBERRY, S. S. (eds.). *Global plant genetic resources for insect-resistant crops*. Boca Raton, USA: CRC, 1999. p. 101-29.

BOIÇA JR., A. L.; VENDRAMIM, J. D. Desenvolvimento de *Bemisia tabaci* (Gennadius, 1889) (Homoptera, Aleyrodidae) em genótipos de feijão (*Phaseolus vulgaris* L.). *Anais da Sociedade Entomológica do Brasil* 15: 231-38, 1986.

BOIÇA JR., A. L.; DOMINGUES, E. P. Observação da suscetibilidade de seis variedades de cebola ao *Thrips tabaci* Lindeman, 1888 (Thysanoptera, Thripidae) no cultivo do cedo. *Científica* 15: 79-84, 1987.

BOIÇA JR., A. L.; LARA, F. M. Resistência de genótipos de sorgo ao ataque de *Diatraea saccharalis* (Fabr.) (Lepidoptera, Pyralidae). *Anais da Sociedade Entomológica do Brasil* 22: 245-52, 1993.

BOIÇA JR., A. L. et al. Comparacão de vinte e quatro genótipos de milho infestado por *Spodoptera frugiperda* (J. E. Smith, 1797) (Lepidoptera, Noctuidae). *Anais da Sociedade Entomológica do Brasil* 22: 131-37, 1993.

BOIÇA JR., A. L.; LARA, F. M.; GUIDII, F. P. Resistência de genótipo de milho ao ataque de *Sitophilus zeamais* Motts. (Coleoptera: Curculionidae). *Anais da Sociedade Entomológica do Brasil* 26: 481-85, 1997.

BOIÇA JR., A. L.; LARA, F. M.; OLIVEIRA, J. C. Efeito de genótipos de maracujazeiro (*Passiflora* spp.) e da densidade larval na biologia de *Dione juno juno* (Cramer) (Lepidoptera: Nymphalidae). *Anais da Sociedade Entomológica do Brasil* 28: 41-47, 1999.

BOIÇA JR., A. L. Resistência de genótipos de algodoeiro (*Gossypium hirsutum* L.) a *Alabama argillacea* (Hubner) (Lepidoptera: Noctuidae). *Neotropical Entomology* 30: 297-303, 2001.

BOIÇA JR., A. L. et al. Adult attractiveness and oviposition preference of *Bemisia tabaci* (Genn.) (Homoptera: Aleyrodidae) B-biotype in cotton genotypes. *Scientia Agricola* 64: 147-51, 2007.

BOIÇA JR., A. L. et al. Não preferência para alimentação e para oviposição de genótipos de amendoinzeiro a *Anticarsia gemmatalis* Hubner (Lepidoptera: Noctuidae). *Revista de Agricultura* 83: 66-74, 2008a.

BOIÇA JR., A. L.; ANGELINI, M. R.; OLIVEIRA, J. C. Aspectos biológicos de *Dione juno juno* (Cramer) (Lepidoptera: Nymphalidae) em genótipos de maracujazeiro. *Revista Brasileira de Fruticultura* 30: 101-5, 2008b.

BOIÇA JR., A. L. et al. Avaliação de resistência de cultivares de amendoim de hábito de crescimento rasteiro a *Enneothrips flavens* Moulton (Thysanoptera: Thripidae). *Arquivos do Instituto Biológico* 1: 33-38, 2012a.

BOIÇA JR., A. L. et al. Não preferência para oviposição e alimentação por *Tuta absoluta* (Meyrick) em genótipos de tomateiro. *Arquivos do Instituto Biológico* 79: 541-48, 2012b.

BOIÇA JR., A. L. et al. Antixenosis and tolerance to *Diabrotica speciosa* (Coleoptera: Chrysomelidae) in common bean cultivars. *Florida Entomologist* 98: 464-72, 2015a.

BOIÇA JR., A. L. et al. Factors influencing expression of antixenosis in soybean to *Anticarsia gemmatalis* and *Spodoptera frugiperda* (Lepidoptera: Noctuidae). *Journal of Economic Entomology* 108: 317-25, 2015b.

BOIÇA JR., A. L. et al. Preferência alimentar de adultos de *Cerotoma arcuata* (Coleoptera: Chrysomelidae) por folhas e vagens de cultivares de soja. *Revista de la Facultad de Agronomía* 114: 8-14, 2015c.

BOIÇA JR., A. L. et al. Determinação dos tipos de resistência a *Spodoptera cosmioides* (Walker) (Lepidoptera: Noctuidae) em genótipos de soja. *Semina. Ciências Agrárias* 36: 607-18, 2015d.

BOGORNI, P. C. et al. Resistance of citrus and related genera to *Diaphorina citri* Kuwayama (Hemiptera: Liviidae). *Neotropical Entomology* 43: 465-69, 2014.

BORTOLI, S. A.; PARRA, J. R. P.; LARA, F. M. Aspectos biológicos de *Hedylepta indicata* (Fabricius, 1775) (Lepidoptera – Pyralidae) em soja [*Glycine max* (L.) Merrill], sob condições de laboratório. *Anais da Sociedade Entomológica do Brasil* 11: 23-32, 1982.

BOTTEGA, D. B. et al. Aspectos biológicos de *Tuta absoluta* (Lepidoptera: Gelechiidae) criada em folhas de diferentes genótipos de tomate. *Revista de Ciências Agrárias* 38: 139-48, 2015.

BRANCO, E. S. et al. Preferência para oviposição da mosca-das-frutas *Anastrepha fraterculus* (Wied., 1830) (Diptera: Tephritidae) em genótipos de macieira. *Revista Brasileira de Fruticultura* 21: 216-21, 1999.

CAETANO, A. C. et al. Avaliação da resistência de frutos de quatro genótipos de maracujazeiro a *Leptoglossus gonagra* Fabr. *Revista de Agricultura* 74: 45-53, 1999.

CAETANO, A. C.; BOIÇA JR., A. L. Desenvolvimento de *Leptoglossus gonagra* Fabr. (Heteroptera: Coreidae) em espécies de maracujazeiro. *Anais da Sociedade Entomológica do Brasil* 29: 353-59, 2000.

CAMPOS, Z. R. et al. Parâmetros biológicos de *Bemisia tabaci* (Genn.) biótipo B (Hemiptera: Aleyrodidae) em genótipos de algodoeiro. *Bragantia* 68: 1003-7, 2009.

CAMPOS, Z. R. et al. The feeding preferences of *Spodoptera frugiperda* (J. E. Smith) (Lepidoptera: Noctuidae) on cotton plant varieties. *Acta Scientiarum. Agronomy* 34: 125-30, 2012.

CANASSA, V. F. et al. Characterization of antixenosis to *Dichelops melacanthus* (Hemiptera: Pentatomidae) in soybean genotypes. *International Journal of Pest Management* 62: 1-7, 2016.

CASTIGLIONI, E. A.; VENDRAMIM, J. D. Efeito de genótipos de soja no desenvolvimento de *Anticarsia gemmatalis* Huebner (Lepidoptera: Noctuidae). *Anais da Sociedade Entomológica do Brasil* 25: 411-16, 1996.

CASTRO, M. J. P. et al. Characterization of cowpea genotype resistance to *Callosobruchus maculatus*. *Pesquisa Agropecuária Brasileira* 48: 1201-9, 2013.

CHAGAS FILHO, N. R.; BOIÇA JR., A. L.; ALONSO, T. F. Biologia de *Plutella xylostella* L. (Lepidoptera: Plutellidae) em cultivares de couve-flor. *Neotropical Entomology* 39: 253-59, 2010.

CHANG, N. T. et al. Influence of N fertilizer on the resistance of selected grasses to fall armyworm larvae. *Journal of Agricultural Entomology* 2: 137-46, 1985.

CHAVES, J. W. N.; VENDRAMIM, J. D. Não preferência para oviposição e desenvolvimento de *Callosobruchus maculatus* (Fabr.) (Coleoptera: Bruchidae) em cultivares de caupi. *Anais da Sociedade Entomológica do Brasil* 24: 239-45, 1995.

CHIANG, H. S. et al. Inducible versus constitutive PI 227687 soybean resistance to Mexican bean beetle, *Epilachna varivestis*. *Journal of Chemical Ecology* 13: 741-49, 1987.

CLARK, W. J. et al. Resistance of certain soybean cultivars to bean leaf beetle, striped blister beetle and bollworm. *Journal of Economic Entomology* 65: 1669-72, 1972.

COELHO, S. A. M. P. Resistência de meloeiro a *Bemisia tabaci* biótipo B. *Bragantia* 68: 1025-35, 2009.

CORREIA, J. S.; VENDRAMIM, J. D. Influencia de cultivares de algodoeiro na biologia de *Heliothis virescens* (F). *Anais da Sociedade Entomológica do Brasil* 15: 47-59, 1986.

COSTA, E. D. et al. Oviposition preference assessment of *Diabrotica speciosa* (Coleoptera: Chrysomelidae) for different soybean genotypes. *International Journal of Pest Management* 60: 52-58, 2014.

COSTA, N. P.; BOIÇA JR., A. L. Efeito de genótipos de caupi, *Vigna unguiculata* (L.) Walp., sobre o desenvolvimento de *Callosobruchus maculatus* (Fabricius) (Coleoptera: Bruchidae). *Neotropical Entomology* 33: 77-83, 2004.

CRUZ, I.; VENDRAMIM, J. D. Efeito de diferentes genótipos de sorgo resistentes no desempenho do pulgão-verde, *Schizaphis graminum* Rond. *Anais da Sociedade Entomológica do Brasil* 24: 253-63, 1995.

CRUZ, P. L. et al. Atratividade de genótipos de feijão-caupi para oviposição de *Bemisia tabaci* biótipo B. *Pesquisa Agropecuária Brasileira* 47: 1563-71, 2012.

CRUZ, P. L.; BALDIN, E. L. L.; CASTRO, M. J. P. Characterization of antibiosis to the silverleaf whitefly *Bemisia tabaci* biotype B (Hemiptera: Aleyrodidae) in cowpea entries. *Journal of Pest Science* 87: 639-45, 2014.

CRUZ, P. L.; BALDIN, E. L. L. Performance of *Bemisia tabaci* Biotype B on soybean genotypes. *Neotropical Entomology* 45, doi: 10.1007/s13744-016-0445-3, 2016.

CRUZ, P. L. et al. Tolerance of KS-4202 soybean to the attack of *Bemisia tabaci* biotype B (Hemiptera: Aleyrodidae). *Florida Entomologist* 99: 600-7, 2016.

DALBÓ, M. A.; ARIOLI, C. J.; SILVA, M. L. Resistance of rootstocks to grapevine decline and dieback in southern Brazil. *Acta Horticulturae* 1127: 65-69, 2016.

DERNEIKA, O.; LARA, F. M. Resistência de cana-de-açúcar a *Diatraea saccharalis* (Fabr., 1794) (Lepidoptera – Pyralidae): comportamento de variedades em três cortes e em quatro locais do estado de São Paulo. *Anais da Sociedade Entomológica do Brasil* 20: 359-68, 1991.

DI BELLO, M. M. et al. Não preferência para alimentação e antibiose em cultivares de amendoim a *Stegasta bosquella* (Chambers) (Lepidoptera: Gelechiidae). Semina. *Ciências Agrárias* 36: 619-30, 2015.

DUYN, J. W. VAN; TURNIPSEED, S. G.; MAXWELL, J. D. Resistance in soybean to the Mexican bean beetle. I. Sources of resistance. *Crop Science* 11: 572-73, 1971.

FANCELLI, M.; VENDRAMIM, J. D. Não preferência para alimentação e oviposição de *Ascia monuste orseis* (Godart) (Lep., Pieridae) em cultivares de couve. *Anais da Sociedade Entomológica do Brasil* 22: 231-37, 1993.

FANCELLI, M. et al. Exsudato glandular de genótipos de tomateiro e desenvolvimento de *Bemisia tabaci* (Genn.) (Sternorrhyncha: Aleyrodidae) biótipo B. *Neotropical Entomology* 34: 659-66, 2005.

FUGI, C. G. Q.; LOURENÇÃO, A. L.; PARRA, J. R. P. Biology of *Anticarsia gemmatalis* on soybean genotypes with different degrees of resistance to insects. *Scientia Agricola* 62: 31-35, 2005.

FUNICHELLO, M. et al. Effect of transgenic and non-transgenic cotton cultivars on the development and survival of *Pseudoplusia includens* (Walker) (Lepidoptera: Noctuidae). *African Journal of Agricultural Research* 8: 5424-28, 2013.

GARCIA, J. F. et al. Effect of sugarcane varieties on the development of *Mahanarva fimbriolata* (Hemiptera: Cercopidae). *Revista Colombiana de Entomología* 37: 16-20, 2011.

GAROFALO, M. P. *The history of gardening*: a timeline from ancient times to the 20th century, 1999. Version 2. 2. 7. Disponível em: <http://www. gardendigest. com/timegl. htm>. Acesso em: 10 dez. 2016.

GOMES, F. P. Cultivar, substantivo masculino ou feminino? *Revista de Agricultura*, 58: 114, 1983.

GRISOTO, E. et al. Biologia de *Mahanarva fimbriolata* em gramíneas forrageiras. *Ciência Rural* 44: 1043-49, 2014.

GUERREIRO-FILHO, O.; MEDINA-FILHO, H. P.; CARVALHO, A. Fontes de resistência ao bicho-mineiro, *Perileucoptera coffeella*, em *Coffea* spp. *Bragantia* 50: 45-55, 1991.

GUZZO, E. C. et al. Identificação de materiais de milho resistentes ao ataque de gorgulho *Sitophilus zeamais* (Mots., 1855) (Coleoptera: Curculionidae). *Arquivos do Instituto Biológico* 69: 69-73, 2002.

GUZZO, E. C. et al. No correlation of morpho-agronomic traits of *Phaseolus vulgaris* (Fabaceae) genotypes and resistance to *Acanthoscelides obtectus* (Say) and *Zabrotes subfasciatus* (Boheman) (Coleoptera: Chrysomelidae). *Neotropical Entomology* 44: 619-25, 2015.

HARVEY, T. L.; HACKEROTT, H. L. Recognition of a greenbug biotype injurious to sorghum. *Journal of Economic Entomology* 62: 776-79, 1969.

HAVENS, J. N. Observations on the Hessian fly. New York Society of Agricultural Transactions, *Arts and Manufacturing* 1: 89-107, 1792.

HUDDLESTON, E. W. et al. Biology and control of the sorghum midge. 1. Chemical and cultural control studies in West Texas. *Journal of Economic Entomology* 65: 851-55, 1972.

JANINI, J. C. et al. Avaliação de espécies silvestres e cultivares de amendoim para resistência a *Enneothrips flavens* Moulton. *Bragantia* 69: 891-98, 2010.

JESUS, F. G. et al. Resistance of *Eucalyptus* spp. genotypes to eucalyptus brown looper *Thyrinteina arnobia* (Lepidoptera: Geometridae). *Australian Journal of Crop Science* 9: 1016-21, 2015.

KARBAN, R. Induced resistance against spider mites in cotton: Field verification. *Entomologia Experimentalis et Applicata* 42: 239-42, 1986.

KOGAN, M. Plant resistance in pest management. In: METCALF, R. L.; LUCKMANN, W. H. (eds.). *Introduction to insect pest management*. New York, USA: John Wiley & Sons, 1975. p. 103-46.

KOGAN, M.; ORTAMAN, E. F. Antixenosis – A new term proposed to define Painter's "nonpreference" modality of resistance. *Bulletin of the Entomological Society of America* 24: 175-76, 1978.

KOGAN, M.; PAXTON, J. D. Natural inducers of plant resistance to insects. In: HEDIN, P. A. (ed.). *Plant resistance to insects*. New York, USA: American Chemical Society, 1983. p. 153-71.

KOVALESKI, A.; VENDRAMIM, J. D. Biologia de *Panonychus ulmi* (Koch, 1836) (Acari, Tetranychidae) em macieira. *Revista de Agricultura* 68: 27-41, 1993.

LARA, F. M. et al. Resistência de variedades de couve a *Brevicoryne brassicae* (L., 1758). I. Preferência em condicões de campo e laboratório. *Anais da Sociedade Entomológica do Brasil* 7: 175-82, 1978.

LARA, F. M. *Princípios de resistência de plantas a insetos*. Piracicaba: Livroceres, 1979.

LARA, F. M.; BARBIERI, J.; MASCA, M. G. C. C. Comportamento de cultivares de tomate em relação ao ataque da broca pequena *Neoleucinodes elegantalis* (Guén., 1854) (Lepidoptera – Pyraustidae). *Anais da Sociedade Entomológica do Brasil* 9: 53-66, 1980.

LARA, F. M. et al. Avaliação de genótipos de milho para características agronômicas e resistência a *Heliothis zea* (Bod., 1850) (Lepidoptera, Noctuidae). *Anais da Sociedade Entomológica do Brasil* 14: 111-19, 1985.

LARA, F. M. Princípios de resistência de plantas a insetos. 2. ed. São Paulo: Ícone, 1991.

LARA, F. M. et al. Influência da idade de plantas de sorgo na infestação de *Diatraea saccharalis* (Fabr.) (Lepidoptera, Pyralidae). *Anais da Sociedade Entomológica do Brasil* 23: 31-38, 1994.

LARA, F. M. Resistência do algodoeiro herbáceo a *Anthonomus grandis* Boheman, 1843 (Coleoptera: Curculionidae) e interação com inseticida. *Pesquisa Agropecuária Brasileira* 28: 1129-35, 1993.

LARA, F. M. Resistance of wild and near isogenic bean lines with arcelin variants to *Zabrotes subfasciatus* (Boheman). I. Winter crop. *Anais da Sociedade Entomológica do Brasil* 26: 551-60, 1997.

LARA, F. M.; TANZINI, M. R. Nonpreference of the lace bug *Leptopharsa heveae* Drake & Poor (Heteroptera, Tingidae) for rubber tree clones. *Anais da Sociedade Entomológica do Brasil* 26: 429-34, 1997.

LARA, F. M. et al. Resistência de genótipos de sorgo a *Contarinia sorghicola* (Coq.) (Diptera: Cecidomyidae) e *Diatraea saccharalis* (Fabr.) (Lepidoptera: Pyralidae) e influência sobre parasitoides. *Anais da Sociedade Entomológica do Brasil* 26: 327-33, 1997.

LARA, F. M.; ROSSETTO, C. J.; IGUE, T. Resistance of the AF-28 sorghum variety to *Contarinia sorghicola*. *Entomologia Experimentalis et Applicata* 21: 238-42, 1997.

LARA, F. M. et al. Tipos de resistência a *Alabama argillacea* (Huebner) (Lepidoptera, Noctuidae) envolvidos em genótipos de algodoeiro: I – Não preferência. *Anais da Sociedade Entomológica do Brasil* 28: 739-44, 1999a.

LARA, F. M. et al. Preferência alimentar de *Diabrotica speciosa* (Germ.) e *Cerotoma* sp. por genótipos de soja. *Scientia Agricola* 56: 947-51, 1999b.

LARA, F. M.; BALDIN, E. L. L. Resistência de abobrinha italiana a *Diabrotica speciosa* (Germar) (Coleoptera: Chrysomelidae): atratividade e preferência alimentar. *Ecossistema* 25: 82-85, 2000.

LARA, F. M. et al. Preferência de *Cosmopolites sordidus* Germ. (Coleoptera, Curculionidae) por genótipos de bananeira em condições de laboratório. *Ecossistema* 25: 35-38, 2000a.

LARA, F. M.; SARGO, H. L. B.; BOIÇA JR., A. L. Preferência alimentar de adultos de *Diabrotica speciosa* (Germar) (Coleoptera: Chrysomidae) por genótipos de batata (*Solanum* spp.). *Anais da Sociedade Entomológica do Brasil* 29: 131-37, 2000b.

LARA, F. M. et al. Resistência de genótipos de batata a larvas e adultos de *Diabrotica speciosa*. *Horticultura Brasileira* 22: 761-65, 2004.

LARA, F. M. Resistência de genótipos de soja à mosca branca *Bemisia tabaci* (Genn.) biótipo B (Hemiptera: Aleyrodidae). *Neotropical Entomology* 33: 71-75, 2004.

LEUCK, D. B. Induced fall army worm resistance in pearl millet. *Journal of Economic Entomology* 65: 1608-11, 1972.

LINDLEY, G. *A guide to the orchard and kitchen garden*. London, UK: Brown and Green Pub. Co., 1831.

LINK, D.; ROSSETTO, C. J. Relação entre fissura na casca do arroz e infestação de *Sitotroga cerealella* (Olivier, 1819) (Lepidoptera, Gelechiidae). *Revista Peruana de Entomología* 15: 225-27, 1972.

LOAYZA, R. M.; PARRA, J. R. P.; VENDRAMIM, J. D. Biologia comparada de *Selenaspidus articulatus* (Morgan) (Hemiptera: Diaspididae) em cultivares de *Citrus sinensis* e *Citrullus silvestris*. *Neotropical Entomology* 32: 493-96, 2003.

LOPES, M. T. R.; VENDRAMIM, J. D. Resistência de genótipos de batata a *Phthorimaea operculella* (Zeller). *Scientia Agricola* 58: 235-39, 2001.

LORDELLO, A. I. L.; LARA, F. M. Preferência para oviposição de *Spodoptera frugiperda* (J. E. Smith, 1797) em sorgo, em condições de laboratório. *Anais da Sociedade Entomológica do Brasil* 9: 11-21, 1980.

LORDELLO, L. G. E. Cultivar, substantivo masculino. *Revista de Agricultura* 57: 22, 1982.

LOURENÇÃO, A. L. et al. Comportamento de clones de cana-de-açúcar em relação a *Diatraea saccharalis* (Fabr., 1794). *Bragantia* 41: 145-54, 1982.

LOURENÇÃO, A. L.; MIRANDA, M. A. C. Resistência de soja a insetos. I. Comportamento de linhagens e cultivares em relação a *Epinotia aporema* (Wals) (Lepidoptera: Tortricidae). *Bragantia* 42: 203-9, 1983.

LOURENÇÃO, A. L.; UNGARO, M. R. G. Preferência para alimentação de lagartas de *Chlosyne lacinia saundersii* Doubleday & Hewitson, 1849 em cultivares de girassol. *Bragantia* 42: 281-86, 1983.

LOURENÇÃO, A. L.; ROSSETTO, C. J.; MIRANDA, M. A. C. Resistência de soja a insetos. IV. Comportamento de genótipos em relação a *Hedilepta indicata* (Fabr.). *Bragantia* 44: 149-57, 1984.

LOURENÇÃO, A. L.; NAGAI, H.; ZULLO, M. A. Fontes de resistência a *Scrobipalpula absoluta* (Meyrick, 1917) em tomateiro. *Bragantia* 43: 569-77, 1984.

LOURENÇÃO, A. L.; ROSSETTO, C. J.; MIRANDA, M. A. C. Resistência de soja a insetos. III. Seleção de linhagens resistentes a percevejos. *Bragantia* 44: 77-86, 1985.

LOURENÇÃO, A. L.; COSTA, A. S.; MIRANDA, M. A. C. Sources of resistance to insect pests and virus vectors in the soybean germplasm tested at the Instituto Agronômico, SP, Brazil. In: WORLD SOYBEAN RESEARCH CONFERENCE, 4. *Proceedings*. Buenos Aires, Argentine: Orientación Gráfica Editora S. R. L., 1987a.

LOURENÇÃO, A. L.; MIRANDA, M. A. C.; NAGAI, V. Resistência de soja a insetos: VII. Avaliação de danos de percevejos em cultivares e linhagens. *Bragantia* 46: 45-57, 1987.

LOURENÇÃO, A. L. et al. Resistência de morangueiros a *Tetranychus urticae* Koch (Acari: Tetranychidae). *Anais da Sociedade Entomológica do Brasil* 29: 339-46, 2000.

LOURENÇÃO, A. L. et al. Avaliação de danos de percevejos e de desfolhadores em genótipos de soja de ciclos precoce, semiprecoce e médio. *Neotropical Entomology* 31: 623-30, 2002a.

LOURENÇÃO, A. L. et al. Comportamento de porta-enxertos de videira em solo infestado pela pérola-da-terra. *Revista de Agricultura* 77: 57-64, 2002b.

LUEDDERS, V. D.; DICKERSON, W. A. Resistance of selected soybean genotypes and segregating populations to cabbage looper feeding. *Crop Science* 17: 395-97, 1977.

MARCHI-WERLE, L. et al. Characterization of peroxidase changes in tolerant and susceptible soybeans challenged by soybean aphid (Hemiptera: Aphididae). *Journal of Economic Entomology* 107: 1985-91, 2014.

MARTINS, J. F. S.; ROSSETTO, C. J.; ROCCIA, A. O. Preferência para oviposição de *Diatraea saccharalis* (Fabricius, 1794) em variedade de arroz. *Anais da Sociedade Entomológica do Brasil* 6: 64-72, 1977.

MARUCCI, R. C. et al. Feeding site preference of *Dilobopterus costalimai* Young and *Oncometopia facialis* (Signoret) (Hemiptera: Cicadellidae) on citrus plants. *Neotropical Entomology* 33: 759-68, 2004.

MARUYAMA, W. I. et al. Resistência de genótipos de tomateiro ao ácaro rajado. *Horticultura Brasileira* 20: 480-84, 2002.

MAXWELL, F. G.; JENNINGS, P. R. (eds.). *Breeding plants resistant to insects*. New York, USA: John Wiley, 1980.

MAZZONETTO, F.; VENDRAMIM, J. D. Aspectos biológicos de *Zabrotes subfasciatus* (Boh.) (Coleoptera: Bruchidae) em genótipos de feijoeiro com e sem arcelina. *Neotropical Entomology* 31: 435-39, 2002.

McPHERSON, R. M.; BUSS, G. R. Evaluating lepidopteran defoliation resistance in soybean breeding lines containing the stink bug (Hemiptera: Pentatomidae) resistance IAC-100 cultivar in their pedigrees. *Journal of Economic Entomology* 100: 962-68, 2007.

MINISTÉRIO DA AGRICULTURA, PECUÁRIA E ABASTECIMENTO (MAPA). *Proteção de cultivares no Brasil*, 2016. Disponível em: <http://www. agricultura. gov. br/arq_editor/file/Livro_Protecao_Cultivares. pdf>. Acesso em: 30 nov. 2016.

MIRANDA, M. A. C. et al. Melhoramento de cultivares. In: MIYASAKA, S.; MEDINA, J. C. (eds.). *A soja no Brasil*. Campinas: Instituto de Tecnologia de Alimentos (Ital), 1981. p. 311-24.

MIRANDA, M. A. C. et al. Potencialidade do emprego de supergenes no melhoramento da soja. *O Agronômico* 39: 287-97, 1987.

MIRANDA, M. A. C. et al. Descrição, produtividade e estabilidade do cultivar de soja IAC-24, resistente a insetos. *Bragantia* 62: 29-37, 2003.

MORAES, A. R. A. et al. Infestation by *Enneothrips flavens* Moulton and yield of peanuts cultivars. *Scientia Agricola* 62: 469-72, 2005.

MORAES, A. R. A. Antibiose à lagarta-do-cartucho em híbridos de milho *Bt*. *Revista Brasileira de Milho e Sorgo* 15: 1-10, 2016.

MORANDO, R. et al. Antixenosis of bean genotypes to *Chrysodeixis includens* (Lepidoptera: Noctuidae). *Pesquisa Agropecuária Brasileira* 50: 450-58, 2015.

MOREIRA, J. O. T.; LARA, F. M.; MASCA, M. G. C. C. Resistência de cultivares de tomateiro *Lycopersicon esculentum* Mill a broca pequena dos frutos *Neoleucinodes elegantalis* (Guenee, 1854) (Lepidoptera – Pyralidae). *Ciência e Cultura* 37: 618-23, 1985.

NAULT, B. A.; ALL, J. N.; BOERMA, H. R. Resistance in vegetative and reproductive stages of a soybean breeding line to the three defoliating pests (Lepidoptera: Noctuidae). *Journal of Economic Entomology* 85: 1507-15, 1992.

NEGREIROS, J. et al. Biologia comparada do bicho-da-seda *Philosamia ricini* (Drury) (Lep.: Saturniidae) em quatro genótipos de mamona. *Revista de Agricultura* 73: 155-66, 1988.

NEGREIROS, J. et al. Efeito de genótipos de mamoneira sobre a biologia do bicho-da-seda *Philosomia ricini* (Drury, 1777) (Lepidoptera: Saturniidae). *Caatinga* 8: 52-57, 1994.

OLIVEIRA, M. M.; BOIÇA JR., A. L.; WAQUIL, J. M. Avaliação da resistência de cultivares de sorgo ao ataque de *Sitophilus zeamais* Mots. (Coleoptera: Curculionidae). *Científica* 28: 23-32, 2000.

OLIVEIRA, F. Q. et al. Preference and infestation level of *Anastrepha fraterculus* (Wiedemann, 1830) on fruits of some *Psidium guajava* L. cultivars and relation to their physicochemical parameters. *Phytoparasitica* 42: 475-83, 2014.

ORIANI, M. A. G.; VENDRAMIM, J. D.; BRUNHEROTTO, R. Aspectos biológicos de *Bemisia tabaci* (Genn.) biótipo B (Hemiptera: Aleyrodidae) em seis genótipos de feijoeiro. *Neotropical Entomology* 37: 191-95, 2008.

OSUNA, J. T. A. et al. Análise e seleção dos caracteres associados à resistência à lagarta da espiga, *Heliothis zea* (Boddie, 1850) (Lepidoptera – Noctuidae) no composto dentado Jaboticabal, IX ciclo de seleção massal. *Anais da Sociedade Entomológica do Brasil* 12: 175-85, 1983.

OTA, E. C. et al. Desempenho de cultivares de milho em relação à lagarta-do-cartucho. *Bragantia* 70: 850-59, 2011.

PAINTER, R. H. *Insect resistance in crop plants*. New York, USA: McMillan, 1951.

PANDA, N. *Principles of host-plant resistance to insect pests.* New York, USA: Allanheld, Osmun & Co. and Universe Books, 1979.

PANDA, N.; KHUSH, G. S. *Host plant resistance to insects*. Wallingford, UK: Cabi, 1995.

PANIZZI, A. R. et al. Danos por percevejos em genótipos de soja com semente pequena. *Pesquisa Agropecuária Brasileira* 21: 571-77, 1986.

PARON, M. J. F. O.; LARA, F. M. Preferência alimentar de adultos de *Diabrotica speciosa* (Germar) por genótipos de feijoeiro. *Neotropical Entomology* 30: 669-74, 2001.

PEREIRA, J. M. et al. Attractiveness and oviposition preference of *Glycaspis brimblecombei* Moore in *Eucalyptus* spp. *Phytoparasitica* 41: 117-24, 2012.

PITTA, R. M. et al. Seleção de genótipos resistentes de amendoinzeiro a *Anticarsia gemmatalis* Hubner (Lepidoptera: Noctuidae) com base em análises multivariadas. *Neotropical Entomology* 39: 260-65, 2010.

PIUBELLI, G. C. et al. Nymphal development, lipid content, growth and weigh gain of *Nezara viridula* (L.) (Heteroptera: Pentatomidae) fed on soybean genotypes. *Neotropical Entomology* 32: 127-32, 2003.

PIUBELLI, G. C. et al. Are chemical compounds important for soybean resistance to *Anticarsia gemmatalis*? *Journal of Chemical Ecology* 31: 1509-25, 2005.

PRADO, J. C. et al. Resistance of cotton genotypes with different leaf colour and trichome density to *Bemisia tabaci* biotype B. *Journal of Applied Entomology* 140: 405-13, 2016.

PRICE, P. W. Ecological aspects of host plant resistance and biological control: interactions among three thropic levels. In: BOETHEL, D. J.; EINKENBARRY, R. D. (eds.). *Interactions of plant resistance and parasitoids and predators of insects*. Chichester, UK: Ellis Horwood, 1986. p. 11-30.

PROCHASKA, T. J. et al. Evaluation of reproductive stage soybeans for resistance to soybean aphid (Hemiptera: Aphididae). *Journal of Economic Entomology* 106: 1036-44, 2013.

REIS FILHO, W.; VENDRAMIM, J. D. Consumo e utilizacão de folhas de clones de seringueira (*Hevea brasiliensis*) por *Erinnyis ello ello* (L., 1758) (Lep., Sphingidae). *Anais da Sociedade Entomológica do Brasil* 18: 295-311, 1989.

REIS, P. R. et al. Comportamento de variedades de mangueira (*Mangifera indica* L.) em relação a *Aceria mangiferae* (Sayed) (Acarina, Eriophyidae). *Revista de Agricultura* 45: 145-51, 1970.

RESH, J.; ALMEIDA, F. O cultivar ou a cultivar? *Horticultura Brasileira* 3: 13-14, 1985.

RIBEIRO, Z. A. et al. *Glycaspis brimblecombei* Moore, 1964 (Hemiptera: Psyllidae) on eucalyptus: oviposition non-preference and antibiosis. *Euphytica1* 202: 285-95, 2015.

ROCHA, A. B. O. et al. Resistência de clones de batata a *Bemisia tabaci* biótipo B. *Horticultura Brasileira* 30: 32-38, 2012.

ROCHELLE, L. A. Síntese sobre a palavra cultivar. *Revista de Agricultura* 54: 211-15, 1979.

RODRIGUES, N. E. L.; BOIÇA JR., A. L.; FARIAS, P. R. S. Antibiose e não preferência para oviposição de *Bemisia tabaci* (Genn.) biótipo B (Hemiptera: Aleyrodidae) por cultivares de *Vigna unguiculata* (L.) Walp. *Arquivos do Instituto Biológico* 79: 25-31, 2012.

ROSSETTO, C. J.; BANZATTO, N. V. Resistência de variedades de sorgo a *Contarinia sorghicola* (Coquillet) (Diptera Cecidomyiidae). In: REUNIÃO LATINOAMERICANA DE FITOTECNIA, 7. *Resumenes*. Maracay, Venezuela, 1967. p. 292-93.

ROSSETTO, C. J. *Resistência de plantas a insetos*. Piracicaba: Esalq-USP, 1969.

ROSSETTO, C. J.; BANZATTO, N. V.; IGUE, T. Comportamento de variedades de sorgo em relação a *Contarinia sorghicola* e *Rhopalosiphum maidis* em diferentes épocas de plantio. *Bragantia* 35: 365-74, 1976.

ROSSETTO, C. J. et al. Picadas de alimentação de *Nezara viridula* em cultivares e linhagens de soja de diferentes graus de suscetibilidade. *Bragantia* 40: 109-14, 1981.

ROSSETTO, C. J.; NAGAI, V.; OVERMAN, J. L. Mechanism of resistance in sorghum variety AF-28 to *Contarinia sorghicola* (Diptera: Cecidomyiidae). *Journal of Economic Entomology* 77: 1439-40, 1984.

ROSSETTO, C. J.; LARA, F. M. Diluição de dano, mecanismo de pseudorresistência. In: CONGRESSO BRASILEIRO DE ENTOMOLOGIA, 13. *Resumos*. Recife, Sociedade Entomológica do Brasil, 1991.

ROSSETTO, C. J. et al. Melhoramento de soja para resistência a adversidade ambiente. II. Resistência de cultivares a *Ceratoma arcuata*. *Revista de Agricultura* 70: 341-45, 1995.

RUSSELL, G. E. *Plant breeding for pest and disease resistance*. Boston, USA: Butterworth Publishers, Inc., 1978.

SANTOS, T. M. et al. Efeito da alimentação de *Schizaphis graminum* com genótipos de sorgo no desenvolvimento do predador *Cycloneda sanguinea*. *Pesquisa Agropecuária Brasileira* 38: 555-60, 2003.

SANTOS, M. S. et al. Resistance of citrus genotypes to *Phyllocnistis citrella* Stainton (Lepidoptera: Gracillariidae). *Neotropical Entomology* 40: 489-94, 2011.

SAWAZAKI, E. et al. Milho verde: avaliação da resistência à lagarta da espiga e da espessura do pericarpo. *Bragantia* 49: 241-51, 1990.

SCHLICK-SOUZA, E. C.; BALDIN, E. L. L.; LOURENÇÃO, A. L. Variation in the host preferences and responses of *Ascia monuste orseis* Godart (Lepidoptera: Pieridae) to cultivars of collard greens *Brassica oleracea* (L.) var. *acephala*. *Journal of Pest Science* 84: 429-36, 2011.

SILVA, C. A. D.; MORAES, G. J.; LOURENÇÃO, A. L. Resistência de tomateiros ao ácaro vermelho *Tetranychus evansi* Baker & Pritchard (Acari: tetranychidae). *Anais da Sociedade Entomológica do Brasil* 21: 147-56, 1992.

SILVA, M. S. et al. Resistance of potato genotypes (*Solanum* spp.) to *Bemisia tabaci* biotype B. *Horticultura Brasileira* 26: 221-26, 2008.

SILVA, J. P. G. F. et al. Assessing *Bemisia tabaci* (Genn.) biotype B resistance in soybean genotypes: antixenosis and antibiosis. *Chilean Journal of Agricultural Research* 72: 516-22, 2012.

SILVA, J. P. G. F. et al. Characterization of antibiosis to the redbanded stink bug *Piezodorus guildinii* (Hemiptera: Pentatomidae) in soybean entries. *Journal of Pest Science* 86: 649-57, 2013.

SILVA, J. P. G. F. et al. Assessing antixenosis of soybean entries against *Piezodorus guildinii* (Hemiptera: Pentatomidae). *Arthropod-Plant Interactions* 8: 349-59, 2014.

SIMMONS, A. T.; McGRATH, D.; GURR, G. M. Trichome characteristics of F1 *Lycopersicon esculentum* × *L. cheesmanii* f. *minor* and *L. esculentum* × *L. pennellii* hybrids and effects on *Myzus persicae*. *Euphytica* 144: 313-20, 2005.

SMITH, C. M.; GILMAN, D. F. Comparative resistance of multiple insect-resistant soybean genotypes to the soybean looper. *Journal of Economic Entomology* 74: 400-3, 1981.

SMITH, C. M.; KHAN, Z. R.; PATHAK, M. D. *Techniques for evaluating insect resistance in crop plants*. Boca Raton, USA: CRC Press, 1984.

SMITH, C. M. *Plant resistance to insects – a fundamental approach*. New York, USA: John Wiley, 1989.

SMITH, C. M. *Plant resistance to arthropods*. Dordrecht, The Netherlands: Springer Science & Business, 2005.

SMITH, C. M.; CLEMENT, S. L. Molecular bases of plant resistance to arthropods. *Annual Review of Entomology* 57: 309-28, 2012.

SOUZA, J. R. et al. Avaliação de resistência em cultivares de arroz ao ataque do percevejo--do-colmo, *Tibraca limbativentris* Stal, 1860 (Hemiptera: Pentatomidae). *Arquivos do Instituto Biológico* 75: 443-48, 2008.

SOUZA, E. S.; BALDIN, E. L. L. Preferência alimentar e aspectos biológicos de *Leptoglossus zonatus* Dallas, 1852 (Hemiptera: Coreidae) em diferentes genótipos de milho. *Boletín de Sanidad Vegetal. Plagas* 35: 175-85, 2009.

SOUZA, J. R. et al. Avaliação de resistência em variedades de arroz (*Oryza sativa* L.) ao ataque do *Sitophilus oryzae* Linnaeus, 1763 (Coleoptera: Curculionidae). *Nucleus* 7: 259-65, 2010.

SOUZA, B. H. S. et al. Não preferência para alimentação e aspectos biológicos de *Spodoptera eridania* em cultivares de feijão-caupi. *Caatinga* 25: 31-37, 2012a.

SOUZA, B. H. S. et al. Feeding of *Spodoptera eridania* (Lepidoptera: Noctuidae) on soybean genotypes. *Revista Colombiana de Entomología* 38: 215-23, 2012b.

SOUZA, E. S. et al. Feeding preference of *Nezara viridula* (Hemiptera: Pentatomidae) and attractiveness of soybean genotypes. *Chilean Journal of Agricultural Research* 73: 351-57, 2013a.

SOUZA, B. H. S. et al. Feeding non-preference by *Spodoptera frugiperda* and *Spodoptera eridania* on tomato genotypes. *Revista Ceres* 60: 21-29, 2013b.

SOUZA, B. H. S. et al. Feeding of *Spodoptera eridania* (Lepidoptera: Noctuidae) on soybean genotypes. *Revista Colombiana de Entomología* 38: 215-23, 2013.

SOUZA, B. H. S. et al. Antibiosis in soybean genotypes and the resistance levels to *Spodoptera eridania* (Cramer) (Lepidoptera: Noctuidae). *Neotropical Entomology* 43: 582-87, 2014.

SOUZA, E. S. et al. Response of soybean genotypes challenged by a stink bug complex (Hemiptera: Pentatomidae). *Journal of Economic Entomology* 109: 898-906, 2016.

STEIN, C. P.; VENDRAMIM, J. D. Antibiose de clones de batata a *Phthorimaea operculella* (Zeller) (Lepidoptera: Gelechiidae). *Anais da Sociedade Entomológica do Brasil* 29: 783-88, 2000.

STOUT, M. J. Reevaluating the conceptual framework for applied research on host-plant resistance. *Insect Science* 20: 263-72, 2013.

TANZINI, M. R.; LARA, F. M. Biologia do percevejo-de-renda da seringueira *Leptopharsa heveae* Drake & Poor (Heteroptera: Tingidae). *Ecossistema* 23: 65-67, 1998.

THOMAZINI, A. P. B. W.; VENDRAMIM, J. D.; BRUNHEROTTO, R. Efeito de genótipos de tomateiro sobre a biologia e oviposição de *Tuta absoluta* (Meyrick) (Lep.: Gelechiidae). *Neotropical Entomology* 30: 283-88, 2001.

TORRES, L. C. et al. Resistência de genótipos de feijoeiro a *Bemisia tabaci* biótipo B. *Bragantia* 71: 346-54, 2012.

TOSCANO, L. C. et al. Resistência e mecanismos envolvidos em genótipos de milho em relação ao ataque de gorgulho, *Sitophilus zeamais* Mots. (Coleoptera: Curculionidae). *Anais da Sociedade Entomológica do Brasil* 28: 141-46, 1999.

VALLE, G. E.; LOURENÇÃO, A. L. Resistência de genótipos de soja a *Bemisia tabaci* (Genn.) biótipo B (Hemiptera: Aleyrodidae). *Neotropical Entomology* 31: 285-95, 2002.

VALLE, G. E.; LOURENÇÃO, A. L.; PINHEIRO, J. B. Adult attractiveness and oviposition preference of *Bemisia tabaci* biotype B in soybean genotypes with different trichome density. *Journal of Pest Science* 85: 431-42, 2012.

VAN EMDEN, H. F.; WAY, M. J. Host plants in the population dynamics of insects. In: VAN EMDEN, H. F. (ed.). *Insect-plant relationships*. Oxford, UK: Blackwell Scientific Publications, 1972. p. 187-200.

VENDRAMIM, J. D.; LARA, F. M.; PARRA, J. R. P. Consumo e utilização de cultivares de couve por *Agrotis subteranea* (F). *Anais da Sociedade Entomológica do Brasil* 12: 129-44, 1983.

VENDRAMIM, J. D.; BOIÇA JR., A. L. Efeito de cultivares de girassol sobre o desenvolvimento e a preferência para a alimentacão de *Chlosyne lacinia saundersii* Doubl. & Hew., 1849 (Lepidoptera, Nymphalidae). *Anais da Sociedade Entomológica do Brasil* 23: 81-86, 1984.

VENDRAMIM, J. D.; TAPIA, D. M. T.; REIS, M. T. Influência de defeitos na casca de arroz sobre a infestação de *Sitophilus zeamais* e *S. oryzae*. *Ecossistema* 14: 125-31, 1989.

VENDRAMIM, J. D. Influence of trichomes on attractiveness and ovipositional preference of *Bemisia tabaci* (Genn.) B biotype (Hemiptera, Aleyrodidae) on tomato genotypes. *Neotropical Entomology* 39: 1002-7, 2010.

VENDRAMIM, T. C.; BOIÇA JR., A. L.; CHAGAS FILHO, N. R. Aspectos biológicos de *Plutella xylostella* (L.) (Lepidoptera: Plutellidae) em nove genótipos de repolho (*Brassicae oleracea* var. *capitata*). *Revista de Agricultura* 85: 117-26, 2010.

VENTURA, M. U.; VENDRAMIM, J. D. Efeito de genótipos de *Lycopersicon* spp. contendo diferentes teores dos aleloquímicos 2-tridecanona e 2-undecanona, sobre *Phthoriamea operculella* (Zeller). *Pesquisa Agropecuária Brasileira* 31: 835-42, 1996.

WANDERLEY, P. A.; BOIÇA JR., A. L.; WANDERLEY, M. J. A. Resistência de cultivares de batata-doce e *Euscepes postfasciatus* Fairmaire (Coleoptera: Curculionidae). *Neotropical Entomology* 33: 371-77, 2004.

2

# Interações Inseto-Planta

**Flávia Augusta Cloclet da Silva**
**Antônio Ricardo Panizzi**

## 1. Introdução

As interações ecológicas entre plantas e herbívoros estão entre as mais importantes da natureza. Cerca de três quartos da biodiversidade macroscópica da Terra e da biomassa são constituídos por uma planta ou um herbívoro: artrópodes, nematoides, moluscos ou vertebrados (Strong et al., 1984; Wilson, 2001). Os herbívoros consomem mais de 15% da biomassa produzida anualmente nos ecossistemas temperados e tropicais e fazem da herbivoria o principal canal pelo qual a energia entra nas teias alimentares (Cyr e Pace, 1993; Agrawal, 2011).

Em resposta à ameaça perene, com consequente risco de não sobrevivência, as plantas desenvolveram um arsenal de defesas durante os milhões de anos em que foram consumidas pelos herbívoros. Essas defesas desempenham um papel crítico, ao moldar as interações entre plantas e herbívoros, de tal forma que compreender a evolução e a ecologia das defesas da planta é entender a origem e o funcionamento dos ecossistemas existentes. Além disso, um grande incentivo para estudar as defesas das plantas contra os herbívoros é o fato de que os custos econômicos decorrentes da herbivoria são de bilhões de dólares por ano no mundo e contemplam as perdas na agricultura, na horticultura e na silvicultura (Oerke e Dehne, 2004).

## 2. Cronologia dos estudos e das teorias sobre as interações inseto-planta

Durante séculos, o homem tem observado o comportamento e a história de vida dos artrópodes. Antes da Era Cristã, os chineses, que já criavam o bicho-da-seda, *Bombyx mori* (Linnaeus) (Lepidoptera: Bombycidae), observavam a preferência dessa mariposa por folhas de amoreira, *Morus alba* L. e *Morus nigra* L. (Kogan, 1986). Com o advento da agricultura e a domesticação das plantas, há cerca de dez mil anos, os hábitos alimentares dos insetos começaram a chamar a atenção dos seres humanos. Registros históricos e bíblicos mencionam a devastação causada por gafanhotos e outras pragas (Pizzamiglio-Gutierrez, 2009).

Desde o início do século XX, várias teorias têm surgido, buscando explicar como os insetos fitófagos localizam a fonte de alimento. O primeiro estudioso a oferecer um postulado sobre a seleção hospedeira de artrópodes foi Fabre (1879), que propôs a teoria do instinto botânico, pela qual os insetos selecionariam determinadas plantas hospedeiras que atendem às suas exigências nutricionais e ecológicas específicas.

Brues (1920) publicou um estudo sobre a seleção de plantas hospedeiras por lepidópteros. Concluiu que, com algumas exceções, esses insetos demonstram preferência por plantas de famílias e/ou gêneros específicos. Sugeriu o conceito de evolução paralela, segundo a qual o desenvolvimento de características deletérias pelas plantas acarretaria adaptações nos insetos para vencer essas barreiras. O autor sugeriu também que os sistemas enzimáticos de espécies polífagas diferiam radicalmente daqueles das formas estritamente monófagas.

Anos mais tarde, Dethier (1941) e Fraenkel (1951) afirmaram que os estímulos químicos (atraentes e repelentes), embora considerados nutricionalmente insignificantes, eram responsáveis sobretudo por regular as preferências alimentares dos insetos fitófagos. Esse conceito foi redefinido por Fraenkel (1959), que ajuntou que as substâncias vegetais secundárias específicas ou fitoquímicos, tais como glicosídeos, fenóis, taninos, alcaloides, terpenoides e saponinas, determinavam a seleção da planta hospedeira pelos insetos. Esse autor sugeriu que esses produtos químicos não tinham função nutricional e, portanto, seu único objetivo era defender as plantas contra artrópodes fitófagos e doenças. Juntamente com as ideias de Dethier (1954), Fraenkel também acreditava que os artrópodes passaram da polifagia para a monofagia, buscando superar os efeitos negativos provocados pelas substâncias secundárias das plantas. Ao fazer isso, os insetos usariam esses compostos como pistas para localizar plantas hospedeiras aceitáveis. Fraenkel também acreditava que as substâncias secundárias das plantas teriam se formado muito cedo na história evolutiva das angiospermas. Anos mais tarde, Rhoades (1979) argumentou que o conceito defendido por Dethier (1954) não resistiria a uma análise crítica, pois, se esses insetos polífagos tivessem evoluído em direção a plantas hospedeiras mais restritas, o que explicaria a existência de tantas espécies polífagas?

Antes das descobertas relacionadas com o metabolismo de substâncias vegetais secundárias, Kennedy e Booth (1951) propuseram que a seleção hospedeira se dava com base nas respostas dos artrópodes a ambos os grupos de substâncias, primárias e secundárias. A teoria da discriminação dupla ou teoria da discriminação dualística, proposta por Kennedy e Booth, continua a guiar o pensamento contemporâneo sobre seleção de planta hospedeira por artrópodes.

Quase um século depois dos estudos pioneiros de Fabre, Ehrlich e Raven (1964) propuseram a teoria da coevolução. Essa teoria foi baseada em um modelo de evolução química entre borboletas e suas plantas hospedeiras, pelo qual as plantas desenvolveram substâncias para repelir os herbívoros, e estes desenvolveram mecanismos para se adaptar ou explorar essas substâncias. Nesse processo, as plantas se tornaram mais tóxicas e os herbívoros, mais especializados.

Essas interações químicas antagônicas entre plantas e seus inimigos naturais são os fatores iniciais responsáveis pela irradiação adaptativa de plantas e insetos herbívoros. Nas palavras de Ehrlich e Raven (1964): "coevolução é o exame de padrões de interação entre dois dos maiores grupos de organismos com relações ecológicas estreitas e evidentes, como as plantas e os herbívoros", e "a interface entre plantas e herbívoros poderia ser a maior zona de interação responsável pela geração da diversidade terrestre".

A teoria da coevolução continua em discussão nos dias atuais e foi bastante criticada ao longo de décadas (Thompson, 1986; Futuyma e Keese, 1992; Farrel e Mitter, 1993; Thompson, 1994), principalmente por ir muito além das interações entre insetos e plantas. As principais críticas ressaltam que, embora os insetos estejam adaptados a suas plantas hospedeiras, a seleção das plantas pelos insetos é tão fraca e variável que não direcionaria a evolução das plantas; outra crítica é que muitas defesas das plantas podem ocorrer contra os microrganismos, e não contra os herbívoros, uma vez que durante a herbivoria pode haver a transmissão de fungos, vírus e bactérias para as plantas; por fim, diversificações adaptativas recíprocas entre insetos e plantas podem derivar mais de características ecológicas e biogeográficas do que químicas.

Jermy (1976) propôs uma nova teoria, que denominou de evolução sequencial, visando melhor explicar o processo evolutivo na relação inseto–planta. Essa teoria foi estabelecida a partir de uma análise crítica do autor sobre a hipótese da coevolução, cujas premissas foram consideradas inconsistentes, e em relação à qual a hipótese da evolução sequencial se contrapõe. Analisando detalhadamente os aspectos envolvidos na hipótese da coevolução, Jermy (1976) considerou que: 1) a maioria dos insetos fitófagos apresenta densidade populacional muito baixa, se comparada à biomassa de suas plantas hospedeiras; em consequência, muito dificilmente eles poderiam constituir fatores de seleção importantes para as plantas; 2) as interações inseto–planta não são necessariamente antagônicas: insetos monófagos ou oligófagos, quando em densidade relativamente alta, podem regular de modo adequado a abundância de suas plantas hospedeiras (o que traria vantagens mútuas); 3) linhas evolutivas paralelas de plantas e insetos que poderiam ter resultado de interações coevolutivas são raras; o fato de muitos insetos proximamente relacionados se alimentarem em grupos de plantas taxonomicamente distantes constitui uma situação que não pode ser atribuída à coevolução.

Diante dessas considerações, Jermy (1976) propôs a teoria da "evolução sequencial", pela qual a evolução das plantas decorrente dos fatores de seleção (por exemplo, clima, solo, interação planta–planta) é muito mais potente do que os ataques de insetos e cria bases tróficas bioquimicamente diversificadas para a evolução dos insetos fitófagos, que não influenciam de modo significativo a evolução das plantas.

Apesar das críticas à teoria da coevolução, relações específicas entre herbívoros e plantas ocorrem, mas não explicam todos os padrões observados de defesa das plantas e adaptações dos insetos a seus hospedeiros (Cornell e Hawkins, 2003). Evidentemente, a teoria inspirou muitos outros estudos sobre coevolução e promoveu o desenvolvimento de uma perspectiva coevolucionária em ecologia.

Em estudos independentes, Feeny (1976) e Rhoades e Cates (1976) introduziram o conceito de plantas evidentes e propuseram a teoria da evidência, que aborda uma questão chave, não respondida pela teoria de Ehrlich e Raven: por que existem tantas espécies de insetos generalistas?

Segundo essa teoria, as plantas não evidentes apresentam compostos químicos tóxicos que servem como defesa contra os insetos fitófagos. Alguns herbívoros adaptaram-se e especializaram-se sobre essas plantas, como previsto pela teoria coevolutiva. Em contraste, nas plantas evidentes, os compostos químicos de defesa provocam redução da digestibilidade. Uma vez que é difícil para os herbívoros adaptar-se a esse mecanismo de ação, a seleção deve ser menor para os especialistas, o que explica o fato de as plantas evidentes apresentarem uma fauna maior de insetos generalistas. Desse modo, ambas as teorias (coevolução e plantas evidentes) consideram que a química das plantas conduziu à especialização dos herbívoros (Pizzamiglio-Gutierrez, 2009).

Outras hipóteses para o curso da coevolução têm buscado explicar os processos que conduzem às diferentes interações entre espécies, em níveis tróficos superiores. A partir de estudos de Van Valen (1973), o termo "escalada coevolutiva" ou "corrida armamentista" passou a ser utilizado para indicar o desenvolvimento de características em organismos que possuem determinada relação ecológica. Essas características ou adaptações em um dos organismos forçam o desenvolvimento de novas características adaptativas no outro organismo que participa da interação. De maneira mais simplificada, a corrida armamentista é uma luta evolutiva entre conjuntos de genes em coevolução que desenvolvem adaptações e contra-adaptações uns contra os outros. Ou seja, quando um predador desenvolve uma adaptação que lhe permite capturar sua presa de maneira mais eficiente, isso faz aumentar seu valor adaptativo e diminuir o de sua presa. Assim, a presa também é forçada a desenvolver uma nova característica que aumente seu valor adaptativo e ajude-a a se defender ou escapar de maneira mais eficiente. Nesse processo, são favorecidos os indivíduos que dedicam uma proporção maior de energia para defesa ou contradefesa.

No estudo realizado por Ehrlich e Raven (1964) sobre a relação entre insetos e plantas, também é possível observar uma corrida coevolutiva, pois, apesar de um organismo tentar se sobrepor ao outro, com o passar do tempo, além da aquisição de novos mecanismos de ataque e defesa, foi permitida a variabilidade e a diversificação para ambas as partes. Ou seja, as plantas implacavelmente adicionam compostos químicos tóxicos a seus "arsenais", enquanto os herbívoros seguem o mesmo caminho desenvolvendo novos mecanismos para driblar essas defesas.

A forma como a seleção natural equilibra essas demandas conflitantes varia nos ambientes, gerando padrões geográficos complexos em nível de defesa e contra defesa na interação entre as espécies. Considerando as longas escalas de tempo geológico, pode-se afirmar que essas "corridas armamentistas" coevolutivas têm alimentado a diversificação da vida na Terra (Thompson, 2005).

Nesse contexto, segundo a teoria de mosaicos geográficos, desenvolvida por Thompson (2005), espécies que interagem não apresentam, necessariamente, sobreposição completa de distribuição geográfica de suas populações. Mesmo em áreas de sobreposição de populações de espécies normalmente interagentes, a interação pode não ocorrer. Thompson chamou as áreas em que se observa interação entre as espécies e onde a seleção é recíproca de *hotspots* coevolutivas; são reconhecidas também as áreas com interação fraca ou nenhuma interação entre as espécies, denominadas *coldspots* (Figura 1). Mesmo que essas interações coevoluam em todos os lugares, isso pode ocorrer de diferentes maneiras e em diferentes ecossistemas. Nessa seleção geográfica, mosaicos *hotspots* e *coldspots* coevolutivas são, por sua vez, continuamente remoldados, à medida que novas características aparecem ou desaparecem nas populações, através de mutação, fluxo gênico, deriva genética aleatória e dinâmica de metapopulações (Thompson, 1994, 2005). A teoria de mosaicos geográficos forneceu uma base para estudar o modo como esses processos moldam coletivamente a adaptação e a diversificação das interações entre as espécies.

Portanto, nos últimos anos, vários estudos vêm demonstrando que o processo de coevolução é muito mais dinâmico do que se pensava. Além disso, não é algo raro ou detectável apenas durante longos períodos de tempo geológico. Todos os organismos complexos são o resultado da coevolução entre duas ou mais espécies, e existe crescente evidência de que mesmo o mais simples organismo unicelular pode se diversificar, como resultado da coevolução com outras espécies (Thompson, 2005).

Muitas ideias originais sobre coevolução foram inspiradas em estudos de interações planta–inseto (Courtney, 1981; Futuyma, 1983; Singer, 1983; Thompson, 1983; Bernays e Graham, 1988) e, inevitavelmente, aqueles que estudam o impacto de herbívoros em plantas são doutrinados com a noção de coevolução. Por ironia, apesar de a coevolução ser conceitualmente atraente, ainda não há estudos empíricos definitivos que mostrem como ela funciona. Kareiva (1999) afirma que, independentemente de a coevolução envolver uma "corrida armamentista" ou outros processos coevolutivos, os detalhes da estrutura da população e os custos para manter as características de resistência são esperados.

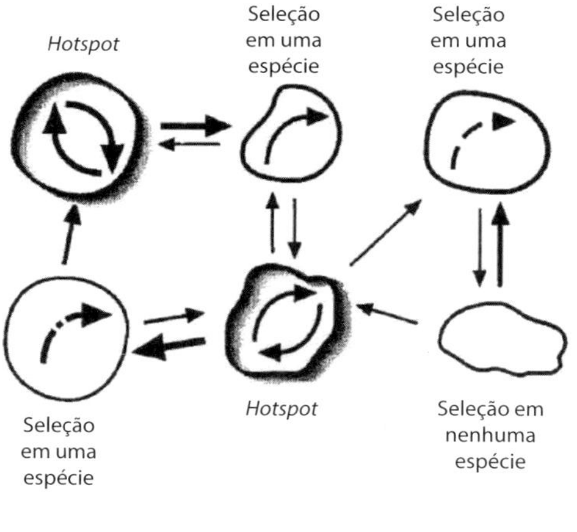


**Figura 1.** Representação esquemática de alguns dos principais componentes do mosaico geográfico de coevolução entre um par de espécies. Interações entre as comunidades locais aparecem representadas como setas dentro dos círculos e indicam a seleção atuando em uma ou em ambas as espécies. Ângulos diferentes de setas representam diferenças entre comunidades e como a seleção atua sobre as espécies. As diferenças na espessura das linhas das setas indicam diferenças na força ou na forma de seleção natural. Setas entre as comunidades indicam o fluxo de genes; setas mais grossas representam maior fluxo gênico. Nesse diagrama, *hotspots* coevolutivas (ou seja, as comunidades em que a seleção é recíproca nas espécies que interagem) ocorrem dentro de uma matriz mais ampla de *coldspots* coevolutivas (ou seja, as comunidades em que a seleção não age ou não é recíproca nas espécies que interagem) (adaptado de Thompson. *Evolution: Education and Outreach* 3: 7-13, 2010, com autorização).

De forma aplicada, esses mesmos detalhes vão determinar a viabilidade de diferentes tecnologias de melhoramento de plantas e engenharia genética como rotas para uma agricultura sustentável. Os inimigos das plantas são capazes de se ajustar de forma rápida e eficaz para se defender (Berenbaum e Zangerl, 1998; Toju e Sota, 2006; Becerra et al., 2009) e, portanto, a agricultura só deveria aceitar como inevitável algum nível de perda de safras.

## 3. Interações entre plantas e insetos

Os insetos evoluíram para se alimentar de plantas terrestres há pelo menos quatrocentos milhões de anos, e herbívoros e suas plantas hospedeiras constituem, atualmente, algumas das assembleias mais ricas das comunidades terrestres (Price et al., 1980).

A evolução das plantas transformou o ambiente terrestre em um recurso valioso para as comunidades de herbívoros. Em ecossistemas naturais, plantas e insetos são apenas alguns dos organismos vivos que interagem continuamente, de forma complexa. Esses dois organismos estão intimamente associados, pois os insetos desempenham várias atividades benéficas, incluindo a defesa, dispersão de sementes e polinização, enquanto as plantas fornecem abrigo, locais de oviposição e alimentos – os três fatores principais e necessários para a proliferação dos insetos (Panda e Khush, 1995).

Por outro lado, essas interações podem ser extremamente prejudiciais, dependendo da intensidade do ataque de insetos, que muitas vezes causa a morte da planta. Isso ocorre porque muitos insetos tornaram-se especialistas, alimentando-se apenas de uma gama limitada de plantas. Com o desenvolvimento de culturas em grandes áreas, alguns desses especialistas tornaram-se pragas. Outros insetos tornaram-se pragas em virtude de sua falta de especialização, e podem se alimentar de muitas espécies de plantas.

### 3.1. Interações não antagônicas

O Período Cretáceo (145-65 Ma), além de ser representativo em número de ordens de insetos existentes, também foi o período geológico de irradiação do maior grupo de plantas ainda dominantes nas paisagens terrestres, as angiospermas (Figura 2). Essas plantas compõem um grupo monofilético, ou seja, um grupo natural, com uma história evolutiva única, relacionado a um grupo particular de gimnospermas, Gnetales. O registro fóssil de Gnetales data de 60 milhões de anos antes das primeiras angiospermas conhecidas, e já havia a presença de uma estrutura reprodutora chamada "flor" (Kearns e Inouye, 1997). A identificação de fósseis de Gnetales é complicada pelas semelhanças, mas há fósseis de pólen documentados desde o Triássico, quase desapareceram durante o Jurássico e ressurgiram com as angiospermas no Cretáceo Médio, em regiões de baixa paleolatitude.

O surgimento da flor permitiu o estabelecimento de um sistema mutualista que envolve a planta e seu agente polinizador. O sucesso reprodutivo de quase metade das angiospermas no mundo, em sistemas naturais e agrícolas, depende mais da polinização do que de outros fatores, como a fertilidade do solo ou as condições climáticas. Por isso, é considerado vital (Nabhan e Buchmann, 1997) e, em casos extremos, seu declínio pode levar à extinção de plantas e animais, provocando mudanças nas paisagens e nas funções do ecossistema (Kevan e Viana, 2003).

Eventos de polinização isolados não explicam a diversidade de formas de insetos e plantas conhecidas hoje, mas a irradiação conjunta desses grandes grupos no Cretáceo, passando por um período de intensa atividade vulcânica, deriva continental e fragmentação da Gondwana (120-100 Ma), pode explicar a distribuição atual de muitas plantas e animais.

O aparecimento de determinado grupo de plantas foi acompanhado, muitas vezes, pelo surgimento paralelo de um grupo de insetos explorando essas plantas. Acredita-se que as interações entre plantas e animais polinizadores, principalmente os insetos, constituíram a força motriz na evolução das angiospermas. Como resultado dessa coevolução, os insetos e as angiospermas tornaram-se dois dos maiores grupos de organismos do planeta e essas plantas atingiram alto nível de organização no reino vegetal.

O processo de polinização pode ocorrer em uma mesma flor (autopolinização) ou entre diferentes flores da mesma planta (geitonogamia) ou de diferentes plantas (xenogamia). Para que o pólen seja transferido para flores diferentes, é necessário um agente que promova esse movimento, o chamado agente polinizador. Existem diferentes tipos de agentes polinizadores: a água (hidrofilia), o vento (anemofilia) e principalmente os animais (zoofilia) (Raven et al., 2001).

**Figura 2.** Linha do tempo da evolução das plantas e o início de diferentes modos de herbivoria por insetos (adaptado de Labandeira et al. *Proceedings of the National Academy of Sciences of the United States of America* 91: 12278-282, 1994, com autorização).

Das 250 mil espécies de angiospermas modernas estimadas, cerca de 90% são polinizadas por animais, sobretudo insetos (Costanza et al., 1997; Kearns et al., 1998), como consequência da relação baseada na troca de recompensas entre as angiospermas e os visitantes florais (Ramalho et al., 1991; Kleinert et al., 2009). Há mais de 1.200 espécies de vertebrados (Nabhan e Buchmann, 1997) e cerca de 100 mil espécies de invertebrados polinizadores, especialmente insetos.

Entre as 32 ordens de insetos conhecidas atualmente, apenas seis associam-se à polinização: Thysanoptera, Hemiptera, Coleoptera, Hymenoptera, Diptera e Lepidoptera. Esses insetos seriam compensados com alimentos, e as plantas, com o aumento de sua diversidade genética, assim como de sua área de distribuição, favorecendo a exploração dos recursos disponíveis e diminuindo a competição intraespecífica.

Na maioria dos ecossistemas mundiais, as abelhas são os principais polinizadores (Biesmeijer e Slaa, 2004). Estima-se que 40% dos polinizadores existentes sejam abelhas, perfazendo um total de 40 mil espécies diferentes. Estudos sobre a ação das abelhas no meio ambiente evidenciam a extraordinária contribuição desses insetos para a preservação da vida vegetal e também para a manutenção da variabilidade genética (Nogueira-Couto, 1994). A importância desse grupo decorre da estreita relação que mantém com as plantas. Abelhas são visitantes florais obrigatórios, porque dependem desses recursos durante todo o seu ciclo de vida. As larvas são alimentadas com uma mistura de pólen e néctar, e os adultos buscam ativamente o alimento nas flores (Ramalho et al., 1991; Westerkamp, 1996).

As plantas geralmente produzem recursos (pólen, néctar, óleos e resinas) que atraem potenciais polinizadores que forrageiam em busca desses recursos energéticos, principalmente néctar e pólen (Simpson e Neff, 1983; Westerkamp, 1996). Na busca por alimento, as abelhas ajustam suas atividades às mudanças e aos desafios ambientais (Biesmeijer e Slaa, 2004).

Diversos estudos sobre comunidades de abelhas têm sido realizados em biomas brasileiros (Pinheiro-Machado et al., 2002), em particular no Nordeste (Aguiar, 2003; Lorenzon et al., 2003; Rodarte et al., 2008), revelando que as interações entre flores e abelhas são realizadas predominantemente por espécies generalistas, ao demonstrarem que as abelhas não utilizam apenas flores melitófilas e que as espécies vegetais, por sua vez, são visitadas por muitas espécies de abelhas. O fato de determinadas espécies de abelhas serem generalistas não diminui a importância do seu papel de polinizadoras, pois, apesar de não dependerem de uma única espécie vegetal para sua sobrevivência, a planta continua dependendo do processo de polinização para se reproduzir.

Quando se trata da produção agrícola, a diminuição da disponibilidade de polinizadores para as plantas que deles necessitam pode não causar a total extinção delas, mas impõe sérias limitações na quantidade e na qualidade dos frutos (Wallace e Lee, 1999; De Marco Jr. e Coelho, 2004), no número de sementes

(Kalinganire et al., 2001) e na variabilidade genética, constituindo-se em uma grande limitação.

O mutualismo entre formigas e plantas é outro exemplo de interação inseto–planta bastante conhecido, no qual as formigas, em troca de alimento e abrigo fornecidos pelas plantas, defendem-nas contra o ataque de herbívoros (Raven et al., 2001; Ricklefs, 2003). Algumas espécies de formigas podem influenciar significativamente a estrutura da comunidade de artrópodes, ao exercerem forte pressão de predação, em especial sobre larvas de Lepidoptera e Coleoptera (Brandão et al., 2009), reforçando a importância dessas interações.

Essa associação tem sido documentada principalmente em uma relação denominada mirmecotrofia (Jolivet, 1986), em que plantas com nectários extraflorais produzem corpúsculos nutritivos para atrair as formigas, sendo uma fonte rica de carboidratos, aminoácidos, vitaminas, água e outros compostos orgânicos (Baker et al., 1978). Trata-se, portanto, de um valioso recurso alimentar para muitos artrópodes (Ruhren e Handel, 1999), sobretudo formigas das subfamílias Myrmicinae, Formicinae e Dolichoderinae (Oliveira e Brandão, 1991).

Outro tipo bem interessante de proteção fornecida pelas formigas ocorre em uma relação chamada mirmecofitismo (Cruz et al., 2009). Nos trópicos, mais de 150 espécies de plantas denominadas de mirmecófitas apresentam troncos, espinhos modificados, bolsas foliares e outras estruturas, também chamadas de domácias, onde espécies de formigas extremamente especializadas estabelecem suas colônias (Benson, 1985). Algumas mirmecófitas, como as do gênero *Acacia*, oferecem diretamente recursos alimentares para as formigas, além de abrigo (Vasconcelos, 1991).

## 3.2. Interações antagônicas

As interações antagônicas entre plantas e insetos ocorrem através da atividade alimentar dos insetos fitófagos, que podem provocar danos à planta hospedeira. Os hábitos alimentares são extremamente variáveis, incluindo os mastigadores de folhas e de frutos, os sugadores de sementes, os broqueadores, os insetos rizófagos, os galhadores, os frugívoros e os insetos sugadores de seiva de folhas, brotos e frutos.

### 3.2.1. Insetos mastigadores de folhas

Os mastigadores de folhas englobam espécies das ordens Coleoptera, Hymenoptera e Lepidoptera, as quais são, de modo geral, especializadas em uma ou poucas famílias de plantas. Assim, relações evolutivas com plantas de que se alimentam são estreitas e as defesas químicas das plantas têm sido discutidas na literatura (Bernays e Chapman, 1994; Bernays, 1998). Dentro desse grupo, podem ser ressaltados os lepidópteros. A interação das lagartas com suas respectivas plantas-hospedeiras é tão grande, que elas são conhecidas por nomes associados a essas plantas, por exemplo: o curuquerê-dos-capinzais *Mocis latipes* (Guenée) (Lepidoptera: Noctuidae), o curuquerê-da-couve *Ascia monuste orseis* Godart (Lepidoptera: Pieridae), a lagarta-da-maçã *Chloridea virescens* (Fabricius) [= *Heliothis virescens* (Fabricius)] (Lepidoptera: Noctuidae), o bicho-mineiro *Leucoptera coffeella* (Guérin-Méneville) (Lepidoptera: Lyonetiidae), a lagarta-do-feijoeiro *Omiodes indicata* (Fabricius) (Lepidoptera: Crambidae) etc.

Conforme mencionado por Bellanda e Zucoloto (2009), a importância dos nutrientes e/ou compostos secundários na hierarquia de escolhas dos lepidópteros pode variar de acordo com as diferentes condições às quais os insetos são expostos, presumivelmente refletindo diferenças na sensibilidade dos diferentes receptores. Em algumas espécies, as células sensitivas respondem a componentes químicos específicos do alimento, ou melhor, aos compostos secundários das plantas. O tipo de resposta caracteriza esses componentes como atrativos, impalatáveis e/ou tóxicos; as células responsáveis pela identificação são chamadas de deterrentes (Blom, 1978; Dethier, 1980, 1993; Frazier, 1986; Chapman et al.,1991; Van Loon e Schoonhoven, 1999).

A primeira descrição sobre a química envolvida em uma interação inseto–planta foi apresentada em 1910 por Verschaffelt, ao verificar que sempre encontrava as mesmas lagartas e os mesmos adultos no repolho e em outras plantas da mesma família (Brassicaceae). Observou que esses insetos eram atraídos para essas plantas devido à presença de uma ou mais substâncias características que passou a chamar de sinigrina. Hoje, sabe-se que, para outros insetos não adaptados a se alimentar nas plantas da família Brassicaceae, a sinigrina é um composto tóxico e que protege as plantas contra o ataque de insetos variados (Pizzamiglio, 1991). Muitos trabalhos realizados com lepidópteros têm sido importantes para o entendimento das interações entre insetos e plantas e para a tentativa de correlacionar a seleção de hospedeiros para a prole com a sobrevivência e reprodução dela (Thompson, 1988).

### 3.2.2. Insetos sugadores de seiva de sementes

Os insetos sugadores de seiva de sementes (percevejos) incluem heterópteros de diversas famílias que preferem se alimentar de sementes verdes, apesar de alguns consumirem sementes maduras. Para se alimentar das sementes, inserem seu aparelho bucal (estiletes) nos tecidos para retirar os nutrientes. Como resultado da atividade alimentar, pode ocorrer dano total nas sementes ou queda na sua viabilidade, o que dará origem a plântulas de baixo vigor.

Os percevejos sugadores de sementes requerem grande quantidade de água quando se alimentam exclusivamente de sementes secas, e a saliva aquosa é produzida em abundância durante a atividade alimentar. Em geral, a água é obtida de outras plantas e/ou de tecidos vegetais da planta hospedeira (Saxena, 1963). A ingestão de nutrientes está relacionada à produção de saliva aquosa, e a razão de alimento ingerido para saliva aquosa indica a eficiência alimentar (Eggermann e Bongers, 1980).

Heterópteros fitófagos são, em geral, polífagos que se alimentam de ampla variedade de plantas. Apesar dessa polifagia, os percevejos demonstram preferência por certos agrupamentos taxonômicos de plantas, tais como os pentatomídeos *Nezara viridula* (Linnaeus), com preferência por leguminosas e brassicáceas (Todd e Herzog, 1980); *Edessa meditabunda* (Fabricius), por leguminosas e solanáceas (Silva et al., 1968); e as espécies de *Aelia*, *Mormidea* e *Oebalus,* por gramíneas em geral (Panizzi et al., 2000). Entretanto, plantas menos atacadas podem ser exploradas, e nelas os percevejos mudam seu hábito alimentar, ou seja, deixam de ser típicos sugadores de sementes ou frutos e passam a se alimentar de tecido vegetativo, como as folhas e os ramos, com consequências no desempenho das ninfas e dos adultos. Vários exemplos demonstram que, para esse agrupamento (mesma guilda) alimentar, as fontes nutricionais constituídas por plantas menos infestadas desempenham importante papel na história da vida desses insetos e, em geral, esse fato é subestimado (Panizzi e Silva, 2009).

Em geral, os percevejos exploram ampla variedade de plantas hospedeiras dentro da mesma geração ou em gerações sucessivas. As ninfas e os adultos movem-se entre exemplares de plantas da mesma espécie ou de espécies diferentes, as quais podem ser colonizadas em sequência. Há vários exemplos de sequências de plantas hospedeiras utilizadas por diferentes espécies de percevejos (Panizzi, 1997).

No processo de escolha da planta hospedeira, são utilizados vários órgãos, tais como os olhos, as antenas e os palpos. Características físicas e químicas da planta farão que ela seja aceita ou não. Uma série de comportamentos demonstrados pelos percevejos está associada com o aceite do hospedeiro, e esses comportamentos têm intensidade variável, a depender da adequabilidade do alimento envolvido (Panizzi e Silva, 2009).

### 3.2.3. Insetos broqueadores de sementes e grãos

Os broqueadores de sementes e grãos abrangem espécies de Coleoptera e Lepidoptera, embora apenas os coleópteros apresentem peças bucais mastigadoras nos estágios de larva e adulto. Entre os coleópteros broqueadores de sementes e grãos estão diversas espécies pertencentes a várias famílias, e um exemplo clássico são os chamados carunchos, subfamília Bruchinae (Ribeiro-Costa e Almeida, 2009).

A alimentação dos bruquíneos difere nas fases de larva e adulto. As larvas se desenvolvem consumindo exclusivamente o conteúdo de sementes, enquanto os adultos alimentam-se de pólen e néctar. Há registros de bruquíneos consumindo sementes de plantas de 36 famílias, no entanto, são considerados especializados, pois mais de 80% das espécies consomem leguminosas, várias delas de alto valor nutritivo e importância econômica, como feijoeiro, ervilha e lentilha. Diversas sementes que apresentam componentes tóxicos são utilizadas por bruquíneos, evidenciando mais uma característica peculiar do grupo, que parece estar relacionada a padrões evolutivos com suas plantas hospedeiras.

Os registros de plantas hospedeiras de adultos de bruquíneos devem ser vistos com cautela quando baseados na associação entre plantas em flor e adultos em voo, já que pode não estar ocorrendo alimentação do adulto sobre a planta. Portanto, consideram-se relevantes os registros das plantas em que acontece o desenvolvimento larval, pois dele depende o desempenho do adulto. As larvas de bruquíneos adaptaram-se ao consumo de sementes através dos mecanismos de seleção de hospedeiros e respostas fisiológicas. O sucesso do desenvolvimento larval depende da seleção hospedeira realizada pela fêmea, o que envolve a habilidade de encontrar, reconhecer e aceitar a planta e, mais especificamente, a escolha de determinado fruto ou semente para oviposição (Ribeiro-Costa e Almeida, 2009).

Janzen (1969) sugere que a divergência nas espécies de hospedeiros ocorre mais em função das características nutricionais do que das físicas, como tipo de semente, estrutura do fruto, forma ou natureza do tegumento da semente. Muitas espécies de plantas produzem toxinas defensivas, que podem ser a razão para a especialização dos bruquíneos (Janzen, 1969; Center e Johnson, 1974).

O custo metabólico da alimentação e o tempo de desenvolvimento dos bruquíneos dependem das adaptações da larva ao consumo dos nutrientes e toxinas, que devem ser neutralizadas. Há grande variação nos componentes secundários das sementes. Evidências sugerem que sementes de determinada espécie são quimicamente semelhantes e, quanto maior a diferenciação química entre elas, mais específicos devem ser os animais que delas se alimentam. Quanto mais tóxico o alimento, mais especializado fisiológica e bioquimicamente o bruquíneo deve ser para utilizá-lo, e quanto mais tempo a população se alimenta de uma espécie de semente, mais evolui na dependência de seus compostos secundários (Janzen, 1978). O desenvolvimento larval é controlado principalmente pelo nível de componentes secundários contidos nas sementes (Applebaum e Birk, 1972; Janzen et al., 1977).

### 3.2.4. Insetos rizófagos

Os insetos rizófagos são aqueles que se alimentam de tecidos vivos das raízes. Entretanto, seus hábitos podem ser bastante variados, broqueando raízes e caules, formando galerias, ou cortando tecidos a partir do exterior, aproveitando diferentes partes do tecido radicular. Somente seis ordens de insetos estão bem representadas entre os herbívoros de hábitos subterrâneos, embora estes ocorram em onze ordens. Entretanto, mesmo nessas ordens (Coleoptera, Diptera, Hemiptera, Hymenoptera, Lepidoptera e Orthoptera), os herbívoros subterrâneos restringem-se a poucas famílias ou subfamílias (Oliveira e Salvadori, 2009).

As espécies fitófagas subterrâneas de Coleoptera alimentam-se principalmente de tecido vivo das raízes e caules subterrâneos das fanerógamas, mastigando-os ou absorvendo seus sucos. Entretanto, seus hábitos podem ser bastante diversos. Por exemplo, algumas espécies se comportam como brocas de raízes, caules e tubérculos, formando galerias, enquanto outras cortam os tecidos a partir do exterior, aproveitando diferentes partes do tecido radicular, de acordo com suas etapas de crescimento (Morón, 2004). A alimentação em raízes é um modo de vida bastante difundido entre os coleópteros. Em muitos grupos, a larva é capaz de se alimentar externamente de raízes subterrâneas, com maior ou menor intensidade, e pode, portanto, ser considerada uma broca de hábitos subterrâneos. Os adultos de muitas dessas espécies se alimentam das partes aéreas das plantas, não necessariamente da mesma espécie em cujas raízes nutriram-se as larvas. Em alguns casos, os adultos estão adaptados a se enterrar no solo, mas a maioria deposita seus ovos na camada superficial do solo ou na base do caule da planta hospedeira. Algumas espécies de coleópteros rizófagos se alimentam de nódulos de leguminosas ou micorrizas (Crowson, 1981).

Assim como para outros coleópteros, o comportamento de busca por plantas hospedeiras pelos adultos, tanto para alimentação como para oviposição, pode ter grande influência na distribuição e na sobrevivência de sua progênie, pois essa escolha é importante para determinar o tipo de recurso alimentar que estará disponível para as larvas, que apresentam capacidade de deslocamento limitada.

Oliveira (1997) observou que, em situação de escolha, larvas de *Phyllophaga cuyabana* (Moser) (Coleoptera: Melolonthidae) no terceiro instar, com maior capacidade de locomoção, preferem consumir raízes de soja, alimento mais adequado ao seu desenvolvimento, e evitam se alimentar em plantas de algodoeiro, cujas raízes, se ingeridas nos primeiros instares, podem causar a morte da larva. Entretanto, em situações de campo com lavouras em monocultura, a gama de recursos disponíveis limita-se à planta cultivada na área e às eventuais plantas daninhas remanescentes no local.

O besouro *P. cuyabana*, assim como *Popillia japonica* Newman (Coleoptera: Scarabaeidae), é polífago e apresenta diferentes graus de preferência por algumas plantas hospedeiras. Os machos adultos em geral não se alimentam e apenas parte das fêmeas ingere folhas após a cópula. A quantidade de folhas ingeridas e a proporção de fêmeas que se alimentam variam conforme a espécie de planta (Oliveira et al., 1996; Oliveira e Garcia, 2003) e em geral são bem menores nos hospedeiros menos adequados ao desenvolvimento das larvas, como o algodoeiro. Segundo Oliveira e Garcia (2003), a ingestão de folhas pelas fêmeas, mesmo em pequenas quantidades, parece estar associada à necessidade de energia suplementar para reprodução. Entre as fêmeas de *P. cuyabana* que ovipositaram, cerca de 50% se alimentaram pelo menos uma vez após a cópula e a maioria colocou mais ovos, em comparação com aquelas que nunca se alimentaram. Entretanto, mesmo fêmeas que nunca se alimentaram foram capazes de produzir ovos férteis. Cerca de 10% delas não se alimentam nem ovipositam.

Vários compostos químicos presentes nas raízes não estão relacionados à localização da planta hospedeira na rizosfera, mas determinam se os insetos serão estimulados ou não a consumir maior quantidade de raízes. Quando eles alcançam as raízes, substâncias químicas agem como fagoestimulantes (48% dos compostos são açúcares) ou deterrentes de alimentação (principalmente compostos fenólicos) (Johnson e Gregory, 2006). Para larvas de *P. japonica*, cinco açúcares (sacarose, maltose, frutose, glucose e trealose) são importantes fagoestimulantes (Ladd Jr., 1988).

Assim como os adultos, as larvas de *P. japonica* são polífagas, mas tendem a se comportar como monófagas facultativas, devido a sua mobilidade restrita às raízes das plantas próximas ao local onde a fêmea ovipositou (Potter e Held, 2002). Fato semelhante ocorre com *P. cuyabana* (Garcia et al., 2003). Grande parte das espécies de Melolonthidae que se alimentam de plantas, seja na fase adulta ou imatura, têm em comum o fato de serem, em geral, polífagas, explorando plantas de diversas famílias, o que favorece sua sobrevivência. Entretanto, esse comportamento de monofagia ou oligofagia circunstancial na fase larval, em função do comportamento do adulto e da baixa mobilidade das larvas, é comum entre os melolontídeos, sobretudo nos sistemas agrícolas, nos quais a comunidade vegetal tende a ser espacial e temporalmente menos diversificada do que nos sistemas naturais.

### 3.2.5. Insetos galhadores

Galhas, cecídias ou tumores vegetais são tecidos ou órgãos de plantas formados por hiperplasia (aumento do número das células) e/ou hipertrofia (aumento do tamanho das células), induzidos por organismos parasitas ou patógenos (Mani, 1964; Dreger-Jauffret e Shorthouse, 1992). Galhas podem ser induzidas por uma grande variedade de organismos, como vírus, bactérias, fungos, algas, nematoides, rotíferos, copépodos e plantas da família Loranthaceae, popularmente conhecidas como erva-de-passarinho, e sobretudo por insetos (Mani, 1964; Raman et al., 2005).

Os insetos galhadores são encontrados em importantes ordens de insetos herbívoros (Hemiptera, Thysanoptera, Coleoptera, Hymenoptera, Lepidoptera e Diptera). Entre os insetos herbívoros, os galhadores são provavelmente os mais sofisticados, pois são capazes de controlar e redirecionar a planta hospedeira em seu benefício (Fernandes, 1990; Fernandes e Carneiro, 2009).

Insetos indutores de galhas são definidos como uma guilda alimentar de insetos herbívoros que, para completar o seu ciclo de vida, obrigatoriamente provocam modificações no tecido da planta hospedeira, denominadas galhas. De maneira geral, cada espécie de inseto induz uma galha em um único órgão de determinada espécie de planta hospedeira (Dreger-Jauffret e Shorthouse, 1992; Floate et al., 1996).

Algumas poucas espécies podem induzir galhas em espécies de plantas relacionadas, espécies de um mesmo gênero ou de uma mesma família. É rara a existência de espécies polífagas que utilizam plantas hospedeiras em famílias diferentes (Raman et al., 2005). Dessa forma, as espécies de insetos indutores de galhas são muitas vezes separadas com base na morfologia externa da galha, em combinação com o órgão e a espécie da planta hospedeira (Fernandes e Price, 1988; Price et al., 1998). Esse fato sugere que a morfologia da galha pode ser um fator-chave na evolução do inseto galhador e da sua planta hospedeira (Stone e Schönrogge, 2003).

### 3.2.6. Insetos frugívoros

Os insetos frugívoros incluem diversas ordens, porém, as moscas-das-frutas, pertencentes à ordem Diptera, sem dúvida constituem o principal grupo. Os indivíduos da família Tephritidae formam a guilda dos insetos frugívoros relacionada ao hábito alimentar dos imaturos. Os adultos alimentam-se de exsudatos dos frutos, de fezes de pássaros, de matéria orgânica em decomposição, de néctares, pólen etc. As espécies oligófagas/polífagas, multivoltinas (com mais de uma geração por ano), de regiões tropicais e subtropicais, não apresentam o ciclo de vida intimamente ligado à fenologia de um único hospedeiro. Nesse caso, as fêmeas devem selecionar um sítio para oviposição de acordo com a disponibilidade de frutos hospedeiros. Assim, no regime polifágico, há diversificação na exploração dos recursos (Selivon, 2000).

A alimentação exclusiva no fruto se dá apenas no estágio larval, embora as larvas possam se alimentar de seus próprios exoesqueletos dentro do fruto (Zucoloto, 1993), de outros pequenos animais (larvas, vermes e outros invertebrados) e de larvas coespecíficas menores.

Para a mosca-do-mediterrâneo, *Ceratitis capitata* Wiedemann (Diptera: Tephritidae), a seleção hospedeira feita pelas fêmeas para oviposição não está relacionada positivamente ao desempenho da prole (Joachim-Bravo e Zucoloto, 1997). Essa característica se repete em muitos gêneros e reflete uma tendência à exploração de novos recursos, comportamento típico das espécies generalistas. Parece que o comportamento de seleção visa a nutrição do próprio indivíduo, quando se trata de adultos, embora esse comportamento reflita posteriormente na produção de ovos e nos demais comportamentos reprodutivos.

Em relação à seleção de alimentos, é comum entre os insetos a utilização de aleloquímicos como sinalizadores de itens alimentares de qualidade (Bernays, 1985). Em moscas-das-frutas, vários estudos demonstram a capacidade das fêmeas de associar a presença de substâncias secundárias, incomuns no cardápio alimentar, a substâncias primárias nutricionalmente importantes (Cressoni-Pereira e Zucoloto, 2009). Esse processo ocorre por aprendizagem associativa positiva.

### 3.2.7. Insetos sugadores de seiva de folhas

A relação entre os insetos sugadores da seiva do floema e as plantas constitui uma interação biótica altamente especializada. Esses insetos são capazes de sobreviver com uma dieta nutricionalmente não balanceada e de minimizar as respostas de defesa de suas plantas hospedeiras (Lazzari e Zonta-de-Carvalho, 2009). Os afídeos, psilídeos, moscas-brancas e outros Hemiptera-Sternorrhyncha são exemplos de insetos especializados na sucção da seiva do floema. Os sugadores floemáticos danificam as plantas, reduzindo os fotoassimilados, afetando o crescimento e a distribuição de nutrientes e, em alguns casos, injetando toxinas nos tecidos, além de serem os principais vetores de vírus de plantas (Thompson e Goggin, 2006).

Os afídeos (Hemiptera: Aphidoidea), pelo fato de serem sugadores de seiva e vetores de vírus de plantas, são pragas importantes de diversas culturas em todo o mundo. Ao se alimentarem, penetram os tecidos vegetais com o aparelho bucal e sugam a seiva, afetando o desenvolvimento da planta e causando lesões localizadas ou sistêmicas; além disso, a transmissão de vírus pelos afídeos é comum e causa danos severos, constituindo uma interação especializada inseto–planta.

As interações afídeos–plantas compreendem a seleção da planta hospedeira, a penetração dos tecidos vegetais e a sucção da seiva, além da reação das plantas ao ataque do inseto. As atividades dos afídeos podem afetar diretamente o desenvolvimento da planta, ao causar lesões localizadas ou sistêmicas, enquanto a resposta da planta afeta os processos alimentares e reprodutivos do inseto, podendo ainda atrair agentes de controle biológico. A função de transmissão de vírus pelos afídeos também resulta dessa interação especializada inseto–planta.

Os afídeos apresentam alternância de gerações. Nas espécies heteroécias, as formas sexuais, os ovos e as fundatrizes ocorrem em hospedeiros chamados primários; as gerações de fêmeas partenogenéticas vivem em plantas não relacionadas taxonomicamente, chamadas de hospedeiros secundários. Essa transferência sazonal de hospedeiro é realizada por migrantes alados que se desenvolvem em um hospedeiro, mas buscam o hospedeiro alternativo após se transformarem em adultos, antes de iniciarem a reprodução (Blackman e Eastop, 2000).

A alternância de hospedeiros permite que muitas espécies possam explorar novos recursos alimentares para continuar a se desenvolver e reproduzir em condições de baixa qualidade da seiva, o que leva também a uma futura especiação de espécies secundariamente monoécias no hospedeiro secundário ou no primário. A polifagia, apesar de rara nos afídeos, é mais comum nos trópicos do que em regiões temperadas, em função da maior diversidade florística e da dificuldade de localização do hospedeiro naquelas regiões (Dixon, 1987).

A evolução da partenogênese e da viviparidade, em associação com a alternância de hospedeiros, proporcionou o aparecimento de um extenso polimorfismo que possibilitou a esse grupo de insetos sincronizar o crescimento e a reprodução com períodos favoráveis da fenologia do hospedeiro, gerando ampla variação nos ciclos de vida entre as espécies e dentro das espécies (Lazzari e Zonta-de-Carvalho, 2009).

No processo de localização, seleção e aceitação da planta hospedeira, diversas características da planta podem influenciar o comportamento dos sugadores floemáticos (Prado, 1997). Nos trópicos, muitas espécies de afídeos, na maioria exóticas, são polífagas, devido à dificuldade de localizar seu hospedeiro preferencial em regiões de grande diversidade florística. Essas espécies procuram então colonizar as brotações de diversas espécies de plantas, por serem nutricionalmente adequadas (Holman, 1971; Eastop, 1973).

A atividade alimentar dos afídeos inicia após o inseto pousar na planta, com picadas de prova superficiais. Os estiletes não penetram além da epiderme, e a aceitabilidade da planta hospedeira pode ser rápida. Dependendo do *input* sensorial, o inseto pode optar por interromper suas tentativas de se alimentar, continuar as provas ou aprofundá-las para, finalmente, iniciar a alimentação (Miles, 1987). Assim que o afídeo pousa na planta, começa a coletar informações sobre a adequação dela, com base em estímulos físicos e químicos. Antes de inserir os estiletes nos tecidos, secreta uma gotícula de saliva na superfície da planta, aparentemente para testar algum material, usando mecanorreceptores no ápice do lábio (Srivastava, 1987).

Os sugadores floemáticos não são afetados apenas pelos nutrientes primários, mas também por compostos secundários, os quais influenciam seu estabelecimento e as diversas etapas do comportamento alimentar. Contudo, com relação à aceitação do hospedeiro, os afídeos que são espécie-específicos respondem a sinais químicos, qualitativos e quantitativos mais precisos e também a compostos secundários para selecionar sua planta hospedeira e as partes mais adequadas para a alimentação (Risebrow e Dixon, 1987).

## 4. Interações tróficas e o impacto dos nutrientes e dos aleloquímicos nos diferentes níveis tróficos

Independentemente da posição sistemática e do hábito alimentar dos insetos, as exigências nutricionais qualitativas são semelhantes. Entretanto, as proporções dos nutrientes exigidas são muito variáveis de inseto para inseto, o que determina grande diversidade de hábitos alimentares. Além disso, a escolha do alimento não é estabelecida somente pelos componentes nutritivos, mas também pelas características físicas e por compostos não nutritivos presentes nos alimentos. Assim, a forma como o alimento é ingerido, digerido, assimilado e convertido em tecidos de crescimento depende desses componentes dentro de um contexto ecológico e evolucionário (Parra et al., 2009).

De modo geral, tanto os insetos adultos quanto os imaturos têm como exigências nutricionais básicas: aminoácidos, sais minerais, carboidratos e lipídios. Esses grupos de nutrientes são chamados de substâncias ou compostos primários e estão presentes nos itens alimentares, ou podem ser adquiridos através de simbioses.

Outro grupo de substâncias presente nos itens alimentares dos insetos é o das substâncias secundárias, ou aleloquímicos, que em geral ocorrem nas plantas (90% dos casos), não fazem parte do metabolismo delas e, em princípio, não são utilizados diretamente pelos animais que ingerem ou ovipositam nelas. As funções desses aleloquímicos para as plantas são bastante discutidas, mas a teoria mais amplamente difundida considera que esses compostos estariam relacionados à defesa dos vegetais contra a predação e, algumas vezes, à competição com outras plantas, pois, devido à sua imobilidade, as plantas não poderiam "fugir" dessas pressões ambientais (Hsiao, 1985).

Os aleloquímicos, portanto, condicionam as interações fisiológicas e comportamentais entre organismos de espécies diferentes. Existem milhares de compostos que condicionam grande variedade de interações e que podem ser classificados, basicamente, em quatro categorias: cairomônios – aleloquímicos que fornecem vantagem adaptativa ao organismo receptor; alomônios – aleloquímicos que fornecem vantagem adaptativa ao organismo emissor; e sinomônios – aleloquímicos que fornecem vantagem adaptativa a ambos, receptor e emissor, e antimônios, que desfavorecem a ambos, receptor e emissor (Whitman, 1988; Pizzamiglio-Gutierrez, 2009).

A interação de nutrientes e aleloquímicos pode afetar a adequabilidade do alimento de diversas maneiras: bloqueando a disponibilidade de proteínas (Fox e Macauley, 1977) e minerais essenciais (Berenbaum, 1978) ou reduzindo o crescimento dos insetos, entre outras. Entretanto, através de processos de coevolução, muitos insetos desenvolveram mecanismos fisiológicos para ingerir itens alimentares que apresentam aleloquímicos em sua composição (Rosenthal et al., 1977; Rhoades, 1979; Berenbaum e Zangerl, 1998).

### 4.1. Impacto no segundo nível trófico (herbívoros)

A habilidade de um inseto de se alimentar adequadamente de uma planta envolve uma sequência de comportamentos, na qual cada etapa facilita a etapa seguinte, e que inclui cinco fases principais: a localização do habitat da planta hospedeira; o encontro da planta hospedeira; o reconhecimento do hospedeiro; a aceitação e a adequação desse alimento (Matthews e Matthews, 1978). Nesse processo, alguns nutrientes atuam como estimulantes de alimentação (açúcares, aminoácidos, sais, esteróis, vitaminas, compostos orgânicos e ácidos orgânicos). O aperfeiçoamento das preferências alimentares em insetos fitófagos é bastante influenciado pelo desenvolvimento dos compostos aleloquímicos das plantas e, em alguns insetos, é intensamente regulado pela presença de substâncias específicas no alimento (Smith, 2005).

Assim, as respostas de defesa das plantas podem variar conforme sejam atacadas por um herbívoro especialista ou generalista. A maioria dos herbívoros é especializada nas suas plantas hospedeiras, e um menor número de espécies de insetos é generalista. Nos insetos especialistas adaptados a tolerar as defesas das plantas hospedeiras, a redução dos custos metabólicos pode se tornar uma vantagem. Esses insetos possuem um sistema enzimático capaz de metabolizar substâncias tóxicas ou de promover um sequestro das toxinas, que podem utilizar para a defesa contra predadores e parasitoides, como nutriente ou para a síntese de feromônios (Rothschild, 1973; Price, 1984; Bernays e Chapman, 1994; Nishida, 2002; Pizzamiglio-Gutierrez, 2009).

A estratégia dos generalistas é mais adaptativa, proporciona mais alternativas em relação a alimento e abrigo, mas eles precisam selecionar o alimento adequado entre plantas, que pode variar em termos de qualidade nutricional, e também incluir defesas contra as plantas às quais não estão adaptados. Dessa forma, a eficiência em reconhecer as toxinas produzidas pelas plantas é extremamente importante para a sobrevivência desses insetos (Price, 1982).

A identificação de sinais químicos da planta hospedeira pelos insetos herbívoros pode ocorrer através do reconhecimento de compostos isolados ou misturas com proporções particulares de diferentes compostos comuns a vários grupos de plantas.

## 4.2. Impacto no terceiro nível trófico (carnívoros)

Os insetos carnívoros, isto é, os parasitoides e predadores, compreendem ampla variedade de indivíduos, como os parasitoides da ordem Hymenoptera (Cônsoli e Vinson, 2009) e os predadores das ordens Hemiptera-Heteroptera (Bueno e Zanuncio, 2009), Coleoptera (por exemplo, coccinelídeos) (Almeida e Ribeiro-Costa, 2009) e Neuroptera (por exemplo, crisopídeos) (Albuquerque, 2009), apenas para mencionar alguns exemplos. Em geral, esses insetos alimentam-se de outros insetos ou de pequenos organismos do mundo animal. Sua performance, isto é, sua contribuição reprodutiva para a geração seguinte, é influenciada pela qualidade do alimento consumido e pela frequência com que se alimentam. Sabe-se que os predadores, em especial, e, de certa forma, os parasitoides, são frequentemente expostos à falta de alimento e desenvolveram várias formas de compensar esse inconveniente. Essa compensação pode acontecer através do armazenamento de reservas nutricionais (por exemplo, lipídios), ou pela ingestão de grandes quantidades de alimento em momentos de fartura, ou ainda pela maximização fisiológica do aproveitamento do alimento, retendo-o por mais tempo no trato digestivo (Slansky e Rodriguez, 1987).

A performance (o desempenho), isto é, a sobrevivência e a longevidade de imaturos e de adultos, assim como a fecundidade e a fertilidade dos adultos, dependem, em grande parte, não só da quantidade, mas também da qualidade do alimento ingerido. No caso dos insetos carnívoros, esse alimento geralmente é considerado uma fonte nutricional de qualidade superior, por ser proveniente do segundo nível trófico, ou seja, por já ter passado pelo primeiro nível trófico (as plantas). Entretanto, existem exceções, como é o caso dos organismos animais que conseguem sequestrar toxinas de plantas que servem como defesa, o que os torna inadequados do ponto de vista nutricional e, portanto, eles devem ser evitados (Slansky e Rodriguez, 1987).

O efeito do alimento ingerido pelas presas sobre os carnívoros (predadores e parasitoides) tem sido, de uma forma geral, ignorado ou pouco estudado pelos ecologistas. Por exemplo, pouco se sabe sobre o efeito da toxina *Bt*, inserida artificialmente em plantas comerciais, como o milho e a soja, e consumida por lagartas, e sobre a performance dos predadores ou dos parasitoides dessas lagartas. De modo semelhante: no caso de uma presa que se alimentou e sobreviveu sobre uma planta que contém aleloquímicos tóxicos e que foi consumida pelo predador ou parasitoide, como isso irá se refletir na biologia dos consumidores? Essa questão envolve uma série de respostas que podem variar desde uma troca de comportamento dos predadores/parasitoides até a diminuição de sua performance, podendo culminar com sua morte. Portanto, o efeito do alimento consumido pelas presas sobre o terceiro nível trófico (o dos carnívoros) não deve ser negligenciado e seu estudo pode auxiliar no entendimento das interações tritróficas.

## 5. Mecanismos de defesa das plantas contra insetos

Como organismos do primeiro nível trófico, as plantas representam importante fonte de recursos nutricionais para grande número de consumidores, entre eles, os insetos. Entretanto, a herbivoria pode ser evitada ou reduzida a partir de mecanismos de defesa presentes nas plantas (Bento e Nardi, 2009), como a fuga no tempo, com um ciclo vegetal curto ou prolongado; a fuga individual, com a dispersão de progênie; a associação com outras espécies; a tolerância ou a confrontação com o herbívoro (Harris, 1980). Além disso, a presença de tricomas, o teor de nitrogênio, de água e de outros nutrientes, bem como a produção de substâncias do metabolismo secundário que podem afetar o crescimento e a reprodução dos herbívoros são alguns desses mecanismos de defesa das plantas (Rhoades, 1979).

Atuando de maneira isolada ou associada, esses mecanismos de defesa contra os insetos podem afetar diretamente o desempenho dos herbívoros (defesa direta) ou auxiliar no recrutamento dos inimigos naturais deles (defesa indireta).

### 5.1. Defesa direta e defesa indireta

A defesa direta (intrínseca) das plantas contra o ataque de herbívoros ou patógenos em geral é classificada como constitutiva ou induzida (Roda e Baldwin, 2003). A defesa constitutiva está sempre presente na planta, não depende do ataque de herbívoros ou patógenos e inclui inibidores de alimentação, toxinas e defesas mecânicas. A defesa induzida é desencadeada em resposta ao ataque de herbívoros ou patógenos e inclui a modificação e o acúmulo dos metabólitos normais da planta (Levin, 1976). Herbívoros induzem defesas diretas por parte da planta que interferem na alimentação e no desenvolvimento do inseto ou na emissão de substâncias voláteis que atraem seus inimigos naturais (defesas indiretas induzidas) (Walling, 2000) (Figura 3).

As defesas induzidas têm sido associadas aos danos causados durante a alimentação, entretanto, Hilker e Meiners (2002) demonstraram que a oviposição pelos herbívoros pode ativar as defesas diretas e indiretas da planta. Antes desse estudo, os casos dessa transferência na informação química foram demonstrados somente entre plantas atacadas pelos herbívoros e plantas não atacadas (Dicke e Bruin, 2001).

A defesa indireta (extrínseca) aumenta a eficiência dos inimigos naturais dos herbívoros, através da produção de alimento alternativo (Heil e McKey, 2003), de abrigo (Grostal e O'Dowd, 1994) ou da liberação de substâncias voláteis induzidas para atrair esses inimigos naturais (Dicke, 1999; Hilker e Meiners, 2002; Dicke et al., 2003).

As defesas indiretas induzidas por herbivoria podem variar qualitativa e quantitativamente, de acordo com a espécie do herbívoro que realiza a injúria na planta, a presença de diferentes espécies de herbívoros em uma mesma planta, o hábito alimentar (mastigador ou sugador) do inseto, o estágio fisiológico e a espécie da planta hospedeira (Lopes et al., 2012).

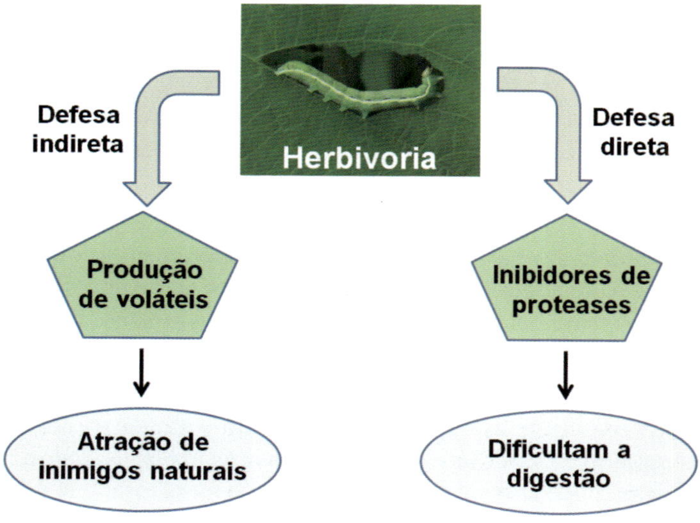


**Figura 3.** Mecanismos de defesa induzida pelas plantas após a herbivoria (adaptado de Pinto-Zevallos e Zarbin, 2013).

Na natureza, a utilização desses mecanismos de defesa indireta pelas plantas é comum e representa um componente importante da dinâmica populacional (Price et al., 1980), que age sobre os herbívoros, por promover a efetividade dos seus inimigos naturais, componentes do terceiro nível trófico. A ação desses mecanismos sobre os inimigos naturais pode se dar por meio da liberação de compostos voláteis, que os atraem para as plantas, ou pela presença nelas de estruturas morfológicas que favorecem sua presença e sua manutenção (Matos et al., 2006; Knaak et al., 2009).

A descoberta e o intenso estudo, em nível bioquímico, das defesas induzidas, diretas e indiretas, estão formando uma nova geração de pesquisas que buscam promover as respostas das plantas ao ataque de insetos herbívoros. Dentro das defesas induzidas, destaca-se um mecanismo referido como *priming* (preparação), pelo qual a planta adquire a habilidade de responder melhor a futuros ataques dos herbívoros, após a aplicação exógena de indutores químicos. Durante os últimos anos, foram identificadas muitas substâncias naturais e seus análogos sintéticos que induzem e favorecem as defesas químicas da planta, que estão sendo avaliadas para o controle de pragas e doenças. O ácido jasmônico e o ácido salicílico são as moléculas mais testadas, uma vez que esses fito-hormônios estão envolvidos nas respostas de defesa das plantas após a herbivoria de insetos mastigadores (ácido jasmônico) e insetos sugadores e doenças (ácido salicílico) (Pinto-Zevallos e Zarbin, 2013).

## 5.2. Custos e benefícios da defesa

De modo geral, os mecanismos de defesa utilizados pelas plantas são custosos, pois demandam recursos que poderiam ser utilizados por elas para maximizar o crescimento e a reprodução. Muitos modelos têm sido propostos para explorar como e por que algumas plantas realizam esse investimento em defesa contra herbívoros.

A hipótese de defesa ótima procura explicar como tipos particulares de defesa utilizados por uma planta refletem as ameaças a que cada indivíduo está exposto (Stamp, 2003). Esse modelo considera três fatores principais: risco de ataque, valor do tecido para a planta e custo da defesa (Rhoades, 1979; Wilf et al., 2001).

O primeiro fator a determinar as defesas ótimas é o **risco de ataque**: Qual a probabilidade de uma planta ou de determinada parte de uma planta ser atacada? Isso também está relacionado à teoria das plantas evidentes, pela qual uma planta investirá em defesas altamente efetivas quando puder ser facilmente encontrada por herbívoros (Feeny, 1976). Entre as plantas que produzem esse tipo de defesa sistêmica incluem-se algumas árvores de vida longa, arbustos e gramíneas perenes. Plantas pouco evidentes, como as efêmeras, dos primeiros estágios sucessionais, por outro lado, investem preferencialmente em pequenas quantidades de defesas qualitativas, que são compostos tóxicos para a maioria dos herbívoros, mas suscetíveis para herbívoros especialistas.

O segundo fator é o **valor da proteção**: Será que a planta teria menos chances de sobreviver e se reproduzir após a remoção de parte de sua estrutura por um herbívoro? Nem todas as partes da planta possuem o mesmo valor para a manutenção de sua performance. Portanto, partes valiosas devem conter mais defesas. O estágio de desenvolvimento no momento em que ela sofre o ataque também afeta a perda de aptidão resultante. Experimentalmente, o valor adaptativo de uma estrutura da planta é medido retirando-se essa parte e observando-se o efeito da retirada (McKey, 1979). Em geral, órgãos relacionados à reprodução (flores e sementes) não são tão facilmente substituídos como o são os tecidos vegetativos. Ramos e folhas apicais têm maior valor do que folhas da base dos ramos. A perda de partes da planta no meio da estação de crescimento tem maior efeito negativo do que a remoção no início ou no final da estação (Krischik e Denno, 1983; Zangerl e Rutledge, 1996). Sementes, em particular, tendem a ser muito bem protegidas. Por exemplo, as sementes de frutos comestíveis contêm glicosídeos cianogênicos. Isso resulta do balanço entre a necessidade de tornar o fruto atrativo para os dispersores, mas assegurando que as sementes não sejam destruídas (Witmer, 1998).

O último fator a ser considerado é o **custo da defesa**: Quanto custa, em termos de gasto energético e nutrientes, determinada estratégia defensiva? Isso é especialmente importante, já que a energia gasta com a defesa não pode ser usada para outras funções, como crescimento e reprodução. A hipótese de defesa ótima prevê que plantas alocam mais energia para defesa quando os benefícios da proteção são maiores do que os custos da produção das defesas, especificamente em situações em que existe alta pressão de herbivoria.

A hipótese de balanço carbono/nutriente, também conhecida como hipótese de restrições ambientais, propõe que os vários tipos de defesas vegetais constituam respostas a variações nos níveis de nutrientes no ambiente (Tuomi et al., 1988). Essa hipótese prevê que a razão entre carbono e nitrogênio nas plantas determina quais metabólitos secundários serão sintetizados. Por exemplo, plantas que crescem em solos pobres em nitrogênio utilizarão defesas baseadas em carbono (principalmente redutores de digestibilidade), enquanto aquelas que crescem em ambientes com pouco carbono (como locais sombreados) têm maior chance de produzir toxinas baseadas em nitrogênio. A hipótese também prevê que as plantas podem modificar suas defesas em resposta a mudanças nos nutrientes. Se os níveis de nutrientes aumentam, por exemplo, pela adição de fertilizantes, essas defesas baseadas em carbono devem diminuir.

Por fim, segundo a hipótese da taxa de crescimento, também conhecida como hipótese da disponibilidade de recursos, as estratégias de defesa são determinadas pela taxa de crescimento intrínseco da planta. A principal suposição é de que a disponibilidade de recursos é o fator limitante na determinação da taxa de crescimento máxima de dada espécie vegetal. Esse modelo prevê que o nível de investimento em defesas cresce à medida que o potencial para crescimento reduz (Coley et al., 1985). Além disso, plantas em áreas pobres em recursos, com taxas de crescimento intrinsecamente menores, tendem a ter folhas e ramos mais longevos, e a perda destes órgãos pode levar a uma perda de recursos escassos e valiosos para a planta (Chapin, 1980).

Embora alguns estudos tenham tentado medir os custos ou os benefícios das defesas, poucos resultados foram obtidos (Hilker e Meiners, 2002; Cipollini et al., 2003). A dificuldade em estimar esses custos complica-se pelo fato de que as evidências que normalmente admite-se que sejam defesas diretas são difíceis de isolar da enorme quantidade de outras alterações que ocorrem na planta após o ataque dos insetos (Roda e Baldwin, 2003).

## Referências bibliográficas

AGRAWAL, A. A. Current trends in the evolutionary ecology of plant defence. *Functional Ecology* 25: 421-33, 2011.

AGUIAR, C. M. L. Utilização de recursos florais por abelhas (Hymenoptera, Apoidea) em uma área de Caatinga (Itatim, Bahia, Brasil). *Revista Brasileira de Zoologia* 3: 457-67, 2003.

ALBUQUERQUE, G. S. Crisopídeos (Neuroptera: Chrysopidae). In: PANIZZI, A. R.; PARRA, J. R. P. (eds.). *Bioecologia e nutrição de insetos. Base para o manejo integrado de pragas*. Brasília, DF: Embrapa Informação Tecnológica, 2009. p. 969-1022.

ALMEIDA, L. M.; RIBEIRO-COSTA, C. S. Coleópteros predadores (Coccinellidae). In: PANIZZI, A. R.; PARRA, J. R. P. (eds.). *Bioecologia e nutrição de insetos. Base para o manejo integrado de pragas*. Brasília, DF: Embrapa Informação Tecnológica, 2009. p. 931-68.

APPLEBAUM, S. W.; BIRK, Y. Natural mechanisms of resistance to insects in legume seeds. In: RODRIGUEZ, J. G. (ed.). *Insect and mite nutrition*. Amsterdam, The Netherlands: North Holland, 1972. p. 629-36.

BAKER, H. G.; OPLER, P. A.; BAKER, I. A comparison of the amino acid complements of floral and extrafloral nectars. *Botanical Gazette* 139: 322-32, 1978.

BECERRA, J. X.; NOGE, K.; VENABLE, D. L. Macroevolutionary chemical escalation in an ancient plant-herbivore arms race. *Proceedings of the National Academy of Sciences of the United States of America* 106: 18062-66, 2009.

BELLANDA, H. C. H. B.; ZUCOLOTO, F. S. Lagartas desfolhadoras (Lepidoptera). In: PANIZZI, A. R.; PARRA, J. R. P. (eds.). *Bioecologia e nutrição de insetos. Base para o manejo integrado de pragas*. Brasília, DF: Embrapa Informação Tecnológica, 2009. p. 425-64.

BENSON, W. W. Amazon ant-plants. In: PRANCE, G. T.; LOVEJOY, T. E. (eds.). *Amazonia*. Oxford, UK: Pergamon Press, 1985. p. 239-66.

BENTO, J. M. S.; NARDI, C. Bioecologia e nutrição *vs.* ecologia química: as interações multitróficas mediadas por sinais químicos. In: PANIZZI, A. R.; PARRA, J. R. P. (eds.). *Bioecologia e nutrição de insetos. Base para o manejo integrado de pragas*. Brasília, DF: Embrapa Informação Tecnológica, 2009. p. 277-96.

BERENBAUM, M. Toxicity of a furanocoumarin to armyworms: a case of biosynthetic escape from insect herbivores. *Science* 201: 532-34, 1978.

BERENBAUM, M. R.; ZANGERL, A. R. Chemical phenotype matching between a plant and its insect herbivore. *Proceedings of the National Academy of Sciences of the United States of America* 95: 13743-748, 1998.

BERNAYS, E. A. Regulation of feeding behavior. In: KERKUT, S. A.; GILBERT, L. I. (eds.). *Comprehensive insect-physiology, biochemistry and pharmacology*. London, UK: Pergamon Press, 1985. p. 390-467.

BERNAYS, E. A.; GRAHAM, M. On the evolution of host specificity in phytophagous arthropods. *Ecology* 69: 886-92, 1988.

BERNAYS, E. A.; CHAPMAN, R. F. *Host plant selection by phytophagous insects*. London, UK: Chapman and Hall, 1994.

BERNAYS, E. A. Evolution of feeding behavior in inset herbivores. *Bioscience* 48: 35-44, 1998.

BIESMEIJER, J. C.; SLAA, E. J. Information flow organization of stingless bee foraging. *Apidologie* 35: 143-57, 2004.

BLACKMAN, R. L.; EASTOP, V. F. *Aphids on the world's crop*: an identification and information guide. London, UK: J. Wiley & Sons, 2000.

BLOM, F. Sensory activity and food intake: a study of input-output relationships in two phytophagous insects. *Netherlands Journal of Zoology* 28: 277-340, 1978.

BRANDÃO, C. R. F.; SILVA, R. R.; DELABIE, J. H. C. Formigas (Hymenoptera). In: PANIZZI, A. R.; PARRA, J. R. P. (eds.). *Bioecologia e nutrição de insetos. Base para o manejo integrado de pragas.* Brasília, DF: Embrapa Informação Tecnológica, 2009. p. 323-70.

BRUES, C. T. The selection of food-plants by insects, with special reference to lepidopterous larvae. *The American Naturalist* 54: 313-32, 1920.

BUENO, V. H. P.; ZANUNCIO, J. C. Percevejos predadores (Heteroptera). In: PANIZZI, A. R.; PARRA, J. R. P. (eds.). *Bioecologia e nutrição de insetos. Base para o manejo integrado de pragas.* Brasília, DF: Embrapa Informação Tecnológica, 2009. p. 875-930.

CENTER, T.; JOHNSON, C. D. Coevolution of some seed beetles (Coleoptera: Bruchidae) and their hosts. *Ecology* 55: 1096-103, 1974.

CHAPIN, F. S. III. The mineral nutrition of wild plants. *Annual Review of Ecological Systematics* 11: 233-60, 1980.

CHAPMAN, R. F.; ASCOLI-CHRISTENSEN, A.; WHITE, P. R. Sensory coding for feeding deterrence in the grasshopper *Schistocerca americana*. *The Journal of Experimental Biology* 158: 241-59, 1991.

CIPOLLINI, D.; PURRINGTON, C. B.; BERGELSON, J. Costs of induced responses in plants. *Basic and Applied Ecology* 4: 79-89, 2003.

COLEY, P. D.; BRYANT, J. P.; CHAPIN, F. S. III. Resource availability and plant antiherbivore defense. *Science* 230: 895-99, 1985.

CÔNSOLI, F. L.; VINSON, S. B. Parasitoides (Hymenoptera). In: PANIZZI, A. R.; PARRA, J. R. P. (eds.). *Bioecologia e nutrição de insetos. Base para o manejo integrado de pragas*. Brasília, DF: Embrapa Informação Tecnológica, 2009. p. 837-73.

CORNELL, H. V.; HAWKINS, B. A. A test of phytochemical coevolution theory. *The American Naturalist* 161: 507-22, 2003.

COSTANZA, R. et al. The value of the world's ecosystem services and natural capital. *Nature* 387: 255, 1997.

COURTNEY, S. P. Coevolution of pierid butterflies and their cruciferous food plants. III. *Anthocharis cardamines* (L.). Survival, development and oviposition on different hostplants. *Oecologia* 51: 91-96, 1981.

CRESONI-PEREIRA, C.; ZUCOLOTO, F. S. Moscas-das-frutas (Diptera). In: PANIZZI, A. R.; PARRA, J. R. P. (eds.). *Bioecologia e nutrição de insetos. Base para o manejo integrado de pragas*. Brasília, DF: Embrapa Informação Tecnológica, 2009. p. 733-66.

CROWSON, R. A. *The biology of Coleoptera*. London, UK: Academic Press, 1981.

CRUZ, W. F. D. et al. Interações mutualísticas entre formigas e plantas. *Entomo Brasilis* 2: 32-36, 2009.

CYR, H.; PACE, M. L. Magnitude and patterns of herbivory in aquatic and terrestrial ecosystems. *Nature* 361: 148-50, 1993.

DE MARCO JR., P.; COELHO, F. M. Services performed by the ecosystem: forest remnants influence agricultural cultures' pollination and production. *Biodiversity and Conservation* 13: 1245-55, 2004.

DETHIER, V. G. Chemical factors determining the choice of plants by *Papilio* larvae. *The American Naturalist* 75: 61-73, 1941.

DETHIER, V. G. Evolution of feeding preferences in phytophagous insects. *Evolution* 8: 55-64, 1954.

DETHIER, V. G. Evolution of receptor sensitivity to secundary plant substances with spatial reference to deterrents. *The American Naturalist* 115: 45-66, 1980.

DETHIER, V. G. The role of taste in food intake: a comparative view. In: SAIMON, S. A.; ROPER, S. D. (eds.). *Mechanisms of taste transduction*. Boca Raton, EUA: CRC Press, 1993. p. 3-25.

DICKE, M. Evolution of induced indirect defence of plants. In: TOLLRIAN R.; HARVELL, C. D. (eds.). *The ecology and evolution of inducible defenses*. Princeton, NJ, USA: Princeton University Press, 1999. p. 62-88.

DICKE, M.; BRUIN, J. Chemical information transfer between plants: back to the future. *Biochemical Systematics and Ecology* 29: 981-94, 2001.

DICKE, M.; VAN POECKE, R. M. P.; DE BOER, J. G. Inducible indirect defense of plants: from mechanisms to ecological functions. *Basic and Applied Ecology* 4: 27-42, 2003.

DIXON, A. F. G. The way of life of aphids: host specificity, speciation and distribution. In: MINKS, A. K.; HERREWIJN, P. (eds.). *Aphids*: their biology, natural enemies and control. Amsterdam, The Netherlands: Elsevier, 1987. v. 2A, p. 197-207.

DREGER-JAUFFRET, F.; SHORTHOUSE, J. D. Diversity of gall-inducing insects and their galls. In: SHORTHOUSE, J. D.; ROHFRITSCH, O. (eds.). *Biology of insect-induced galls*. Oxford, UK: Oxford University Press, 1992. p. 8-33.

EASTOP, V. F. Deductions from the present day host plants of aphids and related insects. In: VAN EMDEN, H. F. (ed.). Insect-plant relationships. In: SYMPOSIA OF THE ROYAL ENTOMOLOGICAL SOCIETY OF LONDON, 6. London, UK: Blackwell, 1973. p. 157-78.

EGGERMANN, W.; BONGERS, J. Die bedentung des wassering speilchelsekrets fur die nahrungsaufnahme von *Oncopeltus fasciatus* und *Dysdercus fasciatus*. *Entomologia Experimentalis et Applicata* 27: 169-78, 1980.

EHRLICH, P. R.; RAVEN, P. R. Butterflies and plants: a study in coevolution. *Evolution* 18: 586-608, 1964.

FABRE, J. H. Souvenirs entomologiques. *Paris Delagrave* 3: 317-433, 1879.

FARRELL, B. D.; MITTER, C. Phylogenetic determinants of insect/plant community diversity. In: RICKLEFS, R. E.; SCHLUTER, D. (eds.). *Species diversity in ecological communities*: historical and geographic perspectives. Chicago, USA: University of Chicago Press, 1993. p. 253-66.

FEENY, P. Plant apparency and chemical defense. In: WALLACE, J. W.; MANSELL, R. L. (eds.). *Biochemical interactions between plants and insects. Recent Advances in Phytochemistry.* New York, USA: Plenum Press, 1976. p. 1-40.

FERNANDES, G. W.; PRICE, P. W. Biogeographical gradients in galling species richness: tests of hypotheses. *Oecologia* 76: 161-67, 1988.

FERNANDES, G. W. Hypersensitivity: a neglected plant resistance mechanism against insect herbivores. *Environmental Entomology* 119: 1173-82, 1990.

FERNANDES, G. W.; CARNEIRO, M. A. A. Insetos galhadores. In: PANIZZI, A. R.; PARRA, J. R. P. (eds.). *Bioecologia e nutrição de insetos. Base para o manejo integrado de pragas.* Brasília, DF: Embrapa Informação Tecnológica, 2009. p. 595-636.

FLOATE, K. D.; FERNANDES, G. W.; NILSSON, J. A. Distinguishing intrapopulacional categories of plants by their insect faunas: galls on rabbitbrush. *Oecologia* 105: 221-29, 1996.

FOX, L. R.; MACAULEY, B. J. Insect grazing on *Eucalyptus* in response to variation in leaf tannins and nitrogen. *Oecologia* 29: 145-62, 1977.

FRAENKEL, G. The nutritional value of green plants for insects. In: 9$^{th}$ INTERNATIONAL CONGRESS OF ENTOMOLOGY, 2. Amsterdam, The Netherlands, 1951.

FRAENKEL, G. The "raison d'etre" of secondary plant substances. *Science* 129: 1966-70, 1959.

FRAZIER, J. L. The perception of plant allelochemicals that inhibit feeding. In: BRATTSTEN, L. B.; AHMAD, S. (eds.). *Molecular aspects of insect-plant interactions.* New York, USA: Plenum Press, 1986. p. 1-42.

FUTUYMA, D. J. Evolutionary interactions among herbivorous and plants. In: FUTUYMA, D. J.; SLATKINEDS, M. (eds.). *Coevolution.* MA, USA: Sunderland, 1983. p. 207-31.

FUTUYMA, D. J.; KEESE, M. C. Evolution and coevolution of plants and phytophagous arthropods. In: ROSENTHAL, G. A.; BERENBAUM, M. R. (eds.). *Herbivores:* their interactions with secondary plant metabolites. Evolutionary and ecological processes. London, UK: Academic Press, 1992. v. 2, p. 439-75.

GARCIA, M. A.; OLIVEIRA, L. J.; OLIVEIRA, M. C. N. Aggregation behavior of *Phyllophaga cuyabana* (Moser) (Coleoptera: Melolonthidae): relationships between sites chosen for mating and offspring distribution. *Neotropical Entomology* 3: 537-42, 2003.

GROSTAL, P.; O'DOWD, D. J. Plants, mites and mutualism: leaf domatia and the abundance and reproduction of mites on *Viburnum tinus* (Caprifoliaceae). *Oecologia* 97: 308-15, 1994.

HARRIS, M. K. Arthropod-plant interaction related to agriculture emphasizing host plant resistance. In: HARRIS, M. K. (ed.). *Biology and breeding for resistance to arthropods and pathogens in agricultural plants.* Texas, USA: College Station, Texas University Press, 1980. p. 23-51.

HEIL, M.; McKEY, D. Protective ant-plant interactions as model systems in ecological and evolutionary research. *Annual Review of Ecology, Evolution and Systematics* 34: 425-53, 2003.

HILKER, M.; MEINERS, T. Induction of plant response to oviposition and feeding by herbivorous arthropods: a comparison. *Entomologia Experimentalis et Applicata* 104: 181-92, 2002.

HOLMAN, J. Factors influencing the host range of the aphids in the tropics. In: INTERNATIONAL CONGRESS OF ENTOMOLOGY, 13. *Proceedings*. Moscow, URSS, 1971.

HSIAO, T. H. Feeding behavior. In: KERKUT, S. A.; GILBERT, L. I. (eds.). *Comprehensive insect physiology, biochemistry pharmacology*. Oxford, UK: Pergamon, 1985. v. 6, p. 471-512.

JANZEN, D. H. Seed-eaters versus seed size, number, toxicity and dispersal. *Evolution* 23: 1-27, 1969.

JANZEN, D. H.; JUSTER, H. B.; BELL, E. A. Toxicity of secondary compounds to the seed-eating larvae of a bruchid beetle (*Callosobruchus maculatus*). *Phytochemistry* 16: 223-33, 1977.

JANZEN, D. H. The ecology and evolutionary biology of seed chemistry as relates to seed predation. In: HARBORNE, J. B. (ed.). *Biochemical aspects of plant and animal coevolution*. London, UK: Academic Press, 1978. p. 163-206.

JERMY, T. Insect–host–plant relationship – Co-evolution or sequential evolution? *Symposium Biologica Hungarica* 16: 109-13, 1976.

JOACHIM-BRAVO, I. S.; ZUCOLOTO, F. S. Oviposition preference and larval performance in *Ceratitis capitata* (Diptera, Tephritidae). *Revista Brasileira de Zoologia* 14: 795-802, 1997.

JOHNSON, S. N.; GREGORY, P. J. Chemically-mediated host-plant location and selection by root-feeding insects. *Physiological Entomology* 31: 1-13, 2006.

JOLIVET, P. *Les fourmis et les plantes, um exemple de coévolution*. Paris, France: Boubée, 1986.

KALINGANIRE, A. et al. Pollination and fruit-set of *Grevillea robusta* in Western Kenya. *Austral Ecology* 26: 637-48, 2001.

KAREIVA, P. Coevolutionary arms races: Is victory possible? *Proceedings of the National Academy of Sciences of the United States of America* 96: 8-10, 1999.

KEARNS, C. A.; INOUYE, D. W. Pollinators, flowering plants, and conservation biology. *BioScience* 47: 297-306, 1997.

KEARNS, C. A.; INOUYE, D. W.; WASER, N. M. Endangered mutualisms: the conservation of plant-pollinator interactions. *Annual Review of Ecology and Systematics* 29: 83-112, 1998.

KENNEDY, J. S.; BOOTH, C. O. Host alternation in *Aphis fabae* Scop. I. Feeding preferences and fecundity in relation to the age and kind of leaves. *Annals of Applied Biology* 38: 25-64, 1951.

KEVAN, P. G.; VIANA, B. F. The global decline of pollination services. *Tropical Conservancy* 4: 3-8, 2003.

KLEINERT, A. M. P. et al. Abelhas sociais (Bombini, Apini, Meliponini). In: PANIZZI, A. R.; PARRA, J. R. P. (eds.). *Bioecologia e nutrição de insetos. Base para o manejo integrado de pragas*. Brasília, DF: Embrapa Informação Tecnológica, 2009. p. 371-424.

KNAAK, N. et al. Interações de *Bacillus thuringiensis* e o controle de fitopatógenos. *Biotecnologia Ciência & Desenvolvimento* 38: 48-53, 2009.

KOGAN, M. Plant defense strategies and host-plant resistance. In: KOGAN, M. (ed.). *Ecological theory and integrated pest management practice*. New York, USA: J. Wiley & Sons, 1986. p. 83-133.

KRISCHIK, V. A.; DENNO, R. F. Individual, population, and geographic patterns inplant defense. In: DENNO, R. F.; McCLURE, M. S. (eds.). *Variable plants and herbivores in natural and managed systems*. Boston, USA: Academic Press, 1983. p. 463-512.

LABANDEIRA, C. C. et al. Ninety-seven million years of angiosperm–insect association – Paleobiological insights into the meaning of coevolution. *Proceedings of the National Academy of Sciences of the United States of America* 91: 12278-282, 1994.

LADD JR., T. L. Japanese beetles (Coleoptera: Scarabaeidae): influence of sugars on feeding response of larvae. *Journal of Economic Entomology* 81: 1390-93, 1988.

LAZZARI, S. M. N.; ZONTA-DE-CARVALHO, R. C. Sugadores de seiva (Aphidoidea). In: PANIZZI, A. R.; PARRA, J. R. P. (eds.). *Bioecologia e nutrição de insetos. Base para o manejo integrado de pragas*. Brasília, DF: Embrapa Informação Tecnológica, 2009. p. 767-836.

LEVIN, D. A. The chemical defenses of plants to pathogens and herbivores. *Annual Review of Ecology, Evolution and Systematics* 7: 121-59, 1976.

LOPES, A. P. S. et al. Defesas induzidas por herbivoria e interações específicas no sistema tritrófico soja–percevejos–parasitoides de ovos. *Pesquisa Agropecuária Brasileira* 47: 875-78, 2012.

LORENZON, M. C. A.; MATRANGOLO, C. A. R.; SCHOEREDER, J. H. Flora visitada pelas abelhas eussociais (Hymenoptera, Apidae) na Serra da Capivara, em Caatinga do Sul do Piauí. *Neotropical Entomology* 32: 27-36, 2003.

MANI, M. S. *Ecology of plant galls*. The Hague, The Netherlands: Junk Publishers, 1964.

MATOS, C. H. C. et al. Domácias e seu papel na defesa das plantas. *Ciência Rural* 36: 1021-26, 2006.

MATTHEWS, R. W.; MATTHEWS, J. R. *Insect behaviour*. New York, USA: J. Wiley & Sons, 1978.

McKEY. D. The distribution of secondary compounds within plants. In: ROSENTHAL, G. A.; JANZEN, D. H. (eds.). *Herbivores, their interaction with secondary plant metabolites*. New York, USA: Academic Press, 1979. v. 2, p. 56-133.

MILES, P. W. Feeding process of Aphidoidea in relation to effects on their food plants. In: MINKS, A. K.; HERREWIJN, P. (eds.). *Aphids*: their biology, natural enemies and control. Amsterdam, The Netherlands: Elsevier, 1987. v. 2b, p. 321-39.

MORÓN, M. A. Melolontídeos edafícolas. In: SALVADORI, J. R.; ÁVILA, C. J.; SILVA, M. T. B. da (eds.). *Pragas de solo*. Passo Fundo: Embrapa Trigo; Dourados: Embrapa Agropecuária Oeste; Cruz Alta: Fundacep Fecotrigo, 2004. p. 133-49.

NABHAN, G. P.; BUCHMANN, S. Services provided by pollinators. In: DAILY, G. C. (ed.). *Nature's services*: societal dependence on natural ecosystems. Washington, USA: Island Press, 1997. p. 133-50.

NISHIDA, R. Sequestration of defensive substances from plants by Lepidoptera. *Annual Review of Entomology* 47: 57-92, 2002.

NOGUEIRA-COUTO, R. H. Polinização com abelhas africanizadas In: ENCONTRO SOBRE ABELHAS, 1, Ribeirão Preto, 1994. *Anais*. São Paulo, 1994. p. 101-17.

OERKE, E. C.; DEHNE, H. W. Safeguarding production – losses in major crops and the role of crop protection. *Crop Protection* 23: 275-85, 2004.

OLIVEIRA, P. S.; BRANDÃO, C. R. F. The ant community associated with extrafloral nectaries in the Brazilian cerrado. In: CUTLER, D. F.; HUXLEY, C. R. *Ant-plant interactions*. Oxford, UK: Oxford Univ. Press, 1991. p. 198-212.

OLIVEIRA, L. J. et al. Ciclo biológico de *Phyllophaga cuyabana* (Moser) (Scarabaeidae: Melolonthinae). *Anais da Sociedade Entomológica do Brasil* 25: 433-39, 1996.

OLIVEIRA, L. J. *Ecologia comportamental e de interações com plantas hospedeiras em Phyllophaga cuyabana (Moser) (Coleoptera: Melolonthidae, Melolonthinae) e implicações para o seu manejo em cultura de soja*. Campinas, 148p. Tese (Doutorado) – Universidade Estadual de Campinas, 1997.

OLIVEIRA, L. J.; GARCIA, M. A. Flight, feeding and reproductive behavior of *Phyllophaga cuyabana* (Moser) (Coleoptera: Melolonthidae) adults. *Pesquisa Agropecuária Brasileira* 38: 179-86, 2003.

OLIVEIRA, L. J.; SALVADORI, J. R. Insetos rizófagos (Coleoptera: Melolonthidae). In: PANIZZI, A. R.; PARRA, J. R. P. (eds.). *Bioecologia e nutrição de insetos. Base para o manejo integrado de pragas*. Brasília, DF: Embrapa Informação Tecnológica, 2009. p. 569-94.

PANDA, N.; KLUSH, G. S. *Host plant resistance to insects*. England, UK: CAB International, Wallingford, 1995.

PANIZZI, A. R. Wild hosts of pentatomids: ecological significance and role in their pest status on crops. *Annual Review of Entomology* 42: 99-122, 1997.

PANIZZI, A. R. et al. Economic importance of stink bugs (Pentatomidae). In: SCHAEFER, C. W.; PANIZZI, A. R. (eds.). *Heteroptera of economic importance*. Boca Raton, USA: CRC Press, 2000. p. 421-74.

PANIZZI, A. R.; SILVA, F. A. C. Insetos sugadores de sementes (Heteroptera). In: PANIZZI, A. R.; PARRA, J. R. P. (eds.). *Bioecologia e nutrição de insetos. Base para o manejo integrado de pragas*. Brasília, DF: Embrapa Informação Tecnológica, 2009. p. 465-522.

PARRA, J. R. P.; PANIZZI, A. R.; HADDAD, M. L. Índices nutricionais para medir consumo e utilização de alimentos por insetos. In: PANIZZI, A. R.; PARRA, J. R. P. (eds.). *Bioecologia e nutrição de insetos. Base para o manejo integrado de pragas*. Brasília, DF: Embrapa Informação Tecnológica, 2009. p. 37-90.

PINHEIRO-MACHADO, C. et al. Brazilian bee surveys: state of knowledge, conservation and sustainable use. In: KEVAN, P. G.; IMPERATIZ-FONSECA, V. L. (eds.). *Pollinating bees*: the conservation link between agriculture and nature. Brasília, Brazil: Ministry of Environment, 2002. p. 135-53.

PINTO-ZEVALLOS, D. M.; ZARBIN, P. H. G. A química na agricultura: perspectivas para o desenvolvimento de tecnologias sustentáveis. *Química Nova* 36: 1509-13, 2013.

PIZZAMIGLIO, M. A. Ecologia das interações inseto–planta. In: PANIZZI, A. R.; PARRA, J. R. P. (eds.). *Ecologia nutricional de insetos e suas implicações no manejo de pragas*. São Paulo: Manole/CNPq, 1991. p. 101-29.

PIZZAMIGLIO-GUTIERREZ, M. A. Interações inseto–planta. In: PANIZZI, A. R.; PARRA, J. R. P. (eds.). *Bioecologia e nutrição de insetos. Base para o manejo integrado de pragas*. Brasília, DF: Embrapa Informação Tecnológica, 2009. p. 211-50.

POTTER, D. A.; HELD, D. W. Biology and management of the Japanese beetle. *Annual Review of Entomology* 47: 175-205, 2002.

PRADO, E. *Aphid-plant interactions at phloem level, a behavioural study*. Wageningen, 111p. Thesis (PhD) – Wageningen Agricultural University, The Netherlands, 1997.

PRICE, P. W. et al. Interactions among three trophic levels: influence of plants on interactions between insect herbivores and natural enemies. *Annual Review of Ecology and Systematics* 11: 41-65, 1980.

PRICE, P. W. Hypotheses on organization and evolution in herbivorous insect communities. In: DENNO, R. F.; MCCLURE, M. S. (eds.). *Variable plants and herbivores in natural and managed systems*. New York, USA: Academic Press, 1982. p. 559-96.

PRICE, P. W. *Insect ecology*. New York, USA: John Wiley & Sons, 1984.

PRICE, P. W. et al. Global patterns in local number of insect galling species. *Journal of Biogeography* 25: 581-91, 1998.

RAMALHO, M.; KLEINERT-GIOVANNNI, A.; IMPERATRIZ-FONSECA, V. L. Ecologia alimentar de abelhas sociais. In: PANIZZI, A. R.; PARRA, J. R. P. (eds.). *Ecologia nutricional de insetos e suas implicações no manejo de pragas*. São Paulo: Manole/ CNPq, 1991. p. 225-52.

RAMAN, A.; SCHAEFER, C. W.; WITHERS, T. M. *Biology, ecology, and evolution of gall--inducing arthropods*. New Hampshire: Science Publishers Inc., 2005. v. 1-2.

RAVEN, P. H.; EVERT, R. F.; EICHHORN, S. E. *Biologia vegetal*. 6. ed. Rio de Janeiro: Guanabara Koogan, 2001.

RHOADES, D. F.; CATES, R. G. Toward a general theory of plant anti-herbivore chemistry. In: WALLACE, J. W.; MANSELL R. L. (eds.). *Biochemical interactions between plants and insects*. New York, USA: Plenum Press, 1976. p. 168-213.

RHOADES, D. F. Evolution of plant chemical defenses against herbivores. In: ROSENTHAL, G. A.; JANZEN, D. (eds.). *Herbivores*: their interactions with secondary plant metabolites. New York, USA: Academic Press, 1979. v. 2, p. 3-54.

RIBEIRO-COSTA, C. S.; ALMEIDA, L. M. Bruchinae (Coleoptera: Chrysomelidae). In: PANIZZI, A. R.; PARRA, J. R. P. (eds.). *Bioecologia e nutrição de insetos. Base para o manejo integrado de pragas*. Brasília, DF: Embrapa Informação Tecnológica, 2009. p. 523-68.

RICKLEFS, R. E. *A economia da natureza*. 5. ed. Rio de Janeiro: Guanabara Koogan, 2003.

RISEBROW, A.; DIXON, A. F. G. Nutritional ecology of phloem feeding insects. In: SLANSKY JR., F.; RODRIGUEZ, J. G. (eds.). *Nutritional ecology of insects, mites, spiders and related invertebrates*. New York, USA: John Wiley & Sons, 1987. p. 421-48.

RODA, A.; BALDWIN, I. T. Molecular technology reveals how the induced direct defenses of plants work. *Basic and Applied Ecology* 4: 15-26, 2003.

RODARTE, A. T. A.; SILVA, F. O.; VIANA, B. F. A flora melitófila de uma área de dunas com vegetação de caatinga, estado da Bahia, nordeste do Brasil. *Acta Botânica Brasílica* 22: 301-12, 2008.

ROSENTHAL, G. A.; JANZEN, D. H.; DAHLMAN, D. L. Degradation and detoxification of canavanine by a specialized seed predator. *Science* 196: 658-60, 1977.

ROTHSCHILD, M. Secondary plant substances and warning colouration in insects. In: VAN EMDEN, H. F. (ed.). *Insect/plant relationships*. London, UK: Oxford Blackwell, 1973. p. 59-83.

RUHREN, S.; HANDEL, S. N. Jumping spiders (Salticidae) enhance the seed production of a plant with extrafloral nectaries. *Oecologia* 119: 227-30, 1999.

SAXENA, K. N. Mode of ingestion in a heteropterous insect *Dysdercus koenigii* (F.) (Pyrrhocoridae). *Journal of Insect Physiology* 9: 47-71, 1963.

SELIVON, D. Biologia e padrões de especiação. In: MALAVASI, A.; ZUCCHI, R. A. (eds.). *Moscas-das-frutas de importância econômica no Brasil*: conhecimento básico e aplicado. Ribeirão Preto: Holos, 2000. p. 25-28.

SILVA, A. G. D. A. et al. *Quarto catálogo dos insetos que vivem nas plantas do Brasil – seus parasitas e predadores*. Rio de Janeiro: Ministério da Agricultura, 1968. v. 2.

SIMPSON, B. B.; NEFF, J. L. Evolution of diversity of rewards. In: JONES, C. E.; LITTLE, R. J. (eds.). *Handbook of experimental pollination biology*. New York, USA: Van Nostrand Reinhold, 1983. p. 142-59.

SINGER, M. C. Determinants of multiple host use by a phytophagous insect population. *Evolution* 37: 389-403, 1983.

SLANSKY JR., F.; RODRIGUEZ, J. G. *Nutritional ecology of insects, mites, spiders, and related invertebrates.* New York, USA: Wiley-Interscience, 1987.

SMITH, M. C. *Plant resistance to arthropods – molecular and conventional approaches*. New York, USA: Springer Publishing, 2005.

SRIVASTAVA, P. N. Nutritional physiology. In: MINKS, A. K.; HERREWIJN, P. (eds.). *Aphids*: their biology, natural enemies and control. Amsterdam, The Netherlands: Elsevier, 1987. v. 2a, p. 99-121.

STAMP, N. Out of the quagmire of plant defense hypotheses. *Quarterly Review of Biology* 78: 23-55, 2003.

STONE, G. N.; SCHÖNROGGE, K. The adaptive significance of insect gall morphology. *Tree* 18: 512-22, 2003.

STRONG, D. R.; LAWTON, J. H.; SOUTHWOOD, T. R. E. *Insects on plants. Community patterns and mechanisms*. Cambridge, MA, USA: Harvard University Press, 1984.

THOMPSON, G. A.; GOGGIN, F. L. Transcriptomics and functional genomics of plant defence induction by phloem-feeding insects. *Journal of Experimental Botany* 57: 755-66, 2006.

THOMPSON, J. N. Selection pressures on phytophagous insects on small host plants. *Oikos* 40: 438-44, 1983.

THOMPSON, J. N. Patterns in coevolution and systematics. In: STONE, A. R.; HAWKSWORTH, D. L. (eds.). *Coevolution and systematics.* Oxford, UK: Oxford University Press, 1986. p. 119-43.

THOMPSON, J. N. Evolutionary ecology of relation between oviposition preference and performance of offspring in phytophagous insects. *Entomologia Experimentalis et Applicata* 47: 3-14, 1988.

THOMPSON, J. N. *The coevolutionary process*. Chicago, USA: University of Chicago Press, 1994.

THOMPSON, J. N. *The geographic mosaic of coevolution.* Chicago, USA: University of Chicago Press, 2005.

THOMPSON, J. N. Four central points about coevolution. *Evolution: Education and Outreach* 3: 7-13, 2010.

THOMPSON, J. N.; LAINE, A. L.; THOMPSON, J. F. Retention of mutualism in a geographic diverging interaction. *Ecology Letters* 13: 1368-77, 2010.

TODD, J. W.; HERZOG, D. C. Sampling phytophagous Pentatomidae on soybean. In: KOGAN, M.; HERZOG, D. C. (eds.). *Sampling methods in soybean entomology*. New York, USA: Springer-Verlag, 1980. p. 438-78.

TOJU, H.; SOTA, T. Imbalance in predator and prey armament: geographic clines in phenotypic interface and natural selection. *The American Naturalist* 167: 105-17, 2006.

TUOMI, J. et al. Defensive responses of trees in relation to their carbon/nutrient balance. In: MATTSON, W. J.; LEVIEUX, J.; BERNARD-DAGAN, C. (eds.). *Mechanisms of woody plant defenses against insects*: search for pattern. Berlin, Germany: Springer--Verlag, 1988. p. 57-72.

VAN LOON, J. J. A.; SCHOONHOVEN, L. M. Specialist deterrent chemoreceptors enable *Pieris* caterpillars to discriminate between chemically different deterrents. *Entomologia Experimentalis et Applicata* 91: 29-35, 1999.

VAN VALEN, L. A new evolutionary law. *Evolutionary Theory* 1: 1-30, 1973.

VASCONCELOS, H. L. Mutualism between *Maieta guianensis* Aubl., a myrmecophytic melastome, and one of its ant inhabitants: ant protection against insect herbivores. *Oecologia* 87: 295-98, 1991.

VERSCHAFFELT, E. The cause determining the selection of food in some herbivorous insects. *Proceedings of the Royal Academy of Amsterdam* 13: 536-42, 1910.

WALLACE, H. M.; LEE L. S. Pollen source, fruit set and xenia in mandarins. *Journal of Horticultural Science* 74: 82-86, 1999.

WALLING, L. L. The myriad plant responses to herbivores. *Journal of Plant Growth Regulation* 19: 195-216, 2000.

WESTERKAMP, C. H. Pollen in bee-flower relations: some considerations on melittophily. *Botanica Acta* 109: 325-32, 1996.

WHITMAN, D. W. Allelochemical interactions among plantas, herbivores, and their predators. In: BARBOSA, P.; LETOURNEAU, D. K. (eds.). *Novel aspects of insect–plant interactions*. New York, USA: John Wiley & Sons, 1988.

WILF, P. et al. Insect herbivory, plant defense, and early Cenozoic climate change. *Proceedings of the National Academy of Science* 98: 6221-626, 2001.

WILSON, E. O. *The diversity of life*. Toronto, Canada: Penguin, 2001.

WITMER, M. C. Ecological and evolutionary implications of energy and protein requirements of avian frugivores eating sugary diets. *Physiological Zoology* 71: 599-610, 1998.

ZANGERL, A. R.; RUTLEDGE, C. E. The probability of attack and patterns of constitutive and induced defense: A test of optimal defense theory. *The American Naturalist* 147: 599-608, 1996.

ZUCOLOTO, F. S. Acceptability of different Brazilian fruits to *Ceratitis capitata* (Diptera, Tephritidae) and fly performance. *Brazilian Journal of Medical and Biological Research* 26: 291-98, 1993.

# 3

# O Papel dos Metabólitos Secundários na Resistência de Plantas a Insetos

CLARA BEATRIZ HOFFMANN-CAMPO
JOSÉ PEREZ DA GRAÇA

## 1. Introdução

No reino vegetal, todos os organismos compartilham o mesmo tipo de metabolismo primário, ou seja, utilizam nitrogênio (N), água ($H_2O$) e dióxido de carbono ($CO_2$) para sua sobrevivência, que são absolutamente necessários para a realização das suas atividades vitais, como alimentação, desenvolvimento (crescimento) e procriação, entre outras. Nesse metabolismo, rotas e cofatores bioquímicos são responsáveis pela conversão de $CO_2$ e $H_2O$ em açúcares, de N em aminoácidos, lipídios e ácidos orgânicos simples para sintetizar nucleotídeos (Panda e Khush, 1995). Essas substâncias, denominadas metabólitos primários, são ubíquas na natureza. Produzidas tanto em plantas como em animais, compõem a matéria-prima para a biossíntese do complexo de compostos conhecidos como metabólitos secundários. Se, por um lado, os organismos são muito generalistas com relação aos metabólitos primários, necessários para suas funções metabólicas básicas, eles são mais específicos em relação aos metabólitos secundários, isto é, na produção de substâncias não envolvidas em processos vitais (Berenbaum e Seigler, 1992).

As plantas são capazes de sintetizar e armazenar grande variedade de metabólitos secundários ou produtos naturais. De acordo com Michael Wink, editor do livro *Biochemistry of plant secondary metabolism*, publicado em 2011, o número de estruturas descritas já excede cem mil. Como apenas 20 a 30% das plantas foram investigadas fitoquimicamente (Wink, 2011), é possível inferir que o real número de metabólitos secundários existentes na natureza seja ainda maior. Além disso, a distribuição de alguns metabólitos secundários é restrita a uma única espécie vegetal, e este aspecto único possibilita a utilização desses compostos como marcadores taxonômicos (Bennett e Wallsgrove, 1994).

Nos últimos cinquenta anos, o interesse por estudos com metabólitos secundários aumentou significativamente (Bourgaud et al., 2001), observando-se um crescente esforço da pesquisa no sentido de isolá-los dos mais diversos organismos, incluindo plantas, devido às importantes funções biológicas e ecológicas que desempenham, principalmente como mensageiros químicos e compostos defensivos. Metabólitos secundários são produzidos por plantas, microrganismos e animais. Entretanto, cerca de 80% dos compostos secundários conhecidos são de origem vegetal (Robinson, 1980).

Em condições ambientais naturais, os vegetais são expostos a inúmeros tipos de estresses que afetam seu desenvolvimento e sua produção. No caso da herbivoria, em especial por insetos, as plantas possuem um arsenal de defesas que pode afetá-los, devido à redução de sua capacidade de desenvolvimento. Dessa forma, são as características defensivas das plantas que as ajudam a desenvolver resistência contra herbívoros, permitem enfrentá-los diretamente, influem na escolha da planta hospedeira ou impactam no sucesso reprodutivo ou, indiretamente, na interação tritrófica, pela atração dos inimigos naturais dos herbívoros (Kessler e Baldwin, 2002; Dicke, 2009).

A expressão de algumas características defensivas nas plantas é denominada constitutiva quando estão presentes durante todo o desenvolvimento delas. Esses caracteres constitutivos em geral protegem as plantas contra fatores bióticos e abióticos, categorizados como defesa direta ou constitutiva. Já a defesa indireta ou induzida pode ser desencadeada por estresse abiótico ou biótico, elevando os níveis da resistência através do aumento ou da redução de compostos constitutivos e/ou da indução da produção de novos compostos na planta. Kogan e Paxton (1983) definem a indução de resistência de plantas como o aprimoramento dos mecanismos de defesa qualitativos e quantitativos em resposta ao herbívoro.

Além disso, a duração da indução da resistência das plantas a artrópodes varia de acordo com a interação entre eles (Smith, 2005).

Na agricultura, os insetos-praga constituem grande preocupação, por afetarem diretamente a produção das plantas cultivadas. O uso de inseticidas é um método eficaz no controle dessas pragas. No entanto, a aplicação de tais produtos químicos não é desejável, uma vez que a pressão seletiva exercida sobre a população da praga, nas últimas décadas, tem selecionado cada vez mais insetos resistentes aos pesticidas. Além da resistência do inseto a inseticidas, a falta de seletividade deles acaba por desempenhar papel negativo ou indesejado sobre seus inimigos naturais, como parasitoides e predadores (Dedryver et al., 2010; El-Wakeil et al., 2010).

Nas últimas décadas, a busca por métodos alternativos e/ou sinérgicos aos inseticidas para o controle de pragas na agricultura tem aumentado significativamente. Junto a essa demanda, o manejo integrado de pragas (MIP) foi estabelecido como uma abordagem que integra, por exemplo, o melhoramento da resistência das plantas e o controle biológico, considerando o controle químico somente como última necessidade (Kos et al., 2013).

As plantas, durante a sua escala evolutiva, desenvolveram mecanismos considerados sofisticados para o combate a patógenos e pragas. Além das defesas estruturais presentes nos tecidos, como tricomas, parede celular, cutícula, ceras, entre outras, a defesa química da planta possibilitou aprofundar o entendimento sobre a importância desses compostos na relação do desenvolvimento da planta, assim como nas suas respostas em relação à interação com os outros organismos e seu uso em benefício das necessidades humanas, seja na indústria ou na agricultura (Hanley et al., 2007; Jansen et al., 2009). Assim, os estudos sobre as plantas e sua constituição química, a biologia e o comportamento dos herbívoros, bem como a atração de parasitoides e predadores, geram respostas que hoje são avaliadas em nível químico e molecular e que têm oferecido resultados de grande relevância para a produção de plantas resistentes no controle de pragas (Kessler e Baldwin, 2002).

A defesa da herbivoria ou da resistência hospedeira de plantas compreende uma série de adaptações que permitem a sua sobrevivência e reprodução, reduzindo o impacto de herbívoros. Estas são, em geral, defesas químicas que podem reduzir a digestibilidade da planta e/ou agir como repelentes ou toxinas para os herbívoros. Para isso, as plantas produzem metabólitos secundários, conhecidos como aleloquímicos, que influenciam negativamente o comportamento, o crescimento ou a sobrevivência dos herbívoros.

## 2. Metabólitos secundários de plantas

As plantas são caracteristicamente capazes de sintetizar e armazenar uma vasta gama de moléculas de baixo peso molecular denominadas metabólitos secundários, divididos em três grupos quimicamente distintos: terpenos, produtos secundários nitrogenados e compostos fenólicos (Vizzotto et al., 2010). Esses compostos têm sido alvo da disciplina denominada Ecologia Química que, segundo Eisner (2003), na introdução de um colóquio publicado na revista *Proceedings of the National Academy of Sciences* (PNAS), pode ser definida como "o produto de uma parceria entre biólogos e químicos de produtos naturais unidos por uma visão compartilhada [...]. A visão decorre da constatação de que todos os organismos emitem sinais químicos e que tudo, nas suas respectivas formas, responde às emissões de outros químicos". Embora a importância das substâncias químicas na defesa das plantas contra insetos e doenças seja reconhecida desde 1950, somente na última década sua utilização pelos melhoristas tem aumentado, devido principalmente aos progressos da ecologia química na identificacão de compostos de defesa e sua aplicacão na biologia molecular e na genética (Eisner, 2003). Além disso, os metabólitos secundários se tornaram alvo de interesse dos pesquisadores, devido a sua importância tanto para o estudo da proteção das plantas contra estresse biótico (bactérias, fungos e artrópodes) e abiótico (estresse hídrico, radiação ultravioleta e salinidade), assim como para as indústrias de alimentos e farmacêutica.

A Figura 1 esquematiza como moléculas de $H_2O$ e $CO_2$ são convertidas em moléculas de glicose. Posteriormente, precursores derivados de rotas metabólicas, tais como glicólise, piruvato e o ciclo de Krebs, dão origem a uma gama de biomoléculas orgânicas conhecidas como metabólitos secundários. Com exceção do processo primário de biossíntese de açúcares e proteínas, as três maiores vias para produção de metabólitos secundários são a via do acetato malonato (compostos aromáticos), a via do acetato mevalonato (terpenoides e esteroides) e a via do ácido chiquímico (compostos aromáticos, aminoácidos, proteína, alcaloides e ácidos nucleicos) (Panda e Khush, 1995).

A célula vegetal consiste em uma pequena usina e fábrica na síntese e no armazenamento de moléculas com inúmeras funções, tanto locais como sistêmicas. Segundo Panda e Khush (1995), as plantas possuem duas formas de armazenamento de metabólitos secundários: o intracitoplasmático, em que vacúolos e plastídios são as regiões de armazenamento, e o extracitoplasmático, em que a parede celular, a parede do pólen e os espaços e a superfície cuticular fazem o armazenamento. De modo geral, os vacúolos e os cloroplastos são as organelas de armazenamento de muitos metabólitos secundários hidrofílicos (Panda e Khush, 1995).

## 2.1. Terpenos

Terpenos, isoprenoides ou terpenoides constituem uma grande classe de metabólitos vegetais essenciais para o crescimento e o desenvolvimento da planta e sua diversidade estrutural se iguala a sua variabilidade funcional (Ashour et

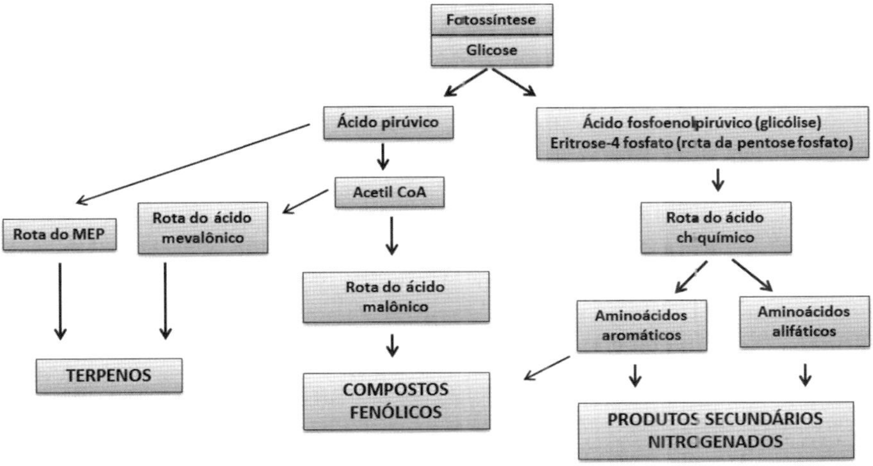


**Figura 1.** Esquema geral das rotas bioquímicas envolvidas na síntese dos diferentes tipos de metabólitos secundários nas plantas.

al., 2010). As substâncias dessa classe são insolúveis em água e biossintetizadas a partir da acetil-CoA ou de intermediários glicolíticos (Taiz e Zeiger, 2010). Terpenoides têm papéis estabelecidos em quase todos os processos básicos das plantas, incluindo crescimento, desenvolvimento, reprodução e defesa (Wink e Van Wyk, 2008). As giberelinas, por exemplo, são hormônios vegetais formados a partir da família dos ácidos diterpênicos sintetizados pela rota dos terpenos e envolvidos no controle da germinação de sementes, alongamento do caule e indução de florescimento (Thomas et al., 2005).

Além de atuar no desenvolvimento da planta, os terpenos também apresentam importantes funções nas interações dela com o meio ambiente e com outros organismos (Ashour et al., 2010). Terpenos voláteis e não voláteis estão envolvidos na atração tanto de polinizadores como de predadores de herbívoros e, ainda, na proteção contra o estresse fotoxidativo, na mediação de termotolerância e na defesa direta contra insetos (Sharkey e Yeh, 2001; Pichersky e Gershenzon, 2002).

Segundo Buckingham (2007), são conhecidos aproximadamente 36 mil compostos do grupo dos terpenos. São formados por unidades de carbono ($C_5$) denominadas de isopreno, sintetizadas a partir da via do ácido mevalônico, localizado no citosol, no retículo endoplasmático e nos peroxissomos, e da via do metileritritol fosfato (MEP), localizado nos plastídios (Pavarini et al., 2012). Essas unidades de isopreno são comuns na via de biossíntese de todos os terpenoides. Sua diversidade e classificação se deve à quantidade de isoprenos que compõem sua estrutura, como hemiterpenos (cinco carbonos), monoterpenos (dez carbonos), sesquiterpenos (quinze carbonos), diterpenos (vinte carbonos), triterpenos (trinta carbonos), tetraterpenos (quarenta carbonos) e politerterpenos ou poli-isoprenoides (várias unidades de cinco carbonos). Além disso, podem apresentar diferenças estruturais (cíclicas, alifáticas e aromáticas), assim como a adição de átomos de oxigênio (alcoóis, cetonas, aldeídos e ésteres). Todos os passos da via dos terpenos, tipos, estruturas e sua importância podem ser encontrados nas revisões de Lange e Ahkami (2013) e Pinto-Zevallos et al. (2013).

Muitos terpenos são tóxicos e/ou deterrentes à alimentação de vários insetos herbívoros e mamíferos (Bohnenstengelet al., 1999; Viegas Jr., 2003). Nas plantas, encontram-se distribuídos em todas as células vegetais. No entanto, algumas dessas substâncias se acumulam mais em alguns tipos de estruturas anatômicas, como nos dutos e canais de resina em coníferas (Zulak e Bohlmann, 2010) ou tricomas glandulares em tomateiro (Lange e Turner, 2013).

A *Chloroxylon swietenia* DC. (Rutaceae) é uma árvore tropical da Índia com forte efeito deterrente sobre os insetos. Análises fitoquímicas dessa árvore revelaram que essa espécie contém em sua constituição altas concentrações de uma série de compostos, dentre eles, os sesquiterpenos geijerene e pregeijerene (Kiran et al., 2006). Um óleo puro, extraído das folhas dessa árvore, foi utilizado em bioensaios com larvas. Foi observado seu efeito negativo em *Spodoptera litura* (Fabricius) (Lepidoptera: Noctuidae), devido à deterrência na alimentação e oviposição, além de provocar grande mortalidade larval.

Bioensaios com diferentes compostos isolados de sete espécies de plantas da família Celastraceae foram realizados por Gonzalez et al. (1997) com larvas de *Spodoptera littoralis* (Boisduval) (Lepidoptera: Noctuidae). Dos 41 compostos isolados, três sesquiterpenos tiveram ação inseticida. Em outro exemplo, o sesquiterpeno nootkatone, obtido em extrato de *Alpinia oxyphylla* Miq. (colônia), apresentou atividade inseticida em larvas de *Drosophila melanogaster* (Meigen) (Diptera: Drosophilidae) (Miyazawa et al., 2000).

Muitos sesquiterpenos desempenham importante papel na interação planta–ambiente e na comunicação intraespecífica. Turlings et al. (1990), estudando larvas de lepidópteros em folhas de milho, observaram a volatização de compostos que atraíram parasitoides. Anos após essa descoberta e a caracterização de multiprodutos da via dos sesquiterpenos do milho induzidos durante a herbivoria, foi inserido o gene TPS10, sesquiterpeno sintase, na planta-modelo *Arabidopsis thaliana* L. Heynh. (Brassicaceae), que passou a emitir compostos voláteis semelhantes àqueles liberados pelas plantas de milho atacadas por insetos (Schnee et al., 2006). A atração de parasitoides de herbívoros pelos sesquiterpenos produzidos pelas plantas transformadas demonstrou o grande potencial da engenharia metabolônica no controle de pragas. De forma semelhante, Beale et al. (2006), ao estudarem plantas de *Arabidopsis* transformadas com o gene (E)-β-farneseno sintase, observaram que a emissão desse gene nelas reduziu a colonização de afídeos e atraiu seus predadores. Esse sesquiterpeno também é o constituinte principal dos feromônios de alarme de muitas espécies de afídeos e está envolvido com a comunicação química entre os pulgões, de maneira a evitar a predação (De Vos et al., 2010).

Os genes (E)-β-farneseno sintase (AaβFS1 e AaβFS2), isolados de *Mentha asiatica* Boriss (menta) e transformados em plantas de tabaco, promoveram a produção de 2,62 a 4,85 ng $d^{-1}$ $g^{-1}$ de tecido fresco de (E)-β-farneseno, em especial naquelas com o gene AaβFS1 (Yu et al., 2012). Nos ensaios seguintes, plantas de tabaco com superexpressão do gene AaβFS1 foram menos atacadas por *Myzus persicae* (Sulzer) (Hemiptera: Aphididae) e não tiveram efeito nas larvas do predador *Chrysopa septempunctata* (Wesmael) (Neuroptera: Chrysopidae). Estudos dessa natureza destacam a importância dos genes da rota do (E)-β-farneseno sintase como candidatos para a engenharia genética de culturas de importância na agricultura, com potencial para o controle desse afídeo.

O gorgulho *Pissodes strobi* (Peck) (Coleoptera: Curculionidae) é uma importante praga do pinheiro-branco (*Picea* spp.). Seus danos são caracterizados pela interferência no formato, no crescimento e no padrão de desenvolvimento da árvore. Em análises do perfil cromatográfico e de espectrometria de massa de 111 genótipos de pinheiro-branco, foi identificada a presença de mono e diterpenoides, além do ácido desidroabiético, um diterpeno, como fortes indicadores de resistência (Robert et al., 2010). Segundo esses autores, outros dois monoterpenos, (+)-3-careno e terpinoleno, também foram associados aos genótipos com características de resistência ao gorgulho.

### 2.1.1. Terpenos e tricomas glandulares

Tricomas são importantes estruturas físicas das plantas, com diferentes funções e densidade nos tecidos. Os tricomas glandulares consistem em importantes estruturas encontradas em aproximadamente 30% das plantas vasculares. São responsáveis por produzir, armazenar e secretar grande quantidade de diferentes classes de metabólitos secundários (Fahn, 2000; Schilmiller et al., 2010). Os terpenoides são compostos encontrados com muita frequência nos tricomas glandulares de plantas (Broun et al., 2006).

A diversificação dos compostos químicos nos tricomas glandulares permitiu explorá-los para o desenvolvimento de plantas resistentes a patógenos e pragas. No tomateiro, estudos revelaram que tricomas glandulares das folhas apresentam alta concentração de mono e sesquiterpenos e alta expressão de inibidores de protease (Tian et al., 2012). Estes últimos são enzimas proteolíticas que apresentam potente papel defensivo contra insetos e patógenos. Frequentemente presentes em sementes, podem ser induzidos em outros tecidos vegetais por herbivoria ou lesões causadas por microorganismos (Jamal et al., 2013). Frelichowski e Juvik (2001), ao testarem diferentes concentrações de ácidos carboxílicos produzidos no tricoma glandular, observaram que a adição desses ácidos à dieta artificial ou aplicada em folhas do tomateiro suscetível reduziu as taxas de desenvolvimento e sobrevivência, além de provocar deterrência em lagartas de *Helicoverpa zea* (Boddie) (Lepidoptera: Noctuidae) e *Spodoptera exigua* (Hübner) (Lepidoptera: Noctuidae).

### 2.1.2. Terpenos e compostos voláteis orgânicos

Os danos de herbivoria induzem a emissão de compostos orgânicos voláteis (COVs) pelas plantas, que são capazes de atrair inimigos naturais de herbívoros. Entre as espécies químicas conhecidas desses compostos, muitos sesquiterpenos apresentam um envolvimento crítico nas interações planta–planta e planta–inseto. Na revisão de Duhl et al. (2008) é descrita numerosa quantidade de COVs e os efeitos ambientais que controlam as emissões de sesquiterpenos.

Para a atração de inimigos naturais de pragas, a engenharia metabolômica tornou-se ferramenta auxiliar de melhoristas graças à possibilidade da inserção de genes da rota dos COVs em plantas. Para exemplificar essa possibilidade, o gene da linalol/nerolidol sintase FaNES1 de plantas de morangueiro foi inserido e expresso em três acessos de *Arabidopsis* por Kos et al. (2013), que avaliaram o comportamento do pulgão *Brevicoryne brassicae* (Linnaeus) (Hemiptera: Aphididae), do parasitoide *Diaeretiella rapae* (McIntosh) (Hymenoptera: Braconidae) e do predador *Episyrphus balteatus* (De Geer) (Diptera: Syrphidae). As plantas transgênicas expressando o gene FaNES1 emitiram o composto (E)-nerolidol em maior quantidade do que (E)-DMNT e linalol. O pulgão *B. brassicae* foi repelido por essas linhagens, embora não tenha sido afetado em seu desenvolvimento. O parasitoide, entretanto, preferiu plantas transgênicas infestadas com pulgões às plantas do tipo selvagem infestadas com esses insetos. Por outro lado, fêmeas do predador *E. balteatus* não distinguiram as plantas transgênicas infestadas com pulgões ou as plantas do tipo selvagem. Segundo os autores, os resultados indicam que a engenharia genética de plantas modificadas para a emissão dos COVs pode auxiliar no controle biológico de herbívoros.

### 2.1.3. Monoterpenos

Monoterpenos são encontrados em plantas superiores e, além de serem voláteis lipofílicos, são responsáveis pelos odores característicos de muitas delas. Esses compostos se acumulam em dutos de resina, cavidades secretoras e glândulas epidermais e são constituintes de óleos essenciais presentes em coníferas, mentas e citros (Panda e Khush, 1995). Estes autores destacam os piretroides, monoterpenos que apresentam efeitos negativos sobre os insetos, como hiperexcitação, movimento descoordenado, atividade neurotóxica e paralisia.

Foi avaliado o efeito de trinta monoterpenos puros sobre larvas e adultos de *Leptinotarsa decemlineata* (Say) (Coleoptera: Chrysomelidae) e demonstrado que a maioria desses compostos é tóxica e provoca mortalidade que varia entre 20 e 100% (Kordali et al., 2007). Segundo estes autores, monoterpenos como limoneno, α-pineno e β-pineno causaram 100% de mortalidade em adultos. Entre os monoterpenos oxigenados, 1,8-cineol, fenchone e mentone foram mais efetivos contra os adultos do besouro. Os resultados demonstram ainda que monoterpenos como 1,8-cineol, fenchone, β-pineno e γ-terpineno conferem resistência a pragas e podem ser empregados no controle tanto de larvas como de adultos do inseto.

### 2.1.4. Sesquiterpenos

Sesquiterpenos são compostos alifáticos ou cíclicos com grandes implicações na defesa contra herbívoros. A inibição da alimentação de certas larvas de lepidópteros por sesquiterpenos se deve ao fato de que esses compostos bloqueiam as células receptoras quimiossensoriais localizadas no aparelho bucal das larvas que são estimuladas pelos açúcares glucose, sucrose e inositol (Frazier, 1986).

Entre os sesquiterpenos, o gossipol tem sido um dos mais estudados. Esse composto é encontrado em grandes proporções nas sementes e, em menor quantidade, em outros tecidos do algodoeiro, como folhas e caule (Nicholson, 2007). Devido ao alto teor de óleo (21%) e proteínas (23%), as sementes de algodoeiro apresentam características adequadas para utilização na alimentação animal; no entanto, devido à presença do gossipol, a prática se torna inviável, devido a sua toxicidade tanto para humanos como para animais monogástricos. Apesar dos efeitos indesejados do gossipol na alimentação de animais, na agricultura esse composto possui grande importância na resistência de plantas a pragas. Para insetos, como *Helicoverpa armigera* (Hübner) (Lepidoptera: Noctuidae), uma das principais pragas do algodoeiro, altas concentrações de gossipol reduzem o peso das lagartas, atrasam a emergência dos adultos e afetam negativamente o desenvolvimento larval e pupal (Kong et al., 2010).

O gossipol apresenta atividade variável, ou seja, em função da rotação restrita em torno da ligação binaftil, ocorrem variações na sua atividade (Jaroszewski et al., 1992). Dois enantiômeros, (+)-gossipol e (-)-gossipol, são produzidos em proporções diferentes, de acordo com a variedade do algodoeiro. O (+)-gossipol é significativamente menos tóxico do que o (-)-gossipol para animais não ruminantes (Bailey et al., 2000; Lordelo et al., 2005). Em decorrência dessa variação entre os dois enantiômeros, estudos foram conduzidos para determinar o efeito sobre lagartas de *H. zea* com diferentes concentrações de uma mistura racêmica de 0,16, 0,20 e 0,24% de (+)- gossipol e (-)-gossipol (Stipanovic et al., 2006). Nesse teste, todos os parâmetros analisados, como peso da pupa, duração da fase larval e sobrevivência, foram negativamente afetados.

Outros sesquiterpenos de plantas apresentam propriedades defensivas que afetam diferentes grupos de insetos, incluindo pragas de interesse agrícola e até moscas que, em geral, são de interesse da saúde pública. Em extratos de plantas de *Tripterygium wilfordii* Hook (videira-trovão) foram identificados sesquiterpenos com propriedades antinutricionais para lagartas como *Mythimna separata*

(Walker) (Lepidoptera: Noctuidae) e *Plutella xylostella* (Linnaeus) (Lepidoptera: Plutellidae), e efeito inseticida em larvas de *Culex pipiens pallens* (Coquillett) (Diptera: Culicidae) e adultos de *Musca domestica* (Linnaeus) (Diptera: Muscidae) (Ma et al., 2014).

## 2.2. Compostos secundários nitrogenados ou derivados de aminoácidos

O metabolismo dos aminoácidos primários pertence à série L, com um total de vinte aminoácidos que apresentam um grupo carboxil e um amino e propriedades tanto ácidas como básicas (Taiz e Zeiger, 2010). Esses compostos estão envolvidos na biossíntese de proteínas, ácidos nucleicos, clorofila, hormônios de crescimento e alguns intermediários do metabolismo primário (Panda e Khush, 1995).

De modo geral, os produtos secundários nitrogenados são sintetizados pela via comum dos aminoácidos, destacando-se entre estes os glicosídeos cianogênicos, os glucosinalatos, os aminoácidos não proteicos e os alcaloides, estes últimos o maior grupo, com aproximadamente 15 mil metabólitos (Devika e Koilpillai, 2012).

### 2.2.1. Glicosídeos cianogênicos

Os glicosídeos cianogênicos (GC) são importantes compostos nitrogenados presentes em mais de três mil espécies de plantas, incluindo culturas de importância econômica, como mandioca, sorgo e seringueira (McMahon et al., 1995). Esses compostos são derivados dos cinco aminoácidos proteicos: valina, isoleucina, leucina, fenilalanina e tirosina e apresentam mais de sessenta estruturas conhecidas. As diferenças estruturais resultam da variação da aglicona e da glicosilação adicional da porção glucose original (Selmar, 2010).

Esses glicosídeos são moderadamente polares, solúveis em água e acumulam-se nos vacúolos de células vegetais. Danos causados ao tecido vegetal, por exemplo, pelo ataque de um herbívoro, expõem-nos à ação das enzimas β-glucosidase, presentes no apoplasto, e da α-hidroxinitrila liase, que promovem a sua hidrólise sequencial, liberando cianeto de hidrogênio (HCN), também chamado ácido cianídrico (Buhrmesteret al., 2000). Este pode se difundir rapidamente através do tecido vegetal ou se ligar às carbonilas ou iminas, retardando sua volatização (Lieberei, 1988). O cianeto de hidrogênio apresenta ação altamente tóxica, pela inibição da cadeia de transporte de elétrons na respiração mitocondrial (Ganjewala et al., 2010; Gleadow e Moller, 2014).

As espécies vegetais ditas cianogênicas, capazes de liberar cianeto, apresentam mecanismo de desintoxicação por meio da enzima β-cianoalanina sintase (β-CAS), que catalisa a reação entre o cianeto de hidrogênio e a cisteína para formar β-cianoalanina e sulfeto de hidrogênio. O produto β-cianoalanina é metabolizado para asparagina pela ação da β-cianoalanina hidrolase e incorporado ao metabolismo geral da planta (Miller e Conn, 1980).

A ação tóxica do cianeto de hidrogênio faz da cianogênese um mecanismo de defesa eficiente, especialmente contra herbívoros (Tattersall et al., 2001; Ballhorn et al., 2005), incluindo os vertebrados, com dose letal entre 35 e 150 µmol $kg^{-1}$, atuando também como deterrente de alimentação. Como sucesso dessa estratégia, pode ser citada a produção da durrina, glicosídeo cianogênico do sorgo derivado do aminoácido tirosina, como forma de defesa química da planta a gafanhotos no oeste da África e na Índia (Woodhead e Bernays, 1977). Tanto a cianoidrina como as agliconas resultantes da hidrólise dos glicosídeos cianogênicos são tóxicas para esses herbívoros.

Os genes da via de biossíntese do glicosídeo cianogênico de sorgo (CYP79A1 e CYP71E1) foram transferidos por engenharia genética para *Arabidopsis*, uma planta que naturalmente não produz os glicosídeos cianogênios. Esses eventos transformados foram avaliados para o controle de infestação do besouro *Phyllotreta nemorum* (Linnaeus) (Coleoptera: Chrysomelidae) (Tattersall et al., 2001). Nessa pesquisa, o acúmulo de quantidades substanciais de durrina reduziu o consumo do inseto em até 80%. Ainda, nas plantas em que a concentração atingiu 4 mg de durrina/g de tecido fresco, 98% das formas jovens morreram, demonstrando que a engenharia de glicosídeos cianogênicos em plantas de culturas acianogênicas pode ser útil para o controle de pragas.

A produção de compostos secundários pelos vegetais contra o ataque de pragas pode gerar uma contradição quanto a sua função, devido ao efeito antagônico de alguns compostos. Esse efeito se deve à adaptação ao longo da história evolutiva, que origina organismos capazes de detoxificar, assimilar e, em último caso, utilizar esses compostos em sua própria defesa. Nesse sentido, alguns casos têm sido relatados em relação a patógenos microbianos, observando-se que plantas como o linho, capazes de liberar grande quantidade de cianeto de hidrogênio, apresentam-se mais suscetíveis à doença murcha do linho (Trione, 1960). Na seringueira, a alta concentração do cianeto reduz a produção da fitoalexina escopoletina pelas células da planta, favorecendo o desenvolvimento do fungo *Microcyclus ulei* (Henn.) Arx (Lieberei, 2007). Também são encontrados exemplos de herbívoros, como o mandarová *Erinnyis ello* (Linnaeus) (Lepidoptera: Sphingidae) e o percevejo-de-renda *Leptopharsa heveae* Drake & Poor (Hemiptera: Tingidae), insetos-praga das culturas de mandioca e seringueira, respectivamente, para os quais o glicosídeo cianogênico age como fagoestimulante, devido a sua adaptação a esses compostos (Zagrobelny et al., 2004; Moller, 2010).

A utilização de compostos de defesa da planta por outro organismo é bem caracterizada pelo clássico exemplo da borboleta-monarca *Danaus plexippus* (Linnaeus) (Lepidoptera: Nymphalidae), que se beneficia da ingestão de cardenolídeos tóxicos. As lagartas dessa espécie se alimentam de *Asclepias syriaca* L. (algodoeiro-bravo) e conseguem sequestrar ou assimilar os cardenolídeos tóxicos presentes na planta, utilizando-os na sua defesa contra inimigos naturais (Rothschild et al., 1975).

A produção dos glicosídeos cianogênicos demanda grande quantidade de nitrogênio, e alguns estudos sugerem que a elevação do conteúdo desse elemento na planta levaria a um aumento na produção dele e, consequentemente, na proteção da planta. No trabalho de Thamer et al. (2011), plantas de *Phaseolus lunatus* L. (feijoeiro-de-lima) inoculadas com bactérias do gênero *Rhizobium* apresentaram redução significativa na área consumida pelo besouro-mexicano *Epilachna varivestis* Mulsant (Coleoptera: Coccinellidae). Dessa forma, essas bactérias, além de melhorarem a produção e o crescimento das plantas, também suprem a necessidade de nitrogênio na produção de glicosídeos cianogênicos para defesa contra insetos.

### 2.2.2. Glucosinolatos

Glucosinolatos (GLS) são compostos secundários que se assemelham aos cianogênicos em muitos aspectos. No entanto, esse grupo de compostos contém átomos de enxofre na molécula. A enzima tioglucosidase degrada os glucosinatos em D-glucose, sulfato e isotiocianato. Comum em espécies crucíferas, esses compostos são precursores do óleo de mostarda. Até o ano 2000, mais de uma centena de glucosinolatos naturais havia sido descrita. Segundo a revisão sobre esses compostos feita por Agerbirk e Olsen (2012), na última década, 26 estruturas adicionais deles foram descobertas, e até 2011 haviam sido documentados 132 compostos.

Os glucosinatos precursores do óleo de mostarda são metabólitos secundários de plantas resultantes de danos causados aos tecidos vegetais e que atuam como aleloquímicos na interação planta–herbívoro (Panda e Khush, 1995). Esses metabólitos interferem na seleção da planta hospedeira pelo inseto em nível pré-ingestivo e pós-ingestivo (Selmar, 2010). No primeiro, os insetos são repelidos pelo odor pungente do óleo de mostarda; no segundo, são afetados pelos componentes tóxicos dos glucosídeos desse óleo. Isotiocianato, sinigrina, isotiocianato de alila e glucotropaolina são glicosídeos que atuam na defesa química das plantas contra insetos generalistas, incluindo-se afídeos, gafanhotos e muitos lepidópteros, que não se alimentam de crucíferas (Panda e Khush, 1995). Estudos revelam também os efeitos desses compostos sobre insetos generalistas e na interação multitrófica com inimigos naturais.

O efeito dos glicosídeos em um sistema de interação multitrófica de lagartas generalistas como *Spodoptera exigua* (Hübner) (Lepidoptera: Noctuidae), ou do inseto especialista *Pieris rapae* (Linnaeus) (Lepidoptera: Pieridae) e do endoparasitoide *Hyposoter ebeninus* (Gravenhorst) (Hymenoptera: Ichneumonidae), foi testado em três ecótipos de *Arabidopsis*, com diferentes glicosídeos, e em uma linha transformada com produção constitutiva de altas concentrações de glicosídeos alifáticos (Kos et al., 2012). Nesse estudo, observou-se que as altas concentrações de glicosídeos alifáticos nas plantas tiveram correlação negativa com o desempenho dos herbívoros e positiva com o do parasitoide. Isso sugere que os glicosídeos, além de conferirem resistência direta a herbívoros, também podem atuar indiretamente, aumentando a atratividade de seus parasitoides.

Bioensaios com a lagarta generalista *S. littoralis* e plantas de *Arabidopsis*, transformadas com o gene 35S:CYP79A2 para superexpressar o glucosinolato benzílico, apresentaram redução no peso da larva e pupa dessa espécie (Bejai et al., 2012). Quando degradado, o glicosídeo benzílico forma o isotiocianato de benzila. O efeito da superexpressão desse gene sobre os insetos, e não o de produtos da via do ácido jasmônico, foi confirmado quando os autores silenciaram o gene da lipoxigenase 2 (LOX2) nas plantas transformadas com o gene 35S:CYP79A2. Nesse caso, as lagartas continuaram a apresentar atraso no crescimento larval, o que indica que o isotiocianato de benzila desempenhou papel fundamental na anti-herbivoria, e não a via de sinalização do ácido jasmônico.

A via do hormônio vegetal denominado ácido jasmônico é uma das mais conhecidas para defesa e resistência das plantas contra herbívoros (Hause et al., 2007; Thaler et al., 2012; Campos et al., 2014). Na planta, o ácido jasmônico é sintetizado a partir do ácido linolênico, que inicia com lipídios da membrana, metabolicamente convertidos no primeiro (Taiz e Zeiger, 2010). Além da ação do ácido jasmônico na expressão de inibidores de proteinase, que são proteínas antidigestivas que bloqueiam a ação de enzimas proteolíticas dos herbívoros (Korth e Thompson, 2006; Soares e Machado, 2007; Mithofer e Boland, 2012), nas plantas os jasmonatos estão intimamente relacionados com a rede de comunicação da biossíntese de metabólitos secundários (Zhao et al., 2005; Pauwels et al., 2009; Howe, 2010; Geyter et al., 2012), demonstrando o papel do ácido jasmônico e seus derivados na cascata celular e no acúmulo de compostos secundários ao ataque de herbívoros (Fonseca et al., 2009; Avanci et al., 2010; Zhou et al., 2010). Além disso, os artigos de Wasternack e Hause (2013) e Campos et al. (2014) trazem revisões sobre os avanços e novos componentes importantes de sinalização dos jasmonatos, desencadeamento da imunidade na planta, síntese, sinalização da expressão gênica e uma visão detalhada do papel das vias de sinalização dos jasmonatos na resposta a estresse.

### 2.2.3. Aminoácidos não proteicos

Os aminoácidos não proteicos são toxinas distribuídas entre muitas espécies de famílias vegetais não relacionadas, mas característicos em sementes de leguminosas. São fontes de armazenamento de nitrogênio, devido ao fato de o grupo amino ser de grande importância para o desenvolvimento das plantas (Selmar, 2010). Conferem proteção contra insetos e herbívoros, por substituírem os aminoácidos proteicos na cadeia polipeptídica, ocasionando erro, e dessa forma também são considerados antimetabólitos, por atuarem como moléculas análogas (Panda e Khush, 1995).

Aminoácidos, de modo geral, são moléculas que apresentam um grupo carboxila e um grupo amina. Vinte aminoácidos primários são empregados na síntese de proteínas, ácidos nucleicos, clorofila e hormônios de crescimento, e eles são essenciais para a reprodução e a sobrevivência desses organismos. Entretanto, como parte do seu arsenal químico, as plantas utilizam os aminoácidos não proteicos contra o ataque de patógenos, herbívoros ou outras espécies concorrentes para os mesmos recursos (Lehninger et al., 2006). São conhecidos e identificados pelo menos novecentos aminoácidos não proteicos (Selmar, 2010), estruturalmente relacionados a aminoácidos primários. Entretanto, podem ter efeitos tóxicos diretos, através de vários mecanismos, incluindo a incorporação errônea durante a síntese de proteínas, que os torna antimetabólitos. Além disso, certos aminoácidos não proteicos podem ser armazenados e incorporados de forma metabolicamente inacessível aos herbívoros, ocasionando sérias interferências nas funções metabólicas e fisiológicas no inseto; podem ainda atuar como moléculas sinalizadoras para outras respostas de defesa da planta (Huang et al., 2011; Rodgers, 2013).

A L-canavanina é um bom exemplo de aminoácido não proteico com potencial tóxico presente em certas leguminosas. Biologicamente, o isosterismo entre L-canavanina e L-arginina é tão marcante que esta pode substituir a arginina (Rosenthal, 2001). Dessa forma, pode ocorrer a ligação da L-canavanina ao RNA transportador de arginina ($tRNA^{Arg}$), com a substituição da L-arginina da cadeia polipeptídica crescente. No inseto, a substituição pode gerar efeitos diretos sobre a sua biologia, como redução do peso e do crescimento larval, atraso no desenvolvimento larval e problemas com a metamorfose, o que pode originar adultos deformados. Concentrações de 30 e 40 mM de L-canavanina promoveram redução na preferência alimentar da mosca *D. melanogaster*. Segundo Mitri et al. (2009) e Lee et al. (2012), a inibição alimentar pelo inseto ocorre para evitar a ingestão de L-canavanina, devido à expressão do DmXR, um receptor gustativo que provoca a retração da probóscide.

O efeito do aminoácido não proteico heterocíclico denominado mimosina, isolado da leguminosa *Leucaena leucocephala* (Lam.) de Wit (leucena), sobre o besouro *Tribolium castaneum* (Herbst) (Coleoptera: Tenebrionidae), foi avaliado por Ishaaya et al. (1991). Os resultados mostraram que o desenvolvimento do besouro foi afetado pela ingestão de mimosina em diferentes concentrações (0,02, 0,04, 0,06 e 0,08%), impactando negativamente o ganho de peso das larvas e retardando a fase pupal, com efeitos negativos mais pronunciados nas maiores concentrações, em que a redução do peso foi de aproximadamente 100%. Ainda, os autores avaliaram a atividade de importantes enzimas digestivas do besouro, como a trealase, a invertase e a amilase, e os resultados revelaram redução na atividade dessas enzimas, assim como no peso das larvas.

Outro aminoácido não proteico é o gama-aminobutirato, sintetizado pela enzima glutamato descarboxilase, que apresenta forte potencial de resistência a pragas. Linhagens transgênicas de tabaco superexpressando uma cópia da enzima glutamato descarboxilase foram comparadas por MacGregor et al. (2003)

com plantas de tabaco selvagens quanto à preferência alimentar de larvas de *C. virescens*. Esses autores observaram a alta atividade daquela enzima nas plantas transformadas, sendo as plantas de tabaco selvagens preferidas por *C. virescens*, o que sugere que o acúmulo do gama-aminobutirato na planta transformada representa um mecanismo de resistência, com rápida resposta às injúrias nela causadas pela praga.

### 2.2.4. Alcaloides

A palavra "alcaloide" se refere ao grupo de substâncias alcalinas que contém um ou mais átomos de nitrogênio, usualmente em combinação, como parte de um sistema cíclico. Trata-se do maior grupo de substâncias do grupo dos compostos nitrogenados. Entre os mais conhecidos, destacam-se a cafeína, a nicotina, a morfina e a cocaína. Segundo Facchini (2001), esses compostos são sintetizados a partir de poucos aminoácidos, como lisina, tirosina e triptofano. A rota dos alcaloides e os progressos obtidos a partir da engenharia metabolômica desses compostos podem ser observados nas revisões de Cordell (2013) e Glenn et al. (2013).

Alcaloides vegetais têm mostrado efeitos medicinais efetivos e se encontram amplamente distribuídos em espécies de plantas tropicais. Exercem também papel importante como substâncias de defesa contra insetos herbívoros (Levin, 1976), sobretudo devido a sua toxicidade. Em função de sua estrutura nitrogenada, muitos alcaloides interferem no receptor chave da acetilcolina no sistema nervoso do inseto (Tomizawa e Casida, 2005). Segundo esses autores, os receptores nicotínicos, por exemplo, são canais iônicos da membrana plasmática cuja abertura é acionada pelo neurotransmissor acetilcolina. Esse tipo de receptor é abundante no sistema nervoso central dos insetos e constitui um dos maiores alvos de ação dos inseticidas. Testes com alcaloides em insetos têm demonstrado sua ação sobre esses receptores como novos ligantes com função inseticida (Liu et al., 2008).

Embora a grande maioria dos estudos com metabólitos secundários vegetais seja direcionada a pragas de culturas ainda em campo, na fase de pós-colheita ou no armazenamento do grão, elas não estão livres do ataque de pragas. Foram realizados estudos com extratos de sementes de *Peganum harmala* L. (arruda-da-síria) contendo os alcaloides β-carbolínicos [(harmalina + harmina) e (harmalina + harmano)], observando-se seu efeito no desenvolvimento de *T. castaneum* e *Rhyzopertha dominica* (Fabricius) (Coleoptera: Bostrychidae), importantes pragas de grãos armazenados (Nenaah, 2011). Nesse estudo, diferentes doses do extrato provocaram efeito adulticida, de acordo com o tempo de exposição dos insetos; os valores da $CL_{50}$ (dose necessária para matar 50% da população em teste) foram de 7,8 mg/kg grãos (*R. dominica*) e 14,7 mg/kg grãos (*T. castaneum*), 48 horas pós-exposição. O autor também observou que, em larvas de segundo instar alimentadas com grãos contendo doses subletais de alcaloides, o desenvolvimento da progênie F1 dos insetos foi negativamente afetado, resultando em 33,4% de pupas malformadas. Ainda, quando larvas de *T. castaneum* e *R. dominica* foram tratadas com o extrato contendo os alcaloides, ocorreu redução de 57 e 79% na emergência de adultos, respectivamente.

Considerando que a utilização de inseticidas vem preocupando o consumidor, especialmente em relação aos possíveis resíduos deixados nos alimentos, novos métodos de controle são necessários para os programas de manejo de pragas de grãos armazenados. Assim, a bioatividade de extratos e frações obtidos a partir de diferentes estruturas (folhas, ramos e sementes) de *Annona mucosa* Jacq. (biribá) foi testada contra *Sitophilus zeamais* Motschulsky (Coleoptera: Curculionidae), uma das mais importantes pragas de cereais armazenados nas condições tropicais. As análises químicas revelaram que a presença de alcaloides e acetogeninas nas frações bioativas das sementes de *A. mucosa* representa uma promissora fonte de compostos para o controle desse gorgulho em cereais armazenados (Ribeiro et al., 2013).

Foram analisados os efeitos fisiológicos da harmina, um alcaloide do tipo β-carbolínico, no desenvolvimento do inseto *Plodia interpunctella* (Hübner) (Lepidoptera: Pyralidae). Diferentes doses dela (250, 500, 750 e 1000 ppm) foram adicionadas à dieta das larvas (Bouayad et al., 2012). Isso provocou forte redução no peso e na mortalidade das larvas e aumento do canibalismo. Adicionalmente, a harmina causou interrupção notável no desenvolvimento de *P. interpunctella,* com atraso e redução da fase de pupa e de emergência dos adultos. Usando métodos espectrofotométricos, os autores demonstraram que a ingestão de harmina reduziu os teores de proteínas, lipídios e glicogênio, assim como a atividade da α-amilase, uma importante enzima digestiva envolvida na quebra de polissacarídeos como amido e glicogênio.

Os insetos também causam graves problemas para a saúde pública e representam desafios para diferentes áreas, principalmente em questões sanitárias, como é o caso da malária. Nos últimos anos, a eficiência do controle das populações de mosquitos com o uso de produtos químicos convencionais não tem sido satisfatória. Dessa forma, o interesse se deslocou para compostos mais específicos e menos nocivos ao meio ambiente, em geral de origem botânica. Quatro alcaloides: 10-O-demetil-17-O-metilisoarnotianamida, 6-acetonil-N-metil-di-hidrodecarine, nitidina e queleritrina, isolados da planta *Zanthoxylum lemairei* De Wild. (Rutaceae), foram testados no vetor da malária, *Anopheles gambiae* (Giles) (Diptera: Culicidae), por Talontsi et al. (2011). Após 24 horas, foi determinada a mortalidade das larvas, e os resultados demonstraram que os dois primeiros compostos foram os que apresentaram maior efeito larvicida, com 96,7% e 98,3% de mortalidade na concentração de 250 mg/L, respectivamente; nessa mesma concentração, o terceiro composto foi menos potente (28,3%); entretanto, dobrando a concentração, a percentagem de mortalidade chegou a 100%.

## 2.3. Compostos fenólicos

Segundo Harborne (1988), o termo "composto fenólico" engloba uma variedade de substâncias vegetais que possuem uma hidroxila ligada a um anel aromático em sua composição química. São sintetizados a partir da via do ácido chiquímico, e a maioria das classes de compostos é formada a partir da fenilalanina (aminoácido aromático) na rota dos fenilpropanoides. Cerca de dez mil compostos fenólicos são conhecidos e muitos deles estão relacionados com a defesa contra herbívoros e patógenos (Cheynier et al., 2013). Esses compostos desempenham várias funções importantes nas plantas e representam um exemplo notável de plasticidade metabólica, permitindo a elas adaptar-se às mudanças no ambiente, além da sua interação com outros organismos vivos (Boudet, 2007). Segundo Appel (1993), a ativação dos compostos fenólicos ocorre por oxidação. Para os herbívoros, essas substâncias são consideradas bloqueadoras de consumo foliar, inibidoras da digestão e formadoras de radicais livres. Ainda, o efeito bloqueador está relacionado à sensação adstringente, decorrente da capacidade dos compostos fenólicos de precipitar proteínas. Esse autor relata que os radicais de hidroxila formados durante a oxidação dos compostos fenólicos possuem ação tóxica, pois são responsáveis pela ruptura da integridade da membrana e por distúrbios de metabolismo no epitélio intestinal do inseto.

O ácido chiquímico é uma importante rota que pertence exclusivamente ao reino vegetal, o qual os carboidratos são utilizados para a síntese de compostos aromáticos (Petersen et al., 2010). Essa via é importante na produção de aminoácidos aromáticos, como triptofano, tirosina e fenilalanina, indispensáveis para a produção de compostos secundários aromáticos, como os compostos fenólicos. Essa via é longa e complexa e inclui muitas reações bioquímicas (Panda e Khush, 1995).

### 2.3.1. Ácidos fenólicos

Os ácidos fenólicos, de acordo com Soares (2002), estão divididos em três grupos. O primeiro grupo é composto pelos ácidos benzoicos, que possuem sete átomos de carbono ($C_6$–$C_1$) e são os ácidos fenólicos mais simples encontrados na natureza, como ácido salicílico, ácido gentísico, ácido p-hidroxibenzoico, ácido protocatequínico, ácido vanílico, ácido gálico e ácido siríngico. O segundo grupo é formado pelos ácidos cinâmicos, que possuem nove átomos de carbono ($C_6$–$C_3$), e deles sete são mais comumente encontrados no reino vegetal: ácido cinâmico, ácido o-cumárico, ácido m-cumárico, ácido p-cumárico, ácido cafeico, ácido ferúlico e ácido sinápico. No terceiro grupo estão as cumarinas, derivadas do ácido cinâmico por ciclização da cadeia lateral do ácido o-cumárico (Petersen et al., 2010). Os ácidos fenólicos, além de se apresentarem na sua forma natural, também podem ligar-se entre si ou com outros compostos. A combinação mais importante e comum desses ácidos ocorre com o ácido cafeico, o qual, associado a um álcool-ácido cíclico, denominado ácido quínico, origina o ácido clorogênico (Harborne, 1988; Winkel, 2004; Jörgensen et al., 2005).

A interação dos ácidos fenólicos com os insetos tem sido exaustivamente estudada. Por exemplo, o ácido gálico, a catequina e o ácido cafeico (50 e 100 µg) foram pulverizados em folhas de algodoeiro e oferecidos a lagartas de *S. litura*. Segundo Rani e Pratyusha (2013), a atividade de enzimas detoxificantes intestinais (β-glucosidase, carboxil esterase e glutationa-S-transferase) aumentou em resposta aos compostos fenólicos, indicando a sua toxicidade para as lagartas.

A influência de ácidos fenólicos extraídos das folhas de *Ribes nigrum* L. (groselha-preta), *Prunus cerasus* L. (cerejeira-ácida) e *Juglans regia* L. (nogueira) sobre o afídeo *Sitobion avenae* (Fabricius) (Hemiptera: Aphididae) foi testada por Chrzanowski et al. (2012). De acordo com o que se observou nos bioensaios, os ácidos fenólicos extraídos das plantas fizeram aumentar o período pré-reprodutivo e reduziram a fecundidade do inseto. Ainda, os autores demonstraram que, em resposta à aplicação de ácidos fenólicos, o inseto utilizou enzimas como a glutationa S-transferase (GST), a peroxidase (POD) e a polifenoloxidase (PPO) para amenizar o efeito tóxico de tais compostos. Isso demonstra que, quando ocorrem naturalmente e em abundância em plantas, os ácidos fenólicos podem ser empregados como biopesticidas no controle do pulgão, como parte de um programa de manejo integrado de pragas.

A mosca-das-frutas *Anastrepha ludens* (Loew) (Diptera: Tephritidae) caracteriza-se como uma praga com alto potencial invasivo em zonas temperadas, demandando muita energia na procura de alternativas para o seu controle. Cultivares de macieira com alta concentração de ácidos fenólicos provocaram alta mortalidade de ovos e larvas de *A. ludens*, em comparação com cultivares com baixa concentração desses compostos, as quais foram severamente infestadas pelo inseto (Aluja et al., 2014). Os autores relatam ainda que, quando alimentadas em macieiras com concentração intermediária de ácidos fenólicos, as pupas do inseto apresentaram-se malformadas e observou-se atraso no seu desenvolvimento.

As enzimas que catalisam a oxidação de compostos fenólicos em quinonas, como as polifenoloxidases (PPO), representam uma classe de produtos naturais com propriedades inseticidas e antialimentares (Akhtar et al., 2012). Em plantas transgênicas de tomateiro a superexpressar essa enzima, foi observado o efeito negativo sobre lagartas de *S. litura* (Mahanil et al., 2008). Nessas plantas, foi possível observar que a eficiência da conversão do alimento ingerido e a eficiência da conversão do alimento digerido pelo inseto foram relacionadas aos diferentes níveis de atividade da polifenoloxidase, sugerindo que sua atividade pode tornar as folhas menos nutritivas para ele.

### 2.3.2. Flavonoides

Flavonoides são metabólitos secundários abundantes no reino vegetal. Segundo Markham (1989), trata-se de compostos fenólicos responsáveis por uma série de funções nas plantas, como proteção contra radiação ultravioleta, contra insetos, contra doenças causadas por fungos, bactérias e vírus; atração de polinizadores (coloração das pétalas); dispersão de sementes (frutas vermelhas); controle de hormônios vegetais; como estimulantes da nodulação por bactérias do gênero *Rhizobium*, inibidores de enzimas, antioxidantes e agentes alelopáticos. Esse grupo de metabólitos secundários tem sido objeto de muitos estudos. Até 1988, eram conhecidos cerca de 4 mil flavonoides (Harborne 1988), passando, depois para 6.500 (Harborne e Baxter, 1999) e, mais recentemente, para 10 mil estruturas descritas (Dixon e Pasinetti, 2010).

A maioria dos compostos aromáticos nas plantas é biossintetizada por uma destas três vias: acetatomalonato, acetatomevalonato ou na rota do ácido chiquímico (Panda e Khush, 1995). Depois de sintetizados, os metabólitos podem ser ligados a produtos de uma ou mais rotas distintas. No caso dos flavonoides, são sintetizados a partir de derivados das vias do ácido chiquímico e do acetato malonato. O esqueleto dos flavonoides consiste em um anel (A) derivado de três unidades de acetato (malonato), enquanto o outro anel (B) e os três átomos de carbono centrais são derivados do ácido cinâmico (Figura 2). O anel B e os três átomos de carbono centrais podem ocorrer de várias formas e, dessa maneira, dar origem a diferentes classes de flavonoides. Os flavonoides estão divididos em catorze classes, de acordo com o nível de oxidação do anel pirano central (Harborne, 1988). Entre os compostos fenólicos, são o maior grupo e estão divididos em subgrupos como: flavanonas, chalconas, auronas, di-hidrochalconas, glicoflavonas, proantocianidinas, catequinas, flavanas, flavanas-3,4-diol, biflavonoides, além das antocianinas, flavonóis, flavonas e isoflavonoides, dos quais os quatro últimos são os compostos mais distribuídos e importantes na natureza (Harborne, 1988; Martens e Mithöfer, 2005; Treutter, 2006).

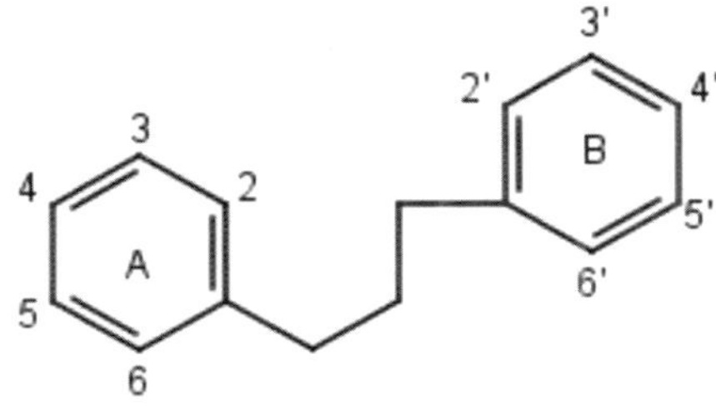


**Figura 2.** Estruturas base para a formação dos flavonoides.

Segundo Panda e Khush (1995), as antocianinas são glicosídeos de antocianidinas e sua principal função é a produção de pigmentos coloridos que atraem insetos e animais para a polinização e a dispersão de sementes. No caso das folhas, esses pigmentos podem atuar na defesa contra insetos herbívoros. Os flavonóis são constituintes comuns de folhas e da parede de plantas superiores, como a lignina, um polímero derivado de unidades fenilpropanoides (Saliba et al., 2001). Compostos como canferol, quercetina e miricetina são exemplos desses compostos que apresentam características anti-herbivoria.

Pesquisas envolvendo extratos de *Calotropis procera* Aiton (bombardeira) que contêm diferentes compostos, entre eles, os flavonoides quercetina-3-O-rutinosídio (rutina), kaempferol-3-O-rutinosídio, isoramnetina-3-O-rutinosídio e 5-hidroxi-3,7-dimetoxiflavona-4'-O-β-glucopiranosídeo, mostraram atividades tóxicas e antialimentares significativas contra *Sitophilus oryzae* (Linnaeus) (Coleoptera: Curculionidae) e *R. dominica,* coleópteros-praga de grãos armazenados (Nenaah, 2013). Entretanto, como acontece com os demais compostos secundários, os efeitos dos flavonoides sobre insetos variam de acordo com a substância, a sua concentração e a espécie. Por exemplo, flavonoides como apigenina e naringenina podem ser estimulantes alimentares, enquanto outros, como a flavona e a di-hidroquercitina, são deterrentes a *Phyllotreta cruciferae* (Goeze) (Coleoptera: Chrysomelidae) (Onyilagha et al., 2012).

Flavonoides como a rutina e outras quercetinas são tóxicos para adultos de *Callosobruchus chinensis* (Linnaeus) (Coleoptera: Bruchidae), podendo causar mortalidade superior a 80% na concentração de 10 mg $mL^{-1}$ (Salunke et al., 2005). Além dos efeitos diretos sobre os adultos, os autores também observaram que a oviposição diminuiu e os ovos expostos aos flanovoides sofreram redução de emergência. Além de pragas em grãos armazenados, a rutina pode causar efeitos antibióticos e/ou antinutricionais em insetos mastigadores de folhas (Stamp e Skrobola,1993; Simmonds, 2001).

A linhagem de soja PI 227687 tem sido muito utilizada por melhoristas como fonte de resistência a insetos. Extratos foliares desse genótipo e suas frações adicionados à dieta alimentar causaram efeito deletério sobre lagartas de dois lepidópteros da família Noctuidae, *H. virescens* e *Trichoplusia ni* (Hübner) (Lepidoptera: Noctuidae) (Hoffmann-Campo, 1996). Este autor observou que, na fração denominada A, foi identificado o flavonol rutina, mais a quercitina 3-O--glicosídeo e a isoflavona genistina. Em outro trabalho, Hoffmann-Campo et al. (2001) relataram que, quando se misturou rutina à dieta alimentar de *T. ni*, o efeito causado na lagarta foi muito similar ao observado quando se adicionou à sua alimentação a fração A. Desse modo, os autores sugerem que esse composto poderia ser um dos responsáveis pelos efeitos pré e pós-ingestivos sobre *T. ni*.

Estudos realizados no Brasil comprovaram a ocorrência de rutina em folhas de outros genótipos de soja (Piubelli, 2004; Piubelli et al., 2005; Hoffmann-Campo et al., 2006), ocasionando inclusive efeitos adversos sobre a lagarta-da-soja *Anticarsia gemmatalis* Hübner (Lepidoptera: Noctuidae), que é uma das importantes pragas desfolhadoras dessa cultura. Piubelli (2004) observou ainda que a rutina não provocou efeito deletério evidente sobre o predador *Podisus nigrispinis* (Dallas) (Hemiptera: Pentatomidae).

De acordo com Duffey e Stout (1996), ingredientes da dieta artificial, como a caseína, fonte proteica rica em aminoácidos obtidos a partir do leite e utilizada na criação de insetos, podem aumentar o impacto de metabólitos secundários, como o ácido clorogênico, relacionados à defesa das plantas. Para testar essa interação, Salvador et al. (2010) realizaram bioensaios com a lagarta-da-soja alimentada com dieta artificial contendo rutina isolada ou associada à caseína. Os resultados desses bioensaios indicaram efeito negativo da rutina no desenvolvimento larval, na quantidade de alimento consumido e no peso das pupas, independentemente da adição de caseína.

Cultivares com nível moderado de resistência a insetos, em associação com outras táticas de controle para o manejo integrado de pragas, podem diminuir ou até mesmo eliminar o uso de inseticidas, contribuindo para a sustentabilidade ecológica de sistemas agrícolas (Piubelli, 2004). Embora o efeito adverso da rutina sobre insetos desfolhadores da soja tenha sido comprovado, as plantas vêm se tornando mais vulneráveis aos fatores de estresse e, portanto, mais dependentes do controle químico. Em avaliação realizada na Embrapa Soja, observou-se que, entre 56 cultivares desenvolvidas em seu programa de melhoramento, mais de 60% não apresentaram em suas folhas o flavonol rutina (dados não publicados).

Kunz (2008) avaliou o controle genético da produção de rutina utilizando como parentais as cultivares de soja IAC 100 (resistente a insetos, contendo a PI 227687 em sua genealogia) e Conquista (suscetível a insetos), em que a concentração de rutina nas folhas foi utilizada como marcador molecular. Como resultado, foi determinado que o caráter de herdabilidade de rutina é poligênico, com presença de efeitos genéticos aditivos. Cruzamentos desses genótipos mostraram-se promissores tanto para o estudo quanto para o desenvolvimento de genótipos de soja com altas concentrações de rutina nas folhas com resistência a insetos.

Os efeitos da adição de rutina à dieta artificial ou de extratos contendo o referido flavonol sobre insetos, como *S. litura* e *Helicoverpa armigera* (Hübner) (Lepidoptera: Noctuidae), foram redução do crescimento e aumento da mortalidade das lagartas, o que, segundo Pandey et al. (2012), evidencia sua eficácia na formulação de biopesticidas contra insetos-praga. Essas mesmas pragas, alimentadas com plantas de tabaco expressando o fator de transcrição AtMYB75/PAP1, que estimula a expressão dos genes envolvidos na biossíntese dos flavonoides, apresentaram aumento da concentração de compostos (como antocianinas, ácidos fenólicos e rutina), que atrasaram o estágio de pupa e aumentaram a mortalidade das larvas (Malone et al., 2009). Em dieta artificial contendo concentrações de rutina semelhantes às de plantas de mandioca, a cochonilha *Phenacoccus manihoti* Matile-Ferrero (Hemiptera: Pseudococcidae) apresentou redução de peso e aumento no tempo de desenvolvimento (Calatayud, 2000).

A intensidade dos efeitos de metabólitos secundários em insetos, além da estrutura, depende de vários outros fatores. Por exemplo, extratos da parte aérea de *Flourensia oolepis* DC. (Asteraceae) testados em três espécies de insetos – dois coleópteros da família Coccinellidae, *Epilachna paenulata* (Germar) e *Xanthogaleruca luteola* (Müller), e a lagarta-do-cartucho *Spodoptera frugiperda* (J. E. Smith) (Lepidoptera: Noctuidae) – exerceram forte atividade antinutricional (99%) em larvas da primeira espécie (Diaz Napal et al., 2009). Entre os compostos identificados, a flavanona pinocembrina exibiu maior atividade em testes com chance de escolha dos insetos, na dosagem de 50 $\mu g/cm^2$. Os autores observaram que, em comparação com a flavanona, a atividade de outros flavonoides estruturalmente relacionados a ela, como a naringenina e a catequina, foi menor; por sua vez, a quercetina teve atividade semelhante àquela desempenhada pela flavanona pinocembrina. O número e a posição dos substituintes hidroxil também podem interferir na relação enzimática e nos compostos secundários. O hidroxistilbeno (resveratrol e oxirresveratrol) desempenha importante papel na inibição da enzima tirosinase, que atua no endurecimento da cutícula e, portanto, desempenha função essencial para insetos e outros artrópodes (Kim et al., 2002).

As enzimas envolvidas no metabolismo dos flavonoides também podem afetar o desenvolvimento dos insetos. A arginina quinase (AK) é um importante fosfato quinase que está diretamente associado com a contração muscular, a regeneração de ATP e o transporte de energia no metabolismo energético celular dos invertebrados (Pereira et al., 2000). Wang et al. (2011) avaliaram o efeito dos flavonoides quercetina e luteolina sobre a atividade da arginina quinase obtida do músculo da perna de gafanhotos e observaram que a quercetina foi o principal inibidor enzimático dela. Isso aconteceu porque a quercetina, que apresenta um grupo hidroxil extra em relação à luteolina, aumentou a sua capacidade de ligação com o complexo peptídico da enzima. Dados semelhantes foram obtidos para a rutina que, em menor concentração (20 µM), reduziu em 20% os níveis de atividade relativa de arginina, que se manteve até a concentração de 60 µM (Wu et al., 2009). Dessa forma, esses autores demonstraram que as quercitinas podem ser utilizadas como inibidores de arginina e atuar como possíveis inseticidas, devido à diferença existente entre as fosfatoquinases dos invertebrados e a creatina quinase de mamíferos (Pereira et al., 2000). As hipóteses para o transporte de flavonoides nas células vegetais são discutidas na revisão de Zhao e Dixon (2010), sendo destacada a importância de conhecer a dinâmica do efluxo desses metabólitos (vacúolos para o citosol) e como a compreensão dos mecanismos de transporte pode facilitar o sucesso da engenharia metabólica de flavonoides na proteção fitossanitária.

Embora existam estudos sobre a ação dos flavonoides na biologia e no comportamento dos insetos, conhecer como atuam neles permite identificar o local de ação desses compostos no sistema digestório ou no sistema nervoso. Salvador (2008), ao avaliar a rutina e a isoflavona genistina adicionadas à dieta artificial de *A. gemmatalis*, verificou efeito aditivo dos compostos. Nesse caso, as lagartas apresentaram maior desestruturação das células do epitélio do intestino médio, quando comparadas a insetos que se alimentaram com dietas sem adição desses flavonoides. Isso demonstra que, além de apresentarem efeitos pós-ingestivos evidenciados pelo prolongamento da fase larval e pela mortalidade (Piubelli, 2004), os flavonoides podem afetar etapas importantes da metabolização do alimento, devido ao comprometimento das células intestinais.

### 2.3.3. Isoflavonoides

Os isoflavonoides são compostos fenólicos pertencentes a uma classe distinta de flavonoides que, ao contrário dos outros grupos, apresentam distribuição taxonômica limitada. Estão distribuídos predominantemente em espécies da família Fabaceae (ou Leguminosae). Encontrada em 745 gêneros e 19.500 espécies, essa é a terceira maior família no reino vegetal (Veitch, 2007). O número total de isoflavonoides identificados nessa família, até 2013, era de 1.600 estruturas (Veitch, 2013). Quimicamente, os isoflavonoides são um "rearranjo" do esqueleto dos flavonoides, no qual o anel B está ligado na posição 3 do anel central (Harborne, 1988).

As leguminosas produzem grande diversidade de isoflavonoides, que servem como compostos de defesa contra herbívoros e microrganismos. Os isoflavonoides apresentam importantes propriedades biológicas, tais como atividades estrogênicas (isoflavonas e coumestanos), antifúngicas, bactericidas (fitoalexinas gliceolinas e coumestrol) e inseticidas (rotenoides) (Williams e Harborne, 1989; Zuanazzi e Montanha, 2010). As isoflavonas são precursoras de uma série de isoflavonoides, incluindo-se os pterocarpanos, que não são comumente encontrados na planta, isto é, não são constitutivos, mas produzidos (induzidos) em resposta ao ataque de pragas e doenças (Panda e Khush, 1995; Zuanazzi e Montanha, 2010). Esses compostos são denominados fitoalexinas. A simbiótica associação entre leguminosas e bactérias facilita a assimilação do nitrogênio atmosférico, levando-as a produzir mais metabólitos secundários que contêm nitrogênio, em comparação com aquelas plantas que não o fixam (Wink, 2013). Assim, além de desempenhar essas funções, podem atuar como indutores de genes de nodulação durante simbiose entre leguminosas e bactérias do gênero *Rhizobium* (Ferguson e Mathesius, 2003) e como moléculas precursoras para a produção das fitoalexinas durante as interações planta–patógeno ou planta–inseto (Aoki et al., 2000; Dixon e Ferreira, 2002).

Os isoflavonoides são os principais metabólitos secundários da soja (Hoffmann-Campo et al., 2001) e seu efeito sobre as pragas da cultura depende de sua concentração. Podem atuar como atraentes, deterrentes, repelentes ou tóxicos. Nessa leguminosa, uma das mais cultivadas e utilizadas em todo o mundo, os isoflavonoides são encontrados em diferentes concentrações e seus teores podem variar de acordo com o estádio fenológico da planta e de seus tecidos (folhas, raízes, sementes e caule), principalmente na semente (Dhaubhadel et al., 2003). De modo geral, são encontradas doze formas deles na soja (Figura 3). De acordo com Kim et al. (2014), os isoflavonoides da soja podem ser divididos em quatro

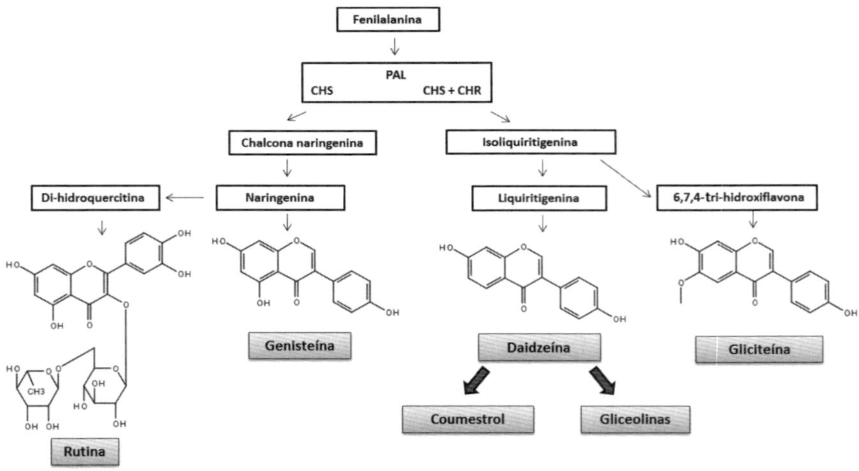


**Figura 3.** Diagrama parcial da via dos fenilpropanoides em soja. Fenilalanina amônia-liase (PAL), chalcona sintase (CHS) e chalcona redutase (CHR) são as principais enzimas da via dos isoflavonoides. A daidzeína atua com precursora das fitoalexinas coumestrol e dos pterocarpanos gliceolinas, e a naringenina, como precursora para a formação do flavonol rutina e da genisteína.

grupos químicos: as agliconas (daidzeína, gliciteína e genisteína) e suas formas conjugadas: 7-O-glicosídeos (daidzina, glicitina e genistina), as malonilglicosídicas e, em menor frequência, as acetilglicosídicas.

O esquema das vias bioquímicas na célula vegetal para a síntese dos isoflavonoides inclui a produção das formas agliconas (daidzeína, gliciteína e genisteína) no lúmen do retículo endoplasmático, com a participação de diversas enzimas. No passo seguinte, essas agliconas são glicosiladas e malonizadas no citoplasma pela ação de transferases, dando origem às isoflavonas malonilglicosídicas. As formas glicosídicas e/ou malonilglicosídicas são armazenadas no vacúolo celular. Segundo Harborne (1991), a glicosilação é responsável por manter o material tóxico (agliconas) em uma forma inativa na planta, porém acessível. No caso de precisar atuar na sua defesa, as plantas possuem mecanismo para se tornar mais ativas ou tóxicas. O artigo de Dhaubhadel et al. (2008) oferece mais detaslhes e traz a ilustração das etapas e das enzimas envolvidas na síntese dos isoflavonoides em plantas de soja.

As agliconas são as formas bioativas dos isoflavonoides (Kudou et al., 1991; Dhaubhadel, 2011) e, em geral, são muito mais tóxicas e menos polares do que as formas glicosídicas (Markham, 1989). A aglicona daidzeína é descrita como precursora na produção de fitoalexinas como as gliceolinas (Ebel, 1986) e do coumestrol (Dewick et al., 1970). Em sementes de soja, por exemplo, é encontrada grande concentração das formas malonil e glicosídica dos três isoflavonoides, e por isso é utilizada na alimentação da maior parte dos países asiáticos e em outras partes do mundo há mais de cinco mil anos. Ricos em isoflavonoides, os alimentos derivados da soja, como leite, tofu, missô, atuam na prevenção de doenças como osteoporose, câncer, doenças cardiovasculares e na redução dos sintomas da menopausa (Kushwaha et al., 2014).

Paradoxalmente, além do efeito benéfico sobre a saúde humana, isoflavonas da soja, como daidzeína (aglicona), podem atuar na produção de fitoalexinas. Por exemplo, a daidzeína isolada de *Glycine soja* Siebold & Zucc. foi relatada como importante componente de sua defesa contra insetos, afetando negativamente a biologia dos herbívoros, principalmente pela inibição do crescimento das larvas (Zhou et al., 2011). Essa isoflavona e as fitoalexinas gliceolinas e coumestrol foram relacionadas com efeito antibiótico e/ou antialimentar em larvas de *T. ni* (Sharma e Norris, 1991). Quando testado em dieta artificial, o coumestrol também provocou redução no ganho de peso de lagartas de *Chrysodeixis includens* (Walker) [= *Pseudoplusia includens* (Walker)] (Lepidoptera: Noctuidae) (Rose et al., 1988).

Os efeitos dos isoflavonoides da soja em insetos encontram-se relativamente bem documentados. Daidzeína, gliceolinas, sojagol e coumestrol, extraídos da linhagem PI 227687, mostraram efeitos antinutricionais e/ou antibióticos em larvas de *T. ni* (Neupane e Norris, 1991a; Sharma e Norris, 1991). Coumestrol, faseolina e afromorsina também alteraram o desenvolvimento de *C. includens* (Caballero et al., 1986). Além disso, Neupane e Norris (1991b) observaram que a preferência alimentar de *T. ni* foi inversamente proporcional ao teor de fitoalexinas, como as gliceolinas, extraídas de folhas de soja.

No Brasil, vários estudos para averiguar o efeito de isoflavonoides da soja sobre herbívoros têm sido realizados. Piubelli et al. (2003) avaliaram a resposta de genótipos de soja resistentes (PI 227687, IAC 100 e PI 274454) e suscetível (BR 16) à injúria do percevejo-verde *Nezara viridula* (Linnaeus) (Hemiptera: Pentatomidae). Esses autores observaram que vagens dos genótipos resistentes apresentaram aumento da concentração de genistina após serem danificadas e foram menos consumidas pelos percevejos, em comparação com as vagens controle. Ainda, em testes realizados com vagens de genótipos de soja atacadas pelo percevejo-verde-pequeno *Piezodorus guildinii* (Westwood) (Hemiptera: Pentatomidae), observou-se aumento da concentração de daidzeína e de genisteína em resposta ao dano causado pelo inseto (Toledo, 2005). Ao mesmo tempo, em outro teste, essas vagens foram menos atacadas por *N. viridula*, indicando o papel desses isoflavonoides na defesa da soja contra insetos sugadores. O acúmulo dos isoflavonoides daidzeína e genisteína também foi observado em raízes de soja, após a inoculação com o nematoide *Meloidogyne incognita* (Kofoid & White) Chitwood (Tylenchida: Heterodeidae) (Carpentieri-Pípolo et al., 2005).

O composto cis-jasmone, biossinteticamente relacionado ao ácido jasmônico, é um volátil de plantas induzido por diversos agentes de estresse (Koch et al.,

1997). Ele também pode agir como um sinalizador externo para alertar plantas vizinhas de que a planta sinalizadora está sendo danificada por insetos, permitindo-lhes, assim, preparar as próprias defesas contra o ataque do herbívoro (Chamberlain et al., 2000; Pickett e Poppy, 2001). Pulverizado sobre a planta, o cis-jasmone pode atuar como elicitor de outros compostos de defesa. Em soja, a pulverização do cis-jasmone causou redução de peso do percevejo-marrom *Euschistus heros* (Fabricius) (Hemiptera: Pentatomidae) e promoveu o aumento da concentração das isoflavonas genisteína e daidzeína (Graça, 2012). Em relação ao nematoide *Meloidogyne javanica* (Treub.) (Tylenchida: Heterodeidae), esse composto, aplicado nas folhas de soja, induziu sistemicamente a atividade da enzima PAL e aumentou a concentração de daidzeína, genisteína e coumestrol nas raízes da planta (Janegitz, 2012). Esses resultados indicam a participação do cis-jasmone na indução de isoflavonoides de defesa com efeito contra insetos-praga e nematoides em soja.

Pesquisas com isoflavonoides em soja também têm sido realizadas com a mosca-branca *Bemisia tabaci* (Gennadius) (Hemiptera: Aleyrodidae), em que o mecanismo de resistência da soja aparenta ser bastante complexo. Vieira (2014) estudou diferentes genótipos de soja e observou que as cultivares IAC 17, IAC 19 e IAC 24 apresentam resistência do tipo antibiose à mosca-branca. Entretanto, as plantas infestadas pelo inseto exibiram menor concentração de isoflavonoides do que aquelas não infestadas. Por outro lado, a autora observou que, devido à injúria de mosca-branca, houve aumento na concentração de outro composto fenólico, o ácido salicílico, mais relacionado à defesa de plantas a doenças. O ácido salicílico e o ácido jasmônico desempenham papel fundamental na regulação da rede de sinalização de defesa que é iniciada após a sinalização de um invasor (Pieterse et al., 2012). Entretanto, no caso da mosca-branca, uma das razões para o seu "sucesso" está na sua capacidade de suprimir as defesas do ácido jasmônico da planta hospedeira (Zarate et al., 2007; Zhang et al., 2013).

A resistência de genótipos a insetos é obtida através do melhoramento das plantas cultivadas, incorporando os fatores de resistência desejados com o uso de métodos tradicionais e/ou de engenharia genética (Salvador, 2008). Além disso, os mecanismos de defesa da planta consistem na soma de diversos fatores externos (clima, solo, umidade, disponibilidade hídrica, interações intra e interespecíficas) e fatores internos (genéticos) que refletem na qualidade da resposta dela. Na atualidade, estudos sobre mudanças climáticas têm despertado o interesse de pesquisadores e revelado que o aumento da temperatura global e da concentração de $CO_2$ pode impactar de forma positiva ou negativa uma espécie vegetal, por alterar o conteúdo de metabólitos secundários.

Estudo realizado em laboratório e que avaliou o efeito de temperaturas crescentes (25°C, 28°C, 31°C, 34°C e 37°C) sobre o ciclo de desenvolvimento da lagarta-da-soja *A. gemmatalis*, por três gerações consecutivas demonstrou que o aumento da temperatura afeta negativamente o desenvolvimento do inseto e pode reduzir sua ocorrência em lavouras de soja (Silva et al., 2012). No entanto, os autores ressalvam que o aumento gradual da temperatura e a capacidade de adaptação podem favorecer a seleção de insetos tolerantes a essas mudanças climáticas. Como continuidade a essa pesquisa, foi realizado estudo sobre o efeito do aumento da temperatura (25°C, 28°C, 31°C, 34°C) isoladamente e associado à liberação de $CO_2$ (456 ppm) em plantas de soja, a fim de mensurar o conteúdo de metabólitos primários e secundários e seu efeito sobre a biologia de *A. gemmatalis* (Salvador, 2014). Nessa pesquisa, os aspectos biológicos da lagarta também foram negativamente afetados pelas altas temperaturas. O autor demonstrou também que altas temperaturas são desfavoráveis à produção de compostos secundários de defesa, como os isoflavonoides; entre os metabólitos analisados, apenas o ácido salicílico, de grande importância em processos fisiológicos relacionados à adaptação dos vegetais, apresentou altas concentrações quando a temperatura atingiu 34°C. Ainda no trabalho realizado por Salvador (2014), as diferentes temperaturas e a liberação de $CO_2$ reduziram compostos do metabolismo secundário das plantas de soja e alteraram o metabolismo primário, pois elas apresentaram menor percentual de nitrogênio e aumento da concentração de açúcares totais. Segundo Zavala et al. (2013), as alterações da relação carbono–nitrogênio e o aumento no teor de carbono, carboidratos e açúcares nas plantas podem modificar os padrões de herbivoria em insetos. Como a maioria dos estudos que envolvem insetos, elevação de temperatura e concentração de $CO_2$ não avaliaram a possibilidade de adaptação dos herbívoros a essa condição, é possivel que, no futuro, ocorram problemas ainda mais graves com pragas, pelo aumento da vulnerabidade das plantas, em decorrência da diminuição drástica de compostos de defesa, como observado por Salvador (2014).

## 3. Considerações finais

O estudo das vias metabólicas das plantas e das interconexões entre essas rotas, no contexto dos sistemas biológicos, fornece subsídios para a incorporação ou o aumento da concentração dessas substâncias em cultivares, por meio do melhoramento genético, a fim de disponibilizar plantas capazes de responder aos danos ocasionados por pragas e doenças (Lucas, 2011; Grobkinsky et al., 2012; Nadella et al., 2012).

A descoberta e o estudo das vias de resposta das plantas aos diferentes tipos de estresses bióticos e abióticos vêm inspirando cientistas a investigar os mecanismos moleculares e as respectivas consequências ecológicas, diretas e indiretas, sobre os herbívoros e sua interação trófica. Assim, vislumbra-se a utilização da indução da resistência natural da planta pela ativação de compostos secundários de defesa que afetam o comportamento e o desenvolvimento dos insetos herbívoros. De tal forma, tais compostos poderiam atuar como um método auxiliar/sinérgico ao manejo integrado de pragas.

Além disso, o conhecimento emergente de bioquímica, biologia molecular e celular, nanotecnologia e ecologia química possibilitará a incorporação de inúmeros genes em plantas e organismos para síntese de compostos secundários. A novidade inerente das vias e a importância socioeconômica desses produtos para as diferentes áreas são a certeza de que os interesses pela exploração de compostos naturais de defesa ainda desconhecidos continuem a fornecer informações de caráter tecnológico e inovador para a indústria e a agricultura.

## Referências bibliográficas


AGERBIRK, N.; OLSEN, C. E. Glucosinolate structures in evolution. *Phytochemistry* 77: 16-45, 2012.

AKHTAR, Y. et al. Antifeedant and toxic effects of naturally occurring and synthetic quinones to the cabbage looper, *Trichoplusia ni*. *Crop Protection* 31: 8-14, 2012.

ALUJA, M. et al. Agroecosystem resilience to an invasive insect species that could expand its geographical range in response to global climate change. *Agriculture, Ecosystems & Environment* 186: 54-63, 2014.

AOKI, T.; AKASHI, T.; AYABE, S. Flavonoids of leguminous plants: structure, biological activity, and biosynthesis. *Journal of Plant Research* 113: 475-88, 2000.

APPEL, H. M. Phenolics in ecological interactions: the importance of oxidation. *Journal of Chemical Ecology* 19: 1521-52, 1993.

ASHOUR, M.; WINK, M. GERSHENZON, J. Biochemistry of terpenoids: monoterpenes, sesquiterpenes and diterpenes. In: WINK, M. (ed.). *Biochemistry of plant secondary metabolism*. Oxford, UK: Wiley-Blackwell, 2010. p. 258-303.

AVANCI, N. C. et al. Jasmonates are phytohormones with multiple functions, including plant defense and reproduction. *Genetics and Molecular Research* 9: 484-505, 2010.

BAILEY, C. A. et al. Cottonseed with a high (+)- to (–)-gossypol enantiomer ratio favorable to broiler production. *Journal of Agricultural and Food Chemistry* 48: 5692-95, 2000.

BALLHORN, D. J.; LIEBEREI, R.; GANZHORN, J. U. Plant cyanogenesis of *Phaseolus lunatus* and its relevance concerning herbivore plant interactions: the importance of quantitative data. *Journal of Chemical Ecology* 31: 1445-73, 2005.

BEALE, M. H. et al. Aphid alarm pheromone produced by transgenic plants affects aphid and parasitoid behavior. *Proceedings of the National Academy of Sciences of the United States of America* 103: 10509-513, 2006.

BEJAI, S.; FRIDBORG, I.; EKBOM, B. Varied response of *Spodoptera littoralis* against *Arabidopsis thaliana* with metabolically engineered glucosinolate profiles. *Plant Physiology and Biochemistry* 50: 72-78, 2012.

BENNETT, R. N.; WALLSGROVE, R. M. Secondary metabolites in plant defence mechanisms. *New Phytologist* 127: 617-33, 1994.

BERENBAUM, M. R.; SEIGLER, D. Biochemicals: engineering problems for natural selection. In: ROITBERG, B. D.; ISMAN, D. D. (eds.). *Insect chemical ecology*: an evolutionary approach. New York, USA: Rotledge, 1992. p. 84-121.

BOHNENSTENGEL, F. I. et al. Insecticidal meliacarpins (C-seco limonoids) from *Melia azedarach*. *Phytochemistry* 50: 977-82, 1999.

BOUAYAD, N. et al. Dietary effects of harmine, a β-carboline alkaloid, on development, energy reserves and α-amylase activity of *Plodia interpunctella* Hübner (Lepidoptera: Pyralidae). *Saudi Journal of Biological Sciences* 19: 73-80, 2012.

BOUDET, A. M. Evolution and current status of research in phenolic compounds. *Phytochemistry* 68: 2722-35, 2007.

BOURGAUD, F. et al. Production of plant secondary metabolites: a historical perspective. *Plant Science* 161: 839-51, 2001.

BROUN, P. et al. Importance of transcription factors in the regulation of plant secondary metabolism and their relevance to the control of terpenoid accumulation. *Phytochemistry* 5: 27-38, 2006.

BUCKINGHAM, J. *Dictionary of natural products*. London, UK: Chapman and Hall/CRC, 2007.

BUHRMESTER, R. A.; EBINGER, J. E.; SEIGLER, D. S. Sambunigrin and cyanogenic variability in populations of *Sambucus canadensis* L. (Caprifoliaceae). *Biochemical Systematics and Ecology* 28: 689-95, 2000.

CABALLERO, P. et al. Isoflavonoids from soybean with potential insecticidal activity. *Journal of Natural Products* 49: 1126-129, 1987.

CALATAYUD, P. Influence of linamarin and rutin on biological performances of *Phenacoccus manihoti* in artificial diets. *Entomologia Experimentalis et Applicata* 96: 81-86, 2000.

CAMPOS, M. L.; KANG, J. H.; HOWE, G. A. Jasmonate-triggered plant immunity. *Journal of Chemical Ecology* 40: 657-75, 2014.

CARPENTIERI-PÍPOLO, V. et al. Association of isoflavonoids with the inconpatible response of soybean roots to *Meloidogyne incognita* race 3. *Nematropica* 35: 103-10, 2005.

CHAMBERLAIN, K.; PICKETT, J. A.; WOODCOCK, C. M. Plant signaling and induced defense in insect attack. *Molecular Plant Pathology* 1: 67-72, 2000.

CHEYNIER, V. et al. Plant phenolics: recent advances on their biosynthesis, genetics, and ecophysiology. *Plant Physiology and Biochemistry* 72: 1-20, 2013.

CHRZANOWSKI, G. et al. Effect of phenolic acids from black currant, sour cherry and walnut on grain aphid (*Sitobion avenae* F.) development. *Crop Protection* 35: 71-77, 2012.

CORDELL, G. A. Fifty years of alkaloid biosynthesis in *Phytochemistry*. *Phytochemistry* 91: 29-51, 2013.

DE VOS, M. et al. Alarm pheromone habituation in *Myzus persicae* has fitness consequences and causes extensive gene expression changes. *Proceedings of the National Academy of Sciences of the United States of America* 107: 14673-678, 2010.

DEDRYVER, C. A.; LE RALEC, A.; FABRE, F. The conflicting relationships between aphids and men: a review of aphid damage and control strategies. *Comptes Rendus Biologies* 333: 539-53, 2010.

DEVIKA, R.; KOILPILLAI, J. Phytochemical screening studies of bioactive compounds of *Tagetes erecta*. *International Journal of Pharmacy and Biological Sciences* 3: 596-602, 2012.

DEWICK, P. M.; BARZ, W.; GRISEBAH, H. Biosynthesis of coumestrol in *Phaseolus aureus*. *Phytochemistry* 9: 775-83, 1970.

DHAUBHADEL, S. Regulation of isoflavonoid biosynthesis in soybean seeds. In: TZI-BUN, N. (ed.). *Soybean-biochemistry, chemistry and physiology*, 2011. p. 243-58. Disponível em: <http://www. intechopen. com/books/soybean-biochemistry-chemistry-and-physiology/regulation-of-isoflavonoid-biosynthesis-in-soybean-seeds>. Acesso em: 18 mar. 2014.

DHAUBHADEL, S.; FARHANGKHOEE, M.; CHAPMAN, R. Identification and characterization of isoflavonoid specific glycosyltransferase and malonyltransferase from soybean seeds. *Journal of Experimental Botany* 59: 981-94, 2008.

DHAUBHADEL, S. et al. Isoflavonoid biosynthesis and accumulation in developing soybean seeds. *Plant Molecular Biology* 53: 733-43, 2003.

DIAZ NAPAL, G. N.; CARPINELLA, M. C.; PALACIOS, S. M. Antifeedant activity of ethanolic extract from *Flourensia oolepis* and isolation of pinocembrin as its active principle compound. *Bioresource Technology* 100: 3669-673, 2009.

DICKE, M. Behavioural and community ecology of plants that cry for help. *Plant, Cell and Environment* 32: 654-65, 2009.

DIXON, R. A.; FERREIRA, D. Genistein. *Phytochemistry* 60: 205-11, 2002.

DIXON, R. A.; PASINETTI, G. M. Flavonoids and isoflavonoids: from plant biology to agriculture and neuroscience. *Plant Physiology* 154: 453-57, 2010.

DUFFEY, S. S.; STOUT, M. J. Antinutritive and toxic components of plant defense against insects. *Archives of Insect Biochemistry and Physiology* 32: 3-37, 1996.

DUHL, T. R.; HELMING, D. GUENTHER, A. Sesquiterpene emissions from vegetation: a review. *Biogeosciences* 5: 761-77, 2008.

EBEL, J. Phytoalexin synthesis: the biochemical analysis of the induction process. *Annual Review of Phytopathology* 24: 235-64, 1986.

EISNER, T. Chemical ecology: can it survive without natural products chemistry? *Proceedings of the National Academy of Sciences* 100: 14517-518, 2003.

EL-WAKEIL, N. E.; VOLKMAR, C.; SALLAM, A. A. Jasmonic acid induces resistance to economically important insect pests in winter wheat. *Pest Management Science* 66: 549-54, 2010.

FACCHINI, P. J. Alkaloid biosynthesis in plants: biochemistry, cell biology, molecular regulation, and metabolic engineering applications. *Annual Review of Plant Physiology and Plant Molecular Biology* 52: 29-66, 2001.

FAHN, A. Structure and function of secretory cells. In: HALLAHAN, D. L., GRAY, J. C. (eds.). *Plant trichomes*. New York, USA: Academic Press, 2000. p. 37.

FERGUSON, B. J.; MATHESIUS, U. Signaling interactions during nodule development. *Journal of Plant Growth Regulation* 22: 47-72, 2003.

FONSECA, S.; CHICO, J. M.; SOLANO, R. The jasmonate pathway: the ligand, the receptor and the core signalling module. *Current Opinion in Plant Biology* 12: 539-47, 2009.

FRAZIER, J. L. The perception of plant allelochemicals that inhibit feeding. In: BRATTSTEN, L. B.; AHMAD, S. (eds.). *Molecular aspects of insect-plant associations*. New York, USA: Springer, 1986. p. 1-42.

FRELICHOWSKI, J. E.; JUVIK, J. A. Sesquiterpene carboxylic acids from a wild tomato species affect larval feeding behavior and survival of *Helicoverpa zea* and *Spodoptera exigua* (Lepidoptera : Noctuidae). *Journal of Economic Entomology* 94: 1249-259, 2001.

GANJEWALA, D. et al. Advances in cyanogenic glycosides biosynthesis and analyses in plants: a review. *Acta Biologica Szegediensis* 54: 1-14, 2010.

GEYTER, N. de et al. Transcriptional machineries in jasmonate-elicited plant secondary metabolism. *Trends in Plant Science* 17: 349-59, 2012.

GLEADOW, R. M.; MOLLER, B. L. Cyanogenic glycosides: synthesis, physiology, and phenotypic plasticity. *Annual Review of Plant Biology* 65: 155-85, 2014.

GLENN, W. S.; RUNGUPHAN, W.; O'CONNOR, S. E. Recent progress in the metabolic engineering of alkaloids in plant systems. *Current Opinion in Biotechnology* 24: 354-65, 2013.

GONZALEZ, V. M. et al. Inhibition of a photosystem II eléctron transfer reaction by the natural product sorgoleone. *Journal of Agricultural and Food Chemistry* 45: 1415-421, 1997.

GRAÇA, J. P. *Cis-jasmone e tween 20 na indução de metabólitos secundários em soja e seus efeitos em insetos-praga*. Jaboticabal, 88p. Tese (Doutorado) – Faculdade de Ciências Agrárias e Veterinárias, Universidade Estadual Paulista, 2012.

GROBKINSKY, D. K.; GRAAFF, E. V. D.; ROITSCH, T. Phytoalexin transgenics in *Crop Protection* – Fairy tale with a happy end? *Plant Science* 195: 54-70, 2012.

HANLEY, M. E. et al. Plant structural traits and their role in anti-herbivore defence. *Perspectives in Plant Ecology, Evolution and Systematics* 8: 157-78, 2007.

HARBORNE, J. B. *The flavonoids*: advances in research since 1980. London, UK: Chapman and Hall, 1988.

HARBORNE, J. B. Flavonoid pigments. In: ROSENTHAL, G. A.; BERENBAUM, M. R. (eds.). *Herbivores and their interaction with secondary metabolites*. London, UK: Academic Press, 1991. p. 389-429.

HARBORNE, J. B.; BAXTER, H. *The handbook of natural flavonoids* John Chichester, UK: Wiley & Sons, 1999. v. 1.

HAUSE, B. et al. Jasmonates in arbuscular mycorrhizal interactions. *Phytochemistry* 68: 101-10, 2007.

HOFFMANN-CAMPO, C. B.; HARBORNE, J. B.; McCAFFERY, A. R. Pre-ingestive and post-ingestive effects of soya bean extracts and rutin on *Trichoplusia ni* growth. *Entomologia Experimentalis et Applicata* 98: 181-94, 2001.

HOFFMANN-CAMPO, C. B.; RAMOS NETO, J. A.; OLIVEIRA, M. C. N. de. Detrimental effect of rutin on *Anticarsia gemmatalis*. *Pesquisa Agropecuária Brasileira* 41: 1453-459, 2006.

HOWE, G. A. The roles of hormones in defense against insects and disease. In: DAVIES, P. J. (ed.). *Plant hormones – biosynthesis, signal transduction, action!* New York, USA: Dordrecht Heidelberg, 2010. p. 646-80.

HUANG, T.; JANDER, G.; DE VOS, M. Non-protein amino acids in plant defense against insect herbivores: representative cases and opportunities for further functional analysis. *Phytochemistry* 72: 1531-537, 2011.

ISHAAYA, I. et al. Mimosine, nonprotein amino acid, inhibits growth and enzyme systems in *Tribolium castaneum*. *Pesticide Biochemistry and Physiology* 39: 35-42, 1991.

JAMAL, F. et al. Serine protease inhibitors in plants: nature's arsenal crafted for insect predators. *Phytochemical Rev.* 12: 1-34, 2013.

JANEGITZ, T. *Efeitos de cis-jasmone na indução de compostos fenólicos em genótipos de soja, inoculados ou não com Meloidogyne javanica*. Maringá, 62p. Dissertação (Mestrado) – Universidade Estadual de Maringá, 2012.

JANSEN, J. J. et al. Metabolomic analysis of the interaction between plants and herbivores. *Metabolomics* 5: 150-61, 2009.

JAROSZEWSKI, J. W.; STROM-HANSEN, T.; HANSON, S. H. Optical activity of gossypol. *Chirality* 4: 216-21, 1992.

JÖRGENSEN, K. et al. Metabolon formation and metabolic channeling in the biosynthesis of plant natural products. *Current Opinion in Plant Biology* 8: 280-91, 2005.

KESSLER, A.; BALDWIN, I. T. Plant responses to insect herbivory: the emerging molecular analysis. *Annual Review of Plant Biology* 53: 299-328, 2002.

KIM, J. K. et al. Isoflavones profiling of soybean [*Glycine max* (L.) Merrill] germplasms and their correlations with metabolic pathways. *Food Chemistry* 153: 258-64, 2014.

KIM, Y. M. et al. Oxyresveratrol and hydroxystilbene compounds. Inhibitory effect on tyrosinase and mechanism of action. *The Journal of Biological Chemistry* 277: 16340-344, 2002.

KIRAN, S. R. et al. Insecticidal, antifeedant and oviposition deterrent effects on the essential oil and individual compounds from leaves of *Chloroxylon swietenia* DC. *Pest Management Science* 62: 1116-121, 2006.

KOCH, T.; BANDEMER, K.; BOLAND, W. Biosynthesis of *cis*-jasmone: a pathway for the inactivation and the disposal of the plant stress hormone jasmonic acid to the gas phase? *Helvetica Chimica Acta* 80: 838-50, 1997.

KOGAN, M.; PAXTON, J. Natural inducers of plant resistance to insects. In: HEDIN, P. A. (ed.). *Plant resistance to insects.* Washington DC, USA: American Chemical Society, 1983. p. 153-71.

KONG, G.; DAUD, M. K.; ZHU, S. Effects of pigment glands and gossypol on growth, development and insecticide-resistance of cotton bollworm [*Heliothis armigera* (Hübner)]. *Crop Protection* 29: 813-19, 2010.

KORDALI, S.; KESDEK, M.; CAKIR, A. Toxicity of monoterpenes against larvae and adults of Colorado potato beetle, *Leptinotarsa decemllineata* Say (Coleoptera: Chrysomelidae). *Industrial Crops and Products* 26: 278-97, 2007.

KORTH, K. L.; THOMPSON, G. A. Chemical signals in plants: jasmonates and the role of insect-derived elicitors in responses to herbivores. In: TUZUN, S.; BENT, E. (eds.). *Multigenic and induced systemic resistance in plants*. New York, USA: Springer, 2006. p. 259-78.

KOS, M. et al. Effects of glucosinolates on a generalist and specialist leaf-chewing herbivore and an associated parasitoid. *Phytochemistry* 77: 162-70, 2012.

KOS, M. et al. Genetic engineering of plant volatile terpenoids: effects on a herbivore, a predator and a parasitoid. *Pest Management Science* 69: 302-11, 2013.

KUDOU, S. et al. Malonyl isoflavone glycosides in soybean seeds (*Glycine max* Merrill). *Agricultural and Biological Chemistry* 55: 2227-233, 1991.

KUNZ, E. T. *Controle genético da produção do flavonoide rutina em soja com característica de resistência a insetos desfolhadores*. Londrina, 68p. Dissertação (Mestrado) – Universidade Estadual de Londrina, 2008.

KUSHWAHA, K. et al. Human health benefits of isoflavones from soybeans. *Agriculture, Food and Analytical Bacteriology* 4: 122-42, 2014.

LANGE, B. M.; AHKAMI, A. Metabolic engineering of plant monoterpenes, sesquiterpenes and diterpenes: current status and future opportunities. *Plant Biotechnology Journal* 11: 169-96, 2013.

LANGE, B. M.; TURNER, G. W. Terpenoid biosynthesis in trichomes: current status and future opportunities. *Plant Biotechnology Journal* 11: 2-22, 2013.

LEE, Y. et al. Gustatory receptors required for avoiding the insecticide L-canavanine. *The Journal of Neuroscience* 32: 1429-435, 2012.

LEHNINGER, A. L.; NELSON, D. L.; COX, M. M. *Princípios de bioquímica de Lehninger*. São Paulo: Sarvier, 2006.

LEVIN, D. A. Alkaloid-bearing plants: an ecogeographic perspective. *American Naturalist* 110: 261-84, 1976.

LI, L. et al. The tomato homolog of coronative-insentivive1 is required for the maternal control of seed maturation, jasmonate-signaled defense responses, and glandular trichome development. *The Plant Cell* 16: 126-43, 2004.

LIEBEREI, R. Relationship of cyanogenic capacity (HCNc) of the rubber tree *Hevea brasiliensis* to susceptibility to *Microcyclus ulei*, the agent of South American leaf blight. *Journal of Phytopathology* 115: 54-67, 1988.

LIEBEREI, R. South American leaf blight of the rubber tree (*Hevea* spp.): new steps in plant domestication using physiological features and molecular markers. *Annals of Botany* 100: 1125-142, 2007.

LIU, L. et al. Actions of quinolizidine alkaloids on *Periplaneta americana* nicotinic acetylcholine receptors. *Pest Management Science* 64: 1222-228, 2008.

LORDELO, M. M. et al. Relative toxicity of gossypol enantiomers in broilers. *Poultry Science* 84: 1376-382, 2005.

LUCAS, J. A. Advances in plant disease and pest management. *Journal of Agricultural Science* 149: 91-114, 2011.

MA, Z. et al. Isolation and insecticidal activity of sesquiterpenes alkaloids from *Tripterygium wilfordii* Hook f. *Industrial Crops and Products* 52: 642-48, 2014.

MAcGREGOR, K. B. et al. Overexpression of glutamate decarboxylase in transgenic tobacco plants deters feeding by phytophagous insect larvae. *Journal of Chemical Ecology* 29: 2177-182, 2003.

MAHANIL, S. et al. Overexpression of tomato polyphenol oxidase increases resistance to common cutworm. *Plant Science* 174: 456-66, 2008.

MALONE, L. A. et al. Effects of red-leaved transgenic tobacco expressing a MYB transcription factor on two herbivorous insects, *Spodoptera litura* and *Helicoverpa armigera*. *Entomologia Experimentalis et Applicata* 133: 117-27, 2009.

MARKHAM, K. R. Flavones, flavonols and their glycosides. In: DEY, P. M.; HARBORNE, J. B. (eds.). *Methods in plant biochemistry*. London, UK: Academic Press, 1989. p. 197-235.

MARTENS, S.; MITHÖFER, A. Flavones and flavone synthases. *Phytochemistry* 66: 2399-407, 2005.

MCMAHON, J. M.; WHITE, W. L. B.; SAYRE, R. T. Cyanogenesis in cassava (*Manihot esculenta* Crantz). *Journal of Experimental Botany* 46: 731-41, 1995.

MILLER, J. M.; CONN, E. E. Metabolism of hydrogen cyanide by higher plants. *Plant Physiology* 65: 1199-202, 1980.

MITHOFER, A.; BOLAND, W. Plant defense against herbivores: chemical aspects. *Annual Review of Plant Biology* 63: 431-50, 2012.

MITRI, C. et al. Plant insecticide L-canavanine repels *Drosophila* via the insect orphan GPCR DmX. *PLoS Biology* 7: e1000147, 2009.

MOLLER, B. L. Functional diversifications of cyanogenic glucosides. *Current Opinion in Plant Biology* 13: 338-47, 2010.

MYAZAWA, M.; NAKAMURA, Y.; ISHIKAWA, Y. Insecticidal sesquiterpene from *Alpinia oxyphylla* against *Drosophila melanogaster*. *Journal of Agricultural and Food Chemistry* 48: 3639-641, 2000.

NADELLA, K. D.; MARLA, S. S.; KUMAR, P. A. *Metabolomics* in agriculture. *Journal of Integrative Biology* 16: 49-59, 2000.

NENAAH, G. E. Toxicity and growth inhibitory activities of methanol extract and the β-carboline alkaloids of *Peganum harmala* L. against two coleopteran stored-grain pests. *Journal of Stored Products Research* 47: 255-61, 2011.

NENAAH, G. E. Potential of using flavonoids, latex and extracts from *Calotropis procera* (Ait.) as grain protectants against two coleopteran pests of stored rice. *Industrial Crops and Products* 45: 327-34, 2013.

NEUPANE, F.; NORRIS, D. M. α-Tocopherol alteration of soybean antiherbivory to *Trichoplusia ni* larvae. *Journal of Chemical Ecology* 17: 1941-951, 1991a.

NEUPANE, F.; NORRIS, D. M. Sulphydryl-reagent alteration of soybean resistance to the cabbage looper, *Trichoplusia ni*. *Entomologia Experimentalis et Applicata* 60: 239-45, 1991b.

NICHOLSON, S. S. Cottonseed toxicity. In: GUPTA, R. C. (ed.). *Veterinary toxicology, basic and clinical principles*. New York, USA: Academic Press, Elsevier, 2007. p. 926-28.

ONYILAGHA, J. C. et al. Constitutive flavonoids deter flea beetle insect feeding in *Camel*lna *sativa* L. *Biochemical Systematics and Ecology* 42: 128-33, 2012.

PANDA, N.; KHUSH, G. S. *Host plant resistance to insects*. Oxford, UK: CAB International, 1995.

PANDEY, A. et al. Development of AtMYB12-expressing transgenic tobacco callus culture for production of rutin with biopesticidal potential. *Plant Cell Reports* 31: 1867-876, 2012.

PAUWELS, L.; INZÉ, D.; GOOSSENS, A. Jasmonate-inducible gene: what does it mean? *Trends in Plant Science* 14: 87-91, 2009.

PAVARINI, D. P. et al. Exogenous influences on plant secondary metabolite levels. *Animal Feed Science and Technology* 176: 5-16, 2012.

PEREIRA, C. A. et al. *Trypanosoma cruzi* arginine kinase characterization and cloning: a novel energetic pathway in protozoan parasites. *Journal of Biological Chemistry* 275: 1495-501, 2000.

PETERSEN, M.; HANS, J.; MATERN, U. Biosynthesis of phenylpropanoids and related compounds. In: WINK, M. (ed.). *Biochemistry of plant secondary metabolism*. Oxford, UK: Wiley-Blackwell, 2010. p. 182-257.

PICHERSKY, E.; GERSHENZON, J. The formation and function of plant volatiles: perfumes for pollinator attraction and defense. *Current Opinion in Plant Biology* 5: 237-43, 2002.

PICKETT, J. A.; POPPY, G. M. Switching on plant genes by external chemical signals. *Trends in Plants Science* 6: 137-39, 2001.

PIETERSE, C. M. et al. Hormonal modulation of plant immunity. *Annual Review of Cell and Developmental Biology* 28: 489-521, 2012.

PINTO-ZEVALLOS, D. M.; MARTINS, C. B. C.; PELLEGRINO, A. C. Compostos orgânicos voláteis na defesa induzida das plantas contra insetos herbívoros. *Química Nova* 36: 1395-405, 2013.

PIUBELLI, G. C. *Bioatividade de genótipos de soja resistentes a Anticarsia gemmatalis Hübner (Lepidoptera: Noctuidae) e interações de suas substâncias químicas com inimigos naturais.* Curitiba, 152p. Tese (Doutorado) – Universidade Federal do Paraná, 2004.

PIUBELLI, G. C. et al. Flavonoid increase in soybean as a response to *Nezara viridula* injury and its effect on insect-feeding preference. *Journal of Chemical Ecology* 29: 1223-233, 2003.

PIUBELLI, G. C. et al. Are chemical compounds important for soybean resistance to *Anticarsia gemmatalis*? *Journal of Chemical Ecology* 31: 1509-525, 2005.

RANI, P.; PRATYUSHA, S. Defensive role of *Gossypium hirsutum* L. anti-oxidative enzymes and phenolic acids in response to *Spodoptera litura* F. feeding. *Journal of Asia Pacific Entomology* 16: 131-36, 2013.

RIBEIRO, L. D. P. et al. *Annona mucosa* Jacq. (Annonaceae): a promising source of bioactive compounds against *Sitophilus zeamais* Mots. (Coleoptera: Curculionidae). *Journal of Stored Products Research* 55: 6-14, 2013.

ROBERT, J. A. et al. Terpenoid metabolite profiling in Sitka spruce identifies association of dehydroabietic acid, (+)-3-carene, and terpinolene with resistance against white pine weevil. *Botany* 88: 810-20, 2010.

ROBINSON, R. A. New concepts in breeding for disease resistance. *Annual Review of Phytopathogy* 18: 189-210, 1980.

RODGERS, K. J. Non-protein amino acids and neurodegeneration: the enemy within. *Experimental Neurology* 253: 192-96, 2013.

ROSE, R. L.; SPARKS, T. C.; SMITH, M. C. Insecticide toxicity to the soybean looper and the velvetbean caterpillar (Lepidoptera: Noctuidae) as influenced by feeding on resistant soybean (PI 227687) leaves and coumestrol. *Journal of Economy Entomology* 81: 1288-294, 1988.

ROSENTHAL, G. A. L-Canavanine: a higher plant insecticidal allelochemical. *Amino Acids* 21: 319-30, 2001.

ROTHSCHILD, M. et al. Cardenolide storage in *Danaus chrysippus* (L.) with additional notes on *D. plexippus* (L.). *Proceedings of the Royal Society of London Series B–Biological Sciences* 190: 1-31, 1975.

SALIBA, E. O. S. et al. Ligninas – métodos de obtenção e caracterização química. *Ciência Rural* 31: 917-28, 2001.

SALUNKE, B. K. et al. Efficacy of flavonoids in controlling *Callosobruchus chinensis* (L.) (Coleoptera: Bruchidae), a post-harvest pest of grain legumes. *Crop Protection* 24: 888-93, 2005.

SALVADOR, M. C. *Efeito de genótipos de soja e de flavonoides na biologia e no intestino médio de Anticarsia gemmatalis.* Jaboticabal, 115p. Dissertação (Mestrado) – Universidade Estadual Paulista, 2008.

SALVADOR, M. C. *Dióxido de carbono e temperatura afetam aspectos biológicos de Anticarsia gemmatalis e metabólitos primários e secundários em soja.* Londrina, 127p. Tese (Doutorado) – Universidade Estadual de Londrina, 2014.

SALVADOR, M. C. et al. Do different casein concentrations increase the adverse effect of rutin on the biology of *Anticarsia gemmatalis* Hübner (Lepidoptera: Noctuidae)? *Neotropical Entomology* 39: 774-83, 2010.

SCHILMILLER, A. et al. Mass spectrometry screening reveals widespread diversity in trichome specialized metabolites of tomato chromosomal substitution lines. *The Plant Journal* 62: 391-403, 2010.

SCHNEE, C. et al. The products of a single maize sesquiterpene synthase form a volatile defense signal that attracts natural enemies of maize herbivores. *Proceedings of the National Academy of Sciences of the United States of America* 103: 1129-134, 2006.

SELMAR, D. Biosynthesis of cyanogenic glycosides, glucosinolates and non-protein amino acids. In: WINK, M. (ed.). *Annual Plant Reviews, Biochemistry of plant secondary metabolism*. Oxford, UK: John Willey & Sons Ltd., 2010. p. 92-181. v. 40.

SHARKEY, T. D.; YEH, S. Isoprene emission from plants. *Annual Review Plant Physiology and Plant Molecular Biology* 52: 407-36. 2001.

SHARMA, H. C.; NORRIS, D. M. Chemical basis of resistance in soybean to cabbage looper, *Trichoplusia ni*. *Journal of the Science of Food and Agriculture* 55: 353-64, 1991.

SILVA, D. M. da et al. Biological characteristics of *Anticarsia gemmatalis* (Lepidoptera: Noctuidae) for three consecutive generations under different temperatures: understanding the possible impact of global warming on a soybean pest. *Bulletin of Entomological Research* 102: 285-92, 2012.

SIMMONDS, M. S. Importance of flavonoids in insect-plant interactions: feeding and oviposition. *Phytochemistry* 56: 245-52, 2001.

SMITH, C. M. *Plant resistance to arthropods – molecular and conventional approaches*. The Netherlands: Springer, 2005.

SOARES, A. M. S.; MACHADO, O. L. T. Defesa de plantas: sinalização química e espécies reativas de oxigênio. *Revista Trópica – Ciências Agrárias e Biológicas* 1: 9-19, 2007.

SOARES, S. E. Ácidos fenólicos como antioxidantes. *Revista de Nutrição* 15: 71-81, 2002.

STAMP, N. E.; SKROBOLA, C. M. Failure to avoid rutin diets results in altered food utilization and reduced growth rate of *Manduca sexta* larvae. *Entomologia Experimentalis et Aplicatta* 68: 127-42, 1993.

STIPANOVIC, R. D. et al. Effect of racemic and (+)- and (–)-gossypol on the survival and development of *Helicoverpa zea* larvae. *Journal of Chemical Ecology* 32: 959-68, 2006.

TAIZ, L.; ZEIGER, E. *Plant physiology*. Sunderland, USA: Sinauer Associates, Inc., 2010.

TALONTSI, F. M. et al. Mosquito larvicidal activity of alkaloids from *Zanthoxylum lemairei* against the malaria vector *Anopheles gambiae*. *Pesticide Biochemistry and Physiology* 99: 82-85, 2011.

TATTERSALL, D. B. et al. Resistance to an herbivore through engineered cyanogenic glucoside synthesis. *Science* 293: 1826-828, 2001.

THALER, J. S.; HUMPHREY, P. T.; WHITEMAN, N. K. Evolution of jasmonate and salicylate signal crosstalk. *Trends in Plant Science* 17: 260-70, 2012.

THAMER, S. et al. Dual benefit from a belowground symbiosis: nitrogen-fixing rhizobia promote growth and defense against a specialist herbivore in a cyanogenic plant. *Plant and Soil* 341: 209-19, 2011.

THOMAS, S. G.; RIEU, I.; STEBER, C. M. Gibberellin metabolism and signaling. *Vitamins & Hormones* 72: 289-338, 2005.

TIAN, D. et al. Role of trichomes in defense against herbivores: comparison of herbivore response to woolly and hairless trichome mutants in tomato (*Solanum lycopersicum*). *Planta* 236: 1053-66, 2012.

TOLEDO, A. M. *Indução de isoflavonoides em soja por Piezodorus guildinii e efeito de extratos e de isoflavonoides na preferência alimentar de Nezara viridula (Hemiptera: Pentatomidae)*. Jaboticabal, 77p. Dissertação (Mestrado) – Faculdade de Ciências Agrárias e Veterinárias, Universidade Estadual Paulista, 2005.

TOMIZAWA, M.; CASIDA, J. E. Neonicotinoid insecticide toxicology: mechanism of selective action. *Annual Review of Pharmacology and Toxicology* 45: 247-68, 2005.

TREUTTER, D. Significance of flavonoids in plant resistance: a review. *Environmental Chemistry Letters* 4: 147-57, 2006.

TRIONE, E. J. The HCN content of flax in relation to flax wilt resistance. *Phytopaphology* 50: 482-86, 1960.

TURLINGS, T. C.; TUMLINSON, J. H.; LEWIS, W. J. Exploitation of herbivore-induced plant odors by host-seeking parasitic wasps. *Science* 250: 1251-253, 1990.

VEITCH, N. C. Isoflavonoids of the Leguminosae. *Natural Product Reports* 24: 417-64, 2007.

VEITCH, N. C. Isoflavonoids of the Leguminosae. *Natural Product Reports* 30: 988-1027, 2013.

VIEGAS JR., C. Terpenos com atividade inseticida: uma alternativa para o controle químico de insetos. *Química Nova* 26: 390-400, 2003.

VIEIRA, S. S. *Metabólitos secundários e resistência de genótipos de soja a Bemisia tabaci biótipo B*. Campinas, 79p. Tese (Doutorado) – Instituto Agronômico de Campinas – Agricultura Tropical e Subtropical, 2014.

VIZZOTTO, M.; KROLOW, A. C.; WEBER, G. E. B. *Metabólitos secundários encontrados em plantas e sua importância,* 2010. (Embrapa Clima Temperado. Documentos, 316).

WANG, H. R.; ZHU, W. J.; WANG, X. Mechanism of inhibition of arginine kinase by flavonoids consistent with thermodynamics of docking simulation. *International Journal of Biological Macromolecules* 49: 985-91, 2011.

WASTERNACK, C.; HAUSE, B. Jasmonates: biosynthesis, perception, signal transduction and action in plant stress response, growth and development. An update to the 2007 review in Annals of Botany. *Annals of Botany* 111: 1021-58, 2013.

WILLIAMS, C. A.; HARBORNE, J. B. Isoflavonoids. In: DEY, P. M.; HARBORNE, J. B. (eds.). *Methods in plant biochemistry*. London. UK: Academic Press, 2005. p. 421-49.

WINK, M. Introduction: biochemistry, physiology and ecological functions of secondary metabolites. In: WINK, M. (ed.). *Annual plant reviews, biochemistry of plant secondary metabolism*. Oxford, UK: John Willey & Sons., 2011. v. 40, p. 1-19.

WINK, M. Evolution of secondary metabolites in legumes (Fabaceae). *South African Journal of Botany* 89: 164-75, 2013.

WINK, M.; VAN WYK, B. E. *Mind-altering and poisonous plants of the world*. Portland, USA: Timber Press, 2008.

WINKEL, B. S. J. Metabolic channelling in plants. *Annual Review of Plant Biology* 55: 85-107, 2004.

WOODHEAD, S.; BERNAYS, E. A. Changes in release rates of cyanide in relation to palatability of sorghum to insects. *Nature* 270: 235-35, 1977.

WU, X. Q. et al. The effect of rutin on arginine kinase: inhibition kinetics and thermodynamics merging with docking simulation. *International Journal of Biological Macromolecules* 44: 149-55, 2009.

YU, X. et al. (E)-β-farnesene synthase genes affect aphid (*Myzus persicae*) infestation in tobacco (*Nicotiana tabacum*). *Functional & Integrative Genomics* 12: 207-13, 2012.

ZAGROBELNY, M. et al. Cyanogenic glucosides and plant–insect interactions. *Phytochemistry* 65: 293-306, 2004.

ZARATE, S. I.; KEMPEMA, L. A.; WALLING, L. L. Silverleaf whitefly induces salicylic acid defenses and suppresses effectual jasmonic acid defenses. *Plant Physiology* 143: 866-75, 2007.

ZAVALA, J. A.; NABITY, P. D.; DELUCIA, E. H. An emerging understanding of mechanisms governing insect herbivory under elevated $CO_2$. *Annual Review of Entomology* 58: 79-97, 2013.

ZHANG, P. J. et al. Feeding by whiteflies suppresses downstream jasmonic acid signaling by eliciting salicylic acid signaling. *Journal of Chemical Ecology* 39: 612-19, 2013.

ZHAO, J.; DAVIS, L. C.; VERPOORTE, R. Elicitor signal transduction leading to production of plant secondary metabolites. *Biotechnology Advances* 23: 283-33, 2005.

ZHAO, J.; DIXON, R. A. The "ins" and "outs" of flavonoid transport. *Trends in Plant Science* 15: 72-80, 2010.

ZHOU, M. L. et al. Transcriptional response of the catharanthine biosynthesis pathway to methyl jasmonate/nitric oxide elicitation in *Catharanthus roseus* hairy root culture. *Applied Microbiology and Biotechnology* 88: 737-50, 2010.

ZHOU, Y. Y. et al. Secondary metabolites from *Glycine soja* and their growth inhibitory effect against *Spodoptera litura*. *Journal of Agricultural and Food Chemistry* 59: 6004-6010, 2011. ZUANAZZI, J. A. S.; MONTANHA, J. A. Flavonoides. In: SIMÕES, C. M. O. et al. (eds.). *Farmacognosia*: da planta ao medicamento. Porto Alegre: UFRGS, 2010. p. 577-614.

ZULAK, K. G.; BOHLMANN, J. Terpenoid biosynthesis and specialized vascular cells of conifer defense. *Journal of Integrative Plant Biology* 52: 86-97, 2010.

4

# Antixenose

EDSON LUIZ LOPES BALDIN
LUIZ EDUARDO DA ROCHA PANNUTI
JOSÉ PAULO FRANCO BENTIVENHA

## 1. Introdução

O termo "antixenose" é formado da junção das palavras gregas "anti" (contra) e "xenos" (hóspede) e refere-se à falta de adequação de uma planta para servir de hospedeiro a determinado artrópode. Foi proposto por Kogan e Ortman (1978) em substituição ao termo "não preferência", estabelecido por Painter (1951), que indicava um dos mecanismos de resistência de plantas a artrópodes.

Na prática, antixenose é a categoria de resistência empregada pela planta no intuito de impedir ou reduzir a colonização da praga. A expressão de antixenose indica a presença de defesas físicas, morfológicas ou químicas em uma planta ou variedade que afetam negativamente o comportamento do inseto durante o processo de seleção hospedeira, fazendo que ela seja menos utilizada por ele para alimentação, oviposição ou abrigo, em relação a outras plantas ou variedades sob as mesmas condições de infestação (Panda e Khush, 1995). Em determinadas situações, os níveis de antixenose podem ser tão elevados que os artrópodes entram em longos períodos de inanição, chegando à morte. Nessas situações, a distinção entre as categorias antibiose e antixenose torna-se mais difícil, exigindo a realização de testes complementares, principalmente aqueles destinados à medição do consumo realizado pelo inseto sobre a planta em avaliação.

Apesar de alguns pesquisadores questionarem a precisão conceitual de antixenose (Wiseman, 1994; Smith, 2005; Stout, 2013), o termo é bem aceito entre os pesquisadores da área, razão pela qual será empregado neste capítulo.

## 2. Estímulos envolvendo a seleção hospedeira

O processo de seleção hospedeira ocorre por meio de uma cadeia de estímulos na qual três etapas podem ser caracterizadas: 1) orientação para o hospedeiro, 2) início da alimentação ou oviposição, 3) manutenção da alimentação ou oviposição. Essa cadeia apresenta uma sequência contínua e as respostas dos insetos variam de acordo com os estímulos positivos ou negativos produzidos pela planta. Estes estímulos podem ser mediados por fatores de natureza química, física ou morfológica (Vendramim e Nishikawa, 2001).

Os estímulos químicos que regulam ou mediam a seleção hospedeira por insetos estão incluídos entre os semioquímicos, substâncias ou compostos que promovem a interação química entre organismos, que estão subdivididos em dois grupos: os feromônios, que possuem ação intraespecífica, e os aleloquímicos, que atuam de maneira interespecífica e possuem extrema importância para o entendimento das interações inseto–planta (Figura 1).

O termo "aleloquímico" foi definido por Whittaker (1970) como uma substância não nutritiva produzida por indivíduos de uma espécie e que influencia a biologia, o comportamento, a sanidade e, consequentemente, o crescimento da população de outra espécie. Nas relações inseto–planta, dois tipos de aleloquímicos são de maior interesse: os alomônios, que tendem a conferir vantagem adaptativa ao organismo produtor (no caso, a planta hospedeira), e os cairomônios, que tendem a conferir vantagem adaptativa ao organismo receptor (o artrópode fitófago). Dessa forma, numa relação inseto–planta, os alomônios são desfavoráveis aos insetos, ao passo que os cairomônios são favoráveis (Whittaker e Feeny 1971).

Os alomônios são os compostos que provocam reações opostas àquelas provocadas pelos cairomônios, classificados como: repelentes, quando induzem o organismo receptor a movimentar-se em direção oposta à do emissor; estimulantes locomotores, quando induzem o organismo a dispersar-se com mais rapidez do

**Figura 1.** Estímulos químicos presentes na interação artrópodes–planta.

local do que ele o faria se na área não houvesse a atuação do emissor, ou induzem o receptor a movimentar-se de modo acelerado, e ele se torna irrequieto; supressantes ou supressores, quando inibem o início da alimentação (picada ou mordida) ou da oviposição; e deterrentes de alimentação (fagodeterrentes) e de oviposição (ovideterrentes), quando impedem a continuidade da alimentação ou da oviposição, respectivamente.

Os cairomônios podem ser classificados como: atraentes, quando induzem o organismo receptor a movimentar-se na direção do emissor; arrestantes, quando induzem o organismo a se agregar ou diminuir a locomoção; excitantes ou incitantes, quando levam o organismo a iniciar a alimentação (mordida ou picada de prova), a fazer a penetração ou iniciar a oviposição; e, por fim, estimulantes de alimentação (fagoestimulantes) e estimulantes de oviposição (oviestimulantes), quando induzem o organismo a prosseguir alimentando-se ou ovipositando, respectivamente.

Além dos alomônios e cairomônios, outros aleloquímicos também podem atuar na relação inseto–planta, sobretudo quando se considera o terceiro nível trófico: os sinomônios, compostos químicos produzidos por um organismo e que provocam reação comportamental ou fisiológica favorável tanto ao produtor (emissor) quanto ao receptor (Nordlund e Lewis, 1976); e os antimônios, compostos químicos produzidos por um organismo e que provocam uma reação comportamental ou fisiológica desfavorável tanto ao produtor (emissor) quanto ao receptor (Whitman, 1988). A partir da proposição dessas novas classes de aleloquímicos, o alomônio passou a ser considerado o composto químico que favorece o produtor e, ao mesmo tempo, desfavorece o receptor, enquanto o cairomônio refere-se ao composto químico que favorece o receptor e, ao mesmo tempo, desfavorece o produtor.

Alguns autores incluem ainda, entre os aleloquímicos, os apneumônios, que são compostos químicos produzidos por matéria morta e provocam reação comportamental ou fisiológica favorável a um organismo receptor, em detrimento de outro organismo que esteja presente dentro ou sobre o material emissor. Como nesse caso o agente emissor não é um organismo vivo, nesta obra esse tipo de composto não será incluído entre os aleloquímicos.

Além dos aleloquímicos que atuam na seleção hospedeira para alimentação e oviposição, existem outros compostos que afetam o metabolismo dos insetos e estão associados à resistência por antibiose (ver Capítulo 5).

A caracterização de uma substância como cairomônio ou alomônio sempre deve levar em consideração a espécie de inseto envolvida, já que substâncias que atuam como cairomônios para alguns insetos podem atuar como alomônios para outros e vice-versa. Por exemplo, glucosinolatos que são deterrentes para insetos generalistas podem ser estimulantes para alguns especialistas (Hopkins et al., 2009; Hervé et al., 2014).

Os estímulos que envolvem a seleção hospedeira também podem ser físicos (cor do substrato) ou morfológicos (fatores estruturais e/ou da epiderme) e provocar mais de uma reação no inseto, além de poderem agir de forma independente dos demais. Tanto os estímulos negativos como os positivos, via de regra, encontram-se nas plantas, de modo que a resposta do inseto depende daquele que prevalecer em relação ao outro (Lara, 1991).

## 3. Sistema sensorial dos artrópodes envolvidos na seleção

Para entender como a resistência de uma planta se expressa por meio da antixenose, é necessário compreender os sistemas sensoriais envolvidos na detecção e na identificação de uma planta como hospedeira. A percepção dos artrópodes aos diversos estímulos externos é basicamente governada pelo olfato, pela visão, tigmorrecepção e gustação (Smith, 2005). Essa percepção ocorre por meio de um processo contínuo dividido basicamente em dois extremos, no qual de início os insetos "escolhem" seu hospedeiro a determinada distância utilizando sinais visuais e olfativos, depois os selecionam por meio do contato e da gustação do tecido da planta hospedeira (Visser, 1983). Cada estímulo externo será abordado nesta seção, mas uma discussão mais detalhada sobre o assunto pode ser encontrada na revisão de Bernays (1992).

### 3.1. Olfato

Insetos são capazes de responder a odores no ambiente que os cerca. São sensíveis a sinais químicos biologicamente importantes, resultantes de processos de alimentação, predação e reprodução (Panda e Khush, 1995). Colônias de insetos sociais (formigas, abelhas e cupins) possuem um sistema de feromônios altamente desenvolvido e intimamente regulado por sinais químicos, incluindo o odor de trilha, alarme, atração, entre outros (Jacobson, 1965). Muitas espécies de mariposas, principalmente das famílias Bombycidae [*Bombyx mori* Linnaeus e *Manduca sexta* (Linnaeus)] e Noctuidae (exemplo: *Heliothis* spp.), têm sido investigadas, devido a sua capacidade de detectar feromônios sexuais a longo alcance (Hansson, 1995). No caso da interação inseto–planta, o papel do olfato na seleção hospedeira tem recebido atenção considerável nas últimas décadas (Hartlieb e Anderson, 1999; Bruce et al., 2005; Webster, 2012; Bergstrom, 2014). A maioria desses trabalhos teve como intuito desenvolver táticas de manejo de pragas utilizando a estratégia da cultura-armadilha (Figura 2), que consiste em repelir os insetos da planta cultivada e atraí-los para a planta-armadilha (Cook et al., 2007).

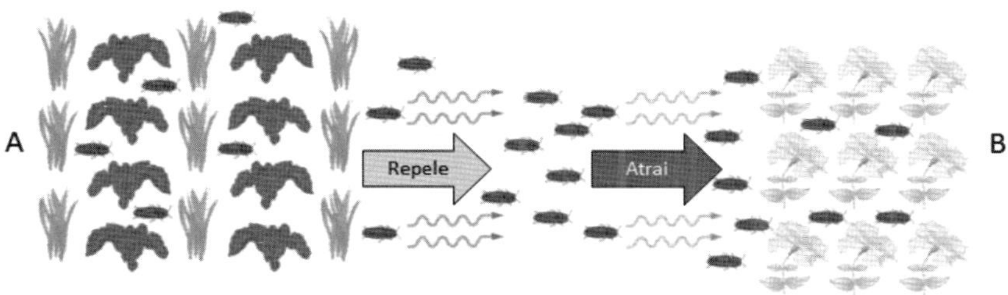


**Figura 2.** Esquema demonstrando a estratégia de cultura-armadilha, com repelência dos insetos do sistema **A** (esquerda) em direção ao sistema **B** (direita) (adaptado de Cook et al. *Annual Review of Entomology* 52: 375-400, 2007, com autorização).

Os compostos voláteis liberados pelas plantas diferem não apenas entre espécies, mas também entre cultivares de uma mesma espécie de planta (Storer et al., 1993; Degen et al., 2004). Nesse caso, a repelência de um inseto em relação a determinada cultivar pode caracterizar a ocorrência de antixenose. Por exemplo, Sharma e Franzmann (2001) observaram maior número de fêmeas de *Stenodiplosis sorghicola* (Coquillett) [= *Contarinia sorghicola* (Coquillett)] (Diptera: Cecidomyiidae) atraídas por uma variedade de sorgo do que outras selvagens, em teste de olfatômetro. Os mesmos autores reportaram que as variedades selvagens de sorgo foram menos ovipositadas pelas fêmeas do inseto, o que indica uma possível resposta diferenciada aos odores liberados por essas cultivares. Faleiro et al. (2014) observaram que a cultivar de tâmara Khalas (*Phoenix dactylifera* L.) expressou menor efeito antixenótico sobre fêmeas de *Rhynchophorus ferrugineus* (Oliver) (Coleoptera: Curculionidae), em comparação com outras cultivares, e elevados índices de atratividade dos insetos aos voláteis das plantas foram registrados (Figura 3).

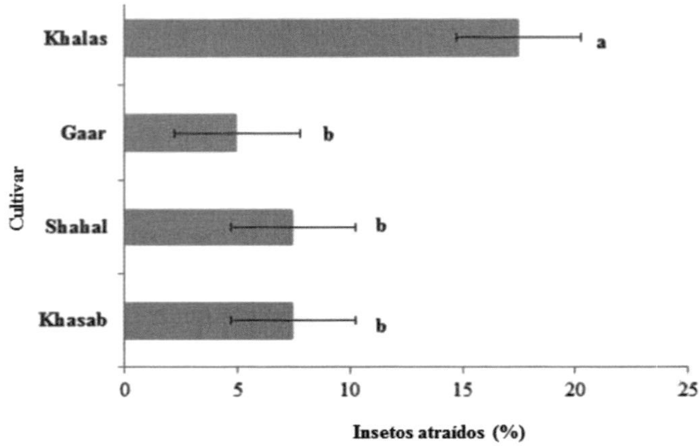


**Figura 3.** Atratividade de fêmeas de *Rhynchophorus ferrugineus* a cultivares de tâmara (adaptado de Faleiro et al., 2014).

Em trabalho que avaliou a atratividade de *Bemisia tabaci* (Gennadius) biótipo B (Hemiptera: Aleyrodidae) por genótipos comerciais e selvagens de tomateiro durante 24 horas, Baldin et al. (2005) verificaram maior atração do inseto pelo genótipo 'Santa Clara'; os demais materiais foram classificados como repelentes (Figura 4). Os autores sugerem que esses materiais podem conter compostos químicos que, ao serem volatilizados, fazem que a mosca-branca evite pousar sobre seus folíolos ou que, ao pousar, não permaneça muito tempo no local. A presença desse tipo de composto pode ser especialmente interessante quando o artrópode-praga (nesse caso, a mosca-branca) é também vetor de algum patógeno prejudicial à cultura (os vírus para o tomateiro).

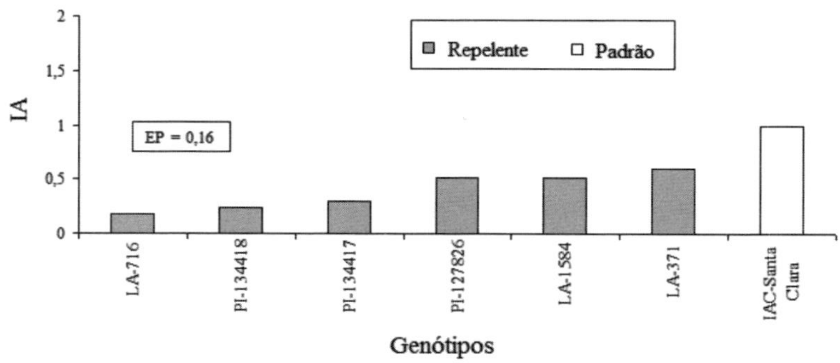


**Figura 4.** Índice de atratividade (IA) para *Bemisia tabaci* biótipo B em sete genótipos de tomateiro, 24 horas após a infestação (adaptado de Baldin et al., 2005).

No caso da citricultura, na qual o psilídeo *Diaphorina citri* Kuwayama (Hemiptera: Psyllidae) atua como principal vetor das bactérias que causam *huanglongbing* (HBL), diversos trabalhos vêm buscando selecionar genótipos menos atrativos ou menos infestados pelo inseto (Bogorni et al., 2014), a fim de identificar aqueles menos suscetíveis à colonização da praga. Em estudo recente, Andrade et al. (2016) avaliaram a possível repelência de 21 genótipos de *Citrus* spp., em comparação com *Murraya paniculata* (L.) Jack (murta-de-cheiro) sobre o psilídeo, por meio de bioensaios com olfatômetro (tipo Y). Os autores constataram que a murta-de-cheiro foi o material mais atrativo ao psilídeo (Figura 5, C-21), confirmando o risco potencial representado pela presença dessa planta nas imediações de pomares cítricos. De maneira oposta, o psilídeo revelou menor atração pela cultivar Murcott de tangor (*Citrus reticulata* L. x *C. sinensis* L.), fato que, segundo os autores, deve-se à presença dos compostos fitol, (Z)-β-ocimeno e β-elemeno, que não estavam presentes nos materiais mais atrativos.

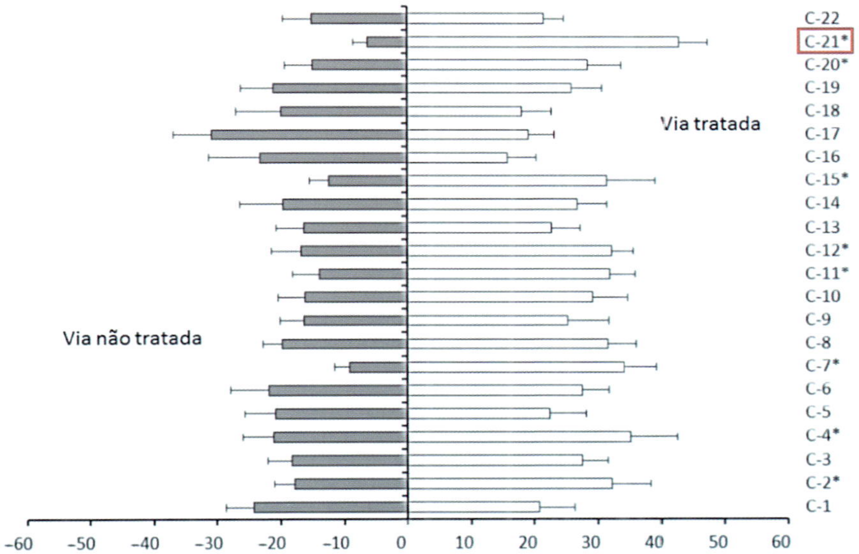


**Figura 5.** Resposta de adultos de *Diaphorina citri* a voláteis de 21 genótipos de *Citrus* spp. e de murta--de-cheiro em olfatômetro (tubo Y). Via não tratada (valores negativos); via tratada (valores positivos) (adaptado de Andrade et al., 2016. Molecules 21. Doi: 10.3390/molecules21060814, com autorização).

A sensibilidade olfativa de diferentes espécies de artrópodes é intrinsecamente controlada e sintonizada por determinada mistura qualitativa e quantitativa de odores (Smith, 2005). No entanto, essa resposta nem sempre consiste numa tarefa simples, uma vez que os insetos precisam discriminar um número limitado de estímulos dentro de grande variedade de voláteis químicos e odores existentes no ambiente externo (Visser, 1986). Assim, eles devem identificar e discriminar poucos voláteis dentro desse "buquê" de odores (Clifford e Riffell, 2013).

Os sinais ou odores emitidos pelas plantas potencialmente hospedeiras são recebidos pelos artrópodes por meio de um sistema de orientação olfativa controlado por órgãos sensoriais. Estes órgãos geralmente estão localizados na antena e são conhecidos como sensilas. Existe grande variedade em número e disposição dessas sensilas nas antenas das diversas espécies de artrópodes (Smith, 2005), porém, conjuntos menores também podem ser encontrados em outras partes da cabeça, como nos palpos maxilares (Bruyne et al., 1999) e labiais (Stange, 1992; Kwon et al., 2006). Cada sensila consiste em um grupo de células sensoriais cujos processos distais formam um feixe que se estende até a superfície corporal (Triplehorn e Johnson, 2013).

O número de sensilas olfativas presentes na antena de um inseto pode ser bastante elevado e varia conforme a espécie. Existem relatos de antenas com até cem mil receptores de feromônio, e este grande número está diretamente relacionado à baixa concentração em que esses compostos são encontrados no ambiente. Voláteis de plantas em geral estão presentes em concentrações mais elevadas na natureza, de tal forma que os insetos comumente precisam de menor número de sensilas para identificar um hospedeiro a determinada distância. Entretanto, em certos casos, o número de sensilas na antena relacionadas à percepção de odores é superior a quinhentos, como em machos de *Manduca sexta* (Linnaeus) (Lepidoptera: Sphingidae) (Bernays e Chapman, 1994).

Embora alguns estudos tenham revelado, em mais detalhes, como os artrópodes empregam a discriminação olfativa entre plantas suscetíveis e resistentes (Seifelnasr 1991; Lapis e Borden 1993), as definições conceituais correlacionando essa habilidade sensorial à resistência de plantas a insetos foram descritas por Dethier et al. (1960). Assim, os odores que estimulam os receptores olfativos do inseto fazem que ele se movimente em direção à planta e são denominados atraentes. Já os compostos secundários produzidos por uma planta resistente que causam a repelência do inseto são chamados de repelentes. Outros compostos relacionados à suscetibilidade de uma planta hospedeira, conhecidos como arrestantes, causam a diminuição da locomoção do inseto quando próximo da fonte do odor (Smith, 2005).

## 3.2. Visão

Estímulos visuais exercem papel fundamental na vida da maioria dos artrópodes e mediam diversos tipos de comportamentos, tais como alimentação, oviposição, comunicação, exploração e comportamento sexual (Panda e Khush, 1995; Warrant e Nilsson, 2006).

Visão é definida como a habilidade de reconhecer padrões espaciais e a formação da imagem real. Uma descrição mais detalhada da ótica dos invertebrados pode ser obtida nas revisões de Land e Nilsson (2002) e Warrant e de Nilsson (2006). Independentemente da composição dos olhos, sejam simples ocelos ou estruturas altamente desenvolvidas, como os olhos compostos, todos os insetos usam fotorrecepção durante os estágios móveis. No caso de insetos herbívoros, o estímulo visual é regido principalmente pela percepção da qualidade dos espectros de luz (brilho, tonalidade e saturação de comprimentos de onda), bem como pelas dimensões, pelos padrões ou pelas formas do objeto (Prokopy e Owens, 1983).

Segundo Green et al. (1994), juntamente com o estímulo químico, a percepção visual é responsável pela orientação dos artrópodes até a potencial planta hospedeira. A combinação entre os tipos de sinalizações envolvidos nessa orientação, utilizados sequencialmente (Finch e Collier, 2000; Brévault e Quilici, 2010) ou simultaneamente (Jönsson et al., 2007), é específica para cada espécie. Para a orientação de longo alcance, é possível que o artrópode use a visão para o reconhecimento do objeto, e o olfato para o reconhecimento dos compostos atraentes emitidos pela planta.

Na maioria dos insetos a visão é tricromática, com receptor azul, verde e ultravioleta (Briscoe e Chittka, 2001). Apesar de possuírem apenas esses três tipos de fotorreceptores, a maioria deles é sensível a luzes que apresentam ampla gama de comprimentos de onda. O tipo estrutural dos olhos, os fotorreceptores e o sistema nervoso podem gerar diferentes respostas a comprimentos de onda específicos (Vaishampayan et al., 1975; Goldsmith, 1990, 1994).

Para muitos insetos, o contato final com a superfície da planta ocorre devido à resposta positiva aos pigmentos amarelos ou amarelo-esverdeados presentes na folhagem, que ocorrem em uma variação espectral de 500 a 580 nm (Smith, 2005). Vaishampayan et al. (1975) observaram que moscas-brancas da espécie *Trialeurodes vaporariorum* (Westwood) (Hemiptera: Aleyrodidae) são capazes de perceber a coloração verde-amarelada das folhas, orientando-se em direção às suas plantas hospedeiras. Avaliando a emissão de diferentes cores (LEDs) no comportamento de *Leptinotarsa decemlineata* (Say) (Coleoptera: Chrysomelidae), Otálora-Luna e Dickens (2011) observaram que adultos desse inseto preferiram as cores amarela (585 nm) e verde (570 nm), em relação a outras cores com diferentes comprimentos de onda.

De acordo com Moericke (1969), insetos fitófagos também podem expressar preferência por uma tonalidade específica de cor ou brilho emitidos pela sua planta preferida, dentro de uma grande variação no ambiente. Insetos com hábitos diurnos são em geral atraídos pela coloração amarela, discriminando os tons da folhagem dos substratos, o que sugere uma resposta espectral, mas não necessariamente por meio da visão de cores. A orientação de insetos em estágios iniciais muitas vezes também é influenciada pela coloração da planta hospedeira (Beck, 1965).

A percepção visual das dimensões e dos padrões durante os sucessivos estágios de desenvolvimento das plantas também pode influenciar na seleção da planta hospedeira. Papaj e Rausher (1983) verificaram que fêmeas de *Battus philenor* (Linnaeus) (Lepidoptera: Papilionidae) escolhem as folhas para oviposição de acordo com o formato delas.

Apesar de ainda existir uma grande lacuna no conhecimento da percepção e orientação visual dos insetos até as plantas hospedeiras, a resistência por antixenose pode ser implementada por meio da alteração genética da coloração das plantas, principalmente as folhas, por meio da reflexão de diferentes comprimentos de ondas de luz. Shifriss (1981) observou que diferentes variedades de cucurbitáceas com folhas prateadas refletem mais comprimentos de onda azuis e violeta do que cultivares de folhas verdes, conferindo maior resistência a pulgões, incluindo alguns vetores de patógenos. Assim, as características dessas variedades poderiam auxiliar no melhoramento genético de cucurbitáceas quanto à resistência a insetos.

Em algodoeiro, a coloração vermelha de folhas (Figura 6), brácteas, botões florais e nervuras existente em genótipos melhorados foi descrita como a principal causa de expressão da antixenose sobre o bicudo, *Anthonomus grandis* Boheman (Coleoptera: Curculionidae) (Jones et al., 1986). De maneira semelhante, a presença de folhas avermelhadas em determinados genótipos de repolho foi considerada a principal causa de antixenose sobre o pulgão-da-couve *Brevicoryne brassicae* (Linnaeus) (Hemiptera: Aphididae). No entanto, essa resistência mostrou-se efêmera, declinando à medida que a planta avança no ciclo e a tonalidade vermelha se torna menos intensa (Singh e Ellis, 1993).

**Figura 6.** Folhas de algodoeiro dos tipos verde (A) e vermelho (B) (imagem cedida por Edson L. L. Baldin).

Embora a classificação das cores seja bastante subjetiva ao olho humano, o uso de equipamentos como o colorímetro permite identificar com precisão as características de cor em diferentes substratos, fornecendo índices que identificam a quantidade de verde, vermelho, azul, amarelo, além da luz refletida pelos materiais. Essa ferramenta possibilita correlacionar dados de infestação e oviposição de insetos, oferecendo pistas concretas sobre as causas de resistência verificada em determinados materiais. Em trabalho que buscou caracterizar mecanismos de resistência de genótipos de algodoeiro ao ataque de *B. tabaci* biótipo B, Prado et al. (2016) constataram que a maior atratividade de adultos da mosca-branca foi positivamente relacionada à maior intensidade de verde emitida pelas folhas adaxiais de determinados genótipos. Já a maior luminosidade emitida pelas folhas adaxiais de alguns materiais reduziu a colonização e a oviposição do inseto.

### 3.3. Tato ou tigmorrecepção

Após a orientação do inseto por meio da percepção visual e/ou estímulo químico, ocorre o contato com a superfície da planta. A partir desse momento, sensilas tricoides presentes no corpo, no tarso, na cabeça e nas antenas tornam-se responsáveis pela percepção dos estímulos táteis e fornecem informações sobre a morfologia da planta hospedeira para o sistema nervoso do artrópode. Essas informações podem ser originadas pelo contato com a superfície da folha, o caule ou qualquer outra estrutura da planta, desencadeando respostas intrínsecas positivas para alimentação e/ou oviposição do inseto. De maneira oposta, alterações na forma, no tamanho ou no número dessas estruturas morfológicas podem prevenir ou interromper esse processo de interação inseto–planta, resultando em deterrência na alimentação ou oviposição (Smith, 2005).

De fato, vários fatores em plantas podem modular a resistência a insetos. Em brássicas, por exemplo, a forma, o tamanho e a compactação da cabeça, ou a combinação de todos esses fatores, podem dificultar a penetração de larvas no interior delas, conferindo, consequentemente, níveis de resistência por antixenose a esses insetos (Onyilagha et al., 2004). Exemplos envolvendo possíveis alterações morfológicas das plantas e possíveis efeitos sobre a colonização dos insetos são abordados no item 5 deste capítulo.

### 3.4. Gustação

O último estímulo externo envolvido na seleção hospedeira é conferido pela gustação. Esta etapa costuma ocorrer após a resposta à percepção visual, ao estímulo químico e ao contato com o tecido da planta. Os artrópodes provam o gosto da planta por meio de contato entre o tecido vegetal com sensilas quimiorreceptoras (estilocônicas), os palpos maxilares e os receptores gustativos labiais, que transmitem a informação sensorial ao sistema nervoso central. Um único poro presente na ponta das sensilas, aberto ao ambiente, recebe estímulos quimiossensoriais a partir de moléculas de aleloquímicos da planta na fase líquida ou de vapor (Smith, 2005). Esses estímulos são convertidos e transmitidos eletronicamente ao sistema nervoso central dos artrópodes (Hanson, 1983). Existem diversos tipos de receptores gustativos que determinam as diferenças qualitativas e quantitativas na composição química da planta hospedeira (Smith, 2005). A maioria das sensilas quimiorreceptoras está localizada nas antenas, em partes do aparelho bucal e nos tarsos do artrópode; no entanto, elas podem ocorrer em toda a extensão do seu corpo (Slifer, 1970). A resposta desses receptores varia de acordo com a distribuição dos diferentes fitoquímicos presentes nas plantas, dentro de uma elevada gama de hospedeiros. Segundo Visser (1983), os receptores de insetos generalistas possuem um espectro de resposta mais amplo, se comparado aos receptores de especialistas.

Quando os fitoquímicos presentes nas plantas promovem a alimentação do artrópode, após a picada inicial são reconhecidos como fagoestimulantes. Os açúcares, por exemplo, são considerados os maiores compostos fagoestimulantes para os insetos até o momento (Chapman, 2003). A sacarose é sempre caracterizada como estimulante em diversos ensaios de alimentação de insetos, incluindo aqueles em dieta artificial (Merivee et al., 2008, 2012; Tooming et al., 2012). Por sua vez, os fitoquímicos que previnem a alimentação do artrópode são chamados fagodeterrentes. Um exemplo são os compostos glucosinolatos, que agem, em sua grande maioria, como deterrentes à alimentação de insetos generalistas (Hopkins et al., 2009). A terminologia "estimulante" e "deterrente" se aplica também a fitoquímicos que afetam a oviposição do inseto.

A sensibilidade das células que respondem a compostos secundários de plantas varia conforme a importância deles para o inseto e a concentração em que ocorrem naturalmente (Chapman, 2003). Para lagartas em geral, os limiares de compostos que estimulam respostas deterrentes variam de $10^{-7}$ a $10^{-2}$ M, porém a maioria se concentra entre $10^{-4}$ e $10^{-2}$ M. Já os limiares de compostos secundários que estimulam as células fagoestimulantes de lagartas em geral são bem menores.

O limiar de detecção para determinado composto pode variar entre espécies de insetos. Para a sinigrina, em seis espécies nas quais o composto estimula células de deterrência, os limiares de sensibilidade variaram de $2 \times 10^{-5}$ a $5 \times 10^{-3}$ M, mas em brássicas, nas quais o composto é fagoestimulante a *Plutella xylostella* (Linnaeus) (Lepidoptera: Plutellidae), o limiar é de $10^{-6}$ M (Van Loon et al., 2002).

Alterações na sensibilidade de receptores a compostos fagodeterrentes ou fagoestimulantes e ovideterrentes ou oviestimulantes também podem estar relacionadas à idade do inseto, ao seu estado nutricional e à interação prévia com o hospedeiro (Blaney et al., 1986).

## 4. Defesas físicas

As defesas físicas são representadas basicamente pelas cores do substrato vegetal que, no caso da resistência por antixenose, podem afetar a seleção hospedeira para alimentação e oviposição. As cores são resultantes da absorção e reflexão seletiva, por um substrato qualquer, de radiação eletromagnética que se propaga no ambiente em diferentes comprimentos de onda (Vendramim e Nishikawa, 2001).

Devido à variação na sensibilidade do homem e dos insetos a uma mesma cor, mostra-se difícil o trabalho com esse fator de resistência e são escassos na literatura os casos efetivos de resistência causada pela cor. Como exemplos, além da menor infestação de genótipos com folhas vermelhas por *A. grandis* em algodoeiro, pulgão-da-couve em repolho e mosca-branca em algodoeiro (descritos no item 3.2), também já foi constatada menor preferência para oviposição da traça-das-crucíferas *P. xylostella* em folhas de brássicas com cores mais claras. Outros autores (Radcliffe e Chapman, 1966; Shelton et al., 1988) também verificaram menor oviposição de *Pieris rapae* (Linnaeus) (Lepidoptera: Pieridae) em variedades avermelhadas de repolho, em relação às esverdeadas. Schlick-Souza et al. (2011) avaliaram a preferência para oviposição de *Ascia monuste orseis* Godart (Lepidoptera: Pieridae) e sugeriram que a coloração verde-escura das folhas de alguns genótipos constitui um dos principais fatores associados à antixenose (baixa atratividade e oviposição) nesses materiais. Com *Thrips tabaci* Lindeman (Thysanoptera: Thripidae), Diaz-Montano et al. (2012) reportaram resistência de cultivares de cebola que possuíam coloração foliar verde-amarelada, em relação àquelas suscetíveis com folhas verde-azuladas.

Embora existam muitas tentativas de considerar a coloração dos substratos uma importante causa da resistência em certos genótipos, alguns pesquisadores consideram a cor um fator limitado na caracterização de resistência, visto que a menor preferência só se manifesta em condições de múltipla escolha entre os genótipos com diferentes cores, o que, de certa forma, minimiza a sua utilização no campo (Vendramim e Nishikawa, 2001).

## 5. Defesas morfológicas

As causas morfológicas da resistência por antixenose compreendem toda característica estrutural ou morfológica da planta que atua de forma negativa sobre os insetos, preservando-a de danos mais sérios (Lara, 1991). Os fatores morfológicos de resistência podem ser agrupados basicamente em fatores estruturais e fatores da epiderme.

### 5.1 Fatores estruturais

Os fatores estruturais estão relacionados à dimensão e à disposição das estruturas vegetais.

#### 5.1.1. Dimensão das estruturas vegetais

A dimensão (comprimento, largura, altura etc.) da estrutura vegetal é um fator que pode influenciar na expressão da resistência de plantas a determinados insetos (Vendramim e Nishikawa, 2001). Lourenção et al. (1982) observaram correlação direta e positiva entre o aumento do diâmetro de colmos em cultivares de cana-de-açúcar e o índice de infestação pela broca-da-cana *Diatraea saccharalis* (Fabricius) (Lepidoptera: Crambidae) (Figura 7). Em outras gramíneas, a menor dimensão das folhas também tem sido associada a casos de resistência, resultando em menor infestação e danos por algumas espécies de insetos (Lara et al., 1979; Martins et al., 1981; Ukwungwu e Odebiyi, 1985).

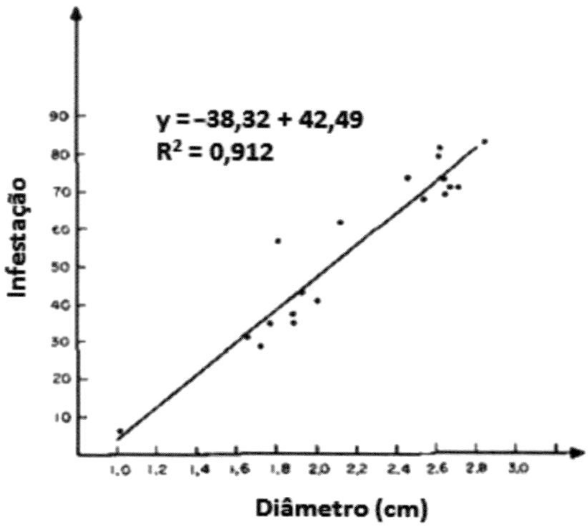


**Figura 7.** Regressão entre as médias de infestação de *Diatraea saccharalis* e diâmetro médio do colmo de vinte clones de cana-de-açúcar (adaptado de Lourenção et al., 1982).

O porte mais baixo de plantas também é associado à resistência delas a insetos. Lawton (1983) sugere que plantas mais altas são mais evidentes no espaço e no tempo e, portanto, são mais facilmente encontradas pelos insetos herbívoros. O autor ainda propõe que plantas maiores podem oferecer mais sítios de alimentação e oviposição para esses insetos, o que as torna mais suscetíveis à infestação e colonização.

Em geral, os resultados obtidos nos estudos que correlacionam a dimensão de estruturas vegetais com a resistência a insetos são bastante contraditórios. Além disso, muitos desses fatores de resistência são indesejáveis do ponto vista agronômico, o que pode limitar a utilização dessas características no melhoramento genético (Vendramim e Nishikawa, 2001).

### 5.1.2. Disposição das estruturas vegetais

A disposição das estruturas vegetais também pode influenciar a infestação e colonização de insetos herbívoros. A compressão ou compactação das folhas têm sido alvo de diversos estudos. Agarwal (1969) e Macedo (1978) reportaram menor ataque de *D. saccharalis* em variedades de cana-de-açúcar com bainhas mais compactas, o que pode dificultar a penetração das lagartas no colmo. Variedades de milho com maior compressão sobre as palhas que protegem os estilos-estigmas também conferem certo grau de resistência a *Helicoverpa zea* (Boddie) (Lepidoptera: Noctuidae) (Linduska e Harrison, 1977; Wiseman e Isenhour, 1992, 1994).

Outras características da arquitetura das plantas também são relacionadas a casos de resistência a insetos. Por exemplo, a disposição da pálea e da lema da casca das sementes de arroz constitui causa de resistência a *Sitophilus* spp. e *Sitotroga cerealella* (Oliver) (Lepidoptera: Gelechiidae). Sementes íntegras normalmente são menos atacadas do que aquelas com defeito na casca, como fenda lateral ou abertura na ponta (Link e Rossetto, 1972; Vendramim et al., 1989). Em estudo com diferentes variedades de arroz (sequeiro e irrigado) atacadas por *Sitophilus* spp., Nunes et al. (1992) constataram maior resistência nas sementes dos genótipos Cica-8 e Cica-4. Segundo os autores, a resistência está diretamente relacionada ao menor índice de defeitos na casca das sementes desses materiais (Tabela 1).

**Tabela 1.** Porcentagem de sementes de arroz com defeitos na casca e emergência de *Sitophilus* spp. (adaptado de Nunes et al., 1992).

| Variedade | Defeito na casca (%) | Número de adultos emergidos[1] |
|---|---|---|
| Metica-1 | 41,62 | 66,33 a |
| Cica-9 | 28,80 | 24,00 b |
| Cica-8 | 7,49 | 0,33 c |
| Cica-4 | 11,64 | 1,50 c |
| IAC 47 | 18,37 | 16,00 b |
| IAC 164 | 20,87 | 20,33 b |
| IAC 165 | 30,49 | 26,00 b |

[1] Médias seguidas da mesma letra não diferem entre si pelo teste de Tukey a 1% de probabilidade.

A alteração morfológica da bráctea do algodoeiro, por meio do melhoramento genético entre variedades selvagens de *Gossypium* e cultivares de algodoeiro, é outro exemplo clássico da literatura. Brácteas levemente retorcidas e perpendiculares ao eixo das flores e maçãs (conhecidas como brácteas frego), presentes em variedades selvagens ou melhoradas, inibem a oviposição de adultos do bicudo-do-algodoeiro *A. grandis* e os danos resultantes de seu ataque, em comparação com variedades que apresentam brácteas normais (Figura 8).

Estudos demonstraram que as fêmeas do bicudo se movimentam oito vezes mais em plantas com brácteas do tipo frego, em comparação com plantas que possuem brácteas normais. Além disso, apresentam-se mais inquietas e requerem o dobro do tempo para realizar as picadas de alimentação e postura (Mitchell et

**Figura 8.** Brácteas de algodoeiro dos tipos frego (esquerda) e normal (direita) (adaptado de Kresic et al., Instituto Nacional de Tecnologia Agropecuária, 2016, com autorização).

al., 1973). Segundo Jones et al. (1986), apesar de essa característica morfológica estar diretamente relacionada à resistência contra o bicudo, os algodoeiros que apresentam brácteas do tipo frego não alcançaram a expansão de uso almejada, em decorrência do aumento da suscetibilidade dessa estrutura em relação ao ataque de percevejos, além da maior ocorrência de podridão nas maçãs.

Oghiakhe et al. (1991) relataram que cultivares de caupi com vagens localizadas dentro do dossel das plantas foram mais atacadas por *Maruca vitrata* (Fabricius) [= *Maruca testulalis* (Geyer)] (Lepidoptera: Pyralidae) do que aquelas com vagens na posição normal. Os autores sugerem que a seleção e o melhoramento de cultivares de caupi com menor densidade de folhagem (dossel aberto) e pedúnculos longos, mantendo as estruturas reprodutivas acima do dossel, podem conferir ao feijoeiro maior resistência ao inseto.

Wise e Abrahamson (2008) demonstraram que caules recurvados (*candy cane*) (Figura 9) de plantas de *Solidago altissima* L. (arnica) apresentam menos puncturas de oviposição e galhas por *Eurosta solidaginis* (Fitch) (Diptera: Tephritidae) e *Rhopalomyia solidaginis* (Loew) (Diptera: Cecidomyiidae), em comparação com plantas de caule ereto, e atribuíram essa característica da planta a um importante fator de resistência.

## 5.2. Fatores da epiderme

Os principais fatores de resistência de causa morfológica relacionados à epiderme são pilosidade, cerosidade, espessura, dureza e textura.

### 5.2.1. Pilosidade

Após a decisão de pousar ou caminhar sobre a superfície da folha, os tricomas, caso estejam presentes, são as primeiras estruturas com que o artrópode entrará em contato. Os tricomas variam de estruturas simples, na forma de pelos eretos ou de gancho, até complexas estruturas multicelulares e glandulares. Basicamente, podem ser divididos em não glandulares ou tectores e glandulares ou secretores. Os tricomas tectores, em função do formato, podem ser denominados de aciculares (afilados, em forma de agulha) ou unciformes (em forma de gancho).

**Figura 9.** Caule recurvado de arnica, menos suscetível ao ataque dos galhadores *Eurosta solidaginis* e *Rhopalomyia solidaginis* (adaptado de Wise e Abrahamson. *Ecology* 89: 3275-281, 2008, com autorização).

Tricomas simples podem limitar a habilidade dos insetos de se locomover ou se fixar à superfície da folha para iniciar ou manter a alimentação. Por outro lado, a pilosidade favorece o deslocamento de algumas espécies de tamanho maior ou pode criar um microambiente mais favorável à sua colonização. Tricomas unciformes e glandulares podem tanto prender quanto perfurar o corpo do inseto, levando-o à dessecação ou morte (Smith, 2005). Em feijoeiro, a maior densidade de tricomas unciformes na cultivar California Light Red Kidney (2.000/cm$^2$) foi apontada como o principal fator de resistência contra o ataque da cigarrinha *Empoasca fabae* (Harris) (Hemiptera: Cicadellidae) (Figura 10), em comparação com a cultivar suscetível Brasil 343 (400/cm$^2$) (Pillemer e Tingey, 1976, 1978).

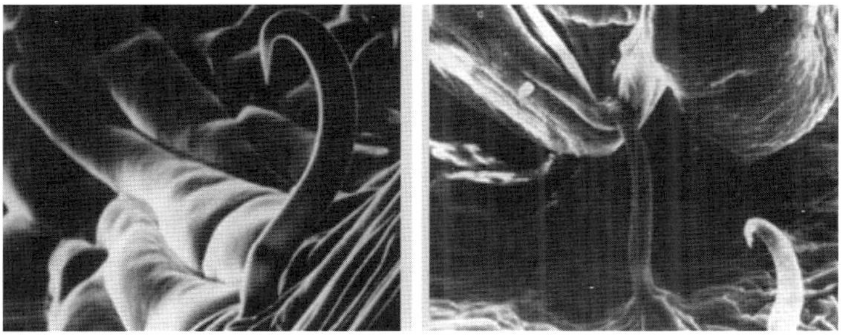

**Figura 10.** Eletromicrografia de varredura detalhando a morfologia do tricoma unciforme característico de *Phaseolus vulgaris* (esquerda); tricoma inserido no abdome de ninfa de *Empoasca fabae* (direita) (adaptado de Pillemer e Tingey. *Science* 193: 482-84, 1976; *Entomologia Experimentalis et Applicata* 24: 83-94,1978, com autorização).

Desse modo, a pilosidade pode afetar diretamente os comportamentos de oviposição, alimentação e locomoção do inseto. Indiretamente, os exsudatos secretados pelos tricomas glandulares podem determinar a suscetibilidade ou resistência do genótipo em avaliação (Vendramim e Nishikawa, 2001).

Em estudos com *B. tabaci* em tomateiro, *Solanum lycopersicum* L. (= *Lycopersicon esculentum* Mill.), oito tipos de tricomas (I a VIII) foram caracterizados e correlacionados quanto ao ataque do inseto (Channarayappa et al., 1992) (Tabela 2).

Tricomas não glandulares (II, III e V) não possuem glândulas secretoras no ápice e afetam os artrópodes mecanicamente, por exemplo, ao constituir uma barreira ao caminhamento ou acesso aos tecidos nutritivos da planta (Simmons e Gurr, 2005). Já os tricomas glandulares (I, IV, VI e VII) caracterizam-se por liberar aleloquímicos específicos (7-epizingibereno, 2-tridecanona, acilaçúcares etc.) e interferem negativamente na colonização e preferência para oviposição do hemíptero (Freitas et al., 2002; Oriani e Vendramim, 2010; Rodríguez-López et al., 2012; Lucatti et al., 2014). Glas et al. (2012) apresentaram extensa revisão sobre os tipos de tricomas existentes no gênero *Solanum* e destacaram a importância dos tricomas glandulares (Figura 11) no melhoramento de solanáceas, visando o desenvolvimento de genótipos resistentes a insetos.

Com a cigarrinha *E. fabae*, também foi verificado que a resistência de genótipos selvagens de tomateiro *Solanum berthaultii* Hawkes está diretamente relacionada à presença de tricomas glandulares nas folhas (Medeiros e Tingey, 2006).

**Tabela 2.** Descrição dos tricomas existentes em *Solanum* spp. (adaptado de Channarayappa et al., 1992).

| Tipo | Descrição |
|---|---|
| I | Tricoma glandular, fino, constituído de seis a dez células, com 2 a 3 mm de comprimento. Possui base globular e multicelular, com uma célula glandular pequena e arredondada no ápice. |
| II | Tricoma similar ao do tipo I, mas não glandular e mais curto (0,2 a 1,0 mm). Possui base globular e multicelular. |
| III | Tricoma não glandular, fino, constituído de quatro a oito células, com 0,4 a 1,0 mm de comprimento e base unicelular mais larga. Suas paredes externas não apresentam seções intercelulares. |
| IV | Tricoma similar ao do tipo I, porém mais curto (0,2 a 0,4 mm) e com uma célula glandular no ápice. Apresenta base unicelular larga. |
| V | Tricoma muito similar ao do tipo IV, porém não glandular. |
| VI | Tricoma glandular, curto e espesso, cuja base é composta por duas células. Seu ápice apresenta quatro células secretoras. |
| VII | Tricoma glandular, muito pequeno (0,05 mm), cujo ápice apresenta de quatro a oito células. |
| VIII | Tricoma não glandular, composto de uma célula basal espessa e de uma célula inclinada no ápice. |

**Figura 11.** Tricomas glandulares em *Solanum* spp. **A)** Superfície inferior do folíolo de *S. habrochaites* (acesso LA 1777) com tricomas dos tipos IV e VI (B) e I (C); **D)** superfície de *S. pennellii* (acesso LA 716), com tricomas dos tipos IV (E) e VI (F); **G)** superfície de *S. lycopersicon* (cultivar Moneymaker), com baixa densidade de tricomas dos tipos VI (H) e IV (I) (adaptado de Glas et al. *International Journal of Molecular Sciences* 13: 17070-103, 2012, com autorização).

A presença de tricomas em grande densidade pode afetar negativamente o comportamento de ninfas de percevejos fitófagos, dificultando sua alimentação e levando-as à morte por inanição (Lourenção et al., 1997; Oliveira e Pannizzi, 2003). Todd et al. (2016) relacionaram a resistência do genótipo de soja PI 243540 ao pulgão-da-soja, *Aphis glycines* Matsumura (Hemiptera: Aphididae), ao maior número de tricomas na superfície abaxial de seus folíolos, aliado à presença do gene *Rag2*, em comparação com o genótipo suscetível Wyandot (Tabela 3). Com base nas análises realizadas com EPG (*electrical penetration graph*), esse pulgão alimentou-se por menos tempo e apresentou maior período de caminhamento estiletar em PI 243540, caracterizando a expressão de antixenose.

**Tabela 3.** Densidade média de tricomas/mm$^2$ presentes na superfície abaxial de folíolos de genótipos de soja resistente (PI 243540) e suscetível (Wyandot) a *Aphis glycines* (adaptado de Todd et al., 2016).

| Tipo de tricoma | Localização | PI 243540* | Wyandot* |
|---|---|---|---|
| Longo | Nervura | 34,30 ± 7,96 a | 14,56 ± 3,33 b |
| Longo | Entre nervuras | 13,72 ± 2,14 a | 9,26 ± 1,49 a |
| Glandular | Nervura | 38,04 ± 8,20 a | 12,60 ± 2,19 b |
| Glandular | Entre nervuras | 3,66 ± 0,38 a | 4,44 ± 0,48 a |

* Médias seguidas de mesma letra na linha não diferem entre si pelo teste de Kruskal-Wallis ($p > 0,05$).

A produção de exsudatos por algumas espécies vegetais (tomateiro e batata) também pode causar aderência do inseto à superfície do substrato e, em alguns casos, até mesmo a oclusão do aparelho bucal, levando-o à morte por inanição (Tingey e Gibson, 1978; Tingey et al., 1982; Neal et al., 1989; Musetti e Neal, 1997; Firdaus et al., 2012). Plantas de batata-selvagem (*S. berthaultii*) possuem elevada densidade de tricomas glandulares e podem causar a morte de pulgões por inanição devido à dificuldade de locomoção e inserção de estiletes (Figura 12).

**Figura 12.** Detalhe de *Myzus persicae* movimentando-se com dificuldade em planta de batata-selvagem *Solanum berthaultii* (imagem cedida por Fernando M. Lara).

O aumento da densidade de tricomas (por transformação) em plântulas de canola (*Brassica napus* L.), que normalmente apresentam baixa pilosidade, levou à produção de canola *hairy* (alta densidade de tricomas), reduzindo assim os danos causados por besouros crisomelídeos (Coleoptera: Chrysomelidae) (Gruber et al., 2006). Posteriormente, Soroka et al. (2011) confirmaram que o aumento do número de tricomas nos pecíolos, nas hastes e nas folhas daquela planta afeta negativamente a alimentação e o comportamento de *Phyllotreta cruciferae* (Goeze) (Coleoptera: Chrysomelidae). Chu et al. (2002) reportaram que cultivares de algodoeiro com folhas do tipo okra tiveram menor infestação de adultos, ovos e ninfas de *B. tabaci* biótipo B, quando comparadas a cultivares com folhas normais. Os autores sugerem que esse tipo de folha fornece condições ambientais menos favoráveis ao inseto, por permitir maior abertura do dossel.

Conforme demonstrado em diversos estudos, em geral, a locomoção dos artrópodes é prejudicada principalmente quando ocorre densa pubescência nas estruturas vegetais (Eisner et al., 1998; Zvereva et al., 1998; Malakar e Tingey, 2000), no entanto, cada espécie de inseto pode ser mais ou menos afetada pela pilosidade. A dificuldade na locomoção tende a ser mais acentuada na presença de tricomas que apresentam formato de gancho, os quais em geral capturam insetos diminutos, como pulgões e cigarrinhas (Johnson, 1954; Pillemer e Tingey, 1976, 1978; Park et al., 1994).

Efeitos importantes dos tricomas também foram correlacionados com a oviposição do inseto. Para algumas espécies, eles provocam a redução na oviposição, enquanto para outras a pilosidade estimula a postura. A preferência para oviposição de mosca-branca *B. tabaci* biótipo B está positivamente correlacionada com a densidade de tricomas na parte abaxial das folhas de diversas culturas, como algodoeiro (Prado et al., 2016), batata (Silva et al., 2008), meloeiro (Coelho et al., 2009), feijoeiro (Oriani et al., 2005) e soja (Silva et al., 2012) (Figura 13).

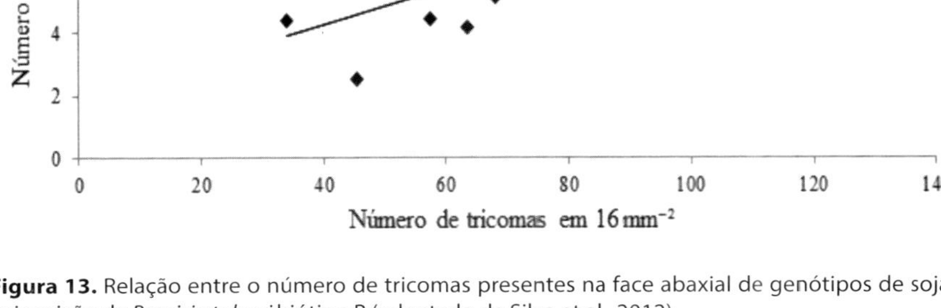


**Figura 13.** Relação entre o número de tricomas presentes na face abaxial de genótipos de soja e oviposição de *Bemisia tabaci* biótipo B (adaptado de Silva et al., 2012).

Embora a densidade de tricomas seja fator importante, Lambert et al. (1995) ressaltam que o ângulo de inserção dessas estruturas na superfície de plantas de soja também pode ser determinante na expressão de resistência à mosca-branca. Segundo os autores, em plantas com tricomas levemente inclinados ou paralelos em relação à superfície dos folíolos, são maiores os níveis de resistência ao inseto. No estudo de Valle et al. (2012), a menor oviposição nos genótipos resistentes PI 171451, IAC 78-2318, D 75-10169, L1-1-01 e PI 274453 foi atribuída à presença desse tipo de tricoma (Figura 14).

Quando não ocorre produção de exsudatos repelentes ou adesivos a partir dos tricomas, a maior pubescência nas folhas pode criar um microclima favorável aos ovos e às ninfas do inseto, estimulando sua colonização (Berlinger, 1986). Voight et al. (2007) relataram melhor performance e locomoção do percevejo predador *Dicyphus errans* Wolff (Hemiptera: Miridae) em plantas mais pilosas, entre quarenta espécies botânicas avaliadas. Outros estudos reforçam que a densidade e o comprimento dos tricomas são fundamentais para a colonização do inseto e auxiliam os indivíduos a permanecer aderidos à superfície das folhas, evitando que sejam carregados pelo vento (Vieira et al., 2011).

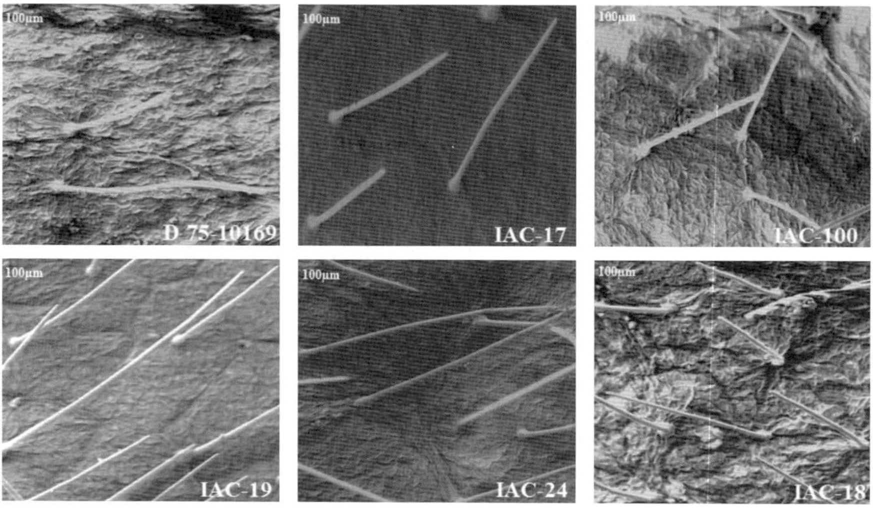


**Figura 14.** Eletromicrografia de varredura dos tricomas presentes na superfície abaxial de seis genótipos de soja em estudo com *Bemisia tabaci* biótipo B. Tricomas paralelos ou levemente inclinados (D 75-10169, IAC 17 e IAC 100); tricomas eretos ou levemente inclinados (IAC 19, IAC 24 e IAC 18) (adaptado de Valle et al. *Journal of Pest Science* 85: 431-42, 2012, com autorização).

### 5.2.2. Cerosidade

Uma vez transpostos os tricomas encontrados nas folhas e no caule da planta hospedeira, o inseto entrará em contato com a camada da epiderme da superfície vegetal, onde ocorrerão vários processos de interação (Figura 15). Tais interações, mediadas por propriedades físicas e químicas da superfície vegetal, vêm sendo estudadas em várias culturas de interesse econômico, como brássicas, cereais, soja, feijoeiro e cebola.

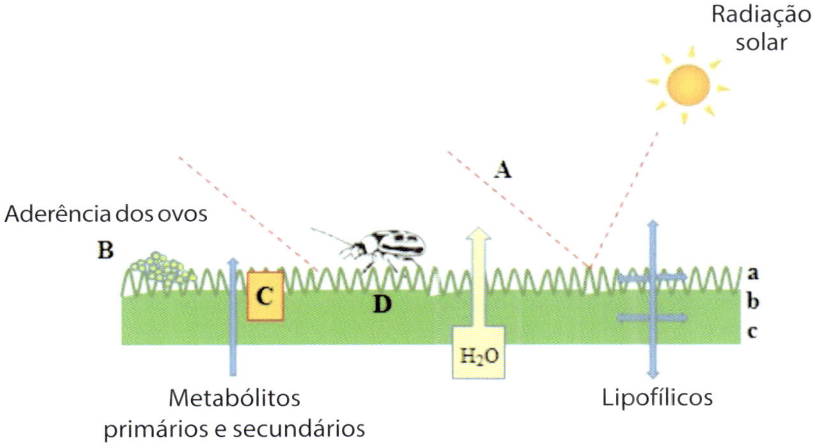


**Figura 15.** Processos na superfície vegetal. **A)** Refexão, transmissão e absorção de radiação solar; **B)** adesão dos ovos do artrópode; **C)** sinais físicos e químicos usados por insetos e microrganismos no reconhecimento do hospedeiro; **D)** região de contato entre as pernas do inseto e o vegetal e influência das características de superfície sobre a locomoção dele. Água e outros metabólitos difundidos através da camada cuticular, formada por cristais epicuticulares de cera (a), filme epicuticular de cera (b), cutina e ceras intracuticulares (c) (adaptado de Müller e Riederer, 2005).

As folhas normalmente contêm uma primeira camada superficial de cera produzida pela epicutícula. Ceras de plantas são ésteres formados pela ligação de um ácido graxo de cadeia longa e um álcool alifático, agindo como uma camada protetora contra dessecação, doenças, bem como contra o ataque de insetos fitófagos (Figura 16). Existe grande variedade de ceras morfologicamente distintas e com diferentes tipos de viscosidade (Jeffree, 1986; Eigenbrode e Espelie, 1995). A quantidade e qualidade das ceras também podem variar entre as plantas, e essas variações são interpretadas por insetos durante o processo de escolha do local para alimentação ou oviposição (Steinbauer et al., 2004). Essa estrutura pode afetar o comportamento alimentar desses insetos, agindo como fagoestimulante ou deterrente. Em geral, os genótipos que contêm elevados teores de cera causam efeitos negativos no comportamento e desenvolvimento de insetos.

Anstey e Moore (1954) foram pioneiros nos estudos que verificaram os efeitos das ceras na resistência de plantas a insetos. Posteriormente, diversos trabalhos

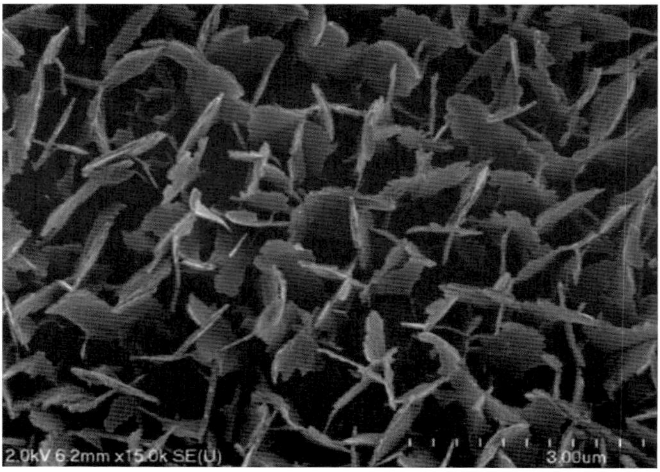


**Figura 16.** Eletromicrografia de varredura da superfície adaxial da folha de ervilha (*Pisum sativum* L.). Os cristais verticais de cera cuticular consistem principalmente de 1-hexacosanol; as pontas dos cristais epicuticulares representam a zona de contato primário entre um organismo e a folha (adaptado de Müller e Riederer. *Journal of Chemical Ecology* 31: 2621-651, 2005, com autorização).

relataram a influência dessa camada na oviposição e na alimentação de insetos, relacionando-a com a seleção hospedeira (Lin et al., 1983; Eigenbrode et al., 1991). Ulmer et al. (2002) reportaram que espécies de nabo (*Brassica rapa* L.) com folhas lisas são mais atrativas para a oviposição de *P. xylostella*, se comparadas àquelas com folhas cerosas. Essa preferência do inseto por folhas lisas também foi confirmada para variedades de couve (Lin et al., 1983, 1984) e canola (Justus et al., 2000). Muitas vezes, compostos presentes nas ceras epicuticulares atuam como alomônios, inibindo a oviposição e a alimentação de artrópodes-praga (Eingenbrode et al., 1991; Juniper, 1995). Em outros casos, inibem o corte, como já documentado para formigas-cortadeiras (Salatino et al., 1998), ou são potencialmente tóxicas (Espelie, 1996). A alimentação do inseto no tecido vegetal pode também induzir a maior produção de cera e alterar a química da superfície da planta. Em beterraba, folhas atacadas por afídeos respondem com aumento na produção de ceras (Bystrom et al., 1968).

No entanto, assim como relatado para os tricomas, a presença de folhas cerosas também pode favorecer o comportamento dos insetos. Diversas espécies de insetos usam os lipídeos da camada de cera como informação no processo de seleção hospedeira (Adati e Matsuda, 1993; Lin et al., 1998; Powell et al., 1999; Morris et al., 2000; Coyle et al., 2003). Em alguns casos, essa camada pode até estimular a alimentação e a oviposição de algumas espécies. Eigenbrode et al. (1999) verificaram que abelhas da espécie *Megachile centuncularis* (Linnaeus) (Hymenoptera: Megachilidae) realizam mais cortes nas folhas de árvores de botão-vermelho (*Cercis canadensis* L.) com a superfície adaxial cerosa do que em folhas glabras.

Alguns exemplos em que a quantidade relativa de ceras na superfície vegetal foi relacionada à expressão de antixenose ou estimulou a colonização do inseto são apresentados na Tabela 4.

**Tabela 4.** Efeitos da presença de ceras na superfície vegetal sobre artrópodes-praga.

| Planta | Artrópode | Efeito | Referência |
|---|---|---|---|
| Alfafa | *Therioaphis maculata* (Buckton) | Deterrente | Bergman et al. (1991) |
| Algodoeiro | *Anthonomus grandis* Boheman<br>*Spodoptera littoralis* (Boisduval) | Estimulante<br>Deterrente | Maloney et al. (1988)<br>Naven et al. (1988) |
| Amoreira | *Bombyx mori* (Linnaeus) | Estimulante | Mori (1982) |
| Arroz | *Nilaparvata lugens* (Stål) | Deterrente | Woodhead e Padgham (1988) |
| Brássicas | *Brevicoryne brassicae* (Linnaeus)<br>*Acyrthosiphon pisum* (Harris)<br>*Phyllotreta albionica* (LeConte) | Estimulante<br>Deterrente<br>Deterrente | Thompson (1963)<br>Klingauf et al. (1978)<br>Stoner (1990) |
| Milho | *Schizaphis graminum* (Rondani)<br>*Spodoptera frugiperda* (J. E. Smith) | Estimulante<br>Deterrente | Weibel e Starks (1986)<br>Yang et al. (1993) |
| Sorgo | *Locusta migratoria migratoroides* (Linnaeus) | Deterrente | Woodhead (1982) |

### 5.2.3. Espessura

Modificações na espessura do tecido da planta podem conferir resistência a artrópodes fitófagos. Epidermes mais espessas normalmente possuem efeito negativo na alimentação de insetos, principalmente sugadores, que dependem da penetração do estilete. Além disso, a maior espessura do tecido também afeta a penetração de insetos minadores ou galhadores e dificulta a oviposição via endofítica, constituindo-se em um importante fator de resistência (Vendramim e Nishikawa, 2001).

Miller et al. (1993) relataram que cultivares de trigo com maior espessura de caule (maior compactação de tecidos internos) conferem maior resistência a *Cephus cinctus* Norton (Hymenoptera: Cephidae) do que outras variedades de trigo com menor espessura de caule. Gogi et al. (2010) verificaram que a espessura do pericarpo de frutos de diferentes genótipos de meloeiro-amargo (*Momordica charantia* L.) tem correlação negativa com a infestação e a densidade larval da mosca-do-melão *Bactrocera cucurbitae* (Coquillett) (Diptera: Tephritidae).

### 5.2.4. Dureza

A dureza ou rigidez do tecido vegetal consiste em uma barreira morfológica capaz de alterar o desempenho alimentar de insetos sugadores (Webster, 1975; Hu et al., 1993; Molina e Trumper, 2012; Silva et al., 2014) e mastigadores (Clissold et al., 2006; Sanson, 2006). Sendo assim, alterações na dureza do tecido vegetal podem apresentar-se como causa de resistência a insetos fitófagos.

A dureza do tecido varia de acordo com a quantidade e a disposição dos constituintes da parede celular. Os teores de alguns de seus componentes, tais como a lignina (Hu et al., 1993; Boesewinkel e Bouman 1995; Capeleti et al., 2005) e a sílica (Lucas et al., 2000; Clissold et al., 2009), podem provocar alterações na dureza do tecido vegetal, com impactos diretos na seleção hospedeira por parte dos insetos. Em pesquisa com o pulgão *A. glycines*, Hu et al. (1993) demonstraram que a alta concentração de lignina em folhas de soja constitui um mecanismo de defesa contra a alimentação do inseto. Estudos conduzidos com os percevejos *Piezodorus guildinii* (Westwood) (Hemiptera: Pentatomidae) e *Nezara viridula* (Linnaeus) (Hemiptera: Pentatomidae) com a cultivar de soja DM4600 RR (Figura 17) revelaram que o número de picadas de prova de ambas as espécies diminuiu à medida que os insetos se alimentavam de vagens em estágios fenológicos mais avançados (Molina e Trumper, 2012). À medida que as vagens de soja amadurecem, as paredes celulares se tornam mais rígidas, devido à maior proporção de lignina, oferecendo uma forte barreira física contra danos de insetos herbívoros (Capeleti et al., 2005; Saes Zobiole et al., 2010; Molina e Trumper, 2012).

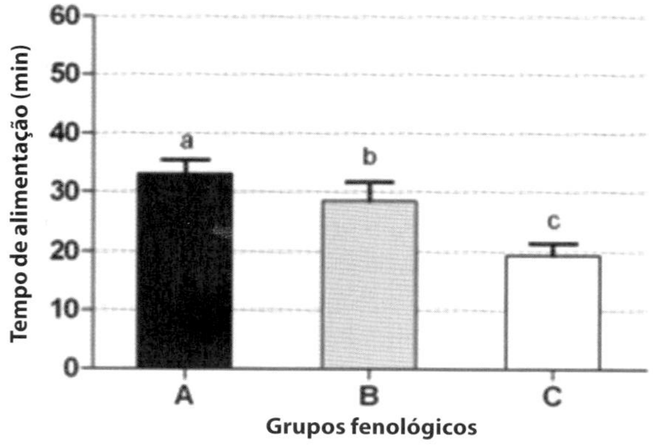


**Figura 17.** Tempo médio de alimentação de *Piezodorus guildinii* e *Nezara viridula* sobre vagens da cultivar de soja DM4600 RR em três estágios fenológicos. Grupos A (R4 e R5), B (R6) e C (R7 e R8). Médias com mesma letra não diferem significativamente entre si ($p > 0,05$) (adaptado de Molina e Trumper, 2012).

Silva et al. (2014) sugeriram que, além de fatores bioquímicos, a menor preferência para alimentação de *P. guildinii* por determinados genótipos de soja estaria provavelmente associada à dureza de suas vagens, que sofreram menor número de picadas de prova, em comparação com genótipos suscetíveis.

O silício (Si) é o segundo elemento mais comum na terra, mas não é considerado essencial para o desenvolvimento das plantas (Arnon e Stout, 1939). No entanto, existem fortes evidências de que esse elemento aumenta a resistência das plantas quando atacadas por insetos (Jones e Handreck, 1967; Savant et al., 1997; Carvalho et al., 1999). O silício costuma acumular-se dentro dos espaços dos tecidos, na parede celular e até mesmo no sistema vascular, enrijecendo a epiderme, os tecidos do mesófilo foliar e as paredes, interferindo na penetração de estiletes, mandíbulas e no ovipositor dos insetos (Hayward e Parry, 1973; Dreyer e Campbell, 1987; Epstein, 1999; Goussain et al., 2005).

Em ensaio de adubação com silício em milho, Goussain et al. (2002) verificaram que o aumento no teor desse elemento nas folhas dificultou a alimentação de lagartas de *S. frugiperda*, em virtude do significativo desgaste mandibular nos insetos. Em consequência, houve redução dos danos às plantas, bem como aumento dos índices de mortalidade e canibalismo das lagartas, sugerindo, assim, que o Si torna as plantas de milho mais resistentes à lagarta-do-cartucho.

Com a broca-do-arroz, *Chilo suppressalis* (Walker) (Lepidoptera: Crambidae), Djamin e Pathak (1967) também documentaram significativo desgaste mandibular em indivíduos que se alimentaram de plantas com elevados teores de sílica, em comparação com indivíduos que se alimentaram de plantas sem a adição desse elemento (Figura 18).

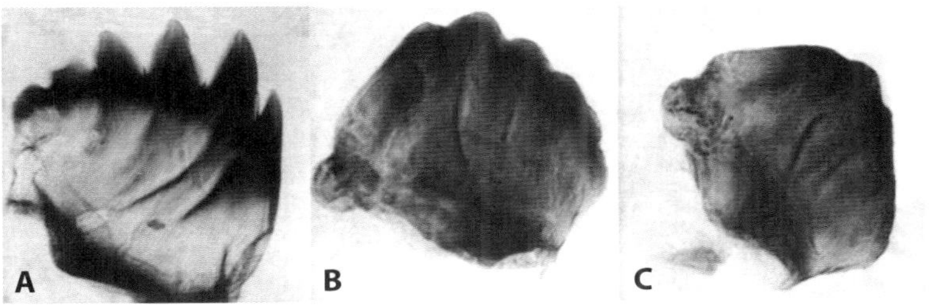


**Figura 18.** Mandíbulas de lagartas de *Chilo suppressalis*. **A)** Região incisiva da mandíbula preservada em indivíduos alimentados com plantas sem adubação silicatada; **B** e **C)** indivíduos alimentados em plantas com elevados teores de sílica (adaptado de Djamin e Pathak. *Journal of Economic Entomology* 60: 347-51, 1967, com autorização).

Além da dificuldade de transpor essa barreira física, tecidos vegetais mais rígidos estão normalmente associados à baixa disponibilidade hídrica (Read e Sanson, 2003; Read e Stokes, 2006), e esse aspecto pode influenciar a performance do inseto, uma vez que a concentração de água e nutrientes no tecido afeta diretamente diversos parâmetros do ciclo de vida de insetos fitófagos (Scriber e Slansky, 1981). Informações adicionais sobre esses e outros fatores que podem desencadear mecanismos de resposta da planta ao ataque de artrópodes-praga podem ser encontradas no Capítulo 9.

### 5.2.5. Textura

As diferenças de textura entre a superfície da folha e outros tecidos vegetais de uma mesma planta ou de diversas plantas de uma mesma espécie podem ajudar a explicar a escolha de um inseto por um sítio particular de alimentação ou oviposição (Udayagiri e Mason, 1995).

Nwanze e Horber (1976) reportaram que fêmeas do caruncho *Callosobruchus maculatus* (Fabricius) (Coleoptera: Bruchidae) preferem ovipositar sobre sementes de caupi com tegumento liso, em relação àquelas com tegumento rugoso. De maneira oposta, Murdock et al. (1997) observaram que variedades de caupi com revestimento liso e brilhante foram menos ovipositadas pelo inseto e são, portanto, mais resistentes do que aquelas de superfície rugosa. Essas divergências quanto à preferência de carunchos são bastante comuns e geralmente explicadas em função de diferenças metodológicas e variabilidade de genótipos em estudo.

Hamilton et al. (2005) observaram variação na oviposição de *P. xylostella* em cultivares de couve, sugerindo que a preferência pela cultivar Savoy King ocorreu devido à sua superfície rugosa, em comparação com as demais variedades de textura lisa (Tabela 5). Isso confirma relatos anteriores segundo os quais, em condições de escolha, *P. xylostella* prefere ovipositar em tecidos vegetais rugosos ou com ranhuras (Grupta e Thorsteinson, 1960).

**Tabela 5.** Número médio de ovos de *Plutella xylostella* em genótipos de repolho (adaptado de Hamilton et al., 2005).

| Grand Slam[b] | Green Coronet | Warrior | Savoy King | *p* (total d.f.) | LSD |
|---|---|---|---|---|---|
| 1,02 c | 1,37 b | 1,24 bc | 1,85 a | < 0,001 | 0,303 |
| *0,54*[a] | *1,38* | *1,04* | *2,92* | (319)[c] | |

[a] Médias transformadas estão apresentadas em itálico. [b] Genótipos seguidos da mesma letra não diferem entre si pelo teste LSD ($p > 0,05$). [c] Média geral do ensaio, considerando todas as cultivares dentro dos blocos.

## 6. Defesas químicas

No intuito de resistir aos danos ocasionados pela herbivoria ou evitar que o ataque de uma praga aconteça, além das defesas físicas, as plantas produzem um arsenal de compostos químicos (aleloquímicos) que podem produzir resistência do tipo constitutiva (cuja expressão independe de fatores externos) ou induzida (cuja expressão depende de fatores externos) (ver Capítulo 9).

Como descrito anteriormente, os alomônios constituem o grupo de aleloquímicos responsáveis por conferir vantagem adaptativa ao organismo produtor ou emissor (no caso, a planta hospedeira) (Whittaker e Feeny, 1971). A variação entre genótipos que emitem esses compostos, seja de origem constitutiva ou induzida, pode causar repelência do inseto durante a orientação olfatória ou inibição da alimentação e/ou oviposição (deterrência), resultando, consequentemente, na expressão de resistência por antixenose. Esses compostos pertencem a diversas classes químicas, como isoterpenos derivados de terpenoides, incluindo mono, di e triterpenoides, bem como esteroides N– contendo alcaloides, compostos fenólicos incluindo flavonoides e outros (ver Capítulo 3).

## 6.1. Repelentes

Por definição, repelentes são substâncias que agem localmente ou a certa distância, evitando que um artrópode voe em direção, pouse ou morda/pique qualquer tipo de superfície (Blackwell et al., 2003; Choochote et al., 2007). Apesar da importância de outras características das plantas, como a coloração, em muitos casos a seleção da planta hospedeira por parte do inseto é mediada por substâncias químicas de natureza volátil (Vendramim e Guzzo, 2009). Essas substâncias emitidas pelas plantas são detectadas pelos insetos por meio de seus sistemas olfativos, localizados geralmente nas antenas, via sensilos, formados por um conjunto de células receptoras. O entendimento da sensibilidade do sistema olfatório dos insetos aos voláteis de plantas pode auxiliar na identificação de semioquímicos responsáveis pela atração ou repelência para uma espécie de artrópode.

Sabe-se que cada planta tem a capacidade de gerar de trinta a cem compostos voláteis, entretanto, o número de compostos vegetais comprovadamente repelentes a insetos ainda é relativamente baixo (Vendramin e Guzzo, 2009). Dentre essas substâncias, os hidrocarbonetos voláteis emitidos pelas folhas de certas variedades resistentes de plantas compreendem grande variedade de compostos repelentes a artrópodes (Smith, 2005).

Células de tricomas glandulares também podem secretar e acumular grande variedade de terpenoides e outros óleos essenciais que costumam atuar como repelentes a insetos. De acordo com Kelsey et al. (1984), mais de cem mono, di e sesquiterpenos foram isolados e identificados como fatores primários de resistência a vários insetos e patógenos. Diversos compostos voláteis presentes em tricomas de genótipos de batata e tomateiro possuem efeito repelente sobre importantes pragas agrícolas. Como exemplo, pode-se citar a batata selvagem *S. berthaultii*, cujos tricomas contêm substâncias voláteis que repelem o pulgão *M. persicae* (Avé et al., 1987). Com ácaros, voláteis de espécies de morangueiro com elevados teores de óleos essenciais apresentam reconhecido efeito repelente sobre *Tetranychus urticae* Koch e *T. turkestani* Ugarov & Nikolsik (Acari: Tetranychidae) (Dabrowski e Rodriguez, 1971). Outros exemplos de compostos repelentes associados à expressão de antixenose são apresentados na Tabela 6.

Os efeitos repelentes de substâncias sintetizadas pelas plantas também podem influenciar outras plantas adjacentes. Em estudo conduzido com plantas

**Tabela 6.** Exemplos de repelentes envolvidos com antixenose para artrópodes-praga (adaptado de Panda e Khush, 1995, e Smith, 2005).

| Planta | Artrópode | Referência |
|---|---|---|
| Abeto | *Scolytus ventralis* LeConte | Bordasch e Berryman (1977) |
| Alfafa | *Hypera postica* (Gyllenhal) | Bennett (1965) |
| Arroz | *Nephotettix virescens* (Distant)<br>*Nilaparvata lugens* (Stål) | Khan e Saxena (1985)<br>Saxena e Okech (1985) |
| Milho | *Helicoverpa zea* (Boddie) | Starks et al. (1965) |
| Morangueiro | *Tetranychus urticae* Koch | Dabrowski e Rodriguez (1971) |
| Pimenteira | *Leptinotarsa decemlineata* (Say) | Schreiber (1958) |
| Soja | *Trichoplusia ni* (Hübner) | Khan et al. (1987) |
| Tabaco | *L. decemlineata* | Trouvelot (1958) |
| Tomateiro | *L. decemlineata*<br>*T. urticae* | Schreiber (1958)<br>Snyder et al. (1993) |

de algodoeiro danificadas por *Spodoptera littoralis* (Boisduval) (Lepidoptera: Noctuidae), avaliou-se a taxa de oviposição desse inseto em plantas adjacentes não danificadas (Figura 19). Houve redução na oviposição do inseto nas plantas não danificadas e que estavam adjacentes às plantas de algodoeiro atacadas. De acordo com os autores, os voláteis de plantas induzidos por herbívoros (VPIH) são capazes de reduzir os danos em plantas próximas e afetar a taxa de oviposição dos insetos nelas (Zakir et al., 2013).

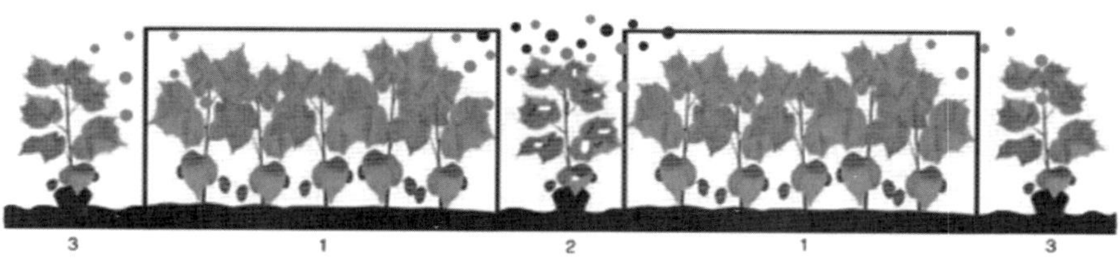


**Figura 19.** Ensaio sob condições de campo. Posição 1 – gaiolas com plantas de algodoeiro cultivadas a campo para ensaio de oviposição; posição 2 – plantas de algodoeiro cultivadas em vasos em casa de vegetação, com danos por insetos; posição 3 – plantas sem danos. As plantas nos vasos foram acondicionadas de forma adjacente às gaiolas. Plantas nas posições 2 e 3 foram trocadas a cada repetição do experimento (adaptado de Zakir et al. *Journal of Experimental Biology* 216: 3257-263, 2013, com autorização).

Além dos voláteis repelentes produzidos pela própria planta na defesa contra o ataque de insetos, derivados botânicos (óleos e extratos) produzidos a partir de outras espécies vegetais também podem ser empregados para provocar efeitos repelentes e, assim, evitar que a planta se torne alvo do artrópode fitófago. Diversos estudos têm demonstrado o potencial repelente de óleos de plantas contra moscas-brancas em diversas culturas (Butler e Henneberry, 1989; Butler et al., 1991). Yang et al. (2010) reportaram que o óleo de gengibre repeliu adultos de *Bemisia argentifolii* Bellows & Perring (Hemiptera: Aleyrodidae) e atribuíram o efeito à presença de zingibereno, componente majoritário no óleo. O óleo essencial de *Pogostemon cablin* (Blanco) (patchouli) a 5% (v/v) foi o repelente mais eficiente contra *B. tabaci*, em comparação com os óleos de *Thymus vulgaris* L. (tomilho) e *Corymbia citriodora* (Hook.) (eucalipto).

Em plantas de tomateiro, Baldin et al. (2013) avaliaram o efeito repelente de óleos essenciais de seis espécies herbáceas para o manejo de *B. tabaci* biótipo B e verificaram que o óleo de *Plectranthus neochilus* Schlt. (boldo) apresentou o melhor efeito sobre os adultos do inseto. Os óleos de *Ageratum conyzoides* L. (mentrasto) e *Tagetes erecta* L. (cravo-de-defunto) também repeliram fêmeas de *B. tabaci* biótipo B. Segundo os autores, o óleo de *P. neochilus* é composto predominantemente pelo sesquiterpeno (*E*)-cariofileno (30,67%) e pelos monoterpenos α-pineno (15,02%) e α-tujeno (11,70%). Com essa mesma mosca-branca também foi verificado que plantas tratadas com glicerídeo acetilado (ésteres de ácido acético e ácido glicerol) foram menos colonizadas pelo inseto (Kashima et al., 2015).

Para o manejo de pragas que atacam os produtos armazenados, compostos repelentes derivados de plantas oferecem proteção eficiente contra diversas espécies que atacam os grãos. Pó de estruturas vegetais (sementes, ramos, folhas, amêndoas) de espécies como *Azadirachta indica* A. Juss. (nim), *Chenopodium ambrosioides* L. (erva-de-santa-maria), *Mentha pulegium* L. (poejo) e *Ruta graveolens* L. (arruda), quando misturado a grãos de feijoeiro e milho, provocou repelência a importantes espécies de coleópteros, tais como *Zabrotes subfasciatus* (Boheman) (Souza e Baldin, 2009), *Acanthoscelides obtectus* (Say) (Mazzonetto e Vendramim, 2003; Baldin et al., 2009) e *Sitophilus zeamais* Motschulsky (Procópio et al., 2003).

## 6.2. Deterrentes

Segundo Schoonhoven (1982), as plantas terrestres produzem mais de cem mil compostos, e muitos têm papel fundamental na defesa contra insetos fitófagos. Compostos deterrentes são aleloquímicos presentes em muitas espécies de plantas e que inibem a alimentação e/ou a oviposição do inseto. Além desses efeitos, Isman (2002) ressalta que formas imaturas de insetos confinados a plantas com altos teores de compostos antialimentares apresentam performance biológica comprometida. Os deterrentes mais relatados na literatura pertencem aos grupos dos alcaloides, flavonoides, terpenoides e fenóis, são produzidos e armazenados na parede celular, nos vacúolos ou em estruturas especializadas como tricomas e ceras (Frazier, 1986; Smith, 2005). Exemplos de compostos com atividade deterrente associados à antixenose aparecem descritos na Tabela 7.

A interrupção na alimentação está ligada à palatabilidade do tecido vegetal e à percepção do inseto, por meio de receptores gustatórios presentes nos palpos maxilares e no lábio superior, e menos frequentemente nos tarsos e nas antenas (Chapman, 2003; Smith, 2005). Quando esses compostos reduzem a alimentação do inseto pela atuação nos quimiorreceptores, são chamados deterrentes de alimentação ou fagodeterrentes (Frazier, 1986; Isman et al., 1996). Essa definição, em princípio, excluiria os compostos que reduzem a alimentação do inseto após a sua ingestão e absorção, por ação no sistema nervoso central ou por efeito subletal, os quais muitos autores também consideram fagodeterrentes (Isman, 2002). Segundo Mordue (Luntz) e Blackwell (1993), a fagodeterrência pode ser classificada em primária ou secundária. A primária se verifica quando o composto afeta a alimentação ao atuar nos quimiorreceptores, e a secundária quando o inseto ingere o composto, causando efeitos tóxicos secundários. Tais efeitos podem ser distúrbios hormonais e/ou de outros sistemas fisiológicos, como inibição da produção de enzimas digestivas, alteração dos movimentos peristálticos do intestino etc. (Koul e Isman, 1991; Timmins e Reynolds, 1992; Trumm e Dorn, 2000).

**Tabela 7.** Exemplos de compostos com deterrência para alimentação e oviposição envolvidos na expressão de antixenose a artrópodes-praga (adaptado de Panda e Khush, 1995; Isman, 2002; Smith, 2005).

| Planta | Aleloquímico | Artrópode | Deterrência |
|---|---|---|---|
| Álamo | Tanino | *Spodoptera eridania* (Stoll) | Alimentação |
| Alfafa | Saponina | *Costelytra zealandica* (White) | Alimentação |
| Algodoeiro | Glucosídeos | *Chloridea virescens* (Fabricius)<br>*Helicoverpa zea* (Boddie) | Alimentação |
| Alho-poró | Aginosídeo | *Peridroma saucia* (Hübner) | Alimentação |
| Arroz | Pentadecanol | *Chilo suppressalis* (Walker) | Oviposição |
| Batata | Alcaloides | *Empoasca fabae* (Harris) | Alimentação |
| Brássicas | Cumarina, rutina | *Pieris rapae* (Linnaeus)<br>*Plutella xyllostela* (Linnaeus) | Oviposição |
| Cebola | Dialil dissulfeto | *Delia antiqua* (Meigen) | Oviposição |
| Cerejeira-de-inverno | Vitanolídeo E | *Manduca sexta* (Linnaeus) | Alimentação |
| Cherovia | Xantotoxina | *Trichoplusia ni* (Hübner) | Alimentação |
| Dedaleira | Digitoxina | *T. ni* | Alimentação |
| Girassol | Lactonas | *Homoeosoma electellum* (Hulst) | Alimentação |
| Hibisco | Ácidos graxos | *Anthonomus grandis* Boheman | Oviposição |
| Lamiaceae | Ajugarina | *Spodoptera exempta* (Walker) | Alimentação |
| Lótus | Isoflavonas | *C. zealandica* | Alimentação |

*Continua...*

*Continuação*

| Planta | Aleloquímico | Artrópode | Deterrência |
|---|---|---|---|
| Mandrágora-<br>-americana | Podofilotoxina | *Helicoverpa armigera* (Hübner) | Alimentação |
| Milho | DIMBOA | *Ostrinia nubilalis* (Hübner)<br>*Diabrotica virgifera virgifera* LeConte | Alimentação |
| Mostarda | *n*-Butanol<br>Cardenolídeos | *Pieris rapae* (Linnaeus)<br>*P. rapae* | Oviposição<br>Oviposição |
| Nim | Azadiractina | *Spodoptera littoralis* (Boisduval) | Alimentação |
| Nós-vômica | Estricnina | *H. armigera* | Alimentação |
| Pimenteira-de-água | Poligodial | *Tineola bisselliella* (Hummel) | Alimentação |
| Pinheiro | Ácido abiético | *Spodoptera frugiperda* (J. E. Smith) | Alimentação |
| Salgueiro | Ácido<br>clorogênico | *Phyllodecta vulgatissima* (Linnaeus) | Alimentação |
| Sorgo | Fenóis | *Schizaphis graminum* (Rondani) | Alimentação |
| Tomateiro | Tomatina<br>Metilcetona | *H. zea*<br>*Tuta absoluta* (Meyrick) | Alimentação |
| Tomilho | Timol | *T. ni* | Alimentação |
| Trevo-amarelo | Cumarina | *Epicauta* spp. | Alimentação |
| Trevo-subterrâneo | Isoflavonas | *Rhopalosiphum padi* (Linnaeus) | Alimentação |
| Trigo | DIMBOA | *Sitobion avenae* (Fabricius)<br>*S. graminum* | Alimentação |
| Vernônia | Glaucolídeo-A | *Tribolium castaneum* (Herbst) | Alimentação |

São muitas as formas de atuação dos aleloquímicos sobre os insetos, podendo inibir a alimentação ao estimular um receptor deterrente, bloquear ou interferir na percepção dos estimulantes de alimentação, atuar em nível de impulsos elétricos no sistema nervoso, impedir o inseto de obter informação gustativa adequada durante a seleção de seu alimento (Vendramim e Guzzo, 2009).

Do ponto de vista da química, os terpenoides formam o grupo químico mais amplo, em termos de diversidade e atividade inibidora sobre insetos, com destaque para os triterpenos (trinta moléculas de carbono). No grupo dos triterpenoides, estão incluídos importantes limonoides, como a azadiractina e a tosendanina, presentes em árvores de nim e *Melia azedarach* L. (cinamomo); a limonina, presente em *Citrus* spp.; cardenolídeos, saponinas e vitanolídeos, presentes em várias espécies de plantas. Diversos diterpenos (vinte moléculas de carbono), como clerodanos e abietanos, também já foram descritos por seus efeitos antialimentares sobre insetos. No grupo dos sesquiterpenos (quinze moléculas de carbono), destacam-se os drimanos e as lactonas, com potente efeito deterrente sobre a alimentação de insetos (Isman, 2002).

Com relação ao papel dos fenóis, diversos estudos demonstraram os efeitos deterrentes de alimentação nesse grupo de compostos. Besouros das espécies *Phyllodecta vulgatissima* (Linnaeus) e *Garlerucella lineola* (Fabricius) (Coleoptera: Chrysomelidae) apresentam alimentação inibida ao consumirem tecidos de salgueiro, em função da elevada concentração de glucosídeos fenólicos (Kelly e Curry, 1991). Em gramíneas, compostos fenólicos como a rutina, o ácido clorigênico e os flavonoides estão relacionados à deterrência alimentar verificada em determinadas plantas. Reese (1981) descreveu que *S. graminum* tem a alimentação reduzida em variedades de sorgo resistentes com elevados teores dos fenóis procianidina e durrina. Em trigo, efeitos antialimentares também foram verificados sobre os pulgões *Rophalosiphum padi* (Linnaeus), *Sitobion avenae* (Fabricius) e *S. graminum* (Hemiptera: Aphididae) (Dreyer e Jones, 1981; Leszczynski et al., 1985).

Em folhas de milho, o ácido orgânico DIMBOA é um dos aleloquímicos mais relatados em estudos sobre a resistência dessa gramínea a pragas. A deterrência alimentar provocada por esse composto já foi confirmada para diversas pragas agrícolas, incluindo *Ostrinia nubilalis* (Hübner) (Lepidotera: Crambidae) (Robinson et al., 1982) e *Diabrotica virgifera virgifera* LeConte (Coleoptera: Chrysomelidae) (Xie et al., 1990). Os fenóis quercitina, rutina e procianidina inibiram a alimentação de *Chloridea* (= *Heliothis*) *virescens* (Fabricius), *Helicoverpa zea* (Boddie) (Lepidoptera: Noctuidae), *Pectinophora gossypiella* (Saunders) (Lepidoptera: Gelechiidae) e *T. urticae*, conforme descrito na publicação de Smith (2005). Hoffmann-Campo et al. (2006) relacionaram a resistência de genótipos de soja ao ataque de *Anticarsia gemmatalis* Hübner (Lepidoptera: Noctuidae) à presença de rutina, o que, segundo os autores, inibe a alimentação das lagartas.

## Referências bibliográficas


ADATI, T.; MATSUDA, K. Feeding stimulants for various leaf beetles (Coleoptera: Chrysomelidae) in the leaf surface wax of their host plants. *Applied Entomology and Zoology* 28: 319-24, 1993.

AGARWAL, R. A. Morphological characteristics of sugarcane and insect resistance. *Entomologia Experimentalis et Applicata* 12: 767-76, 1969.

ANDRADE, M. S. et al. Essential oil variation from twenty two genotypes of *Citrus* in Brazil – chemometric approach and repellency against *Diaphorina citri* Kuwayama. *Molecules 21.* Doi: 10. 3390/molecules21060814, 2016.

ANSTEY, T. H.; MOORE, J. F. Inheritance of glossy foliage and cream petals in green sprouting broccoli. *Journal of Heredity* 45: 39-41, 1954.

ARNON, D. I.; STOUT, P. R. The essentiality of certain elements in minute quantity for plants with special reference to copper. *Plant Physiology* 14: 371-75, 1939.

AVÉ, D. A.; GREGORY, P.; TINGEY, W. M. Aphid repellent sesquiterpenes in glandular trichomes of *Solanum berthaultii* and *S. tuberosum*. *Entomologia Experimentalis et Aplicata* 44: 131-38, 1987.

BALDIN, E. L. L.; VENDRAMIM, J. D.; LOURENÇÃO, A. L. Resistência de genótipos de tomateiro à mosca-branca *Bemisia tabaci* (Gennadius) biótipo B (Hemiptera: Aleyrodidae). *Neotropical Entomology* 34: 435-41, 2005.

BALDIN, E. L. L. et al. Uso de pós de origem vegetal no controle de *Acanthoscelides obtectus* Say (Coleoptera: Bruchidae) em grãos de feijoeiro. *BioAssay* 4: 1-6, 2009.

BALDIN, E. L. L. et al. M. Plant-derived essential oils affecting settlement and oviposition of *Bemisia tabaci* (Genn.) biotype B on tomato. *Journal of Pest Science* 86: 301-8, 2013.

BECK, S. D. Resistance of plants to insects. *Annual Review of Entomology* 10: 207-32, 1965.

BENNETT, S. E. Tannic acid as a repellent and toxicant to alfafa weevil larvae. *Journal of Economic Entomology* 58: 372-73, 1965.

BERGMAN, D. K. et al. Epicuticular lipids of alfalfa relative to its susceptibility to spotted alfalfa aphids (Homoptera, Aphididae). *Environmental Entomology* 20: 781-85, 1991.

BERGSTROM, G. Chemical ecology as cultural evolution. *Journal of Chemical Ecology* 40: 317-18, 2014.

BERLINGER, M. J. Host plant resistance to *Bemisia tabaci*. *Agriculture, Ecosystems & Environment* 17: 69-82, 1986.

BERNAYS, E. *Insect – plant interactions*. New York, USA: CRC Press, 1992.

BERNAYS, E. A.; CHAPMAN, R. F. *Host plant selection by phytophagous insects*. London, UK: Chapman and Hall, 1994.

BLACKWELL, A.; STUART, A. E.; ESTAMBALE, B. A. The repellent and antifeedant activity of oil of *Myrica gale* against *Aedes aegypti* mosquitoes and its enhancement by the addition of salicyluric acid. *Proceedings of the Royal College of Physicians of Edinburgh* 33: 209-14, 2003.

BLANEY, W. M.; SCHOONHOVEN, L. M.; SIMMONDS, M. S. J. Sensitivity variations in insect chemoreceptors: a review. *Experientia* 42: 13-19, 1986.

BOESEWINKEL, F. D.; BOUMAN, F. The seed: structure and function. In: KIGEL, J.; GALILI, G. (eds.). *Seed development and germination*. New York, USA: Marcel Dekker, 1995. p. 1-24.

BOGORNI, P. C. et al. Resistance of citrus and related genera to *Diaphorina citri* Kuwayama (Hemiptera: Liviidae). *Neotropical Entomology* 43: 465-69, 2014.

BORDASCH, R. P.; BERRYMAN, A. A. Host resistance to the fir engraver beetle, *Scolytus ventralis* (Coleoptera: Scolytidae). 2. Repellency of *Abies grandis* resins and some monoterpenes. *Canadian Entomologist* 109: 95-100, 1997.

BRÉVAULT, T.; QUILICI, S. Interaction between visual and olfactory cues during host finding in the tomato fruit fly *Neoceratitis cyanescens*. *Journal of Chemical Ecology* 36: 249-59, 2010.

BRISCOE, A. D.; CHITTKA, L. The evolution of color vision in insects. *Annual Review of Entomology* 46: 471-510, 2001.

BRUCE, T. J. A.; WADHAMS, L. J.; WOODCOCK, C. M. Insect host location: a volatile situation. *Trends in Plant Science* 10: 269-74, 2005.

BRUYNE, M.; CLYNE, P. J.; CARLSON, J. R. Odor coding in a model olfactory organ: the *Drosophila* maxillary palp. *Journal of Neuroscience* 19: 4520-532, 1999.

BUTLER, G. D.; HENNEBERRY, T. J. Sweetpotato whitefly migration, population increase, and control on lettuce with cottonseed oil sprays. *Southwestern Entomologist* 14: 287-93, 1989.

BUTLER, G. D.; PURI, S. N.; HENNEBERRY, T. J. Plant-derived oil and detergent solutions as control agents for *Bemisia tabaci* and *Aphis gossypii* on cotton. *Southwestern Entomologist* 16: 331-37, 1991.

BYSTROM, B. G. et al. Leaf surface of *Beta vulgaris* – electron microscope study. *Botanical Gazette* 129: 133-38, 1968.

CAPELETI, I. et al. A new procedure for quantification of lignin in soybean (*Glycine max* (L.) Merril) seed coat and their relationship with the resistance to mechanical damage. *Seed Science Technology* 33: 511-15, 2005.

CARVALHO, S. K.; MORAES, J. C.; CARVALHO, J. G. Efeito do silício na resistência do sorgo (*Sorghum bicolor*) ao pulgão-verde *Schizaphis graminum* (Rond.) (Homoptera: Aphididae). *Anais da Sociedade Entomológica do Brasil* 28: 505-10, 1999.

CHANNARAYAPPA, S. G.; MUNIYAPPA, V.; FRIST, R. H. Resistance of *Lycopersicon* species to *Bemisia tabaci*, a tomato leaf curl virus vector. *Canadian Journal of Botany* 70: 2184-192, 1992.

CHAPMAN, R. F. Contact chemoreception in feeding by phytophagous insects. *Annual Review of Entomology* 48: 455-84, 2003.

CHOOCHOTE, W. et al. Repellent activity of selected essential oils against *Aedes aegypti*. *Fitoterapia* 78: 359-64, 2007.

CHU, C. C.; NATWICK, E. T.; HENNEBERRY, T. J. *Bemisia tabaci* (Homoptera: Aleyrodidae) biotype B colonization on okra- and normal-leaf upland cotton strains and cultivars. *Journal of Economic Entomology* 95: 733-38, 2002.

CLIFFORD, M. R.; RIFFELL, J. A. Mixture and odorant processing in the olfactory systems of insects: a comparative perspective. *Journal of Comparative Physiology* 199: 911-28, 2013.

CLISSOLD, F. J.; SANSON, G. D.; READ, J. The paradoxical effects of nutrient ratios and supply rates on an out breaking insect herbivore, the Australian plague locust. *Journal of Animal Ecology* 75: 1000-1013, 2006.

CLISSOLD, F. J. et al. Gross vs. net income: how plant toughness affects performance of an insect herbivore. *Ecology* 90: 3393-405, 2009.

COELHO, S. A. M. P. et al. Resistance of melon to *Bemisia tabaci* biotype B. *Bragantia* 68: 1025-35, 2009.

COOK, S. M.; KHAN, Z. R.; PICKETT, J. A. The use of push-pull strategies in integrated pest management. *Annual Review of Entomology* 52: 375-400, 2007.

COYLE, D. R. et al. Effects of cottonwood leaf beetle (Coleoptera: Chrysomelidae) larval defoliation, clone, and season on *Populus* foliar phagostimulants. *Environmental Entomology* 32: 452-62, 2003.

DABROWSKI, Z. T.; RODRIGUEZ, J. G. Studies on resistance of strawberries to mites. 3. Preference and nonpreference responses of *Tetranychus urticae* and *T. turkestani* to essential oils of foliage. *Journal of Economic Entomology* 64: 387-91, 1971.

DEGEN, T. et al. High genetic variability of herbivore-induced volatile emission within a broad range of maize inbred lines. *Plant Physiology* 135: 1928-938, 2004.

DETHIER, V. G.; BARTON-BROWNE, L.; SMITH, C. N. The designation of chemicals in terms of the responses they elicit from insects. *Journal of Economic Entomology* 53: 134-46, 1960.

DJAMIN, A.; PATHAK, M. D. Role of silica in resistance to Asiatic rice borer, *Chilo suppressalis* (Walker), in rice varieties. *Journal of Economic Entomology* 60: 347-51, 1967.

DIAZ-MONTANO, J. et al. Characterization of resistance, evaluation of the attractiveness of plant odors, and effect of leaf color on different onion cultivars to onion thrips (Thysanoptera: Thripidae). *Journal of Economic Entomology* 105: 632-41, 2012.

DREYER, D. L.; JONES, K. C. Feeding deterrency of flavonoids and related phenolics towards *Schizaphis graminum* and *Myzus persicae*: aphid feeding deterrents in wheat. *Phytochemistry* 20: 2489-493, 1981.

DREYER, D. L.; CAMPBELL, B. C. Chemical basis of host-plant resistance to aphids. *Plant, Cell & Environment* 10: 353-61, 1987.

EIGENBRODE, S. D. et al. Characteristics of glossy leaf waxes associated with resistance to diamondback moth (Lepidoptera: Plutellidae) in *Brassica oleracea*. *Journal of Economic Entomology* 84: 1609-618, 1991.

EIGENBRODE, S. D.; ESPELIE, K. E. Effects of epicuticular lipids on insect herbivores. *Annual Review of Entomology* 40: 171-94, 1995.

EIGENBRODE, S. D.; WHITE, M.; TIPTON, J. L. Differential cutting by leaf-cutter bees (Megachilidae: Hymenoptera) on leaves of redbud (*Cercis canadensis*) and Mexican redbuds (*Cercis canadensis* var. *mexicana*) with different surface waxes. *Journal of the Kansas Entomological Society* 72: 73-81, 1999.

EISNER, T.; EISNER, M.; HOEBEKE, E. R. When defense backfires: detrimental effect of a plant's protective trichomes onan insect beneficial to the plant. *Proceedings of the National Academy of Sciences* 95: 4410-414, 1998.

EPSTEIN, E. Silicon. *Annual Review of Plant Physiology and Plant Molecular Biology* 50: 641-64, 1999.

ESPELIE, K. E. Integrated case study: effects of maize leaf epicuticular lipids on insect pests. In: KERSTIENS, G. (ed.). *Plant cuticles as integrated functional approach*. Oxford, UK: Bios Scientific, 1996. p. 223-30.

FALEIRO, J. R. et al. Screening date palm cultivars for resistance to red palm weevil, *Rhynchophorus ferrugineus* (Coleoptera: Curculionidae). *Florida Entomologist* 97: 1529-536, 2014.

FINCH, S.; COLLIER, R. H. Host-plant selection by insects – a theory based on 'appropriate/inappropriate landings' by pest insects of cruciferous plants. *Entomologia Experimentalis et Applicata* 96: 91-102, 2000.

FIRDAUS, S. et al. Vosman, B. Resistance to *Bemisia tabaci* in tomato wild relatives. *Euphytica* 187: 31-45, 2012.

FRAZIER, J. L. The perception of allelochemicals that inhibit feeding. In: BRATTSTEN, L. B.; AHMAD, S. (eds.). *Molecular aspects of insect–plant associations*. New York, USA: Plenum, 1986. p. 1-8.

FREITAS, J. A. et al. Inheritance of foliar zingiberene contents and their relashionship to trichome densities and whitefly resistance in tomatoes. *Euphytica* 127: 275-87, 2002.

GLAS, J. J. et al. Plant glandular trichomes as targets for breeding or engineering of resistance to herbivores. *International Journal of Molecular Sciences* 13: 17070-103, 2012.

GOGI, M. D. et al. Investigating phenotypic structures and allelochemical compounds of the fruits of *Momordica charantia* L. genotypes as sources of resistance against *Bactrocera cucurbitae* (Coquillett) (Diptera: Tephritidae). *Crop Protection* 29: 884-90, 2010.

GOLDSMITH, T. H. Optimization, constraint, and history in the evolution of eyes. *Quarterly Review of Biology* 65: 281-322, 1990.

GOLDSMITH, T. H. Ultraviolet receptors and color vision: evolutionary implications and a dissonance of paradigms. *Vision Research* 34: 1479-487, 1994.

GOUSSAIN, M. M. et al. Efeito da aplicação de silício em plantas de milho no desenvolvimento biológico da lagarta-do-cartucho *Spodoptera frugiperda* (J. E. Smith) (Lepidoptera: Noctuidae). *Neotropical Entomology* 31: 305-10, 2002.

GOUSSAIN, M. M.; PRADO, E.; MORAES, J. C. Effect of silicon applied to wheat plants on the biology and probing behaviour of the greenbug *Schizaphis graminum* (Rondani) (Hemiptera: Aphididae). *Neotropical Entomology* 34: 807-13, 2005.

GREEN, T. A.; PROKOPY, R. J.; HOSMER, D. W. Distance of response to host tree models by female apple maggot flies, *Rhagoletis pomonella* (Walsh) (Diptera: Trephritidae): interaction of visual and olfactory stimuli. *Journal of Chemical Ecology* 20: 2393-413, 1994.

GRUBER, M. Y. et al. "Hairy canola" – *Arabidopsis* GL3 induces a dense covering of trichomes on *Brassica napus* seedlings. *Plant Molecular Biology* 60: 679-98, 2006.

GRUPTA, P. D.; THORSTEINSON, A. J. Food plant relationships of the diamondback moth *Plutella maculipennis* (Curt.). Sensory relation-ships of oviposition of the adult female. *Entomologia Experimentalis et Applicata* 3: 305-14, 1960.

HAMILTON, A. J. et al. Effects of cultivar on oviposition preference, larval feeding and development time of diamondback moth, *Plutella xylostella* (L.) (Lepidoptera: Plutellidae), on some *Brassica oleracea* vegetables in Victoria. *Austral Journal of Entomology* 44: 284-87, 2005.

HANSON, F. E. The behavioral and neurophysiological basis of food plant selection by lepidopterous larvae. In: AHMAD, S. (ed.). *Herbivorous insects host seeking behavior and mechanisms.* New York, USA: Academic Press, 1983. p. 3-23.

HANSSON, B. S. Olfaction in Lepidoptera. *Cellular and Molecular Life Sciences* 51: 1003-27, 1995.

HARTLIEB, E.; ANDERSON, P. Olfactory-released behaviours. In: HANSSON, B. S. (ed.). *Insect olfaction*. Berlin, Germany: Springer, 1999. p. 315-49.

HAYWARD, D. M.; PARRY, D. W. Electron-probe microanalysis studies of silica distribution in barley (*Hordeum sativum* L.). *Annals of Botany* 37: 579-91, 1973.

HERVÉ, M. R. et al. Manipulating feeding stimulation to protect crops against insect pests? *Journal of Chemical Ecology* 40: 1220-231, 2014.

HOFFMANN-CAMPO, C. B. et al. Detrimental effect of rutin on *Anticarsia gemmatalis*. *Pesquisa Agropecuária Brasileira* 41: 1453-459, 2006.

HOPKINS, R. J.; VAN DAM, N. M.; VAN LOON, J. J. A. Role of glucosinolates in insect--plant relationships and multitrophic interactions. *Annual Review of Entomology* 54: 57-83, 2009.

HU, Q.; ZHAO, J. W.; CUI, D. W. Relationship between content of secondary catabolite lignin in soybean and soybean resistance to the soybean aphid. *Plant Protection* 19: 8-9, 1993.

ISMAN, M. B. et al. Phytochemistry of the Meliaceae: so many terpenoids, so few insecticides. *Recent Advances in Phytochemistry* 30: 155-78, 1996.

ISMAN, M. Insect antifeedants. *Pesticide Outlook* 13: 152-57, 2002.

JACOBSON, M. *Insect sex attractants*. New York, USA: Interscience, 1965.

JEFFREE, C. E. The cuticle, epicuticular waxes and trichomes of plants, with reference to their structure, functions and evolution. In: JUNIPER, B. E.; SOUTHWOOD, T. R. E. (eds.). *Insects and the plant surface*. London, UK: Edward Arnold, 1986. p. 23-64.

JOHNSON, B. The injurious effects of the hooked epidermal hairs of french beans (*Phaseolus vulgaris* L.) on *Aphis craccivora* Koch. *Bulletin of Entomological Research* 44: 779-88, 1954.

JONES, L. H. P.; HANDREK, K. A. Silica in soils plants and animals. *Advances in Agronomy* 19: 107-49, 1967.

JONES, J. E.; WEAVER, J. B.; SHUSTER, M. F. Plantas resistentes ao bicudo. In: BARBOSA, S.; LUKEFAHR, M. J.; BRAGA SOBRINHO, R. (eds.). *O bicudo do algodoeiro*. Brasília, DF: Embrapa-DDT, 1986. p. 221-49.

JÖNSSON, M.; ROSDAHL, K.; ANDERSON, P. Responses to olfactory and visual cues by over-wintered and summer generations of the pollen beetle, *Meligethes aeneus*. *Physiological Entomology* 32: 188-93, 2007.

JUNIPER, B. E. Waxes on plant surfaces and their interactions with insects. In: HAMILTON, R. J. (ed.). *Waxes*: chemistry, molecular biology and functions. West Ferry, Dundee, Scotland: The Oily Press, 1995. p. 157-74.

JUSTUS, K. A.; DOSDALL, L. M.; MITCHELL, B. K. Oviposition by *Plutella xylostella* (Lepidoptera: Plutellidae) and effects of phylloplane waxiness. *Journal of Economic Entomology* 93: 1152-159, 2000.

KASHIMA, T. et al. Acetylated glyceride: a novel repellent which interferes with tomato yellow leaf curl virus acquisition and its transmission by *Bemisia tabaci* (Gennadius) (Hemiptera: Aleyrodidae). *Crop Protection* 75: 144-50, 2015.

KELLY, M. T.; CURRY, J. P. The influence of phenolic compounds on the suitability of three *Salix* species as hosts for the willow beetle *Phratora vulgatissima*. *Entomologia Experimentalis et Applicata* 61: 25-32, 1991.

KELSEY, R. G.; REYNOLDS, G. W.; RODRIGUEZ, E. The chemistry of biologically active constituents secreted and stored in plant glandular trichomes. In: RODRIGUEZ, E.; HEALEY, P. L.; MEHTA, I. (eds.). *Biology and chemistry of plant trichomes*. New York, USA: Plenum Press, 1984. p. 187-241.

KHAN, Z. R.; SAXENA, R. C. Effect of steam distillate extract of a resistant rice variety on feeding behavior of *Nephotettix virescens* (Homoptera: Cicadellidae). *Journal of Economic Entomology* 78: 562-66, 1985.

KHAN, Z. R.; CIEPIELA, A.; NORRIS, D. M. Behavioral and physiological responses of cabbage looper, *Trichoplusia ni* (Hübner), to steam distillates from resistant versus susceptible soybean plants. *Journal of Chemical Ecology* 13: 1903-915, 1987.

KLINGAUF, F.; NOCKER-WENZEL, K.; ROTTGER, U. Die rolle peripherer pflanzenwachse fur den befall durh phytophage insekten. *Pflanzenschutz* 85: 228-37, 1978.

KOGAN, M.; ORTMAN, E. E. Antixenosis – a new term proposed to replace Painter's "nonpreference" modality of resistance. *Bulletin of the Entomological Society of America* 24: 175-76, 1978.

KOUL, O.; ISMAN, M. B. Effects of azadirachtin on the dietary utilization and development of the variegated cutworm *Peridroma saucia*. *Journal of Insect Physiology* 37: 591-98, 1991.

KRESIC, I. B. et al. *10 años de avances em genética de algodón*. Inta Sáenz Peña. Inta – Instituto Nacional de Tecnologia Agropecuária, 2016. Disponível em: <http://inta.gob. ar/noticias/10-anos-de-avances-en-genetica-de-algodon-inta-saenz-pena>. Acesso em: 5 maio 2017.

KWON, H. W.; RUTZLER, M.; ZWIEBEL, L. J. Olfactory responses in a gustatory organ of the malaria vector mosquito *Anopheles gambiae*. *Proceedings of the National Academy of Sciences of the USA* 103: 13526-531, 2006.

LAMBERT, A. L.; MCPHERSON, R. M.; ESPELIE, K. E. Soybean host plant resistance mechanisms that alter abundance of whiteflies (Homoptera: Aleyrodidae). *Environmental Entomology* 24: 1381-386, 1995.

LAND, M. F.; NILSSON, D. E. *Animal eyes*. Oxford, UK: Oxford University Press, 2002.

LAPIS, E. B.; BORDEN, J. H. Olfactory discrimination by *Heteropsylla cubana* (Homoptera, Psyllidae) between susceptible and resistant species of *Leucaena* (Leguminosae). *Journal of Chemical Ecology* 19: 83-90, 1993.

LARA, F. M. et al. Comportamento de genótipos de sorgo em relação ao ataque de *Diatraea saccharalis* (Fabricius, 1794). *Anais da Sociedade Entomológica do Brasil* 8: 115-24, 1979.

LARA, F. M. *Princípios de resistência de plantas a insetos*. São Paulo: Ícone, 1991.

LAWTON, J. H. Plant architecture and the diversity of phytophagous insects. *Annual Review of Entomology* 28: 23-29, 1983.

LESZCZYNSKI, B.; WARCHOL, J.; NIRAZ, S. The influence of phenolic compounds on the preference of winter wheat cultivars by cereal aphids. *Insect Science and its Application* 6: 157-58, 1985.

LIN, J.; ECKENRODE, C. J.; DICKSON, M. H. Variation in *Brassica oleracea* resistance to diamondback moth (Lepidoptera: Plutellidae). *Journal of Economic Entomology* 76: 1423-142, 1983.

LIN, J.; DICKSON, M. H.; ECKENRODE, C. J. Resistance of *Brassica lines* to the diamondback moth (Lepidoptera: Yponomeutidae) in the field, and inheritance resistance. *Journal of Economic Entomology* 77: 1293-296, 1984.

LIN, S.; BINDER, B. F.; HART, E. R. Chemical ecology of cottonwood leaf beetle adult feeding preferences on *Populus*. *Journal of Chemical Ecology* 24: 1791-802, 1998.

LINDUSKA, J. J.; HARRISON, F. P. Corn earworm: artificial infestation as a means of evaluating resistance in sweet corn. *Journal of Economic Entomology* 70: 565-67, 1977.

LINK, D.; ROSSETTO, C. J. Relação entre fissura na casca do arroz e infestação de *Sitotroga cerealella* (Olivier, 1819) (Lepidoptera, Gelechiidae). *Revista Peruana de Entomología* 15: 225-27, 1972.

LOURENÇÃO, A. L. et al. Comportamento de clones de cana-de-açúcar em relação a *Diatraea saccharalis* (Fabr., 1974). *Bragantia* 41: 145-54, 1982.

LOURENÇÃO, A. L. et al. Resistência de soja a insetos: X. Comportamento de cultivares e linhagens em relação a percevejos e desfolhadores. *Anais da Sociedade Entomológica do Brasil* 26: 543-50, 1997.

LUCAS, P. W. et al. Mechanical defenses to herbivory. *Annals of Botany* 86: 913-20, 2000.

LUCATTI, A. F. et al. Normal adult survival but reduced *Bemisia tabaci* oviposition rate on tomato lines carrying and introgression from *S. habrochaites*. *BMC Genetics 15*. Doi: 10. 1186/s12863-014-0142-3, 2014.

MACEDO, N. *Comportamento varietal, mecanismo e herdabilidade da resistência da cana-de-açúcar ao ataque de Diatraea saccharalis (Fabr., 1794).* Piracicaba, 88p. Tese (Doutorado) – Escola Superior de Agricultura Luiz de Queiroz, Universidade de São Paulo, 1978.

MALAKAR, R.; TINGEY, W. M. Glandular trichomes of *Solanum berthaultii* and its hybrids with potato deter oviposition and impair growth of potato tuber moth. *Entomologia Experimentalis et Applicata* 94: 249-57, 2000.

MALONEY, P. J.; ALBERT, P. J.; TULLOCH, A. P. Influence of epicuticular waxes from white spruce and balsam fir on feeding behaviour of the eastern spruce budworm. *Journal of Insect Behavior* 1: 197-208, 1988.

MARTINS, J. F. S.; TAN, N. V.; PINHEIRO, B. S. Resistência de arroz de sequeiro à broca--do-colmo e sua associação com características morfológicas das plantas. *Pesquisa Agropecuária Brasileira* 16: 187-92, 1981.

MAZZONETTO, F.; VENDRAMIM, J. D. Efeito de pós de origem vegetal sobre *Acanthoscelides obtectus* (Say) (Coleoptera: Bruchidae) em feijão armazenado. *Neotropical Entomology* 32: 145-49, 2003.

MEDEIROS, A. H.; TINGEY, W. M. Glandular trichomes of *Solanum berthaultii* and its hybrids with *Solanum tuberosum* affect nymphal emergence, development, and survival of *Empoasca fabae* (Homoptera: Cicadellidae). *Journal of Economic Entomology* 99: 1483-489, 2006.

MERIVEE, E. et al. Electrophysiological responses from neurons of antennal taste sensilla in the polyphagous predatory ground beetle *Pterostichus oblongopunctatus* (Fabricius, 1787) to plant sugars and amino acids. *Journal of Insect Physiology* 54: 1213-219, 2008.

MERIVEE, E. et al. Sensitivity of antennal gustatory receptor neurons to aphid honeydew sugars in the carabid *Anchomenus dorsalis*. *Physiological Entomology* 37: 369-78, 2012.

MILLER, R. H.; EL-MASIR, S.; AL-JUNDI, K. Plant density and wheat stem sawfly (Hymenoptera: Cephidae) resistance in Syrian wheats. *Bulletin of Entomological Research* 83: 95-102, 1993.

MITCHELL, H. C. et al. Behavior of the boll weevil on frego bract cotton. *Journal of Economic Entomology* 66: 677-80, 1973.

MOERICKE, V. Host-plant specific colour behaviour by *Hyalopterus pruni* (Aphididae). *Entomologia Experimentalis et Applicata* 12: 524-34, 1969.

MOLINA, G. A. R.; TRUMPER, E. V. Selection of soybean pods by the stink bugs, *Nezara viridula* and *Piezodorus guildinii*. *Journal of Insect Science* 12: 1-16, 2012.

MORDUE (LUNTZ), A. J.; BLACKWELL, A. Azadirachtin: an update. *Journal of Insect Physiology* 39: 903-24, 1993.

MORI, M. *n*-hexacosanol and *n*-octacosanol: feeding stimulants for larvae of the silkworm, *Bombyx mori*. *Journal of Insect Physiology* 28: 969-73, 1982.

MORRIS, B. D.; FOSTER, S. P.; HARRIS, M. O. Identification of 1-octacosanal and 6-methoxy-2-benzoxazolinone from wheat as ovipositional stimulants for Hessian fly, *Mayetiola destructor*. *Journal of Chemical Ecology* 26: 859-73, 2000.

MÜLLER, C.; RIEDERER, M. Plant surface properties in chemical ecology. *Journal of Chemical Ecology* 31: 2621-651, 2005.

MURDOCK, L. L. et al. Postharvest storage of cowpea in sub- Saharan Africa. In: SINGH, B. B. et al. (eds.). *Advances in cowpea research*. Ibadan, Nigeria: International Institute of Tropical Agriculture, 1997. p. 302-12.

MUSETTI, L.; NEAL, J. J. Resistance to the pink potato aphid, *Macrosiphum euphorbiae*, in two accessions of *Lycopersicon hirsutum* f. *glabratum*. *Entomologia Experimentalis et Applicata* 84: 137-46, 1997.

NAVEN, A.; ZUR, M.; ARCAN, L. Effects of cotton leaf surface alkalinity on feeding of *Spodoptera littoralis* larvae. *Journal of Chemical Ecology* 14: 839-44, 1988.

NEAL, J. J.; STEFFENS, J. C.; TINGEY, W. M. Glandular trichomes of *Solanum berthaultii* and resistance to the Colorado potato beetle. *Entomologia Experimentalis et Applicata* 51: 133-40, 1989.

NORDLUND, D. A.; LEWIS, W. J. Terminology of chemical releasing stimuli in intraspecific and interspecific interactions. *Journal of Chemical Ecology* 2: 211-20, 1976.

NUNES, R. C.; SILVA, P. H. S.; SILVA, L. M. S. R. Resistência de cultivares de arroz ao gorgulho *Sitophilus* spp. (Coleoptera: Curculionidae). *Anais da Sociedade Entomológica do Brasil* 21: 107-14, 1992.

NWANZE, K. F.; HORBER, E. Seed coats of cowpeas affect oviposition and larval development of *Callosobruchus maculatus*. *Environmental Entomology* 5: 213-18, 1976.

OGHIAKHE, S.; JACKAI, L. E. N.; MAKANJUOLA, W. A. Cowpea plant architecture in relation to infestation and damage by the legume pod borer, *Maruca testulalis* Geyer (Lepidoptera: Pyralidae) – I. Effect of canopy structure and pod position. *Current Topics in Tropical Entomology* 12: 193-99, 1991.

OLIVEIRA, E. D. M.; PANIZZI, A. R. Performance of nymphs and adults of *Piezodorus guildinii* (Westwood) (Heteroptera: Pentatomidae) on soybean pods at different development stages. *Brazilian Archives of Biology and Technology* 46:187-92, 2003.

ONYILAGHA, J. C. et al. Effect of flavonoids on feeding preference and development of the crucifer pest *Mamestra configurata* Walker. *Journal of Chemical Ecology* 30: 109-24, 2004.

ORIANI, M. A. G.; VENDRAMIM, J. D.; BRUNHEROTTO, R. Influência dos tricomas na preferência para oviposição de *Bemisia tabaci* (Genn.) biótipo B (Hemiptera: Aleyrodidae) em genótipos de feijoeiro. *Neotropical Entomology* 34: 97-103, 2005.

ORIANI, M. A. G.; VENDRAMIM, J. D. Influence of trichomes on attractiveness and ovipositional preference of *Bemisia tabaci* (Genn.) B biotype (Hemiptera, Aleyrodidae) on tomato genotypes. *Neotropical Entomology* 39: 1002-7, 2010.

OTÁLORA-LUNA, F.; DICKENS, J. C. Spectral preference and temporal modulation of photic orientation by Colorado potato beetle on a servosphere. *Entomologia Experimentalis et Applicata* 138: 93-103, 2011.

PAINTER, R. H. *Insect resistance in crop plants*. New York, USA: MacMillan, 1951.

PANDA, N.; KHUSH, G. S. *Host plant resistance to insects*. Wallingford, Oxon, UK: CAB International, 1995.

PAPAJ, D. R.; RAUSHER, M. D. Individual variation in host location by phytophagous insects. In: AHMAD, S. (ed.). *Herbivorous insects*: host seeking behavior and mechanisms. New York, USA: Academic Press, 1983. p. 77-124.

PARK, S. J. et al. Inheritance of leaf area and hooked trichome density of the first trifoliolate leaf in common bean (*Phaseolus vulgaris* L.). *Canadian Journal of Plant Science* 74: 235-40, 1994.

PILLEMER, E. A.; TINGEY, W. M. Hooked trichomes: a physical plant barrier to a major agricultural pest. *Science* 193: 482-84, 1976.

PILLEMER, E. A.; TINGEY, W. M. Hooked trichomes and resistance of *Phaseolus vulgaris* to *Empoasca fabae* (Harris). *Entomologia Experimentalis et Applicata* 24: 83-94, 1978.

POWELL, G. et al. Aphid responses to non-host epicuticular lipids. *Entomologia Experimentalis et Applicata* 91: 115-23, 1999.

PRADO, J. C. et al. Resistance of cotton genotypes with different leaf colour. *Journal of Applied Entomology* 140: 405-13, 2016.

PROCÓPIO, S. O. et al. Efeito de pós vegetais sobre *Acanthoscelides obtectus* (Say) e *Zabrotes subfasciatus* (Boh.) (Coleoptera: Bruchidae). *Revista Ceres* 50: 395-405, 2003.

PROKOPY, R. J.; OWENS, E. D. Visual detection of plants by herbivorous insects. *Annual Review of Entomology* 28: 337-64, 1983.

RADCLIFFE, E. B.; CHAPMAN, R. K. Varietal resistance to insect attack in various cruciferous crops. *Journal of Economic Entomology* 59: 120-25, 1966.

READ, J.; SANSON, G. D. Characterizing sclerophylly: the mechanical properties of a diverse range of leaf types. *New Phytologist* 160: 81-99, 2003.

READ, J.; STOKES, A. Plant biomechanics in an ecological context. *American Journal of Botany* 93: 1546-565, 2006.

REESE, J. C. Insect dietetics: complexities of plant–insect interactions. In: BHASKARAN, G.; FRIEDMAN, S.; RODRIGUEZ, J. G. (eds.). *Current topics in insect endocrinology and nutrition.* New York, USA: Plenum, 1981. p. 317-35.

ROBINSON, J. F. et al. European corn borer (Lepidoptera: Pyralidae) leaf feeding resistance: DIMBOA bioassays. *Journal of Kansas Entomological Society* 55: 357-64, 1982.

RODRIGUEZ-LÓPEZ, M. J. et al. Acylsucrose-producing tomato plants forces *Bemisia tabaci* to shift its preferred settling and feeding site. *PLoS One* 7: e33064. Doi: 101371/ journal. pone. oo33064, 2012.

SAES ZOBIOLE, L. H. et al. Water use efficiency and photosynthesis of glyphosate--resistant soybean as affected by glyphosate. *Pesticide Biochemistry and Physiology* 97: 182-93, 2010.

SALATINO, A. et al. Effect of constituents the foliar wax of *Didymopanax vinosum* on the foraging activity of the leaf-cutting ant *Atta sexdens rubropilosa*. *Entomologia Experimentalis et Applicata* 86: 261-66, 1998.

SANSON, G. The biomechanics of browsing and grazing. *American Journal of Botany* 93: 1531-545, 2006.

SAVANT, N. K.; SNYDER, G. D.; DATNOFF, L. E. Silicon in management and sustainable rice production. *Advances in Agronomy* 58: 151-99, 1997.

SAXENA, R. C.; OKECH, S. H. Role of plant volatiles in resistance of selected rice varieties to brown planthopper, *Nilaparvata lugens* (Stål) (Homoptera: Delphacidae). *Journal of Chemical Ecology* 11: 1601-616, 1985.

SCHLICK-SOUZA, E. C.; BALDIN, E. L. L.; LOURENÇÃO, A. L. Variation in the host preferences and responses of *Ascia monuste orseis* Godart (Lepidoptera: Pieridae) to cultivars of collard greens *Brassica oleracea* (L.) var. *acephala*. *Journal of Pest Science* 84: 429-36, 2011.

SCHOONHOVEN, L. M. Biological aspects of antifeedants. *Entomologia Experimentalis et Applicata* 31: 57-69, 1982.

SCHREIBER, K. Uber unige inhaltsstoffe der solanaceen und ihre bedeutung fur die kartofferresistenz. *Entomologia Experimentalis et Applicata* 1: 28-37, 1958.

SCRIBER, J. M.; SLANSKY, F. The nutritional ecology of immature insects. *Annual Review of Entomology* 26: 183-211, 1981.

SEIFELNASR, Y. E. Influence of olfactory stimulants on resistance and susceptibility of pearl millet, *Pennisetum americanum* to the rice weevil, *Sitophilus oryzae*. *Entomologia Experimentalis et Applicata* 59: 163-68, 1991.

SHARMA, H. C.; FRANZMANN, B. A. Host-plant preference and oviposition responses of the sorghum midge, *Stenodiplosis sorghicola* (Coquillett) (Dipt., Cecidomyiidae) towards wild relatives of sorghum. *Journal of Applied Entomology* 125: 109-14, 2001.

SHELTON, A. M. et al. Analysis of resistance in cabbage varieties to damage by Lepidoptera and Thysanoptera. *Journal of Economic Entomology* 81: 634-40, 1988.

SHIFRISS, O. Do *Curcurbita* plants with silvery leaves escape virus infection? *Cucurbit Genetics Cooperative Reports* 4: 42-45, 1981.

SILVA, J. P. G. F. et al. Assesing *Bemisia tabaci* (Genn.) biotype B resistance in soybean genotypes: antixenosis and antibiosis. *Chilean Journal of Agricultural Research* 72: 516-22, 2012.

SILVA, J. P. G. F. et al. Assessing antixenosis of soybean entries against *Piezodorus guildinii* (Hemiptera: Pentatomidae). *Arthropod–Plant Interactions* 8: 349-59, 2014.

SILVA, M. S. et al. Resistance of potato genotypes (*Solanum* spp.) to *Bemisia tabaci* biotype B. *Horticultura Brasileira* 26: 221-26, 2008.

SIMMONS, A. T.; GURR, G. M. Trichomes of *Lycopersicon* species and their hybrids: effects on pests and natural enemies. *Agricultural and Forest Entomology* 7: 265-76, 2005.

SINGH, R.; ELLIS, P. R. Sources, mechanisms and bases of resistance in Cruciferae to the cabbage aphid, *Brevicoryne brassicae*. *IOBC / WPRS Bulletin* 16: 21-35, 1993.

SLIFER, E. H. The structure of arthropod chemoreceptors. *Annual Review of Entomology* 15: 121-42, 1970.

SMITH, C. M. *Plant resistance to arthropods*: molecular and conventional approaches. Dordrecht, The Netherlands: Springer, 2005.

SNYDER, J. C. et al. 2,3-dihydrofarnesoic acid, a unique terpene from trichomes of *Lycopersicon hirsutum*, repels spider mites. *Journal of Chemical Ecology* 19: 2981-997, 1993.

SOARES, J. J.; LARA, F. M.; CARVALHO, L. P. Perspectivas do uso de variedades resistentes no manejo integrado de pragas do algodoeiro. *Boletim 6*. Jaboticabal: Cemip/Funep, 1999.

SOROKA, J. J. et al. Feeding by flea beetles (Coleoptera: Chrysomelidae; *Phyllotreta* spp.) is decreased on canola (*Brassica napus*) seedlings with increased trichome density. *Journal of Economic Entomology* 104: 125-36, 2011.

SOUZA, E. S.; BALDIN, E. L. L. Efeito de pós de origem vegetal e de terra diatomácea sobre aspectos da biologia de *Zabrotes subfasciatus* (Boh., 1833) em feijão armazenado. *Arquivos do Instituto Biológico* 76: 401-408, 2009.

STANGE, G. High resolution measurement of atmospheric carbon dioxide concentration changes by the labial palp organ of the moth *Heliothis armigera* (Lepidoptera: Noctuidae). *Journal of Comparative Physiology, Neuroethology, Sensory, Neural and Behavioral Physiology* 171: 317-24, 1992.

STARKS, K. J. et al. Corn earworm larval feeding response to corn silk and kernel extracts. *Annals of Entomological Society of America* 58: 74-76, 1965.

STEINBAUER, M. J.; SCHIESTL, F. P.; DAVIES, N. W. Monoterpenes and epicuticular waxes help female autumn gum moth differentiate between waxy and glossy *Eucalyptus* and leaves of different ages. *Journal of Chemical Ecology* 30: 1117-142, 2004.

STONER, K. A. Glossy leaf wax and host-plant resistance to insects in *Brassica oleracea* L. under natural infestations. *Environmental Entomology* 19: 730-39, 1990.

STORER, J. R.; ELMORE, J. S.; VAN EMDEN, H. F. Airborne volatiles from the foliage of three cultivars of autumn flowering chrysanthemums. *Phytochemistry* 34: 1489-492, 1993.

STOUT, M. J. Reevaluating the conceptual framework for applied research on host-plant resistance. *Insect Science* 20: 263-72, 2013.

TIMMINS, W. A.; REYNOLDS, S. F. Azadirachtin inhibits secretion of trypsin in midgut of *Manduca sexta* caterpillars: reduced growth due to impaired protein digestion. *Entomologia Experimentalis et Applicata* 63: 47-54, 1992.

TINGEY, W. M.; GIBSON, R. W. Feeding and mobility of the potato leafhopper impaired by glandular trichomes of *Solanum berthaultii* and *S. polyadenium*. *Journal of Economic Entomology* 71: 856-58, 1978.

TINGEY, W. M. et al. Green peach aphid resistance by glandular trichomes in *Solanum tuberosum* e *S. berthaultii* hybrids. *American Potato Journal* 59: 241-51, 1982.

THOMPSON, K. F. Resistance to the cabbage aphid (*Brevicoryne brassicae*) in *Brassica* plants. *Nature* 198: 209, 1963.

TODD, J. C. et al. Feeding behavior of soybean aphid (Hemiptera: Aphididae) biotype 2 on resistant and susceptible soybean. *Journal of Economic Entomology* 109: 426-33.

TOOMING, E. et al. Antennal sugar sensitivity in the click beetle *Agriotes obscures*. *Physiological Entomology* 37: 345-53, 2012.

TRIPLEHORN, C. A.; JOHNSON, N. F. *Estudo dos insetos*. São Paulo: Cengage Learning, 2013.

TROUVELOT, B. L'immunité chez les Solanacées à l'égard du Doryphore. *Entomological Experimentalis et Applicata* 1: 9-13, 1958.

TRUMM, P.; DORN, A. Effects of azadirachtin on the regulation of midgut peristalsis by the stomatogastric nervous system in *Locusta migratoria*. *Phytoparasitica* 28: 7-26, 2000.

UDAYAGIRI, S.; MASON, C. E. Host plant constituents as oviposition stimulants for a generalist herbivore: European corn borer. *Entomological Experimentalis et Applicata* 76: 59-65, 1995.

UKWUNGWU, M. N.; ODEBIYI, J. A. Incidence of *Chilo zacconius* Bleszynski on some rice varieties in relation to plant characters. *Insect Science and its Application* 6: 653-56, 1985.

ULMER, B. et al. Diamondback moth, *Plutella xylostella* (L.), feeding and oviposition preferences on glossy and waxy *Brassica rapa* (L.) lines. *Crop Protection* 21: 327-31, 2002.

VAISHAMPAYAN, S. M. et al. Spectral specific response in the visual behavior of the greenhouse whitefly *Trialeurodes vaporariorum* (Homoptera: Aleyrodidae). *Entomologia Experimentalis et Applictata* 18: 344-56, 1975.

VALLE, G. E.; LOURENÇÃO, A. L.; PINHEIRO, J. B. Adult attractiveness and oviposition preference of *Bemisia tabaci* biotype B in soybean genotypes with different trichome density. *Journal of Pest Science* 85: 431-42, 2012.

VAN DER PLANK, J. E. *Disease resistance in plants*. New York: Academic Press, Inc., 206p.

VAN LOON, J. J. A. et al. Flavonoids from cabbage are feeding stimulants for diamondback moth larvae additional to glucosinolates: chemoreception and behavior. *Entomologia Experimentalis et Applicata* 104: 27-34, 2002.

VENDRAMIM, J. D.; TAPIA, D. M. T.; REIS, M. T. Influência de defeitos na casca de arroz sobre a infestação de *Sitophilus zeamais* Mots., 1855 e *S. oryzae* (L., 1763) (Col., Curculionidae). *Ecossistema* 14: 125-31, 1989.

VENDRAMIM, J. D.; NISHIKAWA, M. A. N. Melhoramento para resistência a insetos. In: NASS, L. L. et al. (eds.). *Recursos genéticos e melhoramento – plantas*. Rondonópolis: Fundação MT, 2001. p. 737-81.

VENDRAMIM, J. D.; GUZZO, E. C. Resistência de plantas e a bioecologia e nutrição dos insetos. In: PANIZZI, A. R.; PARRA, J. R. P. (eds.). *Bioecologia e nutrição de insetos:* base para o manejo integrado de pragas. Brasília, DF: Embrapa Informação Tecnológica, 2009. p. 1055-105.

VIEIRA, S. S. et al. Resistance of soybean genotypes to *Bemisia tabaci* (Genn.) biotype B (Hemiptera: Aleyrodidae). *Neotropical Entomology* 40: 117-22, 2011.

VISSER, J. H. Differential sensory preceptions of plant compounds by insects. In: HEDIN, P. A. (ed.). *Plant resistance to insects*. Washington, USA: American Chemical Society, ACS, 1983. (Symposium Series 208).

VISSER, J. H. Host odor perception in phytophagous insects. *Annual Review of Entomology* 31: 121-44, 1986.

VOIGHT, D.; GORB, E.; GORB, S. Plant surface-bug interactions: *Dicyphus errans* stalking along trichomes. *Arthropod–Plant Interactions* 1: 221-43, 2007.

WARRANT, E.; NILSSON, D. *Invertebrate vision*. Cambridge, UK: Cambridge University Express, 2006.

WEBSTER, J. A. Association of plant hairs and insect resistance. An annotated bibliography. *USDA-ARS Miscellaneous Publication* 1927: 1-18, 1975.

WEBSTER, B. The role of olfaction in aphid host location. *Physiological Entomology* 37: 10-18, 2012.

WEIBEL, D. E.; STARKS, K. J. Greenbug nonpreference for bloomless sorghum. *Crop Science* 26: 1151-153, 1986.

WHITMAN, D. W. Allelochemical interactions among plants, herbivores and their predators. In: BARBOSA, P.; LETOURNEAU, D. K. (eds.). *Novel aspects of insect–plant interactions.* New York, USA: John Wiley & Sons, 1988. p. 11-64.

WHITTAKER, R. H. The biochemical ecology of higher plants. In: SONDHEIMER, E.; SIMEONE, J. B. (eds.). *Chemical Ecology*. New York, USA: Academic Press, 1970. p. 43-70.

WHITTAKER, R. H.; FEENY, P. P. Allelochemics: chemical interactions between species. *Science* 171: 757-70, 1971.

WISE, M. J.; ABRAHAMSON, W. G. Ducking as a means of resistance to herbivory in tall goldenrod, *Solidago altissima*. *Ecology* 89: 3275-281, 2008.

WISEMAN, B. R.; ISENHOUR, D. J. Relationship of planting dates and corn earworm developmental parameters and injury to selected maize entries. *Maydica* 37: 149-56, 1992.

WISEMAN, B. R. Plant resistance to insects in integrated pest management. *Plant Disease* 78: 927-32, 1994.

WISEMAN, B. R.; ISENHOUR, D. J. Resistance in sweet corn to corn earworm larvae. *Journal of Agricultural Entomology* 11: 157-63, 1994.

WOODHEAD, S. p-hydroxybenzaldehyde in the surface wax of sorghum: its importance in seedling resistance to acridids. *Entomologia Experimentalis et Applicata* 31: 296-302, 1982.

WOODHEAD, S.; PADGHAM, D. The effect of plant surface characteristics on resistance of rice to the brown planthopper, *Nilaparvata lugens*. *Entomologia Experimentalis et Applicata* 47: 15-22, 1988.

YANG, G. et al. Chemical and ultrastructural analysis of corn cuticular lipids and their effect on feeding by fall armyworm larvae. *Journal of Chemical Ecology* 19: 2055-74, 1993.

YANG, N. W. et al. Effects of plant essential oils on immature and adult sweetpotato whitefly, *Bemisia tabaci* biotype B. *Crop Protection* 29: 1200-207, 2010.

XIE, Y. S. et al. Role of 2, 4-dihydroxy-7-methoxy-1,4-benzoazin-3-one (DIMBOA) in the resistance of maize to western corn rootworm, *Diabrotica virgifera virgifera* (LeConte) (Coleoptera: Chrysomelidae). *Canadian Entomologist* 122: 1177-186, 1990.

ZAKIR, A. et al. Specific response to herbivore-induced *de novo* synthesized plant volatiles provides reliable information for host plant selection in a moth. *Journal of Experimental Biology* 216: 3257-263, 2013.

ZVEREVA, E. L.; KOZLOV, M. V.; NIEMELA, P. Effects of leaf pubescence in *Salix borealis* on host-plant choice and feeding behaviour of the leaf beetle, *Melasoma japonica*. *Entomologia Experimentalis et Applicata* 89: 297-303, 1998.

# 5

# Antibiose

**José Djair Vendramim**
**Élio Cesar Guzzo**
**Leandro do Prado Ribeiro**

## 1. Introdução: aspectos conceituais

As plantas, sejam silvestres ou cultivadas, são atacadas por grande número de espécies de insetos herbívoros, que as utilizam para alimentação, abrigo, sítio de oviposição etc. No entanto, quando se considera a imensa quantidade de espécies de insetos existentes em nosso planeta, verifica-se que o número de espécies que conseguem efetivamente selecionar e colonizar uma planta é relativamente pequeno.

A observação mais detalhada da relação inseto–planta permite constatar que a planta não pode ser vista como uma entidade passiva, mas sim como um organismo ativo que vem desenvolvendo, por meio de seleção natural, mecanismos de proteção que interferem na sua utilização pelos insetos, os chamados fatores de resistência.

Nesse contexto, algumas variedades de plantas apresentam fatores que afetam de modo negativo os parâmetros biológicos dos insetos, mas sem necessariamente afetar o seu comportamento de alimentação, oviposição ou abrigo, característica da resistência por antixenose.

Com base nessas considerações, a antibiose pode ser definida como o tipo de resistência em que o inseto se utiliza normalmente da planta para a sua alimentação, mas ela exerce efeito adverso sobre a sua biologia (Painter, 1951).

A antibiose tem sido um importante mecanismo de resistência em genótipos de distintos grupos de plantas cultivadas, incluindo espécies de cereais, leguminosas, forrageiras, olerícolas, frutíferas e essências florestais, contra uma gama de espécies de artrópodes-praga com diferentes hábitos alimentares (Smith, 2005). Dentro dos preceitos do manejo integrado de pragas (MIP), a utilização de genótipos com resistência do tipo antibiose é bastante desejável, já que esta reduz o desempenho biológico (fitness) da espécie-praga e o tamanho de sua população nas gerações subsequentes (efeito transgeracional), podendo, a depender do nível de resistência, manter a praga em níveis populacionais abaixo dos recomendados para o seu controle. Além disso, fatores antibióticos de plantas podem atuar como agentes estressores das espécies-praga associadas, predispondo-as a uma ação mais efetiva de outros agentes de controle, principalmente os inseticidas e os inimigos naturais.

Os principais efeitos na biologia do inseto que caracterizam a resistência do tipo antibiose são: prolongamento e mortalidade das fases imaturas, subdesenvolvimento (Figura 1), redução do peso das fases imaturas e adulta, redução da fecundidade e da fertilidade, redução da longevidade dos adultos, alteração da razão sexual e ocorrência de indivíduos defeituosos (Figuras 2 e 3), tanto na fase imatura (ninfas, larvas e pupas) como na fase adulta. Deve-se ressaltar que nem sempre é fácil distinguir entre antixenose alimentar (fagodeterrência) e antibiose, especialmente se a fagodeterrência se manifesta em alto grau, já que também nesse caso podem ocorrer alterações significativas na biologia do inseto. Para tentar caracterizar o tipo de resistência nesses casos, primeiramente deve-se submeter o inseto a um bioensaio de preferência alimentar, comparando a planta teste (na qual se verificou efeito negativo sobre a biologia do inseto) com uma planta testemunha (na qual tal efeito não foi constatado). Se não existe diferença de consumo entre esses dois tratamentos, pode-se concluir que os efeitos na biologia são decorrentes da antibiose; caso contrário, havendo diferença, é certo que esteja ocorrendo antixenose alimentar, mas não se pode descartar a existência de antibiose. Para a distinção dos tipos de resistência, nesse caso, serão necessários bioensaios complementares, com o emprego de índices de consumo e utilização de alimento (Scriber e Slansky Jr., 1981; Slansky Jr. e Scriber, 1985; Vendramim e Guzzo,

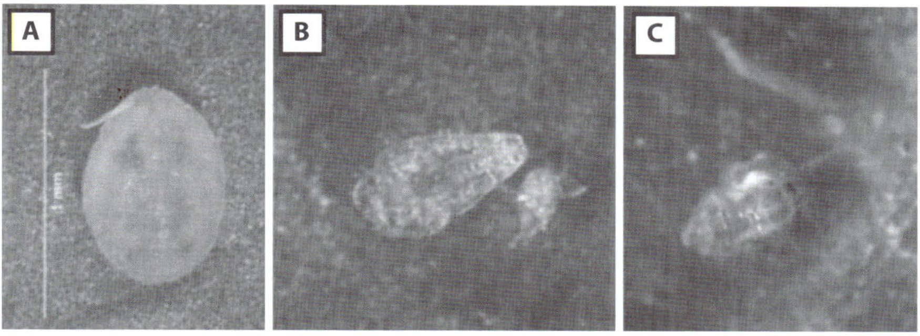

**Figura 1.** Ninfa de quarto instar de *Bemisia tabaci* proveniente de genótipo suscetível (A – sadia); ninfa de quarto instar confinada em genótipo portador de antibiose (B – subdesenvolvida); indivíduo morto durante o processo de emergência do adulto (C) (adaptado de Baldin e Beneduzzi. *Journal of Pest Science* 83: 221-27, 2010, com autorização).

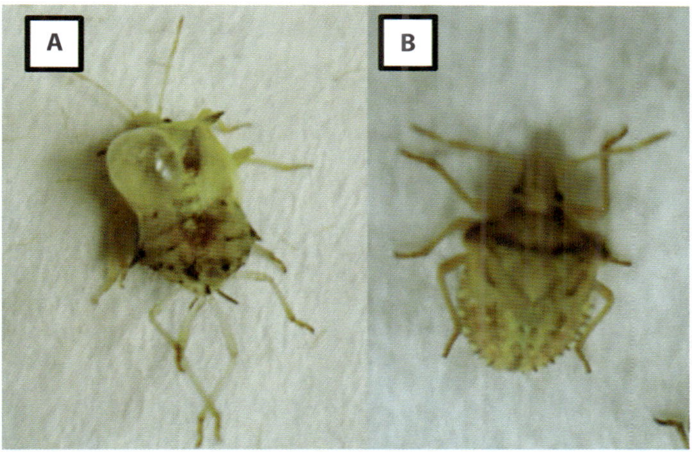

**Figura 2.** Ninfas de quinto instar de *Euschistus heros* confinadas em material portador de antibiose (A – deformado) e suscetível (B – sadia) (imagens cedidas por Edson L. L. Baldin e Efrain S. Souza).

2008, 2012), e até mesmo, no caso de lagartas, a remoção das maxilas em que se situam os sensilos responsáveis pela percepção do paladar do tecido vegetal.

Waldbauer e Fraenkel (1961) compararam a alimentação, a sobrevivência e o desenvolvimento de lagartas de quarto instar de *Manduca sexta* (Linnaeus) (= *Protoparce sexta* Linnaeus) (Lepidoptera: Sphingidae), com as maxilas normais e removidas, em diversas plantas hospedeiras. O teste foi conduzido ao longo de 48 horas e verificou-se que, em alguns casos, a retirada das maxilas fez que as lagartas passassem a se alimentar normalmente de plantas antes rejeitadas. Nestas, em alguns casos, o inseto passou a se desenvolver como na testemunha, o que eviden-

**Figura 3.** Deformações em *Anticarsia gemmatalis* criada em soja IAC 24. **A)** lagarta; **B)** pupas malformadas; **C)** adultos (imagens cedidas por Cristina G. Q. Fugi e André L. Lourenção).

cia, em situação normal (lagarta com maxilas), que ele se desenvolve mal porque essas plantas são rejeitadas (antixenose). Já em outros casos, mesmo consumindo igualmente, em relação à testemunha, ele continuou se desenvolvendo mal, o que caracteriza a ocorrência de antibiose.

Em alguns casos, pela dificuldade de elaborar conclusões taxativas a partir de bioensaios complementares, costuma-se dizer que a variedade em questão apresenta resistência do tipo antibiose e/ou antixenose. De qualquer forma, em geral considera-se que a antibiose está presente (sem exclusão da fagodeterrência) quando os insetos apresentam elevada mortalidade das fases imaturas, alta porcentagem de deformação e redução de fecundidade e fertilidade (Vendramim e Guzzo, 2008, 2012). No entanto, em estudos de caracterização de resistência, sempre é prudente incluir algum parâmetro de consumo alimentar do inseto.

## 2. Fatores antibióticos de plantas para artrópodes

As diferentes estratégias adotadas pelas plantas para conferir resistência aos herbívoros são denominadas causas ou fatores da resistência, didaticamente divididos em fatores físicos, químicos e morfológicos.

Os fatores físicos, que se referem principalmente à cor do substrato, estão mais diretamente relacionados à antixenose e não serão abordados neste capítulo. Os efeitos sobre o metabolismo dos insetos decorrem principalmente de fatores morfológicos e químicos.

Segundo Lara (1991), o efeito adverso que a planta exerce sobre a biologia do inseto e faz que ela apresente resistência por antibiose pode ser devido a: **1)** presença, na planta, de alomônios com ação antibiótica sobre a fisiologia e a biologia do inseto, incluindo metabólitos tóxicos que produzem intoxicação aguda ou crônica, como os alcaloides, terpenos, quinonas, glicosídeos etc.; antimetabólitos que tornam indisponíveis certos nutrientes essenciais ou que atuam como inibidores enzimáticos; enzimas que inibem ou reduzem os processos normais de digestão do alimento; fito-hormônios, que interferem no processo hormonal, acelerando, retardando ou mesmo impedindo a metamorfose do inseto; compostos antigonodais, que reduzem a fertilidade do inseto; **2)** impropriedade nutricional da planta para o inseto, devido à deficiência quantitativa de nutrientes, ausência de um ou mais de um nutriente essencial e proporção inadequada entre os nutrientes.

Os efeitos antibióticos podem se expressar de forma moderada (efeitos subletais), aumentando a duração do período de desenvolvimento, reduzindo o peso ou diminuindo a longevidade do adulto, ou de forma drástica, quando provocam a morte do inseto, seja na fase imatura, seja no momento de transformação para as fases de pupa ou adulta. Tais efeitos são considerados letais quando ocorrem nos primeiros estádios da fase imatura e crônicos quando a letalidade se verifica nos estádios mais avançados ou mesmo quando o inseto não consegue emergir das fases de pré-pupa ou pupa (Smith, 2005). No Capítulo 7 deste livro são apresentadas as principais técnicas utilizadas para a determinação da antibiose e dos outros tipos de resistência.

## 2.1. Fatores morfológicos

Alguns autores (Beck, 1965; Larsson, 2002) consideram que a rigidez da epiderme ou de algum outro tecido da planta e a presença de tricomas são fatores físicos, por entenderem que constituem barreiras físicas à penetração dos estiletes, das mandíbulas ou do ovipositor do inseto, além de diminuírem sua capacidade de locomoção sobre a planta, dificultando o acesso ao recurso desejado. No entanto, esses aspectos serão aqui tratados como fatores morfológicos, conforme convencionado entre os pesquisadores da área (Lara, 1991; Vendramim e Guzzo, 2008, 2012). Portanto, são consideradas fatores morfológicos todas as características estruturais ou morfológicas da planta que afetam de modo negativo o desempenho do inseto.

Além de influenciarem o comportamento do inseto, prejudicando a locomoção, o acasalamento e a seleção hospedeira para alimentação e/ou oviposição, os fatores morfológicos também podem influenciar a fisiologia do inseto, devido às suas características químicas, afetando a ingestão e a digestão de alimentos, ou mesmo o balanço nutricional, em razão da baixa qualidade nutricional.

Os fatores morfológicos podem ser divididos em fatores da epiderme e estruturais. Estes se referem basicamente ao tamanho das estruturas vegetais e à forma como elas se encontram dispostas na planta e, embora contribuam significativamente para a resistência da planta às pragas, não têm grande importância do ponto de vista da antibiose, uma vez que afetam basicamente o comportamento do inseto. Os fatores da epiderme, por sua vez, compreendem os apêndices ou formações encontrados na planta, como, os tricomas, bem como a forma, a textura e a consistência dela, que são determinadas pela deposição de ceras, sílica, lignina e outros. Tais fatores influenciam mais diretamente a nutrição do inseto, por fazerem parte do tecido da planta e também serem ingeridos por ele (Vendramim e Guzzo, 2008, 2012).

### 2.1.1. Rigidez e espessamento da epiderme

Como a epiderme é a primeira barreira que o inseto precisa atravessar para penetrar na planta e/ou se alimentar dela, diversas características podem interferir nesse processo. A rigidez e o espessamento da epiderme em geral variam em função da deposição de sílica ou de lignina, que atuam como fatores de resistência a insetos em diversas plantas cultivadas ou silvestres.

#### Sílica

Apesar de não ser considerado um elemento essencial para o crescimento, o desenvolvimento e o metabolismo das plantas superiores, o silício (Si) é o segundo elemento mais abundante na superfície terrestre e constitui o principal componente inorgânico das plantas, participando de uma série de atividades que as favorecem, incluindo a defesa contra insetos-praga (Epstein, 1999). Absorvido pelas plantas na forma de ácido monossilícico, o silício se concentra nas folhas e de início se polimeriza em ácido silícico coloidal, passando então a sílica gel, também chamada de sílica amorfa hidratada. Ele se acumula no lúmen das células epidérmicas, formando corpos chamados fitólitos que, uma vez imobilizados, não mais se redistribuem pela planta, razão pela qual ocorre em concentrações mais altas nos tecidos mais velhos (Barbosa Filho et al., 2000; Hunt et al., 2008; Keeping et al., 2009). Mais de 90% do teor de silício encontrado nas plantas se concentra na epiderme (Barbosa Filho et al., 2000) e algumas gramíneas (Poaceae), como o arroz (Figura 4), apresentam grande capacidade de acumular esse mineral, que varia de acordo com o genótipo (Epstein, 1999; Barbosa Filho et al., 2000; Korndörfer et al., 2011).

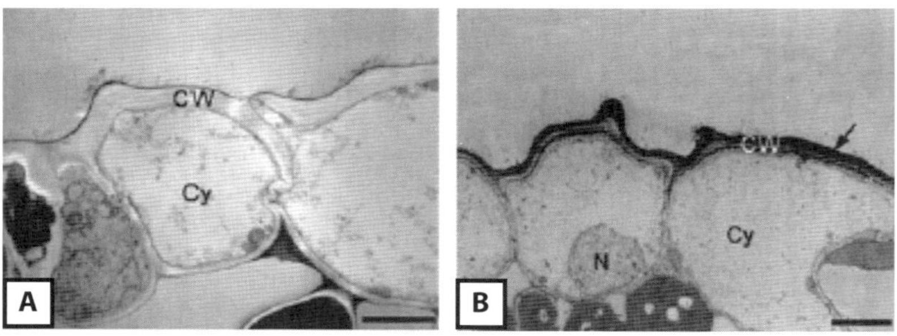


**Figura 4.** Eletromicrografia de transmissão de folhas de arroz não tratado (A) e tratado com silício (B). CW = parede celular; Cy = citoplasma; N = núcleo. A seta em B indica uma região elétron-densa, que corresponde a uma camada de sílica acumulada por ocasião do tratamento. Barra de A = 2 μm e barra de B = 3 μm (adaptado de Kim et al. *Phytopathology* 92: 1095-103, 2002, com autorização).

Embora os genótipos com altos níveis de silício nem sempre apresentem resistência a insetos (Barbosa Filho et al., 2000), esse elemento tem demonstrado efeito negativo sobre vários insetos-praga pertencentes a diversas ordens e com hábitos alimentares variados (sugadores de seiva de xilema e de floema e mastigadores folívoros, mastigadores broqueadores etc.), mas o seu mecanismo de ação ainda não está completamente elucidado (Vendramim e Guzzo, 2012).

O efeito mais evidente da deposição de silício na epiderme das plantas é o endurecimento desse tecido, que representa uma barreira mecânica para os insetos que necessitam se alimentar dele. No caso dos insetos mastigadores, os efeitos do silício são bastante nítidos, pois o endurecimento da epiderme provoca desgaste das mandíbulas, impedindo ou dificultando a mastigação e a ingestão dos tecidos da planta (Djamin e Pathak, 1967; Goussain et al., 2002) (Figura 5).

Quando lagartas de *Spodoptera frugiperda* (J. E. Smith) (Lepidoptera: Noctuidae) foram alimentadas com folhas de milho com teores mais elevados de silício, altas mortalidades foram verificadas no segundo e no sexto instares (Goussain et al., 2002). Para os autores, as lagartas de segundo instar seriam mais sensíveis, devido ao seu tamanho reduzido e à maior fragilidade das mandíbulas, e as de sexto instar, o mais longo de todos, pelo fato de o consumo de alimento ser maior do que em todos os outros instares juntos, o que provocaria maior desgaste das mandíbulas, devido à ação abrasiva do silício depositado na epiderme das folhas. O efeito prejudicial desse elemento químico também já foi verificado para vários outros insetos folívoros, como *Spodoptera exempta* (Walker) (Lepidoptera: Noctuidae) e *Schistocerca gregaria* Forskal (Orthoptera: Acrididae) (Massey et al., 2006), e broqueadores, como *Chilo infuscatelus* Snellen (Lepidoptera: Crambidae) (Rao, 1967), *Chilo suppressalis* (Walker) (Lepidoptera: Crambidae) (Djamin e Pathak, 1967), *Diatraea saccharalis* (Fabricius) (Lepidoptera: Crambidae) (Anderson e Sosa Jr., 2001) e *Eldana saccharina* (Walker) (Lepidoptera: Pyralidae) (Keeping e Meyer, 2002).

Além desse efeito abrasivo às mandíbulas do inseto, o silício presente nas folhas provoca um desbalanço nutricional, uma vez que não é utilizado como nutriente e, na maioria dos casos, sequer é absorvido pelos insetos, não tendo, portanto, nenhuma função conhecida em seu organismo (Barbehenn, 1993; Vendramim e Guzzo, 2008, 2012). Uma vez que os insetos não digerem nem absorvem o silício, quanto maior a proporção do mineral nos tecidos da planta, menores os valores de digestibilidade aproximada e eficiência de conversão do alimento ingerido, o que representa menor valor nutricional do alimento para eles (Vendramim e Guzzo, 2008, 2012). Outro indício dessa baixa qualidade nutricional é o aumento, em até oito vezes, do canibalismo entre lagartas de *S. frugiperda*, quando confinadas em folhas de milho tratado com silício, em comparação com aquelas confinadas em milho não tratado (Goussain et al., 2002). Esse comportamento costuma ser mais acentuado na presença de algum tipo de estresse alimentar, por exemplo, a escassez de alimento (Raffa, 1987; Nalim, 1991).

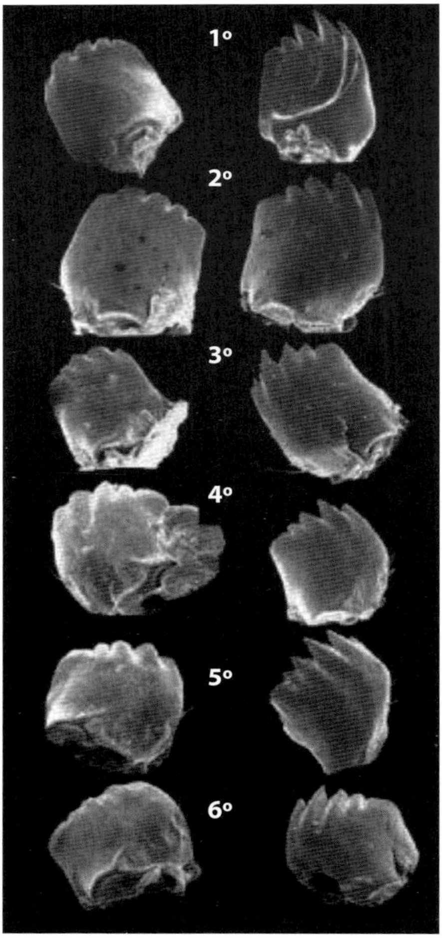


**Figura 5.** Mandíbulas de lagartas de *Spodoptera frugiperda* de primeiro a sexto instar alimentadas com folhas de milho cultivadas com silício (esquerda) e sem silício (direita) (adaptado de Goussain et al. *Neotropical Entomology* 31: 305-10, 2002, com autorização).

Alguns trabalhos têm demonstrado que altos teores de silício também podem ocasionar efeito deterrente alimentar em diversos insetos, por exemplo, na lagarta *S. exempta* e no gafanhoto *S. gregaria* (Massey et al., 2006). Apesar do efeito antixenótico, herbívoros confinados a plantas com alto teor de silício têm seu desenvolvimento prejudicado não apenas porque ingerem menores quantidades de alimento, mas porque absorvem em menor proporção o nitrogênio (Massey e Hartley, 2006) e os carboidratos (Massey et al., 2006) dessa dieta.

Hunt et al. (2008) verificaram que, embora o teor de clorofila em folhas da gramínea *Lolium perenne* L. (azevém-perene) com alto e com baixo teor de silício seja o mesmo, o teor de clorofila nas fezes de *S. gregaria* foi 38% superior quando alimentado em folhas da gramínea com alto teor de silício, em relação a folhas com baixo teor desse mineral. Tal resultado sugere que a presença desse elemento afeta o rompimento das paredes das células clorenquimáticas da gramínea e, como essas células contêm altos níveis de amido e de proteínas, a proteção mecânica da sílica às células poderia ser parcialmente responsável pela baixa digestibilidade das gramíneas ricas no mineral (Massey et al., 2006). No entanto, Hunt et al. (2008) consideram pouco provável que a sílica reforce a parede celular das células clorenquimáticas, prevenindo o seu rompimento, uma vez que não se verificam níveis significativos do elemento nessas células. Assim, apesar de os resultados serem preliminares, os autores sugerem que os fitólitos atuam de modo a impedir o completo fechamento das mandíbulas do inseto no momento da mastigação do alimento, prevenindo assim a maceração e o rompimento das células clorenquimáticas e reduzindo a digestibilidade do alimento para os insetos que não são capazes de digerir as paredes celulares e dependem dos recursos nutricionais do conteúdo celular.

Em alguns casos, quando confinados em dietas com baixa qualidade nutricional, os insetos podem compensá-la ingerindo quantidades maiores do alimento, o que também já foi observado em plantas com alto teor de silício, com o gafanhoto *S. gregaria* (Massey et al., 2006). No caso específico do silício, no entanto, o aumento da atividade alimentar pode causar desgaste ainda maior das mandíbulas, devido à ação abrasiva, conforme comentado anteriormente, prejudicando ainda mais o inseto. Cabe ressaltar, contudo, que a dureza do tecido não se deve necessariamente ao acúmulo do mineral, pois outros elementos, como o oxalato de cálcio, ou as fibras, podem estar envolvidos nesse fenômeno (Kvedaras et al., 2009).

Considerando os mecanismos que provocam os efeitos do silício sobre insetos mastigadores, seria possível supor que esse elemento não seria um fator de resistência para insetos sugadores, os quais inserem seus estiletes na planta por entre os fitólitos, evitando assim a barreira de sílica da sua epiderme, o que chegou a ser postulado por Massey et al. (2006). No entanto, já foi demonstrado que vários insetos sugadores são afetados pelo silício, por exemplo: *Nilaparvata lugens* (Stål) (Hemiptera: Delphacidae) (Yoshihara et al., 1979), *Sitobion avenae* (Fabricius) e *Metopolophium dirhodum* (Walker) (Hemiptera: Aphididae) (Hanisch, 1981), *Sogatella furcifera* (Horváth) (Hemiptera: Delphacidae) (Kim e Heinrichs, 1982; Salim e Saxena, 1992), *Schizaphis graminum* (Rondani) (Hemiptera: Aphididae) (Carvalho et al., 1999; Basagli et al., 2003; Moraes et al., 2004; Goussain et al., 2005), *Rhopalosiphum maidis* (Fitch) (Hemiptera: Aphididae) (Moraes et al., 2005), *Thrips palmi* Karny (Thysanoptera: Thripidae) (Almeida et al., 2008), *Frankliniella schultzei* Trybom (Thysanoptera: Thripidae) (Almeida et al., 2009) e *Mahanarva fimbriolata* Stål (Hemiptera: Cercopidae) (Korndörfer et al., 2011). Já algumas espécies de insetos mastigadores não são afetadas por altos níveis de silício na dieta, como *Herpetogramma phaeopteralis* Guenée (Lepidoptera:

Crambidae) (Korndörfer et al., 2004) e *Agrotis ipsilon* (Hufnagel) (Lepidoptera: Noctuidae) (Redmond e Potter, 2006).

Adicionalmente, Gomes et al. (2005) verificaram que a aplicação de silício em plantas de trigo ativa as enzimas peroxidase, polifenoloxidase e fenilalanina amônia-liase, que atuam no sistema de defesa da planta contra *S. graminum*, da mesma forma que a infestação prévia com essa espécie de pulgão. Por outro lado, Correa et al. (2005) verificaram que a resistência de pepino a *Bemisia tabaci* (Gennadius) biótipo B (Hemiptera: Aleyrodidae) induzida por silício é idêntica àquela induzida por benzotiadiazol, um análogo sintético do salicilato, um elicitor de plantas natural. Dessa forma, com todos esses exemplos de insetos sugadores que são negativamente afetados pelo silício, aliado ao fato de que o mineral não constitui uma barreira mecânica à penetração dos estiletes, Keeping e Kvedaras (2008) afirmam que são crescentes as evidências do papel ativo do silício solúvel no mecanismo de defesa das plantas ao ataque de insetos herbívoros e que esse mecanismo de resistência mediada pelo mineral inclui uma combinação de defesas mecânicas e químicas constitutivas e induzidas (ver Capítulo 10).

Apesar de constarem na literatura alguns casos de efeitos antixenóticos do silício sobre insetos, a maioria dos efeitos relatados sugere efeitos típicos de antibiose, como redução na sobrevivência e no tamanho dos insetos e, em alguns casos, desgaste mandibular, indicando baixa eficiência alimentar. De qualquer modo, a defesa de plantas mediada por esse elemento tem impacto significativo no comportamento alimentar, na performance e, em última instância, na dinâmica populacional de insetos herbívoros (Vendramim e Guzzo, 2008, 2012).

### Lignina

A lignina é um polímero de unidades de fenilpropano (monolignóis) localizada na lamela média das células vegetais e desempenha papel fundamental na cimentação das microfibrilas das paredes celulares, mantendo-as unidas (Esteban et al., 2003). A lignina ocorre predominantemente em grupos de células lignificadas. Em *Picea* spp. (abeto), por exemplo, embora possa estar distribuída por toda a casca, ela comumente forma uma camada distinta nos tecidos mais internos (Wainhouse et al., 1990). Variações quanto ao teor de lignina também podem ocorrer dentro de um mesmo grupo, em diferentes estádios fenológicos da planta, e até mesmo em nível subcelular, dentro de um mesmo estádio fenológico (Lewis e Yamamoto, 1990).

Assim como ocorre com a sílica, a lignina também pode atuar como barreira física contra o ataque de alguns insetos. Em cultivares de sorgo resistentes à mosca *Atherigona soccata* (Rondani) (= *Atherigona varia soccata* Rondani) (Diptera: Muscidae), por exemplo, a lignificação e o espessamento das paredes das células que envolvem o feixe vascular nas folhas jovens impedem a penetração das larvas desse inseto (Blum, 1968).

A dureza das estruturas lignificadas pode atuar como um deterrente físico para os insetos e, à semelhança da sílica, pode provocar o desgaste das mandíbulas, impedindo ou dificultando a mastigação e a ingestão dos tecidos das plantas e reduzindo o consumo de alimento por parte dos herbívoros (Vendramim e Guzzo, 2008, 2012). Wainhouse et al. (1990) verificaram que, em abeto com alto teor de lignina, o coleóptero *Dendroctonus micans* (Kugelann) (Coleoptera: Curculionidae) tem redução na sobrevivência, na taxa de crescimento e no peso das larvas, sendo o efeito dose-dependente. Os indivíduos dessa espécie normalmente exibem comportamento de agregação, no qual a "frente de alimentação" (formada por insetos que atacam a planta de modo simultâneo) escava uma galeria no tronco da árvore. Em árvores com alto teor de lignina, no entanto, ocorre a fragmentação da frente de alimentação (Figura 6). A alteração no formato normal da galeria indica que os insetos, individualmente ou em grupos menores, são obrigados a contornar as massas de células lignificadas, alimentando-se dos tecidos menos lignificados que se encontram entre elas (Wainhouse et al., 1990).

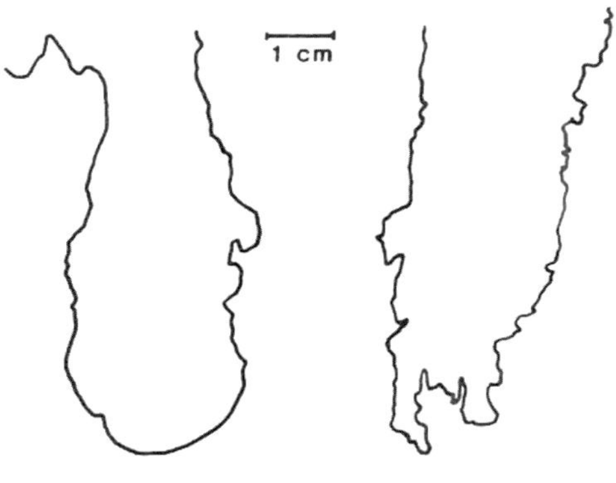


**Figura 6.** Frente de alimentação normal (à esquerda) e fragmentada (à direita) de *Dendroctonus micans* em casca de *Picea abies* Karst, com alto e baixo teor de lignina, repectivamente, vista da superfície interna (cambial) da casca do floema (adaptado de Wainhouse et al. *Oecologia* 85: 257-65, 1990, com autorização).

No entanto, de acordo com Swain (1979), citado por Wainhouse et al. (1990), a lignina não apresenta somente efeitos físicos sobre os insetos, mas também efeitos químicos, devido à sua ligação às proteínas e aos carboidratos, reduzindo a disponibilidade de nutrientes e podendo ser tóxica aos insetos. A lignina extraída do tegumento de sementes de feijoeiro e incorporada à dieta artificial se mostrou bastante tóxica a larvas dos primeiros instares de *Acanthoscelides obtectus* (Say) (Coleoptera: Chrysomelidae), prolongando o período de desenvolvimento e reduzindo a fecundidade dos adultos emergidos (Stampoulos, 1988).

As fortes ligações carbono–carbono entre os monolignóis tornam a lignina bastante resistente à degradação/decomposição e não há muitas evidências de que os insetos sejam capazes de digeri-la. Mesmo aqueles que o fazem, utilizam-se de microrganismos que auxiliam na sua decomposição, possibilitando assim a absorção dos nutrientes pelo inseto. O besouro *Pselactus spadix* (Herbst) (Coleoptera: Curculionidae), por exemplo, somente é capaz de digerir lignina após o ataque e precondicionamento da madeira por microrganismos (Oevering et al., 2003). A gravimetria tem mostrado que a concentração da lignina nas fezes dos insetos é bastante elevada, em comparação com outros componentes estruturais e com a sua concentração na madeira ingerida (Pitman et al., 2003), revelando a indigestibilidade dela pelos insetos.

Conforme exposto, os efeitos das ligninas em insetos são típicos de subnutrição, seja pela baixa qualidade nutricional do alimento, seja pela ingestão insuficiente do alimento pelo inseto (Vendramim e Guzzo, 2008, 2012).

### 2.1.2. Cerosidade da epiderme

A cutícula da maioria das plantas terrestres forma uma camada cerosa que recobre a parede apical das células epidérmicas em praticamente todos os órgãos aéreos (Jenks et al., 2002). Essa camada é composta de um polímero de lipídeos que protege a planta da desidratação e com frequência é recoberta por cristais que podem variar na forma e na abundância (Eigenbrode e Espelie, 1995). Os principais grupos de lipídeos epicuticulares que compõem as ceras das plantas são: alcanos, ésteres cerosos, álcoois primários e secundários, cetonas e ácidos graxos livres e saturados. A quantidade e a composição química deles podem variar entre espécies (Figura 7), entre genótipos dentro de uma mesma espécie, entre partes de uma mesma planta e também de acordo com a idade da parte da planta, o que afeta diferencialmente a interação com herbívoros (Eigenbrode e Espelie, 1995; Jenks et al., 2002).

A cerosidade tem sido relatada por muitos autores como importante fator de resistência a insetos-praga em diversas variedades de plantas cultivadas, pois a sua estrutura física dificultaria a permanência e a manutenção dos insetos sobre essas plantas. No entanto, alguns estudos demonstraram que os lipídeos não afetam apenas o comportamento dos insetos, mas sugerem que eles atuam como aleloquímicos em relação aos insetos.

Varanda et al. (1992) verificaram que o ácido ursólico extraído das ceras epicuticulares de *Jacaranda decurrens* Cham. (carobinha) apresenta efeito tóxico contra *S. graminum*, reduzindo a sua sobrevivência e fecundidade, quando oferecido na dieta artificial em baixas concentrações, mas atua como deterrente alimentar em concentrações maiores. Apesar de esse resultado ter pouco valor prático, uma vez que os pulgões normalmente não ingerem a cera epicuticular das plantas, ele demonstra que os lipídeos não afetam apenas o comportamento dos insetos, mas também a biologia deles.

Lagartas de *Helicoverpa zea* (Boddie) (Lepidoptera: Noctuidae) se desenvolvem melhor quando alimentadas com dieta artificial contendo estilo-estigmas de

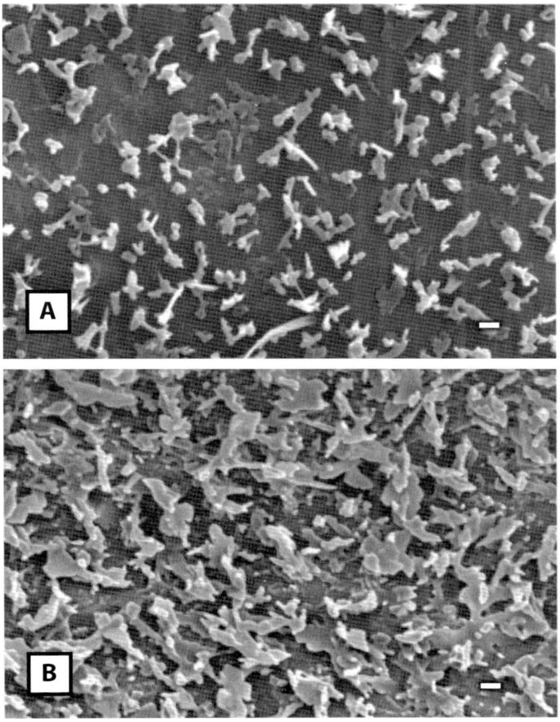


**Figura 7.** Eletromicrografia de varredura da superfície adaxial de folhas de *Thellungiella halophila* (C. A. Meyer) **(A)** e *T. parvula* (Schrenk) **(B)** (Brassicaceae) mostrando a morfologia dos cristais lipídicos epicuticulares e a diferença na sua abundância entre as duas espécies. Barras = 1 µm (adaptado de Jenks et al. *The Arabidopsis Book*, American Society of Plant Biologists, 2002, com autorização).

milho dos quais foram extraídos os lipídeos epicuticulares, em comparação com dieta contendo estilo-estigmas com esses lipídeos (Yang et al., 1992). Isso também ocorre com lagartas de *S. frugiperda* criadas em dieta artificial contendo folhas de milho com e sem os lipídeos (Yang et al., 1991), sendo que a extração dos lipídeos e sua adição a uma dieta artificial também prejudicam o desenvolvimento desse inseto (Yang et al., 1993).

Ainda com relação a *S. frugiperda*, lagartas alimentadas com dieta contendo folhas de espécies selvagens e cultivadas de amendoinzeiro sem os lipídeos cuticulares apresentaram maior peso e foi menor o tempo até a pupação e emergência dos adultos, em comparação com aquelas alimentadas com dieta contendo folhas com os lipídeos (Eigenbrode e Espelie, 1995), demonstrando o mesmo padrão de atividade para os lipídeos. Com base nos resultados, fica evidente que a interação dos insetos com a superfície das plantas, mediada pela sua cobertura cerosa, não ocorre apenas fisicamente. Embora existam evidências de que as ceras epicuticulares das plantas apresentam algum efeito tóxico ou antinutritivo sobre os insetos, não é possível distinguir com clareza a atividade pós-ingestiva de uma atividade deterrente (Eigenbrode e Espelie, 1995). Além disso, a cerosidade pode favorecer indiretamente o desenvolvimento de algumas espécies de insetos, uma vez que plantas com a camada cerosa reduzida ou ausente estão mais sujeitas a estresse hídrico, podem sofrer maior perda de água, com o consequente aumento na concentração de algum composto tóxico ou deterrente alimentar, o que seria prejudicial ao inseto.

### 2.1.3. Pilosidade da epiderme

A pilosidade, ou presença de tricomas nas plantas, é tida como um dos mais importantes fatores de resistência, dada a sua grande variação morfológica e também a diversidade de maneiras como pode afetar os insetos. Enquanto os tricomas simples comprometem a habilidade do inseto de se fixar e/ou permanecer sobre a planta, limitam o seu acesso ao alimento e estão mais diretamente relacionados à resistência por antixenose, os tricomas glandulares, além de constituírem a base mecânica da resistência, compõem estruturas especializadas nas quais são sintetizados e armazenados certos compostos químicos que podem afetar a biologia dos insetos.

Entre as plantas cultivadas, o tomateiro é aquela cujas interações plantas–hospedeiro estão mais bem estudadas e detalhadas. Nele predominam dois tipos de tricomas glandulares: os do tipo IV apresentam uma única célula formando a glândula apical; naqueles do tipo VI, correspondentes aos tricomas do tipo A, que ocorrem na espécie selvagem de batata *Solanum berthaultii* Hawkes, a glândula é formada por quatro células (Figura 8). Enquanto a secreção glandular dos tricomas do tipo IV apresenta altos níveis de acilaçúcares, que são tóxicos a várias espécies de insetos, como *Macrosiphum euphorbiae* (Thomas) (Hemiptera: Aphididae), *Myzus persicae* (Sulzer) (Hemiptera: Aphididae), *B. tabaci* biótipo B, *Trialeurodes vaporariorum* (Westwood) (Hemiptera: Aleyrodidae), *H. zea*, *Spodoptera exigua* (Hübner) (Lepidoptera: Noctuidae) e *Liriomyza trifolii* (Burgess) (Diptera: Agromyzidae), os tricomas do tipo VI estão mais diretamente envolvidos no processo de captura de pequenos insetos. A sua secreção glandular apresenta compostos fenólicos, como rutina e ácido clorogênico, e conjugados de ácido cafeico com polifenoloxidases e peroxidases. Quando um inseto danifica a glândula e o seu conteúdo se mistura, ocorre oxidação dos compostos fenólicos em quinonas que polimerizam e formam uma substância pegajosa que cola os apêndices dos insetos, aprisionando-os às folhas da planta, ou obstruindo diretamente o seu aparelho bucal, também impedindo a alimentação (Kennedy, 2003). Além desse efeito mecânico que impede o inseto de se alimentar, levando-o à morte por inanição, há também uma série de efeitos pós-ingestivos observados para esses compostos, com características antibióticas (Juvik et al., 1994).

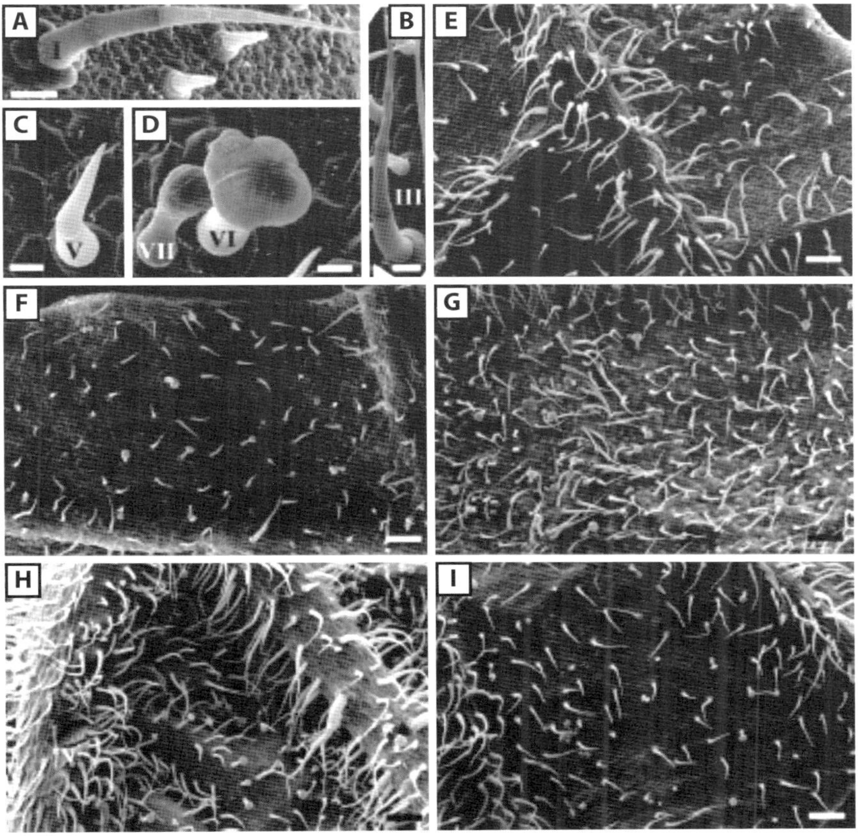


**Figura 8.** Microscopia eletrônica de varredura dos tipos de tricomas encontrados em tomate *Solanum lycopersicum* L. (A) Tricomas glandulares do tipo I (barra = 50 µm); (B) tricoma não glandular do tipo III (barra = 50 µm); (C) tricoma não glandular do tipo V (barra = 20 µm); (D) tricoma glandular dos tipos VI e VII. Distribuição de tricomas sobre a superfície adaxial de folíolos de tomateiro cv. Micro-Tom (E) e de quatro genótipos mutantes (F, G, H, I) obtidos da referida cultivar (barras de 20 µm nas figuras E a I) (adaptado de Campos et al. *Journal of Experimental Botany* 60: 4347-361, 2009, com autorização).

Ressalte-se que, além dos efeitos antibióticos, também tem sido constatado que os acilaçúcares apresentam efeito antixenótico na oviposição, como demonstrado em experimentos com *B. tabaci* biótipo B em genótipos de tomateiro (Liedl et al., 1995; Fancelli et al., 2005).

As glândulas dos tricomas de *Solanum hirsutum* f. *typicum* Humb & Bonpl. (= *Lycopersicon hirsutum* f. *typicum*), por sua vez, contêm diversos sesquiterpenos, incluindo γ-elemeno, δ-elemeno, α-curcumeno, α-humuleno e zingibereno (Eigenbrode et al., 1994; Kennedy, 2003), que são tóxicos às larvas de *Leptinotarsa decemlineata* (Say) (Coleoptera: Chrysomelidae) (Carter et al., 1989; Kennedy,

2003). Já em *Solanum habrochaites* f. *glabratum* (C. H. Mull.) (= *Lycopersicon hirsutum* f. *glabratum*), as glândulas contêm as metilcetonas 2tridecanona e 2undecanona, que são tóxicas a vários insetos, como *H. zea*, *Keiferia lycopersicella* (Walsingham) (Lepidoptera: Gelechiidae), *L. decemlineata*, *M. sexta*, *S. exigua* (Kennedy, 2003), *Phthorimaea operculella* (Zeller) (Lepidoptera: Gelechiidae) (Ventura e Vendramim, 1995, 1996) e *Tuta absoluta* (Meyrick) (Lepidoptera: Gelechiidae) (Giustolin e Vendramim, 1996).

Esses exemplos demonstram um pouco da diversidade das interações dos tricomas com os insetos, envolvendo os fatores químicos presentes principalmente nos exsudatos glandulares, que podem resultar em antibiose.

## 2.2. Fatores químicos

Ao longo do processo evolutivo, a produção de compostos de defesa (aleloquímicos) (ver Capítulo 3) proporcionou às plantas certo grau de resistência contra o ataque de insetos. Tais compostos podem ser não proteicos, como os antibióticos, alcaloides, terpenos e glucosídeos cianogênicos, ou proteicos, como as lectinas, arcelinas, vicilinas, sisteminas, quitinases, glucanases e os inibidores enzimáticos (Franco et al., 2002). Embora também possam influenciar o comportamento dos insetos, provocando a resistência por antixenose, esses compostos atuam principalmente na sua biologia ou no seu metabolismo, provocando, nesse caso, a resistência por antibiose.

Duffey e Stout (1996) fizeram uma revisão sobre as defesas químicas presentes em tomateiro contra diversos insetos-praga, com o objetivo de esclarecer os mecanismos de defesa das plantas contra esses insetos. Os autores verificaram que as defesas resultam de uma série de características químicas que, de maneira interativa e simultânea, prejudicam a aquisição de nutrientes e intoxicam os insetos. Assim, o impacto de dada substância sobre a fisiologia do inseto depende não somente da sua identidade e quantidade, mas também da identidade e quantidade de substâncias que ocorrem simultaneamente e do ambiente físico-químico. Durante a alimentação, o inseto precisa lidar com todas essas substâncias, bem como com a matriz de interações simultâneas e sequenciais, e, desse modo, o valor nutritivo do alimento deve ser uma função de todas as substâncias e das interações entre elas, sendo que algumas reações assumem maior importância do que outras. A 2-undecanona, por exemplo, ocorre conjuntamente com a 2-tridecanona nas glândulas dos tricomas no tomateiro *S. hirsutum* f. *glabratum* e atua como sinergista dela, potencializando a sua toxicidade para os insetos (Kennedy, 2003). O mesmo princípio também pode ser aplicado às proteínas, sendo que, para Felton (1996), o desempenho de um herbívoro alimentando-se do seu hospedeiro não depende apenas da quantidade, mas também da qualidade das proteínas que ele contém. A qualidade das proteínas pode ser alterada não somente pelas variações genéticas inter e intraespecíficas, mas também por outros fitoquímicos ingeridos conjuntamente, como os agentes alquilantes, por exemplo. Em outras palavras, o valor nutricional de uma proteína não é o seu valor em si, mas aquele obtido na mistura natural (Duffey e Stout, 1996).

### 2.2.1. Toxinas

Compostos que provocam efeitos antibióticos sobre insetos de diferentes ordens podem ser encontrados em diversos gêneros de plantas cultivadas, incluindo grupos vegetais com hábitos de crescimento, frutificação e propagação bastante distintos, como cereais, forrageiras, hortaliças, frutíferas e outras espécies arbóreas (Tabela 1).

Os agentes alquilantes derivados de plantas, que compõem uma classe de compostos estruturalmente muito diversa (quinonas, compostos fenólicos, aldeídos, alcaloides pirrolizidinas, lactonas sesquiterpenos, isotiocianatos, entre outros), formam ligações covalentes com as extremidades da cadeia de aminoácidos das proteínas, desnaturando-as de forma irreversível e limitando a utilização dos seus aminoácidos pelo herbívoro (Felton e Duffey, 1991; Duffey e Stout, 1996; Felton, 1996). Quando um inseto mastiga uma folha que contém tricomas glandulares, por exemplo, o conteúdo da glândula é liberado e misturado. Normalmente, as quinonas resultantes da ação das polifenoloxidases sobre os compostos fenólicos polimerizam (Duffey e Stout 1996; Felton, 1996) e acabam aprisionando os insetos menores ou ocluindo seu aparelho bucal. No entanto, essas quinonas nem sempre polimerizam e, nesse caso, podem ser diretamente tóxicas aos insetos, ou podem reagir com as proteínas da planta, alquilando-as e reduzindo ou eliminando o seu valor nutritivo para o inseto (Kennedy, 2003).

As peroxidases oxidam os mono e os di-hidroxifenóis de maneira diferente das polifenoloxidases, mas, dentro do presente contexto, os efeitos sobre as proteínas da dieta são essencialmente os mesmos (Duffey e Stout, 1996), pois os produtos secundários dessas reações enzimáticas podem incluir espécies reativas de oxigênio, como peróxido de hidrogênio, radical hidroxil e radical superóxido, que podem desnaturar proteínas e alterar a sua digestibilidade (Felton, 1996). Em soja, um dano aos tecidos da planta ocasionado por um inseto herbívoro provoca a imediata produção de grandes quantidades de peróxido de hidrogênio, que induz à rápida ligação cruzada entre proteínas estruturais de paredes celulares adjacentes. Essa ligação, mediada pelas peroxidases, leva ao fortalecimento das paredes e à insolubilização das proteínas, tornando-as refratárias às enzimas digestivas dos herbívoros. As proteínas alquiladas, quando fornecidas em dieta artificial, promovem a redução do crescimento de *Chrysodeixis includens* (Walker) [= *Pseudoplusia includens* (Walker)] (Lepidoptera: Noctuidae). Em alguns casos, polifenoloxidases e peroxidases podem permanecer ativas no trato digestivo de *H. zea* (Felton, 1996).

**Tabela 1.** Exemplos de aleloquímicos envolvidos na resistência do tipo antibiose para artrópodes-praga (Smith, 2005, com atualização realizada pelos autores).

| Espécie/ gênero de planta | Toxina | Artrópode afetado | Referência |
|---|---|---|---|
| *Bauhinia brevipes* Vogel | DIMBOA | *Rhopalosiphum padi* (Linnaeus) | Elek et al. (2013) |
| *Arabidopsis thaliana* L. Heynh. | Galactanas sulfatadas | *Trichoplusia ni* (Hübner) | Sangha et al. (2011) |
| *Brassica napus* L. × *Sinapis alba* L. | Glucosinolatos | *Ceutorhynchus obstrictus* (Marsham) | Tansey et al. (2010); Björkman et al. (2011) |
| Pimentão | Tocoferois | *Frankliniella occidentalis* Pergande | Maharijaya et al. (2012) |
| Citros | Linalool | *Anastrepha suspensa* (Loew) | Greany et al. (1983) |
| Cenoura | Ácidos clorogênicos | *Psila rosae* (Fabricius) | Cole (1985) |
| Gerânio | Ácidos orgânicos | *Tetranychus urticae* (Koch) | Gerhold et al. (1984) |
| Soja | Flavonoides | *Anticarsia gemmatalis* Hübner | Piubelli et al. (2005) |
| Algodoeiro | Taninos condensados | *Chloridea virescens* (Fabricius) | Chan e Waiss Jr. (1978) |
| | Gossipol | *Aphis gossypii* Glover | Du et al. (2004) |
| | | *Bemisia tabaci* (Gennadius) | Guo et al. (2013) |
| | | *Chloridea virescens* (Fabricius) | Stipanovic et al. (2008) |
| | | *Helicoverpa armigera* (Hübner) | Wu et al. (2012) |
| | | *Helicoverpa zea* (Boddie) | Stipanovic et al. (2006) |
| | | *Spodoptera exigua* (Hübner) | Wu et al. (2010) |
| | | *Spodoptera littoralis* (Boisduval) | Meisner et al. (1978); Elsebae et al. (1981) |
| *Helianthus* spp. | Lactonas sesquiterpênicas, diterpenos | *Homoeosoma electellum* (Hulst) | Rogers et al. (1987) |
| Alface | Ácido isoclorogênico | *Pemphigus bursarius* (Linnaeus) | Cole (1984) |
| Tremoço | Lupanina,13-hidroxilupanina | *Myzus persicae* (Sulzer) | Berlandier (1996) |
| Caupi | α-amilase | *Callosobruchus maculatus* (Fabricius) | Gatehouse et al. (1979) |
| *Solanum* spp. | Glicoalcaloides | *Leptinotarsa decemlineata* (Say) | Dimmock et al. (1986) |
| | Solanocardenina | *L. decemlineata* | Lorenzen et al. (2001) |
| | α-tomatina | *L. decemlineata* | Sinden et al. (1991) |

*Continua...*

*Continuação*

| Espécie/ gênero de planta | Toxina | Artrópode afetado | Referência |
|---|---|---|---|
| *S. habrochaites* f. *glabratum* S. Knapp & D.M Spooner | α-tomatina | *H. zea* | Elliger et al. (1981) |
| | | *L. decemlineata* | Sinden et al. (1978) |
| | 2-tridecanona | *H. zea* | Dimmock e Kennedy (1983) |
| | | *L. decemlineata* | Kennedy e Sorensen (1985) |
| | | *Manduca sexta* (Linnaeus) | Kennedy e Yamamoto (1979); Williams et al. (1980) |
| | | *Phthorimaea operculella* (Zeller) | Ventura e Vendramim (1995, 1996) |
| | | *S. exigua* | Lin et al. (1987) |
| | | *Tuta absoluta* (Meyrick) | Giustolin e Vendramim (1996) |
| | | *H. zea* | Farrar e Kennedy (1988) |
| | 2-undecanona | *P. operculella* | Ventura e Vendramim (1995, 1996) |
| | | *T. absoluta* | Giustolin e Vendramim (1996) |
| Trigo | DIMBOA | *Diuraphis noxia* (Kurdjumov) | Ni e Quisenberry (2000) |
| | | *Oulema melanopus* (Linnaeus) | Kher et al. (2013) |
| | MBOA | *Sitobion avenae* (Fabricius) | Hansen (2006) |
| | Alcaloides | *S. avenae* | Cai et al. (2004) |
| Caupi | Proteína vicilina | *C. maculatus* | Xavier-Filho et al. (1996) |
| | Taninos | *C. maculatus* | Lattanzio et al. (2005) |
| Milho | DIMBOA | *Rhopalosiphum maidis* (Fitch) | Long et al. (1977) |
| | 6-MBOA | *Diabrotica virgifera virgifera* LeConte | Assabgui et al. (1995) |
| | | *S. avenae* | Hansen (2006) |
| | DIMBOA | *Ostrinia nubilalis* (Hübner) | Klun et al. (1970 |
| | | *Sesamia nonagriodes* Lefèvbre | Gutierrez e Castanera (1986) |
| | DIBOA | *Schizaphis graminum* (Rondani) | Argandoña et al. (1983) |
| | Compostos fenólicos | *S. nonagrioides* | Santiago et al. (2005); Santiago et al. (2006) |

Um fator muito importante para contextualizar o impacto de determinada substância sobre a fisiologia do inseto, conforme já mencionado, é o ambiente físico-químico, representado pelo fluido digestivo, em que o pH do intestino afeta profundamente a atividade das enzimas oxidativas e das reações químicas resultantes (Duffey e Stout, 1996). Lagartas de *S. exigua* e *H. zea*, assim como a maioria das espécies de Noctuidae, apresentam o pH do trato digestivo alcalino (ao redor de 8) (Felton e Duffey, 1991), o que favorece a oxidação do ácido clorogênico em quinonas e a produção de radicais livres e espécies reativas de hidrogênio (Felton e Duffey, 1991; Duffey e Stout, 1996), uma vez que, no meio alcalino, as aminas livres e proteicas em geral aparecem na forma $-NH_2$, que é facilmente alquilada (Duffey e Stout, 1996). No entanto, para *M. sexta*, que apresenta o pH ainda mais alto (ao redor de 9,7), a alcalinidade e a detergência do trato digestivo podem minimizar os efeitos antinutritivos dos fenólicos oxidados. A solubilidade das proteínas foliares do tomateiro, por exemplo, é significativamente maior em pH alto, o que poderia compensar as perdas na disponibilidade dos aminoácidos, por causa da ligação do ácido clorogênico a eles (Felton e Duffey, 1991). Já o besouro *L. decemlineata*, que se alimenta de folhas de batata, que também apresentam tricomas glandulares com ácido clorogênico e enzimas oxidativas, possui fluido digestivo ácido, o que torna irrelevante o efeito da alquilação desse ácido, pois a maioria das aminas se encontra na forma não alquilável. O meio ácido também desfavorece a produção de espécies reativas de oxigênio e de radicais livres orgânicos (Duffey e Stout, 1996).

Duffey e Stout (1996) sugerem uma categorização do modo de ação de produtos naturais de plantas contra insetos herbívoros. Consideram que toxinas são substâncias que prejudicam diretamente um tecido vivo ou um processo interno do inseto; antidigestivos são substâncias que limitam a taxa de conversão enzimática do alimento ingerido; e antinutrientes são substâncias que limitam a utilização do alimento, pela alteração da sua disponibilidade física ou identidade química. Por essas definições, a alquilação de proteínas não atua como redutor da digestibilidade do inseto. Na verdade, a digestibilidade das proteínas alquiladas é aumentada, e isso provavelmente se deve à alteração na conformação delas, levando à maior exposição dos sítios-alvo da tripsina. Mesmo que as lisinas ou histidinas alquiladas não possam ser atacadas pela tripsina, o efeito continua não sendo a redução na digestibilidade. De fato, a alquilação de uma proteína reduz o seu valor nutritivo, mas o faz prevenindo a assimilação da proteína digerida, o que indica que o efeito é causado por toxicidade (produção de espécies reativas) e/ou antinutrição (redução na disponibilidade dos aminoácidos).

### 2.2.2. Lectinas

As lectinas são proteínas de origem não imune capazes de se ligar reversível e especificamente a carboidratos, glicoproteínas e substâncias que contenham açúcar (podendo aglutinar células e glicoconjugados), sem alterar a estrutura covalente de nenhum ligante glicosil (Peumans e Van Damme, 1995). Essas proteínas estão presentes em diversos grupos de organismos, como animais, plantas, fungos, bactérias, algas, protozoários e até vírus, mas são especialmente abundantes em sementes de cereais e leguminosas (Constabel, 2000).

A toxicidade de lectinas oriundas de plantas tem sido verificada contra insetos das ordens Coleoptera, Diptera, Hemiptera, Hymenoptera e Lepidoptera (Carlini e Grossi-de-Sá, 2002), mas o seu efeito não pode ser generalizado, pois a toxicidade das lectinas a insetos parece ser espécie-específica (Vendramim e Guzzo, 2008, 2012). A lectina de *Sphenostylis stenocarpa* (Hochst. ex A. Rich.), um tipo de feijoeiro africano, por exemplo, prejudica o desenvolvimento de *Callosobruchus maculatus* (Fabricius) (Coleoptera: Chrysomelidae) à concentração de 0,2% na dieta do inseto, mas para *Maruca vitrata* (Fabricius) (Lepidoptera: Crambidae) isso só ocorre a 35%. Isso também pode ser observado com espécies de insetos mais próximas, sendo que a lectina de *Triticum aestivum* L. (trigo) (WGA) é tóxica a *Brevicoryne brassicae* (Linnaeus) (Hemiptera: Aphididae) (Cole, 1994), mas não a *Acyrthosiphon pisum* (Harris) (Hemiptera: Aphididae) (Rahbé e Febvay, 1993).

Diversos autores têm afirmado que o mecanismo de ação tóxica das lectinas contra insetos ainda não está completamente esclarecido, mas os efeitos que têm sido verificados na sobrevivência, fecundidade, fertilidade, consumo alimentar, tamanho, peso, cor e duração do período de desenvolvimento, entre outros parâmetros, em insetos alimentados com hospedeiros naturais ou dietas artificiais contendo lectinas, fornecem indícios típicos de má nutrição (Vendramim e Guzzo, 2008, 2012). O entendimento desses mecanismos de ação não é simples, pois as lectinas podem apresentar uma vasta gama de efeitos no organismo dos insetos (Figura 9), dada a também complexa fisiologia do organismo.

Dependendo da especificidade a determinado monossacarídeo, a lectina se ligará seletivamente a ele e, conforme foi visto, os numerosos efeitos fisiológicos que as lectinas podem promover influenciam de maneira drástica a nutrição do inseto, através de alterações nas funções de digestão, absorção, proteção e secreção do sistema digestivo. Tais alterações são resultantes das possíveis ligações das lectinas com enzimas digestivas glicosiladas, inativando-as; com a quitina ou com glicoconjugados da matriz peritrófica, provocando o rompimento desta; com glicoconjugados expostos na superfície das células epiteliais do intestino médio, causando a desestruturação deste; com proteínas glicosiladas da própria planta, impedindo a sua digestão; e com receptores da superfície de microrganismos do intestino do inseto, alterando a composição da flora intestinal (Vendramim e Guzzo, 2008, 2012).

Mesmo com essa multiplicidade de efeitos, a resistência à digestão pelas enzimas proteolíticas e a capacidade de se ligar a glicoconjugados em algum ponto do intestino do inseto parecem configurar os dois pré-requisitos básicos para a toxicidade das lectinas, ainda que não sejam os únicos (Vendramim e Guzzo, 2008, 2012).

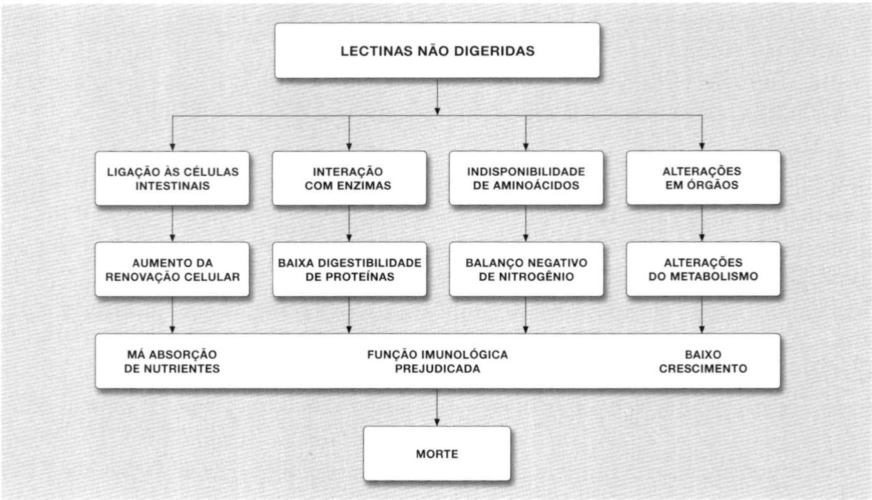


**Figura 9.** Espectro de atividades biológicas de lectinas de plantas em insetos (Vendramim e Guzzo, 2008).

Harper et al. (1995) investigaram a toxicidade de 38 lectinas contra *Ostrinia nubilalis* (Hübner) (Lepidoptera: Crambidae) e *Diabrotica virgifera virgifera* LeConte (Coleoptera: Chrysomelidae) e verificaram que todas aquelas que provocaram mortalidade ou prejudicaram o desenvolvimento dos insetos exibiram forte ligação com as proteínas do intestino médio deles, mas nem todas as lectinas que se ligaram às proteínas foram tóxicas. Zhu-Salzman et al. (1998) também verificaram correlação entre a atividade inseticida, a ligação e a resistência à proteólise da lectina de *Griffonia simplicifolia* (DC.) Baill. (GSII) em *C. maculatus*. Posteriormente, Zhu-Salzman e Salzman (2001) também comprovaram que, embora a atividade de ligação da GSII e a sua resistência à proteólise contribuam para a eficiência da lectina, trata-se de atividades independentes.

Apesar de as lectinas formarem um grupo de proteínas bastante heterogêneo, elas possuem certa similaridade estrutural e têm em comum a capacidade de não serem degradadas por enzimas digestivas proteolíticas (Vendramim e Guzzo, 2008, 2012). Tal fato já foi demonstrado por diversos autores, entre eles, Powell et al. (1998), que não encontraram indícios de atividade proteolítica da lectina de *Galanthus nivalis* L. (GNA) no intestino médio e no *honeydew* de *N. lugens* alimentada em dieta artificial contendo a lectina, concluindo que GNA é resistente à proteólise. Em insetos sugadores de seiva, esse fato é até certo ponto previsível, uma vez que eles apresentam níveis muito baixos de proteases. No entanto, isso também foi constatado em insetos que apresentam alta atividade de proteases (Foissac et al., 2000), como em lagartas de *Lacanobia oleracea* (Linnaeus) (Lepidoptera: Noctuidae) (Fitches e Gatehouse, 1998).

Ao se ligarem às enzimas digestivas glicosiladas, as lectinas podem interferir na função enzimática do inseto, desestabilizando o seu metabolismo (Vasconcelos e Oliveira, 2004). Essa ligação, com a consequente perda de atividade da enzima, pode explicar pelo menos em parte a resistência das próprias lectinas à proteólise.

Mesmo sem se ligar diretamente às enzimas do inseto, por meio da sua ligação a outros sítios-alvo, as lectinas podem alterar a atividade enzimática normal. Blakemore et al. (1995) verificaram que a ingestão de WGA provoca o aumento da secreção de tripsina no intestino de larvas de *Stomoxys calcitrans* (Linnaeus) (Diptera: Muscidae). De modo similar, GNA e Con A (lectina de *Canavalia ensiformis* (L.) DC.) provocam o aumento da atividade de aminopeptidase nas microvilosidades das células do intestino médio de lagartas de *L. oleracea* nas primeiras 24 horas de ingestão (Fitches e Gatehouse, 1998). No entanto, os relatos da atividade das lectinas sobre enzimas digestivas devem ser analisados com muita cautela, pois a maioria dos ensaios é feita com homogeneizados de tecidos do intestino médio, e podem estar presentes enzimas intracelulares e enzimas exógenas (Gillot, 2005).

Ainda que o inseto tenha capacidade de digerir determinada lectina que não seja tóxica a ele, as lectinas apresentam baixo valor nutricional inato, uma vez que possuem um conteúdo muito reduzido de cisteína e não apresentam metionina (Lajolo e Genovese, 2002). A metionina é um dos dez aminoácidos essenciais a partir dos quais os demais são sintetizados (Panizzi e Parra, 2012) e, portanto, de extrema importância na nutrição dos insetos.

Outro tipo de efeito das lectinas é o que ocorre sobre a matriz peritrófica dos insetos, uma rede de quitina e proteínas que separa o alimento e o epitélio do intestino dos insetos. Algumas das proteínas que compõem essa matriz são altamente glicosiladas (Gillot, 2005), proporcionando sítios de ligação para diversas lectinas. A quitina, por sua vez, é um biopolímero de unidades de N-acetil-D-glucosamina (GlcNac) ligadas entre si, sendo que as lectinas com afinidade à GlcNac (e em alguns casos, à manose e N-acetil-D-galactosamina) são capazes de se ligar à quitina e, consequentemente, à matriz peritrófica dos insetos (Raikhel et al., 1993). Czapla et al. (1992), citados por Czapla (1997), verificaram que BPA (lectina de *Bauhinia purpurea* L.) e WGA provocam o rompimento da matriz peritrófica de *O. nubilalis* 24 horas após a sua ingestão; é possível a visualização de poros na região anterior, aumentando progressivamente em direção à região posterior, até a completa ausência da matriz após 72 horas da ingestão. Além de impedir a ação abrasiva do alimento contra as células epiteliais, a matriz também aumenta a eficiência da digestão, pela criação de espaços endotróficos e ectoperitróficos (Gillot, 2005). A ausência da matriz peritrófica causada pela ingestão das lectinas pode provocar sérias consequências para o inseto (Vendramim e Guzzo, 2008, 2012).

Uma vez rompida a matriz peritrófica (ou mesmo nas espécies de insetos que não a possuem), as lectinas ingeridas e não digeridas entram em contato direto com as células epiteliais do intestino médio (Vendramim e Guzzo, 2008, 2012). Essas células, cujas microvilosidades aumentam a área de contato do órgão com o alimento, têm as membranas constituídas principalmente por glicoproteínas, o que faz a superfície luminal do intestino ser envolta por sítios potenciais de ligação às lectinas presentes na dieta do inseto (Peumans e Van Damme, 1995).

A ligação das lectinas ao epitélio intestinal frequentemente provoca o rompimento das microvilosidades e a desorganização das principais células absortivas, reduzindo a superfície de absorção e, em consequência, a absorção dos nutrientes (Vasconcelos e Oliveira, 2004). Powell et al. (1998) verificaram que a alimentação com dieta contendo GNA provoca o rompimento do epitélio do intestino médio em adultos de *N. lugens*, além de deformação e rompimento das microvilosidades, com grandes lacunas entre elas, e presença de células epiteliais com o citosol de aspecto granular e com poucas mitocôndrias. Além de se ligarem diretamente às células e as destruírem, as lectinas podem interferir no funcionamento normal do intestino do inseto (Fitches e Gatehouse, 1998). Após destruir o epitélio intestinal, também podem atingir a hemocele e afetar outros dos seus órgãos. A presença de GNA na hemolinfa, nos ovaríolos e no corpo gorduroso de *N. lugens* após a sua ingestão, conforme verificado por Powell et al. (1998), é atribuída à destruição das microvilosidades das células intestinais. Fitches et al. (2001) também encontraram GNA e Con A no intestino, na hemolinfa e nos túbulos de Malpighi de lagartas de *L. oleracea* alimentadas com dietas artificiais contendo essas lectinas. Isso mostra que a ligação delas às glicoproteínas localizadas ao longo do trato digestivo do inseto pode levar à sua internalização, produzindo efeitos sistêmicos no organismo dele. De acordo com Vasconcelos e Oliveira (2004), a lectina pode ser internalizada por endocitose e liberada no espaço intracelular. Transportada por todo o organismo, ocasiona efeitos sistêmicos deletérios nos tecidos internos.

Embora o efeito das lectinas sobre as proteínas do alimento e sobre a flora intestinal dos insetos não esteja documentado na literatura, pode acontecer, em razão da ligação potencial das lectinas a outras proteínas glicosiladas do alimento, impedindo ou prejudicando a sua digestão pelo inseto (Czapla, 1997). As lectinas podem ainda se ligar a receptores da superfície celular de microrganismos integrantes da flora intestinal dos insetos ou, por efeitos indiretos, podem interferir na sua biologia, estrutura e dinâmica populacional.

Vale ressaltar também que algumas lectinas apresentam atividade citotóxica devido a um sítio catalítico, independentemente do sítio de ligação ao carboidrato, que age intracelularmente, clivando uma ponte N-glicosídica na adenosina do rRNA. Dessa forma, essas lectinas são capazes de inativar os ribossomos de quase todos os organismos eucariontes, interrompendo a síntese proteica das células e levando-as à morte (Peumans e Van Damme, 1995; Carlini e Grossi-de-Sá, 2002). São chamadas de proteínas inativadoras de ribossomos e já foram isoladas de várias espécies de plantas, como *Abrus precatorius* (L.) (Fabaceae), *Adenia digitata* (Harv.), *Adenia volkensii*, Harms (Passifloraceae), *Eranthis hyemalis*

Salisb. (Ranunculaceae), *Iris* × *hollandica* (Iridaceae), *Phoradendron californicum* Nutt. (Santalaceae), *Polygonatum multiflorum* (Allem.) (Asparagaceae), *Ricinus communis* L. (Euphorbiaceae), *Sambucus ebulus* L., *S. nigra* L. (Adoxaceae) e *Viscum album* L. (Viscaceae).

As lectinas, conforme já discutido, pertencem a um grupo de proteínas bastante heterogêneo. Em feijoeiro *Phaseolus vulgaris* L., a família delas inclui outras proteínas, como os inibidores de α-amilases e as arcelinas. Todas essas proteínas são codificadas por genes localizados em um único *locus* (Chrispeels, 1997).

As arcelinas ocorrem em acessos selvagens de *P. Vulgaris*, são representadas por oito diferentes isoformas conhecidas (Zaugg et al., 2013) e chegam a compor 30 a 50% das proteínas das sementes (Carlini e Grossi-de-Sá, 2002). Genótipos contendo arcelina têm se mostrado resistentes a certas espécies de bruquíneos (Mazzonetto e Vendramim, 2002; Guzzo et al., 2006; Guzzo et al., 2007). Baldin e Lara (2008) compararam o desempenho biológico do caruncho *A. obtectus* em genótipos de feijoeiro melhorados e selvagens portadores de variantes da arcelina, e verificaram expressivo subdesenvolvimento nos adultos provenientes de genótipos selvagens contendo arcelinas dos tipos 1, 3 e 5, em comparação com aqueles originados do material suscetível Carioca Pitoco (Figura 10). Apesar de o seu mecanismo de ação também ainda não estar completamente esclarecido, as arcelinas são tidas como "lectinas fracas", devido a algumas deleções ou substi-

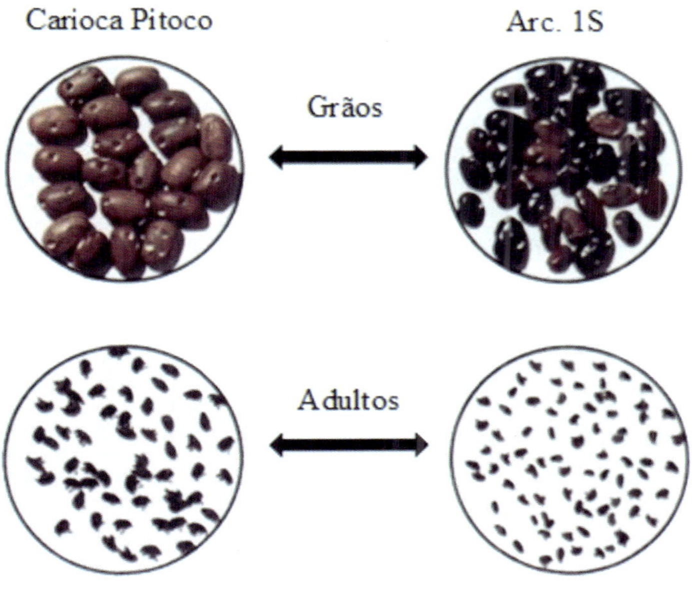


**Figura 10.** Adultos de *Acanthoscelides obtectus* provenientes de genótipo suscetível (Carioca Pitoco) e portadores de resistência por antibiose (Arc.1S) (imagem cedida por Edson L. L. Baldin).

tuições de aminoácidos essenciais no seu sítio ativo (Chrispeels, 1997; Carlini e Grossi-de-Sá, 2002). Caso elas possuam propriedades bioquímicas semelhantes às das lectinas, podem ter sobre os insetos os mesmos efeitos relatados anteriormente para essas proteínas.

### 2.2.3. Inibidores enzimáticos

Para processar o alimento ingerido e obter os nutrientes necessários para o seu metabolismo, os insetos fitófagos utilizam enzimas digestivas tais como proteinases, amilases, lipases, glicosidases e fosfatases. Ao longo do processo evolutivo, as plantas têm se adaptado utilizando diversos mecanismos de defesa, entre eles, a produção de inibidores de enzimas digestivas dos insetos. Tais inibidores atuam no processo digestivo, impedindo muitas vezes que os compostos orgânicos complexos sejam degradados em substâncias mais simples e facilmente absorvíveis pelo organismo, como aminoácidos, monossacarídeos, ácidos graxos etc. Assim, esses inibidores podem ser um importante mecanismo de resistência das plantas aos insetos. Esses compostos, entretanto, nem sempre estão presentes em plantas de interesse comercial ou, quando presentes, nem sempre ocorrem em níveis suficientes para conferir resistência. Esse problema pode ser contornado com a utilização das técnicas de biologia molecular que permitem transferir para as plantas cultivadas os genes responsáveis pela expressão desses inibidores.

Os dois grupos de inibidores enzimáticos mais importantes e que atualmente têm sido mais extensivamente estudados para uso em programas de melhoramento por transgenia são os inibidores de protease e os inibidores de α-amilases que inibem, respectivamente, as proteases e as α-amilases digestivas no intestino dos insetos, que têm importante função na digestão de proteínas e de amido (Carlini e Grossi-de-Sá, 2002; Lajolo e Genovese, 2002).

#### Inibidores de proteases

As proteases de insetos compõem um grupo de enzimas responsáveis pela hidrólise sequencial das proteínas presentes no alimento ingerido em oligômeros, dímeros e monômeros, no interior do trato digestivo (Reeck et al., 1997), por meio da clivagem das ligações peptídicas (Carlini e Grossi-de-Sá, 2002). Os inibidores de proteases (IPs), que também são de natureza proteica, formam complexos de alta afinidade com as proteases, inibindo a atividade hidrolítica delas (Outchkourov et al., 2004). Embora muitas vezes se observe o uso dos termos "proteases" e "proteinases" como sinônimos, originalmente as proteinases se referem apenas às endopeptidases (enzimas que hidrolisam ligações peptídicas internas), e as proteases incluem tanto as endopeptidases quanto as exopeptidases (Ryan, 1990).

Os inibidores de proteases estão agrupados em pelo menos 24 famílias distintas (Ryan, 1990; Reeck et al., 1997), das quais pelo menos nove possuem representantes encontrados em tecidos de plantas: família do inibidor de tripsina de soja

Kunitz; família do inibidor Bowman-Birk; família do inibidor de batata I; família do inibidor de batata II; família do inibidor de abóbora; família do inibidor de tripsina de cevada; família da cistatina (inibidor de cisteíno-proteinase); família do inibidor de carboxipeptidase de batata e família do inibidor bifuncional de milho Ragi I-2. Em geral, os inibidores de uma mesma família apresentam certa especificidade a determinada classe de proteinases.

O principal efeito desses inibidores parece estar relacionado à nutrição dos insetos, interferindo nos processos digestivos, apesar de o seu mecanismo de ação não se encontrar completamente elucidado e de Boulter (1993) afirmar que também podem afetar o balanço hídrico, a muda e a regulação enzimática e hormonal dos insetos. Além da mortalidade, insetos submetidos a dietas contendo inibidores apresentam crescimento e desenvolvimento retardados e redução no peso (Ussuf et al., 2001), efeitos muito mais complexos do que a mera redução da atividade hidrolítica das proteases digestivas (Ryan, 1990).

Assim como ocorre com outras proteínas ativas cujos alvos de ação estão no intestino, os inibidores de proteases ativos contra insetos apresentam intrinsecamente uma relativa resistência à digestão pelas enzimas proteolíticas deles, pois, segundo Outchkourov et al. (2004), a digestão dos inibidores no trato digestivo dos insetos poderia afetar a sua eficiência. Assim, a exemplo do que foi detalhado para as lectinas, a baixa digestibilidade dos inibidores também faz que eles não contribuam significativamente para suprir as exigências nutricionais dos insetos.

Os inibidores de proteases podem representar até 10% do total proteico em alguns órgãos vegetais de armazenamento, como tubérculos e sementes (Ussuf et al., 2001). Em sementes de feijão, os inibidores de tripsina compõem somente cerca de 2,5% do total de proteínas, mas esse valor corresponde a 32 e 40% do teor de cistina em *Phaseolus lunatus* L. e *P. vulgaris*, respectivamente. Assim, a resistência à proteólise apresentada pelos inibidores de tripsina faz que o seu alto teor de cistina não seja aproveitado pelos insetos, problema que se agrava ainda mais quando se trata de alimentos pobres em aminoácidos sulfurados, como as fabáceas (Lajolo e Genovese, 2002).

Quando entram em contato com as proteases dos insetos, os inibidores se ligam ao sítio ativo delas, bloqueando-o, e formam um complexo com constante de dissociação muito baixa, de modo praticamente irreversível. Assim, o inibidor atua como um pseudossubstrato para a enzima, imitando o substrato original, mas não permitindo a clivagem da ligação peptídica. Muitas vezes, mesmo que a enzima consiga hidrolisar o inibidor, a conformação do sítio de ligação faz que o inibidor na forma hidrolisada permaneça ligado à enzima, da mesma maneira que faria na sua forma não hidrolisada (Lawrence e Koundal, 2002). Ao impedir o funcionamento normal das proteases, os inibidores de proteases dificultam a digestão de proteínas, provocando a deficiência de aminoácidos, o que torna os insetos subnutridos, podendo levá-los à morte.

Frequentemente, os insetos respondem à ingestão de inibidores de proteases com elevação nos níveis de expressão das enzimas digestivas, tanto aumentando a produção das enzimas proteolíticas já existentes, quanto produzindo enzimas insensíveis aos inibidores, ou enzimas capazes de inativar ou degradar os inibidores (Silva-Filho e Falco, 2000). Assim, após a ingestão de inibidores de proteases de milho, lagartas de *C. suppressalis*, que utilizam predominantemente serino e cisteíno-proteinases, aumentam de forma significativa a produção dessas enzimas, bem como das exopeptidases leucino-aminopeptidases e carboxipeptidases A e B (Vila et al., 2005). Lagartas de *S. exigua* criadas em plantas transgênicas expressando inibidor de batata II apresentam apenas 18% das suas proteases sensíveis a ele, e esse valor chega a 78% nas lagartas controle (Jongsma et al., 1995). Da mesma forma, o besouro *L. decemlineata* também passa a sintetizar proteinases insensíveis ao inibidor expresso em folhas de batata após a ingestão crônica delas (Bolter e Jongsma, 1995). Embora tais fenômenos tenham sido relatados como sendo uma resposta adaptativa geral dos insetos, que secretam proteases insensíveis aos inibidores e são capazes de digeri-los, nem sempre ela é eficiente, como demonstrado por *C. suppressalis* em resposta ao inibidor de protease de milho (Vila et al., 2005).

De qualquer modo, a presença de inibidores no trato intestinal dos insetos provoca a indução da secreção de proteases insensíveis. A hipersecreção de enzimas digestivas como tripsina e quimotripsina, por exemplo, que são ricas em aminoácidos sulfurados, provoca a perda desses aminoácidos endógenos (Shukle e Murdock, 1983), podendo constituir outro problema nutricional para o inseto, sobretudo quando este consome exclusivamente uma dieta pobre nesse tipo de aminoácido (Lajolo e Genovese, 2002).

### Inibidores de α-amilases

As α-amilases são enzimas hidrolíticas que catalisam a hidrólise inicial de polímeros de açúcar, tais como amido e glicogênio, em unidades mais simples, para permitir a assimilação destas pelo organismo. Essas enzimas estão largamente distribuídas e são as mais importantes enzimas digestivas de muitos insetos que se alimentam exclusivamente de sementes durante a fase larval e/ou adulta. Quando a ação das α-amilases é inibida, a nutrição do organismo é prejudicada, causando redução das reservas de energia (Carlini e Grossi-de-Sá, 2002).

Os inibidores de α-amilases (α-AIs) podem ser divididos em dois grupos: os não proteicos ou não proteináceos e os proteicos ou proteináceos. Os inibidores não proteicos, que contêm diversos tipos de compostos orgânicos, tais como acarbose, isoacarbose, acarviosinoglicose, ciclodextrinas etc., são utilizados sobretudo na área médica e praticamente não têm sido pesquisados e/ou utilizados para o controle de insetos-praga (Franco et al., 2002). Já as α-amilases proteicas, em especial aquelas encontradas em plantas e que compõem o seu mecanismo natural de defesa, constituem uma ferramenta potencialmente importante nas pesquisas para obtenção de variedades resistentes a insetos-praga, seja pelo melhoramento clássico, seja pela engenharia genética (Chrispeels et al., 1998; Gatehouse e Gatehouse, 1998; Iulek et al., 2000; Carlini e Grossi-de-Sá, 2002; Franco et al., 2002; Svensson et al., 2004).

Nas plantas, as α-amilases ocorrem principalmente em sementes de cereais (Feng et al., 1996; Franco et al., 2000; Iulek et al., 2000) e de leguminosas (Shade et al., 1994; Ishimoto et al., 1996; Grossi-de-Sá et al., 1997), e também em outros grupos botânicos (Lu et al., 1999; Hansawasdi et al., 2000; Figueira et al., 2003; Marsaro Jr. et al., 2005).

Segundo Franco et al. (2002), as α-amilases com potencial para utilização no controle de insetos-praga podem ser classificadas, com base em suas estruturas terciárias, em seis classes: tipos lectina, knotina, cereal, Kunitz, c-purotionina e taumatina. Essas classes de inibidores apresentam enorme variação estrutural, o que leva a diferentes modos de inibição e diferentes especificidades em relação às α-amilases. A determinação da especificidade de inibição é um aspecto importantíssimo, que constitui a primeira etapa para a descoberta de um inibidor que possa ser utilizado na obtenção de plantas resistentes a insetos. Em geral, as α-amilases inibem α-amilases provenientes de diferentes fontes, entretanto, em alguns casos, esses inibidores atuam apenas sobre α-amilases de mamíferos ou, ao contrário, apenas sobre α-amilases de insetos. Devido ao fato de muitos insetos dependerem de α-amilases para a sobrevivência, como os coleópteros que se alimentam de sementes ricas em amido durante as fases larval e/ou adulta, pesquisas sobre o processo de digestão de amido com o objetivo de controlar os insetos-praga dependentes desse nutriente têm sido bastante estimuladas (Franco et al., 2000).

Atenção especial tem sido dada às α-amilases presentes em sementes de feijoeiro, que apresentam efeitos tóxicos a vários insetos-praga (Carlini e Grossi-de-Sá, 2002; Franco et al., 2002) e que, juntamente com as α-amilases encontradas em trigo, foram os inibidores inicialmente mais bem caracterizados (Hilder e Boulter, 1999). As α-amilases do tipo lectina têm sido purificadas e caracterizadas a partir de diferentes acessos e variedades de *P. vulgaris*, incluindo os feijões branco, vermelho e preto (Franco et al., 2000). Os estudos com esses inibidores se intensificaram sobretudo após a constatação de que eles são prejudiciais ao desenvolvimento de *C. maculatus* e *Callosobruchus chinensis* (Linnaeus) (Coleoptera: Chrysomelidae) (Ishimoto e Kitamura, 1989; Shade et al., 1994).

O gênero *Phaseolus* contém pelo menos quatro fenótipos de α-amilases: α-AI-1, α-AI-2, α-AI-3 e um tipo inativo contra todas as α-amilases testadas. Tem particular interesse a especificidade das isoformas α-AI-1 e α-AI-2 contra diferentes α-amilases. A isoforma α-AI-1 é encontrada na maioria das variedades cultivadas de feijoeiro e inibe as α-amilases de mamíferos e as α-amilases das fases larvais de *C. maculatus*, *C. chinensis* e *Bruchus pisorum* (Linnaeus) (Coleoptera: Chrysomelidae), mas não é ativa contra a α-amilase de *Z. subfasciatus* (Grossi-de-Sá e Chrispeels, 1997). Isso pode acontecer devido à não inibição da amilase do inseto pela α-AI-1 ou ao fato de ele ter uma serinoproteinase intestinal capaz de digerir o inibidor (Ishimoto et al., 1996; Silva et al., 2001). A segunda variante, α-AI-2, que tem 78% de homologia de aminoácidos com α-AI-1, é encontrada em alguns acessos selvagens de feijoeiro e inibe especificamente a α-amilase de *Z. subfasciatus* (Ishimoto e Kitamura, 1993; Grossi-de-Sá e Chrispeels, 1997; Grossi-de-Sá et al., 1997). Na sequência, Dayler et al. (2005) isolaram um novo inibidor de α-amilases (PvCAI), com ação quitinolítica sobre larvas de *Z. subfasciatus*, constituindo nova classe de inibidores presentes no feijoeiro.

#### Inibidores bifuncionais

Alguns inibidores de proteases podem apresentar diferentes sítios reativos, que atuam sobre diferentes tipos de enzimas, como o inibidor presente em milho, que é ativo contra tripsina e contra α-amilase (Boulter, 1993). Tais inibidores possuem dois tipos de sítios reativos independentes, localizados em regiões separadas da proteína, um tipo específico para proteases e outro para α-amilases. Por serem capazes de inativar proteases e α-amilases simultaneamente, esses inibidores são chamados de bifuncionais (Ryan, 1990; Ussuf et al., 2001).

Como os sítios reativos para proteases e α-amilases são independentes nos inibidores bifuncionais, os efeitos sobre esses tipos de enzimas também são independentes, podendo ser verificados todos os efeitos já relatados para os inibidores de proteases e as α-amilases (Vendramim e Guzzo, 2008, 2012).

Além da inibição de proteases e de α-amilases, simultaneamente há compostos que apresentam também outras atividades, como atividade semelhante à das quitinases, o que aumenta o potencial de resistência das plantas que contêm o referido inibidor (Franco et al., 2002).

## Referências bibliográficas

ALMEIDA, G. D. et al. Calcium silicate and organic mineral fertilizer applications reduce phytophagy by *Thrips palmi* Karny (Thysanoptera: Thripidae) on eggplants (*Solanum melongena* L.). *Interciencia* 33: 835-38, 2008.

ALMEIDA, G. D. et al. Calcium silicate and organic mineral fertilizer increase the resistance of tomato plants to *Frankliniella schultzei*. *Phytoparasitica* 37: 225-30, 2009.

ANDERSON, D. L.; SOSA JR., O. Effect of silicon on expression of resistance to sugarcane borer (*Diatraea saccharalis*). *Journal of the American Society of Sugar Cane Technologists* 21: 43-50, 2001.

ARGANDOÑA, V. H. et al. Toxicity and feeding deterrency of hydroxamic acids from Gramineae in synthetic diets against the greenbug, *Schizaphis graminum*. *Entomologia Experimentalis et Applicata* 34: 134-38, 1983.

ASSABGUI, R. A.; ARNASON, J. T.; HAMILTON, R. I. Hydroxamic acid content and plant development of maize (*Zea mays* L.) in relation to damage by the western corn rootworm, *Diabrotica virgifera virgifera* LeConte. *Canadian Journal of Plant Science* 75: 851-56, 1995.

BALDIN, E. L. L.; LARA, F. M. Resistance of stored bean varieties to *Acanthoscelides obtectus* (Coleoptera: Bruchidae). *Insect Science* 15: 317-26, 2008.

BALDIN, E. L. L.; BENEDUZZI, R. A. Characterization of antibiosis and antixenosis to the whitefly silverleaf *Bemisia tabaci* B biotype (Hemiptera: Aleyrodidae) in several squash varieties. *Journal of Pest Science* 83: 221-27, 2010.

BARBEHENN, R. V. Silicon: an indigestible marker for measuring food comsumption and utilization by insects. *Entomologia Experimentalis et Applicata* 67: 247-51, 1993.

BARBOSA FILHO, M. P. et al. Importância do silício para a cultura do arroz. *Informações agronômicas* n° 89. Piracicaba: Potafos, 2000. (Encarte técnico).

BASAGLI, M. A. B. et al. Effects of sodium silicate application on the resistance of wheat plants to the green-aphid *Schizaphis graminum* (Rond.) (Hemiptera: Aphididae). *Neotropical Entomology* 32: 659-63, 2003.

BECK, S. D. Resistance of plants to insects. *Annual Review of Entomology* 10: 207-32, 1965.

BERLANDIER, F. A. Alkaloid level in narrow-leafed lupin, *Lupinus angustifolius*, influences green peach aphid reproductive performance. *Entomologia Experimentalis et Applicata* 79: 19-24, 1996.

BJÖRKMAN, M. et al. Phytochemicals of Brassicaceae in plant protection and human health – influence of climate, environment and agronomic practice. *Phytochemistry* 72: 538-56, 2011.

BLAKEMORE, D.; WILLIAMS, S.; LEHANE, M. J. Protein stimulation of trypsin secretion from the opaque zone midgut cells of *Stomoxys calcitrans*. *Comparative Biochemistry and Physiology – Part B* 110: 301-7, 1995.

BLUM, A. Anatomical phenomena in seedlings of sorghum varieties resistant to the sorghum shoot fly (*Atherigona varia soccata*). *Crop Science* 8: 388-91, 1968.

BOLTER, C. J.; JONGSMA, M. A. Colorado potato beetles (*Leptinotarsa decemlineata*) adapt to proteinase inhibitors induced in potato leaves by methyl jasmonate. *Journal of Insect Physiology* 41: 1071-78, 1995.

BOULTER, D. Insect pest control by copying nature using genetically engineered crops. *Phytochemistry* 34: 1453-466, 1993.

CAI, Q. N.; ZHANG, Q. W.; CHEO, M. Contribution of indole alkaloids to *Sitobium avenae* (F.) resistance in wheat. *Journal of Applied Entomology* 128: 517-21, 2004.

CAMPOS, M. A. et al. Brassinesteroids interact negatively with jasmonates in the formation of anti-herbivory traits in tomato. *Journal of Experimental Botany* 60: 4347-361, 2009.

CARLINI, C. R.; GROSSI-DE-SÁ, M. F. Plant toxic proteins with insecticidal properties. A review on their potentialities as bioinsecticides. *Toxicon* 40: 1515-539, 2002.

CARTER, C. D.; SACALIS, J. N.; GIANFAGNA, T. J. Zingiberene and resistance to Colorado potato beetle in *Lycopersicon hirsutum* f. *hirsutum*. *Journal of Agricultural and Food Chemistry* 37: 206-10, 1989.

CARVALHO, S. P.; MORAES, J. C.; CARVALHO, J. G. Efeito do silício na resistência do sorgo (*Sorghum bicolor*) ao pulgão-verde *Schizaphis graminum* (Rond.) (Homoptera: Aphididae). *Anais da Sociedade Entomológica do Brasil* 28: 505-10, 1999.

CHAIN, B. G.; WAISS JR., A. C. Condensed tannin, an antibiotic chemical from *Gossypium hirsutum*. *Journal of Insect Physiology* 24: 113-18, 1978.

CHRISPEELS, M. J. Transfer of bruchid resistance from the common bean to other starchy grain legumes by genetic engineering with the α-amylase inhibitor gene. In: CAROZZI, N.; KOZIEL, M. (eds.). *Advances in insect control*: the role of transgenic plants. London, UK: Taylor & Francis, 1997. p. 139-56.

CHRISPEELS, M. J.; GROSSI DE SÁ, M. F.; HIGGINS, T. J. V. Genetic engineering with alpha-amylase inhibitors makes seeds resistant to bruchids. *Seed Science Research* 8: 257-63, 1998.

COLE, R. A. Phenolic acids associated with the resistance of lettuce cultivars to the lettuce root aphid. *Annals of Applied Biology* 105: 129-45, 1984.

COLE, R. A. Relationship between the concentration of chlorogenic acid in carrot roots and the incidence of carrot fly larval damage. *Annals of Applied Biology* 106: 211-17, 1985.

CONSTABEL, C. P. A survey of herbivore-inducible defensive proteins and phytochemicals. In: AGRAWAL, A. A.; TUZUN, S.; BENT, E. (eds.). *Induced plant defenses against pathogens and herbivores. Biochemistry, Ecology and Agriculture.* St. Paul, Minnesota, USA: The American Phytopatological Society, 2000. p. 137-66.

CORREA, R. S. B. et al. Silicon and acibenzolar-s-methyl as resistance inducers in cucumber, against the whitefly *Bemisia tabaci* (Gennadius) (Hemiptera: Aleyrodidae) biotype B. *Neotropical Entomology* 34: 429-33, 2005.

CZAPLA, T. H. Plant lectins as insect control proteins in transgenic plants. In: CAROZZI, N.; KOZIEL, M. (eds.). *Advances in insect control*: the role of transgenic plants. London, UK: Taylor & Francis, 1997. p. 123-38.

DAYLER, C. S. A. et al. Identification of novel bean alpha-amylase inhibitor with chitinolytic activity. *Febs Letters* 579: 5616-620, 2005.

DIMMOCK, M. B.; KENNEDY, G. G. The role of glandular trichome in the resistance of *Lycopersicon hirsutum* f. *glabratum* to *Heliothis zea*. *Entomologia Experimentalis et Applicata* 33: 263-68, 1983.

DIMMOCK, M. B.; LAPOINTE, S. L.; TINGEY, W. M. *Solanum necardenasii*: a new source of potato resistance to the Colorado beetle (Coleoptera: Chrysomelidae). *Journal of Economic Entomology* 79: 1269-275, 1986.

DJAMIN, A.; PATHAK, M. D. Role of silica in resistance to asiatic rice borer, *Chilo suppressalis* (Walker), in rice varieties. *Journal of Economic Entomology* 60: 347-51, 1967.

DU, J. et al. Ferritin acts as the most abundant binding protein for snowdrop lectin in the midgut of rice brown planthoppers (*Nilaparvata lugens*). *Insect Biochemistry and Molecular Biology* 30: 297-305, 2000.

DU, L. et al. Effect of cotton cultivar on development and reproduction of *Aphis gossypii* (Homoptera: Aphididae) and its predator *Propylaea japonica* (Coleoptera: Coccinelidae). *Journal of Economic Entomology* 97: 1278-283, 2004.

DUFFEY, S. S.; STOUT, M. J. Antinutritive and toxic components of plant defense against insects. *Archives of Insect Biochemistry and Physiology* 32: 3-37, 1996.

EIGENBRODE, S. D. et al. Topical toxicity of tomato sesquiterpenes to the beet armyworm and the role of these compounds in resistance derived from an accession of *Lycopersicon hirsutum* f. *typicum*. *Journal of Agricultural and Food Chemistry* 42: 807-10, 1994.

EIGENBRODE, S. D.; ESPELIE, K. E. Effects of plant epicuticular lipids on insect herbivores. *Annual Review of Entomology* 40: 171-94, 1995.

ELEK, H. et al. Hydroxamic acids in *Aegilops* species and effect on *Rhopalosiphum padi* behaviour and fecundity. *Bulletin of Insectology* 66: 213-20, 2013.

ELLIGER, C. A. et al. Growth inhibitors in tomato (*Lycopersicon*) to tomato fruitworm (*Heliothis zea*). *Journal of Chemical Ecology* 7: 753-58, 1981.

ELSEBAE, A. H.; SHERBY, S. I.; MANSOUR, N. A. Gossypol as an inducer or inhibitor in *Spodoptera littoralis* larvae. *Journal of Environmental Science and Health B* 16: 167-78, 1981.

EPSTEIN, E. Silicon. *Annual Review of Plant Physiology and Plant Molecular Biology* 50: 641-64, 1999.

ESTEBAN, L. G. et al. *La madera y su anatomía*. Madrid, Espanha: Ediciones Mundi--Prensa e Aitim, 2003.

FANCELLI, M. et al. Exsudato glandular de genótipos de tomateiro e desenvolvimento de *Bemisia tabaci* (Genn.) (Sternorrhyncha: Aleyrodidade) biótipo B. *Neotropical Entomology* 34: 659-65, 2005.

FARRAR, R. R.; KENNEDY, G. G. 2-undecanone, a pupal mortality factor in *Heliothis zea*: sensitive larval stage and in planta activity in *Lycopersicon hirsutum* f. *glabratum*. *Entomologia Experimentalis et Applicata* 47: 205-10, 1998.

FELTON, G. W.; DUFFEY, S. S. Reassessment of the role of gut alkalinity and detergency in insect herbivory. *Journal of Chemical Ecology* 17: 1821-836, 1991.

FELTON, G. W. Nutritive quality of plant protein: sources of variation and insect herbivore responses. *Archives of Insect Biochemistry and Physiology* 32: 107-30, 1996.

FENG, G. H. et al. α-amylase inhibitors from wheat: amino acid sequences and patterns of inhibition of insect and human α-amylases. *Insect Biochemistry and Molecular Biology* 26: 419-26, 1996.

FIGUEIRA, E. L. Z. et al. Amylase inhibitor present in corn seeds active *in vitro* against amylase from *Fusarium verticillioides*. *Plant Disease* 87: 233-40, 2003.

FITCHES, E.; GATEHOUSE, J. A. A comparison of the short and long term effects of insecticidal lectins on the activities of soluble and brush border enzymes of tomato moth larvae (*Lacanobia oleracea*). *Journal of Insect Physiology* 44: 1213-224, 1998.

FITCHES, E. et al. *In vitro* and *in vivo* binding of snowdrop (*Galanthus nivalis* agglutinin; GNA) and jackbean (*Canavalia ensiformis*; Con A) lectins within tomato moth (*Lacanobia oleracea*) larvae; mechanisms of insecticidal action. *Journal of Insect Physiology* 47: 777-87, 2001.

FOISSAC, X. et al. Resistance to green leafhopper (*Nephotettix virescens*) and brown planthopper (*Nilaparvata lugens*) in transgenic rice expressing snowdrop lectin (*Galanthus nivalis* agglutinin; GNA). *Journal of Insect Physiology* 46: 573-83, 2000.

FRANCO, O. L. et al. Activity of wheat α-amylase inhibitors towards bruchid α-amylases and structural explanation of observed specificities. *European Journal of Biochemistry* 267: 2166-173, 2000.

FRANCO, O. L. et al. Plant α-amylase inhibitors and their interaction with insect α--amylases: structure, function and potential for crop protection. *European Journal of Biochemistry* 269: 397-412, 2002.

GATEHOUSE, A. M. R. et al. Biochemical basis of insect resistance in *Vigna unguiculata*. *Journal of the Science of Food and Agriculture* 30: 948-58, 1979.

GATEHOUSE, A. M. R.; GATEHOUSE, J. A. Identifying proteins with insecticidal activity: use of encoding genes to produce insect-resistant transgenic crops. *Pesticide Science* 52: 165-75, 1998.

GERHOLD, D. L.; CRAIG, R.; MUMMA, R. O. Analysis of trichome exudate from mite--resistant geraniums. *Journal of Chemical Ecology* 10: 713-22, 1984.

GILLOT, C. *Entomology.* 3. ed. Dordrecht, Netherlands: Springer, 2005.

GIUSTOLIN, T. A.; VENDRAMIM, J. D. Efeito dos aleloquímicos 2-tridecanona e 2-undecanona na biologia de *Tuta absoluta* (Meyrick). *Anais da Sociedade Entomológica do Brasil* 25: 417-22, 1996.

GOMES, F. B. et al. Resistance induction in wheat plants by silicon and aphids. *Scientia Agricola* 62: 547-51, 2005.

GOUSSAIN, M. M. et al. Efeito da aplicação de silício em plantas de milho no desenvolvimento biológico da lagarta-do-cartucho *Spodoptera frugiperda* (J. E. Smith) (Lepidoptera: Noctuidae). *Neotropical Entomology* 31: 305-10, 2002.

GOUSSAIN, M. M.; PRADO, E.; MORAES, J. C. Effect of silicon applied to wheat plants on the biology and probing behaviour of the greenbug *Schizaphis graminum* (Rond.) (Hemiptera: Aphididae). *Neotropical Entomology* 34: 807-13, 2005.

GREANY, P. D. et al. Biochemical resistance of *Citrus* to fruit flies – demonstration and elucidation of resistance to the Caribbean fruit fly, *Anastrepha suspensa*. *Entomologia Experimentalis et Applicata* 34: 40-50, 1983.

GROSSI-DE-SÁ, M. F.; CHRISPEELS, M. J. Molecular cloning of bruchid (*Zabrotes subfasciatus*) α-amylase cDNA and interactions of the expressed enzyme with bean amylase inhibitors. *Insect Biochemistry and Molecular Biology* 27: 271-81, 1997.

GROSSI-DE-SÁ, M. F. et al. Molecular characterisation of a bean α-amylase inhibitor that inhibits the α-amylase of the Mexican bean weevil *Zabrotes subfasciatus*. *Planta* 203: 295-303, 1997.

GUO, J. Y.; WU, G.; WAN, F. H. Effects of high-gossypol cotton on the development and reproduction of *Bemisia tabaci* (Hemiptera: Aleyrodidae) MEAM1 cryptic species. *Journal of Economic Entomology* 106: 1379-385, 2013.

GUTIERREZ, C.; CASTANERA, P. Efecto de los tejidos de maiz con alto y bajo contenido em Dimboa sobre la biologia del taladro *Sesamia nonagrioides* Lef. (Lepidoptera: Noctuidae). *Investigación Agraria* 1: 109-19, 1986.

GUZZO, E. C. et al. Development of the Mexican bean weevil (Coleoptera: Bruchidae) on bean genotypes with and without arcelin over two generations. In: INTERNATIONAL WORKING CONFERENCE ON STORED PRODUCT PROTECTION, 9. *Proceedings*. Campinas, 2006.

GUZZO, E. C. et al. Searching for resistance sources against the Mexican bean weevil (*Zabrotes subfasciatus*) in common bean (*Phaseolus vulgaris*) genotypes. In*:* INTERNATIONAL PLANT PROTECTION CONGRESS, 16. *Proceedings*. Glasgow, Scotland, 2007.

HANISCH, H. C. Populationsentwicklung von getreideblattlausen an weizenpflanzen nach verschieden hoher stickstoffdungung und vorbeugender applikation von kieselsaure zur wirtspflanze. *Mitt DGAAE* 3: 308-11, 1981.

HANSAWASDI, C.; KAWABATA, J.; KASAI, T. Alpha-amylase inhibitors from roselle (*Hibiscus sabdariffa* Linn.) tea. *Bioscience, Biotechnology, and Biochemistry* 64: 1041-43, 2000.

HANSEN, L. M. Effect of 6-methoxybenzoxazolin-2-one (MBOA) on the reproduction rate of the grain aphid (*Sitobium avenae* F.). *Journal of Agricultural and Food Chemistry* 54: 1031-35, 2006.

HARPER, S. M. et al. Lectin binding to insect brush border membranes. *Journal of Economic Entomology* 88: 1197-202, 1995.

HILDER, V. A.; BOULTER, D. Genetic engineering of crop plants for insect resistance – a critical review. *Crop Protection* 18: 177-91, 1999.

HUNT, J. W. et al. A novel mechanism by which silica defends grasses against herbivory. *Annals of Botany* 102: 653-56, 2008.

ISHIMOTO, M.; KITAMURA, K. Growth inhibitory efects of an α-amylase inhibitor from kidney bean, *Phaseolus vulgaris* (L.) on three species of bruchids (Coleoptera: Bruchidae). *Applied Entomology and Zoology* 24: 281-86, 1989.

ISHIMOTO, M.; KITAMURA, K. Specific inhibitory activity and inheritance of an alpha--amylase inhibitor in a wild common bean accession resistant to the Mexican bean weevil. *Japanese Journal of Breeding* 43: 69-73, 1993.

ISHIMOTO, M. et al. Bruchid resistance of transgenic azuki bean expressing seed α-amylase inhibitor of common bean. *Entomologia Experimentalis et Applicata* 79: 309-15, 1996.

IULEK, J. et al. Purification, biochemical characterisation and partial primary structure of a new α-amylase inhibitor from *Secale cereale* (rye). *The International Journal Biochemistry & Cell Physiology* 32: 1195-204, 2000.

JENKS, M. A.; EIGENBRODE, S. D.; LEMEIUX, B. Cuticular waxes of Arabidopsis. In: SOMERVILLE. C.; MEYEROWITZ, E. (eds.). *The Arabidopsis Book*. Rockville: American Society of Plant Biologists, 2002. p. 1-22.

JONGSMA, M. A. et al. Adaptation of *Spodoptera exigua* larvae to plant proteinase inhibitors by induction of gut proteinase activity insensitive to inhibition. *Proceedings of the National Academy of Sciences of the United States of America* 92: 8041-45, 1995.

JUVIK, J. A. et al. Acylglucose from wild tomato alters behavior and reduce growth and survival of *Helicoverpa zea* and *Spodoptera exigua* (Lepidoptera: Noctuidae). *Journal of Economic Entomology* 87: 482-92, 1994.

KEEPING, M. G.; MEYER, J. H. Calcium silicate enhances resistance of sugarcane to the African stalk borer *Eldana saccharina* Walker (Lepidoptera: Pyralidae). *Agricultural and Forest Entomology* 4: 265-74, 2002.

KEEPING, M. G.; KVEDARAS, O. L. Silicon as a plant defence against insect herbivory: Response to Massey, Ennos and Hartley. *Journal of Animal Ecology* 77: 631-33, 2008.

KEEPING, M. G.; KVEDARAS, O. L.; BRUTON, A. G. Epidermal silicon in sugarcane: cultivar differences and role in resistance to sugarcane borer *Eldana saccharina*. *Environmental and Experimental Botany* 66: 54-60, 2009.

KENNEDY, G. G.; YAMAMOTO, R. T. A toxic factor causing resistance in a wild tomato to the tobacco hornworm and some other insects. *Entomologia Experimentalis et Applicata* 26: 121-26, 1979.

KENNEDY, G. G.; SORENSEN, C. F. Role of glandular trichomes in the resistance of *Lycopersicon hirsutum* f. *glabratum* to Colorado potato beetle (Coleoptera: Chrysomelidae). *Journal of Economic Entomology* 78: 547-51, 1985.

KENNEDY, G. G. Tomato, pests, parasitoids, and predators: tritrophic interactions involving the genus *Lycopersicon*. *Annual Review of Entomology* 48: 51-72, 2003.

KHER, S. V. et al. Antibiosis resistance to cereal leaf beetle, *Oulema melanopus* (L.) (Coleoptera: Chrysomelidae), in Central Asian wheat germplasm. *Journal of Applied Entomology* 137: 751-60, 2013.

KIM, H. S.; HEINRICHS, E. A. Effects of silica level on whitebacked planthopper. *International Rice Research Newsletter* 7: 17, 1982.

KIM, S. G. et al. Silicon-induced cell wall fortification of rice leaves: A possible cellular mechanism of enhanced host resistance to blast. *Phytopathology* 92: 1095-103, 2002.

KLUN, J. A. et al. Genetic nature of the concentration of 2,4-dihydroxy-7-methoxy 2H-1,4--benzoxazin-3(4H)-one and resistance to the European corn borer in a diallel set of eleven maize inbreds. *Crop Science* 10: 87-90, 1970.

KOGAN, M.; ORTMAN, E. F. Antixenosis – a new term proposed to define Painter's "non preference" modality of resistance. *Bulletin of the Entomological Society of America* 24: 175-76, 1978.

KORNDÖRFER, A. P.; CHERRY, R.; NAGATA, R. Effect of calcium silicate on feeding and development of tropical sod webworms (Lepidoptera: Pyralidae). *Florida Entomologist* 87: 393-95, 2004.

KORNDÖRFER, A. P.; GRISOTO, E.; VENDRAMIM, J. D. Induction of insect plant resistance to the spittlebug *Mahanarva fimbriolata* Stal (Hemiptera: Cercopidae) in sugarcane by silicon application. *Neotropical Entomology* 40: 387-92, 2011.

KVEDARAS, O. L. et al. Influence of plant silicon and sugarcane cultivar on mandibular wear in the stalk borer *Eldana saccharina*. *Agricultural and Forest Entomology* 11: 301-6, 2009.

LAJOLO, F. M.; GENOVESE, M. I. Nutritional significance of lectins and enzyme inhibitors from legumes. *Journal of Agricultural and Food Chemistry* 50: 6592-598, 2002.

LARA, F. M. *Princípios de resistência de plantas a insetos*. 2. ed. São Paulo: Ícone, 1991.

LARSSON, S. Resistance in trees to insects – an overview of mechanisms and interactions. In: WAGNER, M. R. et al. (eds.). *Mechanisms and deployment of resistance in trees to insects*. New York, USA: Kluwer Academic Publishers, 2002. p. 1-29.

LATTANZIO, V. et al. Seed coat tannins and bruchid resistance in stored cowpea seeds. *Journal of the Science of Food and Agriculture* 85: 839-46, 2005.

LAWRENCE, P. K.; KOUNDAL, K. R. Plant protease inhibitors in control of phytophagous insects. *Electronic Journal of Biotechnology* 5: 1-17, 2002.

LEWIS, N. G.; YAMAMOTO, E. Lignin: occurrence, biogenesis and biodegradation. *Annual Review of Plant Physiology and Plant Molecular Biology* 41: 455-96, 1990.

LIEDL, B. E. et al. Acylsugars of wild tomate *Lycopersicon pennellii* alters settling and reduces oviposition of *Bemisia argentifolii* (Homoptera: Aleyrodidae). *Journal of Economic Entomology* 88: 742-48, 1995.

LIN, S. Y. H.; TRUMBLE, J. T.; KUMAMOTO, J. Activity of volatile compounds in glandular trichomes of *Lycopersicon* species against two insect herbivores. *Journal of Chemical Ecology* 13: 737-850, 1987.

LONG, B. J. et al. Relationship of hydroxamic acid content in corn and resistance to the corn leaf aphid. *Crop Science* 17: 55-58, 1976.

LORENZEN, J. H. et al. Resistant potato selections contain leptine and inhibit development of the Colorado potato beetle (Coleoptera: Chrysomelidae). *Journal of Economic Entomology* 94: 1260-267, 2001.

LU, S. et al. Solution structure of the major α-amylase inhibitor of the crop plant amaranth. *Journal of Biological Chemistry* 274: 20473-478, 1999.

MAHARIJAYA, A. et al. Resistance factors in pepper inhibit larval development of thrips (*Frankliniella occidentalis*). *Entomologia Experimentalis et Applicata* 145: 62-71, 2012.

MARSARO JR., A. L. et al. Inibidores de amilase em híbridos de milho como fator de resistência a *Sitophilus zeamais* (Coleoptera: Curculionidae). *Neotropical Entomology* 34: 443-50, 2005.

MARSARO JR., A. L.; LAZZARI, S. M. N.; PINTO JR., A. R. Inibidores de enzimas digestivas de insetos-praga. *Revista Acadêmica* 4: 57-61, 2006.

MASSEY, F. P.; ENNOS, A. R.; HARTLEY, S. E. Silica in grasses as a defence against insect herbivores: contrasting effects on folivores and a phloem feeder. *Journal of Animal Ecology* 75: 595-603, 2006.

MASSEY, F. P.; HARTLEY, S. E. Experimental demonstration of the antiherbivore effects of silica in grasses: impacts on foliage digestibility and vole growth rates. *Proceedings of the Royal Society of London B* 273: 2299-304, 2006.

MAZZONETTO, F.; VENDRAMIM, J. D. Aspectos biológicos de *Zabrotes subfasciatus* (Boh.) (Coleoptera: Bruchidae) em genótipos de feijoeiro-comum com e sem arcelina. *Neotropical Entomology* 31: 435-39, 2002.

MEISNER, J. et al. Gossypol inhibits protease and amylase activity of *Spodoptera littoralis* larvae. *Annals of the Entomological Society of America* 71: 5-8, 1978.

MORAES, J. C. et al. Silicon influence on the tritrophic interaction: wheat plants, the greenbug *Schizaphis graminum* (Rondani) (Hemiptera: Aphididae), and its natural enemies, *Chrysoperla externa* (Hagen) (Neuroptera: Chrysopidae) and *Aphidius colemani* Viereck (Hymenoptera: Aphidiidae). *Neotropical Entomology* 33: 619-24, 2004.

MORAES, J. C. et al. Feeding non-preference of the corn leaf aphid *Rhopalosiphum maidis* (Fitch, 1856) (Hemiptera: Aphididae) to corn plants (*Zea mays* L.) treated with silicon. *Ciência e Agrotecnologia* 29: 761-66, 2005.

NALIM, D. M. *Biologia, nutrição quantitativa e controle de qualidade de populações de Spodoptera frugiperda (J. E. Smith, 1797) (Lepidoptera: Noctuidae) em duas dietas artificiais*. Piracicaba, 150p. Dissertação (Mestrado) – Escola Superior de Agricultura “Luiz de Queiroz”, Universidade de São Paulo, 1991.

NI, X.; QUISENBERRY, S. S. Comparison of DIMBOA concentrations among wheat isolines and corresponding plant introduction lines. *Entomologia Experimentalis et Applicata* 96: 275-79, 2000.

OEVERING, P.; PITMAN, A. J.; PANDEY, K. K. Wood digestion in *Pselactus spadix* Herbst-a weevil attacking marine timber structures. *Biofouling* 19: 249-54, 2003.

OUTCHKOUROV, N. S. et al. Specific cysteine protease inhibitors act as deterrents of western flower thrips, *Frankliniella occidentalis* Pergande, in transgenic potato. *Plant Biotechnology Journal* 2: 439-48, 2004.

PAINTER, R. H. *Insect resistance in crop plants*. Lawrence, USA: Kansas University Press, 1951.

PANIZZI, A. R.; PARRA, J. R. P. Introduction to insect bioecology and nutrition for integrated pest management (IPM). In: PANIZZI, A. R.; PARRA, J. R. P. (eds.). *Insect bioecology and nutrition for integrated pest management*. Boca Raton, USA: CRC Press, 2012. p. 3-11.

PEUMANS, W. J.; VAN DAMME, E. J. M. Lectins as plant defense proteins. *Plant Physiology* 109: 347-52, 1995.

PITMAN, A. J. et al. An overview of the biology of the wharf borer beetle (*Nacerdes melanura* L., Oedemeridae) a pest of wood in marine structures. *Biofouling* 19: 239-48, 2003.

PIUBELLI, G. C. et al. Are chemical compounds important for soybean resistance to *Anticarsia gemmatalis*. *Journal of Chemical Ecology* 31: 1509-525, 2005.

POWELL, K. S. et al. Immunohistochemical and developmental studies to elucidate the mechanism of action of the snowdrop lectin on the rice brown planthopper, *Nilapar-vata lugens* (Stål). *Journal of Insect Physiology* 44: 529-39, 1998.

RAFFA, K. F. Effect of host plant on cannibalism rates by fall armyworm (Lepidoptera: Noctuidae) larvae. *Environmental Entomology* 16: 672-75, 1987.

RAHBÉ, Y.; FEBVAY, G. Protein toxicity to aphids-an *in vitro* test on *Acyrthosiphon pisum*. *Entomologia Experimentalis et Applicata* 67: 149-60, 1993.

RAIKHEL, N. V.; LEE, H. I.; BROEKAERT, W. F. Structure and function of chitin-binding proteins. *Annual Review of Plant Physiology and Plant Molecular Biology* 44: 591-615, 1993.

RAO, S. D. V. Hardness of sugarcane varieties in relation to shoot borer infestation. *The Andhra Agricultural Journal* 14: 99-105, 1967.

REDMOND, C. T.; POTTER, D. A. Silicon fertilization does not enhance creeping bentgrass resistance to cutworms and white grubs. *Applied Turfgrass Science* 6: 1-7, 2006.

REECK, G. R. et al. Proteinase inhibitors and resistance of transgenic plants to insects, In: CAROZZI, N.; KOZIEL, M. (eds.). *Advances in insect control*: the role of transgenic plants. London, UK: Taylor & Francis, 1997. p. 157-83.

ROGERS, C. E. et al. Terpenes of wild sunflowers (*Helianthus*): an effective mechanism against seed predation by larvae of the sunflower Moth, *Homoeosoma electellum* (Lepidoptera: Pyralidae). *Environmental Entomology* 16: 586-92, 1987.

RYAN, C. A. Protease inhibitors in plants: genes for improving defenses against insects and pathogens. *Annual Review of Phytopathology* 28: 425-49, 1990.

SALIM, M.; SAXENA, R. C. Iron, silica, and aluminum stresses and varietal resistance in rice: effects on whitebacked planthopper. *Crop Science* 32: 212-19, 1992.

SANGHA, J. S. et al. Carrageenans, sulfhated polysaccharides of red seaweeds, differentially affect *Arabidopsis thaliana* to *Trichoplusia ni* (cabbage looper). *Plos One* 6: e26834, 2011.

SANTIAGO, R. et al. Free phenols in maize pith and their relationship with resistance to *Sesamia nonagrioides* (Lepidoptera: Noctuidae) attack. *Journal of Economic Entomology* 98: 1349-356, 2005.

SANTIAGO, R. et al. Effect of maize pith free phenols on larval growth and development of *Sesamia nonagrioides* (Lepidoptera: Noctuidae). *Journal of Entomology* 3: 281-89, 2006.

SCRIBER, J. M.; SLANSKI JR., F. The nutritional ecology of immature insects. *Annual Review of Entomology* 26: 183-211, 1981.

SHADE, R. E. et al. Transgenic pea seeds expressing the µ-amylase inhibitor of the common bean are resistant to bruchid beetles. *Nature Biotechnology* 12: 793-96, 1994.

SHUKLE, R. H.; MURDOCK, L. L. Lipoxygenase trypsin inhibitor and lectin from soybeans: effects on larval growth of *Manduca sexta* (Lepidoptera: Sphingidae). *Environmental Entomology* 12: 787-91, 1983.

SILVA, C. P.; TERRA, W. R.; LIMA, R. M. Differences in midgut serine proteinases from larvae of the bruchid beetle *Callosobruchus maculatus* and *Zabrotes subfasciatus*. *Archives of Insect Biochemistry and Physiology* 47: 18-28, 2001.

SILVA-FILHO, M. C.; FALCO, M. C. Interação planta–inseto. *Biotecnologia, Ciência & Desenvolvimento* 12: 38-42, 2000.

SINDEN, S. L.; SCHALK, J. M.; STONER, A. K. Effects of day length and maturity of tomato plants on tomatine content and resistance to the Colorado potato beetle (*Leptinotarsa decemlineata*). *Journal of the American Society for Horticultural Science* 103: 596-600, 1978.

SINDEN, S. L. et al. Allelochemically mediated host resistance to the Colorado potato beetle, *Leptinotarsa decemlineata* (Say) (Coleoptera: Chrysomelidae). *Memoirs of the Entomological Society of Canada* 159: 19, 1991.

SLANSKY JR., F.; SCRIBER, J. M. Food consumption and utilization. In: KERKUT, G. A.; GILBERT, L. I. (eds.). *Comprehensive insect physiology, biochemistry and pharmacology.* Oxford, England: Pergamon Press, 1985. p. 87-164.

SMITH, C. M. *Plant resistance to arthropods*: molecular and conventional approaches. Berlin, Germany: Springer, 2005.

STAMPOULOS, D. C. Toxic effect of lignin extracted from the tegument of *Phaseolus vulgaris* seeds on the larvae of *Acanthoscelides obtectus* (Say) (Col., Bruchidae). *Journal of Applied Entomology* 105: 317-20, 1988.

STIPANOVIC, R. D. et al. Effect of racemic and (+) and (–) gossypol on the survival and development of *Helicoverpa zea* larvae. *Journal of Chemical Ecology* 32: 959-68, 2006.

STIPANOVIC, R. D. et al. Effect of racemic and (+) and (–) gossypol on survival and development of *Heliothis virescens* larvae. *Environmental Entomology* 37: 1081-85, 2008.

SVENSSON, B. et al. Proteinaceous α-amylase inhibitors. *BBA – Proteins and Proteomics* 1696: 145-56, 2004.

TANSEY, J. A. et al. Antixenosis and antibiosis resistance to *Ceutorhynchus obstrictus* in novel germoplasm from *Sinapis alba* × *Brassica napus*. *The Canadian Entomologist* 142: 212-21, 2010.

USSUF, K. K.; LAXMI, N. H.; MITRA, R. Proteinase inhibitors: plant-derived genes of insecticidal protein for developing insect-resistant transgenic plants. *Current Science* 80: 847-53, 2001.

VARANDA, E. et al. Effect of ursolic acid from epicuticular waxes of *Jacaranda decurrens* on *Schizaphis graminum*. *Journal of Natural Products* 55: 800-3, 1992.

VASCONCELOS, I. M.; OLIVEIRA, J. T. A. *Antinutritional properties of plant lectins. Toxicon* 44: 385-403, 2004.

VENDRAMIM, J. D.; GUZZO, E. C. Resistência de plantas e a bioecologia e nutrição dos insetos. In: PANIZZI, A. R.; PARRA, J. R. P. (eds.). *Bioecologia e nutrição de insetos*: base para o manejo integrado de pragas. Brasília, DF: Embrapa Informação Tecnológica, 2009. p. 1055-105.

VENDRAMIM, J. D.; GUZZO, E. C. Plant resistance and insect bioecology and nutrition. In: PANIZZI, A. R.; PARRA, J. R. P. (eds.). *Insect bioecology and nutrition for integrated pest management*. Boca Raton, USA: CRC Press, 2012. p. 657-85.

VENTURA, M. U.; VENDRAMIM, J. D. Toxicidade para lagartas de *Phthoriamea operculella* (Zell.) dos aleloquímicos 2-tridecanona e 2-undecanona presentes em tomateiro (*Lycopersicon* spp.). *Scientia Agricola* 52: 458-61, 1995.

VENTURA, M. U.; VENDRAMIM, J. D. Efeito de genótipos de *Lycopersicon* spp., contendo diferentes teores dos aleloquímicos 2-tridecanona e 2-undecanona, sobre *Phthoriamea operculella* (Zell.). *Pesquisa Agropecuária Brasileira* 31: 835-42, 1996.

VILA, L. et al. Expression of the maize proteinase inhibitor (*mpi*) gene in rice plants enhances resistance against the striped stem borer (*Chilo suppressalis*): effects on larval growth and insect gut proteinases. *Plant Biotechnology Journal* 3: 187-202, 2005.

WAINHOUSE, D.; CROSS, D. J.; HOWELL, R. S. The role of lignin as a defence against the spruce bark beetle *Dendroctonus micans*: effect on larvae and adults. *Oecologia* 85: 257-65, 1990.

WALDBAUER, G. P.; FRAENKEL, G. Feeding on normally rejected plants by maxillectomized larvae of the tobacco hornworm, *Protoparce sexta* (Lepidoptera, Sphingidae). *Annals of the Entomological Society of America* 54: 477-85, 1961.

WILLIAMS, G. et al. 2-tridecanone: a naturally occurring insecticide from the wild tomato *Lycopersicon hirsutum* f. *glabratum*. *Science* 207: 888-89, 1980.

WU, G. et al. Responses of three successive generations of beet armyworm, *Spodoptera exigua*, fed exclusively on different levels of gossypol in cotton leaves. *Journal of Insect Science* 10: 165, 2010.

WU, G. et al. Effects of plant chemicals on the cotton bollworm, *Helicoverpa armigera* (Hübner): a multi-generation study. *International Journal of Pest Management* 58: 361-68, 2012.

XAVIER-FILHO, J. et al. The resistance of cowpea (*Vigna unguiculata*) seeds to the cowpea weevil (*Callosobruchus maculatus*) is due to the association of variant vicilins (7S storage proteins) to chitinous structures in the insect's midgut. *Arquivos de Biologia e Tecnologia* 39: 693-99, 1996.

YANG, G.; ISENHOUR, D. J.; ESPELIE, K. E. Activity of maize leaf cuticular lipids in resistance to leaf-feeding by the fall armyworm. *Florida Entomologist* 74: 229-36, 1991. YANG, G.; WISEMAN, B. R.; ESPELIE, K. E. Cuticular lipids from silks of seven corn genotypes and their effect on development of corn earworm larvae [*Helicoverpa zea* (Boddie)]. *Journal of Agricultural and Food Chemistry* 40: 1058-61, 1992.

YANG, G. et al. Chemical and ultrastructural analysis of corn cuticular lipids and their effect on feeding by fall armyworm larvae. *Journal of Chemical Ecology* 19: 2055-74, 1993.

YOSHIHARA, T. et al. Soluble silicic acid as a sucking inhibitory substance in rice against the rice brown planthopper (Delphacidae: Homoptera). *Entomologia Experimentalis et Applicata* 26: 314-22, 1979.

ZAUGG, I. et al. QUES, a new *Phaseolus vulgaris* genotype resistant to common bean weevils, contains the Arcelin-8 allele coding for new lectin-related variants. *Theoretical and Applied Genetics* 126: 647-61, 2013.

ZHU-SALZMAN, K. et al. Carbohydrate binding and resistance to proteolysis control insecticidal activity of *Griffonia simplicifolia* lectin II. *Proceedings of the Natural Academy Sciences of the United States of America* 95: 15123-128, 1998.

ZHU-SALZMAN, K.; SALZMAN, R. A. Functional mechanics of the plant defensive *Griffonia simplicifolia* lectin II: resistance to proteolysis is independent of glycoconjugate binding in the insect gut. *Journal of Economic Entomology* 94: 1280-284, 2001.

# 6

# Tolerância

**Kyle Gene Koch**
**Teresa Donze-Reiner**
**Thomas Elliott Hunt**
**Tiffany Marie Heng-Moss**
**Edson Luiz Lopes Baldin**

## 1. Introdução

Tolerância é uma característica genética da planta que a torna capaz de superar uma infestação de artrópodes, bem como de se recuperar após a destruição de tecidos ou a remoção de fluidos em relação a uma planta suscetível, sob um mesmo nível de infestação (Painter, 1951). Na prática, plantas de genótipos tolerantes produzem maior quantidade de biomassa do que plantas suscetíveis. Diferentemente da antibiose e da antixenose, que se expressam, respectivamente, por meio de efeitos negativos sobre o comportamento e a biologia dos insetos, a tolerância é uma resposta adaptativa da planta e envolve diversos fatores de compensação, que dependem exclusivamente da planta, e não do inseto. No entanto, o fato de não afetarem negativamente a população do inseto pode ser encarado também como uma desvantagem em estudos nos quais materiais suscetíveis e tolerantes são cultivados ao mesmo tempo, devido à dificuldade de distinção entre eles. De tal forma, essa característica pode fazer que um genótipo seja descartado durante etapas preliminares dos programas de melhoramento genético, uma vez que a planta tolerante pode se apresentar tão infestada quanto a suscetível. Por outro lado, pelo fato de não afetar a biologia nem o comportamento do artrópode-praga, a planta tolerante revela-se interessante para os programas de manejo integrado de pragas (MIP), sobretudo aqueles em que se utilizam agentes de controle biológico, devido à necessidade reduzida do uso de inseticidas. Entretanto, por essa mesma razão, a população desse artrópode pode atingir uma densidade que provoca danos econômicos ao genótipo tolerante, exigindo, assim, a adoção de outras táticas de manejo. Ainda, quando a espécie-praga em questão também atua como vetora de fitopatógenos, medidas adicionais devem ser adotadas em áreas adjacentes em que são cultivadas plantas suscetíveis a esses agentes.

Genótipos tolerantes apresentam certas qualidades inerentes, que os tornam desejáveis no manejo integrado de pragas. Dentre elas, destacam-se a elevação do nível de dano econômico, reduzindo, consequentemente, o número de aplicações de defensivos nas lavouras; menor pressão de seleção sobre a praga, com redução de risco do surgimento de biótipos; e aumento de estabilidade da produção, quando ocorre em combinação com as outras categorias de resistência. Uma vez que a tolerância oferece um nível moderado de resistência (poligênica), essa categoria mostra-se mais duradoura que a antibiose ou a antixenose (monogênica) que, embora promovam alto nível de resistência, tornam-se ineficientes com o surgimento de novos biótipos (Lara, 1991; Smith, 2005). As características supracitadas fazem que a tolerância seja considerada o mecanismo de resistência mais sustentável.

## 2. Expressão de tolerância em plantas cultivadas

Embora a expressão de tolerância de determinados genótipos frente ao ataque de artrópodes fitófagos seja altamente desejável no manejo integrado de pragas, até o momento a maioria das pesquisas focando a caracterização dessa categoria de resistência envolveu insetos sugadores (principalmente afídeos) e cereais (cevada, trigo, milho, sorgo e arroz, entre outros). No entanto, a tolerância manifesta-se em ampla gama de famílias de plantas e já foi documentada em genótipos de alfafa, gramíneas, berinjela, tomateiro, mandioca, cucurbitáceas, algodoeiro, feijoeiro e soja, sob ataque de importantes pragas agrícolas (Tabela 1).

**Tabela 1.** Expressão de tolerância a artrópodes-praga em diferentes culturas.

| Cultura | Artrópode | Parâmetro avaliado | Referência |
|---|---|---|---|
| Abobrinha | *Bemisia tabaci* (Gennadius) | Teor de clorofila | Cardoza et al. (1999) |
| *Aegilops tauschii* (grama) | *Schizaphis graminum* (Rondani) | Crescimento, teor de clorofila | Flinn et al. (2001); Smith e Starkey (2003) |
| Alfafa | *Empoasca fabae* (Harris)<br>*Therioaphis trifolii* (Monell) | Cadeia de fotossíntese, transpiração<br>Crescimento | Lamp et al. (2007)<br>Kamphuis et al. (2013) |
| Algodoeiro | *Pseudatomoscelis seriatus* (Reuter) | Vigor | Knutson et al. (2013) |
| Arroz | *Nilaparvata lugens* (Stål) | Crescimento | Panda e Heinrichs (1983); Qiu et al. (2011) |
| Batata | *E. fabae* | Produção | Kaplan et al. (2008) |
| Braquiária | *Aeneolamia reducta* (Lallemand)<br>*A. varia* (Fabricius)<br>*Zulia carbonaria* (Lallemand) | Crescimento, teor de clorofila | López et al. (2009); Aguirre et al. (2013) |
| *Buchloe dactyloides* (Nutt.) Columbus (grama) | *Blissus occiduus* Barber | Troca de carbono, teor de clorofila, crescimento, vigor | Heng-Moss et al. (2003a, 2006); Eickhoff et al. (2008) |
| Cacaueiro | *Sahlbergella singularis* Haglund | Sobrevivência, recuperação | N'Guessan et al. (2008) |
| Cana-de-açúcar | *Mahanarva fimbriolata* (Stål) | Crescimento, teor de clorofila | Dinardo-Miranda et al. (2013) |
| Cevada | *Diuraphis noxia* (Kurdjumov) | Crescimento, teor de clorofila | Burd e Elliott (1996); Murugan et al. (2010) |
| Feijoeiro | *Spodoptera frugiperda* (J. E. Smith)<br>*E. fabae*<br>*Thrips* sp. | Produção<br>Teor de clorofila<br>Produção | Lye e Smith (1988)<br>Shaafsma et al. (1998)<br>Cardona et al. (2002) |
| Grama-esmeralda | *B. occiduus* | Vigor | Eickhoff et al. (2008) |
| Lentilha | *Acyrthosiphon pisum* (Harris) | Crescimento | Andarge e Westhuizen (2007) |
| Mandioca | *Mononychellus* sp. | Produção | Byrne et al. (1982) |
| Milho | *Blissus leucopterus* (Say)<br>*Diatraea* spp.<br>*Helicoverpa zea* (Boddie)<br>*Ostrinia nubilalis* (Hübner) | Sobrevivência<br>Produção<br>Produção<br>Produção | Painter et al. (1935)<br>Kumar e Mihm (1995)<br>Wiseman e Widstrom (1992)<br>Jarvis et al. (1991) |
| Morangueiro | *Tetranychus urticae* Koch | Produção | Gimenez-Ferrer et al. (1994) |

*Continua...*

*Continuação*

| Cultura | Artrópode | Parâmetro avaliado | Referência |
|---|---|---|---|
| Mostarda | *Phyllotreta cruciferae* (Goeze) | Crescimento | Brandt e Lamb (1994) |
| *Panicum virgatum* (grama) | *S. graminum*<br>*Sipha flava* (Forbes) | Crescimento | Koch et al. (2014b) |
| Soja | *Aphis glycines* Matsumura<br>*Dichelops melacanthus* (Dallas), *Euschistus heros* (Fabricius), *Nezara viridula* (Linnaeus), *Piezodorus guildinii* (Westwood)<br>*B. tabaci* biótipo B | Produção | Pierson et al. (2010);<br>Prochaska et al. (2013);<br>Marchi-Werle et al. (2014)<br>Souza et al. (2016)<br>Cruz et al. (2016) |
| Sorgo | *Melanaphis sacchari* (Zehntner)<br>*S. graminum* | Crescimento, vigor<br>Crescimento, teor de clorofila, vigor | Armstrong et al. (2015)<br>Dixon et al. (1990); Girma et al. (1998); Agrama et al. (2002); Nagaraj et al. (2005); Dogramaci et al. (2007) |
| Trigo | *D. noxia*<br>*S. graminum*<br>*Sitobion avenae* (Fabricius) | Crescimento, teor de clorofila, vigor<br>Crescimento, teor de clorofila<br>Crescimento, índice fotossintético, produção | Burd e Elliott (1996); Hawley et al. (2003); Miller et al. (2003); Randolph et al. (2005); Boyko et al. (2006); Voothuluru et al. (2006)<br>Webster e Porter (2000); Boina et al. (2005); Mojahed et al. (2012)<br>Li et al. (2013); Cao et al. (2015) |

Com relação aos trabalhos realizados com afídeos, a expressão de tolerância ao ataque de *Schizaphis graminum* (Rondani) (Hemiptera: Aphididae) foi caracterizada em diversos genótipos de trigo e sorgo (Wood, 1961; Schuster e Starks, 1973; Girma et al., 1998; Wilde e Tuinstra, 2000; Flinn et al., 2001; Lage et al., 2003). Em trigo, essa categoria de resistência também foi constatada frente ao ataque de *Rhopalosiphum padi* (Linnaeus) (Hemiptera: Aphididae) (Havlickova, 1997) e *Diuraphis noxia* (Kurdjumov) (Smith et al., 1992; Miller et al., 2003).

Fontes tolerantes de sorgo quanto ao ataque dos lepidópteros broqueadores *Chilo partellus* (Swinhoe) (Lepidoptera: Crambidae) e *Busseola fusca* (Fuller) (Lepidoptera: Noctuidae) também já foram relatadas na literatura (Dabrowski e Kidiarai, 1983; Van den Berg et al., 1994). Macharia e Mueke (1986) reportaram tolerância de sorgo à mosca *Delia flavibasis* Stein (Diptera: Anthomyiidae) na África.

Com a cultura do arroz, Martins (1976) avaliou o comportamento de variedades após 45 dias de infestação com a broca-da-cana, *Diatraea saccharalis*

(Fabricius) (Lepidoptera: Crambidae). Segundo o autor, variedades tolerantes, como a linhagem 1541, tiveram maior perfilhamento e maior proporção de colmos sadios em relação aos danificados, enquanto as variedades suscetíveis ('IAC 25') apresentaram maior número de colmos danificados e menor índice de perfilhamento (Figura 1).

**Figura 1.** Plantas dos genótipos de arroz 'IAC 25' (suscetível) e 1541 (tolerante) após 45 dias de infestação com *Diatraea saccharalis* (imagem cedida por Fernando M. Lara).

Também no caso do arroz, a tolerância de diferentes genótipos já foi confirmada sobre a cigarrinha *Nilaparvata lugens* (Stål) (Hemiptera: Delphacidae) (Ho et al., 1982; Panda e Heinrichs, 1983; Jung-Tsung et al., 1986), o besouro aquático *Lissorhoptrus oryzophilus* Kuschel (Coleoptera: Curculionidae) (N'Guessan e Quisenberry, 1994) e a broca *Chilo suppressalis* (Walker) (Lepidoptera: Crambidae) (Das, 1976).

Por meio da comparação do volume de raízes produzidas em diferentes variedades de milho sob ataque de *Diabrotica virgifera virgifera* LeConte (Coleoptera: Chrysomelidae), Painter (1968) caracterizou a tolerância de alguns materiais em relação a outros suscetíveis (Figura 2). A tolerância de variedades de milho sob ataque desse mesmo coleóptero também já foi determinada com o auxílio de escalas visuais de dano sobre o sistema radicular das plantas (Knutson et al., 1999).

Valério et al. (2016), ao compararem os danos causados por adultos da cigarrinha-das-pastagens *Deois flavopicta* (Stal) (Hemiptera: Cercopidae) em oito

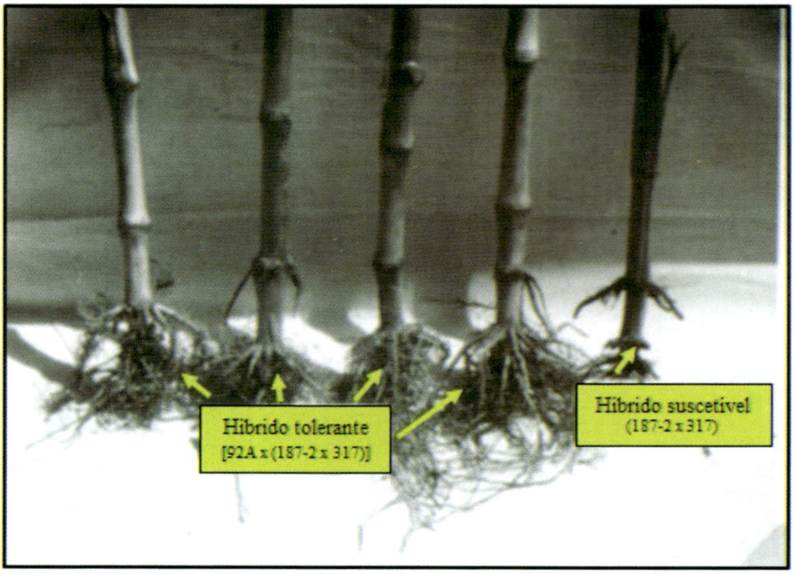


**Figura 2.** Comparação de injúrias de *Diabrotica* spp. entre genótipos de milho tolerante (esquerda) e suscetível (direita) (adaptado de Painter. Kansas Agriculture Experiment Station, *Bulletin 520*, 1968. Kansas State University of Agriculture and Applied Science, com autorização).

cultivares de gramíneas forrageiras, verificaram diferenças na tolerância a essa cigarrinha nesse germoplasma, com destaque para a cultivar Marandu (Figura 3), que teve baixa redução no teor de clorofila.

Estudos com lepidópteros caracterizaram a tolerância de algumas variedades de milho a *Helicoverpa zea* (Boddie) (Lepidoptera: Noctuidae) (Wiseman e Widstrom, 1992), *Ostrinia nubilalis* (Hübner) (Lepidoptera: Crambidae) (Jarvis et al.,

**Figura 3.** Cultivar Marandu (*Brachiaria brizantha* (Hochst.) Stapf.) tolerante à cigarrinha-das-pastagens *Deois flavopicta*, em comparação com a cultivar Basilisk (*Brachiaria decumbens* Stapf.). Plantas infestadas (vasos à esquerda de cada imagem) com dez adultos de *D. flavopicta* durante dez dias (imagem cedida por José R. Valério).

1991), *Spodoptera frugiperda* (J. E. Smith) (Lepidoptera: Noctuidae), *Diatraea* spp. (Kumar e Mihm). Em alfafa, as cultivares Dawson and KS-10 demonstraram tolerar o ataque dos pulgões *Acyrthosiphon pisum* (Harris) (Hemiptera: Aphididae) e *Therioaphis maculata* (Buckton) (Hemiptera: Aphidae), por meio do aumento de produção de matéria seca, proteínas e caroteno (Kehr et al., 1968; Kindler et al., 1971).

Comparando genótipos de alfafa suscetível ('Cody') e resistente ('KS-6') na presença e na ausência de infestação de *A. pisum*, Harvey et al. (1971) também caracterizaram a expressão de tolerância. Os autores não constataram diferenças significativas no porte e na produtividade das plantas, na comparação entre as parcelas infestadas e não infestadas do genótipo tolerante 'KS-6', ao passo que na variedade suscetível 'Cody' as plantas apresentaram expressivo subdesenvolvimento sob infestação do afídeo (Figura 4).

Avaliando a resistência ao dano do caule causada por *Earias vitella* Fabricius (Lepidoptera: Nolidae) em cultivares de algodoeiro, Sharma e Agarwal (1984) verificaram que a tolerância de algumas ocorre em função da maior produção de ramos das plantas, em resposta ao ataque do lepidóptero. A tolerância ao ataque de *Empoasca* spp. foi caracterizada em genótipos de feijoeiro (Kornegay e Cardona, 1990; Schaafsma et al., 1998). Em tomateiro e morangueiro, genótipos tolerantes ao ataque do ácaro-rajado, *Tetranychus urticae* Koch (Acari: Tetranychidae), também já foram descritos na literatura (Gilbert et al., 1966; Gimenez-Ferrer et al., 1994). A tolerância foi considerada um componente importante na resistência de genótipos de mandioca ao ataque da cochonilha *Phenacoccus manihoti* Matile-Ferrero (Hemiptera: Pseudococcidae) (Leru e Tertuliano, 1993). Em trabalho de campo com cultivares de aboboreira, Cardoza et al. (1999) reportaram que a tolerância é a principal característica que permite que alguns genótipos resistam ao prateamento foliar causado por *Bemisia tabaci* Gennadius biótipo B (Hemiptera: Aleyrodidae). Em trabalho semelhante, Baldin et al. (2009) documentaram que o genótipo de abobrinha 'Sandy' apresenta elevado nível de tolerância a essa desordem fisiológica causada pela mosca-branca. Também Lourenção et al. (2011), avaliando dezesseis cultivares de aboboreira (*Cucurbita pepo* L. e *C. moschata* Duchesne ex Poir), verificaram que 'Novita', 'Atlas' e 'Atlanta AG-303' são tolerantes ao prateamento foliar. Assim, confirma-se a variabilidade genética existente no gênero *Cucurbita* para tolerância a essa desordem fisiológica causada por *B. tabaci* biótipo B.

Em soja, a tolerância do genótipo 'KS-4202' sob infestação do pulgão *Aphis glycines* Matsumura (Hemiptera: Aphididae) foi recentemente caracterizada por meio de ensaios a campo e semicampo. Em estudo de campo, sob elevados níveis de infestação (34.585 a 53.508 afídeos por planta), verificaram-se perdas na produção de apenas 13% no genótipo 'KS-4202', enquanto as perdas estimadas para materiais suscetíveis, nesse mesmo nível de infestação, acumuladas,

**Figura 4.** Resposta de genótipos de alfafa ao ataque de *Acyrthosiphon pisum*. **A)** Colheita de 1 $m^2$ de plantas do genótipo suscetível 'Cody' sem infestação do pulgão (1) e sob infestação do pulgão (2); plantas do genótipo tolerante 'KS-6' não infestadas (3) e sob infestação (4). **B)** Visão geral das parcelas do genótipo suscetível 'Cody' (esquerda) e resistente 'KS-6' (direita) sob infestação do pulgão (adaptado de Harvey et al. *Journal of Economic Entomology* 64: 513-17, 1971, com autorização).

foram de 24 a 36% (Prochaska et al., 2013). Avaliando a resposta de 'KS-4202', em comparação com a variedade suscetível 'SD76-R', na presença ou ausência de *A. glycines*, Marchi-Werle et al. (2014) relataram que, a partir da fase fenológica V3, as plantas infestadas de 'KS-4202' aumentam significativamente a produção de peroxidases em relação às plantas não infestadas, em resposta à alimentação do afídeo. Por sua vez, os níveis de peroxidase nas plantas da variedade suscetível 'SD76-R' se mantêm semelhantes, independentemente da presença do inseto. Segundo os autores, as peroxidades podem desempenhar múltiplos papéis na expressão de tolerância das plantas a insetos-praga.

Ainda com relação à soja, Cruz et al. (2016) também documentaram a expressão de tolerância do genótipo 'KS-4202' ao ataque de *B. tabaci* biótipo B, em comparação com a variedade suscetível 'Conquista' (Figura 5). Embora a infestação do inseto tenha afetado a produção dos dois genótipos, a realização de apenas uma aplicação de inseticida no genótipo 'KS-4202' (seja aos 15, 30, 45 ou 60 dias após a infestação) revelou-se suficiente para manter os índices de perda abaixo de 20%. Na avaliação de parâmetros individuais de produtividade, a infestação da mosca-branca afetou negativamente o peso de sementes e a biomassa seca das plantas de 'Conquista', mesmo em menor período de infestação avaliado (15 dias). De maneira oposta, os autores não verificaram diferença quanto ao número de vagens por planta, ao número de sementes por planta ou ao peso seco de biomassa entre plantas infestadas (15, 30, 45 e 60 dias) e não infestadas de 'KS-4202'. A possibilidade de resistência múltipla nesse genótipo pode ser útil aos programas de melhoramento de soja voltados ao desenvolvimento de genótipos resistentes a insetos sugadores.

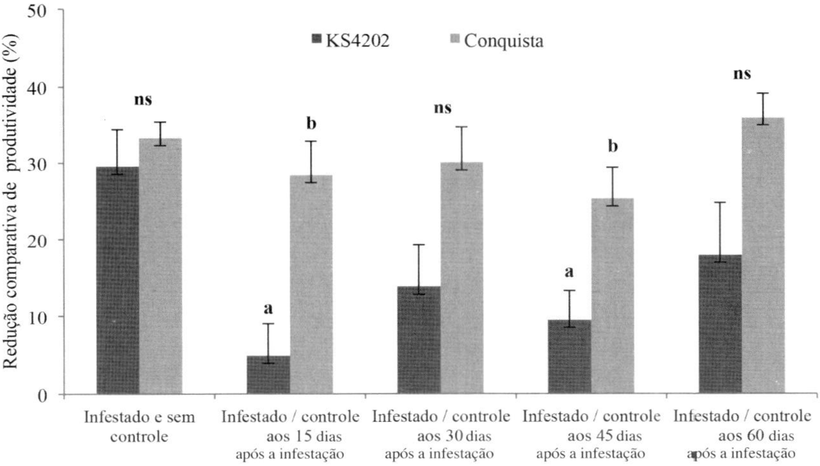


**Figura 5.** Redução (%) na produtividade de 'KS-4202' e de 'Conquista' para cada período de infestação com *Bemisia tabaci* biótipo B. Médias seguidas de letras iguais nas colunas, para cada período de infestação, não diferem entre si pelo teste de Tukey (p > 0,05) (adaptado de Cruz et al., 2016).

## 3. Caracterização de tolerância

As plantas podem ser resistentes ao ataque de artrópodes devido a sua capacidade de suportar ou de se recuperar de uma injúria causada por uma praga, mesmo sofrendo infestação semelhante àquela verificada sobre uma cultivar suscetível. De acordo com Reese et al. (1994), a antibiose e a antixenose podem ser avaliadas a partir do efeito que as plantas causam sobre os artrópodes, enquanto a tolerância revela o efeito do inseto sobre a planta. Consequentemente, devido à natureza única da tolerância das plantas aos artrópodes, os métodos empregados na medição quantitativa da tolerância requerem procedimentos completamente distintos daqueles utilizados para o estudo de antibiose e antixenose.

Contudo, a tolerância pode se sobrepor a outra categoria de resistência e, em alguns casos, as três categorias podem ocorrer simultaneamente (Smith 2005). No trabalho de Hawley et al. (2003), os autores reportaram a expressão simultânea das três categorias de resistência na cultivar de trigo Halt sobre o pulgão *D. noxia*. Desse modo, um desafio especial para estudos de tolerância das plantas é diferenciar a resistência devido à expressão de antibiose ou antixenose daquela relacionada à tolerância. Assim, embora duas cultivares possam apresentar lesão similar ou perdas a partir da alimentação de insetos, apenas a cultivar tolerante suportaria mais infestações do inseto em relação à outra.

Muitos estudos têm sido conduzidos com o intuito de avaliar a tolerância de plantas ao ataque de artrópodes-praga, e neste capítulo serão apresentadas algumas das medidas mais comuns e eficazes na determinação dessa categoria de resistência.

## 3.1. Parâmetros de atividade fotossintética

Dentre os mecanismos de tolerância das plantas ao ataque de insetos, aqueles relacionados à atividade fotossintética têm sido os mais investigados.

### 3.1.1. Teor de clorofila

A medição da perda relativa de clorofila tem se mostrado um importante método no estudo de plantas resistentes a insetos sugadores em diversas culturas de importância agrícola, em especial quando combinada com outros parâmetros de avaliação de tolerância. Essa técnica se tornou amplamente adotada em estudos desenvolvidos para caracterizar a tolerância de plantas e pode ser mensurada por meio de espectrofotometria manual (medidor SPAD) (Girma et al., 1998; Flinn et al., 2001; Nagaraj et al., 2002a, 2002b; Boina et al., 2005; Franzen et al., 2007; López et al., 2009; Akbar et al., 2010).

Girma et al. (1998) compararam a perda relativa de clorofila em genótipos de sorgo infestados com *S. graminum* utilizando o índice SPAD para determinar a expressão de tolerância. Os autores utilizaram gaiolas do tipo *clip-cage* fixadas em folhas "bandeira" de sorgo para a infestação com *S. graminum*. Após quatro dias de alimentação, os afídeos foram removidos e o teor de clorofila nos tecidos danificados dentro da gaiola e nos tecidos sadios (próximos às gaiolas) foi determinado por meio de um medidor SPAD-502. A fim de verificar a progressão dos danos ou a recuperação dos tecidos, leituras com esse medidor continuaram a ser realizadas em intervalos de quatro dias com as mesmas plantas. Foram feitas cinco medições representativas de clorofila obtidas nos tecidos infestados e não infestados. As médias das leituras foram obtidas e utilizadas no cálculo do índice SPAD a partir da seguinte fórmula:

$$\text{Índice SPAD} = \frac{(C - I)}{C}$$

onde C = leitura do medidor SPAD nos tecidos não infestados (controle) e I = leitura do medidor SPAD nos tecidos infestados. Genótipos com perda não significativa no teor de clorofila em comparação com o controle foram considerados tolerantes.

Utilizando esse índices, Girma et al. (1998) observaram que os genótipos 'Cargill 607E' e 'Cargill 797' apresentaram baixas porcentagens de redução nos teores de clorofila, devido à alimentação de *S. graminum* biótipo E, em comparação com o genótipo 'NC+ 160'. Esses genótipos também foram apontados como tolerantes por meio de outros índices de avaliação de tolerância (Dixon et al., 1990; Reese et al., 1994), o que reforça a validade do uso de índice SPAD como um método para avaliação de expressão de tolerância em estudos de resistência.

Ensaios com métodos similares para avaliação de tolerância foram aplicados em genótipos de *Aegilops tauschii* Coss. (Poaceae) sob infestação de *S. graminum* (Flinn et al., 2001). Os genótipos '1675' e '97-85-3' apresentaram redução no teor de clorofila significativamente menor, em comparação com o genótipo suscetível 'Wichita'. Adicionalmente, os pesquisadores também avaliaram a perda de peso seco proporcional nos mesmos genótipos. 'Wichita' foi o único material a apresentar significativa redução no peso seco, na comparação entre plantas infestadas e não infestadas (controle), confirmando a expressão de tolerância nos genótipos '1675' e '97-85-3', conforme indicado pela perda relativa de clorofila.

No entanto, embora a perda de clorofila medida pelo índice SPAD constitua ferramenta fundamental para avaliação de tolerância de plantas a artrópodes, o teor de clorofila e a taxa fotossintética podem apresentar menor relação direta em algumas interações inseto–planta. Em estudo com plantas de sorgo infestadas com *S. graminum*, algumas apresentaram maior redução na taxa fotossintética em relação ao teor de clorofila (Nagaraj et al., 2002a, 2000b). Portanto, o teor de clorofila pode ser considerado apenas um dentre vários fatores que contribuem para as taxas fotossintéticas.

### 3.1.2. Trocas gasosas

A atividade fotossintética também pode ser medida usando curvas de resposta $A/C_i$, e a condutividade de estômatos (móleculas de $H_2O$ por metro quadrado por segundo) *versus* concentração intercelular de $CO_2$ ($C_i$) utilizando um sistema portátil de fotossíntese. A curva de resposta $A/C_i$ corresponde à relação taxa de assimilação (A) *versus* concentração intercelular de $CO_2$ ($C_i$). A condutividade de estômatos e a curva $A/C_i$ são automaticamente determinadas pelo sistema portátil de fotossíntese. A curva $A/C_i$ pode indicar atividade de RuBisCO e a regeneração de ribulose-difosfato (RuBP) no ciclo de Calvin e pode ser usada para determinar os efeitos das injúrias dos insetos no processo de fotossíntese. Uma inclinação acentuada na curva $A/C_i$ para baixas concentrações intercelulares de $CO_2$ indica eficiente regeneração de RuBP, enquanto uma inclinação pouco acentuada indica limitação na regenereção de RuBP (Farquhar et al., 1980; Sharkey, 1985).

Em pesquisa envolvendo afídeos, a resposta fotossintética de genótipos resistentes e suscetíveis de trigo foi avaliada aos três, seis e nove dias após a introdução dos insetos e posteriormente comparada com plantas não infestadas (controle).

Por meio das curvas de resposta A/$C_i$, verificou-se que o genótipo resistente 'Halt' apresentou tendência de aumento, embora sem diferença estatística, na eficiência de carboxilação em plantas infestadas com *D. noxia,* em comparação com plantas não infestadas. Os pesquisadores também relataram que os genótipos suscetíveis apresentaram declínios acentuados na regeneração de RuBP em resposta à alimentação de *D. noxia*, enquanto os genótipos resistentes exibiram, no geral, semelhança ou aumento nas taxas de regeneração de RuBP (Franzen et al., 2007).

### 3.1.3. Fluorescência de clorofila

A fluorescência de clorofila pode expressar o uso de energia absorvida pela clorofila via fotossistema II (PSII) e o grau pelo em que está sendo danificada pelo excesso de luz (Franzen et al., 2007). A redução de fluorescência por injúrias de afídeos sugere uma interrupção no sistema de transporte de elétrons, reduzindo a absorção de luz para fotossíntese (Haile et al., 1999). A fluorescência de clorofila é medida a partir de folhas adaptadas à luz e ao escuro, utilizando um fluorímetro modulado de clorofila. Haile et al. (1999) empregaram medições de fluorescência de folhas adaptadas à luz para determinar a produção de fluorescência (Y), seguindo a fórmula:

$$Y = \frac{(F_{ms} - F_s)}{F_{ms}}$$

onde $F_{ms}$ é a máxima fluorescência e $F_s$ é o estado estacionário de fluorescência de folhas iluminadas para a luz. A partir de folhas adaptadas ao escuro, a relação de fluorescência variável ($F_v = F_m - F_o$) para máxima fluorescência ($F_m$) pode ser determinada como $F_v / F_m$, onde $F_o$ é a fluorescência mínima e $F_m$ é a fluorescência máxima de folhas adaptadas ao escuro.

Haile et al. (1999) relataram que todas as variedades de trigo avaliadas mostraram redução na produção de fluorescência (Y) logo após o ataque dos afídeos. Entretanto, na linhagem tolerante PI 262660, o teor de fluorescência nas folhas infestadas com *D. noxia* não diferiu significativamente das folhas controle após um dia de remoção dos afídeos. Nos genótipos 'Arapahoe' (suscetível) e PI 137739 (resistente por antibiose), a produção de fluorescência foi significativamente reduzida pela alimentação de *D. noxia,* e esses materiais não foram capazes de recuperar os níveis de fluorescência, quando comparados aos tratamentos controle. Similarmente, Franzen et al. (2007) descreveram aumento generalizado na produção de fluorescência nos genótipos resistentes de trigo 'Halt' e 'Prairie Red', quando infestados com *D. noxia*, em comparação com plantas não infestadas.

## 3.2 Avaliação de altura e peso de plantas

A expressão de tolerância pode ser investigada por meio de parâmetros relacionados à altura de plantas, no início e ao término do período de avaliação

(Morgan et al., 1980; Webster 1990a,1990b; Webster et al., 1991; Webster e Porter, 2000; Hawley et al., 2003). Para tanto, antes de realizar a liberação dos insetos, deve-se medir e parear as plantas o mais próximo possível, com base na sua altura. Uma planta de cada par é então escolhida como controle e mantida sem infestação, enquanto outra planta é infestada com o número desejável de insetos. Ambas as plantas devem ser isoladas em gaiolas, e aquelas infestadas devem ser examinadas a cada dois dias para remover ou adicionar insetos, a fim de manter o número definido de artrópodes por planta. É fundamental remover/adicionar insetos nas gaiolas para manter a pressão de infestação desejada e, assim, reduzir alterações nos resultados provenientes da expressão de resistência por antibiose, e não por tolerância. Ao fim do experimento, a altura das plantas infestadas e não infestadas deve ser registrada e o crescimento da planta pode ser determinado por meio da diferença entre as alturas no início e no término do ensaio. Além disso, as plantas podem ser colhidas e secas, a fim de determinar o peso das infestadas em relação às plantas controle (não infestadas):

$$\left(\frac{W_t}{W_c}\right) \times 100$$

onde $W_t$ é o peso seco da planta infestada e $W_c$ é o peso seco da planta controle.

Utilizando esse método, pesquisadores determinaram os níveis de tolerância em dois genótipos de trigo, 'GRS 1201' e 'Largo', ao ataque de *S. graminum* (Webster e Porter, 2000). Ambos os genótipos apresentaram médias de peso seco relativamente similares, em comparação com seus pares não infestados (70,63 e 77,30%, respectivamente), enquanto o peso seco do genótipo suscetível 'TAM W-101' foi significativamente menor (51,28%). Para o desenvolvimento das plantas, 'TAM W-101' apresentou significativa redução no crescimento, determinada pela menor altura, em comparação com os demais genótipos.

### 3.3. Mudança de peso proporcional (DWT)

Reese et al. (1994) propuseram a mudança de peso proporcional (DWT) como uma medida de tolerância, a fim de caracterizar a resposta de um tratamento. Ela é determinada a partir da seguinte fórmula:

$$DWT = \frac{W_c - W_t}{W_c} \times 100$$

onde $W_c$ indica o peso seco da planta controle e $W_t$, o da planta infestada.

A mudança de peso proporcional é uma boa medida de tolerância e explica as diferenças no padrão normal de crescimento entre genótipos avaliados. Flinn et al. (2001), Boina et al. (2005), Lazzari et al. (2009), Murugan et al. (2010) e Carrera et al. (2012) empregaram o índice DWT para caracterizar a tolerância de *A. tauschii*, trigo e cevada a *S. graminum*, *D. noxia* e *Aceria tosichella* Keifer (Acari: Eriophyidae), respectivamente.

Murugan et al. (2010) caracterizaram a tolerância dos genótipos de cevada 'Sidney' e 'Stoneham' ao ataque de *D. noxia* (biótipos 1 e 2) comparativamente às plantas do genótipo 'Otis', com base na redução de parâmetros relacionados à parte aérea, raízes e proporção de peso seco da planta (DWT). Conforme descrito anteriormente, as plantas de cada genótipo foram pareadas (altura similar), sendo uma infestada e a outra mantida sem infestação (controle) em cada par. Todas as plantas foram isoladas em gaiolas e infestadas com os pulgões, que se alimentaram até que as plantas suscetíveis mostrassem completo enrolamento foliar e 95% de clorose na folha verdadeira mais nova. A parte aérea das plantas infestadas e das plantas controle foi cortada ao nível do solo e acondicionada em sacos de alumínio previamente pesados. As raízes foram vigorosamente lavadas, a fim de remover resíduos de solo, e depois acondicionadas no interior de sacos de alumínio similares àqueles utilizados para a parte aérea. Os sacos foram então secos e o peso dos tecidos foi determinado. O mesmo tipo de procedimento pode ser empregado para a altura de plantas, visando caracterizar a tolerância por meio da mudança de altura relativa.

A mudança de peso proporcional também pode ser aplicada a outros parâmetros de produção, como na medida da porcentagem de redução de sementes produzidas, em que $W_c$ representa o peso de sementes na planta controle e $W_t$ corresponde ao peso de sementes da planta infestada. Utilizando essa fórmula, Panda e Heinrichs (1983) verificaram que a variedade de arroz 'Utri Rajapan' apresentou baixa redução na produtividade sob elevados níveis de infestação (225 a 815 ninfas) de *N. lugens*. Por meio desse método, 'Utri Rajapan' foi classificada como altamente tolerante à cigarrinha em relação a outras variedades que apresentaram significativa redução na produção de sementes sob elevados níveis de infestação do inseto.

## 3.4. Índice de tolerância (TI)

Para discriminar corretamente a expressão de tolerância, ao invés de antibiose, diversos índices de tolerância têm sido aplicados. Panda e Heinrichs (1983) mediram o peso seco de *N. lugens* proveniente de variedades resistentes e suscetíveis de arroz, a fim de diferenciar a tolerância e a antibiose. Nesse estudo, as duas categorias de resistência foram determinadas por meio das seguintes fórmulas:

$$TI = \frac{\text{Peso seco do inseto na variedade em teste}}{\text{Peso seco do inseto na variedade suscetível}} \qquad \text{Antibiose} = 1 - TI$$

onde TI representa o índice de tolerância.

Utilizando essa fórmula, os autores relataram que a biomassa do inseto produzida no genótipo suscetível 'IR26' e no genótipo resistente 'Utri Rajapan' foi similar, confirmando outros índices que sugeriam tolerância para 'Utri Rajapan'. Já o peso seco do inseto foi significativamente menor em outras variedades resistentes, indicando que diferentes níveis de antibiose também contribuíram para sua resistência.

A perda ou injúria das plantas pode ser dividida pelo número total de insetos ao final do experimento, a fim de estabelecer a perda baseada no inseto (Reese et al., 1994). Dixon et al. (1990) propuseram outro índice de tolerância (TI) para a antibiose, tomando a mudança de peso proporcional (DWT) e dividindo-a pelo número de insetos em cada planta no final do experimento. A fórmula para esse outro índice de tolerância é a seguinte:

$$TI = \frac{\left(\frac{W_c - W_t}{W_c}\right)}{N_i} \times 100$$

onde $N_i$ representa o número de insetos ao final do experimento, $W_c$ e $W_t$ correspondem aos parâmetros descritos na mudança de peso proporcional. Valores mais baixos indicam a expressão de tolerância.

Carrera et al. (2012) avaliaram a tolerância de linhagens de *A. tauschii* ao ataque do ácaro *A. tosichella*, utilizando a mudança de peso proporcional e o índice de tolerância. Os métodos seguiram o previsto para o cálculo de mudança de peso proporcional, com uma alteração: conforme as plantas eram colhidas, brotos individuais de plantas infestadas eram acondicionados sobre uma fita adesiva e analisados por cinco dias. Assim que as folhas secavam, os ácaros deixavam a vegetação e ficavam retidos na fita adesiva, permitindo sua quantificação. Os autores não verificaram diferenças entre os genótipos usando DWT, no entanto, quando as medidas de DWT foram corrigidas com TI, considerando as diferenças no número de ácaros sobre as plantas, as médias diferiram significativamente entre os genótipos. Já com relação aos parâmetros de raiz, parte aérea e planta total, os valores de TI dos genótipos 'TA1582', 'TA1583', 'TA1597' e 'Jagger' foram significativamente menores, em comparação com os índices obtidos nos genótipos suscetíveis ou portadores de antibiose, indicando que os quatro materiais expressam níveis de tolerância à alimentação do ácaro.

De forma semelhante, Voothuluru et al. (2006) caracterizaram a tolerância do genótipo de trigo 'CItr2401' a *D. noxia* (biótipo 1) com base nas medidas de mudança de peso proporcional e índice de tolerância obtidas com raízes, no entanto, nenhuma diferença foi verificada quando a parte aérea ou a planta total foram consideradas. Isso fez os autores destacarem a importância da separação das estruturas (raízes ou parte aérea) nas medidas de tolerância, uma vez que o desenvolvimento do tecido pode ser afetado diferentemente, de modo que medidas feitas a partir da planta toda podem dificultar a determinação da tolerância em um tecido específico.

## 3.5. Avaliações visuais

A avaliação do índice de danos sobre as plantas tem sido empregada como uma ferramenta para verificar a resistência delas a artrópodes. Essa avaliação pode ser feita sobre diferentes tipos de lesões de plantas, incluindo clorose, turgescência, subdesenvolvimento e estado fitossanitário geral e pode ser quantificada por meio de classificações numéricas (Webster e Porter, 2000). Além disso, as escalas visuais de danos podem ser eficientes em sistemas de cultivo nos quais a estética é especialmente importante. No entanto, deve-se ressaltar que os índices de dano, por si só, podem não excluir a ocorrência de outras categorias de resistência, sendo mais úteis quando integrados com outros índices, como o índice funcional de perda de plantas (FPLI).

Webster e Inayatullah (1984) utilizaram uma escala visual de 1 a 9, onde 1 = sem dano até 9 = planta seca ou morta, a fim de identificar a expressão de tolerância em triticale sobre *S. graminum*. Plântulas (5 a 6 cm de altura) foram infestadas com o afídeo, na proporção de 10 adultos/planta, e recobertas com gaiolas. Foram avaliadas diariamente, a fim de retirar ou adicionar insetos, conforme a necessidade, de modo a manter 10 indivíduos por planta. Doze dias após a infestação, foram visualmente avaliadas quanto aos danos. Uma escala visual de danos mais detalhada (1 a 9) foi apresentada por Dixon et al. (1990) para avaliar a resistência de sorgo a *S. graminum*, onde: 1 = 0-10% de dano, 2 = 11-20%, 3 = 21-30%, 4 = 31-40%, 5 = 41-50%, 6 = 51-60%, 7 = 61-70%, 8 = 71- 80%, 9 = 81% (morte da planta).

Heng-Moss et al. (2002) descreveram uma escala de 1 a 5, onde: 1 = 0-10% de injúria, 2 = 11-30%, 3 = 31-50%, 4 = 51-70% e 5 = 71% ou mais de área foliar com perda severa de cor, secamento ou tecido morto, para avaliar a resistência de *Bouteloua dactyloides* (Nutt.) Columbus (grama-búfalo) ao percevejo *Blissus occiduus* Barber (Hemiptera: Blissidae). Para tanto, 50 ninfas de quinto instar do percevejo foram confinadas sobre touceiras da grama (10,6 cm de diâmetro × 6 cm de profundidade). As plantas foram avaliadas diariamente quanto ao dano do percevejo do início até o final do estudo. O experimento foi encerrado e as touceiras foram colhidas quando as plantas suscetíveis apresentavam dano igual ou superior a quatro. Em estudo semelhante, Heng-Moss et al. (2003a) verificaram que plantas infestadas e não infestadas (controle) do genótipo de grama-búfalo NE91-118 apresentaram notas de dano semelhantes, sugerindo a ocorrência de tolerância. Os mesmos autores ressaltaram que a escala visual de danos foi um parâmetro eficiente para a discriminação de tolerância entre genótipos de *B. dactyloides*.

## 3.6. Índice funcional de perda na planta (FPLI)

O índice funcional de perda na planta (FPLI) é ferramenta valiosa em estudos de resistência de plantas a insetos e integra múltiplos parâmetros de perda relativa da planta, com avaliações de dano para medir a tolerância. Morgan et al. (1980) criaram um índice para medir a tolerância de sorgo ao ataque de *S. graminum* combinando medições de perda de área foliar com notas visuais de danos. Para tanto, adultos ou ninfas de quarto instar de *S. graminum* foram introduzidos sobre as plantas e estas foram colhidas após dois, quatro, seis e oito dias de infestação com os afídeos. Conforme as plantas eram colhidas, a área foliar ($cm^2$) era determinada em medidor Licor®. Notas de dano para cada folha foram atribuídas utilizando uma escala visual de 0 a 10 (0 para ausência de injúria e 10 para folha morta). Os índices de dano das folhas de cada planta foram totalizados e divididos pelo número de folhas, a fim de obter-se a média de dano na planta.

O FPLI pode ser calculado a partir da fórmula:

$$\text{FPLI} = \left(1 - \left(\frac{\text{Área foliar controle - Área foliar infestada}}{\text{Área foliar controle}}\right) \times (1 - \text{Média da escala de dano})\right) \times 100$$

No entanto, para experimentos curtos, nos quais o dano não atinge nível suficiente para quantificação, a fórmula pode ser modificada, de tal modo que o índice funcional de perda na planta corresponde apenas ao subdesenvolvimento observado. Assim, o índice é calculado pela fórmula:

$$\text{FPLI} = \left(\frac{\text{Área foliar controle - Área foliar infestada}}{\text{Área foliar controle}}\right) \times 100$$

Panda e Heinrichs (1983) modificaram o FPLI em função do peso da planta. Já Wu et al. (1986) ajustaram a fórmula para a altura da planta, a fim de medir a tolerância de arroz a *N. lugens*. Esses índices funcionais podem ser calculados, respectivamente, a partir das seguintes fórmulas:

$$\text{FPLI}_{(\text{peso})} = 1 - \left(\frac{\text{Peso seco da planta infestada}}{\text{Peso seco da planta-controle}}\right) \times \left(1 - \frac{\text{Média de dano observado}}{\text{Máximo dano observado}}\right) \times 100$$

$$\text{FPLI}_{(\text{altura})} = 1 - \left(\frac{\text{Aumento de altura na planta infestada}}{\text{Aumento de altura na planta-controle}}\right) \times \left(1 - \frac{\text{Média de dano observado}}{\text{Máximo dano observado}}\right) \times 100$$

Panda e Heinrichs (1983) reportaram que variedades resistentes exibiram baixos níveis de perda nas plantas, em comparação com a variedade suscetível (controle), com base no índice FPLI. Elevados níveis de tolerância foram verificados em 'Utri Rajapan', e foram suportados por resultados similares a partir do índice de tolerância, ao passo que a outra variedade resistente revelou níveis variáveis de antibiose e tolerância, baseados na regressão do índice FPLI *versus* peso seco de *N. lugens*.

Heng-Moss et al. (2003a) também observaram tolerância em *B. dactyloides* sob ataque de *B. occiduus*, com base no índice FPLI para altura de plantas. Já no trabalho de Koch et al. (2014a), a tolerância de *Panicum virgatum* L. a *Sipha flava* (Forbes) (Hemiptera: Aphididae) e *S. graminum* foi caracterizada com base no índice FPLI, considerando altura e peso das plantas.

Empregando FPLI baseado no peso de plantas, López et al. (2009) constataram níveis moderados a elevados de tolerância em *Brachiaria* spp. à cigarrinha *Aeneolamia varia* (Fabricius) (Hemiptera: Cercopidae). Foi demonstrado que o genótipo 'CIAT 36087' possui nível moderado de tolerância e confirmaram-se estudos preliminares que apontavam elevado nível de tolerância do genótipo 'CIAT 6294' ao inseto. Os autores ressaltaram que, para aquele estudo, os índices de perda na planta ofereceram melhor estimativa para a caracterização de tolerância a cigarrinhas, em comparação com as escalas de dano e SPAD.

## 4. Mecanismos de tolerância

Embora a tolerância aos insetos herbívoros venha recebendo maior atenção, caracterizações mais detalhadas dos mecanismos envolvidos permanecem inconclusivas. Dentre os mecanismos fisiológicos de resposta pelos quais as plantas podem tolerar a herbivoria, os mais comuns são o aumento da taxa fotossintética líquida após lesão, as altas taxas de crescimento relativo, o aumento do número de brotações ou perfilhos, os níveis elevados de armazenamento de carbono nas raízes e a capacidade de realocar o carbono após as injúrias desde o sistema radicular até a parte aérea (Strauss e Agrawal, 1999).

Também podem ser considerados mecanismos de tolerância aqueles fatores que não implicam uma reação da planta ao ataque do inseto, mas também contribuem para reduzir os danos, por exemplo, o maior vigor da planta, o maior número de folhas e/ou frutos, a maior rigidez dos colmos (reduzindo o acamamento quando ela é atacada), entre outros. Por não ser resultante da reação da planta, essa resistência é chamada de passiva, em contraposição à tolerância ativa, quando há reação (Lara, 1991). Por outro lado, um mecanismo de tolerância relacionado à menor retirada de auxinas das plantas por pulgões foi mencionado por Maxwell e Painter (1962). Por meio de cromatografia, os autores constataram que a quantidade de auxinas livres nos extratos homogeneizados de duas espécies de pulgões foi significativamente maior quando esses insetos se alimentaram em variedades suscetíveis, em comparação com aqueles alimentados em variedades tolerantes. Segundo os autores, essa menor concentração de auxinas estaria relacionada principalmente à menor remoção desse hormônio da planta tolerante, provavelmente pela dificuldade de o inseto inserir os estiletes nos locais onde tais auxinas estivessem armazenadas ou mesmo pela presença, na planta tolerante, de compostos repelentes aos insetos.

Os eventos de reconhecimento molecular que desencadeiam a imunidade das plantas a insetos herbívoros ainda são relativamente desconhecidos. No entanto, as plantas parecem utilizar vários sistemas de vigilância para reconhecer insetos com ampla gama de atividades e comportamentos alimentares. Os mecanismos de defesa dirigidos contra a maioria das pragas podem ser classificados em dois grupos. O primeiro grupo envolve o uso de receptores de padrões de reconhecimento (PRRs) que identificam padrões moleculares associados a herbívoros (HAMPs), elicitores associados a herbívoros (HAEs) ou efetores sobre herbívoros (HE), que iniciam uma sinalização em cascata, culminando em uma estratégia basal de defesa (Mithöfer e Boland, 2008; Hogenhout e Bos, 2011; Heil et al., 2012; Santamaria et al., 2013). Esses eventos complexos e precoces de sinalização são semelhantes à imunidade desencadeada por padrões moleculares associados a patógenos (PAMP) ou microrganismos (MAMP) (Jones e Dangl, 2006; Wu e Baldwin, 2010).

Em resposta à alimentação inicial de insetos, há aumento da sinalização de cálcio, produção de espécies reativas de oxigênio (ROS), ativação de cascatas de proteína cinase mitógeno ativada (MAPK) e fatores de transcrição (Maffei et al., 2007; Wu e Baldwin, 2010; Santamaria et al., 2013). Também há forte evidência de que a sinalização de ROS está intimamente relacionada com a sinalização hormonal, em particular a via do ácido jasmônico (JA) (Kwak et al., 2006; Foyer e Noctor, 2013; Santamaria et al., 2013). Este ácido e os compostos de sinalização a ele relacionados, comumente referidos como jasmonatos, são sinais ubíquos para lesão de tecidos e a subsequente ativação de respostas de defesa para muitos, se não para a maioria dos insetos herbívoros. Essa resposta basal de defesa pode ou não impedir efetivamente o inseto de se alimentar (Walling, 2009).

O segundo grupo de defesa da planta refere-se à imunidade desencadeada pelo efetor (ETI), que envolve uma resistência específica mediada por proteínas de repetição ricas em leucina (NBS-LRR) de sítio de ligação de nucleotídeos distintos codificados por genes de resistência (genes R) (Jones e Dangl, 2006; Hogenhout e Bos, 2011). Essa defesa envolve o reconhecimento da alimentação de um inseto ou sua atividade e é seguida pela ativação da resistência sistêmica adquirida (SAR). Por exemplo, 33 genes NBS-LRR R foram identificados em trigo, em resposta a insetos galhadores; a maioria dos genes R específicos de cultivares ativam defesas do tipo ETI (Stuart et al., 2012). Essas respostas incluem morte celular localizada, fortificações estruturais, tais como reforço da parede celular via disposição de lignina e celulose, bem como as defesas bioquímicas e moleculares associadas (Kessler e Baldwin, 2002; Stam et al., 2013). Certas estratégias de defesa também podem permitir a realocação de nutrientes de plantas, que impactam negativamente a qualidade delas no local da alimentação do inseto (Masters et al., 1993; Schultz et al., 2012).

Os pulgões *S. graminum* e *S. flava* são importantes pragas de *P. virgatum* (*switchgrass*) e podem transmitir patógenos virais, como o vírus do mosaico em *Panicum* spp. (PMV) (Stewart et al., 2013), o vírus do nanismo amarelo da cevada (BYDV), o vírus do mosaico da cana-de-açúcar (SCMV) e o vírus do mosaico anão do milho (MDMV) (Blackman e Eastop, 2000). A infecção viral decorrente da alimentação de afídeos pode aumentar o dano à planta e diminuir o potencial de produção. Com base no número de pulgões, nos seus índices de fecundidade e nas notas de dano sobre as plantas, tetraploides de *P. virgatum* foram categorizados entre altamente suscetíveis até altamente resistentes (Koch et al., 2014b). Populações específicas de *P. virgatum* também foram classificadas como suscetíveis e tolerantes dentro de uma cultivar, com base no dano mínimo à planta e na redução da biomassa, apesar das grandes quantidades de afídeos ativos se alimentando (Koch et al., 2014b).

A Figura 6 destaca a sinalização de defesa, os mecanismos e as mudanças de expressão de genes ocorrendo em uma célula do mesófilo durante a alimentação dos pulgões. A sinalização começa com os receptores EF-Tu, que identificam a infestação por pragas, por meio da injúria na planta ou das secreções salivares do pulgão. Após o reconhecimento, a célula da planta utiliza cálcio, ROS e MAPK sinalizando vias para iniciar a resposta de defesa apropriada. Isso leva a uma regulação positiva das vias hormonais, da produção da parede celular e das interações da ligase E3. Muitos fatores de transcrição também são ativados durante esses eventos, incluindo WRKYs, NACs e MYBs, que são fatores de defesa associados à transcrição de plantas.

Em revisão sobre os mecanismos de expressão de tolerância de plantas ao ataque de hemípteros sugadores, Koch et al. (2016) sumarizaram aspectos chave nas mudanças celulares que ocorrem em uma planta tolerante. Segundo

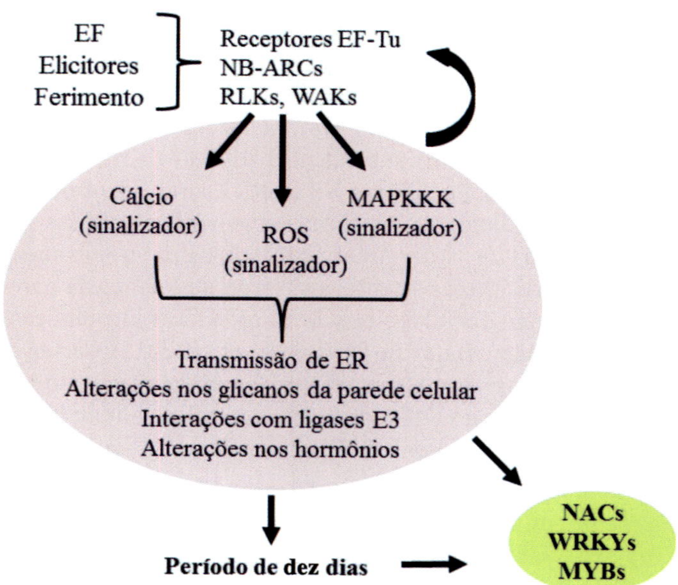


**Figura 6.** Modelo de sinalização de células de defesa do mesófilo em *Panicum virgatum* durante a infestação com pulgões.

os autores, de início os pulgões provam as folhas, e a alimentação continuada desencadeia múltiplas respostas da planta. A percepção inicial da presença da praga é acompanhada por uma resposta fotossintética ao nível de cloroplastos e mitigação de ROS, intimamente envolvida em uma série de compartimentos celulares. Uma das consequências dessas alterações fisiológicas é a supressão no crescimento dos meristemas. Conforme os processos fisiológicos retornam ao normal, o crescimento é reiniciado. Dentro dos cloroplastos, essas mudanças são representadas como mudanças de verde-escuro para verde-claro, revelando perda de função, e o contrário para indicar a recuperação das funções. De modo similar, nos meristemas apicais, células alaranjadas indicam estado de estresse, enquanto as outras cores indicam estado sadio (Figura 7).

Em geral, a reação da planta ao ataque de um hemíptero parece ocorrer em menos de uma hora, mas, em alguns casos, são necessários apenas alguns minutos para que mudanças histológicas possam acontecer (Santamaria et al., 2013; Tzin et al., 2015). Insetos sugadores em geral desencadeiam respostas mais específicas, uma vez que a remoção de seiva do floema e/ou do xilema provoca distúrbios no balanço hídrico e nutricional das plantas e efetivamente modula funções dos cloroplastos.

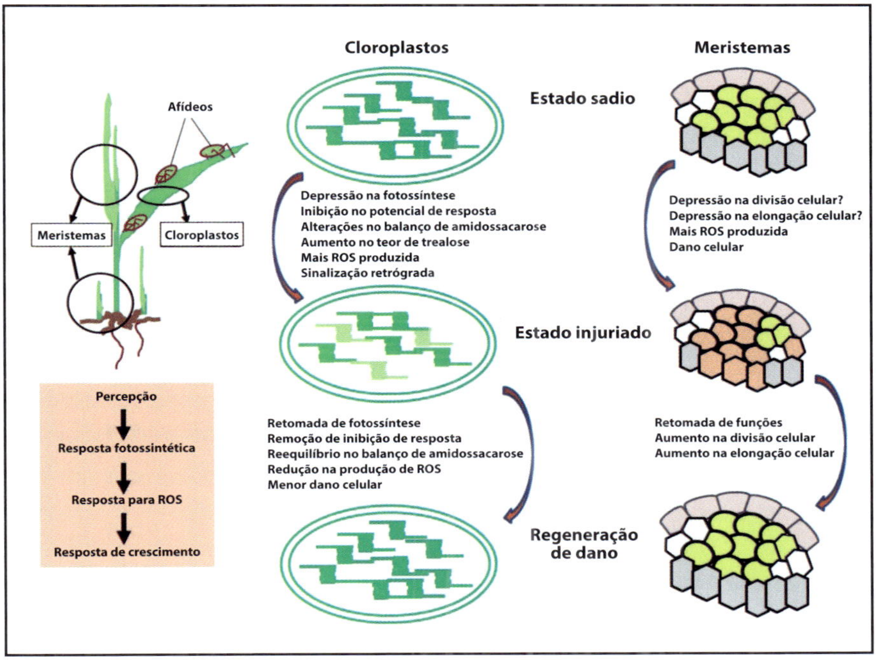


**Figura 7.** Mudanças celulares em uma planta tolerante (adaptado de Koch et al. *Frontiers in Plant Science* 7: 1363, 2016, com autorização).

Em adição, elas possuem a capacidade de autorregulação de peroxidases e outras enzimas oxidativas durante a alimentação de insetos (Heng-Moss et al., 2003b; Passardi et al., 2005; Gulsen et al., 2007; Gutsche et al., 2009; Kerchev et al., 2012; Ramm et al., 2013). Isso sugere que a tolerância presente em determinadas plantas poderia ser passível de manipulações futuras dentro de programas de melhoramento. Em épocas recentes, um tetraploide altamente produtivo e adaptado de *P. virgatum* ('Liberty') foi liberado para cultivo nas grandes planícies centrais americanas (Vogel et al., 2014). Portanto, a compreensão dos genes envolvidos na resposta de tolerância será um recurso valioso na seleção de genótipos de *P. virgatum* capazes de manter elevado rendimento de biomassa sob o ataque de herbívoros.

Outro aspecto importante na compreensão da tolerância das plantas é o impacto que sua implementação poderia trazer ao meio ambiente. O emprego de genótipos tolerantes reduziria ou potencialmente eliminaria as aplicações de inseticidas e seus resíduos, diminuindo a poluição ambiental (Smith e Clement, 2012). O desenvolvimento de cultivares altamente produtivas e resistentes aos artrópodes-praga para a agricultura global poderá prosperar por meio de colaborações interdisciplinares envolvendo especialistas das áreas de entomologia, melhoramento genético e biologia molecular.

## 5. Conclusões

É essencial um bom entendimento sobre a contribuição de cada categoria de resistência e sobre os mecanismos existentes em uma cultivar antes de inseri-la como estratégia do manejo integrado de pragas. Em consequência, os métodos para medir a tolerância devem separar de maneira eficiente qualquer intereferência da antibiose e/ou antixenose na expressão da resistência. Isso pode ser particularmente desafiador nos casos em que existe uma sobreposição significativa da tolerância com outra categoria. Além disso, os métodos de medição da tolerância devem ser selecionados com cuidado, com base em um sistema específico, avaliando parâmetros de rendimento de interesse. Uma vez que a tolerância das plantas envolve uma expressão complexa, provavelmente de bases genéticas de herança múltipla, estudos aprofundados envolvendo múltiplas medidas de tolerância podem ser necessários, de modo a fornecer uma interpretação mais ampla do material, em vez de medidas individuais.

## Referências bibliográficas


AGRAMA, A. et al. Genetic mapping of QTLs associated with greenbug resistance and tolerance in *Sorghum bicolor*. *Theoretical Applied Genetics* 104: 1373-378, 2002.

AGUIRRE, L. M. et al. Characterization of resistance to adult spittle bugs (Hemiptera: Cercopidae) in *Brachiaria* spp. *Journal of Economic Entomology* 106: 1871-877, 2013.

AKBAR, W. et al. Categorizing sugarcane cultivar resistance to the sugarcane aphid and yellow sugarcane aphid (Hemiptera: Aphididae). *Journal of Economic Entomology* 103: 1431-437, 2010.

ANDARGE, A.; WESTHUIZEN, M. C. V. D. Mechanisms of resistance of lentil *Lens culinaris* Medikus, genotypes to the pea aphid *Acyrthosiphon pisum* Harris (Hemiptera: Aphididae). *International Journal of Tropical Insect Science* 24: 249-54, 2007.

ARMSTRONG, J. S. et al. Sugarcane aphid (Hemiptera: Aphididae): host range and sorghum resistance including cross-resistance from greenbug sources. *Journal of Economic Entomology* 108: 576-82, 2015.

BALDIN, E. L. L. et al. Resistência de genótipos de abobrinha a *Bemisia tabaci* (Genn.) biótipo B (Hemiptera: Aleyrodidae). *Neotropical Entomology* 38: 526-30, 2009.

BOINA, D. et al. Categories of resistance to biotype I greenbugs (Homoptera: Aphididae) in wheat lines containing the greenbug resistance genes Gbx and Gby. *Journal of Kansas Entomological Society* 78: 252-60, 2005.

BOYKO, E. V. et al. Molecular basis of plant gene expression during aphid invasion: wheat pto- and pti-like sequences are involved in interactions between wheat and Russian wheat aphid (Homoptera: Aphididae). *Journal of Economic Entomology* 99: 1430-445, 2006.

BLACKMAN, R.; EASTOP, V. *Aphids on the world crops – an identification and information guide.* England, UK: John Wiley & Sons, 2000.

BRANDT, R. N.; LAMB, R. J. Importance of tolerance and growth rate in the resistance of oilseed rapes and mustards to flea beetles, *Phyllotreta cruciferae* (Goeze) (Coleoptera: Chrysomelidae). *Canadian Journal of Plant Science* 74: 169-76, 1994.

BURD, J. D.; ELLIOTT, N. C. Changes in chlorophyll a fluorescence induction kinetics in cereals infested with Russian wheat aphid (Homoptera: Aphididae). *Journal of Economic Entomology* 89: 1332-337, 1996.

BYRNE, D. H. et al. Yield and plant growth responses of *Mononychellus* mite resistant and susceptible cassava cultivars under protected vs. infested conditions. *Crop Science* 22: 486-90, 1982.

CAO, H. H. et al. Antibiosis and tolerance but not antixenosis to the grain aphid, *Sitobion avenae* (Hemiptera: Aphididae), are essential mechanisms of resistance in a wheat cultivar. *Bulletin of Entomological Research* 105: 448-55, 2015.

CARDONA, C. et al. Resistance to thrips (Thysanoptera: Thripidae) in beans. *Journal of Economic Entomology* 95: 1066-73, 2002.

CARDOZA, Y. J.; MACAUSLANE, H. J.; WEBB, S. E. Mechanisms of resistance to whitefly--induced squash silverleaf disorder in zucchini. *Journal of Economic Entomology* 92: 700-707, 1999.

CARRERA, S. G. et al. Multiple categories of resistance to wheat curl mite (Acari: Eriophyidae) expressed in accessions of *Aegilops tauschii*. *Journal of Economic Entomology* 105: 2180-186, 2012.

COSENZA, G. W. *Resistance in grasses to the pasture spittlebug* (*Deois flavopicta* Stal, 1854). Embrapa-CPAC, 1982. (Boletim de Pesquisa, n. 10, 15p.).

CRUZ, P. L. et al. Tolerance of KS-4202 soybean to the attack of *Bemisia tabaci* biotype B (Hemiptera: Aleyrodidae). *Florida Entomologist* 99: 600-607, 2016.

DABROWSKI, Z. T.; KIDIARAI, E. L. Resistance of some sorghum lines to the spotted stalk-borer *Chilo partellus* under Western Kenya conditions. *International Journal of Tropical Insect Science* 4: 119-26, 1983.

DAS, Y. T. Cross resistance to stem borers in rice varieties. *Journal of Economic Entomology* 69: 41-46, 1997.

DINARDO-MIRANDA, L. L. et al. Resistance of sugarcane cultivars to *Mahanarva fimbriolata* (Stal) (Hemiptera: Cercopidae). *Neotropical Entomology* 43: 90-95, 2013.

DIXON, A. G. O. et al. Mechanisms of resistance and their interactions in twelve sources of resistance to biotype E greenbug (Homoptera: Aphididae) in sorghum. *Journal of Economic Entomology* 83: 234-40, 1990.

DOGRAMACI, M. et al. Categories of resistance, antibiosis and tolerance, to biotype I greenbug [(*Schizaphis graminum* (Rondani) (Homoptera: Aphididae)] in four sorghum [(*Sorghum bicolor* (L.) Moench. Poales: Gramineae)] hybrids. *Journal of Kansas Entomological Society* 80: 183-91, 2007.

EICKHOFF, T. E. et al. Levels of tolerance, antibiosis, and antixenosis among resistant buffalograsses and zoysiagrasses. *Journal of Economic Entomology* 101: 533-40, 2008.

FARQUHAR, G. D.; VON CAEMMERER, S.; BERRY, J. A. A biochemical model of photosynthetic $CO_2$ assimilation in leaves of $C_3$ species. *Planta* 149: 78-90, 1980.

FLINN, M. et al. Categories of resistance to greenbug (Homoptera: Aphididae) biotype I in *Aegilops tauschii* germplasm. *Journal of Economic Entomology* 94: 558-63, 2001.

FOYER, C. H.; NOCTOR, G. Redox signaling in plants. *Antioxidants & Redox Signaling* 18: 2087-90, 2013.

FRANZEN, L. D. et al. Physiological and biochemical responses of resistant and susceptible wheat to injury by Russian wheat aphid. *Journal of Economic Entomology* 100: 1692-703, 2007.

GILBERT, J. C.; CHINN, J. T.; TANAKA, J. S. Spider mite tolerance in multiple disease resistant tomatoes. *Proceedings of the American Society of Horticultural Sciences* 89: 559-62, 1996.

GIMENEZ-FERRER, R. M. et al. Host-pest relationships between the two-spotted spider mite (Acari: Tetranychidae) and strawberry cultivars with differing levels of resistance. *Journal of Economic Entomology* 87: 168-75, 1994.

GIRMA, M.; KOFOID, K. D.; REESE, J. C. Sorghum germplasm tolerant to greenbug (Homoptera: Aphididae) feeding damage as measured by reduced chlorophyll loss. *Journal of Kansas Entomological Society* 71: 108-15, 1998.

GULSEN, O. et al. Peroxidase gene polymorphism in buffalograss and other grasses. *Crop Science* 47: 767-72, 2007.

GUTSCHE, A. et al. Gene expression profiling of tolerant barley in response to *Diuraphis noxia* (Hemiptera: Aphididae) feeding. *Bulletin of Entomological Research* 99: 163-73, 2009.

HAILE, F. J. et al. Physiological and growth tolerance in wheat to Russian wheat aphid (Homoptera: Aphididae) injury. *Environmental Entomology* 28: 787-94, 1999.

HARVEY, T. L.; HACKEROTT, H. L.; SORENSEN, E. L. Pea aphid injury to resistant and susceptible alfalfa in the field. *Journal of Economic Entomology* 64: 513-17, 1971.

HAVLICKOVA, H. Differences in level of tolerance to cereal aphids in five winter wheat cultivars. *Rostlinna Vyroba* 43: 593-96, 1997.

HAWLEY, C. J.; PAEIRS, F. B.; RANDOLPH, T. L. Categories of resistance at different growth stages in halt, a winter wheat resistant to the Russian wheat aphid (Homoptera: Aphididae). *Journal of Economic Entomology* 96: 214-19, 2003.

HEIL, M. et al. How plants sense wounds: damaged-self recognition is based on plant--derived elicitors and induces octadecanoid signaling. *PloS ONE.* 7: e30537, 2012.

HENG-MOSS, T. M. et al. Evaluation of buffalograss germplasm for resistance to *Blissus occiduus* (Hemiptera: Lygaeidae). *Journal of Economic Entomology* 95: 1054-58, 2002.

HENG-MOSS, T. M. et al. Chinch bug-resistant buffalograss: an investigation of tolerance, antixenosis, and antibiosis. *Journal of Economic Entomology* 96: 1942-951, 2003a.

HENG-MOSS, T. et al. Comparison of chlorophyll and carotenoid concentrations among Russian wheat aphid (Homoptera: Aphididae) – Infested wheat isolines. *Journal of Economic Entomology* 96: 475-81, 2003b.

HENG-MOSS, T. et al. Physiological responses of resistant and susceptible buffalo grasses to *Blissus occiduus* (Hemiptera: Blissidae) feeding. *Journal of Economic Entomology* 99: 222-28, 2006.

HO, D. T.; HEINRICHS, E. A.; MEDRANO, F. Tolerance of the rice variety triveni to the brown planthopper, *Nilaparvata lugens*. *Environmental Entomology* 11: 598-602, 1982.

HOGENHOUT, S. A.; BOS, J. I. Effector proteins that modulate plant–insect interactions. *Current Opinion in Plant Biology* 14: 422-28, 2011.

JARVIS, J. L. et al. Level of resistance in maize to prevent or reduce yield losses by second--generation European corn borers. *Maydica* 36: 267-73, 1991.

JONES, J. D.; DANGL, J. L. The plant immune system. *Nature* 444: 323-29, 2006.

JUNG-TSUNG, W.; HEINRICHS, E. A.; MEDRANO, F. G. Resistance of wild rices, *Oryza* spp., to the brown planthopper, *Nilaparvata lugens* (Homoptera: Delphacidae). *Environmental Entomology* 15: 648-53, 1986.

KAMPHUIS, L. G. et al. Characterization and genetic dissection of resistance to spotted alfalfa aphid (*Therioaphis trifolii*) in *Medicago truncatula*. *Journal of Experimental Botany* 64: 5157-172, 2013.

KAPLAN, I.; DIVELY, G. P.; DENNO, R. F. Variation in tolerance and resistance to the leafhopper *Empoasca fabae* (Hemiptera: Cicadellidae) among potato cultivars: implications for action thresholds. *Journal of Economic Entomology* 101: 959-68, 2008.

KEHR, W. R.; MANGLITZ, G. R.; OGDEN, R. L. *Dawson alfalfa, a new variety resistant to aphids and bacterial wilt*. Lincoln, USA: University of Nebraska, Nebraska Agricultural Experiment Station, 1968. (Bulletin 497).

KERCHEV, P. I. et al. Plant responses to insect herbivory: interactions between photosynthesis, reactive oxygen species and hormonal signalling pathways. *Plant, Cell & Environment* 35: 441-53, 2012.

KESSLER, A.; BALDWIN, I. T. Plant responses to insect herbivory: the emerging molecular analysis. *Annual Review of Plant Biology* 53: 299-328, 2002.

KINDLER, S. D.; KEHR, W. R.; OGDEN, R. L. Influences of pea aphids and spotted alfalfa aphids on the stand, yield, dry matter and chemical composition of resistant and susceptible varieties of alfalfa. *Journal of Economic Entomology* 64: 653-57, 1971.

KNUTSON, R. J. et al. Comparison of screening techniques for western corn rootworm (Coleoptera: Chrysomelidae) host-plant resistance. *Journal of Economic Entomology* 92: 714-22, 1999.

KNUTSON, A. E. et al. Tolerance to feeding damage by cotton fleahopper (Hemiptera: Miridae) among genotypes representing adapted germplasm pools of United States upland cotton. *Journal of Economic Entomology* 106: 1045-52, 2013.

KOCH, K. G. et al. Categories of resistance to greenbug and yellow sugarcane aphid (Hemiptera: Aphididae) in three tetraploid switchgrass populations. *Bioenergy Research* 7: 909-18, 2014a.

KOCH, K. G. et al. Evaluation of tetraploid switchgrass populations (*Panicum virgatum* L.) for host suitability and differential resistance to four cereal aphids. *Journal of Economic Entomology* 107: 424-31, 2014b.

KOCH, K. G. et al. Plant tolerance: a unique approach to control hemipteran pests. *Frontiers in Plant Science* 7: 1363, 2016.

KORNEGAY, J.; CARDONA, C. Development of an appropriate breeding scheme for tolerance to *Empoasca kraemeri* in common bean. *Euphytica* 47: 223-31, 1990.

KUMAR, H.; MIHM, J. A. Antibiosis and tolerance to fall armyworm, *Spodoptera frugiperda* (J. E. Smith), Southwestern corn borer, *Diatraea grandiosella* Dyar and sugarcane borer, *Diatraea saccharalis* Fabricius in selected maize hybrids and varieties. *Maydica* 40: 245-51, 1995.

KWAK, J. M.; NGUYEN, V.; SCHROEDER, J. I. The role of reactive oxygen species in hormonal responses. *Plant Physiology* 141: 323-29, 2006.

LAGE, J.; SKOVMAND, B.; ANDERSEN, S. B. Characterization of greenbug (Homoptera: Aphididae) resistance in synthetic hexaploid wheats. *Journal of Economic Entomology* 96: 1922-928, 2003.

LAMP, W. O.; ALEXANDER, L. C.; NGUYEN, M. Physiological response of glandular-haired alfalfa to potato leafhopper (Hemiptera: Cicadellidae) injury. *Environmental Entomology* 36: 195-203, 2007.

LARA, F. M. *Princípios de resistência de plantas a insetos*. São Paulo: Ícone, 1991.

LAZZARI, S. et al. Feeding behavior of Russian wheat aphid (Hemiptera: Aphididae) biotype 2 in response to wheat genotypes exhibiting antibiosis and tolerance resistance. *Journal of Economic Entomology* 102: 1291-300, 2009.

LERU, B.; TERTULIANO, M. Tolerance of different host-plants to the cassava mealybug *Phenacoccus manihoti* Matile-Ferrero (Homoptera, Pseudococcidae). *International Journal of Pest Management* 39: 379-84, 1993.

LI, F. et al. Response of wheat germplasm to infestation of English grain aphid (Hemiptera: Aphididae). *Journal of Economic Entomology* 106: 1473-478, 2013.

LÓPEZ, F. et al. Screening for resistance to adult spittlebugs (Hemiptera: Cercopidae) in *Brachiaria* spp.: methods and categories of resistance. *Journal of Economic Entomology* 102: 1309-316, 2009.

LOURENÇÃO, A. L. et al. Development of leaf silvering in squash cultivars infested by silverleaf whitefly. *Horticultura Brasileira* 29: 112-16, 2011.

LYE, B. H.; SMITH, C. M. Evaluation of rice cultivars for antibiosis and tolerance resistance to fall armyworm (Lepidoptera: Noctuidae). *Florida Entomologist* 71: 254-61, 1998.

MACHARIA, M.; MUEKE, J. M. Resistance of barley varieties to barley fly *Delia flavibasis* Stein (Diptera: Anthomyiidae). *Insect Science and its Application* 7: 75-79, 1986.

MAFFEI, M. E.; MITHÖFER, A.; BOLAND, W. Before Gene expression: early events in plant–insect interaction. *Trends in Plant Science* 12: 310-16, 2007.

MARCHI-WERLE, L. et al. Characterization of peroxidase changes in tolerant and susceptible soybeans challenged by soybean aphid (Hemiptera: Aphididae). *Journal of Economic Entomology* 107: 1985-991, 2014.

MARTINS, J. F. S. *Resistência de variedades e linhagens de arroz a Diatraea saccharalis (Fabricius, 1794) (Lepidoptera: Crambidae)*. Piracicaba, 84p. Dissertação (Mestrado) – Escola Superior de Agricultura "Luiz de Queiroz", Universidade de São Paulo, 1976.

MAXWELL, F. G.; PAINTER, R. H. Plant growth hormones in ether extracts of the greenbug, *Toxoptera iraminum*, and the pea aphid, *Macrosiphum pisi*, fed on selected tolerant and susceptible host plants. *Journal of Economic Entomology* 55: 57-62, 1962.

MASTERS, G.; BROWN, V.; GANGE, A. Plant mediated interactions between above-and below-ground insect herbivores. *Oikos* 66: 148-51, 1993.

MILLER, H. R.; RANDOLPH, T. L.; PEAIRS, F. B. Categories of resistance at four growth stages in three wheats resistant to the Russian wheat aphid (Homoptera: Aphididae). *Journal of Economic Entomology* 96: 673-79, 2003.

MITHÖFER, A.; BOLAND, W. Recognition of herbivory-associated molecular patterns. *Plant Physiology* 146: 825-31, 2008.

MOJAHED, S. et al. Resistance of wheat cultivars and lines to *Schizaphis graminum* (Hemiptera: Aphididae) under laboratory conditions. *Applied Entomology and Zoology* 48: 39-45, 2012.

MORGAN, J.; WILDE, G.; JOHNSON, D. Greenbug resistance in commercial sorghum hybrids in the seedling stage. *Journal of Economic Entomology* 73: 510-14, 1980.

MURUGAN, M. et al. Variation of resistance in barley against biotypes 1 and 2 of the Russian wheat aphid (Hemiptera: Aphididae). *Journal of Economic Entomology* 103: 938-48, 2010.

NAGARAJ, N. J. et al. Effect of greenbug, *Schizaphis graminum* (Rondani) (Homoptera: Aphididae), biotype K on chlorophyll content and photosynthetic rate of tolerant and susceptible sorghum hybrids. *Journal of Kansas Entomological Society* 75: 299-307, 2002a.

NAGARAJ, N. J. et al. Relationship between chlorophyll loss and photosynthetic rate in greenbug (Homoptera: Aphididae) damaged sorghum. *Journal of Kansas Entomological Society* 75: 101-109, 2002b.

NAGARAJ, N. et al. Molecular mapping of sorghum genes expressing tolerance to damage by greenbug (Homoptera: Aphididae). *Journal of Economic Entomology* 98: 595-602, 2005.

N'GUESSAN, F. K.; QUISENBERRY, S. S. Screening selected rice lines for resistance to the rice water weevil (Coleoptera, Curculionidae). *Environmental Entomology* 23: 665-75, 1994.

N'GUESSAN, K. F.; N'GORAN, J. A. K.; ESKES, A. B. Resistance of cacao (*Theobroma cacao* L.) to *Sahlbergella singularis* (Hemiptera: Miridae): investigation of antixenosis, antibiosis and tolerance. *International Journal of Tropical Insect Science* 28: 201-10, 2008.

PAINTER, R. H.; SNELLING, R. O.; BRUNSON, A. M. Hybrid vigor and other factors in relation to chinch bug resistance in corn. *Journal of Economic Entomology* 28: 1025-30, 1935.

PAINTER, R. H. *Insect resistance in crop plants*. New York, USA: McMillan, 1951.

PAINTER, R. H. *Crops that resist insects provide a way to increase world food supply.* USA: Kansas State University of Agriculture and Applied Science, 1968. Kansas Agriculture Experiment Station (Bulletin 520).

PANDA, N.; HEINRICHS, E. A. Levels of tolerance and antibiosis in rice varieties having moderate resistance to the brown planthopper, *Nilaparvata lugens* (Stål) (Hemiptera: Delphacidae). *Environmental Entomology* 12: 1204-214, 1983.

PASSARDI, F. et al. Peroxidases have more functions than a swiss army knife. *Plant Cell Reports* 24: 255-65, 2005.

PIERSON, L. M. et al. Categorizing the resistance of soybean genotypes to the soybean aphid (Hemiptera: Aphididae). *Journal of Economic Entomology* 103: 1405-411, 2010.

PROCHASKA, T. J. et al. Evaluation of reproductive stage soybeans for resistance to soybean aphid (Hemiptera: Aphididae). *Journal of Economic Entomology* 106: 1036-44, 2013.

QIU, Y. et al. Identification of antibiosis and tolerance in rice varieties carrying brown plant hopper resistance genes. *Entomologia Experimentalis et Applicata* 141: 224-31, 2011.

RAMM, C. et al. Expression profiling of four defense-related buffalograss transcripts in response to chinch bug (Hemiptera: Blissidae) feeding. *Journal of Economic Entomology* 106: 2568-576, 2013.

RANDOLPH, T. L. et al. Yield response and categories of resistance to Russian wheat aphid in four dn4 hard red winter wheat cultivars. *Journal of Economic Entomology* 98: 588-94, 2005.

REESE, J. C. et al. Importance and quantification of plant tolerance in crop pest management programs for aphids: greenbug resistance in sorghum. *Journal of Agricultural Entomology* 11: 255-70, 1994.

SANTAMARIA, M. E. et al. Understanding plant defence responses against herbivore attacks: an essential first step towards the development of sustainable resistance against pests. *Transgenic Research* 22: 697-708, 2013.

SCHAAFSMA, A. W. et al. Resistance of common bean lines to the potato leafhopper (Homoptera: Cicadellidae). *Journal of Economic Entomology* 91: 981-86, 1998.

SCHULTZ, J. C. et al. Flexible resource allocation during plant defense responses. *Frontiers in Plant Science* 4: 324-24, 2012.

SCHUSTER, D. J.; STARKS, K. J. Greenbugs: components of host plant resistance in sorghum. *Journal of Economic Entomology* 66: 1131-134, 1973.

SHARKEY, T. D. Photosynthesis in intact leaves of $C_3$ plants: physics, physiology and rate limitations. *Botanical Review* 51: 53-105, 1985.

SHARMA, H. C.; AGARWAL, R. A. Factors imparting resistance to stem damage by *Earias vittella* F. (Lepidoptera: Noctuidae) in some cotton phenotypes. *Protection Ecology* 6: 35-42, 1984.

SMITH, C. M. et al. Categories of resistance in wheat plant introductions resistant to the Russian wheat aphid (Homoptera: Aphididae). *Journal of Economic Entomology* 85: 1480-484, 1992.

SMITH, C. M.; STARKEY, S. Resistance to greenbug (Heteroptera: Aphididae) biotype I in *Aegilops tauschii* synthetic wheats. *Journal of Economic Entomology* 96: 1571-576, 2003.

SMITH, C. M. *Plant resistance to arthropods*: molecular and conventional approaches. Dordrecht, The Netherlands: Springer, 2005.

SMITH, C. M.; CLEMENT, S. L. Molecular bases of plant resistance to arthropods. *Annual Review of Entomology* 57: 309-28, 2012.

SOUZA, E. S. et al. Response of soybean genotypes challenged by a stink bug complex (Hemiptera: Pentatomidae). *Journal of Economic Entomology* 109: 898-906, 2016.

STAM, J. M. et al. Plant interactions with multiple insect herbivores: from community to genes. *Annual Review of Plant Biology* 65: 689-713, 2013.

STEWART, C. et al. *Panicum mosaic virus* – a potential threat to biofuel switchgrass production. *Phytopathology* 103: S2.138, 2013.

STRAUSS, S. Y.; AGRAWAL, A. A. The ecology and evolution of plant tolerance to herbivory. *Trends in Ecology & Evolution* 14: 179-85, 1999.

STUART, J. J. et al. Gall midges (Hessian flies) as plant pathogens. *Annual Review of Phytopathology* 50: 339-57, 2012.

TZIN, V. et al. Dynamic maize responses to aphid feeding are revealed by a time series of transcriptomic and metabolomic assays. *Plant Physiology* 169: 1727-743, 2015.

VALÉRIO, J. R. et al. Tolerância aos danos causados pela cigarrinha-das-pastagens *Deois flavopicta* (Hemiptera: Cercopidae) em genótipos do gênero *Brachiaria*. In: CONGRESSO BRASILEIRO DE ENTOMOLOGIA, 26. *Resumos*. Maceió: Sociedade Entomológica do Brasil, 2016.

VAN DEN BERG, J.; WENZEL, W. G.; VAN DER WESTHUIZEN, M. C. Tolerance and recovery resistance of grain sorghum genotypes artificially infested with *Busseola fusca* (Fuller) (Lepidoptera, Noctuidae). *Insect Science and its Application* 15: 61-65, 1994.

VOGEL, K. P. et al. Registration of 'liberty' switchgrass. *Journal of Plant Registrations* 8: 242-47, 2014.

VOOTHULURU, P. et al. Categories and inheritance of resistance to Russian wheat aphid (Homoptera: Aphididae) biotype 2 in a selection from wheat cereal introduction 2401. *Journal of Economic Entomology* 99: 1854-861, 2006.

WALLING, L. L. Adaptive defense responses to pathogens and insects. *Advances in Botanical Research* 51: 551-612, 2009.

WEBSTER, J. A.; INAYATULLAH, C. Greenbug (Homoptera: Aphididae) resistance in triticale. *Environmental Entomology* 13: 444-47, 1984.

WEBSTER, J. A.; BAKER, C. A.; PORTER, D. R. Detection and mechanisms of Russian wheat aphid (Homoptera: Aphididae) resistance in barley. *Journal of Economic Entomology* 84: 669-73, 1991.

WEBSTER, J. A. Yellow sugarcane aphid (Homoptera: Aphididae): detection and mechanisms of resistance among Ethiopian sorghum lines. *Journal of Economic Entomology* 83: 1053-57, 1999a.

WEBSTER, J. A. Resistance in triticale to the Russian wheat aphid (Homoptera: Aphididae). *Journal of Economic Entomology* 83: 1091-95, 1999b.

WEBSTER, J. A.; PORTER, D. R. Plant resistance components of two greenbug (Homoptera: Aphididae) resistant wheats. *Journal of Economic Entomology* 93: 1000-1004, 2000.

WILDE, G. E.; TUINSTRA, M. R. Greenbug (Homoptera: Aphididae) resistance in sorghum: characterization of KS 97. *Journal of Agricultural and Urban Entomology* 17: 15-19, 2000.

WISEMAN, B. R.; WIDSTROM, N. W. Resistance of corn populations to larvae of the corn earworm (Lepidoptera: Noctuidae). *Journal of Economic Entomology* 85: 601-605, 1992.

WOOD, E. A. Description and results of a new greenhouse technique for evaluating tolerance of small grains to the greenbug. *Journal of Economic Entomology* 54: 303-305, 1961.

WU, J. T.; HEINRICHS, E. A.; MEDRANO, F. G. Resistance of wild rices, *Oryza* spp., to the brown planthopper, *Nilaparvata Lugens* (Homoptera: Delphacidae). *Environmental Entomology* 15: 648-53, 1986.

WU, J.; BALDWIN, I. T. New insights into plant responses to the attack from insect herbivores. *Annual Review of Genetics* 44: 1-24, 2010.

7

# Técnicas para Avaliação de Resistência

**José Magid Waquil**
**João Roberto Spotti Lopes**
**José Francisco da Silva Martins**
**Paulo Afonso Viana**
**Nathalie Kristine Prado Maluta**

## 1. Introdução

A utilização da resistência de plantas a artrópodes-praga nada mais é do que explorar o conhecimento da interação artrópode–planta em prol do interesse dos produtores e consumidores. Portanto, entender essa relação, bem como os efeitos ambientais a ela associados, é fundamental para o desenvolvimento de cultivares comerciais resistentes, visando sua utilização no manejo integrado. Assim, as técnicas de pesquisa que buscam esclarecer questões ligadas à interação artrópode–planta–ambiente devem compor o elenco de metodologias aplicadas na área de resistência de plantas a artrópodes. Esgotar esse tema num único capítulo é praticamente impossível, por isso aqui serão apresentadas as técnicas mais usualmente empregadas a campo, casa de vegetação, telados e laboratórios, visando qualificar e/ou quantificar essas interações.

Desde a organização do conhecimento sobre a interação artrópode–planta e o estabelecimento dos conceitos básicos por Painter (1951), um volume significativo de conhecimento foi incorporado ao tema e novas perspectivas surgiram, como a transgenia. Mesmo na linha clássica da resistência, os novos métodos de análise molecular das causas da resistência e dos marcadores moleculares para acelerar os métodos de seleção têm sido colocados à disposição da comunidade científica. A técnica da transgenia, que quebrou o paradigma da transferência gênica somente por meio da reprodução, permitiu uma verdadeira revolução na produção de bens e serviços ao homem e demonstra a relevância da prospecção de novos métodos de trabalho e do pensar diferente para dar vazão à criatividade na geração de inovação para o sistema de produção.

A demanda por melhorias nos métodos de avaliação das interações artrópode–planta–ambiente é constante. Entretanto, para melhorar essas metodologias é necessário conhecer cada vez mais os aspectos bioecológicos das espécies em estudo. É importante também considerar a espécie-alvo no contexto do sistema de produção. Uma espécie polífaga por natureza, num agroecossistema sob uso intensivo da terra em áreas extensas de monocultura, pode estar submetida a uma monofagia funcional. Assim, os conhecimentos envolvendo a fenologia da planta cultivada em questão, o sistema de produção, bem como os aspectos do manejo da espécie-alvo se tornam essenciais para determinar a metodologia mais eficiente na identificação da resistência. Essas informações poderão auxiliar na condução de programas de melhoramento genético visando a seleção de cultivares resistentes. Portanto, no acompanhamento dos diferentes bioensaios, aquele que melhor reproduzir as condições naturais da interação praga–cultura no campo tenderá a fornecer os resultados mais consistentes.

Algumas considerações teóricas podem contribuir para a definição da metodologia mais adequada para cada estudo em questão. Embora a resistência de plantas seja o principal pilar no manejo de doenças, essa técnica apresenta algumas diferenças quando os artrópodes-praga são o alvo. A seleção natural para resistência de plantas a doenças é muito mais eficiente do que para artrópodes-praga, principalmente devido à distribuição desses agentes biológicos no campo. No caso dos artrópodes-praga, ocorre muito mais escape de infestação, o que protege tipos suscetíveis na população (Browning, 1980). Nesse fato também reside o maior desafio para a seleção de plantas resistentes a artrópodes, que é conseguir submeter o germoplasma em estudo a uma infestação uniforme pela espécie-alvo na área experimental, reduzindo erros de avaliação. Ademais, deve-se também considerar a variabilidade fenotípica que normalmente ocorre na espécie de artrópode-alvo, dificultando a prospecção de tipos de plantas resistentes no germoplasma estudado. Portanto, todo estudo deve iniciar por uma revisão profunda do tema, focando caso a caso, devido ao grande número de interações envolvidas.

As técnicas utilizadas para avaliar a resistência de plantas dependem de vários fatores quem envolvem a interação artrópode–planta e, principalmente, dos objetivos do trabalho. Uma revisão minuciosa das técnicas para avaliar a resistência de plantas cultivadas a artrópodes consta nas publicações de Smith et al. (1994) e Smith (2005). O caminho mais rápido pode ser uma avaliação apenas das cultivares comerciais, em relação a uma espécie-alvo, para uma imediata recomendação. Por outro lado, o objetivo pode ser um programa de médio ou longo prazo que envolva a prospecção de fontes de resistência no germoplasma já introduzido no país ou mesmo numa coleção mais ampla, mantida nos centros nacionais e internacionais de recursos genéticos. O objetivo pode ainda ser secundário, visando apenas apoiar um programa de melhoramento genético em curso, para evitar a liberação de cultivares mais sensíveis aos danos de determinada espécie-alvo, ou um programa de longo prazo, visando obter resistência a uma espécie crítica para determinada cultura. A definição clara do objetivo permite uma estimativa dos níveis de investimento de recursos financeiros, da complexidade dos procedimentos experimentais a serem seguidos e do tamanho da equipe envolvida.

Em geral, um programa de melhoramento genético visando a geração de cultivares resistentes a pragas envolve pelo menos três fases bem distintas. A primeira consiste na identificação de fontes de resistência, que pode estar numa coleção de trabalhos de um programa clássico de melhoramento genético, no banco de germoplasma (genes) da cultura de interesse, ou, ainda, em qualquer outra espécie, desde que a clonagem seja possível. A segunda requer o estabelecimento de rotinas para avaliação e seleção das progênies oriundas dos cruzamentos entre a fonte de resistência e os tipos comerciais desejáveis ou dos clones obtidos através da transformação. Essa etapa poderá se tornar mais complexa quanto mais difícil for uniformizar a infestação e mais tardio for o estádio de desenvolvimento no qual a planta deve ser avaliada. Por exemplo, a facilidade em manter colônias do artrópode, realizar infestação artificial e a avaliação de plântulas pode indicar uma simplificação significativa no processo, aumentando, assim, a chance de sucesso. A terceira fase inclui o domínio do manejo cultural da espécie vegetal, bem como os métodos de cruzamento e seleção dos tipos de planta desejáveis, tanto do ponto de vista da resistência como da aptidão comercial.

Avanços para a identificação de resistência, tanto natural como para genótipos geneticamente transformados, dependem da habilidade em distinguir, durante a seleção, os genótipos mais resistentes. É necessário estabelecer níveis uniformes de infestação que deverão ser utilizados no estádio apropriado do desenvolvimento da planta, possibilitando selecionar os mais resistentes, reduzindo ou eliminando as chances de escape e permitindo acumular a resistência genética (Ortega et al., 1980).

Para que um programa dessa natureza tenha sucesso, é necessário um conhecimento amplo de vários aspectos relacionados à planta e ao artrópode. Destacam-se, pela sua importância: informações sobre a biologia da praga, germoplasma disponível, população do artrópode para a seleção, métodos de criação, infestação e avaliação de danos causados pela praga e, ainda, conhecer os mecanismos, as causas e a herança da resistência. A agregação desse nível de conhecimento demanda a formação de uma equipe multidisciplinar visando um trabalho cooperativo e interativo entre entomologistas, melhoristas, bioquímicos, estatísticos e outros cientistas que poderão compor o grupo.

Segundo Harris (1979a), a evolução de plantas resistentes a determinado artrópode pode ocorrer basicamente por dois caminhos. Um resulta da seleção natural entre duas ou mais espécies, que se tornam altamente interdependentes, resultando num processo de coevolução. Por outro lado, a resistência pode ser obtida em germoplasma de plantas que nunca interagiram com a praga-alvo, isto é, o artrópode não teve oportunidade de se adaptar àquele hospedeiro devido ao isolamento geográfico, fenômeno referido como resistência alopátrica (Harris, 1975). Ainda, segundo esse autor, a resistência simpátrica, que inclui a coevolução, pode ter mais uma variante, quando não há seleção, mesmo que os dois organismos estejam sobrevivendo no mesmo ambiente. O conhecimento desses mecanismos de evolução pode ser importante para a distribuição das cultivares melhoradas e para o estabelecimento de métodos para o manejo da resistência. Por exemplo, se a resistência decorreu de um processo de coevolução, a chance de seleção de biótipo do artrópode capaz de quebrar a resistência da planta deve ser maior, pois isso já aconteceu anteriormente.

Na apresentação dessas técnicas, tomou-se como ponto de partida a obra de Painter (1951), que definiu três mecanismos de resistência: não preferência ou antixenose (segundo Kogan e Ortman, 1978), antibiose e tolerância. Essa caracterização permite separar vários tipos de interação da espécie-alvo com a planta hospedeira, incluindo tanto a resposta do artrópode em relação à planta quanto a resposta da planta em relação ao artrópode. Além de Painter (1951), os textos básicos utilizados nessa revisão foram: Rossetto (1973), Panda (1979), Harris (1979a), Maxwell e Jennings (1980), Lara (1991), Smith et al. (1994), Clement e Quisenberry (1999) e Smith (2005).

## 2. Testes para avaliação de resistência

De acordo com Harris (1979b), há, em geral, cinco tipos de experimentos ou ensaios utilizados nos estudos envolvendo a resistência da planta hospedeira a artrópodes-praga. Aqui será discutida apenas a base desses testes, incluindo a descrição de diferentes aparatos, conforme as variáveis-alvo dos estudos.

## 2.1. Teste de campo

Para o sucesso desse tipo de ensaio, há três premissas básicas. Ao optar-se pela infestação natural, é necessário que os ensaios sejam instalados em local com presença endêmica da espécie-alvo, a qual deve se apresentar em densidade e distribuição suficientes para a discriminação dos tratamentos. A segunda opção é contar com métodos eficazes de criação da espécie-alvo em laboratório, utilizando a infestação artificial como complementar à natural ou mesmo como a principal fonte de infestação do ensaio. Uma terceira opção é manejar o campo experimental, cultivando bordaduras com plantas suscetíveis para atrair e aumentar a população da espécie-alvo, instalando em seguida o ensaio, na expectativa de obter uma população infestante satisfatória, tanto com relação à distribuição quanto à densidade. Essas estratégias são fundamentais, principalmente nos programas de seleção de cultivares resistentes, pois, para selecionar plantas competitivas, o potencial de produção deve ser considerado em cada ciclo de seleção, exceto nos casos de retrocruzamentos ou de transgenia.

Nos ensaios a campo, sugere-se intercalar entre as cultivares ou genótipos a serem avaliados uma ou mais linhas de uma cultivar reconhecidamente suscetível. A depender do tamanho do ensaio e da distribuição da espécie-alvo em estudo, deve-se repetir a testemunha suscetível ao longo do campo para corrigir a distribuição irregular dos artrópodes nas infestações naturais. Como comentado anteriormente, nos ensaios a campo toda a atenção deve ser direcionada às estratégias que reduzam a frequência de escape de infestação, pois o escape pode levar à seleção de plantas suscetíveis como sendo resistentes, devido à não infestação. Outro aspecto importante nesse tipo de estudo é o nível de infestação (densidade) da espécie-alvo existente, pois, como já tratado anteriormente, a resistência é relativa e, de acordo com o nível de contraste entre os genótipos suscetíveis e resistentes, uma infestação leve pode não discriminar, ao passo que uma densidade muito acima da natural pode anular a expressão da resistência. Portanto, na condução dos ensaios a campo, devem-se conhecer bem os níveis de dano da espécie-alvo nas áreas comerciais e a bioecologia da espécie em estudo. Por outro lado, os ensaios a campo permitem a avaliação de grande número de plantas e genótipos, o que aumenta significativamente as chances de obter uma resposta confiável para vários materiais ao mesmo tempo.

Embora os trabalhos a campo possam ser utilizados no início do processo de identificação de germoplasma resistente, seus resultados também deverão ser utilizados no final do processo e antes da liberação de cultivares resistentes, para avaliar o potencial produtivo dos materiais. Para confirmar a resistência, há vários testes que podem ser utilizados em laboratório, casa de vegetação ou telados, sob maior controle da infestação, que ajudam a elucidar melhor aspectos da interação artrópode–planta. Cada um desses testes fornece detalhes dessa interação, porém seus resultados são restritos às hipóteses levantadas.

## 2.2. Teste de livre escolha

O teste de livre escolha envolve a exposição do artrópode-alvo a dois ou mais genótipos da cultura em igualdade de condições, ou seja, permite que os diferentes tratamentos tenham a mesma chance de escolha por parte do inseto. Neste caso, a escolha pode ser por alimentação, abrigo ou oviposição. Nesse teste, dependendo das variáveis a observar, geralmente se detecta a resistência por antixenose. Quando conduzido em condições controladas, deve sincronizar os estádios de desenvolvimento das plantas a serem estudadas e utilizar o artrópode num mesmo instar, se for imaturo, ou da mesma idade, se for adulto.

No teste de livre escolha, pode ser utilizada tanto a planta intacta como a parte da planta que representa o sítio de alimentação (Martins et al., 1989a), abrigo ou oviposição. Também pode ser conduzido em campo, telado, casa de vegetação ou laboratório. Assim como nos demais testes, também a densidade do organismo-alvo no ambiente experimental afeta os resultados, devendo-se, portanto, definir em testes preliminares a população ideal para o tipo de ensaio planejado. Como esse teste envolve sobretudo o comportamento da espécie-alvo, é importante uma avaliação preliminar das possíveis variáveis que discriminem mais adequadamente os tratamentos.

O questionamento principal ao teste de livre escolha é que, em condição de confinamento (sem chance de escolha), os resultados podem não ser confirmados. Mas, quando se extrapolam os resultados para o campo, em geral assume-se que a

**Figura 1.** Teste de livre escolha para oviposição de *Phthorimaea operculella* em *Solanum* spp. (imagem cedida por Maria T. R. Lopes e José D. Vendramim).

população-alvo estará sempre na condição de livre escolha, porém isso nem sempre é verdade, pois em áreas extensas, com monocultivos, essa população estará submetida a uma condição de confinamento na cultivar utilizada, ou seja, num sistema de confinamento funcional. Portanto, os resultados desse teste devem ser utilizados de forma crítica e em associação com outras avaliações (confinamento), de modo a gerar tecnologias consistentes e sustentáveis. O teste com chance de escolha é mais simples do que aquele sem chance de escolha, entre outras razões, pelo fato de não ser necessária uma perfeita padronização da idade ou mesmo do número de insetos a utilizar nos bioensaios de alimentação ou oviposição. Ele se torna interessante porque os genótipos não promissores podem ser eliminados já nessa etapa, reduzindo o número de materiais nos testes subsequentes.

## 2.3. Teste sem chance de escolha (confinamento)

No teste sem chance de escolha ou confinamento, espécimes da praga-alvo são confinados isoladamente em cada um dos genótipos a ser avaliado (Silva et al., 2003). Dependendo das variáveis observadas, estas podem indicar a adequação da planta para o crescimento, a sobrevivência e a reprodução do artrópode–alvo. Esse teste é o que melhor representa a condição de campo da interação artrópode–alvo e planta hospedeira numa extensa área de monocultivo. Embora os genótipos sejam infestados individualmente, é necessário utilizar um deles como testemunha ou referência de suscetibilidade. Na condução desse tipo de ensaio, a definição e o controle da densidade da espécie-alvo a ser confinada em cada genótipo se tornam ainda mais críticos, pois diferenças na infestação inicial podem refletir em respostas diferenciadas no ensaio. Assim como no teste de livre escolha, o teste sem chance de escolha pode ser conduzido em diferentes escalas, em laboratório, casa de vegetação, telado ou mesmo campo, confinando-se os artrópodes em gaiolas apropriadas.

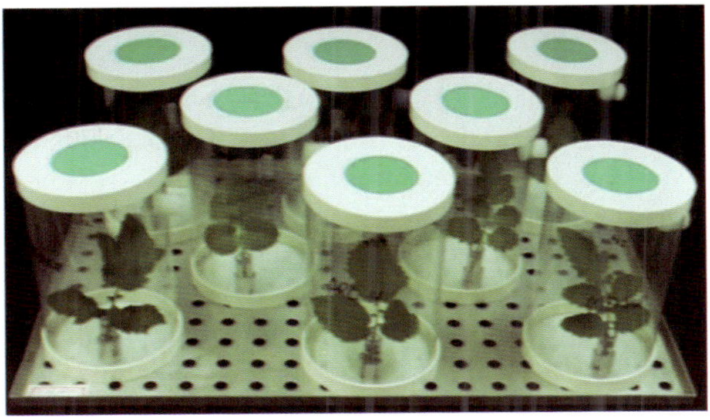

**Figura 2.** Teste sem chance de escolha para oviposição de *Bemisia tabaci* biótipo B em tomateiro (imagem cedida por Antonio P. Souza e José D. Vendramim).

O teste de confinamento, de acordo com as variáveis avaliadas, especialmente o tempo durante o qual o artrópode é mantido sobre a planta, pode indicar, num primeiro momento, efeitos de antibiose. O teste de livre escolha, por sua vez, costuma refletir efeitos de antixenose, que, em alguns casos, podem ser confundidos com efeitos antibióticos. Assim, para confirmar a antibiose, é necessário também quantificar o alimento consumido (Martins et al., 1989b), já que esses efeitos também podem resultar em menor fecundidade. Assim, se for possível demonstrar a inexistência de antixenose, fica claro que os efeitos na biologia do inseto se deveram à antibiose. Caso contrário, fica comprometida a comprovação da antibiose, do que se pode aferir que a comprovação desse tipo de resistência é mais complexa do que se pode avaliar numa análise inicial. Nesse último caso, costuma-se dizer que estaria ocorrendo antixenose e/ou antibiose.

## 2.4. Teste de biologia

Este tipo de teste envolve o estudo detalhado da biologia do organismo-alvo, usando-se indivíduos padronizados em termos de idade, tamanho, origem geográfica e colônia, sobre os hospedeiros (genótipos), normalmente já classificados quanto à resistência, porém incluindo pelo menos um genótipo padrão de suscetibilidade (testemunha). Em geral, parte-se de ovos ou ninfas ou larvas recém-eclodidas. O teste deve ser conduzido em laboratório ou casa de vegetação, em condições totalmente controladas, para garantir a precisão dos dados. Essa modalidade envolve também observações periódicas dos organismos, anotando-se tanto variáveis relativas ao artrópode-alvo como às plantas hospedeiras. É o teste comumente utilizado para comprovação do mecanismo de resistência por antibiose.

## 2.5. Teste de produção

No teste de produção é avaliada a produtividade da planta. Essa comparação pode ser feita em relação às cultivares mais plantadas, manejadas em igualdade de condições, ou seja, num mesmo nível de infestação e práticas culturais. Desse modo, o teste não discrimina o mecanismo de resistência. Por outro lado, genótipos oriundos de bancos de germoplasma em geral não apresentam o mesmo potencial produtivo de materiais comerciais. Mesmo assim, esses genótipos podem ser submetidos a testes de produção, comparando-se parcelas com e sem infestação da praga (Martins e Terres, 1995). Na realidade, o que se deve avaliar, no caso, não é a produção em si, mas a redução da produção, na comparação entre parcelas infestadas e não infestadas de cada genótipo, caracterizando-se como o mais resistente aquele que apresentar menor redução de produção. O método permite identificar o mecanismo de resistência por tolerância, caso não se encontre diferença significativa de produtividade na comparação entre plantas infestadas e não infestadas. Uma das estratégias para manter a parcela testemunha livre de infestação pode ser o controle químico. Entretanto, outras considerações na avaliação da produção não podem ser desprezadas, pois muitos fatores genéticos e ambientais afetam a produtividade das plantas, como o ciclo, a altura, a arquitetura foliar, a densidade etc. A produtividade é o resultado final da interação de todos os fatores genéticos e ambientais e, embora seja a variável mais importante para o produtor, não é a melhor para avaliar fatores isolados na caracterização da resistência e deve ser acompanhada de outros indicadores. Por outro lado, no processo inicial de seleção de materiais, a produtividade assume papel fundamental para o sucesso do programa.

## 3. Ambientes para avaliação de resistência

Os efeitos do ambiente sobre os organismos vivos são bem conhecidos e, logo após a descoberta da genética, já se mencionava sua ação por meio da clássica equação para definir o fenótipo como resultado da expressão gênica mais o efeito ambiental. Assim, no próprio conceito da resistência, definida como uma característica hereditária, está implícito o efeito do ambiente na formação do fenótipo analisado. Nesse caso, inclui não só o efeito sobre a planta, mas também sobre o artrópode e suas interações. Portanto, tanto na prospecção como na condução de um programa para resistência de plantas a determinada espécie de artrópode, os efeitos ambientais não podem ser desconsiderados.

### 3.1. Campo

Na prática, o grau de resistência deve ser avaliado no ambiente onde a espécie vegetal é cultivada comercialmente, portanto, na maioria das vezes, a campo. Assim, a resistência, para ser útil, deve superar os efeitos das interações em condições de cultivo e gerar um resultado economicamente competitivo. Entretanto, as condições de campo também variam tanto no espaço geográfico como no tempo. Além da influência direta do ambiente sobre a planta, há também o efeito sobre as populações da praga-alvo, tornando a análise do sistema de produção um pouco mais complexa do que de início se pode avaliar. Portanto, a resistência de uma cultivar a ser lançada precisa antes ser comprovada nas diferentes regiões onde será utilizada.

As mudanças no ambiente podem afetar tanto o desempenho da planta em si como o da espécie-alvo sobre ela. O efeito da temperatura, aumentando ou reduzindo o grau de resistência da planta a determinado artrópode, está bem documentado. Por exemplo, a resistência da alfafa ao pulgão *Therioaphis maculata* (Buckton) é menos afetada pela temperatura flutuante do que pela temperatura constante (Kindler e Staples, 1970). Também a alta umidade relativa do ar e a baixa luminosidade podem afetar tanto a expressão quanto a magnitude da resistência (Ward e Singh, 1980). Ainda, o estádio de desenvolvimento da planta, a altura, o manejo cultural utilizado, a fertilidade e a umidade do solo, o uso de agroquímicos etc. são fatores que podem afetar o grau de resistência. Portanto, mesmo nas avaliações a campo, essas variações não podem ser desconsideradas.

## 3.2. Gaiolas

As diversas gaiolas, descritas como aparatos utilizados para confinar a espécie de artrópode-alvo junto às plantas em teste, podem ser utilizadas no campo, no telado, na casa de vegetação e em laboratório. O objetivo do uso das gaiolas é basicamente manter a densidade de artrópodes nas plantas ou em uma parte delas, evitando migrações, bem como a ação de inimigos naturais que possam interferir no erro experimental. Ainda, tanto a forma como o tamanho das gaiolas podem variar. As gaiolas grandes são usadas para avaliar plantas adultas intactas no campo; as microgaiolas ou *clip-cages* (Figura 3) são empregadas para confinar alguns poucos organismos numa parte da planta, no campo, na casa de vegetação ou no laboratório (Smith et al., 1994).

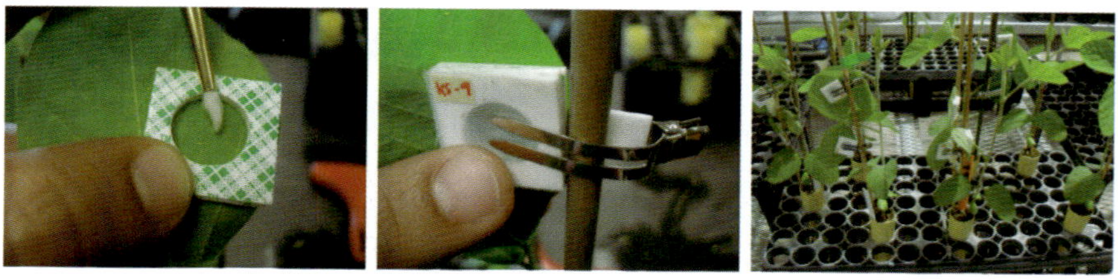

**Figura 3.** Avaliação de parâmetros biológicos de *Aphis glycines* confinado no interior de *clip-cages* em folíolos de diferentes genótipos de soja (imagem cedida por Edson L. L. Baldin).

O melhor tipo e forma de cada gaiola a ser usada dependem das espécies de artrópodes e hospedeiros envolvidos. O melhor ajuste para cada caso quase sempre está associado às exigências específicas do trabalho. A análise da metodologia utilizada em outros trabalhos semelhantes contribui para um melhor aproveitamento do tempo dedicado ao desenvolvimento de novos aparatos (Smith et al., 1994). Entretanto, mesmo com todas as vantagens que o uso das gaiolas proporciona, não se pode desconsiderar o componente artificial introduzido com o seu uso. O fato de isolar a planta ou uma de suas estruturas numa gaiola, criando um microclima diferenciado, com maior sombreamento e/ou umidade, exige que na tomada de decisão esses aspectos também sejam considerados.

## 3.3. Telado

O telado consiste numa gaiola grande utilizada no campo. Tanto os objetivos como os cuidados discutidos no item anterior sobre as gaiolas são aplicáveis aos telados. Uma diferença é que o telado geralmente é fixo e, à semelhança de uma casa de vegetação, tem uma estrutura de madeira ou metal com portas e permite trabalhar internamente com vários tratamentos (Figura 4). Nos telados é possível utilizar equipamentos de controle ambiental, como ventilação forçada e irrigação automatizada. Algumas vezes, são utilizados para evitar a presença de outros agentes biológicos, e o confinamento da espécie-alvo pode ser feito com gaiolas menores colocadas diretamente sobre as plantas.

**Figura 4.** Telado utilizado em lavoura de soja para estudo de movimentação larval de *Spodoptera* spp. A) Visão geral da área experimental; B) detalhe interno do telado (imagem cedida por Edson L. L. Baldin).

Em outros casos, o telado reduz a pressão de outros artrópodes-praga sobre as plantas, preservando a infestação isolada da espécie em estudo. Nele é possível ainda manter equipamentos para registro de dados relativos a temperatura, umidade e luminosidade, entre outros fatores que afetam tanto a expressão como a magnitude da resistência. Apesar de algumas limitações, os telados podem garantir infestações consistentes e viabilizar um programa de pesquisa em bases econômicas mais favoráveis.

### 3.4. Casa de vegetação

A casa de vegetação é uma estrutura bem mais complexa do que o telado e, consequentemente, permite maior controle ambiental, mas tanto a sua instalação como a sua manutenção envolvem maiores custos. Há basicamente dois tipos de casas de vegetação, um com vedação de vidro e outro com plástico. Ambos permitem o controle automático de temperatura, umidade e irrigação. É possível ainda incluir na instalação a iluminação artificial, para ajuste de fotoperíodo. A principal limitação para o uso de casas de vegetação consiste no custo elevado e no espaço disponível. A escolha do tipo de estrutura a ser utilizada nos ensaios, com maior ou menor controle ambiental, depende da disponibilidade de recursos, do nível de sensibilidade da cultura e da praga-alvo ao ambiente e do nível de expressão da resistência. Todos esses fatores podem dificultar ou facilitar a discriminação dos genótipos em estudo.

### 3.5. Laboratório

Entre os ambientes analisados, o laboratório é o que envolve a condição mais artificializada e, por isso, é o que permite maior controle ambiental. Portanto, dependendo do nível de investimento feito no laboratório, este pode reproduzir, em distintos graus, as condições ambientais requeridas pelas espécies em estudo. Somente em condições de laboratório se torna possível estudar em separado os efeitos ambientais sobre uma espécie vegetal, a praga-alvo e as suas interações, devido às facilidades de manipulação do ambiente. Atualmente, estão disponíveis no mercado câmaras de crescimento (*biochemical oxygen demand* – BODs), nas quais podem ser controlados e simulados com precisão diferentes fatores ambientais (temperatura, umidade relativa e fotoperíodo), permitindo obter conhecimentos consistentes sobre seus efeitos diretos e interativos. Portanto, os estudos laboratoriais são componentes essenciais para aumentar a eficiência da seleção de plantas resistentes, bem como para auxiliar na elucidação de mecanismos de resistência.

## 4. Populações de artrópodes

Na literatura, há dois exemplos clássicos que ilustram bem as implicações da variação fenotípica, tanto das plantas, expressando resistência a determinada praga-alvo, como do artrópode, selecionando biótipos capazes de quebrar tal resistência, causando danos econômicos em cultivares anteriormente resistentes. No caso da resistência do trigo à mosca-do-trigo, *Mayetiola destructor* (Say) (Diptera: Cecidomyiidae), a utilização, em larga escala, de cultivares resistentes promoveu a seleção de biótipo virulento a cada cultivar resistente liberada comercialmente. Entretanto, até hoje, a estratégia mais econômica para o manejo dessa espécie continua sendo o desenvolvimento de cultivares resistentes aos novos biótipos (Makni et al., 2011). Por outro lado, a resistência da videira à filoxera, *Daktulosphaira vitifoliae* (Fitch) (Hemiptera: Phylloxeridae), obtida há mais de cem anos, continua eficaz até os dias atuais (Garrett e Mundt, 2001). Portanto, eventos de resistência de plantas a determinados alvos biológicos nocivos devem ser tratados caso a caso.

A utilização de espécimes de artrópodes representativos da população selvagem, a prospecção de resistência no germoplasma mais amplo e o uso de técnicas adequadas de avaliação e seleção revelam-se como os fatores mais críticos para o sucesso de um programa de melhoramento genético para resistência a pragas. Assim, antes de iniciar uma avaliação ou prospecção de resistência de determinada espécie vegetal a uma espécie-praga, é necessário reunir todo conhecimento disponível sobre esses dois componentes e as suas interações. Outro aspecto importante relacionado à população de artrópodes para avaliar a resistência é a correta identificação da espécie e a sua quantificação, pois, de acordo com a densidade, pode-se não detectar diferença entre os genótipos avaliados, ou seja, se a densidade for muito baixa ou muito alta, poderá não haver discriminação entre tratamentos. Assim, é fundamental conhecer no campo a densidade da população da espécie de praga-alvo que tem prevalecido nos diferentes ambientes, de modo que a seleção de plantas resistentes seja eficaz e útil ao sistema produtivo.

Em resumo, para alcançar sucesso na seleção de plantas resistentes e no desenvolvimento de cultivares comerciais que expressam essa característica, é fundamental ter um mínimo de controle da densidade e distribuição do artrópode na área experimental. Comumente, a distribuição dos artrópodes no campo é errática e agregada, o que dificulta tanto a identificação como a seleção de plantas resistentes, em decorrência sobretudo do escape. Para reduzir esse tipo de erro, algumas estratégias podem ser usadas nos programas de avaliação e seleção, tanto nos casos de infestação no laboratório como no campo (natural ou artificial). Ainda, independentemente do ambiente em que serão conduzidos os ensaios e da fonte de artrópodes a ser utilizada na infestação para garantir a atividade do agente em sítios específicos da planta, podem-se usar diferentes tipos de gaiolas (vidro, acrílico, vinil, nitrocelulose, teladas etc.). Essa estratégia tem sido empregada principalmente no caso dos artrópodes que se movimentam com rapidez, como as cigarrinhas e as moscas.

### 4.1. População de campo

As espécies-praga consideradas chave para determinada cultura têm seu nível de equilíbrio populacional muito acima do nível de ação ou de dano econômico. Algumas dessas espécies ocorrem de forma endêmica em certas regiões, estão sempre presentes nelas, independentemente da época de cultivo e das cultivares utilizadas. Nesses casos, os trabalhos de prospecção e seleção de cultivares resistentes a campo ficam bastante facilitados. Mesmo trabalhando com populações de campo e com níveis satisfatórios de infestação, a avaliação de fontes ou seleção de linhagens resistentes deve ser feita em mais de um local, pois nem sempre se conhece o comportamento migratório das populações. Populações residentes de artrópodes tendem a se diferenciar mais entre si, em função da distribuição geográfica. Portanto, sempre é importante considerar também a variabilidade genética da população da espécie-alvo e, se biótipos dessa espécie são conhecidos, deve-se utilizar uma mistura deles ou avaliar cada um em separado.

Mesmo com infestações satisfatórias, é importante utilizar algumas estratégias para monitorar ou manipular a infestação. O uso de inseticidas seletivos nas parcelas experimentais pode eliminar espécies não alvo da avaliação, que podem causar danos semelhantes aos da espécie-alvo, assim como inimigos naturais, promovendo uma infestação mais uniforme e efetiva (Chelliah e Heinrichs, 1980; Sharma et al., 1992). A utilização de alguns tipos de armadilhas na área experimental, como as luminosas, de feromônio e de cairomônios, pode promover aumento da infestação (Smith, 2005). Independentemente das estratégias utilizadas para uniformizar a infestação a campo, a inclusão de testemunhas suscetíveis intercaladas com os genótipos em avaliação é recomendada, a fim de monitorar a densidade populacional da espécie-alvo ou o nível de uniformidade de danos causados ao longo do campo.

## 4.2. População de laboratório

Evidentemente, toda população mantida em laboratório é oriunda de uma ou mais coletas realizadas no campo. Assim, para a colônia de laboratório representar a variabilidade genética da população-alvo, a coleta deve contemplar amostras ou populações de várias regiões geográficas. A possibilidade de manter uma população da espécie-alvo no laboratório permite um avanço expressivo nos estudos das interações artrópode–planta, não só para a confirmação das observações de resistência a campo, mas também para investigar os mecanismos e as causas da resistência. Portanto, os estudos sobre metodologias para obter e manter as espécies-chave de determinada espécie vegetal em laboratório são tão importantes quanto os estudos da resistência das plantas.

Um dos componentes mais importantes e necessários para identificar ou desenvolver germoplasma com resistência a artrópodes é a capacidade de criar eficientemente, em laboratório, a espécie da praga-alvo, visando a sua utilização em infestação artificial (Mihm, 1989). Para determinadas pragas, existem dietas artificiais constituídas de vários ingredientes que podem ser preparadas em laboratório e possibilitam produzir elevado número de artrópodes para trabalhos de pesquisa, utilizando infestações artificiais.

A criação de determinada espécie de artrópode em laboratório envolve não só o conhecimento da sua biologia, mas também de vários aspectos da bioecologia, principalmente relativos à temperatura, umidade e luminosidade. O crescimento, o desenvolvimento e a reprodução de artrópodes dependem diretamente da quantidade e da qualidade do alimento ingerido. Quanto à nutrição, em laboratório as colônias podem ser mantidas em dieta natural ou artificial. Hoje, a demanda nutricional para diferentes grupos de artrópodes-praga de várias culturas está disponível na literatura, bem como métodos para criação massal em dietas artificiais merídicas ou totalmente sintéticas (Sing e Moore, 1985).

Quanto aos objetivos, colônias de artrópodes podem ser mantidas em pequena escala ou mesmo na forma massal, para multiplicação de inimigos naturais, na condução de ensaios de campo, telados, casa de vegetação ou laboratório; para produção de macho estéril nos programas de controle ou erradicação de pragas; na produção industrial, ou mesmo com o objetivo de ensino e turismo com os borboletários.

Além de uma criação massal eficiente, o programa necessita também de metodologias que permitam uma infestação e uma avaliação rápidas, possibilitando selecionar elevado número de plantas que podem ser conduzidas tanto em casa de vegetação como em campo. Deve-se ressaltar que os *screenings* para danos produzidos em condições controladas de laboratório e ou em casa de vegetação em algum momento necessitam ser confirmados em ensaios de campo, devido às possíveis interações de fatores bióticos e abióticos existentes em condições naturais.

Em laboratório é possível manter colônias de artrópodes por vários anos em dieta natural, como insetos-praga de grãos armazenados. Mas essas colônias podem ser mantidas nesse tipo de dieta em outros ambientes, como telados, casa de vegetação, galpões e a campo. A criação em dieta natural foi também o primeiro método usado para multiplicação de artrópodes de interesse humano e tem sido empregado intensivamente ao longo do tempo. Como exemplo, pode ser citada a criação do bicho-da-seda, *Bombyx mori* (Linnaeus) (Lepidoptera: Bombycidae), alimentado com folhas de amoreira (*Morus* spp.), e de abelhas, *Apis mellifera* (Linnaeus) (Hymenoptera: Apidae) em campos floridos. No laboratório, a manutenção de colônias de *Drosophila melanogaster* (Meigen) (Diptera: Drosophilidae) permitiu a Morgan avançar nos conceitos da genética (Kohler, 2011). Portanto, a dieta natural é um método bastante utilizado, principalmente no caso das espécies para as quais ainda não há dieta artificial formulada.

Embora a criação de artrópodes em dieta natural seja a mais adequada, ela pode apresentar limitações. Em primeiro lugar, é fundamental identificar o hospedeiro ideal para a manutenção da colônia, se a espécie em questão é polífaga. Além disso, há a necessidade de cultivo, coleta e troca frequente do hospedeiro para manter a colônia livre de contaminação por microrganismos. Tudo isso demanda mão de obra intensiva para a manutenção dela. Portanto, a facilidade e o domínio no cultivo e no manejo do hospedeiro são fatores essenciais para o sucesso da criação. Embora existam dietas artificiais para algumas espécies de artrópodes, para outras, principalmente sugadores, a dieta natural, na maioria dos casos, se torna a única alternativa viável. Para os percevejos que atacam a soja, embora existam alguns trabalhos para produção de dieta artificial (Panizzi et al., 2000), o alimento natural continua sendo o mais utilizado (Borges et al., 2006).

A manutenção de colônias em dieta artificial tem sido empregada para um número expressivo de espécies, em estudos para seleção de plantas resistentes. Normalmente, a produção de uma dieta que atenda bem à demanda nutricional de determinada espécie depende de muito trabalho de pesquisa, visando gerar organismos competitivos com os selvagens. Uma das recomendações para que isso ocorra é que periodicamente seja feita a introdução de insetos selvagens na criação de laboratório, de modo a manter a variabilidade genética, por meio de cruzamentos, e, consequentemente, condições semelhantes às dos insetos de campo.

No processo evolutivo entre o hospedeiro e a espécie-praga, envolvendo a identificação, a aceitação e o suprimento alimentar, vários aspectos morfológicos e fisiológicos das plantas precisam ser reproduzidos pela dieta artificial. Além dos nutrientes essenciais para o crescimento e o desenvolvimento, como proteínas/aminoácidos (Chapman, 1982), lipídios (Dadd, 1985), carboidratos (House, 1963), também há necessidade de determinados compostos secundários, como atraentes e fagoestimulantes, entre outros. As vitaminas também são essenciais na formulação de dietas e podem ser supridas com a mistura fortificante de Vanderzant (Parra, 1986).

A constituição física da dieta pode variar em consistência, textura, conteúdo de água e homogeneidade e possui importante papel na sua aceitação pelo artrópode. Cada grupo exige constituição diferente: dieta líquida para os sugadores, pastosa para alguns mastigadores e completamente sólida (pó) para as pragas de grãos armazenados. Em muitos casos, torna-se necessário adicionar celulose à dieta, para facilitar o fluxo gástrico (Parra, 2001), e tecidos liofilizados do hospedeiro, para satisfazer as espécies mais exigentes. Assim, é possível o suprimento contínuo de indivíduos necessários à pesquisa, à produção industrial, ou de inimigos naturais ao longo do ano (Parra, 1986).

A produção de organismos em dietas artificiais oferece inúmeras vantagens. Numa área relativamente pequena, pode-se produzir um número expressivo de artrópodes, com um custo de mão de obra menor, pois não demanda manuseio frequente das formas imaturas. Também, devido à alta viabilidade das formas imaturas, em função do maior rendimento na produção, obtêm-se indivíduos com melhor qualidade, mais uniformes e livres de contaminação, o que normalmente ocorre nos organismos mantidos em dieta natural. Num único laboratório é possível manter colônias de diferentes espécies, com um bom controle de qualidade dos organismos produzidos, garantindo a continuidade de fornecimento para as demandas planejadas. Finalmente, a utilização de material de baixo custo pode reduzir também o custo de produção. Portanto, sempre que possível, essa estratégia de criação deve ser considerada no programa.

Atualmente, há no mercado algumas empresas, como BioServ e Texagen, que, além do material de consumo e de equipamentos para preparação, manipulação e aplicação das dietas, fornecem dietas prontas ou mesmo artrópodes para uso em pesquisa. No caso de colônias de lepidópteros, normalmente se recomenda operar em pelo menos duas salas independentes, uma seca e asséptica, para a manutenção das larvas, e outra úmida e com ventilação forçada para o exterior, para a manutenção dos adultos, pois estes liberam muitas escamas que podem ser prejudiciais à saúde do responsável técnico. A composição de dietas para várias espécies e todos os detalhes envolvidos na formação, construção (obras de engenharia), manutenção e utilização de colônias de artrópodes podem ser encontrados na literatura (Sing e Moore, 1985; Parra, 2001).

## 5. Métodos de infestação artificial

A infestação artificial é o método mais eficaz de reduzir o escape de plantas suscetíveis entre as resistentes. A uniformidade de infestação, ou seja, a submissão de todas as plantas de cada genótipo a uma mesma densidade de infestação, permite a avaliação do grau de resistência com grande chance de acerto. Portanto, independentemente da fonte de artrópode a ser utilizada (criação massal, colônias de laboratório, casa de vegetação, telados ou mesmo campo), o manuseio e a inoculação desses organismos devem ser feitos com muito cuidado, no menor período de tempo possível e nas horas mais frescas do dia.

Para estabelecer uma infestação com sucesso, deve-se garantir que as plantas a serem infestadas estejam livres de inimigos naturais. Isso pode ser feito com proteção mecânica ou, em alguns casos, pode-se utilizar o controle químico, com produtos de menor efeito residual. As parcelas experimentais devem ser uniformemente infestadas, e essa operação deve ser cercada de cuidados, para reduzir a mortalidade e garantir a presença de organismos saudáveis e competitivos nos respectivos sítios de alimentação, de modo a promover danos expressivos nas plantas suscetíveis, discriminando, assim, as resistentes.

Para os ensaios conduzidos a campo, o número médio de artrópodes utilizados na infestação é sempre maior do que em condições controladas. Basicamente, as infestações podem ser realizadas com ovos, formas imaturas e adultas, de acordo com as espécies envolvidas. O excesso de larvas poderá acarretar destruição da planta, devido a uma pressão de seleção muito elevada, impossibilitando a diferenciação de genótipos com certo nível de resistência. Porém, qualquer método empregado deve possibilitar a infestação de elevado número de plantas, gastando o mínimo de tempo.

É importante ressaltar, entretanto, que, como não é dada a oportunidade de o inseto efetuar a seleção hospedeira, as infestações artificiais impossibilitam a determinação da ocorrência ou não de antixenose para oviposição.

### 5.1. Campo

Evidentemente, se a infestação natural for suficiente quanto à densidade e distribuição na área experimental, a condição se torna ideal para a avaliação e a condução de um programa de seleção de cultivares resistentes. Entretanto, em função dos fatores ambientais, a infestação nem sempre ocorre em nível suficiente todos os anos. Assim, para obter sucesso em um programa de melhoramento genético para resistência a determinada praga, é necessário estabelecer uma colônia, de preferência de forma massal, em dieta artificial. Com a garantia do suprimento de organismos em quantidade, qualidade e frequência para infestação artificial, aumentam-se sensivelmente as chances de sucesso nos programas de avaliação e seleção. Nos últimos cinquenta anos, ocorreram progressos significativos, tanto nos métodos de criação como nos de infestação e seleção (Davis, 1985; Cimmyt, 1989; Smith, 2005).

Mesmo com o uso da infestação artificial, algumas práticas culturais, como espaçamento adensado, criando um microclima mais úmido, aumento da dose de nitrogênio e uso de irrigação, podem melhorar as condições de infestação (Smith, 2005). Obviamente, conhecendo a dinâmica populacional da espécie-alvo, pode-se adiantar ou atrasar o plantio, para fazer coincidir a época de avaliação da cultura com o pico populacional do artrópode-alvo. No passado, somente a infestação natural era utilizada, mas nem sempre produzia os resultados esperados, pois a frequência de plantas que escapam da infestação e a falta de uniformidade da população, em termos de estágio de desenvolvimento e vigor, podem comprometer os resultados obtidos. Portanto, mesmo no campo, algum tipo de manejo da população-alvo pode se tornar necessário para garantir o nível de infestação desejado.

Várias espécies de artrópodes fitófagos, como hemípteros, dípteros e coleópteros, podem ser criadas em laboratório, usando-se hospedeiros naturais, mas tem sido alcançado mais sucesso com a criação massal de lepidópteros em dieta artificial, conforme citado por Smith (2005). Tanto o desenvolvimento de dietas mais adequadas quanto a produção industrial de vários recipientes para a criação artificial têm facilitado a produção desses artrópodes em grandes quantidades. Em adição, a mecanização de várias operações, como produção, envasamento e infestação da dieta, remoção de pupas e coleta de ovos de artrópodes nas gaiolas de adultos, tem possibilitado uma produção mais higiênica de larvas, com custos menores.

Outro aspecto importante para a avaliação de grande número de genótipos, de forma sistemática e intensiva, tem sido a mecanização das operações de semeadura de parcelas e de infestação artificial. Hoje, no mercado, estão disponíveis equipamentos automatizados para preparar os ensaios no laboratório, para semear e colher parcelas experimentais, inclusive com coleta automática de vários dados. Assim, houve aumento expressivo na capacidade das equipes de conduzir ensaios maiores, aumentar o número deles e conduzi-los em um número maior de locais.

## 5.2. Casa de vegetação

Comparando as condições de campo com as de casa de vegetação, esta permite melhor controle ambiental, mas restringe a quantidade de genótipos (plantas) a avaliar e aumenta significativamente a demanda por mão de obra. Ao contrário do campo, na casa de vegetação o monitoramento da densidade populacional da espécie em estudo deve ser no sentido de não exceder o máximo desejável, pois uma alta pressão pode nivelar todos os genótipos na categoria de suscetíveis. Portanto, são essenciais estudos preliminares para determinar a correta densidade de infestação, para melhor discriminar os tratamentos para cada espécie de planta e de artrópode envolvidos.

Um exemplo clássico de seleção de resistência de plantas a artrópodes em casa de vegetação foi aquele utilizado para seleção do sorgo resistente ao pulgão-verde, *Schizaphis graminum* (Rondani) (Hemiptera: Aphididae), nos Estados Unidos. Embora tanto plântulas como plantas adultas possam ser avaliadas a campo, em condições de infestação natural a densidade populacional varia muito, em função das condições ambientais e da população de inimigos naturais, principalmente nas regiões tropicais. Assim, foram desenvolvidas várias técnicas para avaliação e seleção de plantas resistentes em casa de vegetação, avaliando-se plântulas recém-emergidas (Johnson et al., 1976), hoje conhecidas como teste em bandejas de sementes (Smith, 2005). Esse método foi posteriormente modificado (Heinrichs et al., 1985), avaliando-se plantas em estágios mais avançados de desenvolvimento, pela melhor correlação dos resultados da resistência do arroz a *Nilaparvata lugens* (Stål) (Hemiptera: Delphacidae) em condições de campo (Smith, 2005). Conforme descrito por Teetes (1980), para avaliação da resistência do sorgo ao pulgão-verde, essa técnica consiste basicamente em duas fases: manutenção de colônias de pulgão em plântulas de sorgo, ou sorgo misturado com cevada e avaliação de plântulas da cultura-alvo em bandejas.

## 5.3. Laboratório

Quando as avaliações de vários aspectos da resistência de plantas a artrópodes demandam maior controle do ambiente e/ou observações mais intensivas, ações praticamente impossíveis de se conseguir no campo, no telado ou em casa de vegetação, a condução de ensaios em laboratório torna-se necessária. Entretanto, raramente é possível conduzir ensaios em laboratório com a planta inteira, limitando os estudos apenas a partes dela. Vários autores, citados por Smith (2005), têm avaliado a influência da retirada de partes da planta na expressão da resistência. Porém, devido à praticidade e às respostas rápidas obtidas com esse método, ele continua sendo usado, principalmente nos estudos dos mecanismos de resistência. Nos últimos anos, várias modificações fisiológicas, bioquímicas e moleculares vêm sendo registradas em plantas após os danos dos artrópodes, podendo resultar, em muitos casos, em indução de resistência, alterando a preferência alimentar e o nível de adaptação (War et al., 2012). Por isso, os resultados de laboratório não devem ser considerados isoladamente, demandando, antes ou depois, confirmação dos resultados a campo, telado ou casa de vegetação.

No laboratório, há várias formas de oferecer partes das plantas a artrópodes em uma ou mais fases do seu desenvolvimento, de modo a avaliar variáveis da planta, por exemplo, o consumo da área foliar, ou do inseto, como sobrevivência, peso, período de desenvolvimento e outros. Um tipo de teste de laboratório que pode ser utilizado é o disco de folha. O modo de oferecer discos de folha a artrópodes varia muito em função dos objetivos. Pode ser em placas de Petri, copos, bandejas, bandejas multicelulares etc. O uso de discos ou partes de folhas pode ser feito não só nos estudos de resistência, mas também nos de biologia e comportamento, como nos olfatômetros, que serão descritos adiante.

## 5.4. Métodos de infestação

Há vários métodos de infestação artificial de plantas com artrópodes. A infestação manual foi muito utilizada no passado e continua sendo usada em alguns casos até o presente. Na infestação com adultos ou com imaturos, diferentes estratégias podem ser utilizadas: fixação de massa de ovos, distribuição de ovos isolados, deposição de larvas, ninfas ou adultos diretamente sobre partes específicas das plantas. Também é possível utilizar ferramentas simples, como pincéis, pinças, pequenas espátulas, ou distribuir ovos isolados de lepidópteros em suspensão de ágar (Ortega et al., 1980).

Quando os artrópodes a serem utilizados na infestação são obtidos de dieta natural ou artificial, podem-se utilizar partes do hospedeiro ou da dieta infestada, colocando-a próxima ou sobre as plantas a inocular, reduzindo, assim, o estresse sobre os organismos durante a infestação. Para captura de insetos na colônia, pode-se utilizar um pincel ou um aspirador (bucal ou acoplado a uma bomba de vácuo). Um equipamento que, de certa forma, revolucionou a infestação com larvas neonatas e outros artrópodes pequenos como os pulgões, foi a bazuca desenvolvida no Centro Internacional para el Mejoramiento del Maíz y el Trigo (Cimmyt) (Mihm et al., 1978) e modificada por Davis e Oswald (1979). Basicamente, a bazuca é constituída de três partes: uma garrafa plástica com a abertura preparada para encaixe, onde os insetos, misturados a um pó de sabugo de milho, seco e moído fino, ficam estocados; um dosador de acrílico, PVC ou metal que fragmenta a quantidade de mistura a ser utilizada por disparo; e um tubo de PVC de meia polegada que termina com um funil para direcionar a mistura no ponto alvo da infestação (Figura 5).

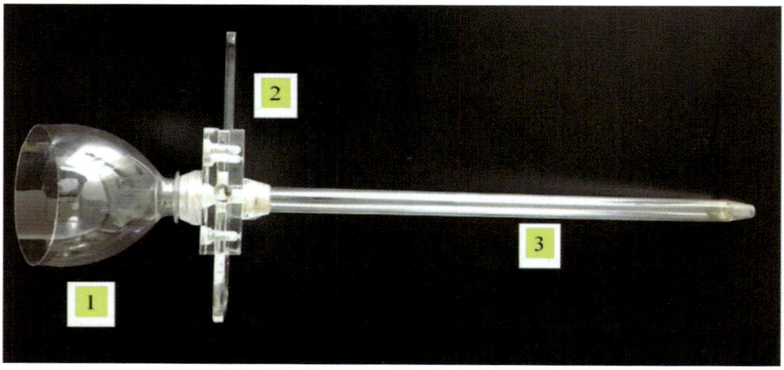


**Figura 5.** Bazuca utilizada para infestação artifical com artrópodes-praga: 1) depósito da mistura; 2) dosador; 3) tubo de saída (imagem cedida por Edson L. L. Baldin).

A capacidade da garrafa (um quarto a um litro) pode variar de acordo com a quantidade de mistura que se pretende utilizar entre abastecimentos. Há um limite de tempo para usar a mistura, pois as larvas no pó seco podem desidratar e morrer, reduzindo a eficiência da infestação. A abertura da garrafa deve ser ajustada à abertura do dosador onde ela será acoplada para uso depois de abastecida.

O dosador é constituído por dois fragmentos de lâminas de acrílico com uma lingueta móvel no meio, acionada por uma mola. As três peças são vazadas por um orifício de igual diâmetro, mas de forma que o orifício de entrada da mistura (proveniente da garrafa) fique desalinhado em relação ao orifício da saída (tubo). Ambos se comunicam com o furo da lingueta alternadamente, na posição de abastecimento (comunicação com a garrafa) ou de disparo, ou seja, de liberação da dose da mistura no orifício de comunicação com o tubo. O volume do orifício cilíndrico da lingueta corresponde ao volume da mistura a ser inoculada a cada disparo (acionamento).

O comprimento do tubo a ser utilizado na bazuca varia de acordo com a altura das plantas a serem infestadas. Tubos mais longos são utilizados em plantas mais baixas e tubos mais curtos em plantas mais altas, de acordo com o conforto do operador. O rendimento da operação de infestação depende muito do conforto de quem opera. Se o tubo for muito longo, isso dificultará acertar o alvo e, se for muito curto, obrigará a pessoa a curvar-se para colocar a ponta dele no ponto-alvo da planta. Portanto, o uso de equipamento bem ajustado para o tamanho da planta é muito importante. Como as três partes são encaixadas umas nas outras, a bazuca pode ser acompanhada de tubos de vários tamanhos, para ser selecionado o melhor no momento da infestação, de acordo com o conforto do operador.

Para aplicar determinada densidade do artrópode na planta, a bazuca precisa ser calibrada. Isto se faz misturando, paulatinamente, quantidades de artrópodes no pó de sabugo. Pelo simples cálculo de diluição, pode-se chegar à concentração correta para aplicar a densidade planejada. Para verificar a dose, são feitos um ou mais disparos da mistura em placas de Petri com água e conta-se o número de artrópodes. Se a dose estiver abaixo daquela planejada pelo cálculo de diluição, determina-se a quantidade de artrópode a ser adicionada à mistura e, se estiver acima, determina-se a quantidade de pó a ser adicionada.

Após a preparação da bazuca, a sua manipulação é relativamente simples: basta direcionar a haste para a parte da planta a ser infestada (por exemplo, o cartucho) e disparar o gatilho. Se a área experimental a ser infestada for muito grande, pode-se calibrar a bazuca para um único disparo, mas se houver interesse em uma maior uniformidade de infestação, podem-se planejar dois ou mais disparos para aproximar a densidade efetiva da média planejada, reduzindo a variação na quantidade da mistura aplicada. Normalmente, como o estabelecimento das larvas depende de vários fatores, recomenda-se fazer um repasse um ou dois dias após a primeira aplicação, melhorando a uniformidade de infestação.

Geralmente, a infestação larval é mais eficiente do que as outras formas do inseto, pois é mais rápida, utiliza insetos de mesma idade e a distribuição no campo é mais uniforme, reduzindo o escape. A bazuca, na sua versão original ou na versão modificada, tem sido utilizada para infestar, no campo ou em casa de vegetação, várias espécies de insetos da ordem Lepidoptera, como *Busseola fusca* (Fuller) (Lepidoptera: Noctuidae), *Chilo partellus* (Swinhoe) (Lepidoptera: Crambidae), *Chloridea virescens* (Fabricius) [= *Heliothis virescens* (Fabricius)] (Lepidoptera: Noctuidae), *Diatraea grandiosella* Dyar (Lepidoptera: Crambidae), *D. lineolata* (Walker) (Lepidoptera: Crambidae), *D. saccharalis* (Fabricius) (Lepidoptera: Crambidae), *Helicoverpa zea* (Boddie) (Lepidoptera: Noctuidae), *Ostrinia nubilalis* (Hübner) (Lepidoptera: Crambidae), *Sesamia cretica* Lederer (Lepidoptera: Noctuidae), *S. calamistis* Hampson (Lepidoptera: Noctuidae), *Spodoptera frugiperda* (J. E. Smith) (Lepidoptera: Noctuidae), e alguns da ordem Hemiptera, como a cigarrinha, *Dalbulus maidis* (Delong e Wolcott) (Hemiptera: Cicadellidae), em milho, sorgo e algodoeiro (Wiseman et al., 1980), e pulgões como *S. graminum* em trigo, sorgo e milheto (Harvey et al., 1985). No caso das plantas que não têm um sítio com boa retenção do material de infestação, como o algodoeiro, a soja e o milho ou o sorgo depois do estádio de cartucho, ela deve ser feita logo após uma chuva, ou devem-se pulverizar as plantas com água antes da infestação, pois a folha molhada retém melhor o pó de sabugo com as larvas recém-eclodidas (Hall et al., 1980).

## 6. Prospecção de fontes de resistência

Antes da engenharia genética, a prospecção de fontes de resistência a artrópodes-praga, ou a qualquer outro agente biótico ou abiótico causador de algum estresse às plantas, era feita na diversidade da própria espécie vegetal. Com o advento da transgenia, pode-se afirmar que toda a biodiversidade do ecossistema está disponível à prospecção. Entretanto, devido à complexidade das interações ambientais, ambas as estratégias, resistência convencional ou por meio da transgenia, devem ser exploradas, de acordo com a conveniência de cada uma. Pelo método convencional, três exemplos clássicos de resistência de plantas estão bem documentados na literatura: do trigo à mosca-de-hesse *M. destructor*; da macieira ao pulgão-lanígero, *Eriosoma lanigerum* (Hausmann) (Hemiptera: Aphididae); e da videira à filoxera *D. vitifoliae*. Via transgenia, têm sido usados os genes isolados da bactéria *Bacillus thuringiensis* Berliner em várias culturas, por exemplo, no algodoeiro, no milho e na soja, tendo como pragas-alvo insetos das ordens Lepidoptera e Coleoptera.

Pelo método convencional, há várias opções para o início de uma prospecção de resistência. As fontes de plantas para avaliação podem ser agrupadas em quatro tipos de coleções: de cultivares (comerciais); de linhagens ou linhas elites em desenvolvimento em um programa de melhoramento genético; de fontes de resistência registradas na literatura; e de novas fontes de resistência a serem identificadas por meio da avaliação da biodiversidade da espécie vegetal em estudo, disponibilizadas em bancos de germoplasma. Vários aspectos devem ser considerados no estabelecimento de um programa de melhoramento genético para resistência a artrópodes, tratados a seguir.

### 6.1. Coleção de cultivares

Dependendo da importância econômica da espécie vegetal, da diversidade genética e da abrangência geográfica do cultivo, há um número considerável de cultivares sendo utilizadas. Para reduzir as perdas causadas por determinada praga-alvo em uma região, o primeiro passo é avaliar as cultivares em uso, para discriminá-las quanto à suscetibilidade à praga-alvo. Instituições de pesquisa e companhias de sementes mantêm ensaios regionais e nacionais de algumas culturas, como milho, sorgo, soja, para avaliar o desempenho de cultivares e linhagens. Ações integradas com essas instituições tornam possível obter coleções ou avaliá-las no local onde os ensaios estão sendo conduzidos.

Vários exemplos existentes na literatura podem ser citados, como a resistência da cevada ao pulgão-verde *S. graminum* (Gardenhire, 1965), do algodoeiro com bráctea frego ao bicudo *Anthonomus grandis* Boheman (Coleoptera: Curculionidae) (Jenkins e Parrott, 1971) e do arroz a várias espécies de pragas, como *N. lugens* e *Chilo suppressalis* (Walker) (Lepidoptera: Crambidae) (Pathak, 1977). Nos anos 1990, houve um surto da cigarrinha-do-milho (*D. maidis*) e da doença enfezamento do milho, cujos patógenos (dois molicutes) são transmitidos pelo inseto. Na época, existiam vários híbridos comerciais, com diferentes níveis de suscetibilidade, mas aquele que predominava no mercado era um dos mais suscetíveis. A avaliação da incidência da cigarrinha e dos sintomas da doença na coleção dos principais híbridos disponíveis no mercado revelou diferenças significativas, entre elas: nos híbridos mais suscetíveis ocorriam três vezes mais cigarrinhas e cinco vezes mais plantas com enfezamento (Waquil, 1998). A substituição das cultivares suscetíveis por cultivares resistentes e o uso de determinadas práticas de manejo reduziram significativamente as perdas causadas pelo complexo vetor–patógeno.

## 6.2. Coleção de trabalho

Os programas de melhoramento genético das culturas de maior importância econômica, de origem pública ou privada, devem ser contínuos e visar o desenvolvimento de cultivares superiores, agregando cada vez mais caracteres desejáveis e eliminando os indesejáveis. Esses programas são dinâmicos e envolvem tanto a introgressão de genes que comandam a expressão de melhores caracteres como as avaliações de linhagens em diferentes níveis de seleção. Portanto, em cada programa de melhoramento genético há um número relativamente grande de genótipos que compõem a coleção de trabalho ou dos bancos ativos de germoplasma.

Normalmente, as linhagens de um programa de melhoramento genético são segregantes ou constituem linhas puras já em fase final de seleção, mas sempre apresentam diversidade genética entre si. Essas linhagens resultam de cruzamentos entre genótipos elites, com características agronômicas desejáveis, ou de algum outro tipo de progenitor, elite ou não, que possua uma ou mais características específicas. Nesse caso, a avaliação do resultado dos cruzamentos pode servir não só para identificar progênies mais resistentes, como também para descartar materiais mais suscetíveis. No Brasil, tradicionalmente, os programas de melhoramento genético contemplavam a resistência de plantas a artrópodes apenas como prioridade secundária, pois não introduziam nos planos de cruzamentos fontes com elevado grau de resistência. A partir da década de 1970, o Instituto Agronômico (IAC) idealizou uma linha dentro do programa de melhoramento de soja visando a obtenção de cultivares resistentes a pragas como objetivo principal. Assim, foram lançadas as cultivares IAC 17, IAC 19, IAC 24 e IAC 100, que apresentam resistência múltipla a diversas espécies-praga. No entanto, a partir da década de 2000, esse programa perdeu força e não lançou novas cultivares no mercado (ver Capítulo 1). Recentemente, a resistência de plantas a insetos-praga tem atingido maior relevância em determinados programas de melhoramento genético (Martins et al., 2013) e vem sendo explorada em diversos países.

## 6.3. Coleção de fontes de resistência

Para várias espécies vegetais e artrópodes-praga, já foram realizados trabalhos de avaliação e identificação de fontes de resistência. Evidentemente, essas avaliações foram realizadas em determinadas regiões e podem não atender a toda a área geográfica de interesse nesse tema. Considerando a relevância dos efeitos ambientais sobre a expressão dos genótipos, é importante avaliar fontes de resistência já registradas para alguns locais, em outros sítios de interesse. Portanto, coleções de genótipos resistentes às principais espécies de artrópodes-alvo, para algumas culturas, podem ser formadas ou obtidas em diferentes instituições. Revisões detalhadas sobre as fontes de resistência já identificadas e métodos de trabalho para diferentes culturas podem ser consultados em Harris (1979a) e Maxwell e Jennings (1980). Em geral, essas coleções são mantidas por instituições públicas nacionais e internacionais, que desenvolvem importantes programas de melhoramento genético, conservando o germoplasma das culturas economicamente mais relevantes.

## 6.4. Banco de germoplasma

Outra opção para prospecção de novas fontes de resistência de plantas a artrópodes-praga é a avaliação de genótipos ou plantas mantidos em bancos de germoplasma. Muito se tem discutido sobre a coleta, manutenção, descrição, utilização e conservação dos bancos de germoplasma das principais culturas utilizadas pelo homem. Esses bancos incluem infraestrutura científica e equipe treinada para coletar, multiplicar e conservar o patrimônio genético (diversidade) das plantas vivas, na forma de sementes, tecidos vegetativos, DNA etc. Eles são um complemento da conservação *in situ*, que envolve a preservação da variabilidade genética das espécies no seu habitat, ou seja, nos respectivos centros de diversidade de cada uma.

Na história, é bem conhecida a importância de alguns cereais para as civilizações antigas, como o trigo e a cevada no Egito e na Babilônia, o arroz na China e o milho nas Américas. Desde essa época, a movimentação do homem em torno do mundo, entre regiões, países e continentes, sempre foi acompanhada das plantas cultivadas. O maior avanço no conhecimento sobre a diversidade e conservação das plantas domesticadas ocorreu na primeira metade do século XX e se deve ao botânico-geneticista russo Nikolai Ivanovich Vavilov. Ele coletou amostras de plantas de diferentes partes do mundo e identificou oito regiões, isoladas por oceanos, montanhas, planícies ou desertos, nas quais observou grande diversidade de determinadas espécies. Essas regiões foram denominadas centros de origem de plantas cultivadas. Ainda hoje, esses oito centros são aceitos, mas como centros de diversidade de plantas domesticadas, pois ainda faltam dados para a confirmação de que são os centros de origem dessas espécies.

Com base no banco de dados do Vavilov Institute of Plant Genetic Resources (VIR, 2017), a distribuição desses centros e das principais espécies vegetais pode ser assim resumida:

**I)** Centro Chinês – 136 espécies. Exemplos: soja – *Glycine max* L.; feijoeiro – *Phaseolus vulgaris* L. (centro secundário); subfamília Bambusoideae – bambuzeiro; rabanete – *Raphanus sativus* L.; crucíferas – *Brassica* spp.; aliáceas – *Allium* spp.; cerejeira – *Prunus* spp.; pereira – *Pyrus* spp.; citros – *Citrus* spp.

**II)** Centro Indiano – 117 espécies. Exemplos: arroz – *Oryza sativa* L.; sorgo – *Sorghum bicolor* (L.) Moench.; guandu – *Cajanus cajan* (L.) Millsp.; berinjela – *Solanum melongena* L.; pepino – *Cucumis sativus* L.; mangueira – *Mangifera indica* L.; citros, cana-de-açúcar – *Saccharum officinarum* L.; coqueiro – *Cocos nucifera* L.; algodoeiro – *Gossypium arboreum* L.; crotalária – *Crotalaria juncea* L.; pimenteira-do-reino – *Piper nigrum* L.

**IIa)** Centro Indo-Malaio – 55 espécies. Exemplos: bananeira – *Musa* spp.; coqueiro, cana-de-açúcar e pimenteira-do-reino.

**III)** Centro Asiático Central – 43 espécies. Exemplos: trigo – *Triticum aestivum* L.; ervilha – *Pisum sativum* L.; lentilha – *Lens culinaris* Medik; grão-de-bico – *Cicer arietinum* L.; linho – *Linum usitatissimum* L.; algodoeiro – *Gossypium herbaceum* L.; cenoura – *Daucus carota* L.; cebola – *Allium cepa* L.; alho – *Allium sativum* L.; pereira – *Pyrus communis* L.; videira – *Vitis vinifera* L.; meloeiro – *Cucumis melo* L.

**IV)** Centro Oriental Próximo – 83 espécies. Exemplos: centeio – *Secale cereale* L.; aveia – *Avena sativa* L.; alfafa – *Medicago sativa* L.; beterraba – *Beta vulgaris* L.; crucíferas; alface – *Lactuca sativa* L.; figueira – *Ficus carica* L.; pereira e cerejeira.

**V)** Centro Mediterrânico – 84 espécies. Exemplos: beterraba; nabo – *Brassica napus* L.; cebola, alho e aspargo – *Asparagus officinalis* L.

**VI)** Centro Abissínio (Etiópia) – 38 espécies. Exemplos: cevada – *Hordeum sativum* Jessen; sorgo; ervilha-de-vaca – *Vigna sinensis* L.; fava – *Vicia faba* (L.); mamoneira – *Ricinus communis* L.; caupi – *Vigna unguiculata* (L.) Walp.; cafeeiro – *Coffea arabica* L.

**VII)** Centro Mexicano do Sul e Centro-Americano (Meso América) – 49 espécies. Exemplos: milho – *Zea mays* L.; feijoeiro; fava – *P. lunatus* L.; cucurbitáceas; batata-doce – *Ipomoea batatas* (L.) Lam.; algodoeiro; sisal – *Agave sisalana* Perrine; mamoeiro – *Carica papaya* L.; abacateiro – *Persea americana* Mill.; goiabeira – *Psidium guajava* L.; cajueiro – *Anacardium occidentale* L.; cacaueiro – *Theobroma cacao* L.

**VIII)** Centro Sul-Americano – 62 espécies. Exemplos: batata – *Solanum tuberosum* L.; milho; fava; feijoeiro; tomateiro – *Solanum lycopersicum* Mill.; morangueira – *Cucurbita maxima* L.; algodoeiro; goiabeira; tabaco – *Nicotiana tabacum* L.

**VIIIa)** Chiloé (Chile – Ilha de Chiloé) – 2 espécies, batata e morangueiro-selvagem – *Fragaria vesca* L.

**VIIIb)** Brasileiro-Paraguaio – 13 espécies. Exemplos: mandioca – *Manihot esculenta* Crantz.; amendoinzeiro – *Arachis hypogaea* L.; cacaueiro; seringueira – *Hevea brasiliensis* L.; erva-mate – *Ilex paraguayensis* A. St. Hil.; jabuticabeira – *Myrciaria jaboticaba* Vell Berg. e *M. cauliflora* Mart.; abacaxizeiro – *Ananas comosus* (L.) Merril.; castanheira-do-pará – *Bertholletia excelsa* Humb. e Bonpl.; cajueiro; maracujazeiro – *Passiflora edulis* Sims; guaranazeiro – *Paullinia cupana* Kunth.

A partir de 1920, Vavilov organizou mais de cinquenta expedições de coleta de plantas em todos esses centros e estabeleceu, no Instituto de Investigações Científicas de Leningrado (hoje São Petersburgo), a maior coleção de sementes do mundo para a época. A partir dessa experiência, foram criados mais três bancos de germoplasma na Europa, na Alemanha, Itália e Suécia.

Segundo dados da Organização das Nações Unidas para a Alimentação e a Agricultura (FAO, 2010, do inglês Food and Agriculture Organization), existem mais de 1.240 bancos de germoplasma em instituições privadas e públicas regionais, nacionais e internacionais envolvidas na manutenção de mais de 7,4 milhões de genótipos de plantas cultivadas, armazenados nos cinco continentes. São conservados, *in vitro*, mais de 35 mil genótipos (Smith, 2005), e em cerca de 2.500 jardins botânicos distribuídos pelo mundo são mantidas mais de 80 mil espécies de plantas (FAO, 2010). Portanto, antes de recorrer a novas coletas nos centros de diversidade, existem muitos genótipos a serem avaliados.

Em 1971, foi criada uma associação internacional e formado o Grupo Consultivo para Pesquisa Agrícola Internacional (Cgiar – Consultative Group for International Agricultural Research). Composto por 58 membros, envolvendo o setor público e o privado, o Cgiar passou a apoiar vários centros internacionais de pesquisa focando, além de vários aspectos técnico-científicos, a conservação de germoplasma, conforme se segue (as siglas referem-se aos nomes na língua original): Instituto Internacional de Recursos Genéticos de Plantas (IPGRI) – todas as culturas, em Roma, Itália; Centro Internacional de Agricultura Tropical

(CIAT) – espécies de *Phaseolus* e *Vigna,* em Cali, Colômbia; Centro Internacional da Batata (CIP) – batata e mandioca, em Lima, Peru; Centro Internacional de Melhoramento de Milho e Trigo (Cimmyt) – milho e trigo, na Cidade do México, México; Instituto Internacional de Investigação do Arroz (Irri) – arroz, em Los Baños, Filipinas; Centro Internacional para Pesquisa Agrícola nas Áreas Áridas (Icarda) – leguminosas, em Allepo, Síria; Instituto Internacional de Pesquisa Agrícola para os Trópicos Semiáridos (Icrisat) – sorgo e milho, em Patancheru, na Índia; e Instituto Internacional de Agricultura Tropical (Iita) – feijões, milho, soja, mandioca, inhame, banana e várias espécies de legumes, em Ibadan, Nigéria. Além desses centros, vários programas institucionais, regionais e nacionais são apoiados pelo Cgiar (Smith, 2005).

Em 1999, Clement e Quisenberry editaram uma revisão sobre os recursos genéticos para resistência a artrópodes-praga nas culturas de arroz, trigo, cevada, sorgo, feijão, soja, legumes, alfafa, hortaliças, batata-doce e batata. Para cada cultura, diferentes autores discutiram aspectos relacionados ao germoplasma e aos métodos utilizados para avaliar a resistência aos principais artrópodes em diferentes regiões. O desenvolvimento de plantas resistentes a artrópodes e os estudos da ecologia e da evolução da interação artrópode–planta estão ligados tanto pelos conceitos como pela história de vida de cada espécie. Assim, os conhecimentos dos mecanismos e as causas da resistência acabam contribuindo significativamente para o progresso de qualquer programa. Além disso, a interação desses dois fatores, planta e artrópode, com o ambiente torna o sistema bastante complexo, levando sua análise e seu tratamento à condição de estudo caso a caso.

Embora os bancos de germoplasma sejam a fonte mais rica de variabilidade para estudar tanto a interação artrópode–planta como a prospecção de fontes de resistência, eles têm sido relativamente pouco utilizados, numa taxa menor que 3% (Eigenbrode e Clement, 1999). Segundo estes autores, existem várias limitações relacionadas aos bancos de germoplasma, como: mudança da frequência gênica, em função da multiplicação de amostras de sementes; limitada descrição de cada genótipo preservado; poucos genótipos para algumas espécies de plantas; dificuldades de obtenção dos genótipos, devido às leis de proteção do germoplasma e à necessidade de quarentena na entrada no país de interesse etc. Entretanto, esses bancos ainda representam a fonte de maior variação de cada espécie e podem contribuir tanto para os estudos básicos das interações como para os programas de melhoramento genético das culturas.

No Brasil, bancos de germoplasma de várias culturas estão mantidos em diferentes instituições públicas e privadas. Os institutos de pesquisa, universidades federais e estaduais e algumas empresas de sementes colecionam e mantêm genótipos de várias culturas. A criação da Empresa Brasileira de Pesquisa Agropecuária (Embrapa) em 1973, a partir dos Institutos Federais, contribuiu significativamente para a reorganização da pesquisa agrícola no Brasil, criando três tipos de Centros Nacionais de Pesquisa: Centros de Produtos, Centros de Recursos Naturais ou Ecorregionais e Centros de Temas Básicos.

Os Centros de Produtos da Embrapa mantêm coleções de germoplasma das respectivas espécies sob sua responsabilidade. Assim, coleções de germoplasma vegetal podem ser encontradas nos seguintes Centros da Embrapa: em Campina Grande, PB (algodoeiro, mamoneira, amendoinzeiro, gergelim e sisal); em Cruz das Almas, BA (mandioca e fruticultura tropical); em Santo Antônio de Goiás, GO (arroz e feijoeiro); em Brasília, DF (aboboreira, mandioca, batata, batata-doce, berinjela, cebola, cenoura, couve, ervilha, grão-de-bico, lentilha, mandioquinha, meloeiro, milho-doce, mostarda, pepino, repolho, tomateiro, entre outros); em Sete Lagoas, MG (milho, sorgo e milheto); em Colombo, PR (florestas); em Londrina, PR (soja); em Passo Fundo, RS (trigo, cevada, triticale, centeio, canola, ervilha forrageira, soja, milho e feijoeiro); e em Bento Gonçalves, RS (videira, macieira e outras fruteiras de clima temperado). Para garantir a conservação de todos esses bancos de germoplasma, a Embrapa criou o Centro Nacional de Recursos Genéticos e Biotecnologia em Brasília, DF, que mantém duplicatas de cada genótipo desses diferentes bancos e também é responsável pelos serviços de quarentena na importação de germoplasma pelo país.

## 7. Variáveis

À semelhança do método empregado na infestação artificial, a avaliação da resistência deve ser de fácil uso e possibilitar ao avaliador selecionar com rapidez elevado número de plantas. A metodologia mais comumente empregada para avaliar plantas com resistência a pragas é utilizando escalas visuais de danos. Embora diferentes escalas possam ser usadas, deve-se ter em mente que a melhor é aquela que permite separar com segurança os genótipos resistentes dos intermediários e dos suscetíveis.

Como a resistência de plantas é relativa e envolve ganhos econômicos para a sua utilização, a melhor variável para discriminar duas ou mais cultivares ou linhagens ou dois ou mais genótipos seria a estimativa das perdas causadas pelos danos do artrópode-alvo. Entretanto, devido à complexidade de fatores que afetam não só a interação artrópode–planta, mas também a produtividade da cultura, essa comparação geralmente não é a melhor variável, nem deve ser a única a considerar. O fator que mais compromete a comparação da produtividade econômica da planta, como critério de avaliação, é o potencial de produção de cada material, independentemente da infestação. Também devem ser considerados os fatores que afetam de maneira direta a adaptação (fitness) da espécie-alvo ao agroecossistema. Em curto prazo, tais diferenças, aparentemente, podem não parecer relevantes, mas a médio ou longo prazo podem contribuir muito para o manejo integrado da espécie-alvo.

Diante da grande variabilidade das plantas exploradas pelo homem e da diversidade de artrópodes-praga que podem interferir na produtividade e na qualidade dos produtos agrícolas, é praticamente impossível inventariar todos os fatores que podem ser avaliados. Assim, as técnicas e os dispositivos utilizados para registrar a atividade de artrópodes nas plantas e os seus danos são tão variados como as infinitas possibilidades de combinação dos artrópodes-praga e a diversidade de plantas hospedeiras. Assim, fica evidente a necessidade de estudos caso a caso. Portanto, na comparação entre cultivares, linhagens ou genótipos, com vistas a detectar resistência a determinada praga-alvo, todas as variáveis de avaliação diretas e indiretas, desde que factíveis, devem ser empregadas, podendo ser distribuídas em dois grupos: as que avaliam a resposta da planta à atividade do artrópode; as que avaliam a resposta do artrópode à variabilidade das plantas.

Outro aspecto de grande importância é o conhecimento dos mecanismos, da herança e das causas da resistência. Embora não sejam limitantes para o desenvolvimento de um programa de melhoramento visando resistência a artrópodes, Smith et al. (1989) ressaltam que, quando se tem esses parâmetros elucidados, as informações são muito úteis no progresso do programa, contribuindo para a escolha do método de melhoramento adotado, a previsão da duração e da eficiência da resistência, e permitindo o melhor planejamento de novas linhas de ação a serem seguidas na solução de problemas futuros.

Embora a resistência possa estar presente em um genótipo, nem sempre as suas causas são conhecidas e condicionadas por fatores físicos, químicos, morfológicos e fisiológicos da planta ou pelo próprio comportamento da praga. Entre os fatores físicos, destacam-se principalmente as diferentes radiações e cores que podem ser diferenciadas pelos insetos. Como fatores químicos, tem-se substâncias da planta que atuam no comportamento e no metabolismo e também promovem desequilíbrio nutricional do artrópode. Estruturas morfológicas da planta, como tipos de epiderme, dimensão e disposição, são condicionantes de resistência. Além desses fatores, existem os inerentes ao comportamento do inseto, como a seletividade de hospedeiros, conhecido como princípio de Hopkins (ver Capítulos 4 e 5).

## 7.1. Variáveis da planta

São consideradas variáveis da planta aquelas variáveis qualitativas ou quantitativas obtidas por meio da avaliação dos danos diretos causados pela espécie-alvo ou dos efeitos indiretos desses danos. Nos casos em que a espécie-alvo danifica diretamente a parte comercializável da planta, a quantificação dos danos se torna mais precisa e a variável correspondente pode ser decisiva para a discriminação dos tratamentos. Entretanto, dependendo da espécie vegetal, quando os danos são causados em partes não comercializáveis das plantas (colmos, folhas, raízes etc.) e não afetam diretamente a produtividade, há necessidade de um melhor conhecimento sobre a relação dano da praga visada/prejuízo às plantas.

A sobrevivência de plantas no campo é fator que se relaciona diretamente com a produtividade da cultura. Dentro de determinados limites, quanto menor a densidade de plantas na lavoura, maior a relevância da perda de produtividade, devido à escassez de plantas. Por exemplo, no caso do milho, foi observado que as plantas sobreviventes e adjacentes a cada falha recuperam cerca de 20% do que a planta perdida produziria (Waquil, 2009). Ainda, se houver mais de uma falha adjacente à outra, a compensação das plantas sobreviventes poderá chegar a menos de 10%. Portanto, preservar a população ideal de plantas no campo constitui um dos passos fundamentais para obter elevada produtividade. Assim, a avalição da sobrevivência das plantas é fundamental para as situações em que os danos do artrópode-alvo resultem em morte das plantas atacadas.

Quando a praga-alvo danifica plântulas, geralmente ocorre mortalidade. Nesses casos, deve-se avaliar o grau de danos nas plântulas, para definir o estágio em que a morte se torna irreversível. Assim, a quantificação dos danos deve se basear nesse aspecto. Vários programas de melhoramento genético visando a resistência de plantas a artrópodes têm sido conduzidos em casa de vegetação, avaliando-se a resposta de plântulas a diferentes níveis de pressão de insetos-praga.

Os danos causados pelos artrópodes-praga podem ser avaliados tanto objetiva como subjetivamente e, neste segundo caso, podem ser estimados visualmente. Sempre que possível, a avaliação objetiva é a preferível, porém, em muitas situações, ela se torna morosa, podendo ainda apresentar, como no caso de danos à área foliar, baixa correlação com os prejuízos econômicos às plantas. Em circunstâncias como essas, a avaliação subjetiva se mostra mais eficiente.

Em geral, considerando a agilidade de avaliação e a busca por diferenças significativas relevantes, os pesquisadores da área de resistência de plantas a artrópodes têm optado pelas escalas visuais de notas de danos. Na avaliação de danos de determinada espécie de praga, numa coleção de genótipos de uma cultura, sempre há um gradiente de resposta. A avaliação de uma coleção de plantas que apresente gradiente de danos permite definir classes e escalas para uma melhor estimativa de prejuízos ou perdas. Entretanto, essas escalas devem ser precisas o suficiente para discriminar as plantas em resistentes, intermediárias e suscetíveis, e também devem ser práticas e fáceis de utilizar, pois, normalmente, milhares de genótipos precisam ser avaliados num programa de melhoramento genético para resistência a pragas (Davis et al., 1992).

A área foliar consumida pela praga-alvo pode ser quantificada com um medidor de área foliar (Figura 6) ou com base na diferença de peso antes e depois de as folhas terem sido danificadas.

Mais precisamente, dependendo da variação do conteúdo de umidade e da espessura da folha, deve-se obter o peso seco, porém sua determinação é trabalhosa, e restringe o número de amostras a analisar. Como o sucesso na prospecção de fontes de resistência ou no programa de seleção é altamente correlacionado

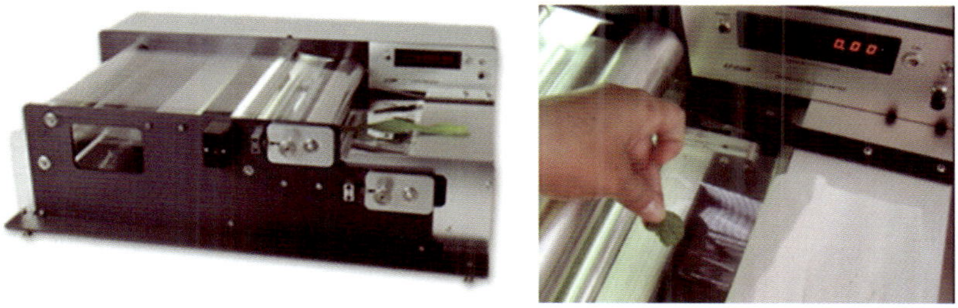

**Figura 6.** Medidor de área foliar de bancada (modelo LI-COR 3100C) (imagens cedidas por Edson L. L. Baldin).

com o número de genótipos avaliados, é preferível utilizar escala de notas, por exemplo, para avaliar os danos da lagarta-do-cartucho no milho. Carvalho (1970) avaliou a resistência do milho a esse inseto utilizando uma escala visual de notas de danos que varia de 0 a 5, onde: 0 = nenhum dano, 1 = folhas apenas raspadas, 2 = folhas furadas, 3 = folhas com lesão, 4 = lesão no cartucho, 5 = cartucho da planta destruído. Essa escala é de fácil aplicação, pois as classes são bem definidas, gerando pouca margem de dúvida. Posteriormente, Williams et al. (1978) avaliaram os danos de *S. frugiperda* sobre genótipos de milho, utilizando uma escala visual de notas de 0 a 9, conforme a Figura 7.

Atualmente, a escala mais utilizada no caso do milho é aquela proposta por Davis et al. (1992). Em um primeiro momento, esses autores utilizaram duas escalas, uma para avaliar plantas sete dias após a infestação e outra para avaliar plantas catorze dias após a infestação. As duas escalas são bastante semelhantes, têm alta correlação e são eficazes para distinguir plantas resistentes e suscetíveis (Davis et al., 1992). Ambas variam de zero a nove. Como duas semanas após a infestação os danos mostram-se mais evidentes, a escala mais utilizada é assim definida: 0 = nenhum dano visível; 1 = apenas pequenos furos nas folhas do cartucho; 2 = folhas raspadas, furos e lesões circulares pequenas nas folhas; 3 = poucas lesões circulares e pequenas lesões alongadas (até 1,3 cm de comprimento) no cartucho e nas folhas; 4 = várias pequenas e médias lesões (1,3 a 2,5 cm de comprimento) no cartucho e nas folhas abertas; 5 = várias lesões grandes (maiores que 2,5 cm de comprimento) no cartucho e em algumas folhas abertas; 6 = várias lesões grandes (maiores que 2,5 cm de comprimento) no cartucho e em várias folhas abertas; 7 = várias lesões irregulares no cartucho e algumas áreas das folhas completamente destruídas; 8 = várias lesões irregulares e várias folhas completamente destruídas; 9 = plantas com o cartucho totalmente destruído. Uma vez que essa escala pode ser considerada muito complexa, em função do maior número de classes, dependendo do objetivo do estudo é possível agrupar algumas classes (0 e 1, 2 e 3, 4 e 5 etc.) para facilitar as análises.

Os danos de determinadas espécies podem ser avaliados pelo crescimento da plântula ou planta, medindo-se a altura ou quantificando-se sua biomassa. Nesses

**Figura 7.** Danos causados por *Spodoptera frugiperda* em plantas de milho, segundo escala visual de notas (imagem cedida por Romildo C. Siloto).

casos, sempre deverão ser comparadas plantas infestadas e plantas não infestadas de cada genótipo, para calcular os diferentes valores de redução de altura ou biomassa em cada um deles. Independentemente do estágio de desenvolvimento, para avaliar o crescimento pode-se quantificar a planta toda ou partes dela. Um exemplo clássico na medição da altura da planta é a avaliação da resistência de plântulas de sorgo aos pulgões *S. graminum* e *Sipha flava* (Forbes) (Hemiptera: Aphididae), conforme citado por Smith et al. (1994). Outro exemplo é a avaliação do comprimento da raiz de milho para resistência a larvas de *Diabrotica* spp., citada por Lara (1991). Vários exemplos são mencionados por Smith et al. (1994), inclusive o cálculo de um índice de tolerância do sorgo ao pulgão-verde proposto por Schweissing e Wilde (1978 e 1979), baseado na diferença do peso seco da folhagem das plantas infestadas × protegidas, dividida pelo peso de pulgões coletados na planta infestada.

Em vários casos, a avaliação subjetiva, baseada em notas visuais, tem sido usada para estimar os danos de pragas-alvo que atacam diretamente o órgão comercializável da planta, mesmo que seja possível determinar esses danos quantitativamente. Por exemplo, na avaliação e seleção de sorgo resistente à mosca, *Stenodiplosis sorghicola* (Coquillett) [= *Contarinia sorghicola* (Coquillett) (Diptera: Cecidomyiidae)], que causa abortamento da flor infestada e falha no enchimento da semente, Wiseman e McMillian (1968) propuseram uma escala de notas de danos a ser atribuída a cada panícula, que varia de 0 a 10, onde: 0 = panícula sem nenhum dano aparente; 1 = de 0,1 a 10% de danos; 2 = de 10,1 a 20%; 3 = de 20,1 a 30%; 4 = de 30,1 a 40% e assim sucessivamente até 10 = 90,1 a 100% de danos, ou seja, nenhuma semente presente na panícula. Posteriormente, essa escala foi simplificada, e passou a variar de 0 a 9, onde: 0 = nenhum dano, 1 = 1 a 10% de dano; 2 = 11 a 20% .... 9 = 81 a 100% (Teetes, 1980).

Outro exemplo de danos que incidem diretamente no produto comercial, avaliados subjetivamente, são as duas escalas de notas citadas por Wiseman (1989) para avaliar a resistência do milho à lagarta-da-espiga, *H. zea*. Essas escalas variam de zero a **n**, e na primeira escala tem-se: 0 = nenhum dano; 1 = danos no cabelo da espiga; 2 = danos na ponta da espiga até a profundidade de 1 cm; 3 = danos na profundidade de 2 cm... nota n + 1 cm; na segunda escala, específica para avaliar os danos na área da espiga com grãos: 0 = nenhum dano nos grãos (pode ocorrer dano no cabelo ou na ponta do sabugo); 1 = área de dano de até 1 cm de profundidade; 2 = dano até 2 cm profundidade; n = n cm de profundidade de danos. Uma alternativa para avaliar objetivamente e de forma precisa os danos diretos causados pela lagarta-da-espiga do milho é medir o volume ou o peso das sementes danificadas. Ferreira (1974) utilizou um método indireto para estimar as perdas de sementes. Após a secagem das espigas, as sementes danificadas, sem valor econômico, foram retiradas e, para preencher todo o volume de sementes perdidas, foram utilizadas sementes de cebola. Depois de bem nivelado o volume com as sementes sadias remanescentes na espiga, as sementes de cebola foram pesadas e as perdas foram expressas em peso de sementes (mg).

Os danos e prejuízos causados por pragas a plantas também podem ser estimados pela contagem dos órgãos sadios e danificados da planta. Essa variável pode ser utilizada como número, proporção, porcentagem (em relação ao total avaliado) ou mesmo para calcular um índice. Para as pragas de grãos armazenados, é uma variável muito utilizada. Widstrom (1987) observa que a porcentagem de sementes de milho danificadas pelo gorgulho *Sitophilus zeamais* Motschulsky (Coleoptera:

Curculionidae) é um critério eficiente na seleção de cultivares resistentes. A contagem do número de sementes de cafeeiro broqueadas por *Hypothenemus hampei* (Ferrari) (Coleoptera: Scolytidae) é um procedimento padrão para avaliar danos na classificação oficial do produto (Fornazier et al., 2000) e as perdas de peso podem ser determinadas pela equação: y = 0,0095 + 0,2095x, onde: y = perda de peso e x = porcentagem de sementes broqueadas (Souza e Reis, 1997). Avaliando a resistência de cultivares de cafeeiro para resistência à broca, Sera et al. (2005) utilizaram como variável a quantidade de frutos broqueados.

A avaliação de danos ou de infestação em outros órgãos das plantas tem sido utilizada na comparação entre genótipos. Por exemplo, a porcentagem de botões florais com postura de *A. grandis* foi utilizada na seleção de algodoeiro com resistência ao inseto (Carvalho et al., 1996). Para comparar os danos da broca-da-cana, *D. saccharalis,* tem sido utilizado o índice de infestação (porcentagem de colmos infestados) em cana-de-açúcar (Gallo et al., 2002), em sorgo (Waquil et al., 2001) e no sorgo sacarino (Lara e Perussi, 1984). Na literatura, há vários outros exemplos de trabalhos de resistência utilizando esse tipo de variável. Finalmente, o aperfeiçoamento, o desenvolvimento e a padronização de escalas de avaliação de danos provocados de artrópodes ou de desfolha em circunstâncias definidas, bem como as metodologias de avaliação em massa dos genótipos das principais culturas, facilitariam enormemente o desenvolvimento de cultivares resistentes. Quanto maior o número de genótipos avaliados, maior a chance de sucesso do programa.

Obter alta produção é a meta de qualquer produtor e, como já discutido, essa é a variável que realmente vai indicar a aceitação da cultivar resistente no mercado. Em geral, essa variável está ligada ao teste de tolerância, que implica a comparação da produção de parcelas infestadas com parcelas livres de infestação. Embora seja essencial nesse tipo de teste, ela não é suficiente. A confirmação da resistência demanda não só o monitoramento da população de artrópodes, mas também a observação da sua biologia e da quantidade de alimento ingerido. Caso contrário, as categorias podem complementar-se na expressão da resistência. Para avaliar a tolerância, Serrano et al. (2000) desenvolveram o índice de produção proporcional (*proportional yield index*), comparando a produção de várias cultivares e genótipos para resistência do feijoeiro a *Empoasca kraemeri* Ross & Moore (Hemiptera: Cicadellidae).

Lye e Smith (1988), com base em resultados da avaliação da resistência do arroz a *S. frugiperda,* propuseram uma análise de regressão para separar o componente de tolerância do componente de antibiose, por meio da plotagem dos dados de redução do peso seco das plantas com o ganho de peso das lagartas. Utilizando a linha de regressão e a média do ganho de peso das larvas, os dados dos genótipos avaliados puderam ser separados deste modo: no quadrante direito superior, os materiais suscetíveis, e, no inferior, os tolerantes; no quadrante esquerdo superior, os que expressam antibiose e, no inferior, antibiose e tolerância (Figura 8).

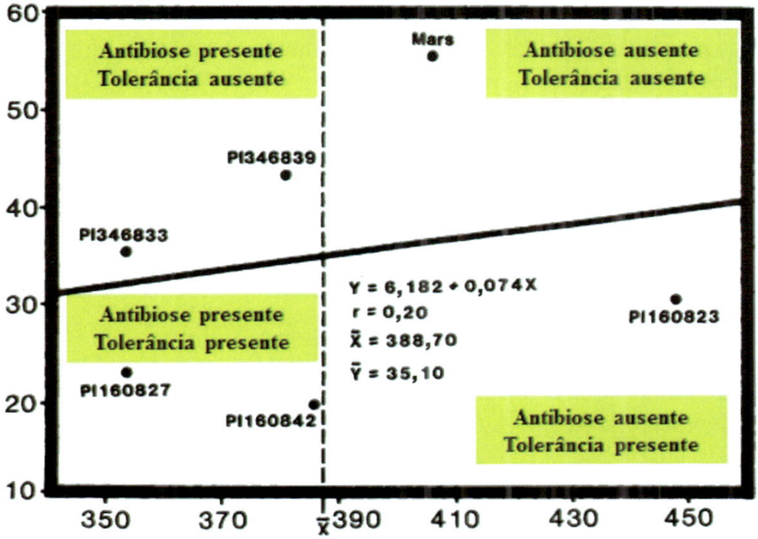


**Figura 8.** Relação entre porcentagem de redução de peso seco em plantas de arroz (tolerância) e peso máximo larval (antibiose) de *Spodoptera frugiperda* alimentada com folhas de cinco linhagens de arroz e com a cultivar Mars no estágio de cinco folhas desenvolvidas (adaptado de Lye e Smith. *Florida Entomologist* 71: 254-61, 1988, com autorização).

Como discutido anteriormente, a produção depende de vários fatores que podem mascarar a resposta da planta aos danos da espécie-praga. Portanto, dados inerentes à produção devem ser utilizados com muito cuidado, apesar de essa variável ter sido utilizada em vários trabalhos encontrados na literatura (Lara, 1991; Smith et al., 1994; Silva et al., 2003; Smith, 2005).

A qualidade do produto obtido da planta cultivada tem implicações relevantes no valor da produção. Portanto, todos os fatores que afetam a qualidade devem ser controlados para se obter o valor máximo do produto. Vários tipos de danos causados por artrópodes causam não só perda na produção, ou seja, na quantidade do produto final, mas também na qualidade. Como descrito anteriormente, dependendo da cultura em questão, os danos diretos do artrópode no produto final podem afetar a sua qualidade. Pequenos danos e/ou a presença de artrópode-praga nos produtos de consumo *in natura* podem condenar lotes inteiros de legumes e frutas, por exemplo. Alguns produtos, como aqueles que ainda deverão passar por algum tipo de processamento, podem ser segregados, separando-se as unidades sadias das danificadas.

Sem considerar a possibilidade de transmissão de agentes fitopatogênicos pelos artrópodes, existem ainda os casos de efeitos indiretos dos danos desses artrópodes-praga na qualidade do produto final. Estudando os efeitos da alimentação de percevejos sobre algumas características físicas e físico-químicas em seis variedades de trigo, Dizlek e Islamoglu (2015) detectaram diferença significativa não só no peso de mil sementes (2,8%), mas também no índice de glúten (58,9%), restringindo seu uso para panificação.

A exemplo do que foi mencionado para avaliação da produção, também neste caso o que se deve avaliar não é a qualidade em si, mas a redução da qualidade, na comparação entre parcelas infestadas e não infestadas de cada genótipo, caracterizando-se como o mais resistente aquele que apresenta a menor redução de qualidade.

## 7.2. Variáveis do artrópode

A qualidade da planta hospedeira afeta tanto a biologia como a fisiologia dos insetos e os danos que estes provocam também podem alterar essa qualidade, influenciando as interações inter e intraespecíficas tanto ao nível do indivíduo como na escala da população (Awmack e Leather, 2002). Assim, todas as variáveis relativas ao artrópode, factíveis de ser registradas, revelam o seu nível de adaptação ou fitness em cada hospedeiro. Segundo vários autores, citados por Smith et al. (1994), as respostas fisiológicas e comportamentais dos artrópodes podem ser subdivididas nas categorias: fisiológicas (incubação, sobrevivência, crescimento dos imaturos, metabolismo, fecundidade e longevidade dos adultos) e comportamentais (orientação, contato, acomodação, alimentação, acasalamento e oviposição).

As variáveis fisiológicas afetam diretamente a dinâmica populacional da espécie no ecossistema. Elas têm peso relevante tanto nos modelos populacionais como nos índices utilizados para comparar a adaptação da espécie nos diferentes hospedeiros ou nos mecanismos de resistência envolvidos. Também os danos dos artrópodes nos hospedeiros são altamente afetados pela densidade populacional da espécie-alvo no ambiente. Entretanto, as variáveis biológicas, bem como as demais variáveis do inseto e da planta, são mutuamente afetadas, gerando uma série de interações cujos efeitos muitas vezes é difícil separar. A análise individual das variáveis mais relevantes, do conjunto delas e/ou de suas interações é que vai viabilizar o sucesso de um programa de melhoramento genético para resistência de plantas.

De acordo com as espécies envolvidas na relação hospedeiro–artrópode, diferentes características da planta podem afetar tanto o desenvolvimento embrionário como a eclosão de um imaturo competitivo. Vários registros citados por Smith et al. (1994) indicam efeitos de cultivares resistentes sobre a eclosão de imaturos. Além dos efeitos diretos do tipo de tecido sobre os ovos, dependendo do sítio preferencial de oviposição da espécie existem os efeitos indiretos, como maior ou menor proteção contra outros fatores, bióticos e abióticos, por exemplo, predação e dessecação. São características intrínsecas da planta que podem reduzir a adaptação (fitness) da população do artrópode no hospedeiro. Portanto, a avaliação da viabilidade dos ovos nos genótipos em teste deve fazer parte das observações, para determinar a contribuição desse fator na resposta de resistência da planta hospedeira (Smith et al., 1994).

Independentemente da estratégia de sobrevivência da espécie de artrópode em estudo, **r** ou **K**, a sobrevivência nos diferentes estágios de desenvolvimento é um dos principais fatores que afetam o crescimento populacional. Recapitulando, as espécies selecionadas num ambiente de baixa competição entre elas tendem a apresentar um ciclo biológico relativamente curto e as fêmeas geram grande número de descendentes, mas sem proteção posterior para sua prole. Essas são consideradas espécies de estratégia de sobrevivência **r**. Por outro lado, as espécies selecionadas num ambiente cuja comunidade exige alto nível de competitividade apresentam ciclos biológicos mais longos e as fêmeas produzem um número reduzido de descendentes, mas desenvolveram estratégias de proteção intensiva à prole para garantir sua sobrevivência. São conhecidas como espécies de estratégia **K**. Portanto, a comparação da sobrevivência das formas imaturas, ou mesmo de adultos, nos diferentes genótipos em teste é fundamental para caracterizar a resistência de plantas, promovendo redução populacional da espécie-alvo. Tanto Lara (1991) como Smith et al. (1994) discutiram a importância do aumento populacional na discriminação da resistência entre cultivares, citando vários exemplos.

O crescimento populacional de qualquer espécie está diretamente relacionado ao período de desenvolvimento e ao tempo considerado. Esse tempo ($t$) está contemplado no modelo de crescimento populacional. O número de gerações que determinada espécie produz num intervalo de tempo depende não só do hospedeiro, mas de vários fatores do ambiente, principalmente da temperatura. Para a avaliação da resistência, todos os genótipos em estudo são submetidos ao mesmo ambiente, no laboratório, no telado, em casa de vegetação ou a campo, e as diferenças de duração do ciclo biológico, que podem ser observadas nas fases de larva ou de ninfa, de pupa, de pré-oviposição, de oviposição e do ciclo total (Lara, 1991), devem ser atribuídas ao hospedeiro. Portanto, o período de desenvolvimento é uma variável importante e vem sendo utilizada nas estimativas de vários índices.

As variáveis para avaliar o crescimento ou o acúmulo de biomassa das formas imaturas de artrópodes são: o comprimento e a largura, o volume corpóreo e o peso ou a biomassa. Para reunir esses dados, as espécies em estudo podem ser obtidas de ensaios de campo, casas de vegetação, telados ou confinadas em laboratório nos diferentes hospedeiros em avaliação. As ferramentas ou os equipamentos utilizados para medir essas grandezas variam de acordo com o tamanho do organismo a ser avaliado. Para medir formas de artrópodes macroscópicos, pode-se usar um paquímetro ou um papel milimetrado; para formas microscópicas, podem-se usar lâminas graduadas acopladas em lupas ou análise de imagem, utilizando equipamentos com câmaras eletrônicas. A biomassa dos organismos pode ser registrada periodicamente em balança de precisão; o índice de crescimento (Smith et al., 1994) e a inibição do acúmulo de biomassa (Marçon et al., 1999) dos indivíduos em cada genótipo em estudo podem ser calculados. As variáveis inibição do acúmulo de biomassa e mudança de instar das formas imaturas têm sido utilizadas na avaliação de plantas geneticamente modificadas para resistência a insetos (Marçon et al., 1999; Farias et al., 2014).

Conceitualmente, metabolismo é o conjunto de transformações e reações químicas que ocorrem no organismo e envolve três funções vitais básicas: nutrição, respiração e síntese de moléculas estruturais. Diante da diversidade e complexidade das plantas no ambiente, a fonte de alimento tem papel fundamental no metabolismo dos artrópodes fitófagos, afetando sua sobrevivência, seu crescimento e sua fecundidade. Assim, a análise do alimento através do tubo digestivo, avaliando a sua utilização, tem papel relevante nos estudos de resistência de plantas a insetos (Kogan e Parra, 1979). O método mais utilizado para avaliar a conversão alimentar é o gravimétrico, mas também podem ser usados os métodos colorimétrico, enzimático, radioisotópico, calorimétrico e respirométrico, conforme detalhado por Smith et al. (1994). Os resultados dessas análises são utilizados para calcular os índices nutricionais, que são baseados na avaliação do peso inicial e final do organismo e do alimento e da quantidade de fezes acumulada durante o período experimental. O nível de atendimento da demanda nutricional dos artrópodes pode ainda ser afetado pelos efeitos negativos de produtos secundários da planta que funcionam como defesa à herbivoria.

A fecundidade de uma espécie corresponde à capacidade de produzir descendentes, expressa pelo número total de ovos viáveis colocados ou de ninfas nascidas, no caso das espécies vivíparas. Tanto os hospedeiros nos quais os imaturos se desenvolvem ou os adultos se alimentam (efeito fisiológico), como os hospedeiros nos quais as fêmeas colocam ovos ou ninfas (efeito comportamental), afetam a fecundidade. Por exemplo, para *Nysius natalensis* Evans (Hemiptera: Orsillidae), o número de ovos colocados pelas fêmeas não foi afetado pela fonte de alimento das ninfas, mas sim pela fonte de alimentação dos adultos (Plessis et al., 2012). A fecundidade é fundamental para estimar o efeito do hospedeiro na dinâmica populacional, entretanto, para várias espécies, ela é de difícil determinação, principalmente para os artrópodes de grande mobilidade e que dependem de acasalamentos. Nos casos dos lepidópteros que precisam ser acasalados, quando confinados em gaiolas, à revelia da escolha individual e com pouca movimentação, o artificialismo experimental pode comprometer a condição natural. Por outro lado, para espécies de pouca movimentação e partenogenéticas, como os pulgões, essa variável pode ser estimada com maior precisão para as formas ápteras, pois a condição de confinamento experimental dessas espécies é semelhante à natural.

Vários autores, citados por Smith et al. (1994), estimaram a fecundidade para várias espécies de insetos, registrando o número de posturas e o número de ovos de casais criados em laboratório até a fase adulta e acasalados em gaiolas de postura. Além da contagem direta, com ou sem o uso de lentes, vários métodos podem ser utilizados para separar os ovos de uma postura ou mesmo tratar tecidos da planta para separar ovos de posturas endofíticas. Nos casos de posturas grandes, com número elevado de ovos, ela pode ser retirada do substrato e pesada. Assim, com base no peso de um número conhecido de ovos, é possível estimar a quantidade deles e o seu peso unitário (Lynch et al., 1983).

Como a fecundidade dos adultos é uma variável relativamente difícil de ser obtida com precisão, a biomassa das pupas pode ser uma alternativa. Por exemplo, a fecundidade de *S. frugiperda* é significativamente correlacionada ao peso das pupas (Leuck e Perkins, 1972). Fato semelhante também foi registrado para outras espécies, como *Antheraea assama* Westwood (Lepidoptera: Saturniidae) (Barah e Sengupta, 1991). Assim, devido à facilidade de determinar a biomassa das pupas (mg) com precisão, dependendo do objetivo do trabalho, essa variável pode ser usada para estimar a fecundidade dos insetos, como na equação para estimar um índice de adaptação (Boregas et al., 2013).

A longevidade de adultos corresponde ao seu tempo de sobrevivência, que costuma ser medido em dias. De acordo com a espécie, o importante para a dinâmica populacional é o período reprodutivo, que pode variar independentemente da longevidade e afetar diretamente a prolificidade do artrópode e os danos às plantas hospedeiras. A longevidade dos adultos pode ser subdividida em pelo menos três períodos: pré-oviposição, oviposição e pós-oviposição. Todas essas variáveis dependem das espécies de artrópode-planta envolvidas. Para o percevejo *N. natalensis*, não só o hospedeiro, mas também o sítio de alimentação (na planta ou em sementes) dos adultos afetaram tanto a longevidade como o período de pré-oviposição dos insetos (Plessis et al., 2012).

Em geral, assim como na determinação da fecundidade, a estimativa da longevidade dos artrópodes é feita confinando-se casais recém-emergidos em plantas resistentes e suscetíveis (Smith et al., 1994). Os hospedeiros podem ser cultivados em condições controladas ou mesmo no campo, em gaiolas. As plantas resistentes e suscetíveis utilizadas no ensaio podem ser as mesmas para se criar os imaturos e testar ou não a longevidade dos adultos, dependendo do interesse. Se o objetivo é determinar o efeito dos genótipos apenas sobre a longevidade, deve-se avaliar com artrópodes oriundos de colônias mantidas em um hospedeiro suscetível comum a todos, para evitar o efeito cumulativo. Por outro lado, se o interesse é analisar o somatório dos efeitos do hospedeiro sobre os imaturos e os adultos, deve-se usar o mesmo hospedeiro durante todo o ciclo biológico do artrópode. A longevidade dos adultos é muito dependente do hospedeiro e de outras fontes de alimentos. O adulto não é dependente do hospedeiro só para o alimento, mas também como abrigo contra os fatores abióticos e bióticos que envolvem vários outros aspectos ligados ao seu comportamento.

Antes de se alimentar ou ovipositar no hospedeiro, o artrópode precisa localizar a planta e estabelecer-se nela. A especificidade hospedeira está relacionada ao número de espécies de plantas que determinado artrópode utiliza como hospedeiro, ou seja, aquelas que permitem que ele complete seu ciclo biológico no ambiente natural. A seleção da planta para alimentação, oviposição ou abrigo segue uma sequência de comportamentos para identificar aquelas mais adequadas (Beck e Schoonhoven, 1980). Portanto, a seleção do hospedeiro segue uma sequência de estímulo-resposta que leva à colonização da planta, mas, mesmo entre vários hospedeiros, existem os preferenciais. Em alguns casos, essa cadeia de estímulos pode se tornar bastante complexa e envolver vários estímulos, como: voo até a planta (visual e olfativo), pouso na superfície da planta (visual e olfativo), acomodação ou caminhamento (tato), alimentação e/ou oviposição (tato) e manutenção da alimentação ou oviposição (arrestante).

A falha ou a presença de um estímulo negativo em qualquer uma dessas respostas pode levar o artrópode a se mover na própria planta à procura de sítios mais adequados ou se deslocar para outras. Assim, diversas técnicas podem ser utilizadas para quantificar cada passo do comportamento dos artrópodes durante a identificação de plantas hospedeiras, distinguindo as resistentes das suscetíveis.

Quando se avalia a não preferência de um artrópode para determinado genótipo, pode-se supor que, na ausência de escolha, a planta resistente responderá como suscetível. Na verdade, isso pode acontecer, mas não necessariamente, pois a não preferência pode não estar associada apenas ao comportamento do artrópode, mas sim a uma barreira química, morfológica ou fisiológica que impeça ou dificulte a utilização daquele hospedeiro. Portanto, a não preferência por qualquer um dos estímulos que compõem a seleção hospedeira pode contribuir para um nível de resistência relevante economicamente.

Respostas olfativas de artrópodes a estímulos aleloquímicos voláteis de plantas têm sido observadas desde o início do século passado, quando foram desenvolvidos os primeiros olfatômetros, tipo tubo Y (Barrows, 1907; McIndoo, 1926). Posteriormente, túneis de vento e olfatômetros mais complexos, com fluxo de ar controlado (Figura 9) e múltiplas câmaras de teste, foram sendo adaptados por vários autores para avaliar a resposta de diferentes fases dos artrópodes aos voláteis das plantas e de outros organismos. As respostas aos estímulos olfativos também podem ser avaliadas eletronicamente, por meio da eletroantenografia (EAG) ou eletrorretinografia (ERG).

Geralmente, a avaliação da orientação e do estabelecimento de um artrópode em diferentes genótipos (tratamentos) é feita nos testes de livre escolha, conforme descrito anteriormente. A variável utilizada é o número ou proporção de indivíduos da população em estudo estabelecida, direcionada para cada tratamento. O período de avaliação pode variar desde alguns minutos até horas ou dias conforme as espécies envolvidas, havendo necessidade de avaliações preliminares para definir a melhor metodologia. Independentemente do tipo de olfatômetro utilizado, é importante incluir pelo menos um tratamento testemunha. Todos os tratamentos também devem estar equidistantes e aleatoriamente distribuídos em relação ao ponto de liberação do artrópode em teste. Ainda, todo o aparato experimental deve estar protegido de outras fontes de variação, como gradiente de luz e fluxo de ar, entre outras.

**Figura 9.** Olfatômetro em Y utilizado em experimentos de preferência para oviposição com espécies de Lepidoptera (imagem cedida por Edson L. L. Baldin).

O contato com a superfície dos diferentes órgãos das plantas, percebido através das sensilas das pernas, antenas ou ovipositores, é fundamental na comunicação, para algumas espécies de artrópodes, principalmente para aquelas que têm visão e percepção de som deficientes (Meyer, 2006). A resposta ao contato tátil está relacionada ao padrão de movimento das antenas e à frequência de ciclo de movimento nas duas articulações finais (Schütz e Dürr, 2011). A resposta de um artrópode ao contato com a planta pode ser imediata, caracterizando um reconhecimento neurológico, ou de longo prazo, caracterizando o contato apenas como um indutor numa cadeia de eventos até promover uma resposta, criando assim uma variação significativa, tanto entre indivíduos como entre populações, no que diz respeito à localização e seleção do hospedeiro (Papaj e Rausher, 1983). Os efeitos de médio e longo prazo podem ser por meio da indução, por exemplo, da ovogênese, e a qualidade nutricional do hospedeiro pode determinar o período de pré-oviposição da espécie. Portanto, avaliando os movimentos dos artrópodes ao pousar sobre os hospedeiros, respostas diferenciadas podem ser identificadas tanto no tempo como no número de artrópodes que permanecem sobre a superfície das plantas.

Após o pouso ou o acesso do artrópode a determinada planta, estimulado por fatores físicos e/ou químicos recebidos pelas cerdas sensoriais das pernas e outras estruturas, a planta pode ser aceita ou não como hospedeiro. Para algumas espécies, os sítios de abrigo, alimentação, acasalamento e/ou oviposição são completamente distintos daqueles favoráveis ao desenvolvimento dos imaturos. Entretanto, para a maioria das espécies, o sítio de oviposição é o mais favorável à alimentação e ao desenvolvimento dos imaturos. Em muitos casos, esses imaturos podem se deslocar no ecossistema para melhor seleção do hospedeiro ou procura de fatores bióticos ou abióticos de proteção (Beck e Schoonhoven, 1980). O comportamento do artrópode logo após o contato físico com as plantas pode caracterizá-las como resistentes ou suscetíveis. Conforme descrito por Smith et al. (1994), esse diagnóstico da maior ou menor aceitação dessas plantas pode ser feito analisando-se as tentativas de alimentação, oviposição ou descanso ou a quantidade de movimento ou o tempo de resposta, em diferentes tipos de testes.

Para muitos insetos fitófagos, a seleção do hospedeiro e do sítio de oviposição é crítica para a fecundidade da espécie, sobretudo se os imaturos recém-eclodidos não conseguem procurar alimentos alternativos (Singer, 1986). Portanto, entender as interações fisiológicas, comportamentais e ecológicas do processo de oviposição da espécie em estudo pode ser uma ferramenta poderosa na identificação e seleção de plantas resistentes. Por exemplo, para a borboleta *Euphydryas gillettii* (Barnes) (Lepidoptera: Nymphalidae), a preferência das fêmeas para oviposição em diferentes hospedeiros acompanha a fenologia da planta, pela face que recebe o sol da manhã e por sítios de oviposição mais abertos, o que aumenta a sobrevivência e diminui o período de desenvolvimento dos descendentes, além de reduzir a incidência de predação (Bonebrake et al., 2010). Para o percevejo *N. natalensis*, as fêmeas preferem ovipositar nos hopedeiros selvagens e só infestam o girassol cultivado depois que esses hospedeiros são controlados na lavoura ou entram em senescência (Plessis et al., 2012). Nas culturas transgênicas (*Bt*), determinadas condições ecológicas permitem a evolução das escolhas comportamentais, favorecendo a oviposição em hospedeiros alternativos que limitam o aumento da frequência de alelos de resistência, mesmo quando são genotipicamente dominantes (Jongsma et al., 2010). Embora o comportamento de oviposição dos insetos seja afetado por vários fatores ambientais, tanto o número como a distribuição de ovos nas plantas, bem como o comportamento das fêmeas, têm sido intensivamente utilizados para avaliar a resistência.

Smith et al. (1994) descrevem várias técnicas para avaliar a antixenose (oviposição) por meio da contagem de ovos colocados durante determinado período. Essas avaliações podem ser feitas no campo, em casa de vegetação ou mesmo em laboratório. Nas avaliações feitas a campo, podem ainda ser utilizadas gaiolas com compartimentos para liberar fêmeas fertilizadas, com duas ou mais opções de escolha das plantas. Em telados ou em casa de vegetação, é possível expor determinada população de adultos a vários tratamentos, simultaneamente, para avaliar a preferência para oviposição. No caso das espécies que realizam posturas endofíticas ou em locais de difícil observação, a contagem de ovos pode ser facilitada pela dissecação do órgão da planta ou mesmo através de clareamento dos tecidos, conforme descrito por Smith et al. (1994). Todas as técnicas que incluem a utilização de substâncias para permitir a visualização dos ovos, como lactofenol, etanol, latctofenol + fucsina ácida ou ainda etanol + fucsina ácida, demandam fervura dos tecidos para coagulação dos ovos.

A observação direta do número de ovos ou posturas, bem como do comportamento das fêmeas durante a oviposição, pode indicar componentes importantes da resistência. Analisando a antixenose (oviposição) de *D. saccharalis* para cultivares de arroz no estado de Louisiana, EUA, Hamm et al. (2012) verificaram que as fêmeas, além de preferirem ovipositar nas partes mais altas da planta e na fase de emborrachamento, em comparação com o período de perfilhamento, apresentaram diferenças significativas entre as cultivares, destacando-se como mais resistentes: Bengal, Cheniere, Jupiter, XL723 e XP744, em contraste com Cocodrie, CL161 e Priscilla.

Rossetto (1977) desenvolveu um método para avaliar a antixenose (oviposição) de *S. sorghicola* em fontes de resistência, enxertando artificialmente ovos nas flores do sorgo. O autor observou que a resistência de AF-28 é quebrada quando infestada artificialmente com ovos. Observando as tentativas de oviposição da mosca-do-sorgo nas espiguetas em florescimento de híbridos resistentes e suscetíveis e dessecando essas espiguetas para confirmar a presença de ovos, Waquil et al. (1986) constataram que a eficiência das fêmeas caiu de 44%, no híbrido suscetível (ATx2752 x Tx430), para apenas 11%, no híbrido resistente (ATx2755 x Tx2767). Portanto, no caso do sorgo, a antixenose (oviposição) representa um componente importante da resistência a essa espécie de mosca.

As variáveis que indicam diferenças nos componentes comportamental e metabólico da alimentação de artrópodes, sobretudo na fase em que causam os maiores danos nas plantas, são decisivas para diferenciar plantas resistentes de suscetíveis. O padrão de alimentação muda não somente entre as fases de desenvolvimento, mas também de acordo com a idade do artrópode, com a sua experiência anterior e com as suas necessidades nutricionais. Insetos fitófagos, em geral, tendem a consumir maiores quantidades de alimento no meio de uma das fases de desenvolvimento e mais à luz do dia do que no escuro, mesmo em condições de temperatura constante. Durante o período de reprodução, as fêmeas consomem muito mais alimento do que os machos, mas, quando entram em diapausa reprodutiva, esse consumo é bastante reduzido. As diferenças no comportamento alimentar dos artrópodes em plantas resistentes e suscetíveis podem ser mensuradas tanto avaliando os danos às plantas como na resposta da espécie-alvo. As técnicas para avaliar o comportamento alimentar dos insetos sugadores e mastigadores são distintas.

Smith et al. (1994) descrevem várias técnicas para avaliar a alimentação de insetos sugadores e mastigadores em plantas. Para insetos sugadores são citados: 1) sachê de parafilme – consiste em confinar os insetos que se alimentam na parte da planta com lâminas de parafilme na forma de envelope e contar o número de gotas de excremento por inseto durante 24 horas; 2) papel de filtro – a quantidade de excremento de um número conhecido de insetos sugadores confinados em plantas resistentes e suscetíveis pode ser estimada num disco de papel de filtro utilizado como forração, mas pode-se também utilizar um marcador de celulose

(0,2% safranina), pela imersão do sistema radicular de plântulas, para identificar a alimentação no xilema; 3) frequência de evacuação – adaptando o disco de papel de filtro a um relógio (*honeydew clock*), é possível avaliar o intervalo de tempo entre as gotas de excrementos dos insetos; 4) marcação radioativa de tecidos – raízes de plantas resistentes e suscetíveis podem ser imersas em água destilada contendo 0,5 µc/ml de $^{32}P$ por 24 ou 48 horas antes de serem oferecidas ao organismo-alvo, e, após 24 horas, tanto os insetos como os excrementos podem ser avaliados com um contador Geiger, e a quantidade de seiva ingerida e excretada pode ser indiretamente determinada; 5) coloração de tecidos – permite determinar a extensão dos danos nas células dos tecidos marcados; 6) coleta de seiva via estilectomia – coletando o conteúdo do estilete dos insetos sugadores, é possível detectar o sítio de alimentação (floema ou xilema). Para insetos mastigadores: 1) dispositivo fotométrico – pode ser usado para medir a área foliar consumida ou a redução luminosa, com células fotovoltaicas ou fotoelétricas; pode ser automatizado para registrar uma sequência de imagens, para avaliar o comportamento, ou ainda para gravar uma imagem; um sistema de gravação de imagem pode ser equipado com lentes macro para aumentar a resolução e a precisão, no caso de objetos pequenos; 2) colorimétrica – quando o excremento do inseto se mistura com os restos alimentares, como no caso das pragas de grãos armazenados, geralmente necessita-se de uma técnica para separar essas duas frações, o que pode ser feito utilizando o etanol como extrator de excrementos.

O modo de alimentação dos insetos fitófagos sugadores, que envolve a penetração dos estiletes no tecido vegetal e a sucção de conteúdos internos da planta, impõe dificuldades aos estudos de resistência de plantas. Tais estudos dependem de uma avaliação das várias etapas do processo de seleção hospedeira pelo inseto, que em geral incluem: localização de plantas potencialmente hospedeiras por meio de pistas visuais e/ou olfativas, contato e avaliação da planta mediante análise da superfície foliar, penetração estiletar no tecido vegetal, prova de conteúdos celulares ou vasculares e, finalmente, aceitação do hospedeiro para alimentação e/ou oviposição.

As fases de localização, pouso e avaliação externa da planta, ou mesmo de oviposição, podem ser observadas diretamente. Entretanto, a partir do momento em que o inseto penetra seus estiletes na planta, para a prova táctil e gustativa de seus tecidos internos e alimentação, são necessárias técnicas especializadas para registro da atividade estiletar, tais como histologia, análise de excreção de *honeydew* e *electrical penetration graph* (EPG). A histologia fornece informações sobre a posição dos estiletes em determinado momento, mediante análises microscópicas das peças bucais *in situ* ou de bainhas salivares em cortes de tecidos vegetais, enquanto a excreção de *honeydew* representa uma medida indireta de ingestão de líquidos da planta, durante a fase de alimentação. No entanto, apenas a técnica de EPG permite avaliar conjuntamente a posição dos estiletes no tecido vegetal e uma gama variada de suas atividades, incluindo movimentação dos estiletes, salivação, penetração intracelular e ingestão de líquidos de células e vasos condutores de seiva. Assim, a EPG representa uma ferramenta importante para estudos detalhados de seleção hospedeira e resistência de plantas a insetos sugadores, facilitando a identificação e a localização de fatores de resistência nos tecidos vegetais.

A técnica de EPG foi originalmente desenvolvida por McLean e Kinsey (1964, 1965), que desenvolveram um sistema de monitoramento eletrônico baseado no princípio de que as atividades estiletares de insetos sugadores envolvem eventos elétricos e de que a saliva do inseto e a seiva da planta são bons condutores de eletricidade. Assim, introduzindo o inseto e a planta em um circuito elétrico e monitorando variações de voltagem na interface inseto–planta, essa técnica permite visualizar formas de onda que são características de atividades estiletares.

Os sinais elétricos que constituem as formas de onda são originados de oscilações na condutividade elétrica, determinadas por variações na resistência, ou de potenciais (força eletromotriz) gerados pelas atividades estiletares do inseto na planta, denominados de força eletromotriz (Tjallingii, 2000; Walker, 2000). A resistência elétrica (R) pode variar em função de fatores como a abertura e o fechamento da válvula do pré-cibário, que regula o fluxo de líquidos no estomodeu do inseto, a condutividade elétrica da seiva da planta e da saliva do inseto, bem como a secreção e a gelificação de saliva na ponta dos seus estiletes. Por outro lado, certas formas de onda são constituídas por componentes de força eletromotriz (emf), tais como potenciais de membrana gerados na penetração estiletar e fluxo direcional de íons no canal alimentar do inseto.

Há distintos sistemas de EPG, que diferem principalmente pelo tipo de corrente elétrica usada. O sistema original, desenvolvido por McLean e Kinsey (1964), usa corrente alternada (AC) e prioriza a detecção de componentes de resistência. Tjallingii (1978) desenvolveu outro sistema, baseado em corrente contínua (DC), que permite registros mais detalhados de formas de onda originadas por forças eletromotrizes e que são biologicamente importantes. Esse sistema usa uma resistência de entrada de 1 giga-ohm ($10^9$ Ω), sendo o mais utilizado para estudos com Sternorrhyncha (afídeos, aleirodídeos, cochonilhas e psilídeos). Os sistemas baseados em corrente alternada evoluíram ao longo das décadas e vários equipamentos com características distintas foram desenvolvidos (Backus, 1994; Backus et al., 2000). Há sistemas mais recentes que podem empregar ambos os tipos de correntes (Reese et al., 2000; Tjallingii et al., 2010) e selecionar a resistência de entrada (Backus e Bennet, 2009).

Os sistemas de EPG são constituídos principalmente pelas seguintes partes: uma unidade central de controle para amplificação (1-2x) e digitalização de sinais elétricos, pulsos de calibração e ajustes de voltagem em até oito canais (insetos); um sensor de EPG em cada canal, que permite grande amplificação (50x) dos sinais e confere a resistência de entrada; cabos e eletrodos para conexão de insetos e plantas ao circuito elétrico e aterramento; haste para suporte e braçadeiras móveis para posicionamento e fixação dos sensores de EPG; fonte de energia (Figura 10).

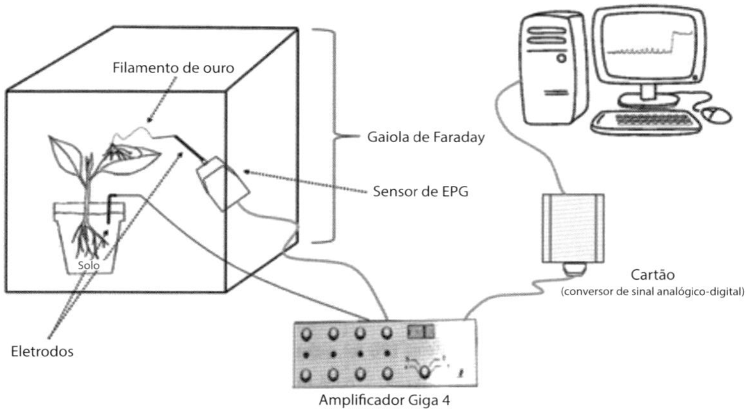


**Figura 10.** Componentes do sistema de monitoramento eletrônico para estudos de comportamento alimentar de insetos sugadores (adaptado de Sarria et al. *Computers and Electronics in Agriculture* 67: 35-42, 2009, com autorização).

Os insetos são conectados aos sensores de EPG (um inseto por canal) por meio de um eletrodo constituído de um prego e filamentos de cobre e ouro. O último é ligado ao dorso do tórax ou abdome do inseto com uma cola contendo partículas de prata. As plantas são conectadas à unidade central de controle por um cabo que contém na extremidade um eletrodo de cobre inserido no substrato do vaso, próximo às raízes. O circuito elétrico é estabelecido quando o inseto preso ao eletrodo é posicionado sobre a superfície da planta e inicia a penetração estiletar. Todo o sistema deve ser mantido no interior de uma gaiola do tipo Faraday, para eliminar a interferência de ruídos elétricos externos. São monitorados pelo sistema de EPG apenas eventos elétricos que ocorrem na interface inseto–planta, principalmente nas peças bucais e no canal alimentar dos insetos, devido à boa condutividade elétrica de líquidos da planta e da saliva do inseto. Após amplificação, os sinais elétricos são digitalizados por meio de um conversor de sinal analógico-digital (AD) e transferidos via cabo USB para um computador ou notebook, onde podem ser visualizados em tempo real como formas de onda de EPG e salvos em disco rígido para posterior análise (Figura 11). *Softwares* especializados (como Stylet+, Windaq) são usados para aquisição e análise dos registros de EPG.

As formas de onda observadas nos registros de EPG de determinada espécie de inseto são identificadas com base em características de amplitude relativa (porcentagem em relação à onda de maior amplitude), frequência (Hz), nível de voltagem (intra/extracelular) e origem do sinal elétrico (R e/ou emf). Para determinação do significado biológico de cada forma de onda, é feita uma correlação entre

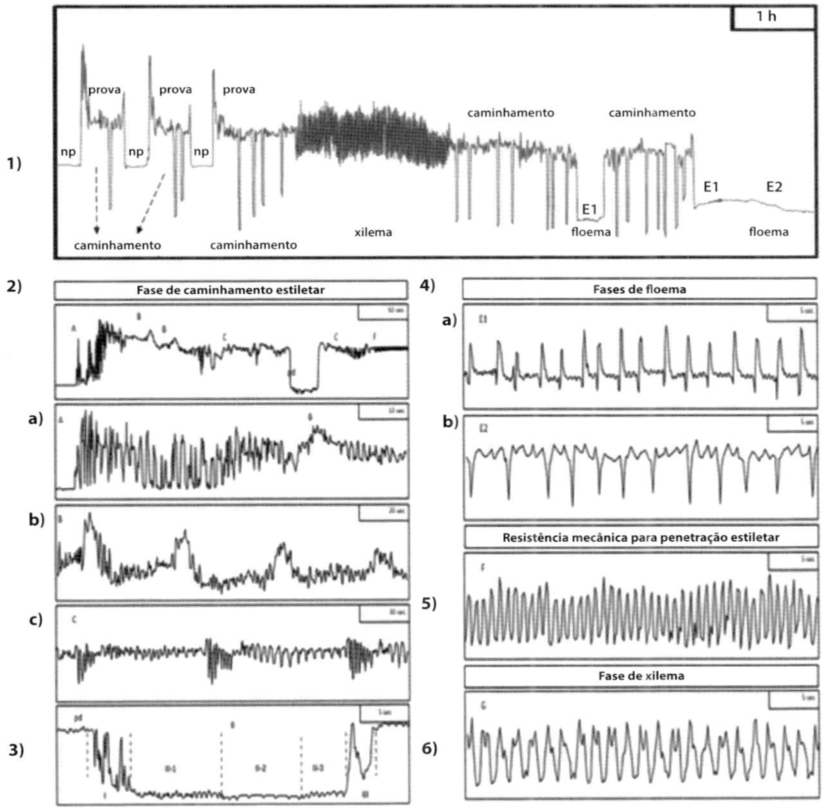


**Figura 11. 1)** Panorama geral das fases da penetração estiletar e principais formas de onda apresentadas por afídeos; **2)** fase de caminhamento estiletar intercelular caracterizada pelas formas de onda A, B e C e com penetração intracelular representada pela forma de onda pd; **3)** formas de onda da fase floemática: E1 (salivação) e E2 (ingestão); **4)** forma de onda F (*derailed stylet mechanics*), característica de resistência mecânica à penetração dos estiletes; **5)** forma de onda G, fase xilemática (adaptado de Tjallingii, 2000, 2006; Reese et al., 2000).

a posição dos estiletes e suas atividades no tecido vegetal, por meio de técnicas complementares, como histologia, excreção de *honeydew*, alimentação em dietas artificiais e transmissão de fitopatógenos (Backus, 1994; Walker, 2000; Prado e Tjallingii, 1994). Conforme descrito anteriormente, observações histológicas da posição da extremidade da bainha salivar indicam o tecido vegetal ou a célula em que os estiletes do inseto estavam inseridos no momento em que foram interrompidos durante determinada forma de onda. Análises químicas (pH, teor de aminoácidos) e de frequência (gotas/min) de excreção de *honeydew* podem indicar o tecido vegetal (floema ou xilema) onde está ocorrendo ingestão de seiva. Fitopatógenos circulativos ou propagativos em insetos vetores, que são inoculados na planta via saliva, podem ser usados como marcadores para determinar formas de onda associadas com a salivação dos insetos vetores em tecidos suscetíveis (Prado e Tjallingii, 1994). A observação da atividade estiletar em dietas artificiais com partículas de tinta, sob estereoscópio, permite associar ondas de EPG com atividades de ingestão, salivação e egestão de líquidos.

Para cada táxon de inseto, particularmente entre famílias distintas, são necessários novos estudos de caracterização de formas de onda e correlação com atividades estiletares, pois as formas de onda, embora parecidas, podem ter significados biológicos distintos. Para grupos de insetos ainda pouco estudados através de EPG, uma nova caracterização de formas de onda é recomendável para diferentes gêneros ou espécies em uma mesma família (Van Helden e Tjallingii, 2000).

Os afídeos constituem o grupo de insetos sugadores mais estudados por EPG, para os quais as formas de onda já foram bem caracterizadas e correlacionadas com atividades estiletares específicas (Tabela 1, Figura 11). A penetração estiletar de afídeos pode ser dividida em três fases principais: 1) caminhamento estiletar, através da epiderme e do parênquima, representado pelas formas de onda A (início da penetração na epiderme), B (secreção de saliva gelatinosa), C (movimento estiletar e outras atividades) e pd (*potential drop*, indicando penetração intercelular); 2) fase floemática, representada por E1 (salivação) e E2 (ingestão de seiva nos vasos crivados); 3) fase xilemática, na qual ocorre a forma de onda G (ingestão de seiva em vasos do xilema).

Durante as diferentes fases, pode ocorrer eventualmente a forma de onda F (*derailed stylet mechanics*), resistência mecânica à penetração estiletar associada a movimentos de ajuste (retração e projeção) de estiletes maxilares. A forma de onda pd é típica de afídeos e está associada à prova de conteúdos citoplasmáticos de células da epiderme e mesófilo foliar no processo de avaliação gustativa da planta, repetida diversas vezes durante a fase de caminhamento estiletar. A pd em afídeos apresenta as subfases II-1, II-2 e II-3; a primeira está associada à salivação e a última, à ingestão; ainda não se conhece a função da subfase II-2.

Embora menos frequentes, estudos de caracterização e correlação de formas de onda de EPG já foram realizados para outros grupos de insetos sugadores, tais como cochonilhas, moscas-brancas, cigarrinhas, psilídeos, tripes e percevejos (Calatayud et al., 1994; Jiang et al., 1999; Kindt et al., 2003; Stafford e Walker, 2009; Bonani et al., 2010; Jin et al., 2012; Backus et al., 2013; Pearson et al., 2014).

A técnica de EPG tem sido empregada em estudos de comportamento alimentar de insetos sugadores fitófagos com diversas finalidades, sendo mais comuns aqueles na área de resistência de plantas (Backus, 1994; Reese et al., 1994). Essa ferramenta tem sido especialmente útil no estudo de mecanismos de resistência, identificando os fatores de resistência envolvidos e sua localização no tecido vegetal.

**Tabela 1.** Principais formas de onda de EPG (sistema DC) apresentadas por afídeos, características e atividades associadas (adaptado de Van Helden e Tjallingii, 2000).

| Formas de onda[a] | Características[b] | | | | Correlações | | |
|---|---|---|---|---|---|---|---|
| | Amplitude relativa[c] | Frequência (Hz) | Nível de voltagem | Origem elétrica | Tecido vegetal | Atividade estiletar | Observação |
| **A** | 100 | 5-10 | e | R | Epiderme | Contato elétrico (on/off) com a planta | Ocorre somente no início da penetração estiletar |
| **B** | 75 | 0,2-0,3 | e | R | Epiderme/mesófilo | Secreção de saliva gelatinosa | Por ocorrer sobreposição de A, B e C, tais ondas são geralmente agrupadas para fins de análise. |
| **C** | 30 | Mista | e | R | Todos os tecidos | Atividades durante caminhamento estiletar (exceto A, B e pd) | |
| **pd** | – | 0,02 | i | emf | Todas as células vivas, incluindo tubos crivados | Penetração intracelular (salivação e ingestão) | Associada com transmissão não persistente de vírus; apresenta três subfases (II-1, II-2 e II-3) |
| **E1** | – | 1-4 | i | emf | Tubos crivados | Salivação | Associada com inoculação de vírus |
| **E2** w | – | 4-9 | i | emf | Tubos crivados | Secreção de saliva aquosa (no canal alimentar) | Associada com aquisição de vírus |
| **E2** p | 5 | 0,5-4 | i | R | Tubos crivados | Ingestão (passiva) de seiva | |
| **F** | 5 | 11-19 | e | R/emf | Paredes celulares de todos os tecidos | Trabalho mecânico dos estiletes | Dificuldades de penetração |
| **G** w | – | 4-9 | e | emf | Vasos do xilema | Ingestão (ativa) de seiva | Ocorrência ocasional (estresse hídrico); ingestão de água para regulação osmótica |
| **G** p | 0-60 | 4-9 | e | R | Vasos do xilema | Desconhecida | |

[a] Para E2 e G: p = pico; w = onda. [b] Características de ondas quantificadas como amplitude em relação à forma de onda A (= 100%), frequências de picos ou ondas (em hertz), nível de voltagem extracelular (e) ou intracelular (i) e principal componente do sinal elétrico (flutuação de resistência, R, ou força eletromotriz, emf). [c] Amplitude relativa calculada apenas para formas de onda cuja origem elétrica é predominantemente R.

Diversos parâmetros de EPG relacionados às diferentes fases da penetração estiletar podem ser utilizados para a comparação de diferentes germoplasmas, permitindo a localização dos fatores de resistência na planta e a avaliação dos seus efeitos sobre a atividade estiletar e alimentar do inseto (Van Helden e Tjallingii, 2000). Tem sido comum a divisão dos parâmetros em sequenciais e não sequenciais. Os sequenciais representam eventos contínuos, por exemplo, tempo gasto entre o início do registro até a primeira prova, ou entre a primeira prova e certas formas de onda de interesse, tais como E1 e E2 (fase floemática) ou G (fase xilemática). Os parâmetros não sequenciais estão relacionados à duração total ou média, por evento ou por inseto, das formas de onda ou fases observadas durante os registros, ou à frequência (número total ou proporção) de insetos que produziram tais ondas e fases. Há softwares (planilhas eletrônicas com macros) que automatizam o cálculo de diversos parâmetros de EPG e permitem análise estatística dos dados, tais como Excel Workbook (Sarria et al., 2009) e EPG-Calc (Giordanengo, 2014).

Por ser uma técnica laboriosa, que demanda bastante tempo para obtenção de registros e análises, não é a mais adequada para *screenings* envolvendo muitos genótipos. Além disso, um número máximo de oito insetos e plantas podem ser avaliados simultaneamente por um único equipamento (GIGA-8). Outra limitação é que os insetos não podem deixar a planta ou mesmo o local de alimentação em caso de não preferência, pois estão fixos ao eletrodo. Assim, estudos para definir locais mais adequados para alimentação e testes de preferência em condições de escolha devem ser realizados previamente.

Na literatura, há discussões sobre várias aplicações de EPG em estudos de resistência de plantas a insetos e suas limitações, bem como sobre aspectos importantes relacionados ao delineamento e à análise estatística dos experimentos (Van Helden e Tjallingii, 1993, 2000; Reese et al., 1994). Os trabalhos de resistência que empregaram essa técnica foram realizados, na maioria, com afídeos (Van Helden e Tjallingii, 1993; Caillaud et al., 1995a,1995b; Annan et al., 1997; Klinger et al., 1998, Ten Broeke et al., 2013), mas há estudos nessa linha para outros hemípteros, como cochonilhas, cigarrinhas e moscas-brancas (Calatayud et al., 1994; Khan e Saxena, 1988; Jiang et al., 2000).

Embora a técnica de monitoramento eletrônico do comportamento alimentar tenha sido desenvolvida e venha sendo rotineiramente utilizada para insetos sugadores, em alguns casos ela foi utilizada também para monitorar larvas de Lepidoptera (Saxena e Khon, 1991). Com o desenvolvimento da eletrônica e da química, tornou-se possível avaliar o fluxo de íons e as propriedades elétricas de células e de tecidos biológicos (organismos vivos, tecidos/órgãos extraídos e células), bem como o sistema nervoso periférico dos insetos (Calatayud, 2014). Ainda, segundo esse autor, a técnica de fixação de membranas permite examinar a fisiologia do sistema nervoso central em insetos. Associada ao desenvolvimento de novos marcadores sensíveis à voltagem, tem possibilitado a obtenção de imagem da atividade de circuitos neurais em um único neurônio ou no cérebro inteiro. Portanto, essas novas técnicas poderão ser utilizadas para caracterizar a resposta de artrópodes quando expostos a diferentes hospedeiros.

A técnica da eletroantenografia tem sido usada rotineiramente para avaliar a resposta olfativa dos insetos fitófagos, por meio da antena, a aromas retidos em colunas de cromatografia de fase gasosa usadas para separar voláteis de plantas. Esse dispositivo permite comparar a resposta antenal dos insetos a extratos de diferentes plantas, e sua interpretação permite avaliar a aceitação ou rejeição. Por outro lado, é possível medir a resposta visual dos artrópodes pela eletrorretinografia, definindo pigmentos mais ou menos atraentes (Smith et al., 1994).

A colonização da planta selecionada pelo artrópode representa o último passo na efetivação dela como hospedeiro, ou seja, o local onde a espécie em estudo completa seu ciclo biológico, promovendo o crescimento populacional. Assim, o crescimento populacional representa o somatório dos efeitos positivos na orientação, no pouso, na acomodação, na alimentação, no metabolismo, no crescimento, na sobrevivência até na reprodução, oviposição e eclosão de imaturos saudáveis (Smith et al., 1994). Ele pode ser estimado no laboratório, em casa de vegetação ou a campo, dependendo das espécies envolvidas. Em geral, envolve o confinamento de um número conhecido de artrópodes ou casais sobre as plantas a serem avaliadas, utilizando uma estratégia para excluir os inimigos naturais e fazendo observações periódicas por algumas gerações. Evidentemente, quanto maior o número de gerações estudadas, maior a chance da detecção de efeitos subletais.

Conforme descrito por MacKenzie (1980), para estimar o aumento no número de indivíduos em qualquer hospedeiro, pode ser aplicado o modelo geral de crescimento populacional, onde: $X = X_0 \,.\, e^{rt}$, sendo que $X$ é o número final de indivíduos, a partir do número inicial $X_0$, durante o período de tempo $t$, a uma taxa $r$. Esse modelo pode ser simplificado para um modelo linear, transformando-se os valores de $X$ e $X_0$ em logaritmo natural, assim expresso: $\ln X = \ln X_0 + rt$. Este modelo pode ser analisado como uma regressão linear, onde $t$ representa a variável independente, $X_0$ a interseção e $r$ o coeficiente angular, e que representa a taxa de crescimento populacional. O $r$ é positivo quando a população está crescendo, negativo se está diminuindo e igual a zero quando está estável.

Considerando que o tempo de exposição de qualquer espécie de artrópodes em determinado hospedeiro é sempre variável e que a taxa de crescimento ($r$) de determinada população deve ser a mesma para cada hospedeiro, $e^r$ torna-se uma constante que expressa a adaptação daquela população de artrópodes naquele hospedeiro específico, ou seja, seu fitness ($F$). Se $F = e^r$, o modelo de crescimento populacional pode ser simplificado para a equação: $X = X_0 \,.\, F^t$, que leva à interpretação de que o fitness está relacionado com a taxa de crescimento populacional instantânea ($r$). Portanto, se $F = e^r$, simplificando para o modelo linear: $\ln F = r$.

MacKenzie (1980) distingue o fitness absoluto do fitness relativo, que compara dois ou mais biótipos em diferentes hospedeiros. A aplicação desse modelo se torna relativamente simples quando a espécie de artrópodes em estudo produz várias gerações numa mesma planta, não depende de cruzamentos e se adapta bem às condições controladas de confinamento, como os pulgões. Entretanto, quando as gerações do artrópode dependem de mais de uma geração da planta em teste e têm várias outras implicações biológicas e ecológicas no ambiente, isso pode tornar o trabalho bem mais difícil. Assim, vários autores têm desenvolvido métodos alternativos ou índices mais simples para comparar as interações artrópode–genótipos.

## 8. Índices para avaliar a interação artrópode–planta

A adoção de vários índices de resistência de plantas para avaliar antixenose, antibiose e tolerância acrescentou uma nova dimensão na condução de bioensaios e aumentou a confiança nos resultados das avaliações de germoplasma. Essas medidas, que relacionam diferentes variáveis, têm aumentado o grau de precisão na definição dos níveis de resistência de plantas a artrópodes e permitem comparar com maior exatidão a contribuição de cada categoria de resistência (Smith, 2005). De acordo com a combinação de variáveis utilizadas para compor o índice, este pode expressar tanto a resposta do artrópode à planta como da planta ao artrópode ou ambas.

### 8.1. Índices nutricionais

Índices nutricionais para medir o consumo e a utilização dos alimentos (Parra, 1991; Parra et al., 2009) podem ser usados para diferenciar plantas resistentes de suscetíveis, conforme discutido anteriormente. Segundo Parra et al. (2009), para determinar os índices nutricionais, é necessário avaliar as seguintes variáveis, padronizadas no peso seco ou fresco (g ou mg) e em determinado tempo (T): quantidade de alimento consumido; ganho de peso do organismo; total excretado (incluindo exúvias, excreções, casulos e fezes); para alguns índices, ainda é necessário determinar o volume de $CO_2$ produzido durante a respiração.

**Taxa de consumo relativo (RCR)**

$RCR = \frac{I}{B \times T}$ (g/g/dia) – corresponde à quantidade de alimento (g) ingerido por unidade de peso corpóreo do inseto (g) por dia.

**Taxa metabólica relativa (RMR)**

$RMR = \frac{I}{B \times T}$ (g/g/dia) – corresponde à quantidade de alimento gasto em metabolismo por unidade de peso corpóreo (g) por dia.

**Taxa de crescimento relativo (RGR)**

$RGR = \frac{B}{B \times T}$ (g/g/dia) – corresponde ao ganho de peso (biomassa) por unidade de peso do organismo por dia.

**Eficiência de conversão do alimento ingerido (ECI)**

$ECI = \frac{B}{I} x\ 100$ (%) – corresponde à porcentagem de alimento ingerido que foi transformado em biomassa do organismo.

**Eficiência de conversão do alimento digerido (ECD)**

$ECD = \frac{B}{I-F} x\ 100$ (%) – corresponde à estimativa da proporção das substâncias assimiladas que foram transformadas em biomassa; cresce com o desenvolvimento do inseto; 100 ECD correspondem ao custo metabólico ou gasto de energia para a manutenção da vida do organismo.

**Digestibilidade aproximada (AD)**

$AD = \frac{I-F}{I} x\ 100$ (%) – corresponde à proporção de alimento ingerido que é efetivamente assimilado pelo organismo, mas de forma aproximada, pois, como a urina é excretada junto com as fezes, torna-se impossível determinar a digestibilidade real.

onde: T = tempo de duração do período de alimentação; I = alimento consumido; B = alimento utilizado; F = alimento não digerido + produtos de excreção; M = alimento metabolizado gasto em energia; I – F = alimento transformado em biomassa; P = peso médio dos insetos durante T.

## 8.2. Índice de desenvolvimento (ID)

A alimentação e o metabolismo dos organismos envolvem várias etapas que podem ser medidas por diferentes variáveis (índices nutricionais), como o ganho de peso durante o período de desenvolvimento. Entretanto, a análise desses índices não permite inferir sobre o crescimento populacional. Assim, Saxena et al. (1974), avaliando a resposta de duas espécies de *Empoasca*, utilizaram um índice de desenvolvimento (ID) para avaliar a suscetibilidade de diferentes hospedeiros: ID = sobrevivência (%) / período de desenvolvimento das ninfas (dias). Esse índice varia inversamente ao grau de resistência do hospedeiro e pode ser expresso em porcentagem, multiplicando-se a razão de sobrevivência por 100 (Lara, 1991).

## 8.3. Índice de suscetibilidade (IS)

Conforme discutido, a avaliação de plantas para resistência a artrópodes envolve a mensuração de um número considerável de variáveis, para discriminar genótipos resistentes e suscetíveis. Evidentemente, dependendo das espécies de artrópode-hospedeiro envolvidas e de suas interações, a interpretação dos resultados pode tornar-se complexa, em função do número de variáveis analisadas. Para facilitar essa interpretação, vários autores têm desenvolvido índices relacionando essas variáveis. Para avaliar grãos armazenados sob ataque de pragas, Dobie (1974) propôs um índice de suscetibilidade de grãos (ISG); para avaliar plantas infestadas pela lagarta-do-cartucho, Lynch et al. (1981) e Pencoe e Martin (1982) propuseram um índice de suscetibilidade hospedeira (ISH). Vários índices utilizados nos estudos de resistência de plantas a insetos são discutidos em Smith et al. (1994). Singh et al. (2011) avaliaram a resistência de sorgo à broca-do-colmo, *C. partellus*, e revisaram alguns dos índices disponíveis na literatura, selecionando dez para serem utilizados. Muitos índices representam apenas pequenos ajustes de outros anteriormente propostos, objetivando melhor avaliar o estudo do caso em questão. Aqui serão abordados apenas alguns exemplos, para ilustrar as diversas possibilidades que podem ser utilizadas em casos específicos.

Segundo a metodologia proposta por Dobie (1974), no cálculo do índice de suscetibilidade de grãos (ISG) devem-se considerar apenas duas variáveis em laboratório. Como exemplo, pode-se descrever o protocolo de Santos et al. (2006), utilizado para avaliar a suscetibilidade de variedades de milho de alta qualidade proteica (QPM) em relação ao gorgulho *S. zeamais*. Inicialmente, a umidade dos grãos a avaliar deve ser ajustada para 13,5% (± 1%). Posteriormente, três repetições de duzentos grãos de cada genótipo são separadas e individualizadas em um recipiente apropriado, com ventilação (exemplo: caixinhas plásticas). Partindo-se de uma colônia mantida em laboratório, vinte fêmeas e dez machos do gorgulho, com dez a quinze dias de idade, são utilizados para infestar os grãos em cada repetição. Após dez dias, antes que qualquer larva complete a fase imatura, os progenitores devem ser descartados e o ensaio deve ser cuidadosamente vistoriado até a emergência da primeira progênie, o que deve ocorrer em aproximadamente trinta dias. A partir da primeira observação de progênie, os grãos de cada parcela devem ser peneirados, a cada dois dias, para retirada e contagem de insetos emergidos (x), registrando-se também a idade (y), tendo como base a data da infestação inicial. Por meio dessas duas variáveis (x e y), pode-se estimar o índice de suscetibilidade dos grãos (ISG) usando a fórmula:

$$ISG = 100 \text{ x } \frac{\sum x}{\text{PDM}}, \text{ onde: } PDM = \frac{\ln \sum x.y}{\sum x}$$

PDM significa período de desenvolvimento médio (ovo–adulto); x = número total de insetos emergidos/dia; y = a idade em que emergiu o respectivo número de insetos.

Em estudo conduzido por Santos et al. (2006), os índices de suscetibilidade de grãos variaram de 7,6 na testemunha resistente (Cateto Sete Lagoas) a 10,7 (milho 93 HT-18), e foram de 10,5 na testemunha suscetível. Vários genótipos QPM da série 93 HT e o CMS 455 não diferiram significativamente da testemunha resistente, cujos índices variaram de 7,7 a 8,5.

O índice de suscetibilidade hospedeira (ISH) foi proposto por Lynch et al. (1981) e Pencoe e Martin (1982), que estudaram, respectivamente, a resistência de espécies de amendoinzeiro (*Arachis* spp.) e de quatro gramíneas e uma ciperácea à lagarta-do-cartucho, *S. frugiperda*. Esse índice relaciona a adaptação do inseto no hospedeiro e a sensibilidade deste aos danos causados pela alimentação, pois inclui tanto variáveis do inseto como do hospedeiro. É calculado através da fórmula:

$$ISH = \frac{\text{SBL x FDA}}{\text{PDL x AFC}}$$

onde: SBL = sobrevivência larval até a fase adulta ou de pupa (%); FDA = fecundidade dos adultos sobreviventes ou peso de pupa; PDL = período de desenvolvimento larval (dias); AFC = área foliar consumida em cada hospedeiro.

Entre as catorze espécies e genótipos de amendoinzeiro avaliados, o índice de suscetibilidade hospedeira variou de 5,3 em Floi-unne a 0 na espécie *A. burkartii* Handro. Para as espécies de gramíneas, variou de 22,9 para capim-pé-de-galinha, *Eleusine indica* (L.), a 5,5 para junquinha-mansa, *Cyperus esculentus* L.

Segundo Singh et al. (2011), para estimar o índice de perda na produtividade (IPP), é necessário conduzir ensaios avaliando cada genótipo na presença e na ausência (controle) da praga-alvo. Logo depois da maturação fisiológica (após a padronização da umidade), a produção das parcelas protegidas e não protegidas contra a praga é registrada em separado para o cálculo da produtividade (exemplo: kg/ha).

Assim, o índice pode ser calculado com base na diferença de produtividade, conforme descrito na literatura (Walker, 1981, 1983; Singh et al., 2011):

$$IPP = 100 \text{ x } \frac{\text{PPP}-\text{PPI}}{\text{PPP}} \text{ (\%)},$$

onde: PPP = produtividade (potencial) na parcela protegida; PPI = produtividade na parcela infestada.

No estudo de caso, com base no IPP do sorgo em relação ao lepidóptero *C. partellus,* foi detectada diferença significativa entre os genótipos.

Como já discutido, vários fatores fisiológicos, morfológicos e ambientais afetam a utilização de uma planta como hospedeiro por um artrópode, tanto para alimentação como para oviposição ou apenas abrigo. Vários autores têm desenvolvido índices para quantificar tanto a redução na alimentação como na deposição de ovos. Bentley et al. (1984), Alford et al. (1987) e Benz et al. (1989 determinaram um índice de redução no consumo de alimento (ICA) utilizando a fórmula:

$$ICA = 100 \text{ x } \frac{1-\text{CAI}_e}{\text{CAI}_{ts}}$$

onde: $\text{CAI}_e$ = consumo alimentar do inseto no genótipo em estudo; $\text{CAI}_{ts}$ = consumo alimentar do inseto na testemunha suscetível. Dimock et al. (1991) utilizaram um índice para expressar a inibição de alimentação (IIA) de acordo com a fórmula:

$$IIA = 100 \text{ x } \frac{CAI_{ts} - CAI_a}{CAI_{ts} + CAI_a}$$

A aceitação ou não de uma planta para oviposição pode representar um fator importante de adaptação de determinada espécie de artrópode, principalmente se os imaturos oriundos dessa postura possuem pouca mobilidade. A avaliação de antixenose (oviposição) pode ser realizada contando as tentativas de oviposição feitas pela fêmea, desde que seja possível identificar esse comportamento e/ou contar os ovos depositados. Städler e Schöni (1990) propuseram, para determinar o índice de oviposição (IOV), a fórmula:

$$IOV = 100 \text{ x } \frac{TOE - TOT}{TOE + TOT}$$

onde: TOE = número total de ovos/genótipo avaliado; TOT = número total de ovos na testemunha suscetível.

Tingle e Mitchell (1984) propuseram um índice de redução da oviposição (IRO) conforme a fórmula:

$$IRO = 100 \text{ x } \frac{POT - POE}{POT}$$

onde: POT = porcentagem de ovos na testemunha suscetível; POE = porcentagem de ovos nos genótipos em avaliação.

Desde que seja possível observar as tentativas de oviposição e confirmar a postura feita pelas fêmeas no sítio de oviposição, em campo ou no laboratório, pode-se calcular a eficiência (%) de sucesso na oviposição. No caso da mosca-do--sorgo, *S. sorghicola*, em híbrido resistente e suscetível, a eficiência foi de 11 e 44%, respectivamente (Waquil et al., 1986), permitindo estimar um índice de redução na oviposição de 75%, conforme demonstrado na fórmula:

$$IRO = 100 \text{ x } \frac{44 - 11}{44} = 75\%$$

Na avaliação da resistência de sorgo à broca-do-colmo, Singh et al. (2011) determinaram um índice de antibiose (IAB) com base na produtividade:

$$\text{IAB} = \frac{\text{PPA infestada}}{\text{PPT infestada}}$$

onde: PPA = produtividade das plantas infestadas do genótipo em teste; PPT = produtividade da planta testemunha também infestada.

Diferentemente, Inayatullah et al. (1990) calcularam um índice de antibiose com base no número de ninfas e adultos do pulgão-verde, *S. graminum*, durante quinze dias, utilizando a fórmula:

$$\text{IAB} = \frac{\text{NTI pico populacional}}{\text{ND pico populacional}}$$

onde: NTI = número total de insetos; ND = duração da avaliação (dias).

Para estimar o índice de tolerância (ITL) do sorgo a *C. partellus*, Singh et al. (2011) utilizaram a expressão proposta por Rosielle e Hamblin (1981), que se baseia na produtividade de grãos ($ITL_p$) das plantas dos genótipos em avaliação, comparando apenas as parcelas infestadas e não infestadas, como segue:

$$ITL_p = PPA\,(\text{infestada}) - PPA\,(\text{não infestada})$$

onde: PPA = produtividade das plantas dos respectivos genótipos.

Alternativamente, Dogger e Hanson (1963) utilizaram, com sucesso, um $ITL_{id}$ baseado no número de larvas de *Hypera postica* (Gyllenhal) (Coleoptera: Curculionidae) em alfafa e através de uma escala de notas de danos (de 1 a 5) atribuídas às plantas avaliadas, conforme a fórmula:

$$ITL_{id} = \frac{NLI}{NDP}$$

onde: NLI = número de larvas em dez plantas; NDP = média da nota de danos atribuída às mesmas plantas.

Panda e Heinrichs (1983), estudando a resistência de arroz à cigarrinha *N. lugens*, determinaram um índice de tolerância com base na população de insetos ($ITL_i$), relacionando apenas o peso seco total deles obtido nas parcelas dos genótipos em avaliação ($PSI_e$) e nas parcelas da testemunha suscetível ($PSI_{ts}$). Esse índice de tolerância pode ser obtido pela fórmula:

$$ITL_i = \frac{PSI_e}{PSI_{ts}}$$

Ainda, segundo esses autores, um índice de antibiose ($IAB_i$) pode ser obtido pela fórmula:

$$IAB_i = 1 - ITL_i$$

## 8.4. Índice de adaptação (fitness)

Independentemente da estratégia de controle utilizada para reduzir a densidade populacional de determinada espécie-praga, esta acaba se tornando um fator de seleção sobre a variabilidade genética da espécie-alvo. Assim, o monitoramento da adaptação das espécies-alvo nas cultivares em uso e nos seus respectivos hospedeiros alternativos torna-se importante. A contínua seleção em função de determinado fator de seleção, por algum tempo, leva a diferenciar populações com características próprias (biótipos). A diversidade de hospedeiros no agroecossistema tropical, com relativa biodiversidade e superposição de gerações de plantas e artrópodes, favorece ainda mais a manutenção de certa variabilidade biológica na comunidade. Por isso, a questão do manejo de resistência dos insetos a inseticidas e a plantas geneticamente modificadas resistentes assumiu papel tão importante nos últimos anos.

Conforme discutido anteriormente, para determinar o índice de suscetibilidade hospedeira, Lynch et al. (1981) e Pencoe e Martin (1982) selecionaram quatro variáveis, três do inseto (sobrevivência, fecundidade e período de desenvolvimento) e uma da planta (área foliar consumida). Assim, esse índice relaciona a adaptação do inseto ao hospedeiro e a sensibilidade deste aos danos causados pela alimentação do inseto, utilizando a fórmula:

$$ISH = \frac{SLB \times FDA}{PDL \times AFC}$$

onde: SBL = sobrevivência larval até a fase adulta ou de pupa (%); FDA = fecundidade dos adultos sobreviventes ou peso de pupa; PDL = período de desenvolvimento larval (dias); AFC = área foliar consumida em cada hospedeiro.

Para avaliar apenas o desempenho de *S. frugiperda* em diferentes hospedeiros, Boregas et al. (2013) propuseram uma modificação no índice de suscetibilidade hospedeira, considerando na fórmula apenas as variáveis relativas ao inseto. Assim, o índice passa a indicar apenas o estágio de adaptação dele em cada hospedeiro. O índice de adaptação (IA) pode ser obtido pela equação:

$$IA = \frac{SBL \times FDA}{PDL}$$

onde: SBL = sobrevivência larval; FDA = fecundidade; PDL = período de desenvolvimento larval (dias), que expressa uma proporção entre essas variáveis.

Como a fecundidade (número de descendentes férteis e competitivos) é uma variável relativamente difícil de obter com precisão, a biomassa de pupas pode ser uma alternativa válida pela alta correlação (Leuck e Perkins, 1972; Barah e Sengupta, 1991).

Evidentemente, vários fatores ambientais afetam tanto as plantas cultivadas no campo e utilizadas para alimentar as lagartas como o próprio bioensaio conduzido em laboratório. Para corrigir o efeito dessas variáveis, Boregas et al. (2013) utilizaram o índice relativo de adaptação (IRA). Este índice consiste na correção dos valores absolutos dos índices de adaptação, com base no índice obtido no hospedeiro preferencial ou usado como testemunha suscetível no ensaio. Assim, o índice pode ser determinado pela fórmula:

$$IRA = 100 \frac{IA_e}{IA_{ts}}$$

onde: $IA_e$ = índice de adaptação do genótipo ou hospedeiro em avaliação; $IA_{ts}$ = índice de adaptação da testemunha suscetível.

As estimativas dos índices de adaptação e relativo de adaptação podem ser baseadas tanto em dados de laboratório como de campo, entretanto, a interpretação desses dois tipos de resultados deve ser diferente, pois no laboratório os insetos em geral são alimentados com partes de folhas, o que é bem diferente da condição de campo (mais realística) e que leva em consideração a arquitetura da planta.

Em estudos com *S. frugiperda*, os maiores índices relativos de adaptação (IRA) foram observados no milho e no sorgo, e os menores, em arroz, capim-carrapicho, grama-batatais e cana-de-açúcar (Boregas et al., 2013). O índice relativo de adaptação também foi utilizado por Waquil (2014) na avaliação da adaptação de populações de *S. frugiperda* em milho *Bt* expressando diferentes proteínas. Nesse estudo, destacou uma população oriunda de Sinop, MT, com 67,2% de adaptação no milho *Bt* Cry1F, em contraste com 5,8% da população testemunha de laboratório. Nesse trabalho, foi observado ainda que no milho expressando a proteína Vip3Aa20, foi nula a adaptação dessa população, com base no índice relativo de adaptação.

## Referências bibliográficas

ALFORD, A. R. et al. Antifeedant activity of limonin against the Colorado potato beetle (Coleptera: Chrysomelidae). *Journal of Economic Entomology* 80: 575-78, 1987.

ANNAN, I. B.; TINGEY, W. M.; SCHAEFERS, G. A. Population dynamics and clonal comparisons of cowpea aphid (Homoptera: Aphididae) on resistant and susceptible cowpea cultivars. *Environmental Entomology* 26: 250-55, 1997.

AWMACK, C. S.; LEATHER, S. R. Host plant quality and fecundity in herbivorous insects. *Annual Review of Entomology* 47: 817-44, 2002.

BACKUS, E. A.; BENNET, W. H. The AC-DC correlation monitor: new EPG design with flexible input resistors to detect both R and emf components for any piercing-sucking hemipteran. *Journal of Insect Physiology* 55: 869-84, 2009.

BACKUS, E. A. et al. Waveform library for chinch bugs (Hemiptera: Heteroptera: Blissidae): characterization of electrical penetration graph waveforms at multiple input impedances. *Annals of the Entomological Society of America* 4: 524-39, 2013.

BACKUS, E. A. History, development, and applications of the AC electronic monitoring system for insect feeding. In: ELLSBURY, M. M.; BACKUS, E. A.; ULLMAN, D. L. (eds.). *History, development, and application of AC electronic insect feeding monitors*. Lanham, MD, USA: Entomological Society of America, 1994. p. 1-51.

BACKUS, E. A.; DEVANEY, M. J.; BENNETT, W. H. Comparison of signal processing circuits among seven AC electronic monitoring systems for their effects on the emf and R components of aphid (Homoptera: Aphididae) waveforms. In: WALKER, G. P.; BACKUS, E. A. (eds.). *Principles and applications of electronic monitoring and other techniques in the study of Homopteran feeding behavior.* Lanham, MD, USA: Entomological Society of America, 2000. p. 102-43.

BARAH, A.; SENGUPTA, A. K. Correlation and regression studies between pupal weight and fecundity of muga silkworm *Antheraea assama* Westwood (Lepidoptera: Saturniidae) on four different foodplants. *Acta Physiologica Hungarica* 78: 261-64, 1991.

BARROWS, W. M. The reactions of the pomace fly, *Drosophila ampelophila* Lowe., to odorous substances. *Journal of Experimental Zoology* 4: 515-37, 1907.

BECK, S. D.; SCHOONHOVEN, L. M. Insect behavior and plant resistance. In: MAXWELL, F. G.; JENNINGS, P. R. (eds.). *Breeding plants resistant to insects*. New York, USA: A Wiley-Interscience Publication, John Willey & Sons, 1980. p. 115-35.

BENTLEY, M. D. et al. Pyrrolizidine alkaloids as larval feeding deterrents for spruce budworm, *Choristoneura fumiferana* (Lepidoptera: Tortricidae). *Annals of the Entomological Society of America* 77: 393-97, 1984.

BENZ, G.; ABIVARDI, C.; MUCKENSTURM, B. Antifeedant activity of bisabolangelone and its analogs against larvae of *Pieris brassicae*. *Entomologia Experimentalis et Applicata* 53: 257-65, 1989.

BONANI, J. P. et al. Characterization of electrical penetration graphs of the Asian citrus psyllid, *Diaphorina citri*, in sweet orange seedlings. *Entomologia Experimentalis et Applicata* 134: 35-49, 2010.

BONEBRAKE, T. C. et al. Oviposition behavior and offspring performance in herbivorous insects: consequences of climatic and habitat heterogeneity. *Oikos* 119: 927-34, 2010.

BOREGAS, K. G. B. et al. Estádio de adaptação de *Spodoptera frugiperda* (J. E. Smith) (Lepidoptera: Noctuidae) em hospedeiros alternativos. *Bragantia* 72: 61-70, 2013.

BORGES, M. et al. *Metodologias de criação e manejo de colônias de percevejos da soja (Hemiptera – Pentatomidae) para estudos de comportamento e ecologia química.* Brasília, DF: Embrapa Recursos Genéticos e Biotecnologia, Brasília, 2006. (Série Documentos, 182).

BROWNING, J. A. Genetic protective mechanisms of plant-pathogen populations: their coevolution and use in breeding for resistance. In: HARRIS, M. K. *Biology and breeding for resistance to arthropods and pathogens in agricultural plants.* Texas Agricultural Experiment Station, Miscellaneous Publication 1451, 1980. p. 52-75.

CAILLAUD, C. M. et al. Application of discriminate analysis to electrical penetration graphs of the aphid *Sitobion avenae* feeding on resistant and susceptible wheat. *Journal of Applied Entomology* 119: 103-6, 1995a.

CAILLAUD, C. M.; PIERRE, J. S.; DI PIETRO, J. P. Analysis of wheat resistance to the cereal aphid *Sitobion avenae* using electrical penetration graphs and flow charts combined with correspondence analysis. *Entomologia Experimentalis et Applicata* 75: 9-18, 1995b.

CALATAYUD, P. A. The contribution of electrophysiology to entomology. *Entomology, Ornithology & Herpetology* 3: 108, 2014. Disponível em: <http://omicsonline. org/open-access/the-contribution-of-electrophysiology-to-entomology-2161-0983. 1000e108. pdf>. Acesso em: 15 fev. 2015.

CALATAYUD, P. A. et al. Electrically recorded feeding behaviour of cassava mealybug on host and non-host plants. *Entomologia Experimentalis et Applicata* 72: 219-32, 1994.

CARVALHO, L. P. et al. Seleção de algodoeiro com resistência ao bicudo. *Pesquisa Agropecuária Brasileira* 31: 195-99, 1996.

CARVALHO, R. P. L. *Danos, flutuação da população, controle e comportamento de Spodoptera frugiperda (J. E. Smith, 1797) e suscetibilidade de diferentes genótipos de milho em condições de campo.* Piracicaba, 170p. Tese (Doutorado) – Escola Superior de Agricultura Luiz de Queiroz, Universidade de São Paulo, 1970.

CHAPMAN, R. F. *The insects*: structure and function. Cambridge, USA: Havard University, 1982.

CHELLIAH, S.; HEINRICHS, E. A. Factors affecting insecticide-induced resurgence of the brown planthopper, *Nilaparvata lugens* on rice. *Environomental Entomology* 9: 773-77, 1980.

CIMMYT. Toward insect resistance maize for the Third World. In: INTERNATIONAL SYMPOSIUM ON METHODOLOGIES FOR DEVELOPING HOST PLANT RESISTANCE TO MAIZE INSECTS. *Proceedings.* México: Cimmyt, 1989.

CLEMENT, S. L.; QUISENBERRY, S. S. *Global plant genetic resources for insect-resistant crops*. Boca Raton, FL, USA: CRC Press LLC, 1999.

DADD, R. H. Nutrition: organisms. In: KERKUT, G. A.; GILBERT, L. I. (eds.). *Comprehensive insect physiology and pharmacology*. Oxford, UK: Pergamon Press, 1985. p. 313-90.

DAVIS, F. M. Entomological techniques and methodologies used in research programmes on plant resistance to insects. *Insect Science and its Application* 6: 391-400, 1985.

DAVIS, F. M.; OSWALT, T. G. *Hand inoculator for dispensing lepidopterous larvae*. USDA/ARS AAT-S-9/October, 1979.

DAVIS, F. M.; NG, S. S.; WILLIAMS, W. P. *Visual rating scale for screening whorl stage corn for resistance to fall armyworm*. Mississippi, USA: Mississippi Agricultural and Forest Experiment Station, 1992. (Technical Bulletin, 186).

DIMOCK, M. B. et al. Chemical constituents of an unacceptable crucifer, *Erysimum cheiranthoides*, deter feeding by *Pieris rapae*. *Journal of Chemical Ecology* 17: 525-33, 1991.

DIZLEK, H.; ISLAMOGLU, M. Effects of sunn pest (*Eurygaster maura* L. Heteroptera; Scutelleridae) sucking number on physical and physicochemical characteristics of wheat varieties. *Journal of Applied Botany and Food Quality* 88: 10-15, 2015.

DOBIE, P. Laboratory assessment of the inherent susceptibility of maize lines to post-harvest infestation by *Sitophilus zeamais* Motschulsky (Coleoptera: Curculionidae). *Journal of Stored Products Research* 10: 183-97, 1974.

DOGGER, J. R.; HANSON, C. H. Reaction of alfalfa varieties and strains to alfalfa weevils. *Journal of Economic Entomology* 56: 192-97, 1963.

EIGENBRODE, S. D.; CLEMENT, S. L. Plant genetic resources for the study of insect–plant interactions. In: CLEMENT, S. L.; QUISENBERRY, S. S. (eds.). *Global plant genetic resources for insect-resistant crops*. Boca Raton, FL, USA: CRC Press LLC, 1999. p. 243-62.

FAO. The state of *ex situ* conservation. In: FAO (ed.). *The second report on the state of the world's plant genetic resources for food and agriculture*. Roma, Italy: FAO, 2010. p. 55-94.

FARIAS, J. R. et al. Field-evolved resistance to Cry1F maize by *Spodoptera frugiperda* (Lepidoptera: Noctuidae) in Brazil. *Crop Protection* 64: 150-58, 2014.

FERREIRA, E. *Características do milho associadas com resistência à lagarta da espiga Helicoverpa zea Boddie (1850)*. Piracicaba, 124p. Dissertação (Mestrado) – Escola Superior de Agricultura Luiz de Queiroz, Universidade de São Paulo, 1974.

FORNAZIER, M. J. et al. *Danos da broca-do-café em café armazenado em nível de propriedade agrícola no Estado do Espírito Santo - safra agrícola 98/99*. Viçosa, MG: Fundação Arthur Bernardes, UFV; Brasília, DF: Embrapa Café, Embrapa Sede, 2000. Disponível em: <http://www. sbicafe. ufv. br/bitstream/handle/10820/252/155537_Art302f. pdf?sequence=1>. Acesso em: 13 fev. 2015.

GALLO, D. et al. *Entomologia agrícola*. Piracicaba: Fealq, 2002.

GARDENHIRE, J. H. Inheritance and linkage studies of greenbug resistance in barley *Hordeum vulgare* L. *Crop Science* 5: 28-29, 1965.

GARRETT, K. A.; MUNDT, C. C. Epidemiology in mixed host populations. *Phytopatology* 89: 984-90, 2001.

GIORDANENGO, P. EPG-Calc: a PHP-based script to calculate electrical penetration graph (EPG) parameters. *Arthropod–Plant Interactions* 8: 163-69, 2014.

HALL, P. K. et al. Use of tobacco budworm eggs and larvae for establishing field infestations on cotton. *Journal of Economic Entomology* 73: 393-95, 1980.

HAMM, J. C. et al. Oviposition behavior of *Diatraea saccharalis* (Lepidoptera: Crambidae) on different rice cultivars in Louisiana. *Environmental Entomology* 41: 571-77, 2012.

HARRIS, M. K. Allopatric resistance: searching for sources of insect resistance for use in agriculture. *Environmental Entomology* 4: 73-85, 1975.

HARRIS, M. K. Arthropod-plant interactions related to agriculture, emphasizing host plant resistance. In: HARRIS, M. K. (ed.). *Biology and breeding for resistance to arthropods and pathogens in agricultural plants. Proceedings of a short course entitled "International short course in host plant resistance"*. Texas, USA: Texas A&M University, College Station, 1979a. p. 23-51.

HARRIS, M. K. *Biology and breeding for resistance to arthropods and pathogens in agricultural plants. Proceedings of a short course entitled "International short course in host plant resistance"*. Texas, USA: Texas A&M University, College Station, 1979b.

HARVEY, T. L. et al. Mechanical insect dispenser for infesting plants with greenbugs (Homoptera: Aphididae). *Journal of Economic Entomology* 78: 489-92, 1985.

HEINRICHS, E. A.; MEDRADO, F. G.; RAPUSAS, H. R. *Genetic evaluation for insect resistance in rice*. Los Baños, Philippines: International Rice Research Institute, 1985.

HOUSE, H. L. Nutritional diseases. In: STEINHAUS, E. A. (ed.). *Insect pathology*. New York, USA: Academic Press, 1963. p. 133-60.

INAYATULLAH, C.; WEBSTER, J. A.; FARGO, W. S. Index for measuring plant resistance to insects. *Southwestern Entomologist* 109: 146-52, 1990.

JENKINS, J. N.; PARROTT, W. L. Effectiveness of frego bract as a boll weevil resistance character in cotton. *Crop Science* 11: 739-43, 1971.

JIANG, X. Y.; NOMBELA, G.; MUÑIZ, M. Analysis by DC-EPG of the resistance to *Bemisia tabaci* on an Mi-tomato. *Entomologia Experimentalis et Applicata* 99: 295-302, 2000.

JIANG, Y. X. et al. Probing and feeding behavior of two distinct biotypes of *Bemisia tabaci* (Homoptera: Aleyrodidae) on tomato plants. *Journal of Economic Entomology* 92: 357-66, 1999.

JIN, S. et al. Characterization of EPG waveforms for the tea green leafhopper, *Empoasca vitis* Göthe (Hemiptera: Cicadellidae), on tea plants and their correlation with stylet activities. *Journal of Insect Physiology* 58: 1235-244, 2012.

JOHNSON, J. W.; TEETES, G. T.; SCHAEFER, C. A. Greenhouse and field technique for evaluating resistance of sorghum cultivars to the greenbug. *Sowthwestern Entomologist* 1: 150-54, 1976.

JONGSMA, M. A. et al. Insect oviposition behavior affects the evolution of adaptation to *Bt* crops: consequences for refuge policies. *Evolution Ecology* 24: 1017-30, 2010.

KHAN, Z. R.; SAXENA, R. C. Probing behavior of three biotypes of *Nilaparvata lugens* (Homoptera: Delphacidae) on different resistant and susceptible rice varieties. *Journal of Economic Entomology* 81: 1338-345, 1988.

KINDLER, S. D.; STAPLES, R. Nutrients and the reaction of two alfalfa clones to the spotted alfalfa aphid. *Journal of Economic Entomology* 63: 938-40, 1970.

KINDT, F. et al. Characterisation of the feeding behaviour of western flower thrips in terms of electrical penetration graph (EPG) waveforms. *Journal of Insect Physiology* 49: 183-91, 2003.

KLINGER, J. et al. Phloem specific resistance in *Cucumis melo* line AR5: effects on feeding behaviour and performance of *Aphis gossypii*. *Entomologia Experimentalis et Applicata* 86: 79-88, 1998.

KOGAN, M.; ORTMAN, E. F. Antixenosis – a new term proposed to define Painter's "non preference" modality of resistance. *Bulletin of the Entomological Society of America* 24: 175-76, 1978.

KOGAN, M.; PARRA, J. R. P. Technique and applications of measurement of consumption and utilization of food by phytophagous insects. In: BHASKARAN, G.; FRIEDMAN, S.; RODRIGUEZ, J. G. (eds.). *Current topics in insect endocrinology and nutrition*. New York, USA: Plenum Press, 1979. p. 337-38.

KOHLER, R. E. *Os senhores da mosca – a genética da Drosophila e a vida experimental*. Porto, Portugal: Porto Editora, 2011.

LARA, F. M. *Princípios de resistência de plantas a insetos*. São Paulo: Ícone, 1991.

LARA, F. M.; PERUSSI, E. M. Resistência de sorgo sacarino *Sorghum bicolor* (L.) Moench. ao ataque de *Diatraea saccharalis* (Fabr., 1794). *Ciência e Cultura* 36: 280-86, 1984.

LEUCK, D. B.; PERKINS, W. D. A method of estimating fall armyworm progeny reduction when evaluating control achieved host-plant resistance. *Journal of Economic Entomology* 65: 482-83, 1972.

LYE, B. H.; SMITH, C. M. Evaluation of rice cultivars for antibiosis and tolerance resistance to fall armyworm (Lepidoptera: Noctuidae). *Florida Entomologist* 71: 254-61, 1988.

LYNCH, R. E.; BRANCH, W. D.; GARNER, J. W. Resistance of *Arachis* species to fall armyworm, *Spodoptera frugiperda*. *Peanut Science* 8: 106-9, 1981.

LYNCH, R. E.; PAIR, S. D.; JOHNSON, R. Fall armyworgm fecundity: relationship of egg mass weight to number of eggs. *Journal of Georgia Entomological Society* 18: 507-13, 1983.

MACKENZIE, D. R. The problem of variable pests. In: MAXWELL, F. G.; JENNINGS, P. R. (eds.). *Breeding plants resistant to insects*. New York, USA: John Wiley & Sons, 1980. p. 183-213.

MAKNI, H. et al. Hessian fly, *Mayetiola destructor* (Say), populations in the north of Tunisia: virulence, yield loss assessment and phenological data. *Chilean Journal of Agricultural Research* 71: 401-5, 2011.

MARÇON, P. C. R. G. et al. Baseline susceptibility of European corn borer (Lepidoptera: Crambidae) to *Bacillus thuringiensis* toxins. *Journal of Economic Entomology* 92: 279-85, 1999.

MARTINS, J. F. S.; FAGUNDES, P. R. R.; MORAIS, O. P. Desenvolvimento de linhagens de arroz resistentes a *Oryzophagus oryzae* por meio de seleção recorrente. In: CONGRESSO BRASILEIRO DE ARROZ IRRIGADO, 8. *Resumos*. Santa Maria, RS, 2013.

MARTINS, J. F. S.; PARRA, J. R. P.; MIHSFELDT, L. H. Resistência de arroz à broca-do-colmo I. Avaliação pela alimentação de lagartas em pedaços de colmos. *Pesquisa Agropecuária Brasileira* 24: 347-56, 1989a.

MARTINS, J. F. S.; PARRA, J. R. P.; MIHSFELDT, L. H. Resistência de arroz à broca-do-colmo II. Avaliação pela alimentação de lagartas em dietas artificiais contendo extratos aquosos de plantas. *Pesquisa Agropecuária Brasileira* 24: 357-65, 1989b.

MARTINS, J. F. S.; TERRES, A. L. S. Avaliação de germoplasma de arroz visando resistência a *Oryzophagus oryzae* (Costa Lima). *Anais da Sociedade Entomológica do Brasil* 24: 445-53, 1995.

MAXWELL, F. G.; JENNINGS, P. R. *Breeding plants resistant to insects*. New York, USA: John Willey & Sons, 1980.

McINDOO, N. E. An insect olfactometer. *Journal of Economic Entomology* 12: 45-571, 1926.

McLEAN, D. L.; KINSEY, M. G. A technique for electronically recording of aphid feeding and salivation. *Nature* 202: 1358-359, 1964.

McLEAN, D. L.; KINSEY, M. G. Identification of electrically recorded curve patterns associated with aphid salivation and ingestion. *Nature* 205: 1130-131, 1965.

MEYER, J. R. *Tactile communication. General entomology (ENT 425).* NC State University, 2006. Disponível em: <https://www. cals. ncsu. edu/course/ent425/tutorial/Communication/tactcomm. html>. Acesso em: 18 nov. 2014.

MIHM, J. Mass rearing stem bores, fall armyworms, and corn earworms at Cimmyt. In: INTERNATIONAL SYMPOSIUM ON METHODOLOGIES FOR DEVELOPING HOST PLANT RESISTANCE TO MAIZE INSECTS. *Proceedings*. México: Cimmyt, 1989.

MIHM, J. A.; PEAIRS, F. B.; ORTEGA, A. *New procedure for efficient mass production and artificial infestation with lepidopterous pest of maize. Cimmyt Review*. El Batan, Mexico: International Maize and Wheat Improvement Center, 1978.

ORTEGA, A. et al. Breeding for insect resistance in maize. In: MAXWELL, F. G.; JENNINGS, P. R. (eds.). *Breeding plants resistant to insects*. New York, USA: John Wiley & Sons, 1980. p. 370-419.

PAINTER, R. H. *Insect resistance in crop plants.* New York: The Macmillan Co, 1951. 520p.

PANDA, N. 1979. *Principles of host-plant resistance to insect pests*. Delhi, India: Hindustan Publishing Corporation Printing Press, 1979.

PANDA, N.; HEINRICHS, E. A. Levels of tolerance and antibiosis in rice varieties having moderate resistance to the brown planthopper, *Nilaparvata lugens* (Stål) (Hemiptera: Delphacidae). *Environomental Entomology* 12: 1204-214, 1983.

PANIZZI, A. R. et al. Rearing the southern green stink bug using an artificial dry diet and an artificial plant. *Pesquisa Agropecuária Brasileira* 35: 1709-715, 2000.

PAPAJ, D. R.; RAUSHER, M. D. Individual variation in host location by phytophagous insects. In: AHMAD, S. (ed.). *Herbivorous insects*. New York, USA: Academic Press, 1983. p. 77-124.

PARRA, J. R. P. Consumo e utilização de alimentos por insetos. In: PANIZZI, A. R.; PARRA, J. R. P. (eds.). *Ecologia nutricional de insetos e suas implicações no manejo de pragas*. São Paulo: Manole, 1991. p. 9-65.

PARRA, J. R. P. Criação de insetos para estudos com patógenos. In: ALVES, S. B. (ed.). *Controle microbiano de insetos*. São Paulo: Manole, 1986. p. 348-73.

PARRA, J. R. P. *Técnicas de criação de insetos para programas de controle biológico*. Piracicaba: Fealq, 2001.

PARRA, J. R. P.; PANIZZI, A. R.; HADDAD, M. L. Índices nutricionais para medir consumo e utilização de alimentos por insetos. In: PANIZZI, A. R.; PARRA, J. R. P. (eds.). *Bioecologia e nutrição de insetos*. Brasília, DF: Embrapa Informação Tecnológica, 2009. p. 37-90.

PATHAK, M. D. Defense of the rice crop against insect pests. *Annals of the New York Academy of Sciences* 287: 287-95, 1977.

PEARSON, C. C. et al. Characterization and correlation of EPG waveforms of *Bactericera cockerelli* (Hemiptera: Triozidae): variability in waveform appearance in relation to applied signal. *Annals of the Entomological Society of America* 107: 650-66, 2014.

PENCOE, N. L.; MARTIN, P. B. Fall armyworm (Lepidoptera: Noctuidae) larval development and adult fecundity on five grass hosts. *Environmental Entomology* 11: 720-24, 1982.

PLESSIS, H.; BYRNE, M. J.; VAN DEN BERG, J. The effect of different host plants on the reproduction and longevity of *Nysius natalensis*. *Entomologia Experimentalis et Applicata* 145: 209-14, 2012.

PRADO, E.; TJALLINGII, W. F. Aphid activities during sieve element punctures. *Entomologia Experimentalis et Applicata* 72: 157-65, 1994.

REESE, J. C. et al. Characterization of aphid host plant resistance and feeding behavior through use of a computerized insect feeding monitor. In: ELLSBURY, M. M.; BACKUS, E. A.; ULLMAN, D. L. (eds.). *History, development, and application of AC electronic insect feeding monitors*. Lanham, MD, USA: Thomas Say Publications in Entomology Proceedings, Entomological Society of America, 1994. p. 52-72.

REESE, J. C. et al. Waveform comparisons among AC and DC electronic monitoring systems for aphid (Homoptera: Aphididae) feeding behaviour. In: WALKER, G. P.; BACKUS, E. A. (eds.). *Principles and applications of electronic monitoring and other techniques in the study of Homopteran feeding*. Lanham, MD, USA: Thomas Say Publications, Lanham, 2000. p. 70-101.

ROSIELLE, A. A.; HAMBLIN J. Theoretical aspects of selection for yield in stress and non-stress environments. *Crop Science* 21: 943-45, 1981.

ROSSETTO, C. J. *Resistência de plantas a insetos*. Piracicaba: Esalq, 1973.

ROSSETTO, C. J. *Tipos de resistência de sorgo, Sorghum bicolor (L.) Moench, a Contarinia sorghicola (Coquillett, 1898)*. Jaboticabal, 34p. Tese (Livre-Docência) – Faculdade de Ciências Agrárias e Veterinárias, Universidade Estadual Paulista, 1977.

SANTOS, J. P. et al. Relative index of susceptibility to the maize weevil, *Sitophilus zeamais*, among some QPM corn lines. *Revista Brasileira de Milho e Sorgo* 5: 159-69, 2006.

SARRIA, E. et al. Excel workbook for automatic parameter calculation of EPG data. *Computers and Electronics in Agriculture* 67: 35-42, 2009.

SAXENA, K. N.; GANDHI, J. R.; SAXENA, R. C. Patterns of relationship between certain leafhoppers and plants. I. Responses to plants. *Entomologia Experimentalis et Applicata* 17: 303-18, 1974.

SAXENA, R. C.; KHAN, Z. R. Electronic recording of feeding behaviour of *Cnaphalocrocis medinalis* (Lepidoptera: Pyralidae) on resistant and susceptible rice cultivars. *Annals of Entomological Society of America* 84: 316-18, 1991.

SCHÜTZ, C.; DÜRR, V. Active tactile exploration for adaptive locomotion in the stick insect. *Philosophical Transactions Royal Society of London B* 366: 2996-3005, 2011.

SCHWEISSING, F. C.; WILDE, G. Temperature influence on greenbug resistance of crops in the seedling stage. *Environmental Entomology* 7: 831-34, 1978.

SCHWEISSING, F. C.; WILDE, G. Temperature and plant nutriente effects on resistance of seedling sorghum to the greenbug. *Journal of Economic Entomology* 72: 20-23, 1979.

SERA, G. H. et al. *Resistência à broca em espécies e variedades de café*. SBICafe, UFV, 2005. Disponível em: <http://www. sapc. embrapa. br/arquivos/consorcio/spcb_anais/simposio4/ p59. pdf>. Acesso em: 13 fev. 2015.

SERRANO, M. S.; BACKUS, E. A.; CARDONA, C. Comparison of AC electronic monitoring and field data for estimating tolerance to *Empoasca kraemeri* (Homoptera: Cicadellidae) in common bean genotypes. *Journal of Economic Entomology* 93: 1796-809, 2000.

SHARMA, H. C.; DOUMBIA, Y. O.; DIORISSO, N. Y. A headcage technique to resistance to mirid head bug, *Eurystylus immaculatus* Odh. in west Africa. *Insect Science and its Application* 13: 417-27, 1992.

SILVA, F. F. et al. Avaliação da resistência de arroz a *Oryzophagus oryzae* com e sem chance de escolha da planta hospedeira. *Revista Brasileira de Agrociência* 9: 135-40, 2003.

SING, P. L.; MOORE, R. F. *Handbook of insect rearing*. Amsterdam, The Netherlands: Elsevier, 1985.

SINGER, M. C. The definition and measurement of oviposition preference in plant-feeding insects. In: MILLER, J. R.; MILLER, M. A. (eds.). *Insect–plant interactions*. New York, USA: Springer Science + Buseness Media, 1986. p. 65-94.

SINGH, B. U.; RAO, K. V.; SHARMA, H. C. Comparison of selection indices to identify sorghum genotypes resistant to the spotted stemborer *Chilo partellus* (Lepidoptera: Noctuidae). *International Journal of Tropical Insect Science* 31: 38-51, 2011.

SMITH, C. M. *Plant resistance to arthropods molecular and conventional approaches*. Dordrecht, The Netherlands: Springer, 2005.

SMITH, C. M.; KHAN, Z. R.; PATHAK, M. D. *Techniques for evaluating insect resistance in crop plants*. Boca Raton, FL, USA: Lewis Publishers, 1994.

SMITH, M. E.; MIHM, J. A.; JEWELL, D. C. Breeding for multiple resistances to temperate, sub-tropical, and tropical maize, insect pests at Cimmyt. In: INTERNATIONAL SYMPOSIUM ON METHODOLOGIES FOR DEVELOPING HOST PLANT RESISTANCE TO MAIZE INSECTS. *Proceedings*. México: Cimmyt, 1989.

SOUZA, J. C.; REIS, P. R. *Broca-do-café*: histórico, reconhecimento, biologia, prejuízos, monitoramento e controle. Belo Horizonte: Epamig, 1997. (Boletim Técnico, 50).

STÄDLER, E.; SCHÖNI, R. Oviposition behavior of the cabbage root fly, *Delia radicum* (L.), influenced by host plant extracts. *Journal of Insect Behavior* 3: 195-209, 1990.

STAFFORD, C. A.; WALKER, G. P. Characterization and correlation of DC electrical penetration graph waveforms with feeding behavior of beet leafhopper, *Circulifer tenellus*. *Entomologia Experimentalis et Applicata* 130: 113-29, 2009.

TEETES, G. L. Breeding sorghums resistant to insects. In: MAXWELL, F. G.; JENNINGS, P. R. (eds.). *Breeding plants resistant to insects*. New York, USA: John Wiley & Sons, 1980. p. 457-85.

TEN BROEKE, C. J. M.; DICKE, M.; VAN LOON, J. J. A. Feeding behaviour and performance of different populations of the black currant-lettuce aphid, *Nasonovia ribisnigri* on resistant and susceptible *Lactuca sativa*. *Entomologia Experimentalis et Applicata* 148: 130-41, 2013.

TINGLE, F. C.; MITCHELL, E. R. Aqueous extracts from indigenous plants as oviposition deterrents for *Heliothis virescens*. *Journal of Chemical Ecology* 10: 101-13, 1984.

TJALLINGII, W. F.; GARZO, E.; FERERES, A. New structure in cell puncture activities by aphid stylets: a dual-mode EPG study. *Entomologia Experimentalis et Applicata* 135: 193-207, 2010.

TJALLINGII, W. F. Electronic recording of penetration behavior by aphids. *Entomologia Experimentalis et Applicata* 24: 721-30, 1978.

TJALLINGII, W. F. Comparison of AC and DC systems for electronic monitoring of stylet penetration activities by homopterans. In: WALKER, G. P.; BACKUS, E. A. (eds.). *Principles and applications of electronic monitoring and other techniques in the study of homopteran feeding*. Lanham, USA: Thomas Say Publications, 2000. p. 41-69.

TJALLINGII, W. F. Salivary secretions by aphids interacting with proteins of phloem wound responses. *Journal of Experimental Botany* 57: 739-45, 2006.

VAN HELDEN, M.; TJALLINGII, W. F. Tissue localization of lettuce resistance to the aphid *Nasonovia ribisnigri* using electrical penetration graphs. *Entomologia Experimentalis et Applicata* 68: 269-78, 1993.

VAN HELDEN, M.; TJALLINGII, W. F. Experimental design and analysis in EPG experiments with emphasis on plant resistance research. In: WALKER, G. P; BACKUS, E. A. (eds.). *Principles and applications of electronic monitoring and other techniques in the study of homopteran feeding behaviour.* Lanham, USA: Thomas Say Publications, 2000. p. 144-71.

VIR – Vavilov Institute of Plant Genetic Resources, 2017. Disponível em: <http://www. vir. nw. ru/test/vir. nw/index. php?/lang=en>. Acesso em: 26 abr. 2017.

WALKER, G. P. A beginner's guide to electronic monitoring of homopteran probing behaviour. In: WALKER, G. P.; BACKUS, E. A. (eds.). *Principles and applications of electronic monitoring and other techniques in the study of homopteran feeding behaviour.* Lanham, USA: Thomas Say Publications, 2000. p. 1-40.

WALKER, P. T. The relation between infestation by lepidopterous stem bores and yield in maize: methods and results. *EPPO Bulletin* 11: 101-6, 1981.

WALKER, P. T. The assessment of crop losses in cereals. *Insect Science and its Application* 4: 97-104, 1983.

WAQUIL J. M. et al. Resistance of commercial hybrids and lines of sorghum, *Sorghum bicolor* (L.) Moench., to *Diatraea saccharalis* (Fabr.) (Lepidoptera: Crambidae). *Neotropical Entomology* 30: 661-68, 2001.

WAQUIL, J. M. Perspectivas para a otimização do uso de métodos alternativos ao controle químico de pragas de solo. In: REUNIÃO SUL-BRASILEIRA SOBRE PRAGAS DE SOLO, 11. Pelotas: Embrapa Clima Temperado, 2009.

WAQUIL, J. M. Corn leafhoppers as vector of maize pathogens in Brazil. In: CASELA, C. R.; RENFRO, R. B; KRATTIGER, A. F. (eds.). *Diagnosing maize diseases in Latin America*. Ithaca, NY: ISAAA; Brasília, DF: Embrapa, 1998. p. 34-42. (ISAAA Briefs/ Embrapa n. 9).

WAQUIL, J. M.; TEETES, G. L.; PETERSON, G. C. Sorghum midge (Diptera: Cecidomyiidae) adult ovipositional behavior on resistant and susceptible sorghum hybrids. *Journal of Economic Entomology* 79: 330-32, 1986.

WAQUIL, M. S. *Histórico de adaptação e danos da lagarta-do-cartucho em milho Bt.* Viçosa, 49p. Dissertação (Mestrado) – Departamento de Biologia Animal, Universidade Federal de Viçosa, 2014.

WAR, A. R. et al. Mechanisms of plant defense against insect herbivores. *Plant Signal Behavior* 7: 1306-320, 2012.

WARD, M. T; SINGH, S. R. Environmental factor influencing the magnitude and expression of resistance. In: MAXWELL, F. G.; JENNINGS, P. R. (eds.). *Breeding plants resistant to insects*. New York, USA: John Wiley & Sons, 1980. p. 87-113.

WIDSTROM, N. W. Breeding strategies to control aflatoxin contamination of maize through host plant resistance. In: ZUBER, M. S.; LILLEHOJ, E. B.; RENFRO, B. L. (eds.). *Aflatoxin in maize*. Mexico: Cimmyt, 1987. p. 212-20.

WILLIAMS, W. P.; DAVIS, F. M.; SCOTT, G. E. Resistance of corn to leaf-feeding damage by the fall armyworm. *Crop Science* 18: 861-63, 1978.

WISEMAN, B. R. Technological advances for determining resistance in maize to *Heliothis zea*. In: INTERNATIONAL SYMPOSIUM ON METHODOLOGIES FOR DEVELOPING HOST PLANT RESISTANCE TO MAIZE INSECTS. *Proceedings*. México: Cimmyt, 1989.

WISEMAN, B. R.; DAVIS, F. M.; CAMPBELL, J. E. Mechanical infestation device used in fall armyworm plant resistance programs. *Florida Entomologist* 63: 425-32, 1980.

WISEMAN, B. R.; McMILLIAN, W. W. Resistance in sorghum to the sorghum midge, *Contarinia sorghicola* (Coquillett) (Diptera: Cecidomyiidae). *Journal of the Georgia Entomological Society* 3: 147-53, 1968.

# 8

# Fatores que Afetam a Expressão da Resistência

**Edson Luiz Lopes Baldin**
**José Paulo Franco Bentivenha**

## 1. Introdução

A expressão de resistência aos insetos por parte das plantas não está condicionada apenas à constituição genética delas ou deles. Outros fatores, resultantes de variações nas condições ambientais e nas características das plantas e dos insetos, também podem interferir na interação entre eles, modificando o nível de resistência por parte do hospedeiro. Essas variações devem ser levadas em conta no planejamento de experimentos que envolvam resistência de plantas a insetos, uma vez que podem induzir a erros de interpretação dos resultados obtidos, comprometendo a investigação. Assim, é necessário que se conheçam amplamente os fatores que influenciam a manifestação da resistência das plantas.

Esses fatores podem ser classificados em dois grupos: bióticos e abióticos. Fatores bióticos podem ser relacionados às plantas, aos artrópodes ou aos insetos. No caso da planta, características como estágio fenológico, densidade, altura, parte atacada pelo inseto, infestação prévia por outras pragas ou patógenos, enxertia, entre outros, podem afetar a expressão da resistência. No caso do inseto, fatores como idade ou fase, sexo, espécie ou biótipo, densidade populacional, duração da infestação, bem como condicionamento pré-imaginal, podem interferir na manifestação da resistência. Já os fatores abióticos envolvem condições ambientais, como fotoperíodo, temperatura, disponibilidade de nutrientes e umidade do solo, entre outros.

Este capítulo não tem a pretensão de esgotar o assunto, pois é grande a gama de variáveis envolvidas, além das particularidades genotípicas das espécies vegetais e da variabilidade nas condições ambientais. O objetivo é discutir algumas relações envolvendo a maioria desses fatores e oferecer ao leitor vários exemplos de como eles podem afetar a expressão de resistência das plantas a importantes artrópodes-praga.

## 2. Fatores bióticos

### 2.1. Fatores relacionados às plantas

#### 2.1.1. Idade do tecido

A resistência dos tecidos das plantas à alimentação ou colonização por insetos fitófagos pode variar de acordo com sua fase de desenvolvimento. Os insetos fitófagos podem danificar as plantas ou determinadas estruturas vegetais com diferentes intensidades.

Em estudo conduzido com plantas de *Aristolochia erecta* L. (papo-de-peru), as larvas neonatas de *Battus philenor* (Linnaeus) (Lepidoptera: Papilionidae) preferiram alimentar-se de folhas mais jovens, rejeitando folhas mais tenras e mais velhas (Dimarco et al., 2012). De acordo com os autores, a dureza do tecido, fator diretamente relacionado com a idade das plantas, é a principal causa da resistência ao inseto.

Sethi et al. (2006) avaliaram a preferência alimentar de *Trichoplusia ni* (Hübner) (Lepidoptera: Noctuidae) e *Spodoptera exigua* (Hübner) (Lepidoptera: Noctuidae) em dois genótipos de alface, um resistente ('Valmaine') e outro suscetível ('Tall Guzmaine'). Ambos os lepidópteros apresentaram preferência diferente por folhas de diferentes idades nos dois genótipos. No genótipo 'Valmaine', as duas espécies de lagartas expressaram preferência por folhas maduras, enquanto no caso do genótipo 'Tall Guzmaine' a lagarta *Trichoplusia ni* consumiu mais folhas novas e de idade intermediária, ao passo que *Spodoptera exigua* preferiu folhas de meia-idade (Figura 1).

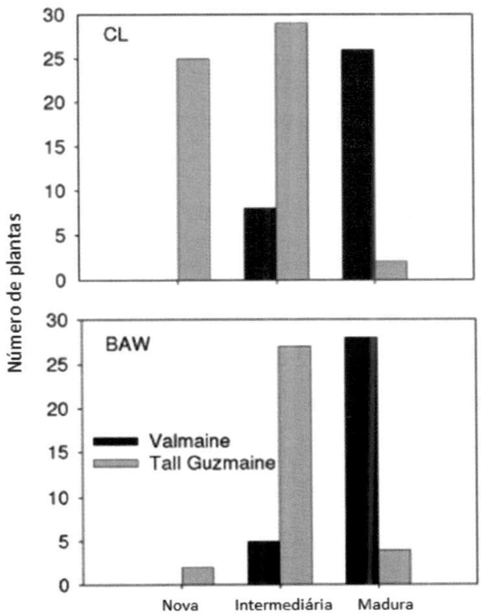


**Figura 1.** Preferência alimentar de *Trichoplusia ni* ($x^2 = 55{,}42$; df = 2; $P = 0{,}0001$) e *Spodoptera exigua* ($x^2 = 35{,}13$; df = 2; $P = 0{,}0001$) em folhas de dois genótipos de alface em diferentes idades. O eixo **y** representa o número total de plantas (30) em que pelo menos alguma alimentação ocorreu em folhas de diferentes idades (eixo **x**) (adaptado de Sethi et al., 2006).

Em plantas de alface, as folhas maduras apresentam menor quantidade de nutrientes e proteínas e altas concentrações de constituintes antinutricionais, enquanto as mais jovens possuem alta concentração de ácido ascórbico, matéria seca e sólidos solúveis (Bernays e Chapman, 1994; McCabe et al., 2001; Siomos et al., 2002). Diante disso, Sethi et al. (2006) atribuíram a menor preferência das lagartas por folhas jovens no genótipo 'Valmaine' às elevadas concentrações de látex e de seus constituintes químicos, predominantemente presentes em folhas mais novas e de meia-idade.

A idade da planta também pode afetar a preferência para oviposição dos insetos fitófagos. Para a lagarta-do-cartucho, *Spodoptera frugiperda* (J. E. Smith) (Lepidoptera: Noctuidae), Boiça Jr. et al. (2013) avaliaram dezesseis genótipos de algodoeiro e verificaram que as mariposas preferem ovipositar na superfície abaxial das folhas do terço superior de plantas com cerca de 60 dias de idade, comparativamente àquelas com idades entre 30 e 45 dias, e entre 75 e 90 dias (Figura 2).

Em outro estudo, demonstrou-se que plantas de arroz, de acordo com a idade, também passam por períodos de maior resistência e de suscetibilidade a *Scir-*

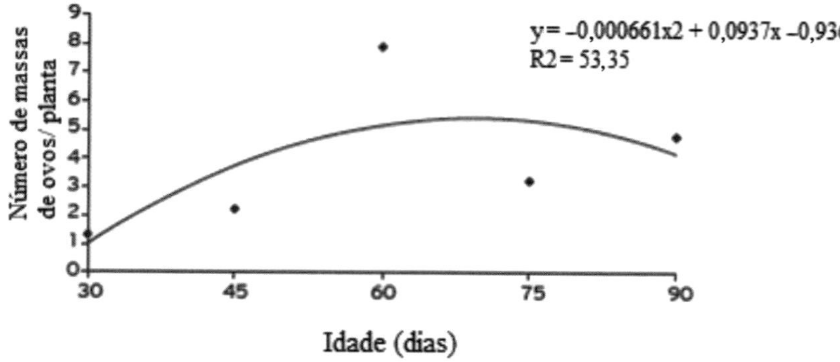


**Figura 2.** Massas de ovos de *Spodoptera frugiperda* obtidas em plantas de algodoeiro com diferentes idades, em teste com chance de escolha (adaptado de Boiça Jr. et al., 2013).

*pophaga incertulas* (Walker) (Lepidoptera: Pyralidae). As razões dessa variação estão relacionadas a diferentes causas, como depósito de lignina e celulose na parede das células, presença da bainha da folha bem estruturada e deposição de sílica (Bandong e Litsinger, 2005).

Com relação às pragas dos grãos, o tempo de armazenamento também pode afetar a expressão da resistência de genótipos sobre aos insetos. Esse fato pode estar relacionado com a perda de água que acontece naturalmente durante o processo de armazenamento ou com a redução de alguns componentes essenciais ao desenvolvimento das larvas. Stamopoulos e Desroches (1981) consideram que a idade dos grãos é fator importante a ser considerado em estudos com feijoeiro e *Acanthoscelides obtectus* (Say) (Coleoptera: Bruchidae), uma vez que o tegumento do grão pode se tornar uma barreira mecânica às larvas ao longo do período de armazenamento, ou mesmo produzir substâncias tóxicas desconhecidas que não são degradadas pelas larvas do bruquídeo. Com essa mesma espécie de caruncho, Baldin e Lara (2008) avaliaram a resistência de grãos em onze genótipos de feijoeiro portadores ou não de variantes da proteína arcelina, com três idades de armazenamento (recém-colhidos, e com quatro e oito meses após a colheita), e constataram que o período de armazenamento afeta a expressão de resistência nos genótipos. Embora o tempo de armazenamento não tenha influenciado a atratividade dos adultos sobre os grãos, verificou-se redução na oviposição, no consumo de grãos por larva e na emergência de adultos à medida que os grãos se tornaram mais velhos. Os autores também verificaram significativo aumento no período de desenvolvimento dos insetos confinados em grãos mais velhos, em comparação com os recém-colhidos.

### 2.1.2. Altura

A altura também pode afetar a intensidade com que os insetos atacam as plantas. Murugesan e Kavitha (2010) avaliaram um germoplasma de algodoeiro em relação ao ataque da cigarrinha *Amrasca devastans* (Distant) (Hemiptera: Cicadellidae). Entre as variáveis consideradas, os autores observaram que a intensidade das lesões provocadas e a taxa de oviposição do inseto foram negativamente correlacionadas à altura das plantas, característica que, juntamente com outras, é responsável pela resistência dos genótipos à cigarrinha (Tabela 1).

**Tabela 1.** Características de genótipos de algodoeiro. Correlações entre altura da planta e danos e oviposição de *Amrasca devastans* (adaptado de Murugesan e Kavitha, 2010).

| Genótipo | Altura da planta (cm) | Características morfológicas das plantas[1] | | | | Índice de resistência[2] | Categoria de resistência[2] |
|---|---|---|---|---|---|---|---|
| | | Comprimento do internódio (cm) | Comprimento do pecíolo (cm) | Área foliar ($cm^2$) | Espessura da folha (μ) | | |
| KC 2 | 75,7 a | 5,2 a | 4,7 c | 41,5 f | 220,0 ab | 1,2 | Altamente resistente |
| SVPR 2 | 68,3 b | 4,9 ab | 5,5 bc | 43,6 f | 230,0 ab | 1,3 | Altamente resistente |
| LRA 5166 | 51,0 c | 4,5 abcd | 6,2 b | 61,2 e | 250,0 a | 3,7 | Altamente suscetível |
| NISD 2 | 50,0 cd | 4,7 abc | 8,1 a | 59,1 e | 263,3 a | 2,3 | Intermediário |
| TKH 1175 | 50,0 cd | 3,9 cd | 6,1 b | 66,7 cd | 250,0 a | 2,1 | Intermediário |
| MCU 5 | 49,2 cd | 4,3 bcd | 8,1 a | 64,0 de | 184,0 bc | 2,1 | Intermediário |
| ICMF 20 | 46,0 cde | 4,0 cd | 6,3 b | 78,6 a | 226,7 ab | 3,3 | Altamente suscetível |
| TKH 1178 | 43,0 def | 3,7 d | 8,6 a | 70,2 bc | 156,7 c | 2,7 | Suscetível |
| TKHH 1 | 40,7 ef | 2,9 e | 7,8 a | 72,1 b | 266,7 a | 3,4 | Altamente suscetível |
| MCU 10 | 38,8 f | 3,8 d | 7,9 a | 61,9 e | 226,7 ab | 2,3 | Intermediário |
| Média | 51,3 | 4,2 | 6,9 | 61,91 | 227,4 | 2,4 | – |
| Significância | 0,01 | 0,01 | 0,01 | 0,01 | 0,001 | | |
| [2]Correlações | | Altura x dano: –0,6878** | | | Altura x oviposição: –0,7520* | | |

[1] Médias seguidas da mesma letra, nas colunas, não diferem significativamente a 5% (LSD).
* Diferença significativa ($p$<0,05). ** Diferença significativa ($p$<0,01).

Em estudo que avaliou o comportamento alimentar de *Cnaphalocrocis medinalis* (Guenée) (Lepidoptera: Pyralidae) em relação a diferentes genótipos de arroz, foi verificado que algumas características das plantas, incluindo a altura, estavam diretamente relacionadas à resistência ao lepidóptero. Nesse caso, a altura também foi negativamente relacionada com as injúrias causadas pelo inseto, de tal forma que plantas com maior porte foram menos danificadas pelas lagartas.

Aparentemente, algumas características morfológicas das plantas (densidade e comprimento de tricomas, largura e comprimento das folhas) também poderiam estar envolvidas na resistência ao lepidóptero (Punithavalli et al., 2013).

Em trabalho envolvendo genótipos de arroz de sequeiro e a broca-da-cana *Diatraea saccharalis* (Fabricius) (Lepidoptera: Crambidae), entretanto, Martins et al. (1981) encontraram correlação positiva entre a porcentagem de colmos broqueados e a altura das plantas, o que atribuíram à maior atratividade das plantas mais altas às mariposas no momento da oviposição.

Os efeitos variáveis de uma mesma característica da planta sobre o ataque de insetos evidenciam que esse tipo de relação deve ser avaliado com muita atenção quando se busca entender as relações inseto–planta.

### 2.1.3. Diâmetro

O diâmetro do colmo em plantas é outra característica morfológica que também pode influenciar a infestação por insetos. Em cana-de-açúcar, a infestação da broca-da-cana *D. saccharalis* pode estar relacionada diretamente com o diâmetro do colmo (Mathes et al., 1939). Lourenção et al. (1982) avaliaram a infestação e a intensidade de infestação dessa broca em vinte genótipos de cana-de-açúcar (*Saccharum* spp.) e correlacionaram esses índices com o diâmetro do colmo. Nesse germoplasma, verificaram que a infestação é diretamente proporcional ao diâmetro ($r^2$ = 0,912) e a intensidade de infestação, ao quadrado do diâmetro ($r^2$ = 0,825) (Figura 3), ou seja, genótipos de colmos mais finos são menos infestados

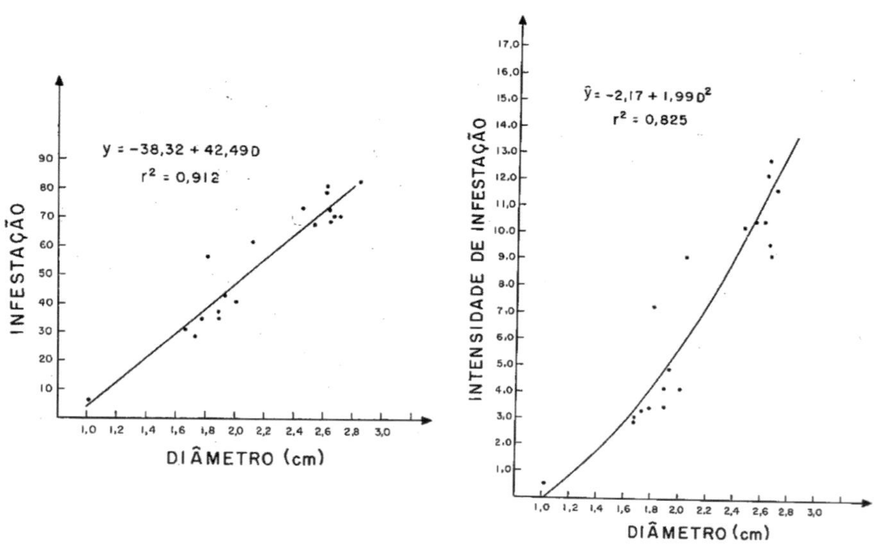


**Figura 3.** Regressão das médias de infestação e de intensidade de infestação de *Diatraea saccharalis* para diâmetro médio de vinte clones de cana-de-açúcar (*Saccharum* spp.) (Lourenção et al., 1982).

por essa broca. Assim, segundo os autores, em programas de melhoramento de cana-de-açúcar visando resistência a *D. saccharalis*, o diâmetro do colmo é uma característica que deve ser considerada, procurando-se selecionar, a partir de cruzamentos, clones de colmo grosso e com fatores de resistência a essa praga.

### 2.1.4. Infestação anterior por outras pragas ou doenças

A infestação prévia por outras pragas ou patógenos também pode influenciar a expressão de resistência por parte das plantas, devido às modificações fisiológicas e morfológicas que lhes são impostas pelo dano ocasionado por esses organismos. Essas alterações podem ser ainda mais significativas quando se trata de insetos sugadores, que muitas vezes também atuam como vetores de vírus às plantas.

Kranthi et al. (2003) avaliaram a possível influência do ataque prévio de *Anomis flava* (Fabricius) (Lepidoptera: Noctuidae) em plantas de algodoeiro, em relação ao comportamento de *Helicoverpa armigera* (Hübner) (Lepidoptera: Noctuidae), e verificaram menor preferência do lepidóptero em plantas atacadas previamente por *A. flava* (Tabela 2). Segundo os autores, a causa provavelmente estaria relacionada à herbivoria prévia sofrida por *A. flava*, que reduz a qualidade nutricional, além de induzir a síntese de aleloquímicos como rutina, ácido clorogênico e enzimas oxidativas, como lipoxigenases e peroxidases, as quais acabam por afetar a preferência de *H. armigera*.

**Tabela 2.** Área foliar (±EP) consumida por *Helicoverpa armigera* em plantas de algodoeiro previamente danificadas mecanicamente ou previamente atacadas por *Anomis flava* (adaptado de Kranthi et al., 2003).

| Horas após o dano de A. flava | Área foliar consumida após 48 h (mm$^2$) | | |
|---|---|---|---|
| | N | Plantas atacadas por A. flava* | Plantas danificadas mecanicamente* |
| 0 | 15 | 23,5 ± 0,3 a | 45,0 ± 2,1 a |
| 24 | 15 | 32,0 ± 0,1 ab | 45,1 ± 0,6 a |
| 48 | 15 | 30,5 ± 0,3 ab | 31,5 ± 2,5 a |
| 72 | 15 | 34,9 ± 0,3 ab | 36,4 ± 2,5 a |
| Controle | | 41,7 ± 1,2 b | 41,7 ± 1,2 a |

* Médias de três replicatas. Médias seguidas da mesma letra, na coluna, não diferem entre si pelo teste LSD ($p \geq 0{,}05$).

Em pesquisa com tomateiro, Tan et al. (2014) avaliaram o efeito da infestação prévia com *Myzus persicae* (Sulzer) (Hemiptera: Aphididae) sobre a preferência de *Bemisia tabaci* (Gennadius) (Hemiptera: Aleyrodidae). Os autores demonstraram que as moscas-brancas preferiram infestar plantas cujas folhas não haviam sido previamente infestadas pelos pulgões em testes com chance de escolha. O estudo verificou outros fatores que podiam afetar essa interação, tais como a duração da infestação dos pulgões, a densidade populacional, o intervalo entre a retirada dos pulgões e a infestação pela mosca-branca, além da posição das folhas avaliadas nas plantas. Os resultados indicaram que 72 horas de infestação prévia com *M. persicae* e a alta densidade populacional do afídeo (80 pulgões por planta) revelaram-se as melhores condições para evitar a colonização por *B. tabaci.*

Plantas também podem elevar seu sistema de defesa contra o ataque de insetos mesmo quando não são diretamente atacadas por eles. Um estudo conduzido em túnel de vento demonstrou que plantas de *Salix eriocarpa* Fr. & Sav. (salgueiro) não infestadas por pragas, quando condicionadas na direção de ventos a partir de plantas previamente atacadas por *Plagiodera versicolora* (Laicharting) (Coleoptera: Crysomelidae), apresentaram aumento no sistema de defesa contra esses insetos. Entre os parâmetros avaliados, o peso pupal, a sobrevivência larval e o consumo foliar por larvas foram afetados negativamente quando os insetos foram confinados a plantas que receberam ventilação proveniente de plantas atacadas (Yoneya et al., 2014).

A ocorrência de doenças em plantas pode afetar a qualidade delas como hospedeiras e, consequentemente, causar alterações comportamentais e biológicas em insetos fitófagos. Al-Naemi e Hatcher (2013) avaliaram o efeito da presença dos fungos *Uromyces viciae-fabae* (Pers.) (Basidiomycota: Uredinales: Pucciniaceae) e *Botrytis cinerea* (Pers.) (Ascomycota: Helotiales: Sclerotiniaceae) sobre o desempenho do pulgão *Aphis fabae* Scopoli (Hemiptera: Aphididae) em *Vicia faba* (L.) (feijoeiro-fava). Os autores demonstraram que a infecção prévia ou isolada de ambos os fungos reduz a taxa de crescimento populacional do inseto. Por outro lado, a infecção simultânea das duas espécies de patógenos não afetou o desempenho do afídeo.

Fungos endofíticos simbiontes de plantas também influenciam a expressão de resistência delas sobre os insetos fitófagos. Em trabalho envolvendo *S. frugiperda*, *Schistocerca americana* (Drury) (Orthoptera: Acrididae) e *Rhopalosiphum padi* (Linnaeus) (Hemiptera: Aphididae) e dez espécies de gramas com suas respectivas espécies de fungos simbiontes, verificou-se que todas as espécies de insetos preferiram se alimentar de plantas sem a presença dos simbiontes na maioria das espécies de grama avaliadas. Além disso, constatou-se que a presença dos simbiontes afetou o desenvolvimento de *S. frugiperda* para quase todas as espécies de gramas em que o lepidóptero foi confinado (Crawford et al., 2010).

A influência da infestação por outras pragas ou patógenos é importante especialmente nas situações em que a obtenção do genótipo resistente ocorre na presença desses organismos e o cultivo do referido material é feito na ausência deles, ou vice-versa, quando o material resistente é obtido na ausência de outras pragas ou patógenos e cultivado na presença deles. Nos dois casos, poderá haver uma alteração no comportamento do genótipo em relação à espécie-praga para a qual ele foi melhorado.

### 2.1.5. Parte infestada

Ao selecionar um germoplasma para avaliação de comportamento ou desempenho biológico de um artrópode-praga, é importante conhecer seus aspectos bioecológicos, bem como sua relação com determinada estrutura ou região da planta.

Baldin e Pereira (2009) avaliaram a influência da posição de folíolos de tomateiro quanto à expressão de antixenose à mosca-branca *B. tabaci* biótipo B e verificaram que, independentemente do genótipo avaliado, os adultos preferem infestar e ovipositar sobre folíolos dos terços médios e inferiores das plantas. Os autores também verificaram que se as avaliações de resistência e/ou seleção tomassem como base folíolos localizados no terço superior, não haveria diferença significativa entre os genótipos resistentes e os suscetíveis. Dessa forma, sugere-se que ensaios de antixenose (atratividade e oviposição) com essa espécie de mosca-branca em tomateiro concentrem suas avaliações nos folíolos dos terços mediano e inferior.

Na discriminação de genótipos quanto à resistência ao ataque de espécies de Lepidoptera, a estrutura considerada na planta também é de fundamental importância. Em trabalho com *Chrysodeixis includens* (Walker) [= *Pseudoplusia includens* (Walker)] (Lepidoptera: Noctuidae), Reynolds e Smith (1985) verificaram menor taxa de crescimento em indivíduos alimentados com folhas mais distantes do ápice, em comparação com aqueles alimentados com folhas do ponteiro, tanto para o genótipo suscetível ('Davis'), como para o resistente (PI 227687). Em outro trabalho com o mesmo lepidóptero, Smith (1985) concluiu que a expressão da resistência em PI 227687 é restrita às folhas do terceiro folíolo ou inferiores, uma vez que somente estas conferiram resistência a *C. includens*, ao passo que, usando folhas do ápice, PI 227687 não diferiu do genótipo suscetível ('Davis'). Nesse caso, folhas mais distantes do ápice são mais adequadas para a caracterização de antibiose e/ou antixenose (alimentação) em genótipos de soja.

No estudo de Boiça Jr. et al. (2015), foram avaliados os possíveis fatores que afetam a expressão de antixenose a *Anticarsia gemmatalis* Hübner (Lepidoptera: Noctuidae) e *S. frugiperda*, utilizando-se os genótipos de soja 'IAC 100' (resistente) e 'BRSGO-8360' (suscetível). Para a lagarta-da-soja, o uso de discos foliares provenientes da porção superior da planta em fase reprodutiva possibilitou a melhor discriminação de resistência entre os genótipos. Já para a lagarta-do-cartucho, o uso de discos foliares a partir do terço inferior das plantas em fase reprodutiva foi o mais adequado para a caracterização de resistência em ensaios de preferência alimentar. Os autores concluíram que a preferência de *A. gemmatalis* por folhas do ápice das plantas pode estar associada a um maior valor nutricional dessas folhas. Segundo Marschner (1995), os teores dos macronutrintes N, P e K decrescem conforme aumenta a idade das folhas e o distanciamento da região apical.

### 2.1.6. Época de plantio e fenologia

A época em que ocorre o plantio, bem como o estágio fenológico das plantas sob avaliação, também podem influenciar a expressão de resistência. Em ensaios de antixenose (alimentação) sem chance de escolha, verificou-se deterrência alimentar no genótipo de soja 'IAC 100' para lagartas de *A. gemmatalis* quando as plantas se encontravam em estágio fenológico reprodutivo. No entanto, essa inibição alimentar não se manteve em plantas em estágios vegetativos, o que demonstra que o estado fenológico das plantas afeta a expressão de resistência sobre insetos herbívoros (Boiça Jr. et al., 2015).

Em estudos de campo realizados nos Estados Unidos, foram avaliados cinco genótipos de soja pertencentes aos grupos de maturação IV a VIII, visando determinar o efeito da fenologia das plantas sobre a infestação de *A. gemmatalis* e *Epilachna varivestis* Mulsant (Coleoptera: Coccinellidae). Verificou-se que a fase fenológica afeta a densidade populacional de ambas as pragas e que genótipos de soja pertencentes aos grupos de maturação IV e V são os mais recomendados (Figura 4) para evitar altas infestações desses insetos-praga (McPherson et al., 1996).

No entanto, se o objetivo do trabalho fosse caracterizar a resistência de genótipos dentro de um grupo específico de maturação, as avaliações deveriam se concentrar entre os meses de agosto e setembro para *A. gemmatalis* e no mês de setembro para *E. varivestis*. Interpretações feitas nos meses de junho e julho (baixa infestação) poderiam induzir a conclusões equivocadas quanto à expressão de resistência dos genótipos.

Ao avaliar a expressão de resistência em genótipos de *Apium graveolens* L. (salsão) ao ataque da lagarta *S. exigua*, Diawara et al. (1994) observaram a influência da fase fenológica das plantas sobre o ataque das lagartas. Os genótipos testados apresentaram maior resistência às lagartas quando as plantas estavam em fase de maturação. Os pesquisadores também constataram essa maior resistência durante a época mais quente, o que também demonstra a influência de fatores abióticos na resistência desses genótipos para *S. exigua*.

Em estudos de campo visando avaliar a resistência de girassol a *Chlosyne lacinia saundersii* Doubleday & Hewitson (Lepidoptera, Nymphalidae), Boiça Jr. e Vendramim (1993) avaliaram a infestação larval em dezesseis cultivares, em duas épocas de cultivo (outubro–fevereiro e fevereiro–junho). Os autores verificaram maior infestação, avaliada pelo número de lagartas por planta, porcentagem de plantas atacadas e porcentagem de desfolha, quando o cultivo foi feito entre fevereiro e junho, o que permitiu melhor discriminação entre as cultivares testadas.

A influência da época de plantio de soja sobre infestações de insetos herbívoros também foi avaliada por McPherson e Bondari (1991). Em seu estudo, os autores relataram maior abundância de *A. gemmatalis* em plantios tardios, semeados no começo de junho, em comparação com aqueles semeados no início de maio. Também foi reportado maior nível populacional de *Nezara viridula* (Linnaeus)

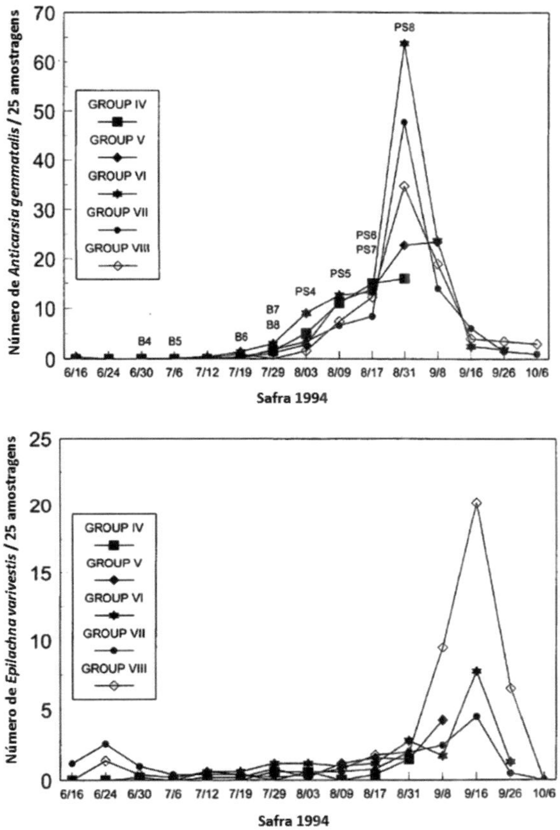


**Figura 4.** Infestação de *Anticarsia gemmatalis* e *Epilachna varivestis* em cinco grupos de maturação de soja durante a safra de 1994 em Tifton, Georgia (adaptado de McPherson et al. *Journal of Economic Entomology* 89: 1601-607, 1996, com autorização).

(Hemiptera: Pentatomidae) em plantas semeadas no começo de maio, em relação às plantas semeadas no meio de maio ou início de junho.

Em estudo com *S. frugiperda*, Pannuti et al. (2016) demonstraram que, para plantas de milho em fase reprodutiva, é maior a preferência e a sobrevivência de lagartas em espigas (grãos leitosos) e estilo-estigmas da planta, comparativamente a folhas, caule e pendão (Figura 5). Diante disso, o uso de espigas contendo grãos em formação revela-se a melhor opção para confinamento de indivíduos, permitindo a expressão de antibiose e/ou antixenose (alimentação). Por outro lado, o uso de folhas ou outras estruturas na fase reprodutiva poderia ocasionar expressiva mortalidade, induzindo à interpretação equivocada de antibiose, quando, na verdade, ocorreria deficiência nutricional nessas estruturas. Portanto,

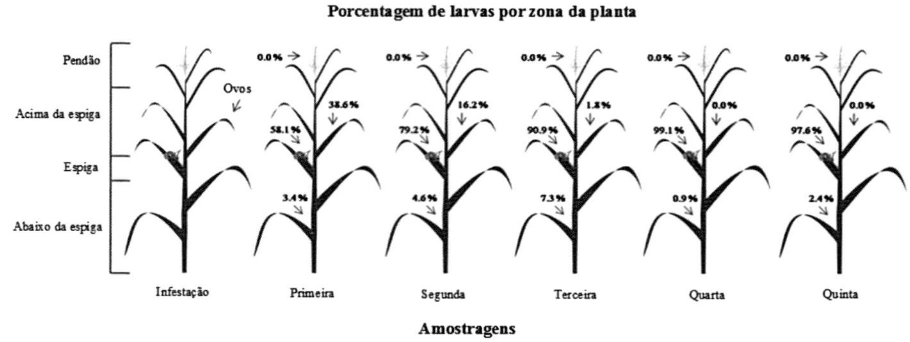


**Figura 5.** Porcentagem média de lagartas de *Spodoptera frugiperda* recuperadas semanalmente nas diferentes estruturas de plantas de milho (adaptado de Pannuti et al. *Environmental Entomology* 45: 192-200, 2016, com autorização).

identificar a fase fenológica mais adequada para a caracterização de genótipos mostra-se essencial em ensaios de resistência.

A bicheira-da-raiz *Lissorhoptrus oryzophilus* Kuschel (Coleoptera: Curculionidae) é uma das principais pragas da cultura do arroz nos Estados Unidos e vem estimulando estudos que investigam a relação entre as fases fenológicas da planta e a expressão de resistência ao inseto. De acordo com os resultados, os insetos infestam as plantas desde o início da fase vegetativa até a entrada da fase reprodutiva. Porém, em ensaios com e sem chance de escolha, foi perceptível a preferência da praga pelas plantas que estavam em fase de perfilhamento, em relação às plantas em fases que antecedem o perfilhamento e a época reprodutiva (Stout et al., 2013).

Assim, considerando-se experimentação de campo em que se objetiva avaliar a resistência a insetos de germoplasma amplo, abrangendo genótipos de diferentes ciclos ou grupos de maturação, o ideal é separar genótipos de fenologia semelhante para cada experimento. Desta forma, evita-se a comparação de danos entre genótipos em diferentes fases fenológicas no mesmo experimento, o que poderia resultar em inferências equivocadas.

Muitas plantas respondem aos danos ocasionados por insetos através da emissão de compostos orgânicos voláteis (Paré e Tumlinson, 1996, 1998), que variam em função da espécie da planta, do estágio fenológico e do inseto causador do dano (Michereff et al., 2011). Insetos utilizam esses voláteis para encontrar coespecíficos ou para detectar a presença de competidores, evitando plantas anteriormente danificadas (Kalberer et al., 2001; Meiners et al., 2005). Em trabalho realizado com algodoeiro, avaliou-se a relação entre o bicudo *Anthonomus grandis* Boheman (Coleoptera: Curculionidae) e a síntese de tais compostos orgânicos voláteis, liberados por plantas não danificadas, danificadas por insetos coespecíficos e por insetos heteroespecíficos, como *S. frugiperda* e *Euschistus heros* (Fabricius) (Hemiptera: Pentatomidae), no estágio vegetativo e reprodutivo das plantas. Os insetos apresentaram preferência por voláteis liberados por plantas de algodoeiro danificadas no estágio reprodutivo, em comparação com os voláteis sintetizados por plantas em estágio vegetativo (Magalhães et al., 2012). Além disso, voláteis emitidos por plantas danificadas por *S. exigua* e *E. heros* não foram atrativos ao bicudo-do-algodoeiro, e a quantidade deles foi maior quando as plantas foram atacadas por *A. grandis*. Isso demonstra a preferência dos insetos por plantas em estágio reprodutivo e previamente infestadas por seus coespecíficos.

### 2.1.7. Enxertia ou cruzamento

Outros fatores relacionados às plantas e que podem afetar a expressão de resistência aos insetos são a enxertia e o cruzamento (Lara, 1991). A enxertia é uma prática muito utilizada em culturas perenes e sua relação com a expressão de resistência já está documentada na literatura. Um exemplo clássico envolve videiras e o hemíptero *Daktulosphaira vitifoliae* (Fitch) (Hemiptera: Phylloxeridae), praga originária da América do Norte que, ao disseminar-se pela França, a partir de 1861, quase levou o sistema de produção de vinhos daquele país ao colapso (Balachowsky, 1951). A situação só foi controlada em 1890, quando os produtores passaram a utilizar um genótipo de videira americano como porta-enxerto para *Vitis* spp. (Panda e Khush, 1995) (ver Capítulo 1).

Com lagartas de *Helicoverpa zea* (Boddie) (Lepidoptera: Noctuidae) e soja, pesquisadores estudaram as combinações de enxertia dos genótipos resistentes, PI 229358 e PI 227687, com o genótipo 'Davis', suscetível. Verificaram que as lagartas alimentadas em folhas de 'Davis' enxertadas com as PIs ou que utilizaram esses genótipos como porta-enxertos apresentaram menor desenvolvimento em relação àquelas alimentadas em folhas de 'Davis' provenientes de plantas não enxertadas. De acordo com esses resultados, os fatores de resistência seriam translocados das PIs para as folhas de 'Davis' (Lambert e Kilen, 1984).

O cruzamento entre populações de plantas é apontado como uma forma de ampliar a variação genética delas e pode aumentar a resistência de determinada espécie aos danos causados por artrópodes. No entanto, em alguns casos, também pode resultar em depressão por exogamia. Esses efeitos deletérios podem modificar as interações planta–herbívoro, alterando a expressão de resistência por parte das plantas (Leimu e Fischer, 2010). Em ensaios com plantas de *Lychnis flos-cuculi* L. (flor-de-cuco), pesquisadores verificaram os efeitos de cruzamentos dentro e entre populações na resistência a insetos herbívoros. Os resultados demonstraram melhor desenvolvimento dos insetos confinados a plantas originadas de cruzamentos entre populações diferentes, em comparação com cruzamentos dentro da mesma população. Esses dados apontam o impacto negativo da exogamia na expressão de resistência e nos mecanismos de defesa das plantas.

### 2.1.8. Densidade

O arranjo das plantas no campo pode afetar a entomofauna associada aos cultivos, influenciando as respostas delas ao ataque de insetos-praga. Ihejirika et al. (2008) avaliaram o efeito de diferentes técnicas de plantio e densidade de plantas de amendoinzeiro sobre a incidência e os danos do besouro *Ootheca mutabilis* (Schonherr) (Coleoptera: Chrysomelidae) e dos lepidópteros *Agrotis* spp. e *Spodoptera* spp. e verificaram correlação positiva entre o aumento da densidade e a ocorrência dos insetos. Em cultivos semeados sob espaçamento de 15 × 15 cm (444.444 plantas/ha), as plantas apresentaram maior desfolha, mais orifícios de alimentação e redução no plantel, em comparação com plantios espaçados em 20 × 20 cm (250.000 plantas/ha). Os autores sugerem que o maior sombreamento e a menor ventilação em plantas sob espaçamento mais reduzido criam um ambiente mais favorável aos insetos-praga.

Em pesquisa realizada entre os anos de 1992 e 2007 envolvendo três insetos herbívoros monófagos, *Pinyonia edulicola* (Gagne) (Diptera: Cecidomyiidae), *Dioryctria albovittella* (Hulst) (Lepidoptera: Pyralidae) e *Neodiprion edulicolus* (Ross) (Hymenoptera: Diprionidae) em *Pinus edulis* Engelm. (pinheiro), foi avaliado o efeito da densidade das plantas sobre a resistência aos insetos. Embora os resultados tenham apresentado algumas variações ao longo dos anos, os autores concluíram que a incidência dos insetos multiplicou-se com o aumento da densidade da planta hospedeira (Sholes, 2008).

Na cultura da soja, Cherry et al. (2013) investigaram a incidência de *S. frugiperda* e *Elasmopalpus lignosellus* (Zeller) (Lepidoptera: Pyralidae) e de algumas espécies de percevejos e não reportaram diferenças expressivas relativas à incidência dos insetos-praga em cultivos semeados em fileira simples, dupla ou tripla. No entanto, considerando que a entomofauna responde de diferentes formas ao espaçamento dos cultivos em campo, em estudos de resistência é recomendada a padronização da densidade de plantio.

### 2.1.9. Plantas adjacentes e cultivos anteriores

Plantas adjacentes ou cultivos prévios também podem afetar a resposta de plantas ao ataque de insetos-praga. De acordo com a espécie de planta que divide a área com o cultivo principal, poderão ocorrer variações na entomofauna associada às plantas, com maior ou menor ocorrência de agentes de controle biológico, bem como variação na incidência de pragas secundárias. No estudo de Sholes (2008), avaliou-se a interferência de plantas adjacentes de *Pinus ponderosa* Douglas ex Lawson (pinheiro), não hospedeira das espécies *P. edulicola*, *D. albovittella* e *N. edulicolus,* com relação à resistência da planta hospedeira, *P. edulis*. As infestações das três espécies de insetos-praga foram afetadas conforme ocorreu o incremento das plantas não hospedeiras nas áreas (Figura 6). As populações de *D. albovittella* e *N. edulicolus* foram significativamente reduzidas na presença

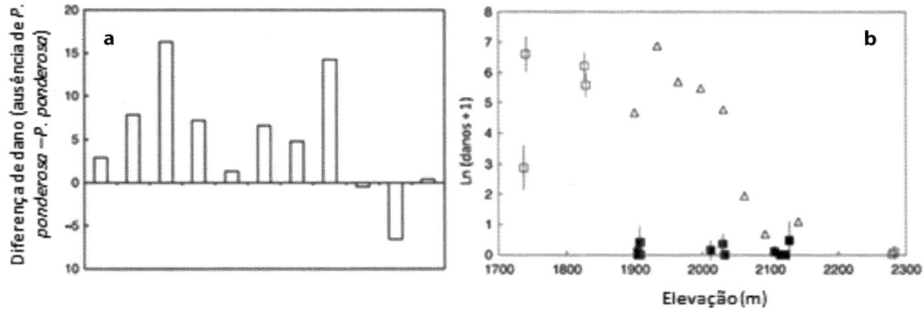


**Figura 6.** **(a)** Diferença em média de dano de *Dioryctria albovittella* para onze pares de áreas ([área sem *Pinus ponderosa*] – [área com *Pinus ponderosa*]). Dez árvores de *Pinus edulis* foram amostradas para cada área; **(b)** danos de *Neodiprion edulicolus* em *Pinus edulis* na presença ou ausência de (□) *Pinus ponderosa*. Dano médio entre 1992 e 1998 em dezoito áreas com (■) ou sem *Pinus ponderosa*, e dano médio em oito áreas na ausência de *Pinus ponderosa* (△) (adaptado de Sholes, 2008).

da espécie não hospedeira. Já para *P. edulicola*, a população não foi afetada pela presença de *P. ponderosa*. Portanto, associações de plantas resistentes e não hospedeiras podem influenciar a dinâmica populacional de insetos-praga e a expressão da resistência, porém essa influência varia de acordo com a espécie da planta hospedeira e do inseto avaliado.

Em algumas regiões do Brasil, o cultivo de soja vem sendo feito de forma sucessiva, o que tem impactado o desempenho inicial de culturas subsequentes. Na rotação soja–milho, quando não são realizadas aplicações de inseticida durante a dessecação da soja ou o tratamento das sementes de milho por ocasião da semeadura, são comuns elevadas infestações de lagartas do gênero *Spodoptera*, além de percevejos como *Dichelops* sp. e *E. heros*, que podem comprometer o desempenho da cultura (exemplo: milho safrinha). Assim, em trabalhos de resistência ou seleção de genótipos de milho após o cultivo de soja, recomenda-se cautela, a fim de evitar intensa pressão populacional de insetos em plântulas, o que pode prejudicar a classificação dos genótipos.

## 2.2. Fatores relacionados aos insetos

### 2.2.1. Idade

O consumo efetuado por determinada espécie de inseto varia conforme o estágio de desenvolvimento em que é avaliado. Ou seja, o volume ingerido por uma larva de primeiro instar é bem menor do que aquele consumido durante os últimos estágios.

Nesse sentido, Vendramim et al. (1983), ao avaliar o consumo de *Agrotis subterranea* (Fabricius) (Lepidoptera: Pyralidae) em três cultivares de couve, verificaram que, no último instar, as lagartas consumiram cerca de 75% do alimento ingerido em toda a fase larval. Isso evidencia a importância da correta determinação do instar do inseto nos ensaios de consumo de alimento. A determinação incorreta da fase do inseto pode levar a erros na interpretação dos resultados, por exemplo, um material pode ser considerado resistente por antixenose, quando na realidade ele foi submetido a lagartas mais jovens.

Além desse aspecto em estudos de resistência, também é importante a realização de ensaios preliminares, a fim de identificar a fase ou o estágio mais adequado para caracterizar as diferenças dentro do germoplasma avaliado.

Também podem ocorrer variações no potencial de danos durante o ciclo do inseto. Por exemplo, insetos com desenvolvimento holometabólico podem apresentar hábitos alimentares distintos durante as fases larval e adulta. É o caso dos lepidópteros, cujas larvas apresentam aparelho bucal do tipo mastigador na fase imatura, que muda para sugador-maxilar na fase adulta (mariposas e borboletas), quando praticamente não ocasionam danos às plantas. Conforme descrito por Lara (1991), em diversos outros casos o estágio de desenvolvimento do inseto está intimamente relacionado a determinada estrutura da planta que será atacada por ele. Em algumas espécies de Chrysomelidae, os adultos (besouros) danificam estruturas da parte aérea das plantas, enquanto as formas larvais permanecem no solo, causando danos ao sistema radicular e/ou colo das plantas. Portanto, em trabalhos que visem a caracterização de resistência de genótipos, o conhecimento prévio dos aspectos bioecológicos do inseto envolvido e de suas interações com a planta hospedeira é fundamental para a escolha do estágio de desenvolvimento do inseto a ser empregado como bioindicador durante os ensaios.

Avaliando a preferência alimentar de lagartas de *H. armigera* em dez genótipos de tomateiro, em testes com e sem chance de escolha, foi observada alteração na preferência alimentar dos insetos, de acordo com as idades/os instares dos insetos avaliados e as idades das plantas. As lagartas de primeiro instar tiveram preferência por folhas de plantas com 30 dias de idade, enquanto as de segundo instar preferiram plantas de 45 dias de idade, em comparação com as plantas de 60 e 75 dias (Figura 7). Os genótipos 'Varushanadu Local', 'PT 4287' e 'Seijima Jeisei' foram os menos atacados, independente da idade das plantas (Selvanarayanan e Narayanasamy, 2004).

### 2.2.2. Condicionamento pré-imaginal

Esse comportamento se baseia na preferência de determinados insetos por se alimentar ou ovipositar em genótipos nos quais se alimentaram anteriormente. Entretanto, trata-se de um caso específico, e o fenômeno pode ou não acontecer, de acordo com a espécie a ser estudada.

Fêmeas adultas de alguns insetos podem ter preferência por determinado genótipo no qual sua prole se desenvolverá melhor. Um exemplo é o estudo conduzido por Mphosi e Foster (2010), que observaram esse fenômeno em dezesseis genótipos de girassol e a preferência para oviposição de *Homoeosoma electellum*

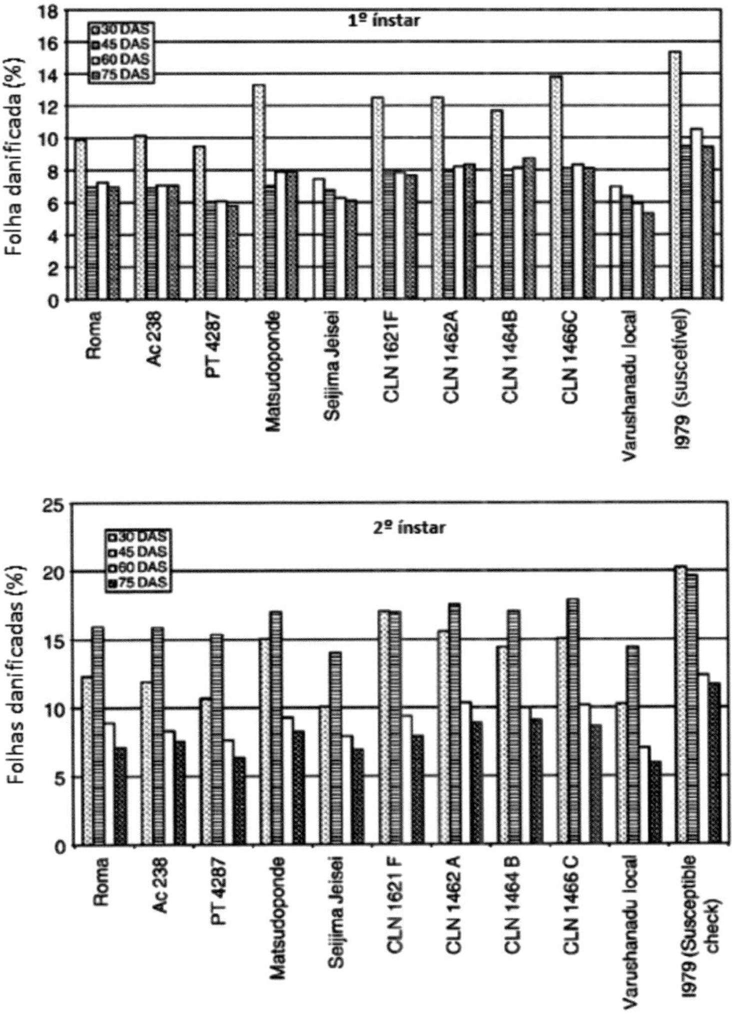


**Figura 7.** Preferência alimentar de lagartas de primeiro e segundo instares de *Helicoverpa armigera* em genótipos de tomateiro com diferentes idades (adaptado de Selvanarayanan e Narayanasamy. *International Journal of Tropical Insect Science* 24: 201-6, 2004, com autorização).

(Hulst) (Lepidoptera: Pyralidae). Esses pesquisadores verificaram significativa correlação entre a preferência das fêmeas e o desenvolvimento das lagartas. As fêmeas de *H. electellum* preferiram ovipositar em genótipos nos quais as lagartas apresentaram melhor desenvolvimento.

Em estudo que caracterizou a expressão de antixenose (oviposição) em cinco genótipos de eucalipto, *Eucalyptus* sp., sobre o psilídeo-de-concha, *Glycaspis brimblecombei* Moore (Hemiptera: Psyllidae), Pereira et al. (2013) demonstraram que não há condicionamento pré-imaginal dos insetos criados em plantas dos genótipos 3025 e *Eucalyptus camaldulensis* Dehnh (Tabela 3).

**Tabela 3.** Número médio (± EP) de ovos/$cm^2$ de *Glycaspis brimblecombei* em mudas de genótipos de eucalipto, com a utilização de adultos provenientes de dois hospedeiros (adaptado de Pereira et al., 2013).

| Genótipo (Fator 1) | Número de ovos [1] |
|---|---|
| 3025 | 1,9 ± 0,5 a |
| *E. camaldulensis* (IPEF) | 0,8 ± 0,2 ab |
| I-144 | 0,3 ± 0,1 b |
| C-219 | 0,2 ± 0,1 b |
| GG-100 | 0,2 ± 0,1 b |
| F (G) | 10,07** |
| **Hospedeiro (Fator 2)** | |
| 3025 | 0,7 ± 0,2 a |
| *E. camaldulensis* (IPEF) | 0,6 ± 0,2 a |
| F (H) | $0,12^{ns}$ |
| F (G x H) | $0,06^{ns}$ |
| CV (%) | 25,15 |

[1] Médias seguidas de mesma letra não diferem entre si pelo teste de Tukey ($p > 0,05$). Dados transformados em $(x + 0,5)^{½}$.

Uma vez que esse comportamento varia de espécie para espécie, cada modelo (inseto–planta) deve ser avaliado individualmente. No entanto, Lara (1991) ressalta que, ao verificar-se a existência desse comportamento, esse efeito deve ser isolado nos testes de comparação dos genótipos, a fim de evitar a invalidação dos dados. Uma prática comum nos ensaios de resistência é excluir o genótipo utilizado na manutenção da criação do inseto, geralmente suscetível, da comparação entre os genótipos avaliados.

### 2.2.3. Nível e duração da infestação

Um genótipo é capaz de expressar resistência a determinado inseto até certo nível de infestação. Ao ultrapassar esse limite, a planta pode ser danificada de forma semelhante às demais, consideradas suscetíveis.

A grande dificuldade em estabelecer o melhor nível de infestação do inseto a ser utilizado está relacionada ao fato de que, muitas vezes, a utilização de baixas infestações pode acarretar poucos danos nos diferentes genótipos, dificultando a diferenciação entre os genótipos resistentes e suscetíveis. Contrariamente, quando se utilizam altos níveis de infestação de insetos, é possível que muitos genótipos sejam classificados como suscetíveis, em função dos prováveis danos ocasionados em todos eles. Diante disso, deve-se estabelecer um limite máximo para o nível de infestação a ser utilizado nos ensaios. A realização de ensaios preliminares para identificar o melhor nível de infestação a empregar é uma etapa importante a considerar nesse tipo de trabalho. Cabe ainda ressaltar que o nível de infestação a ser utilizado também dependerá do tamanho da parcela, do número de plantas por parcela, ou do número de vagens/sementes/frutos, ou do peso da estrutura, além do espaço para movimentação do inseto.

Em estudo de antixenose envolvendo *S. frugiperda* e diferentes genótipos de algodoeiro, foram realizados ensaios preliminares com diferentes números de casais por planta utilizando o genótipo 'BRS Ita 90' (Boiça Jr. et al., 2013). Com base nos resultados, os autores concluíram que ao menos três casais de mariposas por planta (Tabela 4) são necessários para obter bons índices de oviposição e sugerem que esse nível de infestação também pode fornecer boa acurácia em estudos de antixenose (oviposição) em casa de vegetação.

**Tabela 4.** Médias (±DP) de massas de ovos de *Spodoptera frugiperda* em plantas de algodoeiro BRS Ita 90 obtidas com diferentes densidades de casais (adaptado de Boiça Jr. et al., 2013).

| Número de casais/planta | Massa de ovos |
|---|---|
| Um | 6,2 ± 1,0 b |
| Dois | 7,1 ± 1,3 b |
| Três | 14,5 ± 2,0 a |
| Quatro | 20,9 ± 1,5 a |
| F | 18,12** |
| CV (%) | 20,77 |
| DMS | 0,87 |

[1] Médias seguidas pela mesma letra não diferem entre si pelo teste de Tukey (p > 0,01).

A fim de identificar a melhor população de adultos para ensaios de preferência para oviposição com *G. brimblecombei*, Pereira et al. (2013) avaliaram três densidades de casais (cinco, dez, quinze) por planta e constataram não haver diferença entre as populações de dez e quinze casais/planta. Segundo os autores, essas densidades poderiam ser as mais adequadas para a caracterização de antixenose (oviposição) em relação ao psilídeo-de-concha, em genótipos de eucalipto.

Em avaliação da preferência alimentar de adultos da vaquinha-das-solanáceas, *Epicauta atomaria* (Germar) (Coleoptera: Meloidae), em cinco espécies de maracujazeiro, verificou-se que a melhor densidade de insetos para distinguir os graus de resistência dos genótipos foi de três e cinco insetos para os testes com chance de escolha, e de dois nos testes sem chance de escolha. Os genótipos *Passiflora alata* Curtis e *P. laurifolia* L. foram os menos consumidos pelos insetos, sugerindo resistência ao coleóptero (Boiça Jr. et al., 2007).

Em estudo de preferência alimentar com lagartas de quarto instar de *A. gemmatalis* e terceiro instar de *S. frugiperda*, em soja, verificou-se que a liberação de duas lagartas de *A. gemmatalis* por disco foliar permitiu melhor diferenciação do consumo foliar dos insetos em genótipos resistentes e suscetíveis. Já para *S. frugiperda*, o ideal foi a utilização de apenas uma lagarta por disco foliar. A diferença na concentração de lagartas entre as duas espécies se deve principalmente à quantidade de alimento necessária ao desenvolvimento delas (Boiça Jr. et al., 2015).

A duração do período de infestação também pode influenciar a caracterização de genótipos quanto à resistência. Por exemplo, em testes com chance de escolha, além da densidade populacional a ser empregada, o tempo de infestação implicará no sucesso ou não da distinção entre os genótipos resistentes e suscetíveis. Assim, recomenda-se que nesse tipo de ensaio, sempre que houver avaliações de consumo, as observações sejam encerradas quando se verificar que algum dos tratamentos (genótipos) teve cerca de 90% de sua área consumida. Provavelmente, nesse momento, a comparação entre área foliar consumida indicará os genótipos mais promissores. Caso o ensaio tenha continuidade, assume-se o risco de todos os genótipos apresentarem consumo total (100%) pelo inseto, impossibilitando distingui-los.

Para testes sem chance de escolha com *S. frugiperda* utilizando discos foliares de soja, Boiça Jr. et al. (2015) ressaltam que é necessário um período de infestação superior a 24 horas, a fim de verificar a expressão de resistência nos genótipos.

Com o pulgão *Diuraphis noxia* (Kurdjumov) (Hemiptera: Aphididae), verificou-se que a elevação do nível de dano sobre plantas de trigo está correlacionada positivamente com o tempo de infestação a que as plantas são submetidas (Burd e Burton, 1992). Segundo os autores, quanto menor o período de infestação no genótipo 'TAM W-101', maior o potencial de recuperação das plantas. Essas informações reforçam a importância dessa variável nos experimentos envolvendo a classificação de genótipos em relação ao ataque de insetos-praga.

A determinação do tempo de avaliação também é importante nos estudos de antixenose para oviposição. Chaves e Vendramim (1995) avaliaram a preferência para oviposição de *Callosobruchus maculatus* (Fabricius) (Coleoptera: Bruchidae) em grãos de quinze cultivares de caupi, em três períodos de postura (três, cinco e sete dias). Nesse caso, embora tenha ocorrido maior oviposição no maior período de postura, a discriminação entre as cultivares não diferiu nos diferentes períodos. Por esta razão, os autores recomendam, em trabalhos futuros com essa praga em caupi, o uso do menor período, devido à maior facilidade e rapidez na caracterização de resistência.

### 2.2.4. Entomopatógenos, fitovírus, predação e parasitismo

A ocorrência de alguma doença, predação ou parasitismo pode afetar o comportamento do inseto sobre a planta e, em via oposta, o efeito das plantas hospedeiras sobre ele. Beach e Todd (1988) conduziram estudos em condições de laboratório e campo com o objetivo de avaliar a interação de dois genótipos de soja, GatIR 81-296 (resistente) e 'GaSoy 17' (suscetível), e dois vírus de poliedrose nuclear (NPV) sobre lagartas de *C. includens* e *A. gemmatalis*. Ambas as espécies, quando infectadas pelo NPV, consumiram menor área foliar, em comparação com as lagartas não infectadas, tanto em GatIR 81-296 como em 'GaSoy 17'. Uma vez que a presença do entomopatógeno afeta o comportamento alimentar dos insetos, é importante que as lagartas a serem utilizadas em testes de resistência não estejam infectadas por tais patógenos, o que pode comprometer o potencial de consumo dos insetos, afetando a discriminação dos genótipos quanto à resistência.

No caso de insetos vetores, a infecção prévia por fitovírus pode afetar o seu comportamento, desempenho e ciclo biológico. Nesse caso, sempre que possível, é importante saber se a espécie de inseto a ser investigada encontra-se infectada ou não. Em estudos de resistência nos quais o objetivo é a caracterização de antibiose e/ou antixenose (alimentação), o uso simultâneo (misturado) de insetos infectados e não infectados pode levar a interpretações equivocadas quanto à expressão de resistência.

Em trabalho realizado com *B. tabaci* biótipo Q, verificou-se que a infecção prévia dessa mosca-branca por *Tomato yellow leaf curl virus* (TYLCV) afeta diretamente a colonização e o comportamento alimentar do inseto, em comparação com indivíduos não infectados (Moreno-Delafuente et al., 2013). De acordo com os autores, indivíduos portadores de TYLCV se movimentam menos, em menores distâncias e com velocidades inferiores, em comparação com os não infectados. Ainda com relação a TYLCV, *B. tabaci* biótipo Q infectada com esse geminivírus tem seu desenvolvimento ninfal encurtado e os machos têm sua longevidade aumentada (Maluta et al., 2014). Como efeito indireto, ou seja, efeito da planta infectada com vírus sobre insetos não virulíferos, Maluta et al. (2014) constataram encurtamento do período embrionário em ovos colocados em plantas de tomateiro infectadas com TYLCV em relação a plantas sadias; também verificaram que fêmeas colocam maior número de ovos em tomateiros infectados do que em sadios.

Para ensaios de resistência conduzidos a campo, também é recomendável monitorar a flutuação populacional da espécie em estudo, além dos índices de predação ou parasitismo existentes. É possível que num genótipo ocorram mais predadores ou parasitoides do que em outro, justamente porque, em muitas situações, o inimigo natural responde primeiro aos odores da planta para depois se dirigir para a presa/hospedeiro (Read et al., 1970). Em casos em que o parasitismo e/ou predação são muito elevados, é possível que um genótipo seja erroneamente considerado resistente, devido à baixa infestação, em comparação com outros genótipos, quando na verdade o que ocorre é um elevado índice de controle biológico.

### 2.2.5. Sexo

O gênero dos insetos também pode influenciar os estudos de resistência de plantas. Em geral, artrópodes do sexo feminino requerem uma dieta mais rica em proteínas para a produção de ovos, por isso é o seu maior consumo alimentar, em comparação com os indivíduos do sexo oposto. Assim, quando existe a possibilidade de identificação do sexo dos insetos a utilizar em determinado estudo de resistência de plantas, essa prática pode contribuir para a acurácia dos resultados a serem obtidos (Smith, 2005). Ensaio conduzido com genótipos de tomateiro demonstrou que fêmeas do besouro-da-batata, *Leptinotarsa decemlineata* (Say) (Coleoptera: Chrysomelidae), consumiram maior quantidade de folhas, em comparação com os besouros machos, tanto nos genótipos resistentes como nos suscetíveis (Schalk e Stoner, 1976).

Com a espécie *E. varivestis*, Smith et al. (1979) investigaram qual seria a melhor idade e o sexo do coleóptero, visando caracterizar a preferência alimentar em genótipos de soja suscetível ('Forrest') e resistente (PI 229358). Nos ensaios utilizando trifólios dos dois genótipos, os autores verificaram significativa preferência das fêmeas por folhas do genótipo suscetível, o que não ocorreu com os machos, que não discriminaram os genótipos, além de ocorrer maior consumo pelas fêmeas, em relação aos machos, no genótipo suscetível.

### 2.2.6. Período de atividade

Os insetos apresentam padrão de atividade variável ao longo do dia, o que pode afetar a precisão nas avaliações de resistência. De tal forma, se o objetivo do trabalho é avaliar a atratividade e/ou preferência para oviposição com mariposas, as observações deverão ser realizadas durante o entardecer ou à noite, períodos de maior atividade desses insetos. Em estudos de seleção hospedeira com *H. armigera* (Jallow e Zalucki, 1995; Cunningham et al., 1998), são sugeridas avaliações noturnas, a fim de evitar períodos de baixa mobilidade ou exposição do inseto.

### 2.2.7. Biótipo

Identificar adequadamente a espécie de inseto-alvo é premissa básica em estudos de resistência, uma vez que determinado genótipo de planta pode revelar-se resistente a certa espécie de artrópode e suscetível a outras. Em alguns casos, plantas que apresentam genes de resistência para uma espécie de inseto podem ter essa resistência quebrada pelo surgimento de certo biótipo do inseto. Esses biótipos apresentam características genéticas próprias e são capazes de neutralizar as propriedades dos genes de uma planta resistente (Smith, 2005).

Biótipos são definidos como populações, dentro de determinada espécie de artrópode, que diferem das demais por sua habilidade em utilizar certo atributo diante de um genótipo de planta (Gallun e Khush, 1989; Wilhoit, 1992; Pedigo, 1999). Segundo Smith (2005), a virulência ou avirulência de um biótipo de artrópode a certo gene de resistência de planta depende de como os genes da planta resistente e do inseto virulento interagem. Quando produtos de genes de um inseto avirulento são reconhecidos pelo sistema de defesa da planta resistente, ele é incapaz de infestá-la. De maneira oposta, quando uma planta resistente não reconhece os produtos dos genes do artrópode, o biótipo virulento do inseto torna-se capaz de superar o gene ou os genes de resistência da planta.

A ocorrência de biótipos virulentos a genes de resistência já foi detectada em várias espécies de artrópodes pertencentes a diversas ordens (Hemiptera, Diptera, Coleoptera, Acari). Muitas das espécies são afídeos, com reprodução partenogenética, o que, segundo Smith (2005), contribui significativamente para o surgimento de biótipos. Alguns importantes exemplos de ocorrência de biótipos em plantas de importância econômica encontram-se descritos na Tabela 5.

**Tabela 5.** Biótipos associados com resistência de plantas (adaptado de Panda e Kush, 1995; Smith, 2005, com ampliações).

| Hospedeiro | Espécie de artrópode | Família | Número de biótipos | Referência |
|---|---|---|---|---|
| Alface | *Nasonovia ribisnigri* (Mosley) | Aphididae | 2 | Smith e Chuang (2014) |
| Alfafa | *Acyrthosiphon kondoi* (Shinji)<br>*Acyrthosiphon pisum* (Harris)<br>*Therioaphis maculata* (Buckton) | Aphididae<br>Aphididae<br>Aphididae | 2<br>4<br>6 | Zarrabi et al. (1995)<br>Auclair (1978)<br>Nielson e Lehman (1980) |
| Arroz | *Nephotettix cincticeps* (Uhler)<br>*Nephotettix virescens* (Distant)<br>*Nilaparvata lugens* (Stål)<br>*Orseolia oryzae* (Wood-Mason) | Cicadellidae<br>Cicadellidae<br>Delphacidae<br>Cecidomyiidae | 2<br>3<br>4<br>4 | Sato e Sogawa (1981)<br>Heinrichs e Rapusas (1985)<br>Heinrichs (1986)<br>Heinrichs e Pathak (1981) |
| Brássicas | *Brevicoryne brassicae* (Linnaeus) | Aphididae | 2-4 | Dunn e Kempton (1972) |
| Caupi | *Aphis craccivora* (Koch) | Aphididae | 2 | Ansari (1984) |
| Framboesa | *Amphorophora idaei* (Born)<br>*Amphorophora rubi* (Kaltenbach)<br>*Amphorophora agathonica* (Hottes) | Aphididae<br>Aphididae<br>Aphididae | 5<br>4<br>6 | Jones et al. (2000)<br>Keep e Knight (1967)<br>Keep e Knight (1967) |
| Macieira | *Eriosoma lanigerum* (Hausmann)<br>*Dysaphis devecta* (Walker)<br>*Rhagoletis pomonella* (Walsh) | Pemphigidae<br>Aphididae<br>Tephritidae | 2<br>3<br>2 | Young et al. (1982)<br>Alston e Briggs (1977)<br>Prokopy et al. (1988) |

*Continua...*

*Continuação*

| Hospedeiro | Espécie de artrópode | Família | Número de biótipos | Referência |
|---|---|---|---|---|
| Milho/sorgo | *Rhopalosiphum maidis* (Fitch) | Aphididae | 5 | Wilde e Feese (1973) |
| Soja | *Aphis glycines* Matsumura | Aphididae | 4 | Varenhorst et al. (2015) |
| Tomateiro | *Bemisia tabaci* (Gennadius)<br>*Trialeurodes vaporariorum* (Westwood)<br>*Macrosiphum euphorbiae* (Thomas) | Aleyrodidae<br>Aleyrodidae<br>Aphididae | 2<br>2<br>2 | Brown et al. (1995)<br>Lei et al. (1998)<br>Goggin et al. (2001) |
| Trigo | *Diuraphis noxia* (Kurdjumov)<br>*Mayetiola destructor* (Say)<br>*Schizaphis graminum* (Rondani)<br>*Macrosiphum avenae* (Fabricius)<br>*Aceria tosichella* Keifer | Aphididae<br>Cecidomyiidae<br>Aphididae<br>Aphididae<br>Eriophyidae | 11<br>16<br>8<br>3<br>5 | Smith e Chuang (2014)<br>Ratcliffe et al. (1994)<br>Puterka et al. (1988)<br>Lowe (1981)<br>Harvey et al. (2001) |
| Videira | *Daktulosphaira vitifoliae* (Fitch) | Phylloxeridae | 2 | Granett et al. (1985) |

Conforme discutido por Lara (1991), do ponto de vista da genética, a resistência pode ser horizontal ou vertical. Estas definições foram apresentadas no Capítulo 1.

De acordo com Panda e Khush (1995), os biótipos constituem importantes agentes de estresse, afetando a resistência das plantas. Segundo os autores, os biótipos surgem com mais frequência quando a antibiose (resistência vertical) é o mecanismo de resistência principal na planta; é mais raro o seu aparecimento em plantas que expressam antixenose ou tolerância (resistência horizontal). Isso se deve à maior pressão de seleção exercida por genótipos com elevado nível de compostos antibióticos, resultando em expressiva mortalidade dos artrópodes. Nesses casos, indivíduos selecionados se multiplicam e promovem o crescimento de novas populações ou biótipos.

Existem várias indicações de que a resistência horizontal (poligênica) pode ser muito mais estável do que aquela regida por genes únicos. No entanto, o desenvolvimento de genótipos com resistência horizontal é um processo que demanda muito tempo e esforço por parte de melhoristas e entomologistas.

Por outro lado, a literatura disponibiliza vários exemplos de sucesso de plantas resistentes a insetos usando resistência vertical, baseados na liberação sucessiva de diferentes genótipos com genes de antibiose. Porém, esses genes são considerados de vida curta, o que limita sua utilização a longo prazo.

Para evitar a seleção de biótipos resistentes de artrópodes, devem ser tomadas medidas que combinem o melhoramento genético e outras estratégias de manejo integrado de pragas (MIP). Uma boa alternativa para o manejo seria a utilização de genótipos com níveis moderados de antibiose ou genótipos portadores dos três tipos de resistência, em combinação com outras práticas.

O manejo incorreto através da eliminação de hospedeiros alternativos, a ausência de rotação de culturas, o cultivo do genótipo resistente em área total, aumentando a pressão de seleção, além do uso indevido de inseticidas, também podem contribuir para a seleção de biótipos resistentes e devem ser considerados. Adicionalmente, programas de monitoramento bem definidos devem ser adotados a partir de diferentes localizações e diferentes hospedeiros, visando verificar o desenvolvimento de biótipos. Embora os métodos de identificação de biótipos sejam variáveis, ferramentas moleculares como PCR (reação em cadeia da polimerase – técnica de multiplicação da fita de DNA) são bastante promissoras e podem ser utilizadas para diversas espécies de artrópodes.

Também se sugere que a possibilidade de surgimento de biótipos seja considerada durante o processo de melhoramento genético de genótipos que foca a resistência a artrópodes com elevado potencial reprodutivo (Smith, 2005). Nesse caso, insetos que se multiplicam através de partenogênese tornam-se os mais aptos no desenvolvimento de biótipos resistentes.

## 3. Fatores abióticos

### 3.1. Condições atmosféricas

As condições atmosféricas e os componentes envolvidos nesse sistema podem influenciar os mecanismos de defesa das plantas diante do ataque dos insetos. Em decorrência de alterações atmosféricas, uma planta pode ter suas características modificadas, o que afetará a resposta por parte dos insetos fitófagos.

A presença e o impacto de poluentes atmosféricos vêm sendo avaliados há algum tempo, com ênfase principal nos teores de dióxido de carbono ($CO_2$), ozônio ($O_3$), óxido de nitrogênio ($N_2O$), dióxido de enxofre ($SO_2$), em função de seu importante potencial fitotóxico. No entanto, a absorção do poluente depende de condições climáticas, e o tipo ou a extensão de dano ocasionado dependem de características físicas e químicas do poluente, além do potencial de detoxificação da planta.

O ozônio atualmente é um dos poluentes atmosféricos principais nos países mais desenvolvidos e os danos relacionados a esse componente são considerados fatores significativos de perda nas lavouras. Trumble et al. (1987) demonstraram que os indivíduos de *Keiferia lycopersicella* (Walsingham) (Lepidoptera: Gelechiidae) tiveram maior sobrevivência e ciclo mais rápido em plantas de tomateiro submetidas à fumigação por ozônio, em comparação com plantas sem contato com esse poluente. Nesse caso, a presença do poluente aumentou a suscetibilidade do material avaliado.

De acordo com Smith (2005), pesquisas vêm demonstrando que as intensas mudanças climáticas vêm aumentando a concentração do $CO_2$ atmosférico, com efeitos diretos na interação inseto–planta. Couture et al. (2012) avaliaram os efeitos de diferentes níveis de dióxido de carbono ($CO_2$) e de ozônio ($O_3$) na qualidade foliar de duas espécies de árvores, *Populus tremuloides* Michx. (álamo) e *Betula papyrifera* Marsh. (bétula) e sua influência na infestação da mariposa-cigana, *Lymantria dispar* (Linnaeus) (Lepidoptera: Lymantriidae) e de *Malacosoma disstria* Hübner (Lepidoptera: Lasiocampidae). Os resultados demonstraram que elevadas concentrações de $CO_2$ na atmosfera afetaram superficialmente ambas as espécies de árvores, enquanto as concentrações de $O_3$ influenciaram de forma negativa a constituição foliar das duas espécies. As altas concentrações de $CO_2$ intensificaram o desenvolvimento dos insetos, enquanto a maior concentração de $O_3$ diminuiu a taxa de consumo, e as respostas foram mais significativas para *P. tremuloides* do que para *B. papyrifera*.

### 3.2. Temperatura

A temperatura está intimamente ligada ao desempenho biológico dos artrópodes, e é considerada um dos fatores abióticos mais importantes. Estudos demonstraram que a resistência de determinados genótipos a pragas pode ser influenciada pelo aumento ou redução da temperatura em que os ensaios são realizados. Por exemplo, os genótipos de soja LD05-16611 e PI 567597C, reconhecidamente resistentes aos biótipos 1 e 3 do pulgão *Aphis glycines* Matsumura (Hemiptera: Aphididae), revelaram-se suscetíveis sob temperatura baixa (14°C) ou elevada (28°C) (Tabela 6). De maneira oposta, os genótipos PI 200538 e PI 567541B, apontados como suscetíveis ao biótipo 3 do inseto, demonstraram resistência a 21°C e 28°C. Isso sugere que o inseto pode ser diretamente afetado pelas mudanças de temperatura e/ou indiretamente, através de alterações na planta hospedeira, e indica que a temperatura é um dos fatores que influenciam a resistência dos genótipos de soja a *A. glycines* (Richardson, 2012). Comparando o desempenho desse mesmo pulgão em genótipo resistente (LDXG04018) e suscetível (RG607RR) sob temperaturas de 17,4°C e 25,5°C, Whalen e Harmon (2015) verificaram que o aumento da temperatura reduziu a sobrevivência de adultos no hospedeiro menos adequado.

Para grãos armazenados, a temperatura de armazenamento dos grãos pode afetar não apenas o desempenho biológico dos insetos associados, como também o grau de resistência/suscetibilidade dos genótipos. Baldin e Lara (2004) avaliaram genótipos suscetíveis e resistentes de feijoeiro sob diferentes temperaturas de armazenamento (20, 25 e 30°C) frente ao ataque do caruncho *A. obtectus* e constataram variações nos níveis de resistência dos genótipos. Entre os genótipos estudados, Arc 1S e Arc 2 apresentaram resistência estável sobre o inseto nas três temperaturas, enquanto o genótipo Arc 1 demonstrou perda de resistência quando

**Tabela 6.** Número médio (± EP) de indivíduos de *Aphis glycines*, biótipos 1 e 3, em cinco genótipos de soja, sob três temperaturas, e padrão de suscetibilidade (adaptado de Richardson, 2012).

| Biótipo | Genótipo | Suscetível/ resistente | Temperatura (°C) | | |
|---|---|---|---|---|---|
| | | | 14 | 21 | 28 |
| 1 | 'Williams 82' | Suscetível | 107,0 ± 1,4 cd | 245,0 ± 1,2 b | 447,3 ± 1,2 a |
| | LD05-16611 | Resistente | 40,7 ± 1,6 def | 31,0 ± 1,7 ef | 16,0 ± 2,1 f |
| | PI 200538 | Resistente | 9,0 ± 2,8 f | 0,0 ± 0,0 f | 0,0 ± 0,0 f |
| | PI 567541B | Resistente | 102,0 ± 1,3 cde | 87,3 ± 1,4cde | 66,4 ± 1,5 de |
| | PI 567597C | Resistente | 30,3 ± 1,7 ef | 4,3 ± 4,3 f | 165,7 ± 1,3 bc |
| 3 | 'Williams 82' | Suscetível | 151,7 ± 1,4 bcd | 158,7 ± 1,4 bc | 769,3 ± 1,2 a |
| | LD05-16611 | Resistente | 40,0 ± 1,8 de | 12,0 ± 3,1 e | 30,0 ± 2,0 e |
| | PI 200538 | Suscetível | 84,7 ± 1,5 bcde | 6,7 ± 4,5 e | 13,3 ± 2,9 e |
| | PI 567541B | Suscetível | 55,7 ± 1,7 cde | 11,3 ± 3,2 e | 213,0 ± 1,3 b |
| | PI 567597C | Resistente | 33,0 ± 2,0 e | 17,0 ± 2,6 e | 88,3 ± 1,5 bcde |

Médias seguidas de mesma letra na coluna, para cada biótipo, não diferem entre si ($p > 0,05$).

a temperatura foi elevada de 25°C para 30°C. O estudo também demonstrou que a temperatura de 20°C foi a que mais favoreceu a distinção dos diferentes níveis de resistência dos genótipos de feijoeiro.

### 3.3. Fertilidade do solo

A fertilidade do solo também pode influenciar a expressão de resistência das plantas aos insetos. As variações nos teores de macro e micronutrientes afetam não apenas o desenvolvimento da planta, mas também podem agir sobre o inseto, influenciando seu comportamento e diversos parâmetros biológicos, como oviposição, desenvolvimento, sobrevivência e reprodução.

Conforme discutido por Smith (2005), a disponibilidade de nitrogênio (N) está diretamente relacionada ao crescimento das plantas e dos insetos e seu teor pode aumentar ou diminuir o nível de resistência dos genótipos. No trabalho de Pannuti et al. (2013), foi demonstrado que doses crescentes (50 a 200 kg $ha^{-1}$) desse macronutriente, aplicadas através de irrigação via gotejamento, aumentaram a suscetibilidade da cana-de-açúcar ao ataque de *D. saccharalis*; no entanto, tal efeito negativo foi compensado pelo expressivo aumento de produtividade obtido pela elevação dos níveis desse elemento.

Resultados semelhantes foram obtidos por Cunha et al. (2006), ao constatarem correlações positivas entre o teor de nitrogênio em quatro cultivares de arroz irrigado e o ataque de *Oryzophagus oryzae* (Costa Lima) (Coleoptera: Curculionidae), avaliado por meio do número de larvas por planta e da porcentagem de folhas lesionadas pela praga.

Com relação à variação nos níveis de resistência a partir de adubações com potássio (K) e fósforo (P), diversos trabalhos mostraram que a elevação nos teores desses macronutrientes em geral faz aumentar a resistência das plantas aos artrópodes (Elden e Kenworthy, 1994; Annan et al., 1997)

Boiça Jr. e Alonso (2000) avaliaram os efeitos do uso isolado ou combinado dos macronutrientes N, P e K sobre a manifestação da resistência de genótipos de feijoeiro ao caruncho *A. obtectus* e verificaram que a aplicação do nitrogênio resultou em menor porcentagem de insetos atraídos e menor oviposição sobre o genótipo resistente 'Rosinha G-2'. Segundo os autores, significativos níveis de resistência foram obtidos a partir do uso combinado de nitrogênio e potássio nos genótipos ESAL-564 e 'Rosinha G-2'.

Os efeitos da adubação (1,8 a 19,6 g/planta/semana) com três macronutrients (NPK) sobre fatores de resistência (tricomas) do tomateiro-selvagem *Solanum habrochaites* S. Knapp & D. M., Spooner (= *Lycopersicon esculentum* f. *glabratum* S. Knapp & D. M. Spooner (PI 134417) frente ao ataque de *Manduca sexta* (Linnaeus) (Lepidoptera: Sphingidae), *L. decemlineata* e *H. zea*, foram investigados por Barbour et al. (1991). O aumento na dosagem reduziu significativamente a ação desse fator de resistência sobre *M. sexta* e *L. decemlineata,* uma vez que diminuiu a densidade de tricomas glandulares do tipo VI, além de reduzir o teor de 2-tridecanona presente nesse tipo de tricoma.

Com a lagarta-da-soja *A. gemmatalis*, Lourenção et al. (1984) verificaram que a aplicação de calcário dolomítico nas doses de 3,5 e 7,0 t $ha^{-1}$ no genótipo 'IAC 9' tornou as plantas mais suscetíveis ao ataque do lepidóptero, enquanto as doses de $K_2O$ (150, 300, 450 e 600 kg $ha^{-1}$) não tiveram efeito significativo sobre a alimentação das lagartas (Tabela 7).

**Tabela 7.** Porcentagens médias de área foliar consumida por lagartas de *Anticarsia gemmatalis* em folhas do topo e da parte mediana de plantas de soja cultivar IAC 9 submetidas a cinco níveis de adubação potássica e três níveis de calagem (Lourenção et al., 1984).

| Posição das folhas | Calcário (t/ha) | $K_2O$ (kg/ha) | | | | | Média |
|---|---|---|---|---|---|---|---|
| | | 0 | 150 | 300 | 450 | 600 | |
| | | % | | | | | |
| Topo | 0,0 | 8,7 | 9,3 | 7,1 | 9,3 | 7,0 | 8,3 a |
| | 3,5 | 15,8 | 14,3 | 15,8 | 16,9 | 14,2 | 15,4 b |
| | 7,0 | 17,0 | 13,9 | 16,6 | 17,1 | 13,3 | 15,6 b |
| Média | | 13,8 A | 12,5 A | 13,2 A | 14,4 A | 11,5 A | — |
| Mediana | 0,0 | 12,1 | 10,9 | 13,2 | 11,8 | 10,2 | 11,6 a |
| | 3,5 | 17,3 | 20,9 | 20,3 | 20,0 | 17,7 | 19,2 b |
| | 7,0 | 21,3 | 20,1 | 21,3 | 19,4 | 18,9 | 20,2 b |
| Média | | 16,9 A | 17,3 A | 18,3 A | 17,1 A | 15,6 A | — |

Médias seguidas de mesma letra, maiúscula na linha e minúscula na coluna, não diferem entre si pelo teste de Tukey ($p > 0,05$).

Na cultura do milho, verificou-se que quando as plantas foram adubadas com vermicomposto (composto orgânico derivado da digestão de minhocas), houve redução na taxa de oviposição de adultos, no peso e na sobrevivência de pupas de *H. zea* (Cardoza e Buhler, 2012). Em estudo semelhante conduzido em repolho, Little e Cardoza (2011) também demonstraram os efeitos deletérios da dose crescente desse composto sobre alguns parâmetros biológicos de *Pieris rapae* (Linnaeus) (Lepidoptera: Pieridae) (Figura 8).

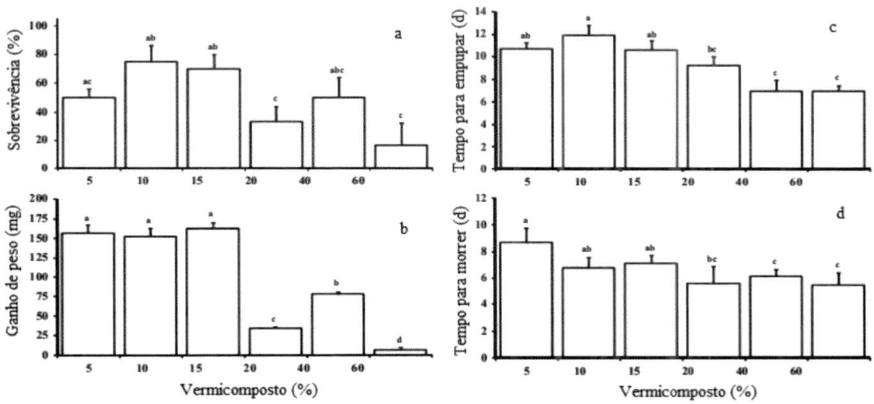


**Figura 8.** Desenvolvimento de *Pieris rapae* em repolho cultivado em solo com diferentes concentrações de vermicomposto. Barras com mesma letra não diferem entre si pelo teste LSD ($p \geq 0{,}05$) (adaptado de Little e Cardoza. *Pedobiologia* 54: 353-59, 2011, com autorização).

Ainda com crucíferas, Staley et al. (2009) avaliaram os genótipos de couve 'Derby Day' e 'Drago' e dois tipos de fertilizantes, um de origem orgânica (esterco animal) e outro industrializado (John Innes®), com relação a aspectos comportamentais e biológicos da traça-das-crucíferas *Plutella xylostella* (Linnaeus) (Lepidoptera: Plutellidae). Embora os insetos tenham aumentado a oviposição no genótipo 'Derby Day', diferenças no desenvolvimento larval entre os genótipos só foram verificadas nas plantas adubadas com o fertilizante John Innes®. Portanto, a resistência de diferentes genótipos a determinados insetos pode ser modificada de acordo com o tipo de fertilizante utilizado.

Diante da variabilidade de respostas das plantas a artrópodes na presença dos fertilizantes, recomenda-se que antes da instalação de ensaios a campo sejam feitas análises de fertilidade. Da mesma forma, o solo (substrato) a ser empregado na experimentação em vaso também deve ter sua fertilidade previamente investigada. A correção de eventuais desequilíbrios do solo (campo) e a padronização do substrato (vasos) eliminam a influência desse fator abiótico, permitindo que a expressão da resistência se manifeste independentemente dos genótipos avaliados.

## 3.4. Umidade do solo

Os teores de umidade do solo podem afetar o desenvolvimento e a produtividade das plantas. Aquelas que sofrem estresse hídrico podem apresentar diferentes e bastante variáveis respostas morfológicas – queda e enrolamento de folhas, mudanças de ângulo foliar e alterações na arquitetura da raiz – e fisiológicas – espessura da camada e consistência de cera cuticular, transpiração, respiração, comportamento estomatal, fotossíntese, nutrição mineral, translocação e degradação de proteínas. Consequentemente, essas modificações também podem interferir na expressão de resistência aos insetos, que podem ter seu desempenho afetado, a depender das condições em que as plantas hospedeiras são acondicionadas.

Para muitas espécies de plantas, o déficit hídrico acelera a quebra de proteína foliar, elevando os teores de nitrogênio e sacarose disponíveis na seiva do floema. À medida que aumentam esses teores, diversas espécies de insetos sugadores podem ter seu desenvolvimento e sua sobrevivência favorecidos, conforme registrado para o pulgão *D. noxia* em cevada (Oswald e Brewer, 1997).

No entanto, efeitos negativos do estresse hídrico sobre a população de outros afídeos já foram relatados. Com caupi, Agele et al. (2006) avaliaram a resistência de quatro genótipos ao pulgão *Aphis craccivora* (Koch) (Hemiptera: Aphididae), condicionando as plantas em diferentes regimes de umidade do solo, em intervalos de irrigação de oito, doze e dezesseis dias. No geral, os genótipos IT845-2246 e IT835-728-5 apresentaram menor número de afídeos em relação aos genótipos 'Ife Brown' e 'Vita 7'. Os autores também observaram interação altamente significativa entre os regimes hídricos e os genótipos de feijoeiro para os parâmetros: número de pulgões, biomassa e produtividade das plantas. As correlações desses parâmetros foram significativamente negativas, de modo que quanto maior o intervalo entre as irrigações (estresse hídrico), menor o desenvolvimento das populações do pulgão.

Na área florestal, os efeitos do estresse hídrico sobre características morfológicas das plantas, muitas vezes relacionadas à resistência delas a insetos, também já foram documentados. Em trabalho com três espécies de árvores de olmo, *Ulmus pumila* L., *U. americana* L. e *U. parvifolia* Jacq., atacadas pelo besouro desfolhador *Pyrrhalta luteola* (Müller) (Coleoptera: Chrysomelidae), verificou-se a possível relação de três diferentes regimes hídricos na expressão da resistência das plantas (Bosu e Wagner, 2007). Os pesquisadores verificaram que o condicionamento das plantas em regimes hídricos distintos pode provocar alterações na densidade de tricomas, além de modificar a concentração foliar de nitrogênio, potássio, fósforo, cálcio, magnésio, ferro e manganês. Alguns desses parâmetros já haviam sido relacionados à resistência das plantas a *P. luteola*. Segundo os autores, a espécie *U. parvifolia*, resistente ao inseto, não apresentou nenhuma alteração nos parâmetros avaliados quando submetida a maior regime hídrico; no entanto, *U. pumila*, suscetível ao inseto, apresentou aumento na densidade de tricomas e na concentração de ferro e magnésio quando condicionada a maior período de estresse hídrico.

### 3.5. Agroquímicos

A produção agrícola mundial tem sido associada à intensa utilização de defensivos agrícolas (inseticidas, herbicidas, fungicidas e reguladores de crescimento) nas lavouras, que podem afetar adversamente os artrópodes fitófagos. Desse modo, a expressão da resistência dos genótipos avaliados pode ser subestimada ou superestimada, caso esses fatores não sejam devidamente considerados ou neutralizados.

Liu e Trumble (2005) avaliaram a interação de inseticidas (pimetrozina, piriproxifeno, espinosade, imidacloprido e uma película com partículas de caulim) com quatro genótipos suscetíveis de tomateiro ('Shady Lady', 'Yellow Pear', '7718 VFN' e 'QualiT 21') e um genótipo selvagem resistente (PI 134417) sobre o psilídeo *Bactericera cockerelli* (Sulc) (Hemiptera: Psyllidae) e verificaram que todos os inseticidas reduziram a sobrevivência do inseto. No entanto, a eficiência de alguns produtos variou conforme o genótipo avaliado. Segundo os autores, os inseticidas imidacloprido e piriproxifeno foram os mais consistentes em todos os genótipos, independentemente do nível de suscetibilidade, o que os torna mais adequados para o manejo do inseto a campo. Uma vez que os genótipos com maior nível de resistência ao psilídeo apresentam incremento na eficácia dos inseticidas, é provável que uma menor frequência de aplicações seja necessária nesses genótipos.

Com a broca-das-cucurbitáceas *Diaphania nitidalis* (Stoll) (Lepidoptera: Pyralidae), Baldin e Lara (1998) também verificaram interação significativa entre o uso de genótipos resistentes e pulverizações com o piretroide deltametrina. O genótipo 'Duda' se comportou como o mais resistente a campo na comparação com 'AG-202' e 'Lita-186', independentemente do regime de aplicações com o inseticida. Constatou-se ainda que apenas uma aplicação do inseticida foi suficiente para eliminar totalmente os danos da broca no genótipo resistente 'Duda' (Figura 9).

Em estudo com lepidópteros, foi avaliada a interação entre os inseticidas permetrina, fenvalerato, acefato, paratiom metílico e metomil e genótipos de soja suscetíveis e resistente (PI 227687) para as lagartas desfolhadoras *A. gemmatalis* e *C. includens*. Verificou-se aumento na suscetibilidade de *A. gemmatalis* aos ingredientes ativos acefato e fenvalerate quando os insetos foram alimentados no genótipo resistente. Para *C. includens*, quando os imaturos dessa espécie foram alimentados com folhas de PI 227687, sua suscetibilidade ao acefato foi significativamente aumentada, em comparação com as lagartas criadas nos genótipos suscetíveis (Rose et al., 1988).

### 3.6. Tamanho das parcelas

O tamanho das parcelas a ser utilizado em ensaios envolvendo resistência de plantas a artrópodes também pode afetar o grau de resistência dos genótipos.

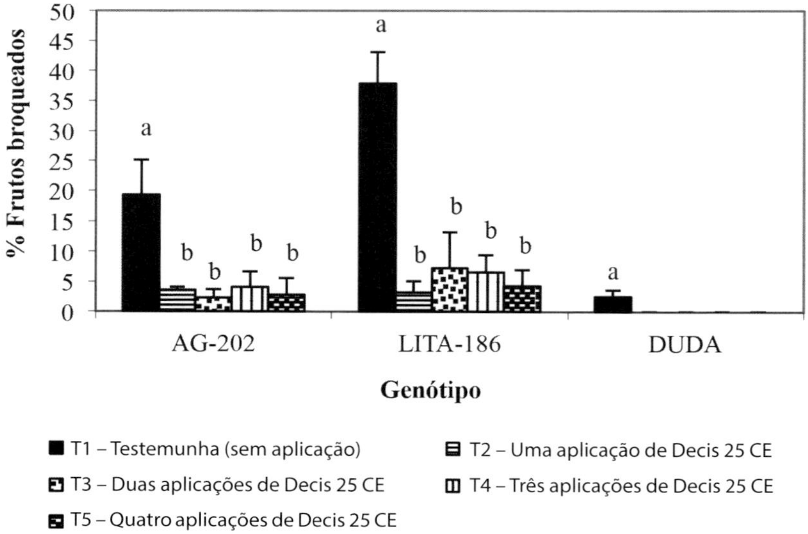


**Figura 9.** Porcentagens de frutos de abobrinha broqueados por *Diaphania nitidalis* sob diferentes estratégias de controle químico (adaptado de Baldin e Lara, 1998).

No entanto, o correto dimensionamento de plantas no campo (espaçamento entre plantas e entre linhas) pode minimizar os efeitos desse fator. Em laboratório, o tamanho dos recipientes (placas de Petri, caixas tipo Gerbox, gaiolas etc.) utilizados para acomodar determinada população de insetos ou estrutura vegetal também merece atenção em ensaios dessa natureza. Assim, seja para experimentos a campo, seja para casa de vegetação ou laboratório, sugere-se a realização de ensaios preliminares, a fim de identificar o tamanho mais representativo das parcelas experimentais.

Em campo, investigou-se o tamanho e o formato ideais das parcelas de soja, visando melhor avaliar a expressão de resistência das plantas a *A. gemmatalis* (Tabela 8). Após três anos de levantamentos, foi verificado que parcelas compostas de duas linhas (3 metros de comprimento cada uma) são as mais adequadas para ensaios de seleção com genótipos de soja frente ao ataque dessa praga (Funderburk et al., 1990).

Em diversos experimentos de resistência de plantas a insetos em campo têm sido utilizadas bordaduras dentro da parcela, a fim de evitar efeitos de vizinhança. Assim, tomando como exemplo a soja, parcelas podem ser formadas por quatro linhas de 5 metros, sendo avaliados apenas os 4 metros centrais das duas linhas internas. Uma justificativa para o uso desse tipo de parcela seria minimizar a interferência de parcelas adjacentes muito suscetíveis à praga em estudo, o que poderia aumentar a pressão de infestação sobre a parcela vizinha, no caso de plantio em linhas simples.

**Tabela 8.** Densidade média de *Anticarsia gemmatalis* (número/0,69 m$^2$) em duas datas e porcentagem de desfolha para seis tamanhos de parcelas (adaptado de Funderburk et al., 1990).

| Parcela | Indivíduos/0,69 m$^2$ | | | | | | Desfolha (%) | | |
|---|---|---|---|---|---|---|---|---|---|
| | 1986 | | 1987 | | 1988 | | 1986 | 1987 | 1988 |
| | 19 set. | 26 set. | 16 set. | 30 set. | 15 set. | 21 set. | 26 set. | 30 set. | 21 set. |
| 0,46 m * | 20,6 b | 43,6 a | 16,3 c | 16,3 a | 22,4 b | 35,0 ab | 44,6 ab | 26,7 a | 13,8 ab |
| 0,91 m * | 17,2 b | 44,3 a | 16,8 c | 13,8 a | 14,9 b | 22,5 c | 32,0 c | 30,8 a | 11,7 b |
| 1 linha x 3 m | 44,3 a | 50,9 a | 24,8 ab | 15,8 a | 40,6 a | 29,3 bc | 33,3 bc | 24,2 a | 13,3 ab |
| 2 linhas x 3 m | 43,4 a | 57,8 a | 21,7 bc | 19,9 a | 36,3 a | 37,3 ab | 50,0 a | 17,5 a | 18,3 a |
| 2 linhas x 6 m | 41,8 a | 51,3 a | 32,3 a | 25,8 a | 40,8 a | 42,1 a | 45,8 a | 29,6 a | 18,3 a |
| 4 linhas x 6 m | 42,3 a | 56,3 a | 26,5 a | 20,2 a | 35,6 a | 32,4 b | 50,6 a | 22,5 a | 18,3 a |

Médias seguidas de mesma letra na coluna não diferem entre si pelo teste de Duncan ($p > 0,05$).
* Espaçamento entre linhas.

## 3.7. Luz

A quantidade, a intensidade e a qualidade da luz também podem afetar a expressão de resistência das plantas a artrópodes-praga. Em tomateiro, os efeitos da quantidade de luz incidente sobre as plantas e sua influência na defesa delas foram avaliados em duas formas de cultivo, um com completa incidência de luz, outro sob sombrite (73%). Plantas desenvolvidas sob completa incidência luminosa apresentaram maiores concentrações de aleloquímicos (rutina, ácido clorogênico, tomatina) e menor concentração de proteínas do que folhas de plantas desenvolvidas sob sombrite. Essas alterações na concentração desses compostos afetaram o desenvolvimento de *Manduca sexta* (Jansen e Stamp, 1997).

Em estudos que avaliaram alterações de padrão de tricomas em função de diferentes regimes de luz, verificou-se que a produção desse fator de resistência está diretamente relacionada com a duração da luz do dia a que as plantas são submetidas. Snyder et al. (1998) avaliaram a influência de três regimes de luz do dia sobre a densidade de tricomas glandulares do tipo IV em tomateiro e seus reflexos na atratividade e na preferência para oviposição de *B. tabaci* biótipo B. Os autores concluíram que plantas formadas em dias mais curtos apresentaram maior densidade de tricomas glandulares e menor densidade de tricomas não glandulares, em comparação com plantas formadas em dias longos. Em consequência, maiores níveis de antibiose foram verificados em plantas de dias curtos, o que provavelmente está relacionado com a maior incidência dos tricomas glandulares.

Efeito do regime de luz do dia sobre insetos também foi constatado por Kennedy et al. (1981) que, trabalhando em regime de dias longos e dias curtos, constataram maior mortalidade de lagartas de primeiro instar de *M. sexta* em plantas de *S. habrochaites* f. *glabratum* (PI 134417) cultivadas em dias curtos.

Os autores atribuíram esse resultado à maior concentração de 2-tridecanona, aleloquímico produzido por tricomas glandulares presentes no referido acesso.

Com relação à intensidade de luz e sua influência sobre a resistência das plantas a artrópodes, existem diversos exemplos que indicam o decréscimo no nível de resistência pela redução na intensidade da luz, conforme demonstrado para caupi e *A. craccivora* (Nkansah-Poku e Hodgson, 1995), tomateiro e *Tetranychus urticae* Koch (Acari: Tetranychidae) (Nihoul, 1993) e milho e *Ostrinia nubilalis* (Hübner) (Lepidoptera: Crambidae) (Manuwoto e Scriber, 1985). De acordo com Smith (2005), a qualidade da luz que incide sobre as plantas também deve ser avaliada em trabalhos que buscam a caracterização de resistência.

## 4. Considerações finais

Neste capítulo, foram discutidos alguns fatores que podem influenciar a expressão de resistência das plantas sobre artrópodes-praga. Os exemplos citados demonstram que aspectos ligados às plantas, aos insetos e ao ambiente podem interagir, minimizando ou acentuando os níveis de resistência varietal.

Diante disso, recomenda-se a padronização desses fatores em estudos de resistência. Análises prévias sobre a fertilidade, a umidade do solo, a temperatura do ambiente e a intensidade luminosa devem ser realizadas, de modo a minimizar ou igualar os efeitos desses fatores em todos os genótipos avaliados. Da mesma maneira, as variáveis relacionadas às plantas e aos insetos também devem ser padronizadas, a fim de garantir a confiabilidade dos dados e minimizar possíveis erros de interpretação.

## Referências bibliográficas

AGELE, S. O.; OFUYA, T. I.; JAMES, P. O. Effects of watering regimes on aphid infestation and performance of selected varieties of cowpea (*Vigna unguiculata* L. Walp) in a humid rainforest zone of Nigeria. *Crop Protection* 25: 73-78, 2006.

AL-NAEMI, F.; HATCHER, P. E. Contrasting effects of necrotrophic and biotrophic plant pathogens on the aphid *Aphis fabae*. *Entomologia Experimentalis et Applicata* 148: 234-45, 2013.

ALSTON, F. H.; BRIGGS, J. B. Resistance genes in apple and biotypes of *Dysaphis*. *Annals of Applied Biology* 87: 75-81, 1977.

ANNAN, I. B. et al. Interactions of fertilizer, cultivar selection, and infestation by cowpea aphid (Aphididae) on growth and yield of cowpeas. *International Journal of Pest Management* 43: 307-12, 1997.

ANSARI, A. *Biology of Aphis craccivora (Koch) and varietal resistance of cowpeas*. Reading, UK, 273p. PhD Thesis – The University of Reading, 1984.

AUCLAIR, J. L. Biotypes of the pea aphid *Acyrthrosiphon pisum* in relation to host plants and chemically defined diets. *Entomologia Experimentalis et Applicata* 24: 12-16, 1978.

BALACHOWSKY, A. S. *La lutte contre les insectes*. Paris: Payot, 1951.

BALDIN, E. L. L.; LARA, F. M. Interação de genótipos de abobrinha italiana com inseticida no controle da broca das cucurbitáceas *Diaphania nitidalis* Cr. *Anais da Sociedade Entomológica do Brasil* 27: 621-26, 1998.

BALDIN, E. L. L.; LARA, F. M. Efeito de temperaturas de armazenamento e de genótipos de feijoeiro sobre a resistência a *Acanthoscelides obtectus* (Say) (Coleoptera: Bruchidae). *Neotropical Entomology* 33: 365-69, 2004.

BALDIN, E. L. L.; LARA, F. M. Resistance of stored bean varieties to *Acanthoscelides obtecus* (Coleoptera: Bruchidae). *Insect Science* 15: 317-26, 2008.

BALDIN, E. L. L.; PEREIRA, J. M. Influência da altura de folíolos na expressão da resistência de genótipos de tomateiro a *Bemisia tabaci* (Genn.) biótipo B (Hemiptera: Aleyrodidae). *Boletin de Sanidad Vegetal – Plagas* 35: 249-58, 2009.

BANDONG, J. P; LITSINGER, J. A. Rice crop stage susceptibility to the rice yellow stemborer *Scirpophaga incertulas* (Walker) (Lepidoptera: Pyralidae). *International Journal of Pest Management* 51: 37-43, 2005.

BARBOUR, J. D.; FARRAR JR., R. R.; KENNEDY, G. G. Interaction of fertilizer regime with host-plant resistance in tomato. *Entomologia Experimentalis et Applicata* 60: 289-300, 1991.

BEACH, R. M.; TODD, J. W. Discrete and interactive effects of plant resistance and nuclear polyhedrosis viruses for suppression of soybean looper and velvetbean caterpillar (Lepidoptera: Noctuidae) on soybean. *Journal of Economic Entomology* 81: 684-91, 1988.

BERNAYS, E. A.; CHAPMAN, R. F. *Host plant selection by phytophagous insects*. New York, EUA: Chapman & Hall, 1994.

BOIÇA JR.; A. L.; VENDRAMIM, J. D. Infestação de girassol pela lagarta *Chlosyne lacinia saundersii* em duas épocas de cultivo. *Scientia Agricola* 50: 244-53, 1993.

BOIÇA JR., A. L.; ALONSO, A. M. Efeito da adubação na manifestação da resistência de feijoeiro ao ataque de caruncho em testes com e sem chance de escolha. *Bragantia* 59: 35-43, 2000.

BOIÇA JR., A. L. et al. Atratividade e preferência alimentar de *Epicauta atomaria* (Ger.) em algumas espécies de maracujazeiro. *Revista Brasileira de Fruticultura* 29: 471-76, 2007.

BOIÇA JR., A. L. et al. *Spodoptera frugiperda* (J. E. Smith) (Lepidoptera: Noctuidae) in cotton: vertical distribution of egg masses, effects of adult density and plant age on oviposition behavior. *Arquivos do Instituto Biológico* 80: 424-29, 2013.

BOIÇA JR., A. L. et al. Factors influencing expression of antixenosis in soybean to *Anticarsia gemmatalis* and *Spodoptera frugiperda* (Lepidoptera: Noctuidae). *Journal of Economic Entomology* 108: 317-25, 2015.

BOSU, P. P.; WAGNER, M. R. Effects of induced water stress on leaf trichome density and foliar nutrients of three elm (*Ulmus*) species: implications for resistance to the elm leaf beetle. *Environmental Entomology* 36: 595-601, 2007.

BROWN, J. K.; FROHLICH, D. R.; ROSELL, R. C. The sweet potato or silverleaf whiteflies: Biotypes of *Bemisia tabaci* or a species complex? *Annual Review of Entomology* 4: 511-34, 1995.

BURD, J. D.; BURTON, R. L. Characterization of plant damage caused by Russian wheat aphid (Homoptera: Aphididae). *Journal of Economic Entomology* 85: 2017-22, 1992.

CARDOZA, Y. J.; BUHLER, W. G. Soil organic amendment impacts on corn resistance to *Helicoverpa zea*: constitutive or induced? *Pedobiologia* 55: 343-47, 2012.

CHAVES, J. W. N.; VENDRAMIM, J. D. Não preferência para oviposição e desenvolvimento de *Callosobruchus maculatus* (Fabr.) (Coleoptera: Bruchidae) em cultivares de caupi. *Anais da Sociedade Entomológica do Brasil* 24: 239-45, 1995.

CHERRY, R. et al. Effect of planting date and density on insect pests of sweet sorghum grown for biofuel in southern Florida. *Journal of Entomology Science* 48: 52-60, 2013.

COUTURE, J. J.; MEEHAN, T. D.; LINDROTH, R. L. Atmospheric change alters foliar quality of host trees and performance of two outbreak insect species. *Oecologia* 168: 863-76, 2012.

CRAWFORD, K. M.; LAND, J. M.; RUDGERS, J. A. Fungal endophytes of native grasses decrease insect herbivore preference and performance. *Oecologia* 164: 431-44, 2010.

CUNHA, U. S. et al. Associação entre teor de nitrogênio em cultivares de arroz e ataque de *Oryzophagus oryzae* (Costa Lima) (Coleoptera: Curculionidae). *Ciência Rural* 36: 1678-683, 2006.

CUNNINGHAM, J. P. et al. Learning in host selection in *Helicoverpa armigera* (Hübner) (Lepidoptera: Noctuidae). *Animal Behavior* 55: 227-34, 1998.

DIAWARA, M. M. et al. Plant age and seasonal variations in genotypic resistance of celery to beet armyworm (Lepidoptera: Noctuidae). *Journal of Economic Entomology* 87: 514-22, 1994.

DIMARCO, R. D.; NICE, C. C.; FORDYCE, J. A. Family matters: effect of host plant variation in chemical and mechanical defenses on a sequestering specialist herbivore. *Oecologia* 170: 687-93, 2012.

DUNN, J. A.; KEMPTON, D. P. H. Resistance to attack by *Brevicornye brassicae* among plants of Brussels sprouts. *Annals of Applied Biology* 72: 1-11, 1972.

ELDEN, T. C.; KENWORTHY, W. J. Foliar nutrient concentrations of insect susceptible and resistant soybean germplasm. *Crop Science* 34: 695-99, 1994.

FUNDERBURK, J. E. et al. Plot size and shape in relation to soybean resistance for velvetbean caterpillar (Lepidoptera: Noctuidae). *Journal of Economic Entomology* 83: 2107-110, 1990.

GALLUN, R. L.; KHUSH, G. S. Genetic factors affecting expression and stability of resistance. In: MAXWELL, F. G.; JENNINGS, P. R. (eds.). *Breeding plants resistant to insects*. New York, USA: John Wiley, 1989. p. 64-65.

GOGGIN, F. L.; WILLIAMSOM, V. M.; ULLMAN, D. E. Variability in the response of *Macrosiphum euphorbiae* and *Myzus persicae* (Hemiptera: Aphididae) to the tomato resistance gene *Mi*. *Environmental Entomology* 30: 101-6, 2001.

GRANETT, J.; TIMPER, P.; LIDER, L. A. Grape phylloxera (*Daktulosphaira vitifoliae*) (Homoptera: Phylloxeridae) biotypes in California. *Journal of Economic Entomology* 78: 1463-467, 1985.

HARVEY, T. L.; SEIFERS, D. L.; MARTIN, T. J. Host range differences between two strains of wheat curl mites (Acari: Eriophyidae). *Journal of Agriculture and Urban Entomology* 18: 35-41, 2001.

HEINRICHS, E. A.; PATHAK, P. K. Resistance to the rice gall midge, *Orseolia oryzae* in rice. *Insect Science and its Application* 1: 123-32, 1981.

HEINRICHS, E. A.; RAPUSAS, H. R. Cross-virulence of *Nephotettix virescens* (Homoptera: Cicadellidae) biotypes among some rice cultivars with the same major-resistance gene. *Environmental Entomology* 14: 696-700, 1985.

HEINRICHS, E. A. Perspectives and directions for the continued development of insect-resistant rice varieties. *Agriculture, Ecosystems and Environment* 18: 9-36, 1986.

IHEJIRIKA, G. O.; IBEAWUCHI I. I.; OGBEDEH, K. O. Assessment of planting technique and planting density on insects damage, defoliation and pod-rot of groundnut. *Life Science Journal* 5: 58-62, 2008.

JALLOW, M. F. A.; ZALUCKI, M. P. A technique for measuring intraspecific variation in oviposition preference in *Helicoverpa armigera* (Hübner) (Lepidoptera: Noctuidae). *Journal of Australian Entomological Society* 34: 281-88, 1995.

JANSEN, M. P. T.; STAMP, N. E. Effects of light availability on host plant chemistry and the consequences for behavior and growth of an insect herbivore. *Entomologia Experimentalis et Applicata* 82: 319-33, 1997.

JONES, A. T.; MCGAVIN, W. J.; BIRCH, A. N. E. Effectiveness of resistance genes to the large raspberry aphid, *Amphorophora idaei* Borner, in different raspberry (*Rubus idaeus* L.) genotypes and under different environmental conditions. *Annals of Applied Biology* 136: 107-13, 2000.

KALBERER, N. M.; TURLINGS, T. C. J.; RAHIER, M. Attraction of a leaf beetle (*Oreina cacaliae*) to damaged host plants. *Journal of Chemical Ecology* 27: 647-61, 2001.

KEEP, E.; KNIGHT, R. A new gene from *Rubus occidentalis* L. for resistance to strains 1, 2, and 3 of the rubus aphid, *Amphorophora rubi* Kalt. *Euphytica* 16: 209-14, 1967.

KENNEDY, G. G. et al. Effect of daylength and light intensity on 2-tridecanone levels and resistance of *Lycopersicon hirsutum* f. *glabratum* to *Manduca sexta*. *Journal of Chemical Ecology* 7: 707-16, 1981.

KRANTHI, S.; KRANTHI, K. R.; WANJARI, R. R. Influence of semilooper damage on cotton host-plant resistance to *Helicoverpa armigera* (Hübner). *Plant Science* 164: 157-63, 2003.

LAMBERT, L.; KILEN, T. C. Insect resistance factor in soybean PI's 229358 and 227687 demonstrated by grafting. *Crop Science* 24: 163-65, 1984.

LARA, F. M. *Princípios de resistência de plantas a insetos*. São Paulo: Ícone, 1991.

LEI, H.; TJALLINGII, W. F.; VAN LENTEREN, J. C. Probing and feeding characteristics of the greenhouse whitefly in association with host-plant acceptance and whitefly strains. *Entomologia Experimentalis et Applicata* 88: 73-80, 1998.

LEIMU, R; FISCHER, M. Between-population outbreeding affects plant defence. *Plos One* 5: 1-8, 2010.

LITTLE, A. G.; CARDOZA, Y. J. Host plant effects on generalist and specialist lepidopterous cabbage pests modulated by organic soil amendment. *Pedobiologia* 54: 353-59, 2011.

LIU, D.; TRUMBLE, J. T. Interactions of plant resistance and insecticides on the development and survival of *Bacteriocerca cockerelli* (Sulc.) (Homoptera: Psyllidae). *Crop Protection* 24: 111-17, 2005.

LOURENÇÃO, A. L. et al. Comportamento de clones de cana-de-açúcar em relação a *Diatraea saccharalis* (Fabr., 1794). *Bragantia* 41: 145-54, 1982.

LOURENÇÃO, A. L. et al. Efeito da calagem e da adubação potássica sobre a área foliar de soja consumida por lagartas das folhas. *Bragantia* 43: 211-19, 1984.

LOWE, H. J. B. Resistance and susceptibility to colour forms of the aphid *Sitobion avenae* in spring and winter wheats (*Triticum aestivum*). *Annals of Applied Biology* 99: 87-98, 1981.

MAGALHÃES, D. M. et al. Semiochemicals from herbivory induced cotton plants enhance the foraging behavior of the cotton boll weevil, *Anthonomus grandis*. *Journal of Chemical Ecology* 38: 1528-538, 2012.

MALUTA, N. K. P. et al. *Tomato yellow leaf curl virus* benefits population growth of the Q biotype of *Bemisia tabaci* (Gennadius) (Hemiptera: Aleyrodidae). *Neotropical Entomology* 43: 385-92, 2014.

MANUWOTO, S.; SCRIBER, J. M. Neonate larval survival of European corn borers, *Ostrinia nubilalis*, on high and low DIMBOA genotypes of maize: effects of light intensity and degree of insect breeding. *Agriculture, Ecosystems and Environment* 14: 221-26, 1985.

MARSCHNER, H. *Mineral nutrition of higher plants*. 2. ed. San Diego, USA: Academic, 1995.

MARTINS, J. F. S; TAN, N. V.; PINHEIRO, B. S. Resistência de arroz de sequeiro à broca-do-colmo e sua associação com características morfológicas das plantas. *Pesquisa Agropecuária Brasileira* 16: 187-92, 1981.

MATHES, R.; INGRAM, J. W.; HALEY, W. E. Preliminary report on studies of progenies of sugar cane crosses for susceptibility to sugar cane borer injury in Louisiana. In: CONGRESS OF THE INTERNATIONAL SOCIETY OF SUGAR CANE TECHNOLOGISTS, 6. Louisiana, USA, 1939. p. 581-89.

McCABE, M. S. et al. Effects of PSAG12-*IPT* gene expression on development and sequence in transgenic lettuce. *Plant Physiology* 127: 505-16, 2001.

McPHERSON, R. M.; BONDARI, K. Influence of planting date and row width on abundance of velvetbean caterpillars (Lepidoptera: Noctuidae) and southern green stink bugs (Heteroptera: Pentatomidae) in soybean. *Journal of Economic Entomology* 84: 311-16, 1991.

McPHERSON, R. M. et al. Soybean maturity group and incidence of velvetbean caterpillars (Lepidoptera: Noctuidae) and Mexican bean beetles (Coleoptera: Coccinellidae). *Journal of Economic Entomology* 89: 1601-607, 1996.

MEINERS, T. et al. Response of the elm leaf beetle to host plants induced by oviposition and feeding: the infestation rate matters. *Entomologia Experimentalis et Applicata* 115: 171-77, 2005.

MICHEREFF, M. F. F. et al. Volatiles mediating a plant-herbivore-natural enemy interaction in resistant and susceptible soybean cultivars. *Journal of Chemical Ecology* 37: 273-85, 2011.

MORENO-DELAFUENTE, A. et al. A plant virus manipulates the behavior of its whitefly vector to enhance its transmission efficiency and spread. *PlosOne* 8: 1-10, 2013.

MPHOSI, M. S.; FOSTER, S. P. Female preference and larval performance of sunflower moth, *Homoeosoma electellum*, on sunflower pre-breeding lines. *Entomologia Experimentalis et Applicata* 134: 182-90, 2010.

MURUGESAN, N.; KAVITHA, A. Host plant resistance in cotton accessions to the leafhopper, *Amrasca devastans* (Distant). *Journal of Biopesticides* 3: 526-33, 2010.

NIELSON, M. W.; LEHMAN, W. F. Breeding approaches in alfalfa. In: MAXWELL, F. G.; JENNINGS, P. R. (eds.). *Breeding plants resistant to insects*. New York, USA: John Wiley, 1980. p. 279-311.

NIHOUL, P. Do light intensity, temperature and photoperiod affect the entrapment of mites on glandular hairs of cultivated tomatoes? *Experimental and Applied Acarology* 17: 709-18, 1993.

NKANSAH-POKU, J.; HODGSON, C. J. Interaction between aphid resistant cowpea cultivars, three clones of cowpea aphid, and the effect of two light intensity regimes on this interaction. *International Journal of Pest Management* 41: 161-65, 1995.

OSWALD, C. J.; BREWER, M. J. Aphid-barley interactions mediating by water stress and barley resistance to the Russian wheat aphid (Homoptera: Aphididae). *Environmental Entomology* 26: 591-602, 1997.

PANDA, N; KHUSH, G. S. *Host plant resistance to pest*. Wallingford, Oxon, UK: CAB International, 1995.

PANNUTI, L. E. R. et al. Danos do complexo broca–podridão à produtividade e à qualidade da cana-de-açúcar fertirrigada com doses de nitrogênio. *Pesquisa Agropecuária Brasileira* 48: 381-87, 2013.

PANNUTI, L. E. R. et al. On-plant larval movement and feeding behavior of fall armyworm (Lepidoptera: Noctuidae) on reproductive corn stages. *Environmental Entomology* 45: 192-200, 2016.

PARÉ, P. W.; TUMLINSON, J. H. Plant volatile signals in response to herbivore feeding. *Florida Entomologist* 79: 93-103, 1996.

PARÉ, P. W.; TUMLINSON, J. H. Cotton volatiles synthesized and released distal to the site of insect damage. *Phytochemistry* 47: 521-26, 1998.

PEDIGO, L. *Entomology and pest management*. Upper Saddle River, USA: Prentice Hall, 1999.

PEREIRA, J. M. et al. Attractiveness and oviposition preference of *Glycaspis brimbleombei* Moore in *Eucalyptus* spp. *Phytoparasitica* 41: 114-24, 2013.

PROKOPY, R. J.; DIEHL, S. R.; COOLEY, S. S. Behavioral evidence for host races in *Rhagoletis pomonella* flies. *Oecologia* 76: 138-47, 1988.

PUNITHAVALLI, M.; MUTHUKRISHNAN, N. M.; BALAJI RAJKUMAR, M. Influence of rice genotypes on folding and spinning behaviour of leaffolder (*Cnaphalocrocis edinalis*) and its interaction with leaf damage. *Rice Science* 20: 442-50, 2013.

PUTERKA, G. J. et al. Designation of two new greenbug (Homoptera: Aphididae) biotypes G and H. *Journal of Economic Entomology* 81: 1754-759, 1988.

RATCLIFFE, R. H. et al. Biotype status of Hessian fly (Diptera: Cecidomyiidae) populations from the eastern United States and their responses to 14 Hessian fly resistance genes. *Journal of Economic Entomology* 87: 1113-121, 1994.

READ, D. P.; FEENY, P. P.; ROO, R. B. Habitat selection by the aphid parasite *Diaeretiella rapae* (Hymenoptera: Braconidae) and hyperparasite *Charips brassicae* (Hymenoptera: Cynipidae). *The Canadian Entomologist* 102: 1567-578, 1970.

REYNOLDS, G. W.; SMITH, C. M. Effects of leaf position, leaf wounding, and plant age of two soybean genotypes on soybean looper (Lepidoptera: Noctuidae) growth. *Environmental Entomology* 14: 475-78, 1985.

RICHARDSON, M. L. Temperature influences the expression of resistance of soybean (*Glycine max*) to the soybean aphid (*Aphis glycines*). *Journal of Applied Entomology* 136: 641-45, 2012.

ROSE, R. L.; SPARKS, T. C.; SMITH, C. M. Insecticide toxicity to the soybean looper and the velvetbean caterpillar (Lepidoptera: Noctuidae) as influenced by feeding on resistant soybean (PI 227687) leaves and coumestrol. *Journal of Economic Entomology* 81: 1288-294, 1998.

SATO, A.; SOGAWA, K. Biotypic variations in the green rice leafhopper, *Nephotettix virescens* Uhler (Homoptera: Deltocephalidae). *Applied Entomology and Zoology* 16: 55-57, 1981.

SCHALK, J. M.; STONER, A. K. A bioassay differentiates resistance to the Colorado potato beetle on tomatoes. *Journal of the American Society for Horticultural Science* 101: 74-76, 1976.

SELVANARAYANAN, V.; NARAYANASAMY, P. Antixenosis resistance in tomato to the fruit borer *Helicoverpa armigera* (Hübner). *International Journal of Tropical Insect Science* 24: 201-6, 2004.

SETHI, A. et al. Host plant resistance in Romaine lettuce affects feeding behavior and biology of *Trichoplusia ni* and *Spodoptera exigua* (Lepidoptera: Noctuidae). *Journal of Economic Entomology* 99: 2156-163, 2006.

SHOLES, O. D. V. Effects of associational resistance and host density on woodland insect herbivores. *Journal of Animal Ecology* 77: 16-23, 2008.

SIOMOS, A. S. et al. Lettuce composition as affected by genotype and leaf position. *Acta Horticulturae* 579: 635-39, 2002.

SMITH, C. M.; WILSON, R. F.; BRIM, C. A. Feeding behavior of Mexican bean beetle on leaf extracts of resistant and susceptible soybean genotypes. *Journal of Economic Entomology* 72: 374-77, 1979.

SMITH, C. M. Expression, mechanisms and chemistry of resistance in soybean, *Glycine max* L. (Merr.) to the soybean looper, *Pseudoplusia includes* (Walker). *International Journal of Tropical Insect Science* 6: 243-48, 1985.

SMITH, C. M. *Plant resistance to arthropods*: molecular and conventional approaches. Dordrecht, The Netherlands: Springer Verlag, 2005.

SMITH, C. M.; CHUANG, W. P. Plant resistance to aphid feeding: behavioral, physiological, genetic and molecular cues regulate aphid host selection and feeding. *Pest Management Science* 70: 528-40, 2014.

SNYDER, J. C.; SIMMONS, A. M.; THACKER, R. R. Attractancy and ovipositional response of adult *Bemisia argentifolii* (Homoptera: Aleyrodidae) to type IV trichome density on leaves of *Lycopersicon hirsutum* grown in three day-length regimes. *Journal of Economic Entomology* 33: 270-81, 1998.

STALEY, J. T. et al. Fertilizer affects the behaviour and performance of *Plutella xylostella* on brassicas. *Agricultural and Forest Entomology* 11: 275-82, 2009.

STAMOPOULOS, D.; DESROCHES, P. Influence of the integument of *Phaseolus vulgaris* seeds and of larval density on the development of *Acanthoscelides obtectus* Say. In: LABEYRIE, V. (ed.). *The ecology of bruchids attacking legumes (pulses)*. The Hague, The Netherlands: Junk Publishers, 1981. p. 165-74.

STOUT, M. J. et al. The influence of rice plant age on susceptibility to the rice water weevil, *Lissorhoptrus oryzophilus*. *Journal of Applied Entomology* 137: 241-48, 2013.

TAN, X.-L. et al. Direct and indirect impacts of infestation of tomato plant by *Myzus persicae* (Hemiptera: Aphididae) on *Bemisia tabaci* (Hemiptera: Aleyrodidae). *Plos One* 9: 1-9, 2014.

TRUMBLE, J. T. et al. Ozone-induced changes in host-plant suitability: interactions of *Keiferia lycopersicella* and *Lycopersicon esculentum*. *Journal of Chemical Ecology* 13: 203-18, 1987.

VARENHORST, A. J.; McCARVILLE, M. T.; O'NEAL, M. E. Reduced fitness of virulent *Aphis glycines* (Hemiptera: Aphididae) botypes may influence the longevity of resistant genes in soybean. *Plos One* 10:e0138252. doi:10. 1371/jornal. pone0138252, 2015.

VENDRAMIM, J. D.; LARA, F. M.; PARRA, J. R. P. Consumo e utilização de cultivares de couve (*Brassica oleracea* var. *acephala*) por *Agrotis subterranea* (Fabr., 1794) (Lepidoptera, Noctuidae). *Anais da Sociedade Entomológica do Brasil* 12: 129-44, 1983.

WHALEN, R.; HARMON, J. P. Temperature alters the interaction between an herbivore and a resistant host plant. *Arthropod–Plant Interactions* 9: 233-40, 2015.

WILDE, G.; FEESE, H. A new corn leaf aphid biotype and its effect on some cereal and small grains. *Journal of Economic Entomology* 66: 570-71, 1973.

WILHOIT, L. R. Evolution of virulence to plant resistance: influence of variety mixtures. In: FRITZ, R. S.; SIMMS, E. L. (eds.). *Plant resistance to herbivores and pathogens*: ecology, evolution, and genetics. Chicago, USA: University of Chicago Press, 1992. p. 91-119.

YONEYA, K.; KUGIMIYA, S.; TAKABAYASHI, J. Leaf beetle larvae, *Plagiodera versicolora* (Coleoptera: Chrysomelidae), show decreased performance on uninfested host plants exposed to airborne factors from plants infested by conspecific larvae. *Applied Entomology and Zoology* 49: 249-53, 2014.

YOUNG, E.; ROCK, G. C.; ZEIGER, D. C. Infestation of some *Malus* cultivars by the North Carolina woolly apple aphid biotype. *HortScience* 17: 787-88, 1982.

ZARRABI, A. A.; BERBERET, R. C.; CADDELL, J. L. New biotype of *Acyrthosiphon kondoi* (Homoptera: Aphididae) on alfalfa in Oklahoma. *Journal of Economic Entomology* 88: 1461-465, 1995.

# 9

# Indução de Resistência a Insetos

**José Djair Vendramim**
**Leandro do Prado Ribeiro**

## 1. Introdução

O impacto negativo das técnicas tradicionalmente utilizadas para o manejo de pragas em todo o mundo, aliado ao aumento das exigências dos mercados consumidores, tem provocado significativas mudanças na concepção e abordagem dos programas de manejo fitossanitário. Diante desse cenário, o desenvolvimento de estratégias ambientalmente mais adequadas para o manejo das espécies de artrópodes-praga passou a constituir um árduo desafio à comunidade científica. No entanto, tal conjuntura, aliada ao considerável avanço nas técnicas moleculares e tecnologias genômicas, vem catalisando novas linhas de pesquisa (e consolidando e/ou destacando outras já existentes) que objetivam uma melhor compreensão das interações entre os diversos partícipes dos diferentes agroecossistemas, tornando-se um conhecimento imprescindível para o desenvolvimento de práticas mais sustentáveis de manejo.

Devido às suas características peculiares, programas clássicos de melhoramento genético visando a resistência a insetos tiveram, ao longo do percurso da agricultura brasileira, grande impacto tanto sobre a produção de alimentos e fibras quanto sobre as condições socioeconômicas dos locais de cultivo dos genótipos melhorados, além de contribuírem para a sustentabilidade ambiental. Mais recentemente, o papel da resistência varietal na regulação de espécies de artrópodes-praga, dentro de um enfoque integrado de manejo (MIP), vendo sendo retomado com maior ênfase, haja vista os indiscutíveis benefícios econômicos e ecológicos propiciados por essa ferramenta de manejo (Smith e Clement, 2012).

A resistência varietal se dá no âmbito da relação inseto–planta. Basicamente, essa relação se desenvolve sob dois aspectos: seleção hospedeira pelo inseto e resistência da planta ao inseto. A planta, portanto, não constitui, nesse tipo de relação, uma entidade passiva, mas comporta-se como um organismo ativo, e como tal desenvolveu, por meio de seleção no decurso do processo evolutivo, certos mecanismos de proteção que interferem na utilização de seus tecidos pelos insetos. Esses mecanismos são os chamados fatores de resistência, que podem ser de dois tipos: constitutivos ou pré-formados e induzíveis ou pós-formados. Os primeiros são transcritos permanentemente, enquanto os últimos têm sua transcrição regulada por processos metabólicos da própria planta ou são eliciados por fatores externos (Torres e Garcia, 1996).

Os fatores constitutivos ou pré-formados, responsáveis pela resistência constitutiva ou constitucional, estão presentes na planta antes do contato dela com os seus competidores. Os fatores induzíveis ou pós-formados, que promovem a resistência induzida, estão ausentes ou presentes em baixas concentrações antes do ataque de patógenos e artrópodes (fatores bióticos) ou da ocorrência de determinados fatores ambientais (fatores abióticos), e são produzidos ou ativados justamente em resposta à presença dos referidos fatores. Como os compostos que ocorrem na resistência induzida são translocados dos locais de estresse ou infecção para tecidos distantes, promovendo reações sistêmicas de defesa, o termo "sistêmica" foi agregado a resistência induzida ou adquirida, que passou a ser denominada de resistência sistêmica induzida ou adquirida (RSI ou RSA) (Sticher et al., 1997). A diferença entre os dois tipos é dada pela natureza do agente indutor ou elicitor que provoca a reação. Assim, quando o agente elicitor é um agente patogênico ou parasita, a reação é chamada de adquirida. Quando é um agente benéfico, simbiótico ou neutro (isto é, um organismo não prejudicial) ou abiótico (exemplo: mineral, apneumônio, isto é, que não respira), a reação é chamada de induzida.

Kogan e Paxton (1983) definiram resistência induzida como a melhoria quantitativa e qualitativa dos mecanismos de defesa de plantas a pragas em resposta a estímulos extrínsecos (físicos, químicos ou biológicos). Nesse contexto, tais estímulos provocam, por meio da ativação de diferentes mecanismos latentes de defesa, alterações morfológicas ou bioquímicas na planta, incluindo mudanças tanto na qualidade como na quantidade de compostos do metabolismo secundário (aleloquímicos) e de proteínas de defesa, no acúmulo de espécies reativas de oxigênio, como também modificações na qualidade nutricional de seus tecidos e reforço das suas barreiras estruturais, que podem afetar negativamente o desempenho biológico ou o comportamento dos insetos herbívoros associados (Karban e Baldwin, 1997). Esses diferentes tipos de respostas podem ocorrer em separado ou em combinações distintas, a depender do agente indutor e da planta em questão. Convém ressaltar que as respostas induzidas podem tornar um genótipo mais resistente a determinada espécie-praga, porém mais vulnerável a outra, dependendo das forças seletivas que conduziram a seleção e fixação de tais mecanismos na população, assim como das recorrentes contra-adaptações dos insetos herbívoros.

Além da grande variação espacial e temporal, as respostas induzidas podem ser específicas ou não (Omer et al., 2001) e apresentar efeito localizado e/ou sistêmico na planta, tanto na parte aérea quanto no sistema radicular (Ankala et al., 2013) (Figura 1A), oferecer respostas dentro de poucos minutos após o ataque ou demorar algum tempo para produzi-las em níveis significativos. Além do efeito sobre o segundo nível trófico (efeito direto), os efeitos das respostas induzidas podem ser indiretos, quando afetam os inimigos naturais dos insetos-praga (Thaler et al., 2001; Li et al., 2013) (Figura 1B). Nesse caso, a proteção via interações tritróficas envolve a produção de compostos orgânicos voláteis (COVs), que atuam como atraentes ou sinalizadores da presença da presa, e da secreção de néctar extrafloral ou mesmo de "corpos de alimentação" (exemplo: pólen) que favorecem a alimentação desses agentes mutualistas (Heil, 2008). Esses compostos também podem levar informações sobre o ataque para plantas vizinhas, em uma comunicação planta–planta (Figura 1C), conduzindo-as a ativar e/ou ajustar o seu arsenal defensivo antes mesmo de serem atacadas (Bruin et al., 1995; Heil, 2008; Tang et al., 2013). Além da comunicação interplantas no espaço aéreo, também pode ocorrer comunicação abaixo do solo, através dos exsudatos radiculares (Estabrook e Yoder, 1998), facilitada pelas conexões radiculares e de micorrizas que podem transportar tanto nutrientes como compostos indutores (sinalizadores) de defesa em distâncias consideravelmente longas (Dicke e Bruin, 2001).

Apesar da importância dos mecanismos de defesa para a sobrevivência e o sucesso evolutivo de determinada espécie em um ambiente natural (Sims e Rausher, 1987), a permanente síntese e o acúmulo de fatores constitutivos implica a alocação de grande parte dos recursos energéticos limitados da planta, que deixam de ser utilizados para o seu crescimento e/ou desenvolvimento ou mesmo para os demais processos relevantes ao seu desempenho agronômico (Simms e Rausher, 1987; Heil, 2001). Em contraste com as defesas constitutivas, mecanismos induzidos comumente não incorrem em custos de desempenho (fitness costs) na ausência do competidor (Purrington, 2000).

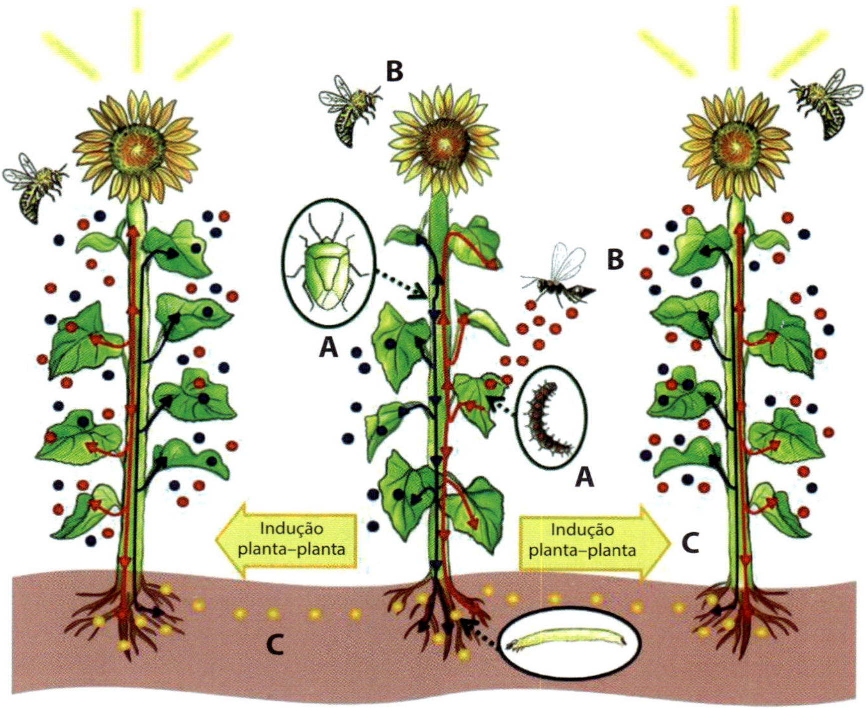


**Figura 1.** Efeitos induzidos em plantas: **A)** efeitos diretos, localizados ou sistêmicos, sobre as espécies herbívoras (segundo nível trófico); **B)** efeitos indiretos das respostas induzidas, atraindo inimigos naturais (terceiro nível trófico) das espécies-praga e polinizadores, especialmente por meio da biossíntese de compostos orgânicos voláteis; **C)** comunicação planta–planta no espaço aéreo e radicular, mediada por compostos induzidos (imagem desenvolvida por Patrícia Milano).

Além disso, a aplicação de agentes indutores pode propiciar o aumento do nível de resistência a determinada espécie-praga, sem qualquer alteração genotípica da planta. Diante dessa possibilidade, a resistência induzida vem sendo estudada com o intuito de preservar o uso de cultivares com alto potencial produtivo, mas com alta suscetibilidade a pragas (Bonaldo et al., 2005). Além da economia energética proporcionada, mecanismos induzidos propiciam uma considerável variabilidade espaçotemporal nas estratégias de defesa, em especial na constituição de compostos químicos e de proteínas de defesa (Karban et al., 1997). Segundo esses autores, genótipos dotados dessa capacidade são seletivamente favorecidos pela redução do desempenho (fitness) dos insetos herbívoros em virtude de sua menor adaptação a tais compostos e da constante variação nutricional do alimento. Além disso, essa plasticidade espaçotemporal dos mecanismos de defesa reduz a pressão de seleção, dificultando a quebra da resistência ao respectivo mecanismo (Després et al., 2007). Uma desvantagem da resistência induzida é a necessidade de reativações temporárias (aplicação de agentes indutores), em virtude de seu caráter parcial e incompleto (Bonaldo et al., 2005).

## 2. Mecanismos bioquímicos e moleculares da resistência induzida

Os mecanismos pelos quais um sinal externo interceptado será traduzido em um complexo sistema multicomponente em que a planta se tornará apta a se defender de maneira ativa e coordenada das condições limitantes à sua sobrevivência ainda são pouco compreendidos (War et al., 2012) e, muitas vezes, objeto de confusão, devido à falta de padronização dos termos e conceitos utilizados nas diferentes áreas da ciência. Os recentes avanços em tecnologias genômicas, especialmente em genômica funcional, estão gerando, em curto espaço de tempo, um volume considerável de informações sobre as rotas metabólicas importantes no processo de indução de resistência de plantas a estresses bióticos e na identificação dos genes responsáveis pela expressão.

Segundo Smith (2005), duas classes de genes contribuem para as reações de resistência de plantas: os genes de resistência (R), envolvidos no reconhecimento do estresse pela planta, e os genes de respostas defensivas (RD), envolvidos na produção das respostas induzidas a partir do reconhecimento do estresse. De modo geral, a primeira etapa para ativação dos mecanismos induzidos por herbívoros consiste no reconhecimento, por parte da planta, das injúrias ocasionadas em seus tecidos pela ação do aparelho bucal deles, o que é especialmente perceptível ao nível celular, a partir do rompimento da membrana de lipídeos (Figura 2). As reações imediatas após esse reconhecimento envolvem a morte celular por hipersensibilidade, o redirecionamento de genes de manutenção celular para atuação na defesa da planta ou mesmo a ativação de genes específicos de respostas defensivas, que induzem a produção de elicitores que ativam a expressão desses genes, que passam a sintetizar aleloquímicos voláteis e não voláteis (Gatehouse, 2002; Smith, 2005; War et al., 2012). Localmente, o ferimento causado pelas peças bucais dos herbívoros já pode induzir a síntese imediata de fenóis ou mesmo a oxidação, através da enzima polifenoloxidase, de fenóis endógenos pré-formados, os quais conduzem à produção de quinonas que reduzem o valor nutritivo das proteínas dos seus tecidos no sistema digestivo dos artrópodes (Smith, 2005).

Para que os processos ativos de defesa possam ocorrer de forma sistêmica, as plantas produzem espécies reativas de oxigênio em cascatas de sinalização que podem resultar na produção de várias moléculas sinalizadoras, tais como o

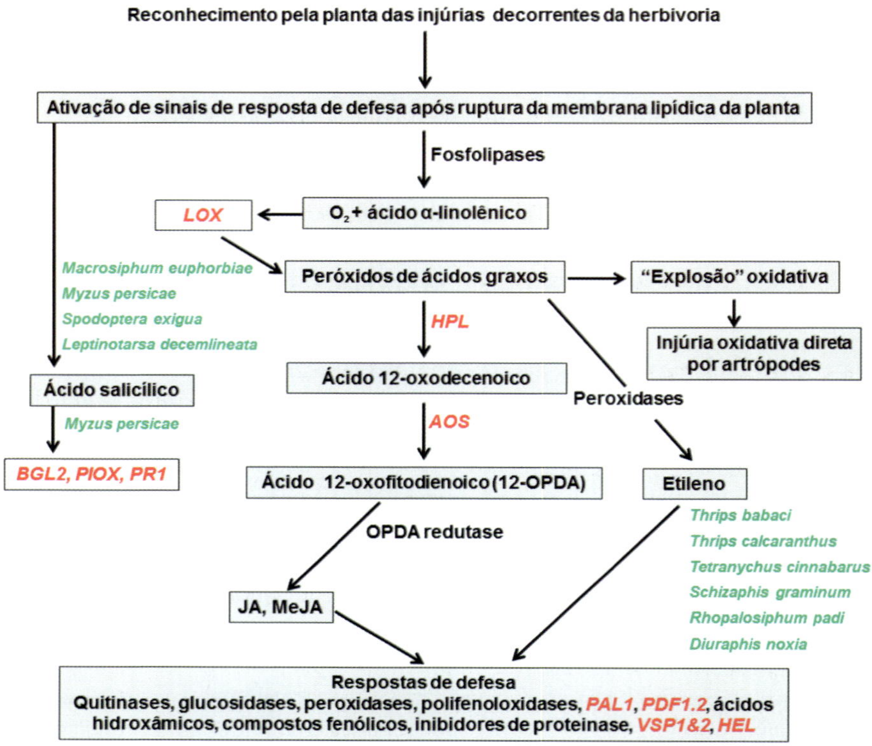


**Figura 2.** Modelo geral de indução de resistência de plantas a artrópodes, com alguns exemplos de genes envolvidos e os produtos resultantes de sua expressão. Os substratos são mostrados em caixas cinza; letras maiúsculas em vermelho indicam os genes de respostas defensivas envolvidos na resistência; nomes em verde indicam as espécies de artrópodes que induzem a expressão de enzimas ou de aleloquímicos associados à resistência (adaptado de Smith, 2005).

ácido jasmônico (AJ), o ácido salicílico (AS), o etileno, o ácido abscísico (ABA), a giberelina (GIB), a sistemina e a enzima lipoxigenase (LOX), entre outras, dependendo das especificidades das interações inseto–planta envolvidas. Estudos iniciais indicavam que o dano no tecido da planta por artrópodes mastigadores induzia transcriptomas baseados em ácido jasmônico, enquanto insetos sugadores induziam transcritos baseados em ácido salicílico–ácido jasmônico. No entanto, estudos mais recentes têm demonstrado a participação de diferentes moléculas sinalizadoras (Alonso et al.,1999; Walling, 2000; Stotz et al., 2002), que podem agir individualmente ou mesmo de forma sinérgica ou antagônica, de acordo com as interações envolvidas (War et al., 2012). Contudo, os sinalizadores mais relatados nas interações artrópode–planta são os jasmonatos (ácido jasmônico e metiljasmonato), o ácido salicílico e o etileno (Shivaji et al., 2010).

No caso do tomateiro, o polipeptídeo sistemina atua como molécula sinalizadora, ativando a liberação de ácido linoleico e a produção de ácido jasmônico, que conduz à produção de inibidores de proteinase e de polifenoloxidases (Gatehouse, 2002) (Figura 3). De acordo com Smith (2005), as similaridades dos compostos sinalizadores produzidos em resposta ao ataque de diferentes espécies de herbívoros podem decorrer das similitudes das enzimas salivares das espécies herbívoras, embora alguns desses sinalizadores sejam específicos e bastante distintos, de acordo com o tipo de estímulo recebido nos tecidos das plantas.

Como os processos biossintéticos envolvidos na resistência constitutiva e induzida são fundamentalmente os mesmos (envolvem a expressão dos mesmos genes), os fatores constitutivos e induzidos diferem apenas no momento da expressão gênica. No primeiro caso, a expressão gênica ocorre como resultado dos processos normais de desenvolvimento da planta (compostos ou proteínas de defesa alocados em partes específicas a serem protegidas e, frequentemente, estocados em órgãos especializados), enquanto na resistência induzida a expressão gênica é regulada por um sinal induzido por um estímulo externo, no caso, o dano decorrente da herbivoria ou a aplicação de um agente indutor (Gatehouse, 2002). Segundo esse autor, os produtos finais (compostos e/ou proteínas) resultantes da defesa constitutiva e induzida com frequência são os mesmos em determinada espécie de planta, mas bastante distintos quando comparados interespecificamente.

De modo geral, para as diferentes espécies de plantas, a partir do ácido chiquímico são formados os aminoácidos aromáticos (tirosina, fenilalanina e triptofano), precursores de vários hormônios e compostos relacionados com a defesa das plantas. A enzima fenilalanina amônia-liase (PAL) catalisa a reação que vai formar a primeira estrutura do metabolismo dos fenilpropanos. A partir daí, vários compostos envolvidos nas respostas de defesa são formados, como as cumarinas, os flavonoides e a lignina. Também a partir dos aminoácidos aromáticos, porém por outra via, formam-se os taninos, compostos bastante envolvidos com a defesa contra herbívoros (Strack, 1997). A síntese de isoprenoides, também chamados terpenoides, por meio do ácido mevalônico é outra importante via metabólica de produção de compostos de defesa (Bramley, 1997).

No processo de ativação das defesas das plantas, também pode ocorrer o aumento de dois tipos de proteínas no hospedeiro que dificultam a digestão delas pelo inseto: os inibidores de proteinase e a enzima polifenoloxidase (PPO) (Stout et al., 1996; Ryan, 2000), como demonstrado anteriormente no exemplo envolvendo o tomateiro. Além desse grupo, as proteínas relacionadas com a patogênese constituem outro grupo que se incrementa em resposta a estímulos externos (Van Loon e Van Strien, 1999). Enzimas hidrolíticas com atividade de quitinase e $\beta$-1,3 glucanase, pertencentes a esse último grupo, também têm sido estudadas nas interações planta–inseto.

Por sua vez, o estresse oxidativo é desencadeado como reação das plantas a vários fatores, inclusive ao ataque de herbívoros, e é a condição em que a formação

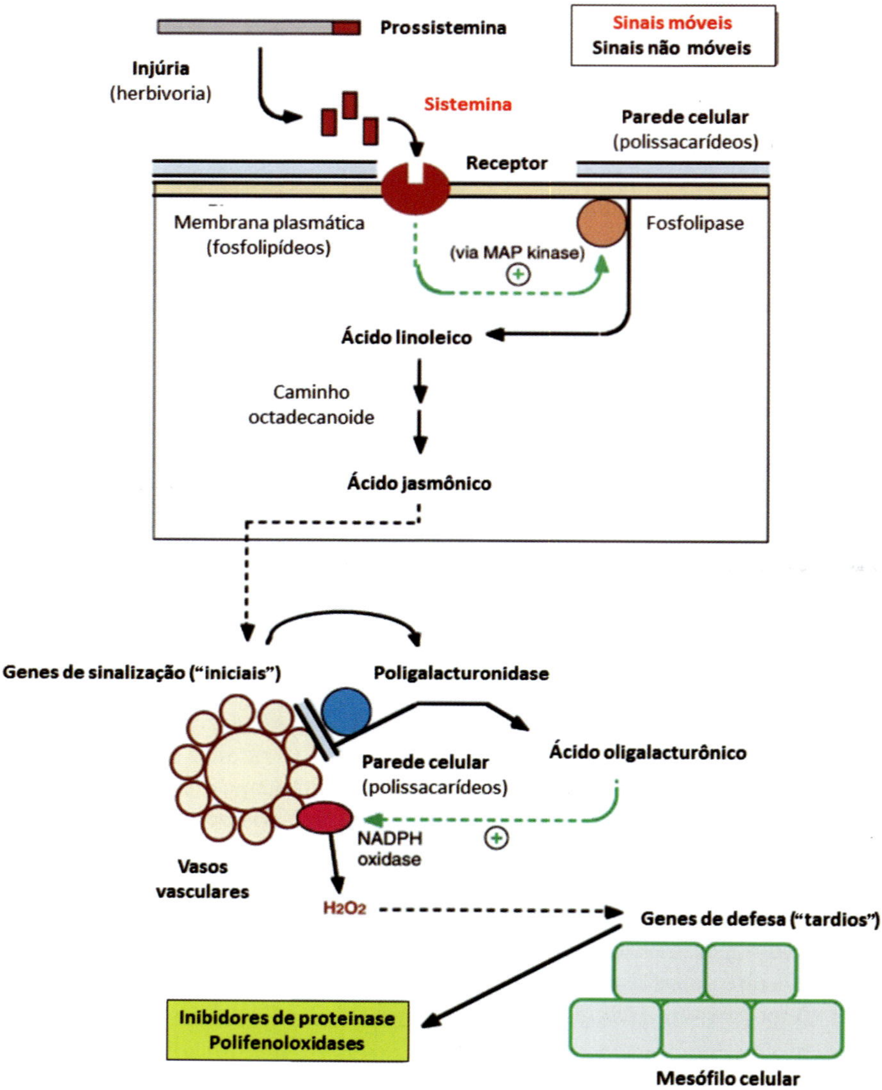


**Figura 3.** Diagrama esquemático dos processos envolvidos na sinalização e indução de inibidores de proteinase e polifenoloxidases em resposta às injúrias ocasionadas por herbivoria em tomateiro (adaptado de Gatehouse. *New Phytologist* 156: 145-69, 2002, com autorização). Modelo construído pelos autores com base nos estudos de Ryan (2000) e Orozco-Cardenas et al. (2001), em que o polipeptídeo sistemina atua na sinalização sistêmica, embora algumas evidências sugiram que o jasmonato também possa atuar nessa função (Li et al., 2002).

de moléculas prooxidantes excede a taxa normal de remoção pelos mecanismos antioxidantes. Essas moléculas, chamadas espécies reativas de oxigênio, são o radical superóxido, o peróxido de hidrogênio e o radical hidroxila; esta última é uma das moléculas mais reativas nos seres vivos, capaz de reagir com quase qualquer tipo de molécula, causando sérios danos à célula (Levine, 1999).

# 3. Indutores de resistência

## 3.1. Fatores abióticos

### 3.1.1. Fatores não controláveis pelo manejo agrícola

Nesse grupo incluem-se, entre outros, os fatores climáticos (temperatura, umidade do ar, luminosidade etc.) que, apesar de serem considerados não controláveis diretamente pelas práticas agrícolas, em alguns casos, como em cultivos protegidos de hortaliças e flores ou em sistemas agroflorestais, podem ser manejados. Na maioria das situações, entretanto, e até mesmo nos sistemas mencionados anteriormente, os agricultores exercem pouco controle sobre a influência do clima. Porém, o conhecimento das reações das plantas às variações climáticas e suas implicações na resistência a herbívoros pode subsidiar a tomada de decisão sobre a adoção de medidas preventivas, bem como a definição de zoneamentos para plantios de espécies ou variedades.

A temperatura é um dos principais fatores abióticos que afetam as interações fisiológicas e comportamentais entre insetos e plantas. As plantas estão submetidas naturalmente não só às variações de temperatura (diurna e sazonal), mas também ao microclima nas folhas, que pode variar em função da sua posição no dossel vegetativo e na disposição espacial dentro do arranjo dos cultivos. A temperatura tem grande influência sobre a atividade enzimática nas células vivas; portanto, variações na temperatura levam ao aumento ou escassez de certos compostos no interior das plantas (Benedict e Hatfield, 1988) ou mesmo na produção de exsudatos que atuam na interação da planta com os demais partícipes do ambiente, tanto no espaço aéreo quanto no subterrâneo. Estudos têm demonstrado que tais compostos são produzidos em faixas muito estreitas de temperatura, como o sorgoleone, metabólito radicular de plantas de sorgo que tem a biossíntese potencializada na temperatura de 30ºC, porém com uma drástica redução na sua produção em temperaturas inferiores a 25ºC e acima de 35ºC (Dayan, 2006).

A quantidade e/ou qualidade de luz que as plantas recebem também influenciam seus processos fisiológicos, o que afeta a biossíntese de aleloquímicos e as características bromatológicas (composição) das plantas que, consequentemente, interferem na biologia dos insetos. Como exemplo, Kennedy et al. (1981) observaram que, em condições de dia longo, plantas de tomateiro selvagem continham maior concentração do composto 2-tridecanona e provocavam maior mortalidade das lagartas de *Manduca sexta* (Linnaeus) (Lepidoptera: Sphingidae) (Tabela 1).

**Tabela 1.** Mortalidade de lagartas de *Manduca sexta* em plantas de *Lycopersicon hirsutum* [= *Solanum habrochaites* f. *glabratum* (PI 134417)] mantidas em diferentes regimes de radiação e respectivas concentrações de 2-tridecanona (2-T) (adaptado de Kennedy et al., 1981).

| Condição | Intensidade de luz | Concentração de 2-T (%)[1] | Mortalidade (%)[1] |
|---|---|---|---|
| Dia longo | Alta | 0,36 a | 91 a |
| Dia longo | Baixa | 0,43 a | 72 a |
| Dia curto | Alta | 0,22 b | 35 b |
| Dia curto | Baixa | 0,22 b | 47 b |

[1] Médias seguidas de mesma letra nas colunas não diferem entre si ($p \geq 0,05$).

Atualmente, há interesse crescente a respeito da influência da radiação ultravioleta (UV) nas plantas e sua relação com o ataque de insetos. Várias enzimas são induzidas pela radiação UV, entre elas, a fenilalanina amônia-liase, um importante catalisador da biossíntese de compostos secundários, como as cumarinas e os flavonoides. Por um lado, a camada de ozônio vem sofrendo danos, deixando espaços que permitem maior incidência da radiação UV sobre o planeta. Por outro lado, o vidro filtra parte dessa radiação e, portanto, os cultivos comerciais ou experimentais em casa de vegetação de vidro provavelmente apresentam composição diferente de metabólitos secundários, quando comparados aos mesmos cultivos mantidos ao ar livre (Berenbaum, 1988). Esse é um campo de pesquisa ainda a ser mais bem explorado e que pode produzir implicações práticas interessantes.

Os poluentes provenientes de outras atividades da sociedade é outro grupo de fatores não controlados pelo agricultor que tem influência sobre as plantas. Com o crescimento industrial, sobretudo nos países mais desenvolvidos, poluentes começaram a ser relacionados com ataques de insetos em florestas vizinhas a áreas industriais. Em geral, correlação negativa entre poluente e população de inseto tem sido observada em áreas de concentração muito alta de poluentes, e correlação positiva, em áreas de concentração moderada ou baixa desses compostos (Hughes, 1988). A poluição com enxofre, por exemplo, pode aumentar os níveis de aminoácidos sulfurosos, o que pode ser benéfico para os insetos, já que tais aminoácidos não são comuns nas proteínas das plantas. Além disso, a concentração de açúcares varia com a concentração desses gases de enxofre, favorecendo o desempenho de alguns herbívoros (Bernays e Chapman, 1994).

Além dos fatores já citados, bastante polêmicos no meio científico são os fatores cósmicos, que consideram as influências da lua, dos planetas e das estrelas sobre as plantas. Na agricultura biodinâmica, o calendário de operações agrícolas com base nas influências cósmicas é bastante utilizado. A fase da lua, por exemplo, é considerada para o corte de plantas aromáticas, pois modifica significativamente a concentração dos compostos responsáveis pelo odor delas (Indrio, 1980). Alguns desses fatores são conhecidos por estarem envolvidos nos processos de interação inseto–planta.

### 3.1.2. Fatores controláveis pelo manejo agrícola

Os nutrientes minerais, aplicados diretamente ao solo ou via foliar, além de favorecem o crescimento e a produção das plantas, também podem exercer efeitos secundários sobre elas, tais como aumento ou diminuição na resistência a pragas (Korndörfer et al., 2011). Esses efeitos ocorrem devido a mudanças no padrão de crescimento, na morfologia, na anatomia e, particularmente, na composição química das plantas, aspectos que se verificam no surgimento de células epidérmicas mais espessas e no elevado grau de lignificação e/ou silificação, além de modificações nas suas propriedades fisiológicas e bioquímicas, que incorrem em maior produção de substâncias repelentes ou inibidoras (Marschener, 1995).

Entre os nutrientes minerais essenciais às plantas, os fertilizantes nitrogenados são amplamente estudados quanto a sua capacidade de modificar os mecanismos de resistência varietal. Porém, é difícil determinar se seus efeitos são devidos às mudanças nos conteúdos de nutrientes, de aleloquímicos ou de água, ou da ação adjunta desses fatores. Do ponto de vista nutricional, o nitrogênio é um elemento de extrema importância, por ser essencial para o crescimento e a reprodução de todos os organismos vivos. No caso dos insetos e ácaros fitófagos, as plantas devem suprir totalmente suas necessidades e, portanto, esse nutriente deve ser localizado e consumido de forma eficiente (Dale, 1988).

Embora haja exemplos em que a fertilização com nitrogênio reduz o desempenho dos herbívoros associados (Leuck, 1972), na maioria das vezes a adubação nitrogenada aumenta a preferência e o consumo de alimento dos herbívoros, além de incrementar a sobrevivência, o crescimento e a reprodução e, consequentemente, a densidade populacional deles (Lu et al., 2007). Por exemplo, Chen et al. (2008) verificaram que *Spodoptera exigua* (Hübner) (Lepidoptera: Noctuidae) alimentada com plantas de algodoeiro adubadas com aplicações reduzidas de nitrogênio apresentou redução no peso de larvas e aumento na duração das fases larval e pupal (Tabela 2). Além disso, os autores também verificaram que as plantas adubadas com níveis mais elevados de nitrogênio foram preferidas por fêmeas dessa espécie para oviposição, embora os mecanismos que guiam tal preferência ainda não estejam bem esclarecidos. Chiaradia et al. (2014) verificaram, em levantamentos realizados em pastagem com grama-missioneira-gigante (*Axonopus jesuiticus* (Araújo) Valls × *A. scoparius* (Flüggé) Kuhlm), que a população de cigarrinhas-das-pastagens (Hemiptera: Cercopidae) aumenta de modo significativo com o incremento da adubação nitrogenada, independentemente da fonte de nitrogênio utilizada.

As plantas contêm muitos tipos de proteínas que variam em sua concentração nos diferentes tecidos delas e em seu valor para insetos herbívoros, devido a suas propriedades de digestibilidade e de composição estrutural. Os aminoácidos livres, entretanto, podem ser detectados por muitos insetos e parecem ter papel mais importante do que as próprias proteínas na seleção do alimento (Chaboussou, 1987; Bernays e Chapman, 1994).

**Tabela 2.** Aspectos biológicos de *Spodoptera exigua* alimentada com folhas de plantas de algodoeiro adubadas com diferentes níveis de nitrogênio (adaptado de Chen et al., 2008).

| **Níveis de nitrogênio** (ppm) | **Peso larval** (mg) | | **Tempo para pupação**[1] (dias) | **Tempo para emergência de adultos**[2] (dias) | **Peso pupal** (mg) | **Viabilidade larval** (%) |
|---|---|---|---|---|---|---|
| | 7 dias | 10 dias | | | | |
| 42 | 9,00 a | 42,34 a | 15,82 a | 23,04 a | 107,59 | 47,62 |
| 112 | 11,20 b | 63,34 b | 15,09 b | 22,28 b | 100,27 | 53,57 |
| 196 | 13,10 c | 82,19 c | 14,72 bc | 21,99 bc | 101,28 | 54,76 |
| 280 | 12,91 c | 93,26 c | 14,49 c | 21,59 c | 102,89 | 63,10 |
| $F/\chi^2$ | 14,25 | 17,68 | 16,21 | 10,06 | 0,88 | $\chi^2$: 53,54 |
| *p* | < 0,0001 | < 0,0001 | < 0,0001 | < 0,0001 | 0,4721 | 0,0455 |

[1] Tempo decorrido entre o início do bioensaio e a fase de pupa.
[2] Tempo entre o início do bioensaio e a emergência de adultos.
Médias seguidas de letras diferentes, nas colunas, indicam diferença significativa entre os tratamentos ($\alpha = 0{,}05$). A viabilidade larval foi analisada com o teste de Kruskal-Wallis. Os demais dados foram analisados por meio de análise de variância (Anova), seguida por comparação de médias pelo teste de Duncan.

Com relação aos compostos secundários, a fertilização nitrogenada pode alterar sua concentração e, portanto, seus efeitos sobre o comportamento e a biologia dos insetos. Os teores de compostos secundários que possuem nitrogênio em sua molécula (aminoácidos não proteicos, alcaloides e glicosídeos cianogênicos) tendem a aumentar a partir da fertilização nitrogenada. Entretanto, de modo contrário, as concentrações dos compostos fenólicos e dos terpenoides tendem a diminuir nessas condições (Bernays e Chapman, 1994).

Também tem sido constatado que o fósforo afeta a população dos insetos, como no caso de *Epitrix hirtipennis* (Melsheimer) (Coleptera: Chrysomelidae) e *M. sexta,* que tiveram suas populações reduzidas na cultura de tabaco, pelo emprego de adubação fosfatada nas dosagens de 112 e 224 $kg.ha^{-1}$, sendo o efeito dosagem-dependente (Semtner et al., 1980).

Outro elemento que tem sido frequentemente vinculado à resistência de plantas é o potássio. O aumento nos níveis de adubação potássica em geral é negativo para as populações de insetos, já que esse elemento provoca aumento da proteossíntese das plantas, um fenômeno fisiológico correlacionado com a diminuição dos aminoácidos livres e açúcares redutores na seiva, compostos favoráveis à reprodução de insetos sugadores (Chaboussou, 1987). Além disso, a fertilização potássica está relacionada com o aumento da absorção e o acúmulo de silício (Si), outro elemento envolvido na defesa das plantas (Dale, 1988), em especial em espécies de gramíneas (Poaceae). Entretanto, num estudo em que se avaliou o comportamento da cultivar de soja IAC 9 submetida a cinco níveis de adubação potássica em relação ao consumo foliar de lagartas, com predominância de *Anticarsia gemmatalis* Hübner (Lepidoptera: Noctuidae), não foi constatado qualquer efeito desse nutriente sobre os insetos (Lourenção et al., 1984).

Mais de 90% do silício encontrado nas plantas está concentrado na epiderme foliar (Barbosa Filho et al., 2000), e a família das gramíneas (Poaceae), que inclui importantes culturas, como arroz, cana-de-açúcar, milho e trigo, apresenta grande capacidade de acumular esse mineral, capacidade que varia de acordo com o genótipo considerado (Epstein, 1999; Barbosa Filho et al., 2000). Segundo Kvendaras e Keeping (2007), a ação do silício sobre os insetos herbívoros pode ocorrer de duas formas: direta e indireta. Os efeitos diretos podem incluir a redução do crescimento e da reprodução da espécie-praga e, consequentemente, dos danos ocasionados à cultura. Os efeitos indiretos decorrem da diminuição ou do atraso da penetração do inseto na planta, seja de suas peças bucais (insetos sugadores) ou das fases imaturas de espécies de hábito minador ou broqueador. Essa dificuldade de penetração aumenta o tempo de exposição aos inimigos naturais, às condições climáticas adversas e às medidas de controle empregadas. Além disso, evidências obtidas em estudos mais recentes têm demonstrado que o silício pode atuar como um ativador da produção de aleloquímicos não constitutivos (Gomes et al., 2008; Costa et al., 2011).

Nesse contexto, vários estudos têm demonstrado os efeitos da aplicação de silício na indução de resistência a diferentes espécies-praga de distintos hábitos alimentares. Para exemplificar os principais efeitos observados, alguns estudos representativos são descritos a seguir.

Djamin e Pathak (1967), utilizando cultivares de arroz com diferença na capacidade de acumular silício, mostraram que esse elemento contribui para a dureza da epiderme das plantas e é uma causa morfológica de resistência à penetração e alimentação da broca-do-colmo *Chilo suppressalis* (Walker) (Lepidoptera: Crambidae). No estudo realizado por Goussain et al. (2002), folhas de milho adubado com silício foram utilizadas para alimentação de *Spodoptera frugiperda* (J. E. Smith) (Lepidoptera: Noctuidae) e provocaram desgaste de mandíbulas, maior mortalidade de lagartas e elevado canibalismo, comportamento presente nessa espécie e que é influenciado pela presença de substrato alimentar inadequado. Além desse efeito abrasivo às mandíbulas do inseto (ver Capítulo 5), o silício nas folhas das plantas acarreta um desbalanço nutricional, uma vez que esse mineral não é utilizado como nutriente e, na maioria dos casos, sequer é absorvido pelos insetos, não tendo nenhuma função conhecida no seu organismo. Assim, quanto maior a proporção de silício nos tecidos da planta, menores os valores de digestibilidade aproximada e eficiência de conversão do alimento ingerido, o que indica seu menor valor nutricional para esses insetos.

Em cana-de-açúcar, Korndörfer et al. (2011) verificaram que a aplicação de silício aumenta a mortalidade de ninfas de *Mahanarva fimbriolata* Stål (Hemiptera: Cercopidae) (Tabela 3) e, dependendo da cultivar utilizada, a aplicação desse mineral também ocasiona aumento na duração da fase ninfal e diminuição da longevidade de machos e fêmeas. Utilizando a técnica EPG (*eletrical penetration*

**Tabela 3.** Mortalidade de ninfas de *Mahanarva fimbriolata* em três cultivares de cana-de--açúcar cultivadas em solos sem (–Si) e com (+Si) aplicação de silício (Korndörfer et al., 2011).

| Cultivar | Mortalidade de ninfas (%)[1] | |
|---|---|---|
| | –Si | +Si |
| SP81-3250 | 26 aA | 44 aB |
| SP80-1816 | 36 aA | 63 bB |
| SP79-1011 | 61 bA | 71,5 bB |

[1] Médias seguidas da mesma letra, minúscula na coluna e maiúscula na linha, não diferem entre si pelo teste de Tukey ($p \geq 0{,}05$).

*graph*), Costa et al. (2011) verificaram que a aplicação de silício em plantas de trigo altera o comportamento alimentar de *Schizaphis graminum* (Rondani) (Hemiptera: Aphididae), reduzindo a porcentagem de insetos que se alimentaram da seiva do floema.

Contudo, apesar das generalizações realizadas sobre os efeitos dos nutrientes minerais (nitrogênio, potássio e silício) em relação à resistência das plantas a herbívoros, a fertilização deve ser enfocada como um todo, considerando as proporções entre os nutrientes fornecidos às plantas. Alternativamente, o uso de adubos orgânicos ou mesmo o incremento da matéria orgânica do solo proporciona uma nutrição mais equilibrada para o crescimento das plantas, devido à gradual mineralização e liberação dos nutrientes, aspecto que pode influenciar a resistência delas a pragas. Comprovando tal hipótese, Arancon et al. (2005) demonstraram a significativa redução da população e dos danos de insetos sugadores [*Myzus persicae* (Sulzer) (Hemiptera: Aphididae) e *Pseudococcus* spp. (Hemiptera: Pseudococcidae)] e mastigadores [(*Pieris brassicae* Linnaeus) (Lepidoptera: Pieridae)] em plantas de tomateiro e pimentão adubadas com um vermicomposto comercial de composição química equilibrada.

Na maioria dos sistemas de produção agrícola, os inseticidas, acaricidas, fungicidas e herbicidas constituem um grupo de agentes externos muito influente sobre a resistência das plantas. Chaboussou (1987) desenvolveu a teoria da trofobiose, pela qual o problema da ressurgência das pragas não está relacionado somente à destruição dos inimigos naturais, mas principalmente ao fato de que muitos agrotóxicos podem provocar um desequilíbrio, em que a proteólise supera a proteossíntese na planta, o que acarreta maior suscetibilidade ao ataque de insetos. Para esse autor, a disponibilidade de certas formas prontamente assimiláveis dos nutrientes nas plantas, que constituem o primeiro elo dessa cadeia trófica, é o fator mais importante para a resistência/suscetibilidade delas, e não os compostos do metabolismo secundário. No entanto, revisando a ação de herbicidas sobre mecanismos de defesa das plantas a patógenos, Rizzardi et al. (2003) verificaram que os efeitos podem ser variáveis, dependendo das características dos agroquímicos utilizados. Os autores constataram que estudos mostram que herbicidas difeniléteres diminuem a severidade dos patógenos através da indução da síntese de fitoalexinas, enquanto subdoses de glifosato aumentam a severidade das doenças, devido à inibição da rota de síntese de fitoalexinas.

Apesar de não ter implicação direta sobre a planta hospedeira, alguns inseticidas podem condicionar uma estimulação reprodutiva das espécies-praga-alvo ou mesmo de seus inimigos naturais quando em pequenas exposições a doses subletais desses xenobióticos, efeito conhecido como hormese ou hormoligose. Hormese é considerada uma resposta adaptativa que se caracteriza por um comportamento bifásico de dose–resposta, diretamente induzida ou resultante de processos biológicos compensatórios após a ruptura da homeostase, com estímulo por baixas doses de um xenobiótico e inibição por altas doses (Calabrese e Baldwin, 2001). Por sua vez, o termo "hormoligose" foi utilizado na literatura entomológica antes de "hormese" e é conhecido como o fenômeno no qual quantidades subletais de agentes estressantes podem ser benéficas para os organismos a eles expostos (Luckey, 1968).

## 3.2. Fatores bióticos

O conjunto de práticas de manejo utilizado nos agroecossistemas pelos agricultores pode influenciar as comunidades de microrganismos e artrópodes. Até o momento, entretanto, esses elicitores bióticos têm sido pouco controlados diretamente pelo agricultor.

### 3.2.1. Insetos e ácaros

Uma extensa literatura sobre indução fitoquímica por alimentação de insetos vem se acumulando desde 1972, quando Green e Ryan relataram a indução de inibidores de proteinase em folhas de tomateiro após o ataque de larvas do besouro *Leptinotarsa decemlineata* (Say) (Coleoptera: Chrysomelidae) (Stout et al., 1996). Atualmente, sabe-se que a alimentação por diferentes insetos pode induzir respostas químicas diferentes e que os danos mecânicos não simulam adequadamente a alimentação dos insetos. Assim, a indução de resistência a *Lymantria dispar* (Linnaeus) (Lepidoptera: Erebidae) em folhas de clones de *Populus* foi mais eficiente quando as lagartas se alimentaram diretamente na planta do que quando isso foi simulado por ferimentos mecânicos ou quando, além dos ferimentos, foi adicionada a secreção regurgitada pelas lagartas; nesse último caso, o efeito foi intermediário (Havill e Raffa, 1999). Segundo War et al. (2012), as plantas sofrem mudanças nos seus transcriptomas, proteomas e metabolomas, em resposta às secreções orais e ao regurgito de herbívoros, assim como por compostos presentes nos fluidos da oviposição, que induzem respostas em tempos variáveis.

A possibilidade de que plantas atacadas por insetos se protejam por meio da indução de inibidores de proteinase estimulou pesquisadores a procurar na natureza genes responsáveis por esse tipo de proteína. Utilizando técnicas moleculares, esses genes têm sido transferidos não só de plantas para plantas, mas de outros organismos para plantas (Lopes, 2002). Os trabalhos com plantas transgênicas têm mostrado a complexidade das respostas delas e dos efeitos sobre os insetos. Um gene isolado de semente de mostarda foi utilizado para transformar plantas de tabaco, *Arabidopsis* e canola (De Leo et al., 2000). Bioensaios realizados com lagartas de *Spodoptera littoralis* Boisduval (Lepidoptera: Noctuidae), *Mamestra brassicae* Linnaeus (Lepidoptera: Noctuidae) e *Plutella xylostella* (Linnaeus) (Lepidoptera: Plutellidae) evidenciaram respostas diferenciadas. Assim, *S. littoralis* necessitou de certo nível de expressão do inibidor de proteinase para que sofresse algum efeito negativo, pois abaixo desse nível podia resistir por meio de proteinases digestivas induzidas pela ingestão do próprio inibidor. A lagarta *P. xyslostella* foi a mais sensível, com alta mortalidade e atraso no desenvolvimento em linhas de *Arabidopsis* e canola, expressando níveis muito baixos do inibidor de proteinase. Maiores níveis de expressão nas plantas foram necessários para conferir proteção a *M. brassicae*. Portanto, distintas espécies de insetos, mesmo da mesma ordem, são afetadas diferentemente pelos mesmos níveis do inibidor de proteinase nas plantas.

A alimentação de larvas de *Diaprepes abbreviatus* Linnaeus (Coleoptera: Curculionidae) em raízes de alguns porta-enxertos de plantas cítricas induziu pelo menos três quitinases nas raízes e diminuiu as atividades de quitosanase, β-1,3 glucanase e lisozima (Mayer et al., 1995). Os resultados do referido estudo indicaram, ainda, que as quitinases das raízes de citros são capazes de digerir a membrana peritrófica do intestino médio das larvas de *D. abbreviatus*. Danos no intestino médio dos insetos também podem ser provocados por respostas oxidativas induzidas nas plantas, como foi observado em lagartas de quinto instar de *Helicoverpa zea* (Boddie) (Lepidoptera: Noctuidae) alimentadas em folhas de soja previamente oferecidas a lagartas de terceiro instar da mesma espécie (Bi e Felton, 1995). Estes autores sugerem, porém, que outros eventos podem estar ocorrendo e contribuindo para a maior resistência da planta a herbívoros, pois enzimas envolvidas no aumento das espécies reativas de oxigênio, como as lipoxigenases (LOXs), também levam à produção de compostos repelentes a insetos. Essas enzimas estão envolvidas nas fases iniciais da biossíntese de sinalizadores sistêmicos, que por sua vez estão envolvidos na indução da síntese de vários compostos, entre eles, inibidores de proteinases. Ácaros também podem influenciar a atividade de lipoxigenases, conforme verificado em folhas de soja, nas quais a atividade dessa enzima aumentou com o crescimento populacional do ácaro-rajado *Tetranychus urticae* Koch (Acari: Tetranychidae) (Hildebrand et al., 1986).

Cornelissen e Fernandes (2001) desenvolveram um estudo visando avaliar, além das mudanças bioquímicas e dos efeitos sobre os insetos, a taxa de crescimento da árvore de cerrado *Bauhinia brevipes* Vogel submetida a diferentes tratamentos de herbivoria simulada. A concentração de taninos aumentou e a de nitrogênio diminuiu nas folhas das plantas, em resposta a elicitores. A baixa qualidade do alimento refletiu em menor taxa de ataque natural de insetos nos brotamentos da parte aérea das plantas que sofreram herbivoria (menor porcentagem de folhas atacadas), porém foi nelas que ocorreu maior dano (perda de área foliar). Os autores sugerem que os herbívoros reconhecem a baixa qualidade do hospedeiro e podem evitá-lo, mas quando escolhem esse alimento tratam de compensar a baixa qualidade aumentando o consumo. Apesar de as folhas atacadas dos brotamentos das plantas sujeitas a indução terem sofrido maior dano, ainda assim elas apresentaram maior taxa relativa de crescimento, o que mostra que os benefícios foram maiores do que os custos.

Os efeitos dos danos prévios em plantas sobre o desenvolvimento de insetos fitófagos também foram demonstrados por Werckmeister e Vendramim (1995), que criaram a lagarta *A. gemmatalis* em duas cultivares de soja, uma resistente e a outra suscetível, submetidas a herbivoria prévia, simulando danos de insetos mastigadores (corte dos folíolos com tesoura) e sugadores (furos com estiletes no pecíolo e nas folhas). Os autores verificaram que, nas duas cultivares, as lagartas criadas em folhas danificadas apresentaram alongamento da fase larval, menor sobrevivência (Tabela 4) e menores médias de peso larval e pupal em relação aos respectivos controles (folhas não danificadas).

Conforme discutido no início deste capítulo, a indução pode ocorrer não só na planta que recebe o dano, mas também em plantas vizinhas, mesmo de outra espécie. A primeira evidência experimental rigorosa que mostra que plantas não danificadas respondem a sinais liberados por plantas vizinhas (comunicação planta–planta) e desenvolvem níveis mais altos de resistência a herbívoros foi descrita por Karban et al. (2000). Estes autores verificaram que, ao podarem plantas de *Artemisia tridentada* Nutt, suas folhas e seus ramos liberavam metiljasmonato, que induziu a resistência a insetos no tabaco-silvestre (*Nicotiana attenuata* Torr. ex S. Watson), que cresce naturalmente no campo próximo a plantas de *A. tridentada*.

**Tabela 4.** Duração e mortalidade da fase larval de *Anticarsia gemmatalis* alimentada em duas cultivares de soja submetidas a herbivoria prévia, simulando o ataque de inseto mastigador e sugador (Werckmeister e Vendramim, 1995).

| Dano simulado | Duração (dias) | | | Mortalidade (%) | | |
|---|---|---|---|---|---|---|
| | Cultivar | | Média | Cultivar | | Média |
| | IAS-5 | IAC 100 | | IAS-5 | IAC 100 | |
| Mastigador | 17,41 | 17,55 | 17,48 b | 46,67 | 46,67 | 45,67 b |
| Sugador | 16,77 | 18,14 | 17,45 b | 58,33 | 63,33 | 60,83 c |
| Testemunha | 16,36 | 17,23 | 16,80 a | 33,33 | 30,00 | 31,67 a |
| Média | 16,35 A | 17,64 B | | 46,12 A | 46,67 A | |

Médias seguidas de mesma letra (maiúscula nas linhas e minúscula nas colunas) não diferem entre si ($p \geq 0,05$).

### 3.2.2. Microrganismos patogênicos

O fungo *Colletotrichum lagenarium* (Pass.) Ellis & Halst. (sin. *C. orbiculare* (Berk. & Mont.) Arx tem se mostrado um consistente indutor de resistência a ele mesmo e a vários outros patógenos em pepino. Isso, porém, não foi observado quando esse fungo foi testado como elicitor de resistência a ácaros e insetos sugadores e mastigadores. Não houve efeito sobre o crescimento da população de *T. urticae*, nem sobre o ganho de peso e a duração do desenvolvimento larval e o peso de pupa de *S. frugiperda*, nem sobre a reprodução de *Aphis gossypii* Glover (Hemiptera: Aphididae) (Ajlan e Potter, 1991). Em outro estudo, entretanto, utilizando extratos de micélio de *Phytophthora* sp. aplicados em batata, foi observada indução de resistência ao coleóptero *L. decemlineata*, resultando em 79,3% de mortalidade de adultos, que foi de 18,6% no controle, além da produção de menor número de ovos por fêmea por dia – 1,8 em planta induzida e 4,3 no controle (Figura 4) (Susidko et al., 1999).

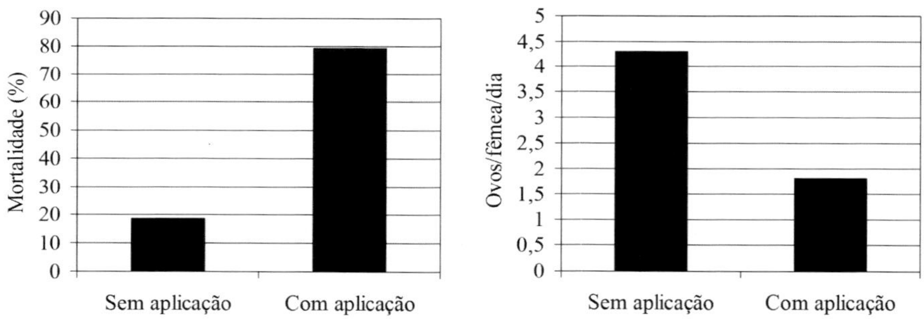


**Figura 4.** Mortalidade de adultos e oviposição de *Leptinotarsa decemlineata* em plantas de batata sem e com aplicação de micélio de *Phytophthora* sp. (adaptada de Susidko et al., 1999).

### 3.2.3. Microrganismos não patogênicos

Entre os agentes bióticos de indução de resistência a doenças bastante estudados e já com experiências de aplicação prática em campo (formulações comerciais) incluem-se as bactérias conhecidas como promotoras de crescimento de plantas. Mais recentemente, tem sido demonstrado que essas bactérias também podem contribuir para a resistência a insetos. Zehnder et al. (1997) estudaram *Acalymma vittata* (Fabricius) e *Diabrotica undecimpunctata howardi* Barber, dois besouro-praga de pepino (Coleoptera: Chrysomelidae), vetores da bactéria patogênica *Erwinia tracheiphila* (Smith). Sementes de pepino foram tratadas, antes do plantio, com quatro isolados de bactérias dos gêneros *Pseudomonas*, *Serratia*, *Flavomonas* e *Bacillus*. As plantas tratadas com as bactérias apresentaram maior comprimento do ramo principal e maior número de folhas por planta, como também maior peso de fruto por parcela, confirmando a promoção de crescimento. Na média geral de todas as amostragens e durante o pico de ataque dos insetos, o número de indivíduos foi menor nas plantas com bactérias, em comparação com os controles. Em casa de vegetação, com adultos dos vetores previamente alimentados em plantas doentes, observou-se menor porcentagem de murcha nas plantas tratadas com as bactérias benéficas do que nas plantas não tratadas, confirmando que a colonização das raízes de pepino por essas bactérias pode representar um importante método de controle desses insetos, como também dessa doença no campo.

Um grupo de agentes bióticos muito estudado com relação à resistência a insetos é o dos fungos endofíticos da família Clavicipitaceae (Ascomicetos), que se encontram associados a gramíneas. Esses fungos se beneficiam da associação por nutrição, proteção e disseminação, enquanto as plantas hospedeiras mostram aumento de crescimento e vantagens competitivas quando se desenvolvem em condições de estresse ambiental abiótico (calor e seca) e biótico (ataque de herbívoros). Já foi demonstrado que a presença desses endofíticos confere maior resistência das plantas infectadas a um vasto grupo de insetos, de diferentes ordens, tais como Hemiptera, Coleoptera e Lepidoptera (Clement et al., 1994; Rowan e Latch, 1994; Clay, 2001). França (1995) observou maior mortalidade de ninfas do percevejo *Collaria columbiensis* Carvalho [= *C. scenica* (Stål)] (Hemiptera: Miridae) alimentadas em plantas de *Festuca arundinacea* Schreb. (Poaceae) infectadas com o fungo *Acremonium coenophialum* Morgan-Jones y Gams. [= *Neotyphodium coenophialum* (Morgan-Jones & W. Gams) Glenn, C.W. Bacon & Hanlin] do que em plantas livres do fungo. Esses endofíticos produzem vários alcaloides que parecem ser os responsáveis pelos efeitos sobre os herbívoros. No entanto, nem todos os alcaloides associados à antibiose são de origem fúngica. A produção dos alcaloides perlolina e lolina, pertencentes ao grupo de alcaloides pirrolizidínicos, necessita da associação do fungo com o hospedeiro, já que nem o hospedeiro sem o fungo, nem o fungo em cultivo puro são capazes de produzi-los (Porter, 1994). Portanto, esse fato indica que essa simbiose pode estar envolvida na ativação do sistema de defesa das plantas. Outros fungos endofíticos que têm influência na resistência das plantas ao ataque de herbívoros são aqueles associados com espécies arbóreas. Carroll (1988) propõe que fungos endofíticos de ciclo curto são fatores de heterogeneidade dentro das plantas de ciclo longo para poderem lidar com a especialização de insetos e patógenos de ciclo curto. A cada dia têm surgido novas evidências de que as associações com endofíticos não estão restritas a um grupo de plantas ou fungos, mas são muito comuns na natureza e se relacionam com a resistência de plantas a insetos. Por exemplo, em tomateiro, foi observada maior mortalidade de larvas da mosca-branca *Trialeurodes vaporariorum* (Westwood) (Hemiptera: Aleyrodidae) em plantas infectadas pelo fungo endofítico *Acremonium strictum* W. Gams (Vidal, 1996).

Existe um crescente número de estudos que mostram que as simbioses mutualistas com microrganismos são importantes determinantes da estrutura da comunidade de plantas e afetam níveis tróficos de herbivoria e inimigos naturais (Benedict et al., 1991; Van der Heiden et al., 1998; Clay, 2001). Apesar de a simbiose ter recebido mais atenção dos ecologistas e evolucionistas, sendo considerada atualmente uma das principais forças criativas no processo evolutivo (Margulis e Fester, 1991; Margulis, 2001), raramente ela tem sido abordada nas revisões sobre resistência das plantas a insetos, em particular no que se refere ao fenômeno da indução de resistência.

## 4. Emprego de indutores de resistência: o estado da arte e as perspectivas

Com os avanços nos estudos bioquímicos sobre os sinais endógenos envolvidos na indução da resistência, tem crescido o interesse pelo desenvolvimento de produtos sintéticos capazes de ativar diretamente as vias de defesa das plantas. Como todos os agentes abióticos discutidos anteriormente são de difícil controle pelos agricultores ou complexos no seu manejo (exemplo: fertilização), produtos elicitores surgem como forma mais simplificada de tecnologia para aumentar a resistência dos cultivos a pragas e doenças.

O papel do ácido salicílico (AS) na resistência induzida a estresses bióticos tem sido muito estudado e as empresas do setor de agroquímicos têm investido no desenvolvimento de compostos sintéticos com funções parecidas com as desse ácido. O éster S-metil do ácido benzo-(1,2,3)-tiadiazole-7-carbotioico (acibenzolar-S-metil® (ASM), estrutura química mostrada na Figura 5) encontra-se disponível no mercado de vários países (Ryals et al., 1996), inclusive no Brasil, desde 2001 (Castro, 2002). Essa molécula tem sido recomendada no manejo de algumas doenças de plantas, no entanto, as vias de sinalização da resistência induzida a patógenos ainda não estão completamente elucidadas e têm surgido muitos indícios de possíveis conexões entre essas vias e as de resistência a insetos.

Têm sido realizados estudos tanto com o ácido salicílico como com o produto comercial à base do análogo sintético acibenzolar-S-metil, para avaliar o efeito da aplicação desses indutores sobre a resistência de plantas a artrópodes-praga. Os resultados obtidos apresentam significativas variações, de acordo com a cultura e a espécie-praga-alvo. Bi et al. (1997) esperavam aumentar a resistência do algodoeiro a *H. zea* com a aplicação de ácido salicílico, pois já havia sido demonstrado que esse ácido induz aumento nos níveis de aldeídos terpenos (exemplo: gossipol), compostos que conferem resistência a insetos e patógenos nessa planta. No entanto, os autores não observaram nenhum efeito sobre o crescimento de lagartas de diferentes instares. Outro estudo realizado em algodoeiro mostrou que a aplicação de acibenzolar-S-metil provocou significativos aumentos nas atividades de quitinase, peroxidase e β-1,3 glucanase, sistemicamente, porém não influenciou a preferência hospedeira da mosca-branca *Bemisia tabaci* (Gennadius) (Hemiptera: Aleyrodidae), nem a eficiência de conversão de alimento

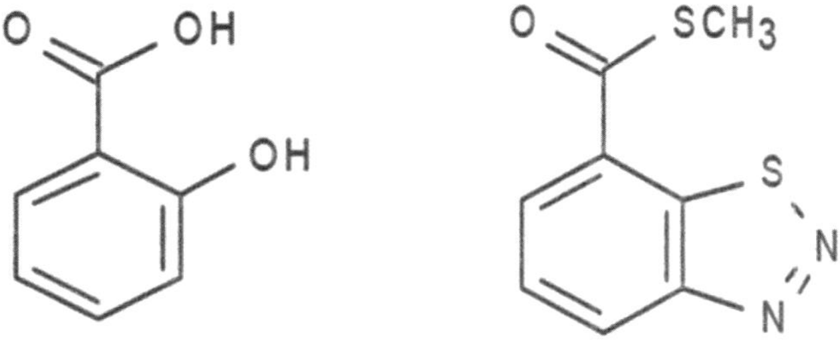


Ácido salicílico (AS)

Acibenzolar-S-metil (ASM)

**Figura 5.** Estrutura química de indutores de resistência: ácido salicílico (AS), uma molécula sinalizadora natural, e seu análogo sintético acibenzolar-S-metil (ASM).

por *Helicoverpa armigera* (Hübner) (Lepidoptera: Noctuidae) (Inbar et al., 2000). Porém, sua aplicação em pepino ocasionou efeito negativo na população dessa mosca-branca, pela redução de sua oviposição, pelo aumento do período de desenvolvimento e da mortalidade ninfal (Correa et al., 2005). Sua aplicação em plantas de trigo também reduziu a preferência (teste com chance de escolha) do pulgão-verde *S. graminum* e o número de ninfas produzidas, além de afetar negativamente a taxa de crescimento populacional, o período pós-reprodutivo e a longevidade dessa espécie-praga (Costa e Moraes, 2006).

Diferentemente dos exemplos anteriores, em tomateiro, a aplicação do acibenzolar-S-metil induziu resistência a patógenos, mas diminuiu a expressão do gene PINII, que é ativado pelo ácido jasmônico e cujo produto é um inibidor de proteinase, o que produziu um aumento na suscetibilidade da planta a insetos mastigadores de folhas (Fidantsef et al., 1999). O ácido jasmônico tem se mostrado um indutor de resistência a insetos em vários cultivos, e em alguns casos também a patógenos. Sua aplicação exógena sobre as folhas de videira, em concentrações não fitotóxicas, induziu resistência a duas pragas importantes dessa cultura: *Tetranychus pacificus* McGregor (Acari: Tetranychidae), que ataca folhas, e *Daktulosphaira vitifoliae* (Fitch) (Hemiptera: Phylloxeridae), que se alimenta nas folhas e raízes. O número de ovos desses dois artrópodes foi menor quando alimentados com partes das plantas que haviam sido tratadas, em comparação com as plantas controle (Omer et al., 2000). A via ativada pelo ácido jasmônico não está relacionada apenas com a indução de resistência nas plantas, mas também com o recrutamento dos inimigos naturais de herbívoros. Em campo, plantas de tomateiro tratadas com esse ácido apresentaram incremento de 100% no parasitismo de *S. exigua* pela vespa *Hyposoter exiguae* (Viereck) (Hymenoptera: Ichneumonidae) (Thaler, 1999). No entanto, sua aplicabilidade no manejo integrado de pragas ainda precisa ser melhor estudada (Smith, 2005).

## Referências bibliográficas


AJLAN, A. M.; POTTER, D. A. Does immunization of cucumber against anthracnose by *Colletotrichum lagenarium* affect host suitability for arthropods? *Entomologia Experimentalis et Applicata* 58: 83-91, 1991.

ALONSO, J. M. et al. EIN2, a bifunctional transducer of ethylene and stress responses in *Arabidopsis*. *Science* 284: 2148-152, 1999.

ANKALA, A. et al. Foliar herbivory triggers local and long distance defense responses in maize. *Plant Science* 199-200: 103-12, 2013.

ARANCON, N. Q.; GALVIS, P. A.; EDWARDS, C. A. Suppression of insect pest populations and damage to plants by vermicomposts. *Bioresource Technology* 96: 1137-142, 2005.

BARBOSA FILHO, M. P. et al. *Importância do silício para a cultura do arroz*. Piracicaba: Potafós, 2000. Informações agronômicas n. 89 (Encarte técnico).

BENEDICT, J. H.; HATFIELD, J. L. Influence of temperature-induced stress on host plant suitability to insects. In: HEINRICHS, E. A. (ed.). *Plant stress – insect interactions*. USA: John Wiley & Sons Inc., 1988. p. 139-65.

BENEDICT, J. H.; CHANG, J. F.; BIRD, L. S. Influence of plant microflora on insect–plant relationships in *Gossypium hirsutum*. In: BARBOSA, P.; KRISCHIK, V. A.; JONES, C. G. (eds.). *Microbial mediation of plant-herbivore interactions*. USA: John Wiley & Sons Inc., 1991. p. 273-303.

BERENBAUM, M. Effects of eletromagnetic radiation on insect–plant interactions. In: HEINRICHS, E. A. (ed.). *Plant stress – insect interactions*. USA: John Wiley & Sons Inc., 1988. p. 167-85.

BERNAYS, E. A.; CHAPMAN, R. F. *Host-plant selection by phytophagous insects*. England: Chapman & Hall Inc., 1994.

BI, J. L.; FELTON, G. W. Foliar oxidative stress and insect herbivory: primary compounds, secondary metabolites, and reactive oxygen species as components of induced resistance. *Journal of Chemical Ecology* 21: 1511-530, 1995.

BI, J. L.; MURPHY, J. B.; FELTON, G. W. Does salicylic acid act as a signal in cotton for induced resistance to *Helicoverpa zea*? *Journal of Chemical Ecology* 23: 1805-818, 1997.

BONALDO, S. M.; PASCHOLATI, S. F.; ROMEIRO, R. S. Indução de resistência: noções básicas e perspectivas. In: CAVALCANTI, L. S. et al. *Indução de resistência em plantas a patógenos e insetos*. Piracicaba: Fealq, 2005. p. 11-28.

BRAMLEY, P. M. Isoprenoid metabolism. In: DEY, P. M.; HARBORNE, J. B. (eds.). *Plant biochemistry*. California, USA: Academic Press, 1997. p. 417-37.

BRUIN, J.; SABELIS, M. W.; DICKE, M. Do plants tap SOS signals from their infested neighbours? *Tree* 10: 167-70, 1995.

CALABRESE, E. J.; BALDWIN, L. A. Defining hormesis. *Human Experimental Toxicology* 21: 91-97, 2002.

CARROLL, G. Fungal endophytes in stems and leaves: from latent pathogen to mutualistic symbiont. *Ecology* 69: 2-9, 1998.

CASTRO, R. M. Bion: a experiência brasileira. In: 1ª REUNIÃO BRASILEIRA SOBRE INDUÇÃO DE RESISTÊNCIA EM PLANTAS CONTRA FITOPATÓGENOS. Hotel Fazenda Fonte Colina Verde, São Pedro, Brasil, 2002. p. 12.

CHABOUSSOU, F. *Plantas doentes pelo uso de agrotóxicos (teoria da trofobiose)*. Trad. Maria José Guazzelli. Porto Alegre: L&PM, 1987.

CHEN, Y.; RUBERSON, J. R.; OLSON, D. M. Nitrogem fertilization rate affects feeding, larval performance, and oviposition preference of the beet armyworm, *Spodoptera exigua*, on cotton. *Entomologia Experimentalis et Applicata* 126: 244-55, 2008.

CHIARADIA, L. A. Efeito da adubação nitrogenada na dinâmica populacional das cigarrinhas-das-pastagens. *Agropecuária Catarinense* 27: 71-75, 2014.

CLAY, K. Symbiosis and regulation of communities. *American Zoologist* 41: 810-24, 2001.

CLEMENT, S. L.; KAISER, W. J.; EICHENSEER, H. *Acremonium* endophytes in germplasms of major grasses and their utilization for insect resistance. In: BACON, C. H.; WHITE JR., J. F. (eds.). *Biotechnology of endophytic fungi of grasses*. England: CRC Press., 1994. p. 185-99.

CORNELISSEN, T. G.; FERNANDES, G. W. Induced defences in the neotropical tree *Bauhinia brevipes* (Vog.) to herbivory: effects of damage-induced changes on leaf quality and insect attack. *Trees* 15: 236-41, 2001.

CORREA, R. S. et al. Silicon and acibenzolar-S-methyl as resistance inducers in cucumber against the whitefly *Bemisia tabaci* (Gennadius) (Hemiptera: Aleyrodidae) biotype B. *Neotropical Entomology* 34: 429-33, 2005.

COSTA, R. C.; MORAES, J. C. Efeitos do ácido silícico e do acibenzolar-S-methyl sobre *Schizaphis graminum* (Rondani) (Hemiptera: Aphididae) em plantas de trigo. *Neotropical Entomology* 35: 834-39, 2006.

COSTA, R. R.; MORAES, J. C.; DA COSTA, R. R. Feeding behaviour of the greenbug *Schizaphis graminum* on wheat plants treated with imidacloprid and/or silicon. *Journal of Applied Entomology* 135: 115-20, 2011.

DALE, D. Plant mediated effects of soil mineral stress on insects. In: HEINRICHS, E. A. (ed.). *Plant stress – insect interactions*. USA: John Wiley & Sons Inc., 1988. p. 35-110.

DAYAN, F. E. Factors modulating the levels of the allelochemical sorgoleone in *Sorghum bicolor*. *Planta* 224: 339-46, 2006.

DE LEO, F. et al. Effect on different species of lepidopteran insects of an exogenous proteinase inhibitor expressed in transgenic plants. In: INTERNATIONAL SYMPOSIUM INDUCED RESISTANCE TO PLANT DISEASES, 1. Island of Corfu, Greece, 2000.

DESPRÉS, L.; DAVID, J. P.; GALLET, C. The evolutionary ecology of insect resistance to plant chemicals. *Trends in Ecology and Evolution* 22: 298-307, 2007.

DICKE, M.; BRUIN, J. Chemical information transfer between plants: back to the future. *Biochemical Systematics and Ecology* 29: 981-94, 2001.

DJAMIN, A.; PATHAK, M. D. Role of silica in resistance to asiatic rice borer, *Chilo suppressalis* (Walker) in rice varieties. *Journal of Economic Entomology* 60: 347-51, 1967.

EPSTEIN, E. Silicon. *Annual Review of Plant Physiology and Plant Molecular Biology* 50: 641-64, 1999.

ESTABROOK, E. M.; YODER, J. I. Plant – plant communications: rhizosphere signaling between parasitic angiosperms and their hosts. *Plant Physiology* 116: 1-7, 1998.

FIDANTSEF, A. L. et al. Signal interactions in pathogen and insect attack: expression of lipoxygenase, proteinase inhibitor II, and pathogenesis-related protein P4 in the tomato, *Lycopersicon esculentum*. *Physiological and Molecular Plant Pathology* 54: 97-114, 1999.

FRANÇA, S. C. *Respuesta del chinche de los pastos Collaria columbiensis Carvalho (Hemiptera: Miridae) a la associación entre el pasto Festuca arundinaceae Schreb. y el hongo endofítico clavicipetaceo Acremonium coenophialum Morgan-Jones y Gams.*

Bogotá, 96p. Dissertação (Mestrado) – Facultad de Agronomía, Universidad Nacional de Colombia, 1995.

GATEHOUSE, J. A. Plant resistance towards insect herbivores: a dynamic interaction. *New Phytologist* 156: 145-69, 2002.

GOMES, F. B. et al. Uso de silício como indutor de resistência em batata a *Myzus persicae* (Sulzer) (Hemiptera: Aphididae). *Neotropical Entomology* 37: 185-90, 2008.

GOUSSAIN, M. M. et al. Efeito da aplicação de silício em plantas de milho no desenvolvimento biológico da lagarta-do-cartucho *Spodoptera frugiperda* (J. E. Smith) (Lepidoptera: Noctuidae). *Neotropical Entomology* 31: 305-10, 2002.

HAVILL, N. P.; RAFFA, K. F. Effects of elicitation treatment and genotypic variation on induced resistance in *Populus* impacts on gypsy moth (Lepidoptera: Lymantriidae) development and feeding behavior. *Oecologia* 120: 295-303, 1999.

HEIL, M. The ecological concept of costs of induced systemic resistance (ISR). *European Journal of Plant Pathology* 107: 137-46, 2001.

HEIL, M. Indirect defence via tritrophic interactions. *New Phytologist* 178: 41-61, 2008.

HILDEBRAND, D. F. et al. Peroxidative responses of leaves in two soybean genotypes injured by twospotted spider mites (Acari: Tetranychidae). *Journal of Economic Entomology* 79: 1459-465, 1986.

HUGHES, P. R. Insect population on host plants subjected to air pollution. In: HEINRICHS, E. A. (ed.). *Plant stress – insect interactions*. USA: John Wiley & Sons Inc., 1988. p. 249-319.

INBAR, M. et al. Induction of SAR in cotton by BTH has a negligible effect on phytophagous insects. In: INTERNATIONAL SYMPOSIUM INDUCED RESISTANCE TO PLANT DISEASES, 1. Island of Corfu, Greece, 2000.

INDRIO, F. *Agricultura ecológica*. Itália: Publicações Europa-América, 1980.

KARBAN, R.; AGRAWAL, A. A.; MANGEL, M. The benefits of induced defenses against herbivores. *Ecology* 78: 1351-355, 1997a.

KARBAN, R.; BALDWIN, I. T. *Induced responses to herbivory*. Chicago, Illinois, USA: University of Chicago Press, 1997b.

KARBAN, R. et al. Communication between plants: induced resistance in wild tobacco plants following clipping of neighboring sagebrush. *Oecologia* 125: 66-71, 2000.

KENNEDY, G. G. et al. Effect of day length and light intensity on 2-tridecanone levels and resistance in *Lycopersicon hirsutum* f. *glabratum* to *Manduca sexta*. *Journal of Chemical Ecology* 7: 707-16, 1981.

KOGAN, M.; PAXTON, J. Natural inducers of plant resistance to insects. In: HEDIN, P. A. (ed.). *Plant resistance to insects*. Washington, D.C.: American Chemical Society, 1983. p. 153-71.

KORNDÖRFER, A. P.; GRISOTO, E.; VENDRAMIM, J. D. Induction of insect plant resistance to the spittlebug *Mahanarva fimbriolata* Stal (Hemiptera: Cercopidae) in sugarcane by silicon application. *Neotropical Entomology* 40: 387-92, 2011.

KVEDARAS, O. L.; KEEPING, M. G. Silicon impedes stalk penetration by the borer *Eldana saccharina* in sugarcane. *Entomologia Experimentalis et Applicata* 125: 103-10, 2007.

LEUCK, D. B. Induced fall armyworm resistance in pearl millet. *Journal of Chemical Entomology* 65: 1608-611, 1972.

LEVINE, A. Oxidative stress as a regulator of environmental responses in plants. In: LERNER, H. R. (ed.). *Plant responses to environmental stresses*: from phytohormones to genome reorganization. USA: Marcel Dekker Inc., 1999. p. 247-86.

LI, L. et al. Distinct roles for jasmonate synthesis and action in the systemic wound response of tomato. *Proceedings of the National Academy of Sciences of the United States of America* 99: 6416-421, 2002.

LI, S. J. et al. Root and shoot jasmonic acid induced plants differently affect the performance of *Bemisia tabaci* and its parasitoid *Encarsia formosa*. *Basic and Applied Ecology* 14: 670-79, 2013.

LOPES, F. C. C. *Caracterização da atividade proteinásica digestiva de Sphenophorus levis (Coleoptera: Curculionidae) e sua sensibilidade à chagasina*. Piracicaba, 58p. Dissertação (Mestrado) – Escola Superior de Agricultura "Luiz de Queiroz", Universidade de São Paulo, 2002.

LOURENÇÃO, A. L. et al. Efeito da calagem e da adubação potássica sobre a área foliar de soja consumida por lagartas das folhas. *Bragantia* 43: 211-19, 1984.

LU, Z. et al. Effect of nitrogen fertilizer on herbivores and its stimulation to major insect pests in rice. *Rice Science* 14: 56-66, 2007.

LUCKEY, T. D. Insecticide hormoligosis. *Journal of Economic Entomology* 61: 7-12, 1968.

MARGULIS, L.; FESTER, R. (eds.). *Symbiosis as a source of evolutionary innovation*. Cambridge, Mass., USA: MIT Press, 1991.

MARGULIS, L. *O planeta simbiótico. Uma nova perspectiva da evolução*. Trad. Laura Neves. Rio de Janeiro: Rocco, 2001.

MARSCHENER, H. *Mineral nutrion of higher plants*. London: Academic Press, 1995.

MAYER, R. T. et al. Citrus rootstock responses to herbivory by larvae of the sugarcane rootstock borer weevil (*Diaprepes abbreviates*). *Physiologia Plantarum* 94: 164-73, 1995.

OMER, A. D. et al. Jasmonic acid induced resistance in grapevines to a root and leaf feeder. *Horticultural Entomology* 93: 840-45, 2000.

OMER, A. D. et al. Chemically-induced resistance against multiple pests in cotton. *International Journal of Pest Management* 47: 49-54, 2001.

OROZCO-CARDENAS, M. L.; NARVAEZ-VASQUEZ, J.; RYAN, C. A. Hydrogen peroxide acts a second messenger for the induction of defense genes in tomato plants in response to wounding, systemin, and methyl jasmonate. *Plant Cell* 13: 179-91, 2001.

PORTER, J. K. Chemical constituents of grass endophytes. In: BACON, C. H.; WHITE JR., J. F. (eds.). *Biotechnology of endophytic fungi of grasses*. England: CRC Press., 1994. p. 103-23.

PURRINGTON, C. B. Costs of resistance. *Current Opinion in Plant Biology* 3: 305-8, 2000.

RIZZARDI, M. A. et al. Ações de herbicidas sobre mecanismos de defesa das plantas aos patógenos. *Ciência Rural* 33: 957-65, 2003.

ROWAN, D. D.; LATCH, G. C. M. Utilization of endophyte-infected perennial ryegrasses for increased insect resistance. In: BACON, C. H.; WHITE JR., J. F. (eds.). *Biotechnology of endophytic fungi of grasses*. England: CRC Press., 1994. p. 169-83.

RYALS, J. A. et al. Systemic acquired resistance. *The Plant Cell* 8: 1809-819, 1996.

RYAN, C. A. The systemin signaling pathway: differential activation of plant defensive genes. *Biochimica et Biophysica Acta – Protein Structure et Molecular Enzymologica* 1477: 112-21, 2000.

SEMTNER, P. J.; RASNAKE, M.; TERRILL, T. R. Effect of host-plant nutrition on the occurrence of tobacco hornworms and tobacco flea beetles on different types of tobacco. *Journal of Economic Entomology* 73: 221-24, 1980.

SHIVAJI, R. et al. Plant on constant alert: elevated levels of jasmonic acid and jasmonate--induced transcripts in caterpillar-resistant maize. *Journal of Chemical Ecology* 36: 179-91, 2010.

SIMMS, E. L.; RAUSHER, M. D. Costs and benefits of plant resistance to herbivory. *American Naturalist* 130: 570-81, 1987.

SMITH, C. M. *Plant resistance to arthropods:* molecular and conventional approaches. Berlin: Springer, 2005.

SMITH, C. M.; CLEMENT, S. L. Molecular bases of plant resistance to arthropods. *Annual Review of Entomology* 57: 309-28, 2012.

STOTZ, H. et al. Evidence for regulation of resistance in *Arabidopsis* to Egyptian cotton worm by salicylic and jasmonic acid signaling pathways. *Planta* 214: 648-52, 2002.

STOUT, M. J.; WORKMAN, K. V.; DUFFEY, S. S. Identity, spatial distribution, and variability of induced chemical responses in tomato plants. *Entomologia Experimentalis et Applicata* 79: 255-71, 1996.

STRACK, D. Phenolic metabolism. In: DEY, P. M.; HARBORNE, J. B. (eds.). *Plant Biochemistry*. USA: Academic Press, California, 1997. p. 387-416.

SUSIDKO, P. I. et al. Biogenic induction of plant resistance to pests. *Russian Agricultural Sciences* 1: 17-20, 1999.

TANG, F.; ZHAO, W. L.; GAO, X. W. Communication between plants: induced resistance in poplar seedlings following herbivore infestation, mechanical wounding, and volatile treatment of the neighbors. *Entomologia Experimentalis et Applicatta* 149: 110-17, 2013.

THALER, J. S. Jasmonate-inducible plant defences cause increase parasitism of herbivores. *Nature* 399: 686-88, 1999.

THALER, J. S. et al. Jasmonate-mediated induced plant resistance affects a community of herbivores. *Ecological Entomology* 26: 312-24, 2001.

TORRES, E.; GARCIA, C. *Realidades y perspectivas del fenómeno de la resistencia inducida de plantas a fitopatógenos.* Bogotá: Universidad Nacional de Colombia, Facultad de Agronomía, Departamento de Sanidad Vegetal, 1996.

VAN DER HEIDEN, M. G. A. et al. Mycorrhizal fungal diversity determines plant biodiversity, ecosystem variability and productivity. *Nature* 396: 69-72, 1998.

VAN LOON, L. C.; VAN STRIEN, E. A. The families of pathogenesis-related proteins, their activities, and comparative analysis of PR-1 type proteins. *Physiological and Molecular Plant Pathology* 55: 85-97, 1999.

VIDAL, S. Changes in suitability of tomato for whiteflies mediated by a non-pathogenic endophytic fungus. *Entomologia Experimentalis et Applicata* 80: 272-74, 1996.

WALLING, L. L. The myriad plant responses to herbivores. *Journal of Plant Growth Regulation* 19: 195-216, 2000.

WAR, A. R. et al. Mechanisms of plant defense against insect herbivores. *Plant Signaling & Behavior* 7: 1306-320, 2012.

WERCKMEISTER, A. P. B.; VENDRAMIM, J. D. Efeito da herbivoria prévia simulada sobre o desenvolvimento de *Anticarsia gemmatalis* Hüeb. (Lepidoptera: Noctuidae) em duas cultivares de soja. *Anais da Sociedade Entomológica do Brasil* 24: 299-304, 1995.

ZEHNDER, G. et al. Induction of systemic resistance in cucumber against cucumber beetles (Coleoptera: Chrysomelidae) by plant growth-promoting rhizobacteria. *Journal of Economic Entomology* 90: 391-96, 1997.

10

# Plantas Geneticamente Modificadas para Resistência a Insetos

**Ane Hackbart de Medeiros**
**José Magid Waquil**
**Simone Martins Mendes**

## 1. Introdução

Para aumentar ou estabilizar a produção das plantas cultivadas, duas abordagens têm sido usadas, visando reduzir as perdas causadas por herbívoros em plantas cultivadas. A primeira refere-se ao desenvolvimento e à aplicação de produtos, sintéticos ou naturais, provenientes de processos químicos ou de micro-organismos vivos; a segunda está relacionada ao desenvolvimento de variedades resistentes a insetos. Nesta abordagem, o desenvolvimento de técnicas de engenharia genética possibilitou novas combinações de genes que conferem resistência às plantas cultivadas. Na segunda edição do livro *Princípios de re-*

*sistência de plantas a insetos* (1991), de autoria do Prof. Dr. Fernando Mesquita Lara, esse assunto foi brevemente abordado, pois, até então, o plantio e a comercialização de plantas geneticamente modificadas (GM) praticamente ainda não havia começado, o que ocorreu efetivamente a partir de 1996.

Na primeira parte deste capítulo, serão abordados detalhes sobre o melhoramento genético clássico por cruzamento e seleção e o melhoramento por engenharia genética, com uma breve revisão sobre o modo como as plantas geneticamente modificadas são produzidas. Serão discutidos os genes mais usados nessas plantas para resistência a insetos, com ênfase naqueles da delta-endotoxina, acumulada na forma de cristal (*cry*) nas células de *Bacillus thuringiensis* Berliner (bactéria comumente conhecida como *Bt*), além de outras fontes de genes de resistência a insetos ainda não usadas em larga escala, como os promotores induzidos por inseto e a transformação do genoma do cloroplasto. Serão abordados também alguns aspectos relacionados à biossegurança de plantas geneticamente modificadas no Brasil, tais como análise de risco, efeitos em inimigos naturais e fluxo gênico. A última parte do capítulo terá como foco o manejo dessas plantas para resistência a insetos e o monitoramento da frequência de genótipos resistentes às proteínas inseticidas na população de insetos-alvo, exemplificando com a situação atual do milho *Bt* usado comercialmente no Brasil.

## 2. Melhoramento genético clássico por cruzamento e seleção e melhoramento por engenharia genética

O melhoramento genético por meio de cruzamentos entre parentais contrastantes e ciclos de seleção entre a progênie, também chamado de melhoramento clássico, convencional ou tradicional, tem sido o método mais usado para selecionar características desejáveis em novas variedades de plantas. Baseia-se na habilidade do melhorista em reconhecer características desejáveis e incorporá-las nas próximas gerações por hibridização ou cruzamento, seguido por seleção cuidadosa, com o objetivo final de que a progênie do cruzamento tenha as características favoráveis dos dois pais. Na realidade, a progênie possui uma mistura de características, desejáveis e indesejáveis, dos parentais e são necessários vários ciclos de cruzamento e seleção para que sejam eliminadas as características negativas e permaneçam apenas as positivas.

Antes de discutir mais detalhes sobre o melhoramento de plantas usando transformação genética, certos termos precisam ser esclarecidos. Seguem-se alguns deles.

- **Biotecnologia.** É definida como um conjunto de ferramentas que usa organismos vivos (ou partes deles) para fazer ou modificar produtos ou processos para uso específico (de acordo com a terminologia da Convenção em Diversidade Biológica das Nações Unidas, Art. 2).

- **Agricultura biotecnológica.** É o termo usado quando o melhoramento de plantas e animais ou microrganismos emprega as ferramentas da biotecnologia (Krimsky e Wrubel, 1996), envolvendo a habilidade de identificar e transferir genes que podem conferir vantagens em certas culturas (Ives et al., 2001). A agricultura biotecnológica emprega técnicas como seleção assistida por marcadores, que aumenta a eficácia do melhoramento clássico, cultura de tecidos, ferramentas de diagnóstico molecular de doenças e a tecnologia do DNA recombinante.
- **Engenharia genética.** Também chamada de tecnologia genética, modificação genética ou manipulação genética, é o processo pelo qual a constituição genética de um organismo pode ser alterada usando a "tecnologia do DNA recombinante" (Zaid et al., 2001). Assim, plantas, animais e microorganismos que foram modificados por meio da engenharia genética são chamados de organismos geneticamente modificados (OGM). Se o material genético de outra espécie é adicionado a um hospedeiro, o organismo resultante é chamado de transgênico; se é da mesma espécie ou de uma espécie que pode intercruzar naturalmente com o hospedeiro, o organismo resultante é chamado de cisgênico (Jacobsen e Schouten, 2008).
- **Tecnologia do DNA recombinante.** É definida como um conjunto de técnicas e ferramentas de laboratório para identificar os genes de interesse e transferi-los para o organismo desejado (Zaid et al., 2001).

Embora a palavra "biotecnologia" venha sendo usada, de modo informal, para indicar algo moderno, o seu uso não é recente. Há mais de seis mil anos vêm sendo empregados processos biológicos de micro-organismos para produzir pão, vinho e queijo. O uso da engenharia genética, sim, é recente. Ela vem sendo utilizada desde a década de 1970 na área da saúde humana, com a produção do hormônio humano somatostatina (Itakura et al., 1977) e de insulina em *Escherichia coli* T. Escherich (Goeddel et al., 1979). A insulina produzida por bactéria tem sido comercializada desde 1982. A renina, usada para fazer queijo, foi a primeira proteína produzida por meio de engenharia genética empregada em alimentos (Green et al., 1985). Outros produtos incluem suplementos alimentares como a riboflavina (Perkins et al., 1999), a alfa-amilase e a lactase.

A diferença básica entre melhoramento clássico (por cruzamento e seleção) e melhoramento por engenharia genética está na fonte de genes para características desejáveis, como resistência a doenças e a insetos, tolerância a frio ou calor, que os melhoristas buscam introduzir na variedade a ser melhorada. No melhoramento clássico, a fonte de genes está no *pool* gênico pertencente à própria espécie ou em parentes selvagens próximos, cujos pais devem ser sexualmente compatíveis. No melhoramento que utiliza a engenharia genética, genes de plantas ou animais oriundos de organismos sexualmente incompatíveis podem ser introduzidos em variedades melhoradas.

Os objetivos do melhoramento clássico e do melhoramento por engenharia genética são os mesmos: otimizar a produtividade das cultivares e/ou a qualidade dos seus produtos. Isso envolve, por exemplo, aumentar o desempenho de culturas no campo, conferindo resistência a pragas, doenças e herbicidas, ou a tolerância a estresses ambientais, por exemplo, seca ou encharcamento; desenvolver produtos com maior período de armazenamento, maior valor nutritivo ou com outros benefícios para a saúde (Ives et al., 2001).

O melhoramento de plantas usando a tecnologia de DNA recombinante permite a transferência horizontal de informação genética de uma espécie para outra, sem a necessidade de cruzamentos entre espécies aparentadas. As duas espécies podem ser tão distantes filogeneticamente que essa característica não seria transferida por mecanismos naturais. Outra vantagem é que a resistência é conferida, com frequência, por genes dominantes, enquanto uma característica similar em variedades aparentadas é em geral codificada por vários genes, possivelmente localizados em cromossomos diferentes. Na introdução direta de um único gene dominante em variedades comerciais não há o *linkage drag*, ou seja, os efeitos indesejáveis de genes ligados aos genes de interesse (Duck e Evola, 1997; Azevedo e Araújo, 2003; Ahmad et al., 2012).

O uso de plantas transgênicas também traz uma série de aspectos negativos, entre eles, a preocupação com a saúde humana; os riscos ecológicos e os efeitos em organismos não alvo e em comunidades de micro-organismos associadas a plantas; as dificuldades técnicas do processo de clonar o gene de interesse e transformar a planta cultivada, além de problemas associados à seleção de populações de organismos-alvo resistentes às plantas transgênicas (Roush e Shelton, 1997).

O desenvolvimento e a acessibilidade de ferramentas moleculares, desde os anos de 1990, têm resultado na geração de grande conjunto de informações sobre as interações inseto–planta (Yencho et al., 2000; Glazebrook, 2001; Kaloshian, 2004). No entanto, há ainda muito a ser estudado e aprendido sobre essas relações. São poucos os genes de resistência a insetos sobre os quais se tem entendimento suficiente da localização no genoma e de como ele atua na interação inseto–planta. O entendimento mais amplo do funcionamento dessas relações auxiliará na exploração da diversidade natural de genes de resistência a insetos e facilitará a identificação de fontes de resistência em germoplasmas selvagens (Kaloshian, 2004). A incorporação de genes expressando produtos com diferentes mecanismos de resistência pelo piramidamento genético em espécies cultivadas pode contribuir para o desenvolvimento de uma resistência mais durável.

## 3. Como produzir uma planta geneticamente modificada

### 3.1. Breve histórico da tecnologia do DNA recombinante

Berg e Mertz (2010), dois pioneiros na tecnologia do DNA recombinante, consideram que essa tecnologia alterou o modo como questões são formuladas e soluções são procuradas. Atualmente, cientistas isolam genes de qualquer organismo, vivo ou morto. O desenvolvimento dessa tecnologia influenciou campos diversos, como os da química, biologia evolutiva, paleontologia, antropologia, medicina, agronomia, ciência da computação e até da ciência forense.

A era da pesquisa genômica vivida depois do ano 2000 (Collins et al., 2003) e o desenvolvimento da tecnologia do DNA recombinante (Jackson et al., 1972; Cohen et al., 1973) não seriam possíveis sem grandes progressos em genética e genômica, começando com os experimentos que provaram que o DNA é o material genético dos seres vivos (Avery et al., 1944) e que possui a diversidade molecular necessária para ser a molécula da hereditariedade (Chargaff et al., 1950); a elucidação da estrutura tridimensional molecular do DNA (Franklin e Gosling, 1953; Watson e Crick, 1953a, 1953b; Wilkins et al., 1953); o significado do código genético (Nirenberg, 1963); e o uso de tesouras moleculares, as chamadas enzimas de restrição (Meselson e Yuan, 1968; Smith e Wilcox, 1970). Esses marcos na história da biologia molecular, somados ao estabelecimento de métodos automáticos de sequenciamento de DNA (Sanger e Coulson, 1975; Maxam e Gilbert, 1977; Smith et al., 1986) e do genoma humano (The International Human Genome Sequencing Consortium, 2001), tornaram possível a era da pesquisa genômica que se vive atualmente (Collins et al., 2003).

### 3.2. O processo de produção de plantas transgênicas

Na obtenção de plantas transgênicas, seguem-se basicamente seis passos: 1) sequenciamento e caracterização completa do gene de interesse; 2) clonagem do gene de interesse em um vetor de expressão, em que são necessárias outras sequências que regulem sua expressão, por exemplo, o promotor e a sequência terminadora, como também sequências de seleção das bactérias transformadas; 3) clonagem em bactéria; 4) introdução estável de novo material genético nas células da planta (transformação), de modo a resultar na expressão apropriada do gene, que pode ser por biobalística ou por meio de *Agrobacterium tumefaciens* Smith & Towsend; 5) regeneração da planta por meio de cultura de tecidos; 6) análise das plantas transgênicas para assegurar que o gene engenheirado se comporte da maneira esperada.

O termo "evento" costuma ser usado para diferenciar variedades geneticamente engenheiradas de plantas (Lowe et al., 2009).

A seleção adequada do gene de interesse, no caso dos insetos, é fundamental, porque é ele que vai tornar a planta resistente a esses artrópodes. Como já mencionado, a técnica de DNA recombinante permite, teoricamente, que qualquer gene de interesse, de qualquer organismo, seja introduzido em determinada planta, de maneira estável. O gene mais usado até hoje em plantas geneticamente modificadas para resistência a insetos é o gene do cristal proteico (*cry*) de delta-endotoxinas de *B. thuringiensis*. Esse gene tem sido empregado de várias maneiras, isolado ou junto com outros genes (piramidamento), modificado etc. Na natureza, entretanto, existem muitos genes de resistência a insetos, em diversos organismos. E por que não falar dos genes de resistência a insetos presentes nas plantas? Todos eles podem ser usados na produção de plantas transgênicas resistentes a insetos, e as dificuldades e a especificidade da ação variam para cada gene usado e para cada espécie e variedade de planta a ser transformada, e devem ser estudados caso a caso. Uma parte do capítulo tratará especificamente do gene *cry* e mencionará casos de sucesso de uso de diversas fontes de genes de resistência em plantas geneticamente modificadas.

O segundo passo é a clonagem no vetor de expressão. Comumente, é dado grande enfoque ao gene a ser transformado, por exemplo, o gene *cry* de *B. thuringiensis*. Mas, para a expressão do gene funcionar e começar a fabricação e acumulação da proteína com atividade no inseto, são necessárias sequências regulatórias, e uma das mais importantes é o promotor. Trata-se de uma região do DNA que se localiza antes do início do gene e é responsável por "ligar" ou "desligar" a expressão dele. Devido a uma questão de maior eficiência no controle do inseto-alvo, as plantas geneticamente modificadas para resistência a insetos hoje no mercado foram produzidas com promotores constitutivos, isto é, aqueles que induzem a expressão do gene o tempo todo, em todas as partes da planta e em todas as fases do ciclo da cultura. Entretanto, a busca e o uso de promotores induzidos pela alimentação do inseto e de promotores tecido-específicos é uma questão crucial para a durabilidade da resistência. Alguns exemplos de aplicações de promotores induzidos e tecido-específicos serão abordados nas seções seguintes.

Um gene de resistência a antibiótico é necessário na construção para ser utilizado como indicador e selecionar corretamente apenas aquelas bactérias e explantes que foram transformados com a construção de interesse, usando o antibiótico apropriado. A presença de genes de resistência a antibióticos na planta, no campo, levanta questões de biossegurança e, como será visto posteriormente, já foram criados métodos para sua remoção da planta transformada.

Existem muitas dificuldades técnicas em cada uma dessas etapas da transformação. A probabilidade de que todas aconteçam com sucesso é muito baixa. Por isso, em cada etapa são realizadas repetições e verificações várias vezes antes de iniciar a etapa seguinte. A confirmação do evento é um fato extremamente raro. Os detalhes da técnica de produção de plantas transgênicas não serão abordados neste capítulo. Para uma revisão detalhada sobre esse assunto, podem ser consultados os trabalhos de Hammond e McGarvey (1999), Darbani et al. (2008), Lemaux (2008), Jones e Sparks (2009), Montagu (2011) e Tamás-Nyitrai et al. (2012).

## 4. Uso de genes que expressam cristais de proteína de *Bacillus thuringiensis* (*Bt*) na produção de plantas resistentes a insetos

*B. thuringiensis* é uma bactéria gram-positiva que ocorre naturalmente no solo. Durante a esporulação, algumas de suas cepas produzem um cristal proteico de delta-endotoxinas que tem ação inseticida. Essas proteínas também são chamadas de proteínas cristal ou Cry e são codificadas pelos genes *cry*. Essa atividade inseticida é que levou ao uso dessa bactéria como inseticida biológico, utilizado em larga escala desde 1920. Mais recentemente, os genes *cry* que produzem esse cristal de proteína foram utilizados para modificação genética das plantas.

Os genes que codificam as delta-endotoxinas foram clonados a partir de 1980 (Schnepf e Whiteley, 1981), e a expressão dos genes para a toxina em tabaco transgênico foi o primeiro exemplo de plantas geneticamente engenheiradas para resistência a insetos (Barton et al., 1987; Fischhoff et al., 1987; Vaeck et al., 1987). As delta-endotoxinas são uma família de proteínas relacionadas, incluindo 133 proteínas organizadas em 24 grupos, nomeados de acordo com a similaridade de sequência de aminoácidos (Crickmore et al., 1998). Elas são altamente específicas e ativas apenas contra um número limitado de ordens de insetos, incluindo Lepidoptera (Cohen et al., 2000), Coleoptera (Herrnstadt et al., 1986), Diptera (Andrews et al., 1987), ou nematoides. As proteínas Cry não são tóxicas para humanos e para a maioria dos animais domésticos (BANR, 2000). O modo de ação foi caracterizado quanto à estrutura de proteína (Li et al., 1991), especificidade de ligação ao receptor (Van Rie et al., 1989) e solubilidade e ativação proteolítica nos estômagos alcalinos dos insetos (Höfte e Whiteley, 1989).

Embora haja muitos outros grupos de proteínas Cry, somente algumas são usadas comercialmente como pesticidas ou em plantas *Bt*. O grupo de proteínas mais usado forma uma família cujos membros têm similaridade em sequência e estrutura: as proteínas Cry com três domínios Cry-3D (Bravo e Soberon, 2008). Uma hipótese para a atividade inseticida das proteínas Cry-3D propõe que, em um primeiro momento, ao serem ingeridos pelos insetos, os cristais são solubilizados em protoxinas, clivadas pelas proteases do intestino para gerar a toxina Cry de 60kDa (Bravo et al., 2007). Esta toxina ativada é capaz, então, de se ligar a um receptor de caderina localizado no microvili das células do epitélio médio. Essa interação com a caderina pode facilitar a clivagem proteolítica, resultando na oligomerização da toxina (Gómez et al., 2002). Esse oligômero se liga a receptores secundários, que são proteínas ancoradas na membrana. Na etapa final, ele se insere na membrana do epitélio, onde forma poros e causa o rompimento celular, provocando a morte do inseto (Zhuang et al., 2002; Pardo-López et al., 2006).

Como será visto adiante, nos itens que tratam do manejo de plantas transgênicas e do monitoramento da resistência em insetos, o uso contínuo da mesma variedade, com o mesmo tipo de resistência e, no caso, com a mesma forma do gene de resistência, faz crescer a probabilidade de variantes resistentes do inseto se encontrarem para reprodução e, com isso, aumentar a frequência de indivíduos resistentes na população. Para diminuir essa probabilidade, além das medidas de manejo, que serão revistas no final deste capítulo, serão apresentadas alternativas ao uso dos genes *cry* com três domínios, como o piramidamento e a modificação desses genes, além do uso de outro gene inseticida de *B. thuringiensis*. Também serão detalhadas as fontes de genes de resistência a insetos da própria planta e de outros organismos.

## 4.1. Alternativas ao uso de proteínas Cry-3D

### 4.1.1. Piramidamento de genes *cry*

Um aspecto extremamente positivo das toxinas Cry de *B. thuringiensis* é sua alta especificidade, o que minimiza os efeitos sobre os organismos não alvo no ecossistema. Entretanto, o uso de plantas transgênicas expressando uma única e específica toxina *Bt* pode gerar problemas no campo, onde pragas secundárias não afetadas podem causar danos significativos à cultura (Gatehouse, 2008). A introdução de genes *cry* de *B. thuringiensis* adicionais na cultivar pode proteger contra uma maior gama de pragas. Esse é o chamado piramidamento ou *gene stacking*, ou seja, a transferência simultânea de dois ou mais genes em uma planta (Halpin, 2005; Dafny-Yelin e Tzfira, 2007; Naqvi et al., 2009).

Além do efeito em pragas secundárias, a expressão de múltiplas proteínas Cry pode ajudar na prevenção de resistência à atividade da toxina na praga-alvo. Duas ou mais proteínas teriam modos de ação diferentes no mesêntero do inseto, e seriam necessárias duas ou mais mutações para produzir a perda de sensibilidade às toxinas, o que, teoricamente, atrasaria o aumento da frequência de genótipos resistentes na população do inseto. Estudos têm mostrado, no entanto, que a abordagem de múltiplas toxinas na mesma planta não é infalível, como em brócolis, em que Zhao et al. (2003, 2005) estudaram uma população de traça-das-crucíferas *Plutella xylostella* (Linnaeus) (Lepidoptera: Plutellidae), ao longo de 24 gerações, a se alimentar em plantas expressando somente Cry1Ac ou Cry1C ou ambas as proteínas piramidadas, e verificaram que a exposição simultânea dos insetos a plantas carregando um ou dois genes *cry* aumentou a frequência de genótipos resistentes às duas proteínas Cry. Gahan et al. (2001) também mostraram que *Chloridea virescens* (Fabricius) [= *Heliothis virescens* (Fabricius) (Lepidoptera: Noctuidae)] apresenta resistência a múltiplas toxinas Cry.

O plantio e a comercialização de plantas transgênicas com mais de um transgene tendem a crescer. Atualmente, treze países plantam transgênicos com dois ou mais eventos combinados, e dez são países em desenvolvimento. Cerca de 47 milhões de hectares, equivalentes a 27% dos 175 milhões de hectares cultivados na época atual, são de eventos combinados. Em 2013, o Brasil semeou comercialmente, pela primeira vez, soja com genes piramidados, com resistência a insetos e tolerância a herbicidas, em 2,2 milhões de hectares (James, 2013). Em 2015, o país cultivou 44,2 milhões de hectares com variedades transgênicas de soja, milho e algodoeiro (James, 2015). Em 2014, no país, o milho transformado com duas proteínas piramidadas Cry1A.105 e Cry2Ab2 mostrou-se mais eficaz do que o evento simples expressando Cry1Ab sobre diferentes pragas-alvo da tecnologia *Bt* (Waquil et al., 2013).

Verifica-se também a tendência de aumentar o número de características piramidadas. Stein e Rodríguez-Cerezo (2009) projetaram aumento da produção de variedades de plantas com três ou quatro transgenes no mercado. No futuro, o piramidamento gênico envolverá não somente resistência múltipla a pragas, mas uma combinação desses caracteres com vias metabólicas engenheiradas, e também a introdução simultânea dessas vias para a síntese combinada de betacaroteno, ascorbato, folato e vitamina E, por exemplo (Naqvi et al., 2009; Que et al., 2010).

#### 4.1.2. Modificações das proteínas Cry

Trabalhos mostram que a troca e a recombinação de domínios de proteínas 3D-Cry têm funcionado e originado outra atividade. Por exemplo, batatas transgênicas contendo os domínios de duas proteínas Cry combinados apresentaram resistência à traça-da-batatinha *Phthorimaea operculella* (Zeller) (Lepidoptera: Gelechiidae) e ao besouro-da-batata *Leptinotarsa decemlineata* (Say) (Coleoptera: Chrysomelidae) (Naimov et al., 2003). Usadas isoladamente, nenhuma das proteínas Cry tinha atividade contra coleópteros, apenas contra lepidópteros, demonstrando uma ação diferente da nova proteína.

Outra alternativa é a modificação de aminoácidos dos domínios das toxinas *Bt* por mutagênese sitiodirigida (Gatehouse, 2008). Já foi mostrado que a mutação do domínio II de Cry1Ab aumentou a toxicidade contra lagartas da mariposa-cigana *Lymantria dispar* (Linnaeus) (Lepidoptera: Erebidae) em quarenta vezes (Rajamohan et al., 1996). A mesma estratégia foi usada com a proteína Cry3A e mostrou aumento de toxicidade contra *Tenebrio molitor* Linnaeus (Coleoptera: Tenebrionidae), *L. decemlineata* e *Chrysomela scripta* Fabricius (Coleoptera: Chrysomelidae) (Wu et al., 2000).

O uso de duas proteínas Cry fusionadas (Bohorova et al., 2001) aparentemente apresenta mais vantagens do que o emprego de duas construções separadas. Além disso, pode-se fusionar uma proteína Cry a outra proteína diferente. Mehlo et al. (2005) fusionaram o domínio gal da lectina ao domínio III da proteína Cry1Ac e transformaram milho e arroz. Assim, enquanto plantas que expressam a proteína Cry1Ac são suscetíveis a *Chilo suppressalis* (Walker) (Lepidoptera: Crambidae), *Spodoptera littoralis* (Boisduval) (Lepidoptera: Noctuidae) e *Cicadulina mbila* (Naudé) (Hemiptera: Cicadellidae), as plantas transformadas com a fusão Cry1Ac e lectina são resistentes aos três insetos.

Novas toxinas Cry geradas por embaralhamento de DNA (DNA *shuffling*) têm novas atividades e a toxicidade aumentada, como foi mostrado para a toxina

Cry8Ka ativa contra o bicudo-do-algodoeiro *Anthonomus grandis* Boheman (Coleoptera: Curculionidae) (Grossi-de-Sá et al., 2007; Oliveira et al., 2011) e para Cry1Ia, com nova atividade para a broca-gigante-da-cana-de-açúcar *Castnia licus* (Drury) [= *Telchin licus* (Drury)] (Lepidoptera: Castniidae) (Craveiro et al., 2010).

### 4.1.3. Proteínas inseticidas vegetativas (Vip – *vegetative insecticidal proteins*)

Além das endotoxinas, *B. thuringiensis* também secreta proteínas com propriedades inseticidas durante a fase de crescimento vegetativo, denominadas proteínas inseticidas vegetativas (Vip – *vegetative insecticidal proteins*) (Estruch et al., 1996; Warren, 1997; Palma et al., 2012). As proteínas Vip não têm homologia de sequência com as proteínas Cry, em geral não competem pelos mesmos receptores e, ainda, têm ação sobre insetos de outras ordens, em comparação com as proteínas Cry (Palma et al., 2012).

Existem dois grupos de proteínas Vip identificados: o grupo de toxinas binárias, que tem dois componentes, Vip1 e Vip2, e que se mostrou tóxico para *Diabrotica virgifera virgifera* LeConte (Coleoptera: Chrysomelidae) (Han et al., 1999), e o grupo das toxinas Vip3. A proteína Vip3Aa1 tem atividade sobre a maioria dos lepidópteros-praga de milho e algodoeiro, incluindo a lagarta-do-cartucho *Spodoptera frugiperda* (J. E. Smith) (Lepidoptera: Noctuidae) e a lagarta-da-espiga *Helicoverpa zea* (Boddie) (Lepidoptera: Noctuidae) (Estruch et al., 1996). A toxicidade contra uma gama ainda maior de espécies-alvo pode ser obtida por engenharia de proteínas (Fang et al., 2007).

## 5. Alternativas aos genes *cry* para transformação de plantas visando resistência a insetos

Os genes mais usados na engenharia de plantas resistentes a insetos são aqueles das proteínas na forma de cristal ou *cry*, da bactéria *B. thuringiensis* (Gill et al., 1992). Até hoje, no Brasil, todos os eventos aprovados para comercialização e plantio envolvem modificação com o gene *cry*. No entanto, a fonte de genes para transformação de plantas visando resistência a insetos não se resume aos genes *cry* (modificados ou piramidados). Como é mostrado neste capítulo, uma saída eficiente seria explorar as defesas da própria planta, usando promotores induzidos pela alimentação do inseto ou específicos para o tecido afetado. Existe também a possibilidade, embora não muito explorada, de transformação não do genoma nuclear, mas do genoma dos cloroplastos da planta.

A corrida para clonar genes de resistência a insetos foi acelerada pela abundância de ferramentas de biologia molecular que processam grande volume de informações, como mapeamento genômico, sequenciamento e clonagem de genes. Além disso, tem sido obtida muita informação por meio da publicação de sequências de nucleotídeos de genes de resistência, o que pode ajudar na busca de genes de resistência candidatos em outros sistemas (Brotman et al., 2002).

As plantas são constantemente atacadas por insetos e patógenos que se utilizam de inúmeras estratégias de alimentação e colonização. O mecanismo principal de defesa das plantas é limitar a habilidade do herbívoro em digerir e usar nutrientes essenciais de sua dieta. Em resposta ao ataque, as plantas, ao longo da sua evolução, acumularam uma série de defesas químicas e físicas preexistentes (tricomas, camada de cera, taninos, espessamento de cutícula), bem como defesas induzidas que se tornam ativas ante a percepção do organismo invasor (inibidores de proteases, polifenoloxidases, sistemina, sugarina) (Green e Ryan, 1972; Walling, 2000; Kessler e Baldwin, 2002; Ryan e Moura, 2002; Rocha et al., 2007; Medeiros et al., 2012). Por meio da engenharia genética, os melhoristas podem usar qualquer uma dessas fontes de genes de defesa para aumentar a resistência a insetos.

### 5.1. Inibidores de proteases

Os inibidores de proteases (IP) de plantas (ver Capítulo 5) são acumulados nos tecidos, como sementes e outros órgãos de reserva, como uma defesa “estática”, mas também como resposta ao ferimento em muitas espécies de plantas, fazendo parte da defesa induzida ou “ativa”. O trabalho pioneiro de Ryan em 1972, que identificou os inibidores de proteases como produto da resposta das plantas a ferimentos feitos por herbívoros, foi fundamental para atrair a atenção para eles como compostos de defesa de plantas (Green e Ryan, 1972).

As proteases de insetos são enzimas digestivas que catalisam a liberação de aminoácidos das proteínas da dieta, proporcionando os nutrientes requeridos para o crescimento e o desenvolvimento. Essas enzimas são encontradas na região mediana do trato digestivo dos insetos, e diferentes proteases predominam em diferentes insetos. Por exemplo, proteases do tipo serina predominam em lagartas de Lepidoptera, enquanto o mesêntero de espécies de Coleoptera é rico em proteases do tipo cisteína e aspárticas (Terra e Ferreira, 1994). A maioria dos insetos fitófagos é nutricionalmente limitada pela digestão de proteínas, e eles obtêm o nitrogênio de que precisam da ingestão de proteínas de plantas. Os resultados de muitos bioensaios, nos quais inibidores de protease purificados foram incorporados à dieta, mostram que os insetos que se alimentaram dessa dieta tiveram taxa de crescimento mais baixa, desenvolvimento retardado e mortalidade elevada (Ryan, 1990; Pompermayer et al., 2003), efeitos consistentes com a depleção de nitrogênio. Os efeitos de inibição de crescimento reportados são devidos à inibição direta das enzimas digestivas e também à massiva superprodução dessas enzimas para suprir aquelas proteases inibidas diretamente, levando a uma depleção de aminoácidos essenciais (Broadway e Duffey, 1986; Gatehouse, 2011).

Em um trabalho pioneiro, Hilder et al. (1987) transformaram tabaco com um gene que codifica um inibidor de tripsina e mostraram que as plantas transgênicas tinham resistência aumentada contra a alimentação de *C. virescens* e *H. zea*. O grupo de pesquisa de Ryan – o mesmo grupo que documentou a indução de inibidores de protease por herbívoros na década de 1970 – transformou tabaco com genes codificando inibidores de protease de batata e tomateiro e observou taxa de crescimento reduzida de *Manduca sexta* (Linnaeus) (Lepidoptera: Sphingidae) (Johnson et al., 1989).

Comparando os níveis de controle de insetos usando inibidores de protease com aqueles obtidos com a toxina de *B. thuringiensis*, os primeiros apresentaram níveis menores e, portanto, exercem menor pressão seletiva em populações de insetos do que as plantas modificadas com toxinas Cry. Ainda assim, há relatos de evolução de resistência em insetos, com a substituição das enzimas inibidas por outras proteases insensíveis aos inibidores de protease. Além disso, esses insetos apresentaram taxas de ingestão mais elevadas e se desenvolveram mais rápido do que as larvas que se alimentaram de plantas controle (Jongsma et al., 1995; Girard et al., 1998; Cloutier et al., 1999).

Então, assim como na estratégia de piramidamento de genes *cry* com diferentes especificidades, recomenda-se o uso de combinações de inibidores de protease contra proteases de diferentes classes como uma maneira mais eficiente de aumentar a resistência de plantas a insetos, pois deve ser mais difícil para estes aumentar a expressão de proteases insensíveis a várias famílias de inibidores (Abdeen et al., 2005).

### 5.2. Inibidores de alfa-amilases

Especialmente úteis para pragas de sementes, tanto no campo quanto para grãos armazenados, os inibidores de alfa-amilases (Chrispeels e Raikhel, 1991), conferem resistência a insetos da ordem Coleoptera, em particular os da familia Bruchidae. Ervilhas transgênicas superexpressando o gene responsável pelo inibidor de alfa-amilases sob o controle de um promotor de semente têm proteção completa em casa de vegetação (Schroeder et al., 1995) e no campo (Morton et al., 2000) contra *Bruchus pisorum* (Linnaeus) (Coleoptera: Chrysomelidae). Em outro exemplo, Dias et al. (2010) transformaram tabaco com o gene da alfa-amilase de sementes de aveia e verificaram resistência contra o bicudo-do-algodoeiro (*A. grandis*).

### 5.3. Lectinas

As lectinas, proteínas que se ligam a carboidratos, sejam eles parte de glicanos de glicoproteínas, glicolipídeos ou polissacarídeos, ocorrem abundantemente em sementes e órgãos de reserva de várias espécies de plantas. O exato mecanismo de ação ainda não está totalmente claro, mas estudos mostram ligação das lectinas na matriz de quitina ou em glicoconjugados da membrana peritrófica do intestino dos insetos, ou ligação a proteínas glicosiladas da planta, prevenindo a digestão (Chrispeels e Raikhel, 1991; Peumans e Van Damme, 1995a, 1995b). Seu uso é especialmente valioso contra insetos da ordem Hemiptera, que não são suscetíveis à ação das proteínas Cry de *B. thuringiensis*.

As lectinas de alho e da campânula-branca (*Galanthus nivalis* L.) ou, como é conhecida em inglês, *Galanthus nivalis* agglutinin (GNA), são prejudiciais a insetos, mas não a mamíferos (Rao et al., 1998; Sharma et al., 2000; Hossain et al., 2006; Li e Romeis, 2009; Fitches et al., 2010). Arroz modificado com GNA, usando-se promotores específicos para o floema, mostrou resistência contra várias pragas da ordem Hemiptera (Rao et al., 1998; Nagadhara et al., 2004). O estudo de Bell et al. (2001) mostrou que batatas transgênicas expressando GNA reduziram significativamente os níveis de dano da lagarta *Lacanobia oleracea* (Linnaeus) (Lepidoptera: Noctuidae) e atraíram o ectoparasitoide *Eulophus pennicornis* (Nees) (Hymenoptera: Eulophidae) de uma maneira similar às plantas controle, diminuindo ainda mais (cerca de 21%) o nível de dano causado pela praga. A habilidade de a vespa parasitar e se desenvolver na larva não foi alterada pela presença de GNA na dieta do inseto.

Existem alguns aspectos negativos, como a alta concentração de lectinas necessária para a atividade inseticida, em comparação com proteínas Cry. Uma alternativa para reduzir a alta concentração seria a combinação com outras proteínas inseticidas (Czapla, 1997).

## 5.4. Polifenoloxidases

Polifenoloxidases (PPO), enzimas que oxidam fenólicos em quinonas, têm sido relacionadas com resistência de plantas a insetos. Por exemplo, a atividade de polifenoloxidases foi negativamente correlacionada com ganho de peso e consumo foliar de lagartas de *Helicoverpa armigera* (Hübner) (Lepidoptera: Noctuidae) e *Spodoptera exig*ua (Hübner) (Lepidoptera: Noctuidae), em linhagens transgênicas de tomateiro superexpressando o gene da PPO (Bhonwong et al., 2009) e em lagartas de *Malacosoma disstria* Hübner (Lepidoptera: Lasiocampidae) em plantas transgênicas de álamo (*Populus* spp.) superexpressando PPO (Wang e Constabel, 2004).

## 5.5. Quitinases

A quitina é um componente da membrana peritrófica dos insetos. Foi demonstrado que tabaco transgênico expressando altos níveis de um gene de quitinase de *M. sexta* sofreu menor dano de *C. virescens* (Ding et al., 1998). Um efeito sinérgico foi observado ao se alimentar lagartas de *S. littoralis* com dietas contendo baixas doses de proteína CryIA e quitinase. Regev et al. (1996) supuseram que há efeito sinérgico, pois CryIC provoca crescimento retardado nas lagartas, enquanto as quitinases perfuram a membrana peritrófica do intestino médio.

## 5.6. Uso de promotores induzidos por insetos e promotores tecido-específicos

Um dos grandes problemas das plantas com resistência a insetos (plantas *Bt*) comercializadas atualmente é que, para compensar o baixo nível de expressão da proteína Cry, o promotor do gene é constitutivo, ou seja, a proteína é produzida em todas as partes da planta, durante todo o ciclo da cultura, independentemente de estar sendo atacada ou não. Uma alternativa é o uso de promotores tecido-específicos, que direcionam a expressão dos genes somente para as partes da planta suscetíveis à praga (Peferoen, 1997), ou o uso de promotores induzidos pela alimentação dela (Schroeder et al., 1995; Morton et al., 2000; Hua et al., 2007; Medeiros et al., 2012). Assim, o efeito em organismos não alvo e em pragas secundárias seria minimizado e o transgênico imitaria o que acontece na natureza, ou seja, quando um inseto ataca uma parte da planta, um sinal se desloca por ela, induzindo a sua reação de defesa contra o herbívoro.

## 5.7. Transformação do genoma dos plastídeos

A expressão de toxinas nas plantas transgênicas precisa ocorrer em um nível suficiente para oferecer proteção adequada contra pragas, ou seja, conferir mortalidade maior que 95% para os insetos heterozigotos para cada alelo de resistência. No mercado, existem atualmente plantas com o genoma nuclear geneticamente modificado com o gene das toxinas Cry de *B. thuringiensis*. Para contornar o problema do baixo nível de expressão, esse gene precisou primeiro passar por um processo de mudança de códons (unidades do código genético). Há também a necessidade do uso de promotores constitutivos. Uma alternativa para contornar esse problema é a inserção de transgenes no genoma dos plastídeos.

A engenharia genética de plastídeos é um marco nos programas de melhoramento de plantas (Maliga, 2004). Como eles são herdados do parental feminino, na maioria das espécies de plantas, a introdução de genes exógenos no genoma dos plastídeos minimiza a possibilidade de cruzamento de plantas transgênicas com espécies aparentadas ou invasoras (Scott e Wilkenson 1999; Daniell, 2002) e reduz a toxicidade potencial do pólen transgênico a insetos não alvo (De Cosa et al., 2001). Assim, a herança materna oferece a contenção de transgenes de cloroplasto, pois não há fluxo gênico por meio do pólen. A expressão de genes de *B. thuringiensis* no genoma de plastídeos não requer ajuste de uso de códons ou qualquer tipo de manipulação de sequências (McBride et al., 1995; Chakrabarti et al., 2006).

A transformação de cloroplastos oferece a possibilidade de expressão policistrônica, permitindo o piramidamento de genes em um único evento de transformação (Staub e Maliga, 1995). Além disso, o grande número de cloroplastos por célula promove a expressão do transgene em níveis altos (Maliga e Bock, 2011). McBride et al. (1995) transformaram os cloroplastos de tabaco com uma versão não modificada da proteína CryIA(c), o que resultou em uma acumulação de protoxina em um nível de 3 a 5% de proteína solúvel. Resultados semelhantes foram obtidos por Kota et al. (1999), que transformaram genoma do cloroplasto de tabaco com Cry2Aa2 e obtiveram a protoxina em níveis de 2 a 3% da proteína solúvel total, ou seja, níveis vinte a trinta vezes mais altos do que plantas transgênicas com genoma nuclear modificado. De Cosa et al. (2001) obtiveram níveis de proteína ainda maiores com esse método. Um dos diferenciais, com relação à transformação nuclear, é a possibilidade de remoção de genes de resistência a antibióticos usados como marcadores de seleção (Iamtham e Day, 2000; Day e Goldschmidt-Clermont, 2011).

Embora apresente várias vantagens, esse método não tem sido amplamente adotado, devido a problemas técnicos na transformação estável do genoma do plastídeo, à inabilidade de regular a expressão do transgene em plastídeos em desenvolvimento e a sistemas inadequados de cultura de tecido via embriogênese somática (Kumar et al., 2004a). Existe ainda a dificuldade de transformação de outras plantas que não seja o tabaco, mas há exemplos de sucesso, como a expressão de Cry1Ab em plastídeos de soja (Dufourmantel et al., 2005), couve-flor (Liu et al., 2008), algodoeiro e cenoura (Kumar et al., 2004b).

## 6. Biossegurança de organismos geneticamente modificados

Biossegurança refere-se ao conjunto de ações voltadas para a prevenção, minimização ou eliminação de riscos inerentes às atividades de pesquisa, produção, ensino, desenvolvimento tecnológico e prestação de serviços, visando a saúde do homem e dos animais, a preservação do meio ambiente e a qualidade dos resultados (Teixeira e Valle, 1996). Sempre que procedimentos específicos para evitar ou minimizar os riscos de atividades potencialmente perigosas que envolvam organismos vivos forem adotados, a biossegurança estará sendo praticada. Assim, biossegurança designa um conjunto de práticas e ações técnicas, com preocupações sociais e ambientais, destinadas a conhecer e controlar os riscos que a atividade científica pode oferecer ao ambiente e à vida. O termo "biossegurança" também tem sido aplicado no Brasil como sinônimo de aspectos relacionados à manipulação em regime de contenção e liberação de organismos geneticamente modificados (Vasconcelos e Carneiro, 2013).

No trabalho com esses organismos, é grande a preocupação, pois há combinação de informação genética de diferentes origens, o que pode resultar na criação de organismos que antes não existiam na natureza. Antes de serem conduzidos experimentos que envolvam a tecnologia do DNA recombinante, com a construção ou o uso de transgênicos, os riscos biológicos devem ser avaliados. Uma propriedade patogênica ou um risco potencial associado à manipulação genética de determinado organismo podem ocorrer, com a possibilidade de constituir uma característica nova e não bem caracterizada (Vasconcelos e Lana, 2009).

## 6.1. A Lei de Biossegurança no Brasil e a CTNBio

A biossegurança é regulada em vários países do mundo por meio de um conjunto de leis, procedimentos ou diretivas específicas. No Brasil, a legislação de biossegurança é específica para a tecnologia do DNA ou RNA recombinante, estabelecendo os requisitos para o manejo de organismos geneticamente modificados, a fim de permitir o desenvolvimento sustentado da biotecnologia moderna. Para tanto, a Lei de Biossegurança estabeleceu a Comissão Técnica Nacional de Biossegurança (CTNBio) para deliberar sobre assuntos que versem sobre esses organismos e as técnicas de engenharia genética que envolvam o meio ambiente, incumbindo os ministérios que tenham relação com determinada área natural de exercer a devida fiscalização (Suzuki, 2006). A Lei 8.974, de 5 de janeiro de 1995, o Decreto 1.752, de 20 de dezembro de 1995, e a Medida Provisória 2.191-9, de 23 de agosto de 2001, estabelecem normas para o uso de técnicas de engenharia genética na construção, cultivo, manipulação, transporte, comercialização, consumo, liberação e descarte de organismos geneticamente modificados, visando proteger a vida e a saúde do homem, dos animais e das plantas, bem como o meio ambiente, e conferem à CTNBio a competência de propor normas e regulamentos relativos às atividades que envolvam esses organismos (Moda, 2004).

Essa comissão também é responsável pela emissão do Certificado de Qualidade em Biossegurança (CQB) para o desenvolvimento de atividades com esses organismos no país. O capítulo III da Lei de Biossegurança estabelece a composição, a competência e o funcionamento da CTNBio. O funcionamento é definido pela Lei de Biossegurança (Lei 11.105), regulamentada em 2005, pela qual a CTNBio, composta de membros titulares e suplentes designados pelo Ministério da Ciência e Tecnologia, será constituída por 27 cidadãos brasileiros de reconhecida competência técnica, de notória atuação e saber científicos, com grau acadêmico de doutor e com destacada atividade profissional nas áreas de biossegurança, biotecnologia, biologia, saúde humana e animal ou meio ambiente (Vasconcelos e Lana, 2009).

Além disso, entre outras providências, a lei determina que a decisão técnica da CTNBio deverá conter o resumo de sua fundamentação técnica, explicitar as medidas de segurança e restrições ao uso do organismo geneticamente modificado e seus derivados, além de considerar as particularidades das diferentes regiões do país, com o objetivo de orientar e subsidiar os órgãos e as entidades de registro e fiscalização referidos no artigo 16 dessa lei, no exercício de suas atribuições. De acordo com a legislação, compete à CTNBio, entre outras atribuições, a implementação de normas e regulamentos relativos às atividades e projetos envolvendo esses organismos. Desde a sua instalação, em junho de 1996, até a presente data, a CTNBio elaborou vinte instruções normativas, dispondo sobre normas para importação de organismos geneticamente modificados e seus derivados destinados à pesquisa; normas para transporte; normas para trabalho de contenção com vegetais, microrganismos e animais; normas para avaliação da segurança alimentar de plantas geneticamente modificadas e de suas partes e normas para liberação planejada desses organismos no meio ambiente (Vasconcelos e Lana, 2009).

### 6.2. Elaboração de análise de risco

A avaliação de risco pode ser definida como um processo de apreciação do potencial da exposição, identificação e caracterização dos perigos. Por perigo entende-se a propriedade de uma substância ou processo de causar dano. Se esse potencial for muito elevado, mesmo a baixa probabilidade de sua ocorrência poderá significar um risco inaceitável. Esses limites, no entanto, em geral são definidos mais com base em critérios políticos do que científicos (Sanvido et al., 2012). A avaliação do risco do organismo geneticamente modificado é realizada em etapas que compreendem a sua descrição prévia e o propósito da liberação, a identificação do perigo e a previsão de dano. A qualidade de qualquer avaliação dependerá do grau de conhecimento sobre o que será realizado e sobre os efeitos esperados (Costa et al., 2007).

A análise de risco agrega à avaliação de risco as etapas de manejo e de comunicação do risco. Sobretudo no caso das plantas geneticamente modificadas, essa análise deve ser iniciada ainda na etapa de concepção do projeto e continuar em todas as etapas de seu desenvolvimento, até a liberação comercial e o monitoramento pós-liberação. Ela envolve a descrição detalhada do organismo geneticamente modificado e o propósito de sua utilização. Deve-se destacar que a comunicação do risco é proposta por vários especialistas como parte integrante das ações de análise, desde sua etapa inicial, e não constitui apenas uma etapa final de informação ao público (Capalbo et al., 2009).

Para disponibilizar à sociedade produtos seguros obtidos pela biotecnologia, a avaliação de biossegurança dos produtos gerados deve ser rigorosamente estruturada e executada. Tal avaliação dimensiona riscos potenciais e suas probabilidades de ocorrência. Esses riscos incluem aspectos ambientais e efeitos sobre a saúde humana e animal. O conhecimento desses riscos é uma etapa indispensável das questões de biossegurança, pois possibilita a elaboração de planos de gerenciamento. Assim, além das informações sobre o organismo hospedeiro e sobre os organismos doadores dos genes de interesse, as preocupações das análises de biossegurança incluem: 1) caracterização molecular e estabilidade da modificação genética; 2) demonstração da inexistência de alterações não intencionais nos níveis de nutrientes essenciais, substâncias tóxicas ou antinutrientes naturais ou biodisponibilidade de nutrientes; 3) avaliação toxicológica; 4) avaliação do potencial alergênico da nova cultivar; 5) avaliação do potencial de transferência horizontal e vertical dos transgenes; 6) avaliação do potencial de o evento transgênico comportar-se como uma planta voluntária; 7) avaliação dos possíveis efeitos adversos em organismos não alvo (Vasconcelos e Carneiro, 2013).

Entre os exemplos mais estudados e utilizados de resistência de plantas obtida pela engenharia genética incluem-se aqueles baseados no uso de delta-endotoxinas da bactéria *B. thuringiensis*. As toxinas de *Bt* apresentam alta especificidade, o que é vantajoso para o manejo de pragas, por minimizar os efeitos sobre espécies não alvo. De fato, durante décadas, bioinseticidas à base de *Bt* foram utilizados para o controle de mosquitos e de insetos-praga em áreas agrícolas, áreas de reflorestamento e áreas inundadas e não existem relatos sobre efeitos adversos relacionados a eles (Fontes et al., 2003). No entanto, diferentemente desses bioinseticidas, que se tornam ativos apenas quando pulverizados (na forma de esporos e cristais) sobre as plantas e consumidos por insetos cujo trato digestivo apresente pH alcalino, as plantas transgênicas *Bt* já produzem a proteína na forma ativa, ou seja, na forma tóxica aos insetos.

Assim, os riscos associados ao uso desses organismos geneticamente modificados podem ser diferentes daqueles relativos ao uso dos bioinseticidas à base de *B. thuringiensis* e, por isso, é essencial pensar em estratégias para a avaliação desses riscos.

## 6.3. Identificação das espécies mais expostas

As análises de risco requerem: 1) a identificação do dano; 2) a natureza da resposta a diferentes doses da toxina; 3) a probabilidade real de exposição a uma dose efetiva; 4) a caracterização final do risco. De modo geral, a seleção de espécies para a avaliação de riscos de um organismo geneticamente modificado com genes de resistência a insetos deve levar em consideração a importância econômica e ecológica das espécies para o cultivo e o seu grau de exposição às proteínas inseticidas, além de incluir espécies de diversos grupos taxonômicos (Dutton et al., 2003).

Como é impraticável a análise de risco ambiental baseada na avaliação de todas as espécies não alvo de uma planta geneticamente modificada, ela pode ser conduzida por meio da escolha de espécies representativas de categorias funcionais e processos do ecossistema. Além de identificar a forma de exposição e os possíveis efeitos adversos, para que sejam geradas hipóteses cientificamente testáveis de como o risco pode ocorrer, são desenvolvidos experimentos que testam tais hipóteses (Andow e Zwahlen, 2006).

Um aspecto que deve ser considerado são as rotas de exposição e os possíveis efeitos nos organismos dessas rotas. Segundo Romeis et al. (2013), o conhecimento da fauna de artrópodes e das guildas funcionais pode ser disponibilizado para a maioria das culturas e tem papel fundamental na seleção de funções dos agrossistemas e das espécies expostas. Artrópodes como predadores e parasitoides podem ser expostos tanto diretamente, na planta, como indiretamente, por meio das presas consumidas (Figura 1). Espécies que vivem no solo podem ser expostas à toxina tanto por material em decomposição como pelo pólen que cai no solo e até mesmo pelos exsudatos das raízes.

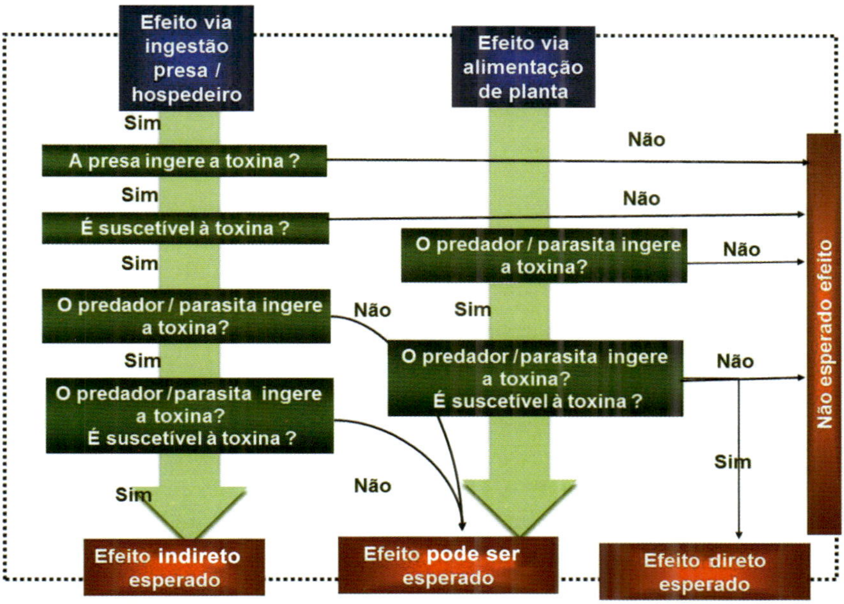


**Figura 1.** Fluxograma para determinar os efeitos de plantas *Bt* sobre inimigos naturais alimentando--se de uma ou outra espécie hospedeira / presa ou diretamente na planta (adaptado de Romeis et al. *Nature Biotechnology* 24: 63-71, 2006, com autorização).

## 6.4. Estudos com grupos e organismos selecionados

Um modelo de proposta utilizado para a avaliação de risco, associada ao uso de plantas geneticamente modificadas com genes de resistência, baseia-se em um procedimento sequencial (PS) de avaliação de risco de plantas transgênicas resistentes a insetos sobre a entomofauna não alvo (Dutton et al., 2003; Poppy e Sutherland 2004; Romeis et al., 2008). Nesse tipo de procedimento, como primeiro nível, devem ser realizados testes em laboratório, para verificar a suscetibilidade das espécies de interesse à toxina (considerando o pior cenário) e, se algum efeito adverso for observado, o estudo seguirá para o próximo nível. Os próximos níveis deverão incluir experimentos em situações mais complexas e mais realistas, envolvendo condições experimentais de campo (semicampo) ou estudos de campo, sempre avaliando a resposta da espécie. Se a resposta aos experimentos não demonstrar efeito, estudos em níveis subsequentes não serão necessários. O procedimento sequencial se baseia na ideia de que a probabilidade de detecção de um dano potencial é maior em estudos mais específicos e bem controlados (Sanvido et al., 2012).

Uma questão importante a observar é o conhecimento de problemas já descritos para outras espécies, bem como do modo de ação da proteína e do grupo de similaridade filogenética dos organismos-alvo. Além disso, antes da seleção, é importante uma extensa revisão da literatura científica, buscando casos de efeitos sobre organismos-alvo e não alvo. Romeis et al. (2013) ressaltam que também é importante verificar os sítios de ação da proteína para organismos-alvo. Por exemplo, dados sobre Cry3A podem ter como alvo um grupo extenso de espécies do gênero *Diabrotica*.

A liberação de um evento de organismos geneticamente modificados está baseada em análises de risco pré-comercialização, em que os potenciais efeitos adversos ao ambiente são identificados caso a caso e, se suficientemente pequenos, são considerados aceitáveis. Adicionalmente, planos de monitoramento pós--liberação são exigidos e devem levar em conta possíveis problemas observados na avaliação prévia à liberação e análise mais gerais, visando identificar efeitos adversos não percebidos nas avaliações prévias (Sanvido et al., 2009). De uma maneira geral, ensaios de laboratório apresentam uma eficiência mais elevada do que estudos de campo na detecção de impactos negativos sobre espécies não alvo, tanto no Brasil como em outros países. Esse resultado corrobora a ideia de que a análise sequencial é um procedimento adequado e eficiente para análises de risco associadas ao uso de plantas geneticamente modificadas com genes de resistência.

## 6.5. Efeitos das plantas geneticamente modificadas para resistência a insetos sobre inimigos naturais

Estudos sobre possíveis efeitos das plantas geneticamente modificadas sobre inimigos naturais são considerados importantes, tanto pelo papel-chave dessas espécies nos agroecossistemas, no controle biológico de pragas, quanto pelo elevado nível trófico desse grupo, o que o tornaria bom indicador de impactos ecológicos (Groot e Dicke, 2002). No caso de plantas geneticamente modificadas com o gene da toxina Cry de *B. thuringiensis*, a ingestão das toxinas pelos inimigos naturais pode ocorrer diretamente, por meio da ingestão de material vegetal (folhas, pólen), ou indiretamente, pelo consumo de presas que se alimentam de plantas *Bt* (Groot e Dicke, 2002; Romeis et al., 2008). Assim, a redução na quantidade de populações de presas, bem como na sua qualidade, em decorrência da presença da proteína inseticida na planta geneticamente modificada, por si só representa uma alteração e um possível impacto sobre a estrutura populacional de espécies de predadores e parasitoides (Lundgren et al., 2009).

Frizzas e Oliveira (2006) sumarizaram três possíveis rotas de efeitos esperados para insetos predadores: 1) quando os predadores se alimentam do pólen de plantas geneticamente modificadas; 2) quando consomem presas que se alimentaram da seiva dessas plantas; 3) quando se alimentam diretamente da presa que essas plantas visam controlar, o que poderia estar relacionado tanto com o efeito direto da proteína sobre o predador como com a redução na qualidade nutricional da presa.

São dois os modos como os parasitoides podem responder a efeitos de plantas transgênicas. O primeiro é pela simples redução do consumo do hospedeiro, que pode ser ocasionada pela eficiência do evento *Bt* relacionado à praga-alvo. A redução severa no suprimento de hospedeiros pode afetar o parasitismo no campo. Como em grande parte dos casos os parasitoides são mais especialistas do que os predadores, essa redução levaria à consequente redução da população de parasitoides. O segundo modo de resposta, assim como ocorre com os predadores, é pela redução da qualidade nutricional do hospedeiro, o que compromete o desenvolvimento biológico dos parasitoides. Além disso, a busca por hospedeiros pode estar associada à percepção de voláteis produzidos pela planta em função da herbivoria, o que também representa um impacto se as plantas geneticamente modificadas têm sua atratividade modificada (Schuler et al., 1999).

### 6.6. Fluxo gênico

Uma das principais preocupações da análise de risco ambiental diz respeito ao fluxo gênico, tanto para organismos relacionados como para não relacionados. O fluxo gênico consiste na transferência de genes de uma população para outra e constitui um processo migratório de alelos entre populações. Também é mais crítico nas plantas alógamas. O efeito da migração de alelos entre populações da mesma espécie depende da proporção de indivíduos migrantes e da diferença nas frequências dos alelos nas duas populações. A seleção natural pode atuar para elevar a frequência de alelos introduzidos, caso eles confiram alguma vantagem seletiva aos seus portadores. O fluxo gênico pode ocorrer por meio da dispersão de semente ou de pólen. Pode ser vertical, quando envolve cultivares e/ou populações da mesma espécie, ou horizontal, quando envolve a hibridação entre espécies diferentes, mas compatíveis sexualmente. Entretanto, existem mecanismos para a mitigação do fluxo gênico, por exemplo: métodos de controle da polinização cruzada em milho, em campos isolados, já são conhecidos desde o início do século passado, quando se iniciou a produção de milho híbrido (Vasconcelos e Carneiro, 2013).

O conhecimento da biologia floral e dos mecanismos reprodutivos, bem como dos agentes carreadores do pólen, pode auxiliar no confinamento do transgene ao material transformado. Plantas cleistogâmicas ou apomíticas apresentam baixa ou nenhuma taxa de reprodução cruzada, o que reduz a possibilidade de fluxo gênico. Nos casos em que a possibilidade de fluxo gênico vertical é alta, estratégias de isolamento geográfico, através da criação de zonas de exclusão, de barreiras físicas, de bordaduras e da limitação de trânsito de material propagativo, podem ser adotadas. Nos campos de plantas geneticamente modificadas, podem ser destruídas plantas voluntárias (Capalbo et al., 2009).

### 6.7. Coexistência de plantas transgênicas e não transgênicas no mesmo ambiente

A coexistência de plantas transgênicas e não transgênicas num mesmo ambiente é possível desde que sejam utilizadas estratégias de isolamento espacial ou temporal. Para facilitar essa coexistência, podem ser criadas zonas de exclusão em que predominem produtores interessados em não utilizar os milhos transgênicos. No Brasil, o plantio comercial de milho geneticamente modificado deve obedecer à Resolução Normativa n. 4 e ao Parecer Técnico n. 1.100/07 da CTNBio, que estabelece como obrigatório o cumprimento das normas de coexistência. Assim, o produtor deve manter sua lavoura de milho geneticamente modificado a 100 metros de distância da lavoura de milho não transgênico ou a 20 metros, desde que plante dez fileiras de milho convencional (não transgênico) entre essas lavouras. Essa regra assegura o direito de o produtor vizinho não ter pólen de milho transgênico na sua área de cultivo.

## 6.8. Aspectos da biossegurança relativos ao solo

A qualidade do solo é fundamental para a estabilidade e a sustentabilidade de ecossistemas naturais e de agroecossistemas e, em parte, depende da estrutura e função das comunidades microbianas. Basicamente, o papel dos micro-organismos no solo está associado à ciclagem de nutrientes, agregação e formação da fertilidade e biorremediação. Como os atributos biológicos do solo revelam de forma mais instantânea o efeito de qualquer tipo de impacto ambiental nele, enquanto os fatores físicos, como granulometria, porosidade e fertilidade, podem ser influenciados a longo prazo, os primeiros podem ser usados como indicadores da qualidade do solo e da sustentabilidade agrícola. Por outro lado, há evidências claras de que parâmetros biológicos são úteis como indicadores sensíveis às mudanças iniciais de estresse ecológico e/ou restauração da qualidade do solo, em função do sistema de manejo utilizado (Marriel, 2012).

Na filosfera, os exsudatos foliares, assim como materiais depositados sobre as folhas e liberados pelos próprios micro-organismos do filoplano, são fontes de nutrientes para os micro-organismos epifíticos e saprofíticos dele. O tipo, a idade da planta, fatores como luz, temperatura, água de chuva, danos, adubação interferem nos exsudatos foliares. Da mesma forma, a transgênese pode causar alterações nos exsudatos (Grigoletti et al., 2000).

Marriel (2012) propõe estudos sobre a importância dos indicadores microbiológicos na qualidade do solo para avaliação do impacto das plantas transgênicas, considerando os fatores: 1) atividade de enzimas envolvidas na ciclagem de nutrientes na rizosfera de plantas transgênicas; 2) biodiversidade do solo sob cultivo de plantas transgênicas; 3) possibilidade de transferência gênica entre microrganismos do solo sob cultivo de plantas transgênicas.

É importante considerar que a eficiência de ensaios de laboratório e estudos de campo pode não ser comparável, uma vez que os parâmetros avaliados nos dois métodos são diferentes. Logo, para avaliar adequadamente a importância de estudos de campo nas análises de risco, seria preciso responder a perguntas mais específicas e pontuais sobre parâmetros biológicos em estudos de campo.

Além disso, estudos de laboratório pouco têm explorado as questões relacionadas ao comportamento dos indivíduos. Assim, seria interessante considerar análises de comportamento de insetos não alvo em laboratório, nas avaliações pré-comercialização, de modo a utilizar possíveis alterações comportamentais para propor questões específicas a serem testadas em campo.

Por outro lado, os dados de acompanhamento dos efeitos em campo são fundamentais para captar efeitos não esperados. Interações sinérgicas podem ocorrer pela exposição dos inimigos naturais à mistura de compostos, ou mesmo a insetos-presa ou hospedeiros expostos à proteína Cry. Assim, é importante que se defina o que é um impacto ambiental ou um risco ecológico, pois a utilização dessas plantas constitui importante ferramenta e vem trazendo benefícios significativos ao sistema de produção; no entanto, sua utilização deve ser considerada como mais uma estratégia dentro do contexto de manejo integrado de pragas.

Em adição, as interações ecológicas incluem muitos efeitos em cascata, os quais são particularmente difíceis de testar e avaliar em áreas de pequenas dimensões e em curto período de tempo. A variabilidade de ambientes e de cultivares complica ainda mais a tarefa de avaliação de risco (Moda, 2004). Assim, o monitoramento pós-liberação é necessário para avaliar as mudanças da comunidade de plantas, insetos e microrganismos presentes no agroecossistema utilizando as lavouras *Bt* e para indicar correções de rumo, tendo em vista que é praticamente impossível antecipar todas as potenciais interações. Igualmente importante é interpretar essas informações de campo para formular modelos e desenvolver conceitos tanto do ponto de vista teórico como prático, para garantir a biossegurança ambiental e a sustentabilidade agronômica dessas novas tecnologias.

## 7. Manejo das plantas geneticamente modificadas para resistência a insetos conferida pelos genes *cry*

A experiência com o uso intensivo do controle químico, ou mesmo de variedades de plantas resistentes, tem mostrado que a seleção de biótipos de insetos que superam os métodos intensivos de controle é uma ameaça real e permanente. A maior preocupação relacionada com o uso de plantas expressando proteínas inseticidas é a possibilidade de os insetos desenvolverem resistência a essas proteínas (McGaughey e Whalon, 1992; Tabashnik et al., 2009).

A resistência, nesse caso, é a resposta do inseto à pressão de seleção exercida pelos diferentes métodos de controle. A evolução da resistência consiste na seleção dos indivíduos resistentes e no aumento da sua frequência ou dos seus genes na população da praga. Assim, a evolução da resistência de insetos no campo significa uma diminuição, com base genética, na suscetibilidade de uma população a uma toxina, causada pela exposição da população à toxina no campo (Tabashnik, 1994, 2008). Quando se fala em manejo da resistência dos insetos a inseticidas, fica claro o tipo de interação em foco. Às vezes, pode ficar um pouco mais confuso quando se trata do "manejo da resistência em cultivares resistentes", via transgenia. Nesse caso, esse manejo consistiria em adotar estratégias de manejo do biótipo capaz de sobreviver e causar danos em plantas anteriormente resistentes a essa espécie-alvo. Esse conceito foi baseado nos conhecimentos sobre a resistência dos insetos a inseticidas. Para efeitos de atividade biológica, a proteína tóxica do *B. thuringiensis* pode ser considerada tanto um inseticida quanto um produto de gene de resistência, à semelhança da resistência natural. Assim, quando se fala do manejo da resistência, na verdade faz-se referência ao manejo do sistema para prevenir a evolução de uma raça, linhagem ou biótipo do inseto que rompa essa resistência da planta.

As proteínas Cry são expressas continuamente nas plantas transgênicas, aumentando a exposição da espécie-alvo, o que pode favorecer a seleção de populações de insetos resistentes, comprometendo essa nova tática de controle de pragas e reduzindo a vida útil de determinada proteína Cry. A presença de variabilidade genética, conferindo resistência a algumas proteínas Cry, tem sido demonstrada para várias espécies de insetos em trabalhos de seleção com pulverizações de *Bt*, em condições de laboratório e de campo. Portanto, o processo determinante no desenvolvimento da resistência é a pressão de seleção, ou seja, a frequência e a persistência no uso de um mesmo agente de controle ou, no caso de plantas *Bt*, do mesmo gene. Mesmo antes da exposição da espécie-alvo à proteína *Bt*, já existem alelos de resistência na população selvagem, embora em baixa frequência, da ordem de $10^{-2}$ a $10^{-13}$ (Roush e McKenzie, 1987). Com o uso contínuo do mesmo agente, sem nenhuma estratégia de manejo, paulatinamente ocorre o aumento na frequência de alelos de resistência na população e, ao alcançar níveis elevados, isso compromete a eficácia da tecnologia.

Na literatura, já estão registradas populações de algumas espécies de insetos-praga que artificialmente, em laboratório, ou naturalmente, no campo, sofreram seleção e aumentaram a frequência de alelos de resistência a alguns genes *cry* na população. Tabashnik (1994) relatou a ocorrência de populações de *P. xylostella* com resistência ao gene *cry*. Altos níveis de resistência foram detectados em condições laboratoriais para *C. virescens* (Stone et al., 1989), *P. xylostella* (Tabashnik et al., 1991), *Plodia interpunctella* (Hübner) (Lepidoptera: Pyralidae) (McGaughey e Whalon, 1992), *Trichoplusia ni* (Hübner) (Lepidoptera: Noctuidae) (Estada e Ferre, 1994), *S. exigua* (Moar et al., 1995) e *S. littoralis* (Müller-Cohn et al., 1996). Essas espécies representam três famílias da ordem Lepidoptera (Noctuidae, Plutellidae e Pyralidae), no entanto, o aumento da frequência de indivíduos resistentes somente foi verificado em populações a campo de *P. xylostella* em diversos locais, tais como Havaí, Flórida e Nova York (EUA), Filipinas, Tailândia e Malásia, e em casa de vegetação no Japão (Tabashnik, 1994). Já *P. interpunctella* desenvolveu baixos níveis de resistência em grãos armazenados tratados com *B. thuringiensis* (McGaughey e Whalon, 1992). Em Porto Rico, foi registrado um biótipo de *S. frugiperda* resistente à proteína Cry1F (Storer et al.,

2010). Recentemente, Tabashnik et al. (2014) listaram as principais espécies-praga até então confirmadas com diferentes níveis de resistência a campo para alguma proteína *Bt*, conforme o ano da detecção: *H. zea* em 2002, *S. frugiperda* em 2006, *Busseola fusca* (Fuller) (Lepidoptera: Noctuidae) em 2007, *Pectinophora gossypiella* (Saunders) (Lepidoptera: Gelechiidae) em 2008 e *D. virgifera virgifera* 2009. Muitas vezes, têm sido relatados casos de falhas de controle, com perdas significativas na produção.

Os prejuízos decorrentes da quebra da resistência do gene *cry* incluem, além da perda da eficácia da tecnologia em si, a potencial perda do uso do *B. thuringiensis* como bioinseticida. Um exemplo poderia ser a lagarta-do-cartucho (*S. frugiperda*), importante praga do milho, sorgo, milheto e que hoje constitui sério problema também para o algodoeiro. Em quatro gerações, selecionando tipos resistentes em laboratório, foi possível detectar aumento de cinco vezes na concentração letal média da proteína Cry1Ab para *S. frugiperda* (Vilella et al., 2002). Entretanto, a seleção, no milho, de biótipos resistentes ao gene *cry* pela lagarta-da-espiga *H. zea*, que ataca também as maçãs do algodoeiro e os frutos do tomateiro, eliminaria a opção do uso de bioinseticida (à base de *B. thuringiensis*), por exemplo, nessas outras culturas. Outras consequências poderiam ser a demanda por outros defensivos e/ou a prospecção de novas proteínas eficientes contra os biótipos resistentes. Outro fator que reforça a necessidade de métodos de manejo desses biótipos resistentes é a possibilidade da ocorrência de resistência cruzada. É importante também manejar adequadamente essa resistência, para tornar o método mais duradouro, e menor o impacto dessa quebra de resistência sobre a atividade agrícola e a opinião pública.

## 7.1. Caracterização da resistência na população de insetos

Como definido anteriormente, a resistência de uma população de insetos a determinada tática de controle é uma característica hereditária e também relativa, isto é, ela é estabelecida sempre com base numa população de referência. O ideal é comparar a sensibilidade da população monitorada, ao nível de suscetibilidade, antes de essa população ter sido exposta ao princípio ativo ou proteína Cry em consideração. Independentemente da população de referência, ainda há outros fatores relevantes, pois se trata de uma característica genética (genótipo), e o organismo funcional é o fenótipo, resultado da expressão do genótipo mais os efeitos ambientais. Assim, sempre se trabalha com populações que podem apresentar maior ou menor variabilidade de resposta a qualquer tratamento a que são submetidas. Portanto, é necessário o emprego de metodologias específicas para caracterizar essa resistência.

As variáveis mais utilizadas para avaliar a resposta de qualquer população a determinada substância (princípio ativo, proteína Cry) são a mortalidade e o acúmulo de biomassa dos indivíduos sobreviventes (Marçon et al., 1999). O método mais utilizado para estimar a sensibilidade de qualquer organismo a determinada droga é a análise de Probit. Esta análise envolve a condução de bioensaios, utilizando gradiente de doses (ou concentração) da substância a ser analisada e uma amostra da população de organismos que seja representativa da população a ser inferida. A análise desses dados é importante para definir a faixa de dose da substância na qual a população estudada mostra-se mais sensível, que é próxima a 50% de mortalidade; a menor variação de dose promove a maior variação de resposta da população em teste.

Para caracterizar uma população resistente a determinada substância, é necessário estimar a dose ou concentração letal média da população em estudo e comparar a uma população referência. O ideal é estimar os parâmetros da população antes que seja exposta à nova substância, princípio ativo ou proteína *Bt* a serem utilizados no seu controle. Assim, deve-se avaliar a linha básica de suscetibilidade da espécie-alvo para ser utilizada como referência. A intensidade refere-se à magnitude da resistência e pode ser determinada por meio da razão de resistência ($CL_{50}$ ou $DL_{50}$ da população resistente dividido pela $CL_{50}$ ou $DL_{50}$ da população referência – suscetível).

Na literatura, há referências a vários casos mostrando a razão de resistência para diferentes espécies-alvo e culturas, como a de 10 mil vezes para *C. virescens* (Martinelli e Omoto, 2005). Por exemplo, a redução da sensibilidade da população de *S. frugiperda* resistente à proteína Cry1F, em Porto Rico, foi de mais de 34 vezes, com base na $CL_{50}$, e de mais de 350 vezes para a inibição no acúmulo de biomassa ($IAC_{50}$) (Storer et al., 2010). No Brasil, com base na inibição de mudança de instar para 50% da população, Farias et al. (2014) registraram aumento de mais de 100 mil vezes para uma população resistente de *S. frugiperda* coletada na Bahia.

## 7.2. Aumento da frequência de indivíduos resistentes na população de insetos

No ambiente, as populações das diferentes espécies convivem em constante interação com os demais fatores bióticos e abióticos do ecossistema. Essas interações geram flutuações populacionais que giram em torno de um ponto de equilíbrio, também variável em razão da introdução de novos fatores, como a resistência. O equilíbrio gênico numa população, em dado momento, pode ser descrito pela expressão de Hardy-Weinberg, publicada em 1908: $(p + q)^2 = p^2 + 2pq + q^2 = 1$, sendo **p** e **q**, respectivamente, a frequência de um alelo (exemplo: suscetível) e de outro (exemplo: resistente). Desdobrando-se a expressão, seria a proporção esperada para uma população em que se teria uma herança mendeliana. Se for uma herança determinada por mais de um locus, basta incluir mais um fator (letra) na expressão $(p + q + r)^2$. Essas expressões serão válidas se atendidas as seguintes condições de equilíbrio: que a população seja infinita; que os cruzamentos sejam aleatórios; que não haja seleção, migração nem mutação de alelos; que a meiose seja normal, isto é, que todos os gametas tenham a mesma chance de formação.

No ambiente, esse equilíbrio flutua em função da frequência dos alelos na população. Para os casos mais simples, em que se observa apenas um *locus* envolvendo dois alelos, um de resistência *versus* outro de suscetibilidade, com dominância completa, esse modelo poderá ser confirmado. Entretanto, se forem incluídas as possíveis interações gênicas, ele pode ficar mais complexo. Mesmo assim, não é difícil entender que numa população selvagem da espécie-alvo na qual não há fator de seleção para determinada característica, como resistência à proteína Cry, a frequência de indivíduos resistentes (RR) seja baixa (exemplo: 1:100.000), pois a resistência é uma característica pré-adaptativa. Assim, a maior chance de cruzamento de um indivíduo resistente (RR) é com um suscetível (SS), pois a frequência deste é muito maior (no exemplo anterior: 99.999:100.000). Portanto, a maior frequência do alelo de resistência (R) está nos heterozigotos (RS), devido à frequência de cruzamentos.

Dependendo do nível de dominância da resistência, à medida que os suscetíveis são retirados do ambiente, pelo uso sistemático de uma tecnologia de controle (inseticida ou proteína *Bt*), aumenta a chance de cruzamentos entre heterozigotos (RS), segregando indivíduos resistentes homozigotos (RR), ou entre homozigotos. Assim, o aumento na frequência do cruzamento entre indivíduos resistentes homozigotos acaba consolidando a formação de um novo biótipo (raça) da espécie-alvo resistente a determinada tática de controle.

A intensidade, no espaço e no tempo, do uso de uma prática específica de controle pode determinar o tempo necessário para selecionar o biótipo resistente. Assim, a pressão seletiva, ou pressão de seleção, representa o conjunto de fatores no ambiente que atuam sobre uma população, filtrando determinados genes, direcionando a seleção de indivíduos mais adaptados ao novo ambiente. Vários fatores podem afetar a pressão de seleção para a evolução de biótipos que venham quebrar a resistência dos transgênicos, conforme Gould (1998).

### 7.3. Fatores genéticos relacionados ao inseto-alvo

- **Frequência alélica**. A frequência do alelo de resistência na população inicial, antes do cultivo da planta transgênica, é muito importante. Será considerada baixa se estiver abaixo de 1 para um milhão, e alta se estiver acima de 1 para mil, aumentando, assim, o risco de seleção de um biótipo resistente.
- **Dominância**. Se o alelo resistente é recessivo, reduz a pressão de seleção, mas, se a resistência é dominante, aumenta significativamente a chance de ser selecionado o biótipo resistente.
- **Adaptação do biótipo resistente**. Se a adaptação do biótipo resistente à planta não *Bt* é pequena, reduz a pressão de seleção para resistência; ocorre o inverso se a adaptação à planta não *Bt* é maior.

- **Número de genes envolvidos**. Quanto maior o número de genes de resistência na população da praga-alvo, maior a chance de evoluir um biótipo resistente.

## 7.4. Fatores bioecológicos relacionados ao inseto-alvo

- **Variabilidade genética**. A resposta de cada espécie-alvo às proteínas *Bt* é diferente e, assim, a concentração letal varia de espécie para espécie. Há espécies que têm maior variabilidade genética que outras. Desse modo, é importante conhecer os aspectos toxicológicos de cada proteína, para cada espécie, e o histórico, ou seja, se a espécie-alvo já desenvolveu resistência a outros agentes de controle anteriormente utilizados de modo intensivo.
- **Sincronismo reprodutivo**. Se o sincronismo no resistente é semelhante ao do suscetível, a chance de ocorrer seleção é reduzida, mas, se é diferente, aumenta. Devem-se enfatizar as diferenças e seus efeitos nas condições ambientais das regiões temperadas, onde esses estudos são mais intensos, em comparação com as condições das regiões tropicais. Nos trópicos, há superposição de gerações de insetos, reduzindo, assim, os riscos de seleção de biótipos resistentes.
- **Controle biológico**. Se o controle biológico no inseto resistente é maior do que nos suscetíveis, isso vai reduzir as chances de desenvolver uma raça resistente. Vale lembrar que, na maioria dos casos, o impacto das plantas resistentes sobre a biologia da espécie-alvo aumenta o período de desenvolvimento e reduz a biomassa das larvas, facilitando o controle biológico. Portanto, é possível inferir que, se não houver efeito da proteína *Bt* sobre o terceiro nível trófico (parasitoides e predadores da espécie-alvo), a resistência da planta será beneficiada pelo controle biológico, caso contrário, haverá necessidade de uma avaliação comparativa entre os dois efeitos, para determinar custo/benefício.
- **Fatores abióticos**. Se os efeitos dos fatores abióticos forem maiores sobre o resistente, as chances de desenvolver uma raça resistente serão menores, e vice-versa.
- **Migração**. Se a migração do inseto resistente for maior do que a do suscetível, a evolução da resistência será acelerada, pois os tipos resistentes se acasalarão com os tipos suscetíveis, fora do sítio onde se reproduziram, aumentando as chances de aparecerem os tipos resistentes.
- **Número de gerações**. Se o número de gerações for pequeno, ocorrerão menos cruzamentos ao longo do tempo, demorando mais para aparecer os tipos resistentes. Se for grande, aumentará a frequência de cruzamentos, acelerando a evolução dos tipos resistentes em menor período de tempo.
- **Número de hospedeiros**. Se a praga ou a espécie-alvo tiver um número grande de hospedeiros, diminuirá a chance de aparecerem os tipos resis-

tentes. Nesse caso, é importante distinguir a monofagia fisiológica da funcional. Determinada espécie polífaga pode ser submetida a uma monofagia funcional, ou seja, a espécie-praga em questão pode estar confinada numa extensa área de monocultura. Nesse caso, ela poderá ser polífaga, mas não terá hospedeiros alternativos disponíveis no agroecossistema.

- **Dose da proteína**. Segundo Tabashinik et al. (2014), o padrão da alta dose ocorre quando a planta expressa em seus tecidos uma quantidade de proteína suficiente para matar cerca de 100% dos indivíduos heterozigotos. Se a dose da proteína for suficiente para eliminar 100% da população, não haverá seleção de indivíduos resistentes, mas, se restarem muitos sobreviventes, ocorrerá seleção. As proteínas Cry são específicas, assim, a taxa de mortalidade varia para cada proteína e de uma espécie-alvo para outra. Esse pode ser um fator complicador para o manejo da resistência, pois pode não estar selecionando uma praga-alvo para determinada cultura, mas outra espécie-alvo de outra cultura.
- **Tecido sem proteína**. A proteína não se expressa na mesma dose ou na mesma concentração em todos os tecidos da planta transgênica. Se o tecido da planta onde a proteína não é expressa servir de refúgio para os tipos suscetíveis, ele reduzirá a pressão de seleção sobre a população de insetos.
- **Número de proteínas com modo de ação diferente**. Se mais de uma proteína envolvida na proteção da planta e com modos de ação diferentes estiver atuando sobre a mesma espécie-alvo, a frequência de um fenótipo resistente a duas proteínas será muito menor do que apenas a uma proteína.
- **Resistência natural da planta**. Se for alta, a probabilidade de ocorrência de tipos resistentes diminuirá.
- **Taxa de utilização**. Se a taxa de ocupação da área cultivada pela cultura transgênica for baixa, a pressão de seleção sobre a população de insetos será diminuída e, se for alta, a pressão de seleção aumentará.
- **Métodos alternativos para o controle da espécie-alvo**. Se houver um método alternativo eficiente para o controle dos tipos sobreviventes (resistentes) na área cultivada com a cultura transgênica, a pressão de seleção sobre a população será reduzida.

## 7.5. Estratégias para o manejo da resistência

Como parte da introdução comercial de plantas transgênicas resistentes a insetos, é necessário o desenvolvimento de estratégias apropriadas para prevenir ou retardar o aumento da frequência de indivíduos resistentes nas espécies-alvo. Entre as várias estratégias, destacam-se: expressão da proteína em alta dose (suficiente para matar o heterozigoto) e utilização de áreas de refúgio para os insetos suscetíveis. Igualmente importante é o monitoramento da resistência. As mudanças nas frequências de resistência de pragas às proteínas Cry devem ser acompanhadas por estudos em laboratório. Assim, com o trabalho de monitoramento da suscetibilidade de pragas, é possível avaliar se o programa implementado está sendo efetivo ou não. Caso sejam detectadas falhas de controle, uma reavaliação da estratégia utilizada deve ser realizada imediatamente.

Os programas de manejo da resistência são mais efetivos quando praticados de modo preventivo. Infelizmente, a maioria das pesquisas nessa área é iniciada somente após a constatação de falhas no controle de determinada espécie-alvo com o uso de um agente de controle (Georghiou, 1983; Roush e Daly, 1990). No entanto, no caso de plantas geneticamente modificadas, existe grande preocupação em implementar estratégias proativas e antecipadas de manejo da resistência.

Para as plantas geneticamente modificadas, a associação entre alta dose, áreas de refúgio para indivíduos suscetíveis e incorporação de duas ou mais proteínas na mesma planta (piramidamento de genes) tem sido a principal estratégia para o manejo da resistência.

Sem dúvida, um efetivo programa de manejo da resistência deve ser regional e depende de diversos fatores, como o complexo de pragas, o movimento das pragas primárias entre as culturas transgênicas, a diversidade de culturas e plantas hospedeiras existentes etc. Além disso, os modelos devem incorporar os fatores biológicos, ecológicos e genéticos da espécie-alvo, ou seja, número de gerações por ano, mobilidade e dispersão, além de estimar a frequência inicial de alelos resistentes, estudar a genética da resistência e incluir as diversas condições do agroecossistema (Follett et al., 1993).

O manejo da resistência deve ser adotado simultaneamente à tecnologia de resistência a insetos utilizando plantas transgênicas. De início, partiu-se da combinação de duas estratégias básicas, o uso de expressão de alta dose da proteína nos tecidos das plantas e a adoção de áreas de refúgio pelo produtor. Como discutido anteriormente, no entanto, o uso e a eficácia dessas duas estratégias dependem de muitos fatores. Para atender às boas práticas agrícolas, é necessário envolver mais uma série de estratégias coadjuvantes que no conjunto têm papel relevante para manter as culturas protegidas do ataque de pragas.

O Informativo Técnico de Boas Práticas Agronômicas aplicadas às plantas geneticamente modificadas com resistência a insetos (Abrasem/APPS, 2014) recomenda, além do plantio da área de refúgio, várias outras estratégias de manejo, tais como: manejo adequado das plantas daninhas e voluntárias; dessecação antecipada e manejo do banco de sementes; rotação de culturas; uso do tratamento de sementes; e monitoramento periódico das glebas transgênicas e da área de refúgio. Todas essas práticas são fundamentais para a sustentabilidade do manejo e a preservação da tecnologia.

### 7.5.1. Área de refúgio

Considerada um dos componentes mais importantes na estratégia para o manejo da resistência, a área de refúgio consiste, basicamente, numa área associada à lavoura transgênica, cultivada com variedades não transgênicas (suscetíveis) da mesma espécie cultivada, no espaço e no tempo. A área de refúgio deve ser igualmente colonizada por indivíduos da espécie-alvo suscetíveis à proteína *Bt* em uso, viabilizando o cruzamento desses indivíduos oriundos das duas áreas, ou seja, tipos suscetíveis e eventuais sobreviventes (resistentes) nas plantas transgênicas. O desenho da área de refúgio refere-se à distribuição das plantas suscetíveis no espaço físico e pode ser no centro, nas margens ou em linhas alternadas às das plantas transgênicas. O importante é que essa área de refúgio não fique mais distante do que o raio máximo de dispersão da espécie--alvo da tecnologia. O refúgio em blocos próximo à área cultivada com plantas transgênicas é referido como refúgio estruturado.

Há também a possibilidade de misturar sementes de plantas suscetíveis (refúgio) com sementes de plantas resistentes (Cohen et al., 2004), técnica atualmente conhecida como refúgio no saco. Essa estratégia pode facilitar em alguns aspectos, mas dificultar em outros. Por exemplo, no caso de mistura de sementes, a distribuição dos insetos suscetíveis e resistentes no campo é mais uniforme e facilita o cruzamento entre eles, dificultando o encontro entre dois resistentes. Por outro lado, a mistura de sementes aumenta a frequência de plantas resistentes ao lado das suscetíveis, facilitando o deslocamento de insetos mais desenvolvidos das plantas suscetíveis para as resistentes e aumentando a sua sobrevivência na cultura *Bt*, o que contribui para a seleção de indivíduos resistentes. Para *S. frugiperda* isso não é verdade, pois está demonstrado que as lagartas preferem alimentar-se nas plantas não *Bt*, e não nas plantas *Bt* (Mendes et al., 2011). Outra limitação dessa estratégia é a inviabilidade de usar outros métodos de controle exclusivamente no refúgio, mas a melhor distribuição das plantas infestadas no campo poderá aumentar o controle biológico dos insetos sobreviventes nas plantas *Bt*.

Na área de refúgio, tem sido recomendado o manejo de pragas, desde que não sejam usados bioinseticidas à base de *Bt*. A questão que surge é a conveniência ou não da utilização do manejo de pragas nessas áreas. Se a área de refúgio visa favorecer o cruzamento entre indivíduos suscetíveis e resistentes, a proporção entre a área de refúgio com controle deve ser diferente daquela sem controle. O custo da área de refúgio será a perda de produtividade, causada pelos danos da espécie-alvo nessa área. No caso de se usar o controle, o custo incluiria também os gastos para fazer o controle convencional.

O tamanho necessário da área de refúgio tem alimentado muita discussão. Existem várias hipóteses e opções para definir essa área. Vem sendo recomendado o uso de modelos matemáticos, em que se considera o máximo de variáveis que tenham sido estimadas experimentalmente para alimentar tais modelos. A dificuldade no uso deles está na estimativa dessas variáveis, altamente afetadas pelo ambiente, gerando um número significativo de interações. Entretanto, a definição do espaço necessário para a área de refúgio com essa ferramenta é fundamental para estabelecer o desenho e o custo dessa área. Assim, tanto o tamanho como a forma da área de refúgio dependerão da espécie-alvo, dos eventos envolvidos e da cultura em questão.

Várias evidências de campo sugerem a eficácia da área de refúgio no retardamento da seleção de biótipos resistentes. Por exemplo, no oeste da Índia, a população de *P. gossypiella* foi selecionada quanto à resistência à proteína Cry do algodoeiro *Bt* muito mais rapidamente do que no sudoeste dos Estados Unidos. Embora os países tenham regulamentação para o uso do refúgio, na Índia a adoção dessa prática é muito rara e isso deve ter desempenhado papel relevante na seleção de biótipos resistentes (Tabashnik et al., 2014). Comparando a adoção de refúgio na cultura do algodoeiro para *Helicoverpa* nos Estados Unidos e na Austrália, fica evidente a eficácia dessa prática. Enquanto nos Estados Unidos se utiliza 4% de refúgio para as cultivares com um evento *Bt*, na Austrália se recomenda 70%, pois a praga-alvo é *H. armigera*. Utilizando cultivares de algodoeiro com duas proteínas, a recomendação da área de refúgio é de 10% na Austrália, porém, nos Estados Unidos, praticamente se eliminou a exigência de refúgio. O padrão de adoção dessas duas tecnologias também foi diferente nos dois países. Na Austrália, rapidamente a tecnologia de uma proteína foi substituída pela de duas (evento piramidado). Por outro lado, nos Estados Unidos, houve superposição da utilização de cultivares de algodoeiro com uma e duas proteínas por quase uma década, o que aumentou a pressão de seleção de biótipos resistentes. Assim, na Austrália, ambas as espécies de *Helicoverpa* permanecem suscetíveis a duas proteínas *Bt*, enquanto em algumas regiões dos Estados Unidos há populações de *Helicoverpa* com mais de 50% de indivíduos resistentes a ambas as proteínas. Portanto, a estratégia de refúgio deve ser adotada para a preservação da eficácia da tecnologia (Martinelli e Omotto, 2005) e o percentual da lavoura que deve ser plantada como área de refúgio depende do evento transgênico utilizado; também devem ser obedecidas as regras da empresa registrante de cada evento (Embrapa, 2011).

No Brasil, nas lavouras de milho, em geral, tem-se recomendado que 10% da lavoura seja de refúgio estruturado, com milho não *Bt*. As áreas de refúgio devem estar localizadas a uma distância máxima de 800 metros da lavoura de milho *Bt*. Ou seja, a distância máxima entre qualquer planta de milho *Bt* e qualquer planta da área de refúgio deve ser de no máximo 800 metros (Matheus et al., 2015). Essa distância foi determinada por meio de estudos de dispersão de adultos da lagarta-do-cartucho no campo (Vilarinho, 2007).

No caso da soja e do algodoeiro, recomenda-se que 20% da lavoura seja de refúgio estruturado com soja não *Bt*. Assim como para as demais culturas, as áreas de refúgio devem estar localizadas à distância máxima de 800 metros da lavoura *Bt* (Matheus et al., 2015).

Exemplos de disposição do refúgio em campo podem ser encontrados em Matheus et al. (2015), Bollgard2RRFlex (2015), Monsanto (2015), Embrapa (2011).

A adoção de refúgio impõe alguns desafios na sua implementação, como logística de plantio e colheita, falta de conscientização de alguns agricultores, produtividade das áreas de refúgio e necessidade de controle químico de pragas nessas áreas. No Brasil, apesar de a tecnologia *Bt* ter grande aceitação entre os produtores rurais, o grau de adoção do refúgio ainda é baixo. Uma das razões disso é o desconhecimento, por parte do produtor, do propósito do refúgio (Resende et al., 2014).

### 7.5.2. Monitoramento de biótipos resistentes

Segundo Brent (1986), há pelo menos sete objetivos para se realizar o monitoramento da resistência. Entretanto, o objetivo principal do monitoramento periódico é antecipar a detecção de tipos resistentes no campo, mesmo antes que ocorram surtos ou falhas de controle, quando talvez já seja tarde para tomar medidas efetivas de mitigação ou mesmo de erradicação daquela população. Entretanto, para acompanhar a evolução da resistência das espécies-alvo, deve-se partir de dados que registrem o nível de suscetibilidade da população antes da liberação das plantas resistentes, ou seja, antes da exposição dos insetos-alvo ao fator de seleção, nesse caso, à proteína Cry. Nesse aspecto, é muito importante que se defina a linha básica de suscetibilidade da espécie-alvo, como o que foi feito com *Ostrinia nubilalis* (Hübner) (Lepidoptera: Crambidae) em milho nos Estados Unidos (Marçon et al., 1999).

Com base na linha básica de suscetibilidade da espécie-alvo, é possível definir uma dose diagnóstica de resistência, para facilitar o monitoramento de populações selvagens dessa espécie. Por exemplo, pode ser usada a concentração letal para 99% de mortalidade ($CL_{99}$) como dose diagnóstica (Siegfried et al., 2007). Adicionalmente, é possível determinar a curva de mortalidade para as amostras de insetos coletadas no campo, estabelecer o nível de suscetibilidade de cada população e, assim, avaliar a evolução da resistência nas populações selvagens das espécies-alvo para diferentes regiões geográficas. Ainda, segundo Siegfried et al. (2007), o monitoramento de populações de *O. nubilalis* nos Estados Unidos, após dez anos de utilização de milho *Bt*, não detectou mudança significativa no nível de suscetibilidade dessa praga à proteína Cry1A(b). Portanto, essas análises da resposta de populações de insetos às plantas transgênicas devem ser tomadas caso a caso, pois a generalização, por falta de conhecimento sobre o tema, pode levar a conclusões equivocadas e a grandes perdas para o sistema de produção.

Outro aspecto relevante a considerar é a representatividade das amostras de insetos coletadas no campo. Obviamente, métodos de amostragem capazes de detectar populações de baixa densidade, como armadilhas de feromônio sexual, poderão ser úteis nesse tipo de monitoramento. Espera-se que seja muito baixa a sobrevivência de insetos da espécie-alvo nas áreas cultivadas com plantas transgênicas expressando alta dose da proteína. A coleta de amostras pode se tornar muito onerosa, dependendo do tempo para realizar essa tarefa, do que se pode inferir que melhorias nos métodos de amostragem das espécies-alvo podem contribuir para o monitoramento da resistência.

## Referências bibliográficas


ABDEEN, A. et al. Multiple insect resistance in transgenic tomato plants over-expressing two families of plant proteinase inhibitors. *Plant Molecular Biology* 57: 189-202, 2005.

ABRASEM/APPS – Associação Brasileira de Sementes e Mudas. *Boas práticas agronômicas aplicadas a plantas geneticamente modificadas resistentes a insetos*. Informativo Técnico, 2014. Disponível em: <http://http://www.boaspraticasogm.com. br/upload/file/Apresentacao_Abrasem_2014_ok. pdf>. Acesso em: 7 out. 2014.

AHMAD, P. et al. Role of transgenic plants in agriculture and biopharming. *Biotechnology Advances* 30: 524-40, 2012.

ANDOW, D. A.; ZWAHLEN, C. 2006. Assessing environmental risks of transgenic plants. *Ecology Letters* 9: 196-214, 2006.

ANDREWS, R. W. et al. Biotechnology of *Bt*: a critical review. *BioTechnology* 6: 163-232, 1987.

AVERY, O. T.; MACLEOD, C. M.; McCARTY, M. Studies on the chemical nature of the substance inducing transformation of Pneumococcal types. *Journal of Experimental Medicine* 79: 137-59, 1994.

AZEVEDO, J. L.; ARAÚJO, W. L. Genetically modified crops: environmental and human health concerns. *Mutation Research* 544: 223-33, 2003.

BANR – Board on Agriculture and Natural Resources. *Genetically modified pest protected plant*: science and regulation, 2000. p. 292.

BARTON, K.; WHITELY, H.; YANG, N. S. *Bacillus thuringiensis* d-endotoxin in transgenic *Nicotiana tabacum* provides resistance to lepidopteran insects. *Plant Physiology* 85: 1103-109, 1987.

BELL, H. A. et al. Transgenic GNA expressing potato plants augment the beneficial biocontrol of *Lacanobia oleracea* (Lepidoptera; Noctuidae) by the parasitoid *Eulophus pennicornis* (Hymenoptera; Eulophidae). *Transgenic Research* 10: 35-42, 2001.

BERG, P.; MERTZ, J. E. Personal reflections on the origins and emergence of recombinant DNA technology. *Genetics* 184: 9-17, 2010.

BHONWONG, A. et al. Defensive role of tomato polyphenol oxidases against cotton bollworm (*Helicoverpa armigera*) and beet armyworm (*Spodoptera exigua*). *Journal of Chemical Ecology* 35: 28-38, 2009.

BOHOROVA, N. et al. Novel synthetic *Bacillus thuringiensis* cry1B gene and the cry1B--cry1Ab translational fusion confer resistance to southwestern corn borer, sugarcane borer and fall armyworm in transgenic tropical maize. *Theoretical and Applied Genetics* 103: 817-26, 2001.

BOLLGARD2RRFLEX. *Plantio de refúgio*. Disponível em: <http://www. bollgard2rrflex. com.br/plantio-de-refugio>. Acesso em: 18 abr. 2017.

BRAVO, A.; GILL, S. S.; SOBERÓN, M. Mode of action of *Bacillus thuringiensis* Cry and Cyt toxins and their potential for insect control. *Toxicon* 49: 423-35, 2007.

BRAVO, A.; SOBERÓN, M. How to cope with insect resistance to *Bt* toxins? *Trends in Biotechnology* 26: 573-79, 2008.

BRENT, K. J. Detection and monitoring of resistant forms: an overview. In: NATIONAL ACADEMIC OF SCIENCE (ed.). *Pesticides resistance*: strategies and tactics for management. Washington, DC, USA: Academic Press, 1986. p. 298-312.

BROADWAY, R. M.; DUFFEY, S. S. Plant proteinase inhibitors: mechanism of action and effect on the growth and digestive physiology of larval *Heliothis zea* and *Spodoptera exigua*. *Journal of Insect Physiology* 32: 827-33, 1986.

BROTMAN, Y. et al. Resistance gene homologues in melon are linked to genetic loci conferring disease and pest. *Theoretical and Applied Genetics* 104: 1055-63, 2002.

CAPALBO, D. M. F. et al. OGM e biossegurança ambiental. In: COSTA, M. A. F. da C.; COSTA, M. F. B. (eds.). *Biossegurança de OGM*: uma visão integrada. Rio de Janeiro: Publit, 2009. p. 192-219.

CHAKRABARTI, S. K. et al. Expression of the cry9Aa2 *Bt* gene in tobacco chloroplasts confers resistance to potato tuber moth. *Transgenic Research* 15: 481- 88, 2006.

CHARGAFF, E.; ZAMENHOF, S.; GREEN, C. Composition of human desoxypentose nucleic acid. *Nature* 165: 756-57, 1950.

CHRISPEELS, M. J.; RAIKHEL, N. V. Lectins, lectin genes, and their role in plant defense. *The Plant Cell* 3: 1-9, 1991.

CLOUTIER, C. et al. Growth compensation and faster development of Colorado potato beetle (Coleoptera: Chrysomelidae) feeding on potato foliage expressing oryzacystatin I. *Archives of Insect Biochemistry and Physiology* 40: 69-79, 1999.

COHEN, M. B.; GOULD, F.; BENTUR, J. S. *Bt* rice: practical steps to sustainable use. *International Rice Research Notes* 25: 4-10, 2000.

COHEN, M. B.; BENTUR, J. S.; GOULO, F. L. Durable deployment of gall midge-resistant varieties. In: BENNETT, J. et al. (eds.). *New approaches to gall midge resistance in rice*. Manila, Philipines: IRRI, 2004. p. 153-64.

COHEN, S. N. et al. Construction of biologically functional bacterial plasmids *in vitro*. *Proceedings of the National Academy of Sciences of the United States of America* 70: 3240-244, 1973.

COLLINS F. S. et al. A vision for the future of genomics research. *Nature* 422: 835-47, 2003.

COSTA, T. E. M. M.; DIAS, A. P. M.; MARIN, V. A. Avaliação de risco dos organismos geneticamente modificados. *Ciência & Saúde Coletiva* 16: 327-36, 2007.

CRAVEIRO, K. I. C. et al. Variant Cry1Ia toxins generated by DNA shuffling are active against sugarcane giant borer. *Journal of Biotechnology* 145: 215-21, 2010.

CRICKMORE, N. et al. Revision of the nomenclature for *Bacillus thuringiensis* pesticidal crystal proteins. *Microbiology and Molecular Biology Review* 62: 807-13, 1998.

CZAPLA, T. H. Plant lectins as insect control proteins in transgenic plants. In: CAROZZI, N.; KOZIEL, M. (eds.). *Advances in insect control:* the role of transgenic plants. London, UK: Taylor & Francis, 1997. p. 157-74.

DAFNY-YELIN, M.; TZFIRA, T. Delivery of multiple transgenes to plant cells. *Plant Physiology* 145: 1118-128, 2007.

DANIELL, H. Molecular strategies for gene containment in transgenic crops. *Nature Biotechnology* 20: 581-86, 2002.

DARBANI, B. et al. DNA – Delivery methods to produce transgenic plants. *Biotechnology* 7: 385-402, 2008.

DAY, A.; GOLDSCHMIDT-CLERMONT, M. The chloroplast transformation toolbox: selectable markers and marker removal. *Plant Biotechnology Journal* 9: 540-53, 2001.

DE COSA, B. et al. Overexpression of the *Bt* cry2Aa2 operon in chloroplasts leads to formation of insecticidal crystals. *Nature Biotechnology* 19: 71-74, 2001.

DIAS, S. C. et al. Investigation of insecticidal activity of rye α-amylase inhibitor gene expressed in transgenic tobacco (*Nicotiana tabacum*) toward cotton boll weevil (*Anthonomus grandis*). *Pesticide Biochemistry and Physiology* 98: 39-44, 2010.

DING, X. et al. Insect resistance of transgenic tobacco expressing an insect chitinase gene. *Transgenic Research* 7: 77-84, 1998.

DUCK, N.; EVOLA, S. Use of transgenes to increase host plant resistance to insects: opportunities and challenges. In: CAROZZI, N.; KOZIEL, M. (eds.). *Advances in insect control*: the role of transgenic plants. London, UK: Taylor & Francis, 1997. p. 157-74.

DUFOURMANTEL, N. et al. Generation and analysis of soybean plastid transformants expressing *Bacillus thuringiensis* Cry1Ab protoxin. *Plant Molecular Biology* 58: 659-68, 2005.

DUTTON, A.; ROMEIS, J.; BIGLER, F. Assessing the risks of insect resistant transgenic plants on entomophagous arthropods: *Bt*-maize expressing Cry1Ab as a case study. *BioControl* 48: 611-36, 2003.

EMBRAPA – Empresa Brasileira de Pesquisa Agropecuária. Área de refúgio: recomendações de uso para o plantio de milho transgênico *Bt*. Sete Lagoas: Embrapa Milho e Sorgo, 2011 (Folder). Disponível em: <https://ainfo.cnptia.embrapa. br/digital/bitstream/item/55118/1/Area-refugio. pdf>. Acesso em: 18 abr. 2017.

ESTADA, U.; FERRE, J. Binding of insecticidal crystal proteins of *Bacillus thuringiensis* to the midgut brush border of the cabbage looper, *Trichoplusia ni* (Hübner) (Lepidoptera: Noctuidae), and selection for resistance to one of the crystal proteins. *Applied Environmental Microbiology* 60: 3840-846, 1994.

ESTRUCH, J. J. et al. Vip3A, a novel *Bacillus thuringiensis* vegetative insecticidal protein with a wide spectrum of activities against lepidopteran insects. *Proceedings of the National Academy of Sciences of the United States of America* 93: 5389-394, 1996.

FANG, J. et al. Characterization of chimeric *Bacillus thuringiensis* Vip3 toxins. *Applied and Environmental Microbiology* 73: 956-61, 2007.

FARIAS, J. R. et al. Field-evolved resistance to Cry1F maize by *Spodoptera frugiperda* (Lepidoptera: Noctuidae) in Brazil. *Crop Protection* 64: 150-58, 2014.

FISCHHOFF, D. A. et al. Insect tolerant tomato plants. *BioTechnology* 5: 807-12, 1987.

FITCHES, E. C. et al. Insecticidal activity of scorpion toxin (ButaIT) and snowdrop lectin (GNA) containing fusion proteins towards pest species of different orders. *Pest Management Science* 66: 74-83, 2010.

FOLLETT, P. A; KENNEDY, G. G.; GOULD, F. A simulation model that explores Colorado potato beetle (Coleoptera: Chrysomelidae) adaptation to insecticides. *Environmental Entomology* 22: 283-96, 1993.

FONTES, E.; PIRES, C.; SUJJI, E. O impacto de plantas geneticamente modificadas resistentes a insetos sobre a biodiversidade. In: PIRES, C.; FONTES, E.; SUJJI, E.

(eds.). *Impacto ecológico de plantas geneticamente modificadas*. Brasília, DF: Embrapa Recursos Genéticos e Biotecnologia, 2003. p. 65-83.

FRANKLIN R.; GOSLING R. G. Molecular configuration in sodium thymonucleate. *Nature* 171: 740-41, 1953.

FRIZZAS, M. R.; OLIVEIRA, C. M. Plantas transgênicas resistentes a insetos e organismos não alvo: predadores, parasitoides e polinizadores. *Universitas: Ciências da Saúde* 4: 63-82, 2006.

GAHAN, L. J.; GOULD, F.; HECKEL, D. G. Identification of a gene associated with *Bt* resistance in *Heliothis virescens*. *Science* 293: 857-60, 2001.

GATEHOUSE, J. A. Biotechnological prospects for engineering insect-resistant plants. *Plant Physiology* 146: 881-87, 2008.

GATEHOUSE, J. A. Prospects for using proteinase inhibitors to protect transgenic plants against attack by herbivorous insects. *Current Protein Peptide Science* 12: 409-16, 2011.

GEORGHIOU, G. P. Management of resistance in arthropods. In: GEORGHIOU, G. P.; SALTO, T. (eds.). *Pest resistance to pesticides*. New York, NY, USA: Plenum, 1983. p. 769-92.

GILL, S. S.; COWLES, E. A.; PIETRANTONIO, P. V. The mode of action of *Bacillus thuringiensis* endotoxins. *Annual Review of Entomology* 37: 615-34, 1992.

GIRARD, C. et al. Growth stimulation of beetle larvae reared on a transgenic oilseed rape expressing a cysteine protease inhibitor. *Journal of Insect Physiology* 44: 263-70, 1998.

GLAZEBROOK, J. Genes controlling expression of defense responses in Arabidopsis – 2001 status. *Current Opinion in Plant Biology* 4: 301-8, 2001.

GOEDDEL, D. V. et al. Expression in *Escherichia coli* of chemically synthesized genes for human insulin. *Proceedings of the National Academy of Sciences of the United States of America* 76: 106-10, 1979.

GÓMEZ, I. et al. Cadherin-like receptor binding facilitates proteolytic cleavage of helix a-1 in domain I and oligomer pre-pore formation of *Bacillus thuringiensis* Cry1Ab toxin. *Federation of European Biochemical Societies Letters* 513: 242-46, 2002.

GOULD, F. Sustainability of transgenic insecticidal cultivars: integrating pests, genetics and ecology. *Annual Review of Entomology* 43: 701-26, 1998.

GREEN, M. L. et al. Cheddar cheesemaking with recombinant calf chymosin (EC 3. 4. 23. 4) synthesized in *Escherichia coli*. *Journal of Dairy Research* 52: 281-86, 1985.

GREEN, T. R.; RYAN, C. A. Wound-induced proteinase inhibitor in plant leaves: a possible defense mechanism against insects. *Science* 175: 776-77, 1972.

GRIGOLETTI, A.; SANTOS, F. A.; AUER, C. G. Perspectivas do uso do controle biológico contra doenças florestais. *Floresta* 30:155-65, 2000.

GROOT, A. T.; DICKE, M. Insect-resistant transgenic plants in a multi-trophic context. *The Plant Journal* 31: 387-406, 2002.

GROSSI-DE-SÁ, M. F. et al. Susceptibility of *Anthonomus grandis* (cotton boll weevil) and *Spodoptera frugiperda* (fall armyworm) to a Cry1Ia-type toxin from a Brazilian *Bacillus thuringiensis* strain. *Journal of Biochemistry and Molecular Biology* 40: 773-82, 2007.

HALPIN, C. Gene stacking in transgenic plants – the challenge for 21st century plant biotechnology. *Plant Biotechnology Journal* 3: 141-55, 2005.

HAMMOND, J.; McGARVEY, P.; YUSIBOVI, V. (eds.). *Plant biotechnology*: new products and applications. Berlin, Germany; New York, USA: SpringerVerlag, 1999.

HAN, S. et al. Evolution and mechanism from structures of an ADP-ribosylating toxin and NAD complex. *Nature Structural & Molecular Biology* 6: 932-36, 1999.

HERRNSTADT, C. et al. A new strain of *Bacillus thuringiensis* with activity against coleopteran insects. *Nature Biotechnology* 4: 305-8, 1986.

HILDER, V. et al. A novel mechanism of insect resistance engineered into tobacco. *Nature* 330: 160-63, 1987.

HÖFTE, H.; WHITELEY, H. R. Insecticidal crystal proteins of *Bacillus thuringiensis. Microbiology Reviews* 5: 242-55, 1989.

HOSSAIN, M. A. et al. Transgenic expression of onion leaf lectin gene in Indian mustard offers protection against aphid colonization. *Crop Science* 46: 2022-32, 2006.

HUA, H. et al. Analysis of rice genes induced by striped stemborer (*Chilo suppressalis*) attack identified a promoter fragment highly specifically responsive to insect feeding. *Plant Molecular Biology* 65: 519-30, 2007.

IAMTHAM, S.; DAY, A. Removal of antibiotic resistance genes from transgenic tobacco plastids. *Nature Biotechnology* 18: 1172-176, 2000.

ITAKURA, K. et al. Expression in *Escherichia coli* of a chemically synthesized gene for the hormone somatostatin. *Science* 198: 1056-63, 1977.

IVES, C. L.; JOHANSON, A.; LEWIS, J. Agricultural biotechnology: a review of contemporary issues. Cornell: Usaid, 2001. (Brief 3: What are GE crops?).

JACKSON, D. A.; SYMONS, R. H.; BERG, P. Biochemical method for inserting new genetic information into DNA of Simian Virus 40: circular SV40 DNA molecules containing lambda phage genes and the galactose operon of *Escherichia coli*. *Proceedings of the National Academy of Sciences of the United States of America* 69: 2904-909, 1972.

JACOBSEN, E.; SCHOUTEN, H. J. Cisgenesis, a new tool for traditional plant breeding, should be exempted from the regulation on genetically modified organisms in a step by step approach. *Potato Research* 51: 75-88, 2008.

JAMES, C. *Global status of commercialized biotech / GM crops: 2013*. Ithaca, NY, YSA: ISAAA, 2013. (ISAAA Brief n. 46).

JAMES, C. *20$^{th}$ Anniversary (1996 to 2015) of the Global Commercialization of Biotech Crops and Biotech Crop Highlights in 2015*. Ithaca, NY, USA: ISAAA, 2015. (ISAAA Brief n. 51).

JOHNSON, R. et al. Expression of proteinase inhibitors I and II in transgenic tobacco plants: effects on natural defense against *Manduca sexta* larvae. *Proceedings of the National Academy of Sciences of the United States of America* 86: 9871-875, 1989.

JONES, H. D.; SPARKS, C. A. Stable transformation of plants. *Methods in Molecular Biology* 513: 111-30, 2009.

JONGSMA, M. A. et al. Adaptation of *Spodoptera exigua* larvae to plant proteinase inhibitors by induction of gut proteinase activity insensitive to inhibition. *Proceedings of the National Academy of Sciences of the United States of America* 92: 8041-45, 1995.

KALOSHIAN I. Gene-for-gene disease resistance: bridging insect pest and pathogen defense. *Journal of Chemical Ecology* 30: 2419-438, 2004.

KESSLER, A.; BALDWIN, I. T. Plant responses to insect herbivory: the emerging molecular analysis. *Annual Review of Plant Biology* 53: 299-328, 2002.

KOTA, M. et al. Overexpression of the *Bacillus thuringiensis* (*Bt*) Cry2Aa2 protein in chloroplasts confers resistance to plants against susceptible and *Bt*-resistant insects. *Proceedings of the National Academy of Sciences of the United States of America* 96: 1840-845, 1999.

KRIMSKY, S.; WRUBEL, R. P. *Agricultural biotechnology and the environment*: science, policy, and social issues. Urbana, Illinois, USA: University of Illinois Press, 1996.

KUMAR, S.; DHINGRA, A.; DANIELL, H. Plastid-expressed betaine aldehyde dehydrogenase gene in carrot cultured cells, roots, and leaves confers enhanced salt tolerance. *Plant Physiology* 136: 2843-854, 2004a.

KUMAR, S.; DHINGRA, A.; DANIELL, H. Stable transformation of the cotton plastid genome and maternal inheritance of transgenes. *Plant Molecular Biology* 56: 203-16, 2004b.

LEMAUX, P. G. Genetically engineered plants and foods: a scientist's analysis of the issues (Part I). *Annual Review of Plant Biology* 59: 771-812, 2008.

LI, J. D.; CARROLL, J.; ELLAR, D. J. Crystal structure of insecticidal delta-endotoxin from *Bacillus thuringiensis* at 2.5 Å resolution. *Nature* 353: 815-21, 1991.

LI, Y.; ROMEIS, J. Impact of snowdrop lectin (*Galanthus nivalis* agglutinin; GNA) on adults of the green lacewing, *Chrysoperla carnea*. *Journal of Insect Physiology* 55: 135-42, 2009.

LIU, C. W. et al. Expression of a *Bacillus thuringiensis* toxin (cry1Ab) gene in cabbage (*Brassica oleracea* L. var. *capitata* L.) chloroplasts confers high insecticidal efficacy against *Plutella xylostella*. *Theoretical and Applied Genetics* 117: 75-88, 2008.

LOWE B. A. et al. Enhanced single copy integration events in corn via particle bombardment using low quantities of DNA. *Transgenic Research* 18: 831-40, 2009.

LUNDGREN, J. G. et al. Ecological compatibility of GM crops and biological control. *Crop Protection* 28: 1017-1030, 2009.

MALIGA, P. Plastid transformation in higher plants. *Annual Review of Plant Biology* 55: 289-313, 2004.

MALIGA, P.; BOCK, R. Plastid biotechnology: food, fuel, and medicine for the 21st century. *Plant Physiology* 155: 1501-510, 2011.

MARÇON, P. C. R. G. et al. Baseline susceptibility of European corn borer (Lepidoptera: Crambidae) to *Bacillus thuringiensis* toxins. *Journal of Economic Entomology* 92: 279-85, 1999.

MARRIEL, I. E. (coord.). Biossegurança do solo. In: WORKSHOP DE MILHO TRANSGÊNICO, 1., 2012, Sete Lagoas. *Realidade e perspectivas*: palestras. Sete Lagoas: Embrapa Milho e Sorgo, 2012. p. 82-87. (Embrapa Milho e Sorgo. Documentos, 149. Grupo de discussão.)

MARTINELLI, S.; OMOTO, C. Resistência de insetos a plantas geneticamente modificadas: relevância da implantação de estratégias proativas para o manejo da resistência. *Biotecnologia Ciência e Desenvolvimento* 34: 67-77, 2005.

MATHEUS, H. D.; DENEZ, M.; PEREIRA, A. *A importância da área de refúgio*. Folheto informativo, 2015. Disponível em: <http://www.monsoy.com.br/site/wp-content/uploads/2016/08/job_02_97_informativos_tecnicos4_ano4_n11_ok_atualizado_ok.pdf>. Acesso em: 18 abr. 2017.

MAXAM, A. M.; GILBERT, W. A new method for sequencing DNA. *Proceedings of the National Academy of Sciences of the United States of America* 74: 560-64, 1977.

McBRIDE, K. E. et al. Amplification of a chimeric *Bacillus* gene in chloroplasts leads to na extraordinary level of an insecticidal protein in tobacco. *BioTechnology* 13: 362-65, 1995.

McGAUGHEY, W. H.; WHALON, M. E. Managing insect resistance to *Bacillus thuringiensis* toxins. *Science* 258: 1451-455, 1992.

MEDEIROS, A. H. et al. Sugarwin: a sugarcane insect-induced gene with antipathogenic activity. *Molecular Plant-Microbe Interactions* 25: 613-24, 2012.

MEHLO, L. et al. An alternative strategy for sustainable pest resistance in genetically enhanced crops. *Proceedings of the National Academy of Sciences of the United States of America* 102: 7812-816, 2005.

MENDES, S. M. et al. Respostas da lagarta-do-cartucho a milho geneticamente modificado expressando a toxina Cry 1A(b). *Pesquisa Agropecuária Brasileira* 46: 239-44, 2011.

MESELSON, M.; YUAN, R. DNA restriction enzyme from *E. coli*. *Nature* 217: 1110-114, 1968.

MOAR, W. J. et al. Development of *Bacillus thuringiensis* Cry IC resistance by *Spodoptera exigua* (Lepidoptera: Noctuidae). *Applied and Environmental Microbiology* 61: 2086-92, 1995.

MODA, V. *Normas e procedimentos de biossegurança da CTNBio*. Palestra apresentada no curso de capacitação em Biossegurança de Organismos Geneticamente modificados – OGMs, Florianópolis, 2004. Disponível em: <http://www.mma.gov. br/estruturas/biosseguranca/_arquivos/71_28112008022336.pdf>. Acesso em: 23 jul. 2014.

MONSANTO. *Boas práticas de refúgio*, 2015. Disponível em: <http://www. refugiocomdesconto.com.br/BoasPraticas. aspx>. Acesso em: 18 abr. 2017.

MONTAGU, M. VAN. It is a long way to GM agriculture. *Annual Review of Plant Biology* 62: 1-23, 2011.

MORTON, R. L. et al. Bean alpha-amylase inhibitor 1 in transgenic peas (*Pisum sativum*) provides complete protection from pea weevil (*Bruchus pisorum*) under field conditions. *Proceedings of the National Academy of Sciences of the United States of America* 97: 3820-825, 2000.

MÜLLER-COHN, J. et al. *Spodoptera littoralis* (Lepidoptera: Noctuidae) resistance to Cry lC and cross-resistance to other *Bacillus thuringiensis* crystal toxins. *Journal of Economic Entomology* 98: 791-97, 1996.

NAGADHARA, D. et al. Transgenic rice plants expressing the snowdrop lectin gene (GNA) exhibit high-level resistance to the whitebacked planthopper (*Sogatella furcifera*). *Theoretical and Applied Genetics* 109: 1399-405, 2004.

NAIMOV, S.; DUKIANDJIEV, S.; DE MAAGD, R. A. A hybrid *Bacillus thuringiensis* delta-endotoxin gives resistance against a coleopteran and a lepidopteran pest in transgenic potato. *Plant Biotechnology Journal* 1: 51-57, 2003.

NAQVI, S. et al. When more is better: multigene engineering in plants. *Trends in Plant Science* 15: 48-56, 2009.

NIRENBERG, M. W. The genetic code: II. *Scientific American* 208: 80-94, 1963.

OLIVEIRA, G. R. et al. Improving Cry8Ka toxin activity towards the cotton boll weevil (*Anthonomus grandis*). *BMC Biotechnology* 11: 85. Doi: 10.1186/1472-6750-11-85, 2011.

PALMA, L. et al. Vip3C, a novel class of vegetative insecticidal proteins from *Bacillus thuringiensis*. *Applied and Environmental Microbiology* 78: 7163-165, 2012.

PARDO-LÓPEZ, L. et al. Structural changes of the Cry1Ac oligomeric pre-pore from *Bacillus thuringiensis* induced by N-acetylgalactosamine facilitates toxin membrane insertion. *Biochemistry* 45: 10329-336, 2006.

PEFEROEN, M. Insect control with transgenic plants expressing *Bacillus thuringiensis* crystal proteins. In: CAROZZI, N.; KOZIEL, M. (eds.). *Advances in insect control*: the role of transgenic plants. London, UK: Taylor & Francis, 1997. p. 41-57.

PERKINS, S. A. et al. Genetic engineering of *Bacillus subtilis* for the commercial production of riboflavin. *Journal of Industrial Microbiology and Biotechnology* 22: 8-18, 1999.

PEUMANS, W. J.; VAN DAMME, E. J. M. Lectins as plant defense proteins. *Plant Physiology* 109: 347-52, 1995a.

PEUMANS, W. J.; VAN DAMME, E. J. M. The role of lectins in plant defence. *Histochemical Journal* 27: 253-71, 1995b.

POMPERMAYER, P. et al. Coupling diet quality and Bowman-Birk and Kunitz-type soybean proteinase inhibitor effectiveness to *Diatraea saccharalis* development and mortality. *Entomologia Experimentalis et Applicata* 109: 217-24, 2003.

POPPY, G. M.; SUTHERLAND, J. P. Can biological control benefit from genetically-modified crops? Tritrophic interactions on insect-resistant transgenic plants. *Physiological Entomology* 29: 257-68, 2004.

QUE, Q. et al. Trait stacking in transgenic plants – challenges and opportunities. *GM Crops* 1: 220-29, 2010.

RAJAMOHAN, F. et al. Protein engineering of *Bacillus thuringiensis* delta-endotoxin: mutations at domain II of CryIAb enhance receptor affinity and toxicity toward gypsy moth larvae. *Proceedings of the National Academy of Sciences of the United States of America* 93: 14338-343, 1996.

RAO, K. V. et al. Expression of snowdrop lectin (GNA) in transgenic rice plants confers resistance to rice brown planthopper. *Plant Journal* 15: 469-77, 1998.

REGEV, A. et al. Synergistic activity of a *Bacillus thuringiensis* delta-endotoxin and a bacterial endochitinase against *Spodoptera littoralis* larvae. *Applied and Environmental Microbiology* 62: 3581-586, 1996.

RESENDE, D. C. et al. Adoção da área de refúgio e manejo de resistência de insetos em milho *Bt*. *Revista de Política Agrícola* 23: 119-28, 2014.

ROCHA, F. R. et al. Signal transduction-related responses to phytohormones and environmental challenges in sugarcane. *BMC Genomics* 8: 71, 2007.

ROMEIS, J.; MEISSLE, M.; BIGLER, F. Transgenic crops expressing *Bacillus thuringiensis* toxins and biological control. *Nature Biotechnology* 24: 63-71, 2006.

ROMEIS, J. et al. Assessment of risk of insect-resistant transgenic crops to nontarget arthropods. *Nature Biotechnology* 26: 203-8, 2008.

ROMEIS, J. et al. Deriving criteria to select arthropod species for laboratory tests to assess the ecological risks from cultivating arthropod-resistant genetically engineered crops. *Chemosphere* 90: 901-9, 2013.

ROUSH, R. T.; MCKENZIE, J. A. Ecological genetics of insecticide and acaricide resistance. *Annual Review of Entomology* 32: 361-80, 1987.

ROUSH, R. T.; DALY, J. C. The role of population genetics in resistance research and management. In: ROUSH, R. T.; TABASHNIK, B. E. (eds.). *Pesticide resistance in arthropods*. New York, NY, USA: Chapman and Hall, 1990. p. 97-152.

ROUSH, R. T.; SHELTON, A. M. Assessing the odds: the emergence of resistance to *Bt* transgenic plants. *Nature Biotechnology* 15: 816-17, 1997.

RYAN, C. Protease inhibitors in plants: genes for improving defenses against insects and pathogens. *Annual Review of Phytopathology* 28: 425-49, 1990.

RYAN, C. A.; MOURA, D. S. Systemic wound signaling in plants: a new perception. *Proceedings of the National Academy of Sciences of the United States of America* 99: 6519-520, 2002.

SANGER, F.; COULSON, A. R. A rapid method for determining sequences in DNA by primed synthesis with DNA polymerase. *Journal of Molecular Biology* 94: 441-48, 1975.

SANVIDO, O.; ROMEIS, J.; BIGLER, F. An approach for post market monitoring of potential environmental effects of *Bt* maize expressing Cry1Ab on natural enemies. *Journal of Applied Entomology* 133: 236-48, 2009.

SANVIDO, O. et al. Evaluating environmental risks of genetically modified crops: ecological harm criteria for regulatory decision-making. *Environmental Science & Policy* 15: 82-91, 2012.

SCHNEPF, H. E.; WHITELEY, H. R. Cloning and expression of the *Bacillus thuringiensis* crystal protein gene in *Escherichia coli*. *Proceedings of the National Academy of Sciences of the United States of America* 78: 2893-897, 1981.

SCHROEDER, H. E. et al. Bean [alpha]-amylase inhibitor confers resistance to the pea weevil (*Bruchus pisorum*) in transgenic peas (*Pisum sativum* L.). *Plant Physiology* 107: 1233-239, 1995.

SCHULER, T. H. et al. Potential side effects of insect-resistant transgenic plants on arthropod natural enemies. *Trends in Biotechnology* 17: 210-16, 1999.

SCOTT, S. E.; WILKENSON, M. J. Low probability of chloroplast movement from oilseed rape (*Brassica napus* L.) into wild *Brassica rapa*. *Nature Biotechnology* 17: 390-92, 1999.

SHARMA, H. C. et al. Prospects for using transgenic resistance to insects in crop improvement. *Electronic Journal of Biotechnology* 3: 2, 2000. 20p.

SIEGFRIED, B. D. et al. Ten years of *Bt* resistance monitoring in the European corn borer: what we know, what we don't know, and what we can do better. *American Entomologist* 53: 208-14, 2007.

SMITH, H. O.; WILCOX, K. W. A restriction enzyme from *Hemophilus influenzae*. I. Purification and general properties. *Journal of Molecular Biology* 51: 379-91, 1970.

SMITH, L. M. et al. Fluorescence detection in automated DNA-sequence analysis. *Nature* 321: 674-79, 1986.

STAUB, J. M.; MALIGA, P. Expression of a chimeric uidA gene indicates that polycistronic mRNAs are efficiently translated in tobacco plastids. *Plant Journal* 7: 845-48, 1995.

STEIN, A. J.; RODRÍGUEZ-CEREZO, E. *The global pipeline of new GM crops*: implications of asynchronous approval for international trade. Seville, Spain: European Commission, Joint Research Centre, 2009.

STONE, T. B.; SIMS, S. A.; MARRONE, P. G. Selection of tobacco budworm to a genetically engineered *Pseudomonas fluorescens* containing the delta-endotoxin of *Bacillus thuringiensis* subsp. *kurstaki*. *Journal of Invertebrate Pathology* 53: 228-34, 1989.

STORER, N. P. et al. Discovery and characterization of field resistance to *Bt* maize: *Spodoptera frugiperda* (Lepidoptera: Noctuidae) in Puerto Rico. *Journal of Economic Entomology* 103: 1031-38, 2010.

SUZUKI, J. B. OGM: aspectos polêmicos e a nova lei de biossegurança. *Jus Navigandi*, Teresina, ano 11, n. 997, 25 mar. 2006. Disponível em: <http://jus.com.br/artigos/8148/ogm-aspectos-polemicos-e-a-nova-lei-de-biosseguranca>. Acesso em: 24 jul. 2014.

TABASHNIK, B. E.; FINSON, N.; JOHNSON, M. W. Managing resistance to *Bacillus thuringiensis*: lessons from the diamondback moth (Lepidoptera: Plutellidae). *Journal of Economic Entomology* 84: 49-55, 1991.

TABASHNIK, B. E. Evolution of resistance to *Bacillus thuringiensis*. *Annual Review of Entomology* 39: 47-79, 1994.

TABASHNIK, B. E. Delaying insect resistance to transgenic crops. *Proceedings of the National Academy of Sciences of the United States of America* 105: 19029-30, 2008.

TABASHNIK, B. E.; VAN RENSBURG, J. B.; CARRIÈRE, Y. Field-evolved insect resistance to *Bt* crops: definition, theory, and data. *Journal of Economic Entomology* 102: 2011-25, 2009.

TABASHNIK, B. E.; BRÉVAULT, T.; CARRIÈRE, Y. *Insect resistance to genetically engineered crops*: successes and failures. ISB News: Agricultural and Environmental Biotechnology, 2014. Disponível em: <http://www. isb. vt. edu/news/2014/Jan14. pdf>. Acesso em 7 out. 2014.

TAMÁS-NYITRAI, C.; JONES, H. D.; TAMÁS, L. Biolistic- and *Agrobacterium*-mediated transformation protocols for wheat. *Methods in Molecular Biology* 877: 357-84, 2012.

TEIXEIRA, P.; VALLE, S. *Biossegurança*: uma abordagem multidisciplinar. Rio de Janeiro: Fiocruz, 1996.

TERRA W. R.; FERREIRA, C. Insect digestive enzymes: properties, compartmentalization and function. *Comparative Biochemistry and Physiology* 109: 1-62, 1994.

THE INTERNATIONAL HUMAN GENOME SEQUENCING CONSORTIUM. Initial sequencing and analysis of the human genome. *Nature* 409: 860-921, 2001.

VAECK, M. et al. Transgenic plants protected from insect attack. *Nature* 327: 33-37, 1987.

VAN RIE, J. et al. Specificity of *Bacillus thuringiensis*-endotoxins. Importance of specific receptors on the brush border membrane of the mid-gut of target insects. *European Journal of Biochemistry* 186: 239-47, 1989.

VASCONCELOS, M. J. V.; LANA, U. P. G. *Manual de biossegurança da Embrapa Milho e Sorgo*. Sete Lagoas: Embrapa Milho e Sorgo, 2009. 62p. (Embrapa Milho e Sorgo. Documentos, 90).

VASCONCELOS, M. J. V.; CARNEIRO, A. A. *Biossegurança de plantas geneticamente modificadas*. Sete Lagoas: Embrapa Milho e Sorgo, 2013. (Embrapa Milho e Sorgo. Circular Técnica, 200).

VILARINHO, E. C. *Marcação de Diatraea saccharalis (Fabr.) (Lepidoptera: Crambidae) e dispersão de Spodoptera frugiperda (J. E. Smith) (Lepidoptera: Noctuidae)*. Jaboticabal, 59p. Tese (Doutorado) – Faculdade de Ciências Agrárias e Veterinárias, Universidade Estadual Paulista, 2007.

VILELLA, F. M. F. et al. Selection of the fall armyworm, *Spodoptera frugiperda* (J. E. Smith) (Lepidoptera: Noctuidae), for survival on Cry 1A(b) *Bt* toxin. *Revista Brasileira de Milho e Sorgo* 1: 12-17, 2002.

WALLING, L. L. The myriad plant responses to herbivores. *Journal of Plant Growth Regulation* 19: 195-216, 2000.

WANG, J.; CONSTABEL, C. P. Polyphenol oxidase overexpression in transgenic *Populus* enhances resistance to herbivory by forest tent caterpillar (*Malacosoma disstria*). *Planta* 220: 87-96, 2004.

WAQUIL, J. M. et al. Manejo de lepidópteros-praga na cultura do milho com o evento *Bt* piramidado Cry1A.105 e Cry2Ab2. *Pesquisa Agropecuária Brasileira* 48: 1529-537, 2013.

WARREN, G. W. Vegetative insecticidal proteins: novel proteins for control of corn pests. In: CAROZZI, N.; KOZIEL, M. (eds.). *Advances in insect control*: the role of transgenic plants. London, UK: Taylor & Francis, 1997. p. 109-21.

WATSON, J. D.; CRICK, F. H. C. Genetical implications of the structure of deoxyribonucleic acid. *Nature* 171: 964-67, 1953a.

WATSON, J. D.; CRICK F. H. C. A structure for deoxyribose nucleic acid. *Nature* 171: 737-38, 1953b.

WILKINS, M. H. F.; STOKES A. R.; WILSON, H. R. Molecular structure of eoxypentose nucleic acids. *Nature* 171: 738-40, 1953.

WU, S. J. et al. Enhanced toxicity of *Bacillus thuringiensis* Cry3A delta-endotoxin in coleopterans by mutagenesis in a receptor binding loop. *Federation of European Biochemical Societies Letters* 473: 227-32, 2000.

YENCHO, G. C.; COHEN, M. B.; BYRNE, P. F. Applications of tagging and mapping insect resistance loci in plants. *Annual Review of Entomology* 45: 393-422, 2000.

ZAID, A. et al. *Glossary of biotechnology for food and agriculture – a revised and augmented edition of the glossary of biotechnology and genetic engineering.* Available in English, French, Spanish, Arabic. Disponível em: <http://www.fao. org/biotech/indexglossary. asp>. Rome, Italy: FAO, 2001.

ZHAO, J. Z. et al. Transgenic plants expressing two *Bacillus thuringiensis* toxins delay insect resistance evolution. *Nature Biotechnology* 21: 1493-497, 2003.

ZHAO, J. Z. et al. Concurrent use of transgenic plants expressing a single and two *Bacillus thuringiensis* genes speeds insect adaptation to pyramided plants. *Proceedings of the National Academy of Sciences of the United States of America* 102: 8426-430, 2005.

ZHUANG, M. et al. *Heliothis virescens* and *Manduca sexta* lipid rafts are involved in Cry1A toxin binding to the midgut epithelium and subsequent pore formation. *The Journal of Biological Chemistry* 277: 13863-872, 2002.

# 11

# A Resistência de Plantas e o Manejo de Pragas

**José Djair Vendramim**
**Enrique Ariel Castiglioni Rosales**

## 1. Introdução

O controle de pragas constitui uma das principais preocupações do homem, no setor agrícola, dada a magnitude dos danos causados por esses organismos. Embora a maioria das pragas possa ser combatida com boa eficiência com o uso de inseticidas, o alto preço de muitos desses produtos, o aparecimento de insetos resistentes e outros problemas decorrentes de sua utilização, como o desequilíbrio biológico, os resíduos nos alimentos e a poluição ambiental, têm estimulado a pesquisa de métodos de controle alternativos.

Entre os vários métodos que podem ser empregados para o controle de pragas, destaca-se aquele que utiliza variedades resistentes e é considerado o método ideal, já que as populações da praga podem ser reduzidas a níveis inferiores ao de dano econômico sem causar distúrbio ou poluição do ecossistema e, ainda, sem ônus adicional ao agricultor. Além disso, é uma das técnicas mais adequadas para ser associada a outros métodos de controle, já que, de modo geral, é compatível com todos eles.

Considerando que o objetivo do manejo moderno de pragas é contribuir para a agricultura sustentável, em relação a todos os componentes: segurança alimentar, relações balanceadas entre os sistemas agrícolas e os ecossistemas naturais, conservação dos serviços ecossistêmicos, Savary et al. (2012) afirmam que é necessário atender a quatro princípios básicos: 1) o cuidado com a biodiversidade; 2) o emprego da resistência das plantas hospedeiras como prática de manejo de baixo investimento, que contribui para a sustentabilidade do sistema e se suporta nos dois princípios restantes; 3) a ecologia da paisagem; 4) os diferentes níveis hierárquicos da paisagem.

Diante do fato de que a agricultura continua baseada no uso intensivo de inseticidas, apesar dos avanços inegáveis das estratégias de manejo integrado, Nash e Hoffmann (2012), utilizando o sul da Austrália como caso de estudo, propõem que as estratégias atuais devem se basear nos conceitos integrados de mudanças da paisagem, resistência de plantas, indicadores ecológicos, predições precisas e estratégias de intervenção emergenciais.

## 2. Resistência de plantas como método único de controle

Embora se considere que, de modo geral, obtém-se maior eficiência com o uso de variedades resistentes associadas a outros métodos de controle, no contexto de um programa de manejo integrado, a sua utilização como método único de controle também pode apresentar grande eficiência, a depender da cultura e da espécie da praga a ser controlada. Assim, mais de quinhentos cultivares resistentes em diferentes culturas foram desenvolvidas e registradas na década de 1970 (Smith e Clement, 2012).

Entre os exemplos mais ilustrativos de sucesso no controle de pragas com a utilização exclusiva da resistência de plantas, Adkisson e Dyck (1980) citam o controle da filoxera, *Daktulosphaira vitifoliae* (Fitch) (Hemiptera: Phylloxeridae), na França, com o uso de porta-enxertos resistentes importados dos Estados Unidos; o controle de cigarrinha *Empoasca fascialis* (Jacobi) (Hemiptera: Cicadellidae) na África, por meio de variedades resistentes de algodoeiro e do uso da cultivar resistente de macieira Northern Spy no controle do pulgão *Eriosoma lanigerum* (Hausmann) (Hemiptera: Aphididae).

O controle do pulgão *Therioaphis maculata* (Buckton) (Hemiptera: Aphididae) é outro exemplo de sucesso do uso de variedades resistentes. Encontrada pela primeira vez em 1954, essa praga se espalhou rapidamente pelos Estados Unidos, causando prejuízo de milhões de dólares à alfafa e tornando-se a mais séria praga dessa cultura. Inicialmente, o controle foi feito por meio de inseticidas, o que logo se mostrou insatisfatório devido aos custos, à permanência de resíduos e à rápida seleção de biótipos resistentes dos pulgões. A seleção e a liberação de variedades resistentes reduziram bastante os danos causados, passando a se constituir em importante método de controle desse pulgão. Os benefícios obtidos com a redução no dano da praga e no custo de controle eram frequentes nas décadas de 1970 e 1980. Nos Estados Unidos foram estimados em mais de 100 milhões de dólares por ano, apenas nos principais estados produtores de alfafa, segundo Maxwell (1972). Da mesma forma, Buntin e Raymer (1989) apontam que os benefícios econômicos das cultivares resistentes à mosca *Mayetiola destructor* (Say) (Diptera: Cecidomyiidade) para os produtores norte-americanos podem significar mais de 100 dólares por acre. Wiseman (1999) cita diversos estudos nos quais o retorno econômico pode variar entre 20 e 300 dólares por dólar investido na pesquisa na área da resistência de plantas.

Na revisão sobre as estratégias de manejo de pulgões, Dedryver et al. (2010) estabeleceram que, de modo geral, é muito difícil avaliar com precisão a magnitude econômica dos danos, devido a importantes variações no tamanho das populações, a variáveis climáticas e ao número de espécies desses insetos e das culturas de interesse. Os autores observaram que, mesmo para uma praga com rápida dispersão como o pulgão *Diuraphis noxia* (Kurdjumov) (Hemiptera: Aphididae) em trigo, as perdas estimadas variaram entre um máximo de 274 milhões de dólares, em 1988, e um mínimo de menos de 10 milhões, em 1993. Apesar disso, o uso de cultivares resistentes teve importante impacto na redução do uso de inseticidas. Du Toit (1990) apresentou valores de número de pulgões por colmo de 2,8 e 0,9 nas cultivares resistentes, em comparação com valores de 141,8 e 79,1 nas cultivares suscetíveis, em avaliações de 1986 e 1988, respectivamente.

O valor da resistência de plantas também foi substancial para o controle de um novo biótipo do pulgão-verde *Schizaphis graminum* (Rondani) (Hemiptera: Aphididae), que devastava a produção de sorgo na década de 1960. Graças ao desenvolvimento e ao uso de genótipos resistentes, a utilização de inseticidas foi reduzida em cerca de 90% (Michaud e Sloderbeck, 2005).

É difícil encontrar referências atuais dos benefícios gerados com o uso de resistência de plantas. As técnicas modernas de desenvolvimento de cultivares resistentes a artrópodes por meio de transgenia têm colocado em segundo plano o melhoramento tradicional. Na África, foi estabelecido que a seleção assistida por marcadores moleculares, encurtando o tempo de obtenção das variedades resistentes, determina ganhos econômicos muito importantes para o sistema produtivo de diferentes culturas em diversos países (Rudi et al., 2010). A seleção assistida por marcadores é de grande ajuda para o desenvolvimento de cultivares de soja resistentes ao pulgão *Aphis glycines* Matsumura (Hemiptera: Aphididae), considerada a praga mais importante da soja na América do Norte, segundo vários autores (Li et al., 2007; Jun et al., 2013; Hesler et al., 2013).

A traça-das-crucíferas *Plutella xylostella* (Linnaeus) (Lepidoptera: Plutellidae), praga-chave na produção de crucíferas no mundo inteiro, tem envolvido custos anuais da ordem de um bilhão de dólares no seu manejo, segundo Talekar e Shelton (1993). De acordo com os autores, existem fontes de resistência a *P. xylostella* em crucíferas que apresentam aleloquímicos que provocam antibiose ou antixenose nas lagartas que consomem os tecidos. Entretanto, o maior potencial, segundo esses autores, encontra-se na utilização de variedades com superfície lisa e brilhante, característica induzida quimicamente e com herança simples.

Às vezes, os compostos que conferem resistência são produzidos ou permanecem concentrados nos tecidos das plantas quando estas são atacadas pela praga, como foi observado por Moreira et al. (2013) para duas espécies de pinus (*Pinus pinaster* Ait. e *Pinus radiata* D. Don) e duas pragas, o gorgulho *Hylobius abietis* (Linnaeus) (Coleoptera: Curculionidae) e a lagarta *Thaumetopoea pityocampa* (Denis & Schiffer-Müller) (Lepidoptera: Notodontidae). Também os compostos podem ser induzidos quando ocorre dano anterior ocasionado por outro inseto, como no caso do dano prévio de *Anomis flava* (Fabricius) (Lepidoptera: Erebidae), que propicia resistência a *Helicoverpa armigera* (Hübner) (Lepidoptera: Noctuidae) em algodoeiro (Kranthi et al., 2003).

Uma variada composição de defesas químicas dos pinus, basicamente terpenoides, tem importante função na mediação das interações tróficas, nos efeitos sobre o comportamento e a ação dos herbívoros e sobre o sucesso dos inimigos naturais deles (Mumm e Hilker, 2006).

Os avanços no conhecimento das respostas induzidas nas plantas têm conduzido a uma revolução na área da biologia molecular e a uma reorientação da atenção ao potencial emprego dos mecanismos endógenos de resistência das plantas para a proteção vegetal, em função da grande ajuda que essa área pode oferecer para melhoristas e biotecnologistas que objetivam construir níveis duráveis de resistência por múltiplos mecanismos nas culturas (Ferry et al., 2004).

A utilização de cultivares resistentes, considerada a estratégia mais econômica e ecologicamente amigável, tem sido intensamente explorada contra pulgões no mundo inteiro. Entretanto, a transferência de genes resistentes por cruzamentos convencionais muitas vezes não é possível, quando não há disponibilidade de fontes de resistência, como no caso da cultura de espécies de *Brassica* (Bathia et al., 2011).

Contrariamente, tem havido considerável progresso na identificação e utilização da resistência para grande número de insetos-praga, que tem sido introduzida com sucesso em cultivares com boas características agronômicas e, muitas vezes, com altos potenciais de rendimento.

Esforços bem-sucedidos na busca de fontes de resistência foram relatados em relação aos pulgões *Macrosiphon euphorbiae* (Thomas) (Hemiptera: Aphididae) e *Myzus persica*e (Sulzer) (Hemiptera: Aphididae), vetores de viroses em batata (Pompon et al., 2010); ao ácaro *Tetranychus urticae* Koch (Acari: Tetranychidae) em algodoeiro (Miyazaki et al., 2012); ao percevejo *Sahlbergella singularis* Haglund (Hemiptera: Miridae) em cacaueiro (Anikwe et al., 2009); ao pulgão *Melanaphis sacchari* (Zehntner) (Hemiptera: Aphididae) em sorgo (Singh et al., 2004) e ao percevejo *Calocoris angustatus* Lethiery (Hemiptera: Miridae) também em sorgo (Kumari et al., 2000).

Embora menos frequentes, fontes de resistência para insetos mastigadores também têm sido encontradas, por exemplo, em espécies selvagens de arroz resistentes à broca *Cnaphalocrocis medinalis* (Guenée) (Lepidoptera: Pyralidae) (Khan e Joshi, 1999). Ma e Yamaji (2006) propuseram utilizar a capacidade de muitas gramíneas, como o arroz, de absorver silício, para, por meio do melhoramento genético, obter variedades com tecidos mais fortes e rígidos e, em consequência, mais tolerantes aos danos de insetos desfolhadores.

Outras pragas para as quais as variedades resistentes constituem importante medida de controle incluem *Ostrinia nubilalis* (Hübner) (Lepidoptera: Crambidae), uma das mais importantes pragas do milho nos Estados Unidos; o pulgão *Acyrthosiphon pisum* (Harris) (Hemiptera: Aphidiade) em ervilha; *Helicoverpa zea* (Boddie) (Lepidoptera: Noctuidae) em milho; e *Cephus cinctus* Norton (Hymenoptera: Cephidae) em trigo (Kogan, 1994).

O desenvolvimento de cultivares resistentes com boas características agronômicas depende da base genética. Quando a resistência é monogênica, a transferência é mais fácil (Stout e Davis, 2009) e frequentemente está associada com níveis mais altos de resistência. No entanto, esse tipo de resistência é pouco comum e costuma ocorrer em insetos que apresentam íntima associação com a planta hospedeira, como no caso de pulgões ou moscas causadoras de galhas (Gurr e Kvedaras, 2010).

O impacto da utilização de uma variedade de resistência moderada na dinâmica populacional de uma praga pode ser demonstrado conceitualmente pelo uso de um modelo simples de crescimento populacional, como o desenvolvido a partir de Knipling (1964) (Tabela 1), em que se verifica o crescimento teórico de uma população de insetos em uma variedade resistente e outra suscetível, levando em conta que o inseto entra em diapausa em determinada época do ano. Assim, considerando uma população média inicial de cem insetos por hectare, verifica-se que, ao final do primeiro ciclo, a densidade da praga na área com a variedade resistente será dezesseis vezes menor que aquela com a variedade suscetível. A maior vantagem da utilização da variedade resistente ocorreria, no entanto, após o primeiro ano de plantio. Como a mortalidade, devido ao inverno (período em que os insetos permanecem em diapausa), é a mesma para a população da praga em ambas as áreas, a variedade resistente (que iniciaria o segundo ciclo com uma população dezesseis vezes menor que a variedade suscetível) teria, ao final desse segundo ciclo, um número de insetos 248 vezes menor.

É evidente, contudo, que há um limite para o crescimento da população de um inseto a infestar uma cultura. Esse limite se deve a uma série de razões que envolvem fatores dependentes da densidade – competição intraespecífica e interespecífica, falta de alimento, presença de inimigos naturais e doenças – e fatores independentes da densidade – chuva, temperatura desfavorável e outros fatores climáticos. De qualquer modo, o exemplo é interessante para ilustrar a possibilidade de controle de uma praga com o uso de variedade resistente.

**Tabela 1.** Crescimento teórico da população de um inseto em duas variedades, uma suscetível, outra resistente[1], considerando uma taxa de crescimento de cinco vezes a cada geração (adaptado de Knipling, 1964).

| Geração | Número de insetos/ha | |
|---|---|---|
| | Variedade suscetível | Variedade resistente |
| 1º ano | | |
| Pais | 100 | 100 |
| $F_1$ | 500 | 250 |
| $F_2$ | 2.500 | 625 |
| $F_3$ | 12.500 | 1.563 |
| $F_4$ | 62.500 | 3.906 |
| 2º ano[2] | | |
| Pais | 1.625 | 105 |
| $F_1$ | 8.125 | 263 |
| $F_2$ | 40.625 | 656 |
| $F_3$ | 203.125 | 1.641 |
| $F_4$ | 1.015.625 | 4.102 |

[1] Reduz o tamanho da população em 50% a cada geração.
[2] 10% de $F_3$ e 50% de $F_4$ entram em diapausa, e apenas 5% deles sobrevivem.

Uma revisão geral sobre a diferença entre o crescimento da população de diversas espécies de insetos em variedades resistentes e suscetíveis em várias culturas (Tabela 2) evidencia que essa diferença é de grande importância prática, pois nos casos de insetos cujos danos são proporcionais ao número de indivíduos, por exemplo, uma redução de 50% na taxa de crescimento populacional trará, consequentemente, uma redução proporcional no índice de danos.

Nos Estados Unidos, as pragas de trigo que ocasionavam perdas econômicas importantes nas primeiras décadas do século XX tiveram sua importância diminuída após o incremento do uso de variedades resistentes, ainda a partir da década de 1940, quando começou o período de auge dos inseticidas sintéticos. Essa evolução fez que, atualmente, o trigo não seja cultivado de forma tão intensiva e que os agricultores americanos baseiem o manejo da cultura no emprego de cultivares resistentes. Em 1996, apenas 3% da área de produção de trigo de primavera e inverno foi tratada com inseticidas, em contraste com milho, algodoeiro, tabaco e batata, que receberam inseticidas em 30, 79, 96 e 83% das suas áreas de produção, respectivamente (Berzonsky et al., 2003).

**Tabela 2.** Diferença no aumento populacional de pragas em variedades resistentes (R) e suscetíveis (S)* (adaptado de Lara, 1991).

| Cultura | Praga | Diferença na população R:S | Local do teste |
|---|---|---|---|
| Alfafa | *Acyrtosiphum pisum* (Harris)<br>*Therioaphis maculata* (Buckton) | 1:9-10<br>1:9 | Viveiro<br>Viveiro |
| Algodoeiro | *Anthonomus grandis* Boehman<br>*Choridea virescens* (Fabricius) | 1:2<br>1:2 | Campo<br>Campo |
| Arroz | *Chilo suppressalis* (Walker)<br>*Nilaparvata lugens* (Stål)<br>*Nephotettix impicticeps* (Motschulsky)<br>*Sogatodes orizicola* (Muir) | 1:2<br>1:8<br>1:4<br>1:8 | Viveiro<br>Viveiro<br>Viveiro<br>Viveiro |
| Batata | *Empoasca fabae* (Harris)<br>*Myzus persicae* (Sulzer) | 1:2<br>1:16,5 | Campo<br>Campo |
| Cebola | *Thrips tabaci* Lindeman | 1:10 | Campo |
| Couve | *Phyllotreta striolata* (Fabricius)<br>*Brevicoryne brassicae* (Linnaeus) | 1:8<br>1:1,6 | Campo<br>Campo |
| Feijoeiro | *Epilachna varivestis* Mulsant<br>*E. fabae* | 1:3-9<br>1:25 | Campo<br>Campo |
| Milho | *Helicoverpa zea* (Boddie)<br>*Ostrinia nubilalis* (Hübner) | 1:38<br>1:1,5 | Campo<br>Campo |
| Soja | *E. fabae* | 1:6-13 | Campo |
| Sorgo | *Rhopalosiphum maidis* (Fitch)<br>*Schizaphis graminum* (Rondani) | 1:5<br>1:4-7 | Viveiro<br>Viveiro |
| Trigo | *S. graminum* | 1:5 | Viveiro |

* Em viveiro, os dados referem-se a apenas uma geração.

A resistência de plantas também se constitui numa ferramenta fundamental para o manejo daquelas pragas que, por se acharem protegidas nas estruturas da planta, são difíceis de controlar com inseticidas, como a mosca-do-sorgo *Stenodiplosis sorghicola* (Coquillett) [= *Contarinia sorghicola* (Coquillett)] (Diptera: Cecidomyiidae), para a qual se dispõe de vários genótipos resistentes (Sharma et al., 1994).

A resistência de plantas exerce efeito constante e acumulativo nas populações dos insetos no tempo e no espaço, e pelo fato de não gerar efeitos adversos no ambiente, de levar a redução no uso de inseticidas e não apresentar requisitos adicionais para os agricultores, em termos de custos, insumos ou conhecimentos especiais de aplicação, será a base fundamental dos programas de manejo de pragas para a produção vegetal sustentável no contexto da conservação ambiental (Sharma e Ortiz, 2002).

## 3. Resistência de plantas em associação com outros métodos de controle de pragas

### 3.1. Considerações gerais

O controle completo e permanente de uma praga por meio do uso de variedade resistente é raro, em função da reduzida frequência de variedades com altos níveis de resistência. Entretanto, esses altos níveis não são imprescindíveis para que a variedade tenha valor num sistema de controle integrado. Variedades com níveis baixos ou moderados de resistência ou aquelas que podem ser utilizadas como barreiras para impedir o ataque de certas pragas podem ser utilizadas com eficiência no controle de insetos. Isto se deve principalmente ao fato de que essa técnica pode ser incorporada ao sistema de manejo de pragas, aliada a outras medidas de controle, como antecipação da época de plantio e colheita, destruição dos insetos em diapausa em restos de cultura, manipulação de hospedeiros alternativos (plantas-iscas, por exemplo), emprego de armadilhas com substâncias atrativas, utilização de inseticidas seletivos e/ou em subdosagens, liberação de parasitoides e predadores etc. Um sistema desse tipo, além de possibilitar o controle de numerosas pragas, conserva os seus inimigos naturais, o que também contribui para a manutenção da população de insetos-praga abaixo do nível de dano econômico.

Desse modo, a partir da consideração de que a variedade resistente pode ser utilizada de modo vantajoso no controle integrado de pragas, em associação com outros métodos, já não há necessidade de que a resistência, por si só, controle a praga, mas sim que auxilie na redução da sua população. Isso abre novas perspectivas para a utilização prática dessa técnica, já que é mais fácil a obtenção de variedades com níveis baixos ou moderados de resistência do que aquelas altamente resistentes, que são necessárias quando utilizadas isoladamente. Hutchison et al. (2010) observam que, às vezes, podem-se obter benefícios econômicos significativos apenas com o emprego de cultivares moderadamente resistentes, ou evitando o uso de cultivares altamente suscetíveis em grandes áreas.

Deve-se levar em consideração que, na integração da resistência com outros métodos de controle, é importante avaliar a eficiência global do programa de manejo integrado, pois a resistência das plantas pode agir de forma independente das outras táticas para reduzir as populações das pragas, ou podem ocorrer interações antagônicas ou sinérgicas (Gurr e Kvedaras, 2010).

### 3.2. Resistência de plantas e controle cultural

Em relação ao controle cultural de pragas, a resistência de plantas pode ser considerada sob dois aspectos: como um método cultural propriamente dito ou como uma técnica a ser utilizada de modo integrado com esse meio de controle.

Como método cultural, podem ser considerados dois casos: o uso de uma variedade resistente como barreira física ao inseto ou de uma variedade suscetível como cultura-armadilha ou planta-isca.

A utilização de variedades resistentes como barreira física a insetos migradores foi feita com eficiência no passado e ainda pode ser adotada no manejo de pragas, embora de modo limitado. Um exemplo dessa técnica, de acordo com Maxwell (1972), é o emprego, nos Estados Unidos, da cultivar Atlas de sorgo, altamente resistente a *Blissus leucopterus* (Say) (Hemiptera: Blissidae) para proteção do milho anão amarelo, suscetível a essa praga. Para isso, o sorgo é plantado em faixas ao redor do campo de milho e o percevejo, ao migrar pelo solo, é controlado pelo sorgo antes que atinja o milho.

Hooks e Fereres (2006) apresentaram uma análise de numerosos exemplos de utilização de espécies vegetais que agem como barreiras para diminuir a incidência de pulgões e dos vírus transmitidos por eles em diversas culturas. Na revisão, os autores referem vários mecanismos que podem ser empregados, como barreiras físicas, mascaramento da cultura e culturas-armadilhas.

A ação antibiótica da planta *Quassia amara* L. (quina ou quássia) ao gafanhoto *Eutropidacris collaris* (Stoll) (Orthoptera: Romaleidae), cujas ninfas morreram menos de 24 horas após a ingestão das suas folhas, foi demonstrada no estado do Pará (Almeida e Rodrigues, 1986), o que sugere a utilização dessa planta como barreira ao ataque da praga em questão.

Outra possibilidade de emprego de variedades resistentes como método cultural de controle de pragas são as plantas repelentes, consorciadas com variedades cultivadas. Mahadevan e Chelliah (1986), cultivando o sorgo em consorciação com leguminosas como o caupi (*Vigna unguiculata* (L.) Walp.) e o labelabe (*Lablab purpureus* L.), constataram redução de 72 e 50%, respectivamente, na infestação daquela gramínea pela broca *Chilo partellus* (Swinhoe) (Lepidoptera: Crambidae), com consequente aumento na produção, em comparação com o sorgo plantado em monocultivo.

Na avaliação da consorciação de variedades de trigo com níveis variáveis de resistência ao pulgão *Sitobion avenae* (Fabricius) (Hemiptera: Aphididae) com canola, Wanlei et al. (2009) verificaram que as culturas consorciadas apresentaram menor número de pulgões, maior número de indivíduos parasitados (múmias) e maior número de predadores do que as monoculturas. Adicionalmente, a cultivar resistente de trigo Xiaobaidongmai complementou ou ainda sinergizou os efeitos sobre os parasitoides de *S. avenae*.

O benefício da mistura de espécies vegetais depende das pragas envolvidas no sistema. Bottenberg et al. (1998), avaliando a associação de uma cultivar suscetível de *V. unguiculata* e de uma linhagem selvagem resistente de *Vigna vexillata* A. Richard com milheto (*Pennisetum glaucum* (L.)), constataram que é mais importante o efeito do nível de resistência da leguminosa do que o efeito da mistura. Embora as colônias do pulgão *Aphis craccivora* Koch (Hemiptera: Aphididae) tenham sido significativamente menores nas misturas do que nas culturas puras, essas diferenças não existiram para o tripes *Megalurothrips sjostedti* Trybom (Thysanoptera, Thripidae), para a mosca *Ophiomyia phaseoli* (Tryon) (Diptera: Agromyzidae) e para o percevejo *Clavigralla tomentosicollis* Stål (Hemiptera: Coreidae) e foram maiores nas misturas para as populações da broca *Maruca vitrata* (Fabricius) [= *Maruca testulalis* (Geyer)] (Lepidoptera: Crambidae).

A utilização da cultura-armadilha ou planta-isca, com o objetivo de reduzir a população de um inseto em determinada cultura, também é uma técnica que pode ser aplicada no manejo de pragas. Essa técnica consiste no plantio (antecipado ou não) de uma variedade ou planta hospedeira mais atrativa para a praga em questão do que a variedade em cultivo. Esse hospedeiro preferencial deve ser instalado em áreas marginais ou em faixas intercaladas à cultura, com o objetivo de atrair a praga e assim reduzir o seu dano no plantio comercial.

Há exemplos da utilização desse método nos Estados Unidos, na cultura de algodoeiro, por meio do uso de alfafa e gergelim nas proximidades de algodoais, com o objetivo de auxiliar no controle de *Lygus* spp. (Hemiptera: Lygaeidae) e *Chloridea virescens* (Fabricius) [(= *Heliothis virescens* (Fabricius)] (Lepidoptera: Noctuidae), importantes pragas dessa malvácea (Maxwell, 1972).

Também o emprego de cultivares de soja de ciclo curto em bordadura nas culturas de soja e algodoeiro (Knight e Gurr, 2007) ou de mostarda-branca (*Sinapis albus* L.) em culturas orgânicas de milho-doce (Rea et al., 2002) tem sido indicado para reduzir as populações de *Nezara viridula* (Linnaeus) (Hemiptera: Pentatomidae).

Muitas vezes, as fêmeas adultas preferem ovipositar num substrato vegetal que resulta inapropriado, em termos nutricionais, para a descendência. Baseados nesse fundamento, Charleston e Kfir (2000) avaliaram, em diversas culturas, a preferência para oviposição de *P. xylostella*, praga de grande importância na produção de crucíferas. Os autores verificaram que *Brassica juncea* (L.) Czern. tem potencial para uso como cultura-armadilha, pois essa espécie vegetal é preferida, entre outras brássicas, para oviposição; no entanto, a sobrevivência das larvas, ao se alimentarem dos tecidos da planta, é baixa. Sarfraz et al. (2006)

observam que a resistência das brássicas a *P. xylostella* baseia-se numa combinação de características químicas e morfológicas e sugerem que essas plantas que atraem a praga para oviposição e são pouco adequadas para a alimentação e a sobrevivência das larvas podem ser efetivas como culturas-armadilhas em áreas de produção de outras espécies de brássicas.

Hilker e Meiners (2011) oferecem um resumo de informações relativas aos efeitos da planta nos ovos e ao comportamento de oviposição dos insetos, bem como os efeitos dos ovos nas reações químicas das plantas. Os autores ressaltam que os tecidos superficiais das plantas infuenciam o comportamento de oviposição dos insetos e o desenvolvimento do embrião. Por outro lado, os ovos podem induzir mudanças na atividade fotossintética das plantas e no metabolismo das substâncias secundárias. Essas mudanças na concentração de voláteis das plantas e nas substâncias químicas da superfície das folhas podem servir como defesas indiretas para a planta, com a ajuda de antagonistas dos ovos dos insetos.

O uso de culturas-armadilhas sustenta-se nas diferentes preferências dos insetos para oviposição e no fato de que a maioria das fêmeas escolherá a espécie usada como armadilha, e não a espécie que quer se proteger. Segundo Jallow et al. (2004), a efetividade da cultura-armadilha varia de acordo com a experiência prévia das fêmeas, quando se trata de pragas polífagas. Assim, populações de um inseto que tiveram experiência prévia em plantas hospedeiras com sinais químicos semelhantes aos da cultura-armadilha tornarão esta mais efetiva do que no caso de serem usadas plantas desconhecidas para a praga. Os autores também assinalam que essa estratégia trará maior benefício na proteção de culturas de alto valor econômico se uma espécie local abundante for utilizada como cultura-armadilha.

No Brasil, Schmitt e Silva (1985) constataram redução de até 80% na infestação da broca-das-cucurbitáceas, *Diaphania* spp. (Lepidoptera: Crambidae), em experimentos com pepino, por meio do cultivo em faixa da abobrinha 'Caserta', altamente preferida pela praga em questão.

Outro exemplo de planta-isca é a maria-preta (*Cordia verbenacea* D.C.), um arbusto silvestre da família Borraginaceae, bastante atrativo para a broca-da-laranjeira *Cratasomus flavofasciatus* Guérin (Coleoptera: Curculionidae). Com o objetivo de utilizar a referida planta para controle da broca em citros, Nascimento et al. (1983) realizaram um experimento: plantaram mudas de maria-preta entre plantas de laranja 'Natal' na região de Cruz das Almas, BA, e avaliaram o número de insetos coletados nas duas espécies vegetais. As dezoito avaliações realizadas entre fevereiro e junho mostraram que 94% das brocas foram coletadas em maria-preta e apenas 6% em plantas de citros, o que indica o potencial de uso dessa espécie como planta-isca no controle dessa praga na cultura de citros na Bahia. Tozatti e Gravena (1986), entretanto, avaliando a maria-preta como planta-isca para controle de *Diploschema rotundicolle* (Serville) (Coleoptera: Curculionidae), importante coleobroca dos citros no estado de São Paulo, não obtiveram sucesso, pois, embora a área com a maria-preta tenha tido maior incidência da praga, em comparação com a área controle, não foram encontradas nem larvas nem adultos do inseto, o que indica que, apesar da maior atração do inseto pela maria-preta, a oviposição ocorre na planta cítrica.

A utilização de inseticidas associados à cultura-armadilha é um meio de aumentar a eficiência desse controle cultural, o que pode ser feito, por exemplo, com o bicudo-do-algodoeiro, *Anthonomus grandis* Boheman (Coleoptera: Curculionidae). Essa praga prefere ovipositar em variedades com folhas verdes, e não naquelas com folhas vermelhas, e essa preferência só ocorre em situação de escolha entre variedades com os dois caracteres. Desse modo, segundo Maxwell (1977), faixas de plantas com folhas verdes (10 a 20%) poderiam ser intercaladas com a cultura formada por plantas com folhas vermelhas (80 a 90%). Isso faria que o bicudo fosse atraído para aquelas faixas, nas quais os inseticidas poderiam ser aplicados de forma localizada, preservando os parasitoides e predadores na maior parte da cultura constituída por plantas com folhas vermelhas.

Também tem sido estudado o emprego de raízes de cucurbitáceas, denominadas de taiuiá ou tajujá, que são atrativas para crisomelídeos, por produzirem um cairomônio (cucurbitacina). Há duas espécies mais comuns de cucurbitáceas: *Cayaponia tayuya* (Vell.) Cogn., com raiz semelhante à da mandioca, mais comum no estado do Paraná, e *Ceratosanthes hilaryana* Cogniaux, com raiz semelhante a um pião, mais frequente no estado de Goiás. A raiz pode atingir 20 cm de comprimento, e fixam-se pedaços dela impregnados com inseticida em estacas fincadas na cultura. A atratividade se mantém por cerca de trinta dias. O taiuiá geralmente é encontrado em solos pobres de cerrado e pode ser multiplicado por sementes ou estacas obtidas das raízes (Yokoyama, 1988).

Algumas práticas culturais, como o adiamento da época de semeadura e a remoção das plantas espontâneas, têm sido utilizadas, em conjunto com a resistência de plantas, para retardar o surgimento de biótipos da mosca-de-hesse *Mayetiola destructor* (Say) (Diptera: Cecidomyiide) em trigo nos Estados Unidos (Berzonsky et al., 2003).

A produção de algodoeiro nos desertos irrigados desse país constitui um exemplo de como a resistência de plantas pode ser associada a métodos culturais para o controle de pragas. Em grande parte dessa região, segundo Adkisson e Dyck (1980), a lagarta-rosada *Pectinophora gossypiella* (Saunders) (Lepidoptera: Gelechiidae) é considerada praga-chave dessa cultura, e é necessária a aplicação de inseticidas para seu controle. Os inseticidas matam os inimigos naturais e, consequentemente, provocam o aparecimento de severas infestações das lagartas-das-maçãs, *Heliothis* spp., que, pela dificuldade de controle, oneram excessivamente o custo dessa operação. A lagarta-rosada pode ser controlada, ainda de acordo com esses autores, com o uso de práticas culturais, com vistas a reduzir o número de indivíduos em diapausa. Essas práticas consistem no plantio uniforme e feito mais cedo, na maturação antecipada e na desfolha e destruição das soqueiras antes que as lagartas entrem em diapausa, pela ocorrência de dias curtos e noites frias. A eficiência desse controle poderia ser melhorada com a utilização de variedades sem nectários (resistentes), que, segundo Wilson e Wilson (1976), reduzem em 50% a infestação de lagartas.

O modelo teórico estabelecido a partir de Knipling (1964) (Tabela 3) evidencia que a lagarta-rosada poderia ser controlada com a utilização de uma variedade sem nectários e de ciclo curto, a qual poderia ser desfolhada e colhida antes que a praga entrasse em diapausa.

**Tabela 3.** Crescimento teórico de uma população de lagarta-rosada em três variedades de algodoeiro: uma suscetível (com nectários), outra sem nectários[1], outra ainda sem nectários e de ciclo curto, considerando-se um aumento de cinco vezes a cada geração (adaptado de Knipling, 1964).

| Geração | Número de insetos/ha | | |
|---|---|---|---|
| | Variedade suscetível | Variedade sem nectários | Variedades sem nectários e de ciclo curto |
| 1º ano | | | |
| Pais | 100 | 100 | 100 |
| $F_1$ | 500 | 250 | 250 |
| $F_2$ | 2.500 | 625 | 625 |
| $F_3$ | 12.500 | 1.562 | 1.562[2] |
| $F_4$ | 62.500 | 3.905 | Destruição das soqueiras |
| | Destruição das soqueiras | Destruição das soqueiras | |
| Diapausa: A destruição das soqueiras mataria 90% das lagartas em condições de entrar em diapausa. Ocorreria mortalidade de 90% dos sobreviventes antes da reprodução no 2º ano. Na variedade de ciclo curto, a desfolha precoce reduziria em 90% o número de insetos a entrar em diapausa. | | | |
| 2º ano | | | |
| Pais | 625 | 39 | 1,6 |
| $F_1$ | 3.125 | 98 | 4,0 |
| $F_2$ | 15.625 | 245 | 10,0 |
| $F_3$ | 78.125 | 613 | 25,0 |
| $F_4$ | 390.625 | 1.533 | |

[1] Reduz o tamanho da população em 50%, a cada geração.
[2] Não haveria $F_4$ na variedade de ciclo curto, porque a desfolha e a colheita seriam feitas antes de essa geração se desenvolver.

O modelo indica que, mesmo com a destruição das soqueiras e a manutenção de um período livre de hospedeiros da praga, a população dela aumentaria em altos níveis, a cada ano, na variedade suscetível. Isso ocorreria devido à possibilidade de desenvolvimento até a fase adulta das lagartas da geração $F_4$, que estariam ocorrendo em alta população e entrando em diapausa. O uso da variedade desprovida de nectários, isoladamente, reduziria bastante o tamanho da população e, com a destruição de soqueiras, o decréscimo da população na área seria ainda maior. O maior impacto na população da lagarta-rosada nessas áreas, no entanto, seria causado pela combinação dos caracteres ausência de nectários e ciclo curto. Nesse caso, a maturação ocorreria cerca de duas a três semanas mais cedo do que na variedade de ciclo longo. Para a lagarta-rosada, isto significaria que apenas três gerações poderiam se desenvolver no campo, porque o algodoeiro precoce seria desfolhado e colhido e as soqueiras seriam destruídas antes da ocorrência das condições propícias para a entrada do inseto em diapausa. Assim, a redução combinada no número de insetos, provocada pela desfolha (90%), destruição das soqueiras (90%), morte devido ao inverno e emergência "suicida" de adultos na primavera (90%), atingiria 99,9%. Nesse sistema, no início do segundo ano, a população da lagarta-rosada na área com variedade sem nectários e de ciclo curto seria 24 vezes menor em comparação com a área com variedade sem nectários e de ciclo longo e 390 vezes menor em relação à área com variedade suscetível e de ciclo longo. Ao final do segundo ano, as diferenças seriam consideravelmente maiores.

É evidente que, apesar da redução da população de uma praga, através da associação de variedades resistentes com controle cultural, a eficiência poderá ser ainda maior se a esses métodos forem integrados outros, como o uso de inimigos naturais e de inseticidas seletivos em épocas bem determinadas.

Adicionalmente, com pragas de grande impacto econômico e de difícil controle associado, como no caso do pulgão-da-soja *A. glycines* nos Estados Unidos, espécie em que rapidamente são selecionados biótipos resistentes, pode ser necessário associar às estratégias de controle uma visão regional ou mesmo continental para o manejo dos hospedeiros primários, para evitar populações incontroláveis da praga nos cultivos comerciais (Ragsdale et al., 2011).

## 3.3. Resistência de plantas e controle biológico

O controle biológico normalmente é compatível com a resistência de plantas, exceto nos casos extremos em que a praga é reduzida tão drasticamente pela variedade resistente que os inimigos naturais não encontram uma população adequada do hospedeiro.

As variedades com níveis apenas moderados de resistência são bastante interessantes nesse caso, pois permitem que a praga seja mantida em níveis subeconômicos na cultura, servindo como alimento para os inimigos naturais, que assim não só auxiliam o controle da praga visada, bem como de outras pragas para as quais a variedade não é resistente e mesmo para pragas de culturas vizinhas.

Além dos efeitos de mortalidade independente provocados por esses dois métodos de controle, existem aqueles resultantes da interação entre eles, de tal modo que, em certos casos, a eficiência do controle, ao final, é superior ao somatório dos efeitos de cada técnica utilizada em separado.

McCarville e O'Neal (2012), ao compararem a associação de três cultivares de soja com diferentes genes de resistência (*Rag1*, *Rag2*, ambos piramidados) com a isolinha suscetível ao pulgão *A. glycines*, concluíram que, na presença de parasitoides, o emprego dessas cultivares resistentes foi eficiente para manter as populações do pulgão abaixo dos níveis de dano econômico (Tabela 4).

Cai et al. (2009) demonstraram que o número de pulgões *S. avenae* em trigo foi maior nas cultivares suscetíveis e, adicionalmente, o nível acumulativo de parasitismo deles por *Aphidius* spp. (Hymenoptera, Aphidiidae) foi significativamente maior nas cultivares resistentes. Foi ainda verificado que o nível de resistência nas cultivares de trigo não afetou o peso das múmias parasitadas por *Aphidius* spp.

**Tabela 4.** Número de pulgões *Aphis glycines* em quatro linhagens de soja, na ausência e na presença de inimigos naturais (adaptado de McCarville e O'Neal, 2012).

| Linhagem[1] | Número de pulgões na ausência de inimigos naturais | | | | Número de pulgões na presença de inimigos naturais | | | |
|---|---|---|---|---|---|---|---|---|
| | 14 jul.[2] | 18 jul. | 25 jul. | 1 ago. | 14 jul.[2] | 18 jul. | 25 jul. | 1 ago. |
| Suscetível | 1.456 a[3,4] | 3.011 a | 5.004 a | 5.929 a | 31 a[3,4] | 90 a | 359 a | 891 a |
| *Rag1* | 177 b | 354 b | 857 b | 2.333 b | 5 bc | 15 b | 13 b | 29 b |
| *Rag2* | 478 b | 540 b | 871 b | 1.313 b | 13 b | 30 b | 42 b | 109 b |
| Piramidados | 64 b | 167 b | 204 b | 352 c | 3 c | 9 b | 14 b | 25 b |

[1] Isolinhas próximas selecionadas por presença ou ausência dos genes Rag1, Rag2, ambos piramidados.
[2] Na ausência de inimigos naturais, eles foram excluídos nas parcelas com malhas; na presença de inimigos naturais, tiveram livre acesso natural.
[3] Número de pulgões por planta, na média de seis parcelas e três plantas por parcela.
[4] As letras representam diferenças significativas entre as linhagens de soja dentro de cada data ($p \leq 0,05$).

Em milho, Bergvinson e García-Lara (2011) demonstraram que a cultivar resistente PP84c3 apresentou redução de 30% nas perdas de grãos armazenados, provocada pelo besouro *Prostephanus truncatus* (Horn) (Coleoptera: Bostrichidae), em comparação com uma cultivar suscetível. Os autores verificaram também interações favoráveis da cultivar resistente com o predador *Teretrius nigrescens* (Lewis) (Coleoptera: Histeridae). Na presença dele, a cultivar P84c3 teve redução de 80% na progênie, resultando em 81% na perda de peso de grãos.

Além da possibilidade de o controle biológico ser mais eficiente em variedades resistentes, os inimigos naturais podem retardar o processo de adaptação da praga nessas variedades, nos casos em que a mortalidade causada pelos inimigos naturais é maior nos genótipos resistentes do que nos suscetíveis (Gould et al., 1991; Tabashnik, 1994). Exemplo disso pode ser verificado nas pesquisas de Arpaia et al. (1997) que, comparando a população de *Leptinotarsa decemlineata*

(Say) (Coleoptera: Chrysomelidae) em áreas com batata transgênica resistente, com incorporação de proteínas de *Bt* (*Bacillus thuringiensis* Berliner), e áreas com batata suscetível, verificaram que o predador *Coleomegilla maculata* (De Geer) (Coleoptera: Coccinellidae) reduziu em mais de duas vezes a velocidade de adaptação da praga ao material resistente.

Nem sempre, entretanto, a associação de variedades resistentes e inimigos naturais resulta em interações positivas. Em muitas situações, ao contrário, a variedade resistente à praga reduz a eficiência dos inimigos naturais. Como exemplos, podem ser citados: a redução do parasitismo de *Manduca sexta* (Linnaeus) (Lepidoptera: Sphingidae) por *Telenomus sphingis* (Ashmead) (Hymenoptera: Scelionidae) em tomateiro resistente (Farrar Jr. e Kennedy, 1991); a menor capacidade de predação de *Scymnus* (*Pullus*) *argentinicus* (Weise) (Coleoptera: Coccinellidae) sobre *Myzus persicae* (Sulzer) (Hemiptera: Aphididae) em batata resistente (Gamarra et al., 1998); e o efeito negativo da nicotina (fator de resistência a pragas em tabaco) sobre os parasitoides *Campoletis sonorensis* (Cameron) (Hymenoptera: Ichneumonidae) e *Cotesia congregata* (Say) (Hymenoptera: Braconidae) (Gunasena et al., 1990; Barbosa et al., 1991). Nesses casos, as interações entre variedades resistentes e inimigos naturais podem até mesmo acelerar o processo de adaptação da praga ao material resistente (Gould et al., 1991, 1992).

A variação no efeito resultante do uso de inimigos naturais associado a variedades resistentes se deve ao fato de que, além dos efeitos independentes provocados por essas duas técnicas de controle, ocorrem outros efeitos resultantes das interações tritróficas envolvendo a planta, a praga e o inimigo natural. De acordo com Price et al. (1980), não é possível entender as relações entre plantas hospedeiras e herbívoros sem considerar a atuação dos inimigos naturais, assim como é difícil compreender as relações entre insetos fitófagos e inimigos naturais sem levar em conta as características da planta hospedeira. Considerar essas interações é, portanto, fundamental para que o manejo de pragas seja um sistema sustentável (Lewis et al., 1997).

Discutindo a importância das interações tritróficas e os mecanismos de resistência varietal, Price (1986) relacionou dois tipos de defesas: intrínseca, em que a planta se defende do herbívoro produzindo substâncias químicas e/ou características morfológicas, e extrínseca, na qual a planta é beneficiada pelos inimigos naturais, que reduzem a população do herbívoro. Atualmente, acredita-se que quase todos os mecanismos de defesa intrínseca da planta afetam positiva ou negativamente os inimigos naturais.

Hare (1992), em pesquisa sobre as relações entre variedades resistentes de diferentes espécies vegetais e vários grupos de inimigos naturais, constatou que as interações aditivas, sinérgicas e antagônicas corresponderam a 31,5, 12,5 e 37,5% dos casos, respectivamente; nos demais casos, as interações variaram de acordo com o grau de resistência varietal.

Assim, pode-se considerar que as interações tritróficas envolvendo plantas, pragas e inimigos naturais são resultantes da ação de fatores químicos (aleloquímicos e nutrientes) e morfológicos de resistência da planta. Tais fatores podem atuar: 1) sobre o inimigo natural, afetando-lhe o comportamento e a biologia; 2) sobre a praga, afetando-lhe o comportamento, o que a torna mais ou menos exposta ao inimigo natural; o tamanho, o que aumenta o seu consumo pelo inimigo natural (predador); a condição fisiológica geral (vigor, período de desenvolvimento etc.), em razão da ação estressora dos aleloquímicos ingeridos; a palatabilidade, em razão do "sequestro" (remoção e armazenamento) de aleloquímicos para utilização na defesa contra inimigos naturais.

Essas interações complexas e dinâmicas podem ser modificadas pela química, pela morfologia e pelo comportamento de cada organismo envolvido (Agrawal, 2000). De modo geral, os parasitoides e predadores necessitam receber os estímulos da planta para depois responderem aos do inseto hospedeiro (Cortesero et al., 2000).

Em muitos casos, a maior atratividade do inimigo natural para determinada planta deve-se à presença de substâncias atraentes de natureza volátil nela, como demonstrado por Poppy (1997) ao identificar sinais presentes no feijoeiro-fava que facilitavam a localização do pulgão *Acyrthosiphon pisum* (Harris) (Hemiptera: Aphididae) pelo seu parasitoide *Aphidius ervi* (Haliday) (Hymenoptera: Aphidiidae). O autor verificou, com *pellets* de vermiculite contendo extratos de plantas de trigo, que eles agiram como pseudopulgões, induzindo os parasitoides a tentar depositar seus ovos neles.

Desse modo, se a ocorrência de substâncias atraentes ou toleradas pelos inimigos naturais da praga também é levada em consideração na avaliação da resistência das variedades, podem ser selecionadas variedades que permitam o controle do inseto de modo mais eficiente, pela participação mais ativa dos parasitoides e predadores. Tem sido verificado que muitas dessas substâncias atraentes dos inimigos naturais são compostos voláteis liberados pelas cultivares resistentes a insetos ou patógenos, quando atacadas por esses organismos, funcionando como disparadores (*elicitors*) da ação dos inimigos naturais (Von Mérey et al., 2012).

Entretanto, a sobrevivência ou a capacidade de busca dos parasitoides podem ser afetadas negativamente pelos aleloquímicos da planta na qual se alimentam seus hospedeiros (Campbell e Duffey, 1979; Quisenberry e Schotzko, 1994).

O efeito indireto da planta também pode se manifestar em menor aceitação da presa, como no caso da joaninha *Rodolia cardinalis* (Mulsant) (Coleoptera: Coccinellidae), eficiente predador de *Icerya purchasi* Maskell (Hemiptera: Aphididae), mas que não ataca essa cochonilha quando ela se alimenta da leguminosa *Spartium junceum* L. Isso parece estar relacionado ao fato de a cochonilha ingere certos alcaloides presentes na planta que, embora não a prejudiquem, tornam-na impalatável ao predador (Rossetto, 1973).

No caso das variedades de arroz resistentes a *Sogatella furcifera* (Horváth) (Hemiptera: Delphacidae) e à ação dos predadores *Lycosa pseudoannulata* Boesenberg & Strand (Araneae: Lycosidae), *Cytorhinus lividipennis* Reuter (Hemiptera: Miridae), *Harmonia octomaculata* (Fabricius) (Coleoptera: Coccinellidae) e *Paederus fuscipes* Curtis (Coleoptera: Staphylinidae), os efeitos da planta resistente e dos inimigos naturais são apenas aditivos, segundo Salim e Heinrichs (1986).

Certas características morfológicas encontradas em variedades resistentes também podem contribuir para aumentar a eficiência de inimigos naturais, como ocorre, por exemplo, com *Bracon mellitor* Say, um dos mais importantes parasitoides do bicudo *A. grandis* nos Estados Unidos, e que prefere ovipositar (parasitar) em algodoeiro do tipo frego, que apresenta brácteas levemente retorcidas e perpendiculares ao eixo da maçã, em relação ao algodoeiro com brácteas normais (McGovern e Cross, 1976). Do mesmo modo, Pimentel (1961) relata que o parasitismo de *Pieris rapae* (Linnaeus) (Lepidoptera: Pieridae) por *Apanteles glomeratus* Linnaeus (Hymenoptera: Braconidae) e *Phryxe vulgaris* (Fallén) (Diptera: Tachinidae) foi mais frequente em plantas de repolho com folhas abertas, em relação àquelas com folhas fechadas, já que estas proporcionam melhor proteção aos hospedeiros.

Outro exemplo são as superfícies lisas (não cerosas) de brássicas, que favorecem a fixação de joaninhas, aumentando a predação de pulgões e moscas-brancas. Essa é a hipótese para explicar o menor ataque de *Aleurodes brassicae* (Walker) (Hemiptera: Aleyrodidae) e *Brevicoryne brassicae* (Linnaeus) (Hemiptera: Aphididae) em cultivares de couve com folhas não cerosas, nas quais ocorre maior predação de joaninhas, em relação àquelas com folhas cerosas (Smith, 2005).

Eigenbrode (2004) observou que os insetos fitófagos e seus inimigos naturais frequentemente se fixam na planta, na camada de ceras epicuticulares que cobrem a sua superfície, para se alimentar. As ceras, quando ocorrem na forma cristalina, podem contribuir para as defesas da planta, interferindo na fixação dos fitófagos na superfície. No entanto, também podem reduzir o estabelecimento de parasitoides e predadores, liberando, potencialmente, os fitófagos da regulação exercida pelos inimigos naturais. Assim, o efeito das ceras epicuticulares pode variar de sistema a sistema e deve ser avaliado em cada caso.

Também a pilosidade, considerada característica de resistência a algumas pragas (Ramalho et al., 1984; Fancelli et al., 2005; Oriani e Vendramim, 2010), pode, por outro lado, ser prejudicial a alguns inimigos naturais (Treacy et al., 1986; Kauffman e Kennedy, 1989; Oriani e Vendramim, 2014).

Da mesma forma, a ausência de nectários extraflorais, que reduz a oviposição de diversas espécies de lepidópteros (Lukefahr e Rhyne, 1960; Beach et al., 1985), também afeta negativamente diversos grupos de predadores de insetos (Schuster et al., 1976).

Por outro lado, a influência da variedade resistente sobre a praga, alterando--lhe o comportamento, também pode contribuir para o aumento da eficiência do controle biológico, por exemplo, no caso do bicudo que, em algodoeiro do tipo frego, movimenta-se ativamente pelo botão floral, o que aumenta a probabilidade de seu contato com inimigos naturais (Mitchell et al., 1973).

Do mesmo modo, havendo diminuição no vigor do inseto ou deterioração de sua condição fisiológica geral, ele pode ser mais facilmente atacado por inimigos naturais. Insetos de menor tamanho ou peso e que tenham se desenvolvido em plantas resistentes podem ser consumidos em maior quantidade do que aqueles desenvolvidos em plantas suscetíveis. Um exemplo desse caso foi demonstrado por Alvarenga et al. (1995), que estudaram o predador *Doru luteipes* (Scudder) (Dermaptera: Forficulidae) alimentando-se do pulgão *S. graminum,* criado em três genótipos de sorgo com diferentes graus de resistência. Os autores verificaram que o número de pulgões consumidos pelo predador aumentou de acordo com a redução do peso do pulgão, causado pela resistência varietal, de tal modo que o número e o peso total de presas consumidas foi semelhante nos três genótipos avaliados (Tabela 5).

**Tabela 5.** Peso (mg) de *Schizaphis graminum* e seu consumo, durante dois meses, pelo predador *Doru luteipes*, em três genótipos de sorgo (Alvarenga et al., 1995).

| Genótipo | Peso do pulgão[1] | Pulgões consumidos/predador[1] | |
|---|---|---|---|
| | | Número total | Peso |
| TX 2567 | 0,09 ± 0,01 a | 3.831,6 ± 338,3 a | 360,2 ± 31,8 a |
| IS 3422 | 0,13 ± 0,02 ab | 2.658,0 ± 116,8 b | 334,9 ± 14,7 a |
| BR 300 | 0,18 ± 0,03 b | 1.890,4 ± 161,4 c | 347,8 ± 29,7 a |

[1] Médias seguidas pela mesma letra, nas colunas, não diferem estatisticamente pelo teste de Tukey ($p \leq 0,05$).

Cuong et al. (1997) verificaram que variedades de arroz com níveis altos ou moderados de resistência para *Nilaparvata lugens* (Stål) (Hemiptera: Delphacidae) se mostraram compatíveis com os predadores da praga, que incrementaram sua eficiência de controle, em comparação com aquela verificada em variedades suscetíveis.

Uma alteração no período do desenvolvimento de um inseto também pode favorecer um inimigo natural, aumentando a eficiência do controle biológico, como foi demonstrado por Schmale et al. (2003), trabalhando com *Acanthoscelides obtectus* (Say) (Coleoptera: Chrysomelidae). Os autores verificaram que, embora as cultivares de feijoeiro contendo arcelina não tenham apresentado níveis de resistência suficientemente altos para diminuir as populações da praga, provocaram duração total mais variável do período de desenvolvimento em relação àquelas cultivares livres dessa proteína, aumentando o tempo de exposição da praga ao parasitoide *Dinarmus basalis* (Rondani) (Hymenoptera: Pteromalidae).

Velten et al. (2007) concluíram que as proteínas de proteção, como as arcelinas, que oferecem níveis moderados de resistência, são compatíveis com o controle biológico realizado por *D. basalis* no controle de *A. obtectus* em grãos armazenados.

Orre et al. (2010) verificaram que, com a utilização de voláteis sintéticos, induzidos, de *Brassica rapa* L., ocorreu um incremento de *Diadegma semiclausum* Hellen (Hymenoptera: Ichneumonidae), parasitoide da lagarta *P. xylostella*, e também do minador de folhas *Scaptomyza flava* Fallén (Diptera: Drosophilidae) e de *Anacharis zealandica* Ashmead (Hymenoptera: Figitidae), parasitoide do predador *Micromus tasmaniae* Walker (Neuroptera: Hemerobiidae). Assim, a melhora da eficiência do controle biológico também pode provocar efeitos indesejados, como a atração de outros herbívoros ou de parasitoides de outros níveis tróficos.

Agrawal (2000), revisando os efeitos dos numerosos voláteis envolvidos nas relações tritróficas, concluiu que a influência dos componentes da planta nos hervíboros e seus controladores biológicos deve ser amplamente estudada, já que os voláteis da planta, que agem como defesas indiretas, sejam constitutivos do dano ou induzidos por ele, podem ser benéficos ou prejudiciais para a eficiência dos inimigos naturais, segundo o processo de adaptação das diferentes espécies envolvidas no sistema tritrófico considerado.

Gassmann et al. (2010) observaram que, embora as relações tritróficas tenham sido amplamente estudadas, há pouca informação quando se trata das interações com os entomopatógenos. Esses autores estudaram as relações tritróficas entre os nematoides entomopatógenos da lagarta *Grammia incorrupta* (Hy. Edwards) (Lepidoptera: Erebidae) alimentando-se de *Lactuca sativa* L. e *Senecio longilobus* Benth., ambas da família Asteraceae. Os efeitos antibióticos de *S. longilobus* sobre *G. incorrupta* foram compensados pelo benefício de uma maior resistência do lepidóptero aos nematoides entomopatógenos.

Baverstock et al. (2005) relataram que *Pandora neoaphidis* (Remaudière & Hennebert) Humber (Zygomycetes: Entomophtorales) teve maior proporção de conídios sobre o pulgão *A. pisum* quando estava se alimentando de *V. faba* previamente danificada, em comparação com plantas sem danos prévios, sugerindo um efeito funcional direto dos voláteis da planta no entomopatógeno.

Cory e Hoover (2006), analisando os mecanismos envolvidos nas interações entre insetos fitófagos e entomopatógenos, demonstraram que elas podem ser influenciadas pelas plantas nas quais esses insetos se alimentam. Em hipótese, podem-se alterar geneticamente as características das plantas selecionadas, para que possam “manipular” os patógenos em seu benefício, usando-os como “guarda-costas”, aumentando, assim, a sua eficácia, assim como o fitness delas próprias. No contexto da coevolução das plantas, os herbívoros e os seus inimigos naturais, Elliot et al. (2000) analisaram a possibilidade de os entomopatógenos presentes nos tecidos vegetais atuarem como “guarda-costas” das plantas para os ataques dos insetos.

A qualidade da planta pode influenciar o crescimento e a condição geral dos insetos fitófagos e, em consequência, a sua suscetibilidade aos patógenos. A suscetibilidade de *Trichoplusia ni* (Hübner) (Lepidoptera: Noctuidae) ao nucleopoliedrovírus *T. ni* (SNPV), por exemplo, foi significativamente maior quando as larvas foram criadas em pepino do que quando criadas em brócolis (Shikano et al., 2010). Segundo Wekesa et al. (2011), diferentes plantas hospedeiras influenciaram a eficiência do fungo *Neozygites floridana* (Weiser & Muma) Remaudière and S. Keller, para controle dos ácaros *Tetranychus urticae* Koch e *Tetranychus evansi* Baker & Pritchard (Acari: Tetranychidae), o que pode ser um fator importante a considerar no desenvolvimento de epizootias desse fungo. O efeito da fonte de alimento na suscetibilidade ao fungo *Beauveria bassiana* (Bals.) Vuill. também foi relatada para o tripes *Frankliniella occidentalis* Pergande (Thysanoptera: Thripidae) por Ugine et al. (2007).

A persistência e a germinação dos conídios de *Aschersonia aleyrodis* Webber (Deuteromycotina: Coelomycetes) foram diferentes em três espécies vegetais, o que influiu na capacidade de controle da mosca-branca *Trialeurodes vaporariorum* (Westwood) (Hemiptera: Aleyrodidae) pelo fungo (Meekes et al., 2000).

Contrariamente, Vega et al. (1997), ao estudarem a incidência de várias substâncias secundárias incorporadas no meio cultura do fungo *Paecilomyces fumosoroseus* (Wize) Brown & Smith (Deuteromycotina: Hyphomycetes), concluíram que esses aleloquímicos presentes nas folhas podem representar um fator negativo para a germinação e a sobrevivência dos fungos entomopatógenos.

Duetting et al. (2003) demonstraram a incidência da epicutícula cerosa de plantas de ervilha na infecção do pulgão *A. pisum* pelo fungo entomopatógeno *P. neoaphidis*. Em duas linhagens irmãs de *P. sativum*, com diferente teor de cerosidade epicuticular, foram observados quatro vezes mais pulgões mortos na linhagem com cerosidade reduzida, verificando-se que nessa condição ocorreu um incremento da adesão e da germinação dos conídios de *P. neoaphidis*. Em adição à cerosidade da superfície da folha, os autores assinalaram que os tricomas e o tamanho e a arquitetura da planta são fatores que podem influenciar a transmissão de fungos em afídeos.

Paramasiva et al. (2014) verificaram que a toxina Cry1Ac, bem como uma formulação de *B. thuringiensis*, incorporado em dietas preparadas com partes vegetais de diferentes espécies, foram mais eficientes sobre larvas de *H. armigera* criadas em genótipos resistentes de algodoeiro, grão-de-bico, feijoeiro-guandu e sorgo do que naquelas criadas nos genótipos suscetíveis dessas espécies. Também se observou que as larvas desse noctuídeo provindas de fêmeas alimentadas em algodoeiro foram mais tolerantes à toxina *Bt* Cry1Ac, em comparação com aquelas criadas em trigo ou milho (Gao et al., 2011). Esses conhecimentos poderiam ser usados na alternância e no sequenciamento de culturas para manejo dessa praga.

A qualidade do alimento da geração parental, a influenciar a suscetibilidade da progênie aos entomopatógenos, também foi verificada para *Plodia interpunc-*

*tella* (Hübner) (Lepidoptera: Pyralidae), cujas larvas, provenientes de fêmeas alimentadas em dieta de menor qualidade nutricional, mostraram-se menos suscetíveis ao vírus da granulose (Boots e Roberts, 2012).

A presença de fungos endofíticos pode proporcionar resistência a herbívoros em gramíneas, mediante a produção de alcaloides (Stiegel et al., 1987; Breen, 1994; Gurulingappa et al., 2011). A presença de *Beauveria* spp. endófito foi verificada em *P. radiata,* comprovando-se, em laboratório, sua patogenicidade para adultos de *Hylurgus ligniperda* (Fabricius) (Coleoptera: Curculionidae) e larvas de *Tenebrio molitor* Linnaeus (Coleoptera: Tenebrionidae) (Reay at al., 2010).

Akutse et al. (2013) exploraram a capacidade de dez isolados de vários gêneros de fungos entomopatógenos para funcionar como organismos de proteção endofíticos contra *Liriomyza huidobrenisis* (Blanchard) (Diptera: Agromyzidae) em plantas de *V. faba* e verificaram que todos os isolados que foram bem-sucedidos na sua incorporação como endófitos resultaram patogênicos para o minador.

As possíveis funções ecológicas dos endófitos são diversas, e muitas vezes são desconhecidas, incluindo o efeito dos vírus e das bactérias endofúngicas que ocorrem nas espécies endofíticas (Márquez et al., 2012). A pesquisa e a utilização de microrganismos têm sido secundárias, devido à grande atenção dispensada ao desenvolvimento de inseticidas químicos. Porém, os avanços recentes no estudo de fungos entomopatogênicos sugerem que muitos deles apresentam influência multifatorial no desenvolvimento das plantas e na ecologia do solo, podendo ser endofíticos, patógenos de protozoários e antagonistas de fitopatógenos, em associações com a rizosfera (St. Leger et al., 2011).

Kunkel et al. (2004), em contraposição, comprovaram que *Agrotis ipsilon* (Hufnagel) (Lepidoptera: Noctuidae), ao se alimentar em azevém (*Lolium perenne* L.) com o fungo endófito *Neotyphodium lolii* (Latch, Samuels and Christensen) Glenn, Bacon & Hill, apresenta menor suscetibilidade ao nematoide entomopatógeno *Steinernema carpocapsae* (Weiser).

Por outro lado, os endossimbiontes dos insetos podem ser responsáveis pela capacidade de certos biótipos de atacar cultivares resistentes, como foi relatado para diferentes linhagens de tomateiro e pulgões *Macrosiphum euphorbiae* (Thomas) (Hemiptera: Aphididae) virulentos ou avirulentos para os genótipos resistentes (Francis et al., 2010).

Vários autores discutem a possibilidade de desenvolver estratégias de manejo integrado de pragas baseadas no uso de cultivares com certo nível de resistência às pragas chave e redução das aplicações ou das doses de inseticidas, viabilizando a inclusão de microrganismos, entre outros métodos de controle (Finch, 1993; Evans e Scarisbrick, 1994; Kuniata e Sweet, 1994; Finch e Collier, 2000; Way e Van Emden, 2000).

A eficiência da associação da resistência de plantas com o controle biológico foi demonstrada no trabalho de Starks et al. (1972), que observaram o crescimento da população de *S. graminum*, durante quatro semanas, a partir de dois níveis de infestação (três e doze pulgões por planta) em uma variedade resistente e outra suscetível de cevada, na presença e na ausência de uma fêmea do parasitoide *Lysiphlebus testaceipes* (Cresson) (Hymenoptera, Braconidae). De acordo com os dados obtidos pelos autores, isoladamente, a variedade resistente e o parasitismo conseguiram controlar a população da praga apenas no nível mais baixo de infestação. Já no nível mais elevado, a população aumentou em velocidade maior na variedade resistente suscetível sem parasitoide, seguindo-se a variedade resistente sem parasitoide e a variedade suscetível com parasitoide. Com a integração dos dois métodos de controle, manteve-se a população da praga em baixa densidade mesmo no final da quarta semana de infestação.

Contrariamente, Ode e Crompton (2013) verificaram que o parasitoide *Aphidius colemani* Viereck (Hemiptera: Aphididae) teve maiores populações e maiores taxas de parasitismo do pulgão *A. glycines* na cultivar suscetível de soja Glenwood do que na cultivar resistente Dowling.

Com o objetivo de verificar se existe uma associação positiva ou negativa entre a resistência das cultivares e os hemípteros predadores, Kaplan e Thaler (2010) realizaram uma revisão da literatura, encontrando um número similar de trabalhos em que a predação resultou incrementada nos genótipos resistentes (22) e aqueles em que resultou diminuída (21). Os autores concluíram que a ecologia da alimentação dos hemípteros onívoros é altamente relacionada com a expressão de defesas das plantas, entretanto, os fatores que determinam mudanças no comportamento de predação ainda não estão esclarecidos.

Diversas estratégias podem ser utilizadas para aumentar a eficiência na utilização de plantas resistentes e inimigos naturais, entre as quais podem ser destacadas: 1) utilização de variedades com níveis moderados de resistência, possibilitando condição mais adequada para os inimigos naturais, pelo menor efeito dos fatores de resistência e pela maior disponibilidade de alimento (presas e hospedeiros); 2) melhoramento genético visando produzir inimigos naturais tolerantes aos fatores de resistência das plantas; 3) manejo de espécies vegetais ou fornecimento de substâncias nutritivas para prover alimento suplementar aos inimigos naturais, principalmente nos períodos de baixa densidade populacional de presas e hospedeiros; 4) emprego de sinomônios para tornar as plantas mais atrativas aos inimigos naturais; 5) melhoramento genético visando introduzir na planta características que estimulem a atividade de inimigos naturais; 6) limitação de práticas culturais e de produtos químicos não seletivos que prejudiquem os inimigos naturais.

### 3.4. Resistência de plantas e controle químico

A utilização de variedades resistentes e controle químico, de modo associado, pode ser uma tática interessante para tornar mais eficiente o controle de uma praga. Em muitos casos em que um controle satisfatório não é obtido por qualquer um desses métodos isoladamente, a combinação pode produzir bons resultados. De acordo com Adkisson e Dyck (1980), o uso de inseticidas, cuidadosamente supervisionado, é a forma mais comum de controle integrado envolvendo resistência de plantas, sobretudo quando se dispõe de variedades com níveis baixos ou moderados de resistência.

Os resultados obtidos por Brett et al. (1961) no controle de *Diaphania nitidalis* (Stoll) (Lepidoptera: Pyralidae) com lindane e carbaril em cultivares de aboboreira resistente, moderadamente resistente e suscetível (Tabela 6) constituem um exemplo clássico da associação da resistência de plantas com o controle químico. Verifica-se que apenas a cultivar Butternut 23, resistente a *D. nitidalis*, dispensa o controle químico. Nota-se ainda que as cultivares Summer Crookneck e Caserta são moderadamente resistente e suscetível, respectivamente, e que o lindane é mais eficiente que o carbaril. O efeito do uso simultâneo da resistência de plantas e de inseticidas pode ser de maneira melhor percebido nos dados relativos à cultivar Summer Crookneck, já que a sua utilização em substituição à 'Caserta' já provoca redução no total de frutos atacados, de 72% para 49%, sendo que com o uso de carbaril e lindane os níveis de infestação reduzem para 10% e 2%, respectivamente.

Liu e Trumble (2005) avaliaram o efeito de cinco genótipos de tomateiro (quatro cultivares e a fonte de resistência PI134417) e cinco inseticidas no desenvolvimento e na sobrevivência de *Bactericera cockerelli* (Sulc) (Hemiptera: Triozidae), salientando que, na época, existiam poucas referências sobre associação da resistência de plantas com inseticidas. As cultivares mostraram níveis diferentes de resistência e todos os inseticidas resultaram eficientes para o controle do psilídeo dentro de um programa de manejo integrado, entretanto, dois deles (imidaclopride e piriproxifeno) foram eficientes em todas as cultivares avaliadas, enquanto os restantes (pimetrozina, espinosade e o filme de partículas de caulim) foram mais eficientes na associação com as cultivares resistentes.

**Tabela 6.** Efeito combinado de cultivares resistentes de aboboreira e inseticidas sobre a infestação de *Diaphania nitidalis* (adaptado de Brett et al., 1961).

| Cultivar | Frutos infestados (%) | | |
|---|---|---|---|
| | Lindane 1% | Carbaril 1,75% | Sem tratamento |
| Butternut 23 | 2 | 2 | 3 |
| Summer Crookneck | 2 | 10 | 49 |
| Caserta | 10 | 20 | 72 |

O principal objetivo de utilizar uma variedade resistente associada ao controle químico é a redução no número de aplicações do inseticida recomendado. Isso é possível porque, numa variedade resistente, o crescimento da população do inseto é mais lento e, assim, há necessidade de um tempo maior para que se atinja o nível de dano econômico.

A redução no número de aplicações do inseticida, graças ao uso de variedades resistentes, pode ser observada pelos dados obtidos por Jackai (1995) em relação ao controle de Maruca *testulalis* em cultivares de Vigna *unguiculata* com diferentes graus de resistência e diferentes estratégias de aplicação da mistura cipermetrina + dimetoato, comparando as aplicações no início e no meio da floração (cedo e tarde, respectivamente) com a proteção total (quatro aplicações). Para a comparação, o autor estabeleceu um índice denominado índice de produção de vagens (IPV), uma fórmula que relaciona o total de vagens cheias e o total de vagens danificadas, de modo que, quanto maior esse índice, maior a produtividade. Na Tabela 7, verifica-se que no genótipo resistente de referência (MRx 10-85S), com uma aplicação da mistura inseticida, esse índice foi semelhante ao do genótipo suscetível de referência (IT83E-124), com quatro aplicações. A maioria dos genótipos atingiu os níveis máximos de produção com quatro aplicações de inseticida, porém esses níveis foram atingidos pelo genótipo resistente TVnu 72 com apenas uma aplicação, independentemente do momento da floração em que foi realizada.

Sharma (1998) observou que existe considerável informação em relação à resistência de *V. unguiculata* a *M. vitrata*. Características das plantas tais como a maior espessura das paredes do colmo e das vagens e a presença de tricomas estão relacionadas à menor suscetibilidade à referida praga, e genótipos com essas características poderiam ser associadas ao controle químico, como uma estratégia para o manejo da praga.

Sharma e Lopez (1993) relataram que o grau de resistência dos genótipos de sorgo interage com o número de aplicações de inseticidas para o controle do

**Tabela 7.** Efeito de *Maruca testulalis* na produção de vagens de genótipos de *Vigna unguiculata* com o uso de diferentes estratégias de aplicação da mistura cipermerina + dimetoato (adaptado de Jackai, 1995).

| Genótipo | Índice de produção de vagens* | | |
|---|---|---|---|
| | Aplicação no início da floração | Aplicação em meados da floração | Proteção total[1] |
| TVnu 72 | 68,0 a | 70,0 a | 72,0 a |
| IT83D-328-5 | 42,5 b | 27,8 bc | 52,3 b |
| MRx 48-85S | 40,0 b | 54,0 ab | 72,0 a |
| MRx 10-85S (CR)[2] | 38,8 b | 31,5 bc | 69,8 a |
| MRx 58-85S | 37,3 b | 54,5 ab | 62,0 ab |
| MRx 55-85S | 40,8 b | 38,0 bc | 61,6 ab |
| IT83E-124 (CS)[3] | 16,0 c | 13,5 c | 36,3 c |

[1] Proteção total = quatro aplicações. [2] CR = controle resistente. [3] CS = controle suscetível.
* Médias seguidas pela mesma letra, nas colunas, não diferem estatisticamente ($p > 0,05$).

percevejo *Calocoris angustatus* Lethiery (Hemiptera: Miridae). Segundo esses autores, para atingir o máximo rendimento do sorgo, quatro aplicações de inseticida foram necessárias para o híbrido comercial CSH 11 e para a linhagem suscetível IS 9692, enquanto apenas um ou dois tratamentos foram suficientes para reduzir a perda de grãos no genótipo moderadamente resistente IS 21443, não sendo vantajoso do ponto de vista econômico o uso do controle químico da praga na cultivar resistente IS 17610.

Segundo Van den Berg et al. (1994), a utilização de um genótipo de sorgo com nível moderado de resistência permitiu obter melhores resultados de controle de *Busseola fusca* (Fuller) (Lepidoptera: Noctuidae), em comparação com a eficiência obtida com o emprego de um genótipo suscetível. Tal eficiência foi maior quando não se utilizou inseticida, em comparação com as parcelas tratadas. Os resultados obtidos no genótipo suscetível, em associação com o controle químico, foram semelhantes aos do genótipo resistente sem inseticida. O melhor tratamento foi a associação do genótipo resistente com o inseticida (Tabela 8).

O aumento na eficiência do controle dos insetos, normalmente obtido com a utilização conjunta de resistência de plantas e inseticidas, explica-se por uma série de razões entre elas: 1) ação independente dos dois métodos de controle, com os efeitos isolados, juntando-se contra a praga; 2) presença, na variedade resistente, de características morfológicas que proporcionam melhor cobertura das estruturas vegetais pelos inseticidas; 3) ação da planta sobre o inseto, alterando a suscetibilidade dele ao inseticida; 4) ação do inseticida sobre a planta, afetando indiretamente o inseto.

**Tabela 8.** Número de larvas vivas e rendimento de sorgo infestado artificialmente com *Busseola fusca* em genótipo resistente e suscetível, com e sem tratamento com inseticida (CQ) (adaptado de Van den Berg et al., 1994).

| Linhagem | R[1] + CQ | R s/CQ | S[2] + CQ | S s/CQ |
|---|---|---|---|---|
| Larvas vivas | 14,40 a | 27,30 a | 23,30 ab | 41,60 c |
| Rendimento/parcela (g) | 266,90 a | 202,50 a | 175,90 ab | 82,40 b |

[1] R = genótipo resistente. [2] S = genótipo suscetível.
Médias seguidas pela mesma letra, nas linhas, não diferem estatisticamente ($p > 0{,}05$).

Embora normalmente se considere que a ação independente e aditiva seja a mais frequente, em geral é difícil a comprovação da exclusividade desse tipo de ação. Isto porque, na maioria das vezes, ocorrem complexas interações envolvendo a planta, o inseto e o inseticida, de tal forma que a causa da maior ou menor eficiência no controle da praga torna-se difícil de identificar. A comprovação da ocorrência apenas de ação independente e aditiva poderia ser admitida, teoricamente, apenas nos casos em que a eficiência do inseticida fosse semelhante nas variedades resistentes e suscetíveis. Um exemplo hipotético em que tal fato poderia

meio ambiente e a redução na probabilidade de aparecimento de biótipos do inseto resistente ao inseticida. Além disso, torna menos oneroso o controle das pragas, o que, obviamente, é um dos aspectos mais importantes a considerar, em termos de entomologia econômica.

## Referências bibliográficas

ADKISSON, P. L.; DYCK, V. A. Resistant varieties in pest management systems. In: MAXWELL, F. G.; JENNINGS, P. R. (eds.). *Breeding plants resistant to insects*. New York, USA: John Wiley & Sons, 1980. p. 233-51.

AGRAWAL, A. A. Mechanisms, ecological consequences and agricultural implications of tri-trophic interactions. *Current Opinion in Plant Biology* 3: 329-35, 2000.

AKUTSE, K. S. et al. Endophytic colonization of *Vicia faba* and *Phaseolus vulgaris* by fungal pathogens and their effects on the life-history parameters of *Liriomyza huidobrensis* (Diptera: Agromyzidae). *Fungal Ecology* 6: 293-301, 2013.

ALMEIDA, M. M. B.; RODRIGUES, M. G. Planta-inseticida (*Quassia amara* L.) para o controle do gafanhoto (*Eutropicradis collaris*) (Orthoptera: Acrididae). In: CONGRESSO BRASILEIRO DE ENTOMOLOGIA, 10. *Resumos*. Rio de Janeiro: Sociedade Entomológica do Brasil, 1986. p. 83.

ALVARENGA, C. D.; VENDRAMIM, J. D.; CRUZ, I. Biologia e predação de *Doru luteipes* (Scuder) sobre *Schizaphis graminum* (Rond.) criado em diferentes genótipos de sorgo. *Anais da Sociedade Entomológica do Brasil* 24: 523-31, 1995.

ANIKWE, J. C. et al. Evaluation of resistance in selected cocoa genotypes to the brown coca mirid, *Sahlbergella singularis* Haglund in Nigeria. *Crop Protection* 28: 350-55, 2009.

ARPAIA, S.; GOULD, F.; KENNEDY, G. G. Potential impact of *Coleomegilla maculata* predation on adaptation of *Leptinotarsa decemlineata* to *Bt*-transgenic potatoes. *Entomologia Experimentalis et Applicata* 82: 91-100, 1997.

BARBOSA, P.; GROSS, P.; KEMPER, J. Influence of plant allelochemicals on the tobacco hornworm and its parasitoid, *Cotesia congregata*. *Ecology* 72: 1567-575, 1991.

BATHIA, V.; UNIYAL. P. L.; BHATTACHARYA, R. Aphid resistance in *Brassica* crops: challenges, biotechnological progress and emerging possibilities. *Biotechnology Advances* 29: 879-88, 2011.

BAVERSTOCK, J. et al. Response of the entomopathogenic fungus *Pandora neoaphidis* to aphid-induced plant volatiles. *Lurnal of Invertebrate Pathology* 89: 157-64, 2005.

BEACH, R. M.; TODD, J. W.; BAKER, S. H. Nectaried and nectariless cotton cultivars as nectar sources for adult soybean looper. *Journal of the Entomological Society* 20: 233-36, 1985.

BERGVINSON, D. J.; GARCÍA-LARA, S. Synergistic effects of insect-resistant maize and *Teretrius nigrescens* on the reduction of grain losses caused by *Prostephanus truncatus*. *Journal of Stored Products Research* 47: 95-100, 2011.

BERZONSKY, W. O. et al. Breeding wheat for resistance to insects. *Plant Breeding Review* 22: 221-96, 2003.

BOOTS, M.; ROBERTS, K. E. Maternal effects in disease resistance: poor maternal environment increases offspring resistance to an insect virus. *Proceedings of the Royal Society* B 279: 4009-14, 2012.

BOTTENBERG, H.; TAMÒ, M.; SINGH, B. B. Occurrence of phytophagous insects on wild *Vigna* sp. and cultivated cowpea: comparing the relative importance of host--plant resistance and lillet intercropping. *Agriculture, Ecosystems and Environment* 70: 217-29, 1998.

BREEN, J. P. *Acremonium* endophyte interactions with enhanced plant resistance to insects. *Annual Review of Entomology* 39: 401-23, 1994.

BRETT, C. H.; McCOMBS, C. L; DAUGHRTY, D. M. Resistance of squash varieties to the pickleworm and the value of resistance to insecticidal control. *Journal of Economic Entomology* 54: 1191-197, 1961.

BUNTIN, G. D.; RAYMER, P. L. Hessian fly (Diptera: Cecidomyiidae) damage and forage and forage production of winter wheat. *Journal of Economic Entomology* 82: 301-6, 1989.

CAI, Q.-N. et al. Effects of host plant resistance on insect pests and its parasitoid: a case study of wheat-aphid-parasitoid system. *Biological Control* 49: 134-38, 2009.

CAMPBELL, B. C.; DUFFEY, S. S. Tomatine and parasitic wasps: potential incompatibility of plant antibiosis with biological control. *Science* 205: 700-2, 1979.

CHABOUSSOU, F. *Plantas doentes pelo uso de agrotóxicos*: a teoria da trofobiose. Porto Alegre: L&PM, 1987.

CHARLESTON, D. S.; KFIR, R. The possibility of using Indian mustard, *Brassica juncea*, as a trap crop for the diamondback moth, *Plutella xylostella*, in South Africa. *Crop Protection* 19: 455-60, 2000.

CORTESERO, A. M.; STAPEL, J. O.; LEWIS, W. J. Understanding and manipulating plant attributes to enhance biological control. *Biological Control* 17: 35-49, 2000.

COWGILL, S. E.; BHAGWAT, B. R. Comparison of the efficacy of chemical control and *Helicoverpa* NPV for the management of *Helicoverpa armigera* (Hübner) on resistant and susceptible chickpea. *Crop Protection* 15: 241-46, 1996.

CORY, J. S.; HOOVER, K. Plant-mediated effects in insect-pathogen interactions. *Trends in Ecology and Evolution* 21: 278-86, 2006.

CUONG, N. L. et al. Effect of host plant resistance and insecticide on brown planthopper *Nilaparvata lugens* (Stål) and predator population development in the Mekong Delta, Vietnam. *Crop Protection* 16: 707-15, 1997.

DEDRYVER, C. A.; LE RALEC, A.; FABRE, F. The conflicting relationships between aphids and men: a review of aphid damage and control strategies. *Comptes Rendus Biologies* 333: 539-53, 2010.

DU TOIT, F. Field resistance in three bread wheat lines to the Russian wheat aphid, *Diuraphis noxia* (Hemiptera: Aphididae). *Crop Protection* 9: 255-58, 1990.

DUETTING, P. S. et al. Plant waxy bloom on peas affects infection of pea aphids by *Pandora neoaphidis*. *Journal of Invertebrate Pathology* 84: 149-58, 2003.

EIGENBRODE, S. D. The effects of plant epicuticular waxy blooms on attachment and effectiveness of predatory insects. *Arthropod Structure & Development* 33: 91-102, 2004.

ELLIOT, S. L. et al. Can plants use entomopathogens as bodyguards? *Ecology Letters* 3: 228-35, 2000.

EVANS, K. A.; SCARISBRICK, D. H. Integrated insect pest management in oilseed rape crops in Europe. *Crop Protection* 13: 403-12, 1994.

FANCELLI, M. et al. Exsudato glandular de genótipos de tomateiro e desenvolvimento de *Bemisia tabaci* (Genn.) (Sternorrhyncha: Aleyrodidae) biótipo B. *Neotropical Entomology* 34: 659-65, 2005.

FARRAR JR., R. R.; KENNEDY, G. G. Inhibition of *Telenomus sphingis* (Ashmead) (Hymenoptera: Scelionidae), an egg parasitoid of *Manduca* spp. (Lepidoptera: Sphingidae) by trichome/2-tridecanone-based host plant resistance in tomato. *Entomologia Experimentalis et Applicata* 60: 157-66, 1991.

FERRY, N. et al. Plant–insect interactions: molecular approaches to insect resistance. *Current Opinion in Biotechnology* 15: 155-61, 2004.

FINCH, S. Integrated pest management of the cabbage root fly and the carrot fly. *Crop Protection* 12: 423-30, 1993.

FINCH, S.; COLLIER, R. H. Integrated pest management in field vegetable crops in northern Europe – with focus on two key pests. *Crop Protection* 19: 817-24, 2000.

FRANCIS, F. et al. Tritrophic interactions among *Macrosiphum euphorbiae* aphids, their host plants and endosymbionts: investigation by a proteomic approach. *Journal of Insect Physiology* 56: 575-85, 2010.

GAMARRA, D. C. et al. Influência de tricomas glandulares de *Solanum berthaultii* na predação de *Scymnus (Pullus) argentinicus* (Weise) (Col.: Coccinellidae) em *Myzus persicae* (Sulzer) (Homoptera: Aphididae). *Anais da Sociedade Entomológica do Brasil* 27: 59-65, 1998.

GAO, Y. et al. Susceptibility of *Helicoverpa armigera* from different host plants in northern China to *Bacillus thuringiensis* toxin Cry1Ac. *Crop Protection* 30: 1421-424, 2011.

GASSMANN, A. J. et al. Tritrophic effects of host plants on an herbivore pathogen interaction. *Annals of the Entomological Society of America* 103: 371-78, 2010.

GOULD, F.; KENNEDY, G. G.; JOHNSON, M. T. Effects of natural enemies on the rate of herbivore adaptation to resistant host plants. *Entomologia Experimentalis et Applicata* 58: 1-14, 1991.

GOULD, F. et al. Broad-spectrum resistance to *Bacillus thuringiensis* toxins in *Heliothis virescens*. *Proceedings of National Academy of Sciences of the United States of America* 89: 7986-990, 1992.

GUNASENA, G. H.; VINSON, S. B.; WILLIAMS, H. J. Effects of nicotine on growth, development, and survival of the tobacco budworm (Lepidoptera: Noctuidae) and the parasitoid *Campoletis sonorensis* (Hymenoptera: Ichneumonidae). *Journal of Economic Entomology* 83: 1777-782, 1990.

GURR, G. M.; KVEDARAS, O. L. Synergizing biological control: scope for sterile insect technique, induced plant defences and cultural techniques to enhance natural enema impact. *Biological Control* 52: 198-207, 2010.

GURULINGAPPA, P.; McGEE, P. A.; SWORD, G. Endophytic *Lecanicillium lecanii* and *Beauveria bassiana* reduce the survival and fecundity of *Aphis gossypii* following contact with conidia and secondary metabolites. *Crop Protection* 30: 349-53, 2011.

HARE, J. D. Effects on plant variation on herbivore-natural enemy interactions. In: FRITZ, R. S.; SIMMS, E. L. (eds.). *Plant resistance to herbivores and pathogens-ecology, evolution and genetics*. Chicago, USA: The University Press, 1992. p. 278-98.

HESLER, L. S. et al. Performance and prospects of *Rag* genes for management of soybean aphid. *Entomologia Experimentalis et Applicata* 147: 201-16, 2013.

HILKER, M.; MEINERS, T. Plants and insect eggs: How do they affect each other? *Phytochemistry* 72: 1612-623, 2011.

HOOK, C. R. R.; FERERES, A. Protecting crops from non-persistently aphid-trasmitted viruses: A review on the use of barrier plant as a management tool. *Virus Research* 120: 1-16, 2006.

HUTCHISON, W. D. et al. Areawide suppression of European corn borer with *Bt* maize reaps savings to non-*Bt* maize growers. *Science* 330: 222-25, 2010.

JACKAI, L. E. N. The legume pod borer *Maruca testulalis*, and its principal host plant, *Vigna unguiculata* (L.) Walp. – use of selective insecticide sprays as an aid in the identification of useful levels of resistance. *Crop Protection* 14: 299-306, 1995.

JALLOW, M. F. A.; CUNNIMNGHAM, J. P.; ZALUCKI, M. P. Intra-especific variation for host plant use in *Helicoverpa armigera* (Hübner) (Lepidoptera: Noctuidae): implications for management. *Crop Protection* 23: 955-64, 2004.

JUN, T.; ROUF MIAN, M. A.; MICHEL, A. P. Genetic mapping of three quantitative trait loci for soybean aphid resistance in PI 567324. *Heredity* 111: 16-22, 2013.

KAPLAN, I.; THALER, J. S. Do plants enhance or diminish prey suppresion by omnivorous Heteroptera? *Biological Control* 59: 53-60, 2010.

KAUFFMAN, W. C.; KENNEDY, G. G. Inhibition of *Campoletis sonorensis* parasitism of *Heliothis zea* and of parasitoid development by 2-tridecanone-mediated insect resistance of wild tomato. *Journal of Chemical Ecology* 15: 1919-930, 1989.

KEA, W. C.; TURNIPSEED, S. G.; CARNER, G. R. Influence of resistant soybeans on the susceptibility of lepidopterous pests to inseticides. *Journal of Economic Entomology* 71: 58-60, 1978.

KHAN, Z. R.; JOSHI, R. C. Varietal resistance to *Cnaphalocrocis medinalis* (Guenée) in rice. *Crop Protection* 9: 243-51, 1999.

KNIGHT, K. M. M.; GURR, G. M. Review of *Nezara viridula* (L.) management strategies and potential of IPM in field crops with emphasis on Australia. *Crop Protection* 26: 1-10, 2007.

KNIPLING, E. F. *The potential role of the sterility method for insect population control with special reference to combining this method with conventional methods*. Washington, D.C., USA: USDA/ARS 33-99, 1964.

KOGAN, M. Plant resistance in pest management. In: METCALF, R. L.; LUCKMAN, W. (eds.). *Introduction to insect pest management*. 3. ed. New York, USA: John Wiley & Sons, 1994. p. 73-128.

KRANTHI, S.; KRANTHI, K. R.; WANJARI, R. R. Influence of semilooper damage on cotton host-plant resistance to *Helicoverpa armigera* (Hub). *Plant Science* 164: 157-63, 2003.

KUMARI, A. P. P.; SHARMA, H. C.; REDDY, DR. R. Components of resistance to the sorghum head bug, *Calocoris angustatus*. *Crop Protection* 19: 385-92, 2000.

KUNIATA, L. S.; SWEET, C. P. M. Management of *Sesamia grisescens* Walker (Lep.: Noctuidae), a sugar-cane borer in Papua New Guinea. *Crop Protection* 13: 488-93, 1994.

KUNKEL, B. A.; GREWAL, P. S.; QUIGLEY, M. F. A mechanism of acquired resistance against an entomopathogenic nematode by *Agrotis ipsilon* feeding on perennial ryegrass harboring a fungal endophyte. *Biological Control* 29: 100-8, 2004.

LARA, F. M. *Princípios de resistência de plantas a insetos*. São Paulo: Ícone, 1991.

LEWIS, W. J. et al. A total system approach to sustainable pest management. *Proceedings of National Academy of Sciences of the United States of America* 94: 12243-248, 1997.

LI, Y. et al. Soybean aphid resistance genes in the soybean cultivars Dowling and Jackson map to linkage group M. *Molecular Breeding* 19: 25-34, 2007.

LIU, D.; TRUMBLE, J. T. Interactions of plant resistance and insecticides on the development and survival of *Bactericera cockerelli* [Sulc] (Homoptera: Psyllidae). *Crop Protection* 24: 111-17, 2005.

LUKEFAHR, M. J.; RHYNE, C. Effects of nectariless cottons on populations of three lepidopterous insects. *Journal of Economic Entomology* 53: 242-44, 1960.

MA, J. F.; YAMAJI, N. Silicon uptake and accumulation in higher plants. *Trends in Plant Science* 11: 392-97, 2006.

MAHADEVAN, N. R.; CHELLIAH, S. Influence of intercropping legumes with sorghum on the infestation of the stem borer, *Chilo partellus* (Swinhoe) in Tamil Nadu, Índia. *Tropical Pest Management* 32: 162-63, 1986.

MÁRQUEZ, S. S. et al. Non-systemic fungal endophytes of grasses. *Fungal Ecology* 5: 289-97, 2012.

MAXWELL, F. G. Host plant resistance to insects – nutritional and pest management relationships. In: RODRIGUEZ, J. G. (ed.). *Insect and mite nutrition*. Amsterdam, The Netherlands: North-Holland Publishing Company, 1972. p. 599-609.

MAXWELL, F. G. Plant resistance to cotton insects. *ESA Bulletin* 23: 199-203, 1997.

McCARVILLE, M. T.; O'NEAL, M. Measuring the benefit of biological control for single gene and pyramided host plant resistance for *Aphis glycines* (Hemipetra: Aphididae) management. *Journal of Economic Entomology* 105: 1835-843, 2012.

McCARVILLE, M. T. et al. A nematode, fungus, and aphid interact via a shared host plant: implications for soybean management. *Entomologia Experimentalis et Applicata* 143: 55-66, 2012.

McGOVERN, W. L.; CROSS, W. H. Effects of two cotton varieties on levels of boll weevil parasitism (Col., Curculionidae). *Entomophaga* 21: 23-125, 1976.

MEEKES, E. T. M. et al. Persistence of the fungal whitefly pathogen, *Aschersonia aleyrodis*, on three different plant species. *Mycological Research* 104: 1234-240, 2000.

MICHAUD, J. P.; SLODERBECK, P. E. *Russian wheat aphid*: an introduced pest of small grains in the High Plains. Kansas State Universtity Agricultural Experiment Station and Cooperative Extension Service, 2005. 4p. Disponível em: <http://www. bookstore. ksre. ksu. edu/pubs/MF2666. pdf>. Acesso em: 10 ago. 2015.

MITCHELL, H. C. et al. Behavior of the boll weevil on frego bract cotton. *Journal of Economic Entomology* 66: 677-80, 1973.

MIYAZAKI, J.; WARWICK, N. S.; WILSON, L. J. Novel cotton germplasm with host resistance to twospotted spider mite. *Fields Crop Research* 134: 114-21, 2012.

MOREIRA, X. et al. Inductibility of chemical defences by two chewing insect herbivores in pine trees is specific to targeted plant tissue, particular herbivore and defensive trait. *Phytochemistry* 94: 113-22, 2013.

MUEKE, J. M.; MANGLITZ, G. R.; KEHR, W. R. Pea aphid: interaction of insecticides and alfafa varieties. *Journal of Economic Entomology* 71: 61-65, 1978.

MUMM, R.; HILKER, M. Direct and indirect chemical defence of pine against folivorous insects. *Trends in Plant Science* 11: 351-58, 2006.

NASCIMENTO, A. S. et al. *Manejo integrado e biologia da broca da laranjeira Cratosomus flavofasciatus Guerin, 1844. (Col., Curculionidae).* Cruz das Almas: CNP Mandioca e Fruticultura (Embrapa), 1983.

NASH, M. A.; HOFFMANN, A. A. Effective invertebrate pest management in dryland cropping in southern Australia: the challenge of marginality. *Crop Protection* 42: 289-304, 2012.

ODE, P. J.; CROMPTON, D. S. Compatibility of aphid resistance in soybean and biological control by the parasitoid *Aphidius colemani* (Hymenoptera: Braconidae). *Biological Control* 64: 255-62, 2010.

ORIANI, M. A. G.; VENDRAMIM, J. D. Influence of trichomes on attractiveness and ovipositional preference of *Bemisia tabaci* (Genn.) B biotype (Hemiptera, Aleyrodidae) on tomato genotypes. *Neotropical Entomology* 39: 1002-7, 2010.

ORIANI, M. A. G.; VENDRAMIM, J. D. Biological aspects of the beetle *Delphastus davidsoni* fed with whitefly eggs laid on tomato genotypes. *Scientia Agricola* 71: 362-68, 2014.

ORRE, G. U. S. et al. Effects of an herbivore-induced plant volatile on arthropods from three trophic levels in brassicas. *Biological Control* 53: 62-67, 2010.

PARAMASIVA, I. et al. Crop hosts and genotypic resistance influence the biological activity of *Bacillus thuringiensis* towards *Helicoverpa armigera*. *Crop Protection* 64: 38-46, 2014.

PARROTT, W. L.; JENKINS, J. N.; SMITH, D. B. Frego bract cotton and normal bract cotton: how morphology affects control of boll weevils by insecticides. *Journal of Economic Entomology* 66: 222-25, 1973.

PIMENTEL, D. An evaluation of insect resistance in broccoli, brussels sprouts, cabbage, collards, and kale. *Journal of Economic Entomology* 54: 156-58, 1961.

POMPON, J. et al. Characterization of *Solanum chomatophilum* resistance to 2 aphid potato pests, *Macrosiphon euphorbiae* (Thomas) and *Myzus persicae* (Sulzer). *Crop Protection* 29: 891-97, 2010.

POPPY, G. M. Tritrophic interactions: improving ecological understanding and biological control? *Endeavour* 21: 61-65, 1997.

PRICE, P. W. et al. Interactions among three trophic levels: influence of plants on interactions between insect herbivores and natural enemies. *Annual Review of Ecology and Systematics* 11: 41-65, 1980.

PRICE, P. W. Ecological aspects of host plant resistance and biological control: interactions among three trophic levels. In: BOETHEL, D. J.; EIKENBARY, R. D. (eds.). *Interactions of plant resistance and parasitoids and predators of insects*. New York, USA: John Wiley & Sons, 1986. p. 11-30.

QUISENBERRY, S. S.; SCHOTZKO, D. J. Integration of plant resistance with pest management methods in crop production systems. *Journal of Agricultural Entomology* 11: 279-90, 1994.

RAGSDALE, D. W. et al. Ecology and management of the soybean aphid in North America. *Annual Review of Entomology* 56: 375-99, 2011.

RAMALHO, F. S. et al. Effects of cotton leaf trichomes on the mobility of newly hatched tobacco budworms (Lepidoptera: Noctuidae). *Journal of Economic Entomology* 77: 619-21, 1984.

RAMIREZ, R. A.; SPEARS, L. R. Stem nematode counteracts plant resistance of aphids in alfalfa, *Medicago sativa*. *Journal of Chemical Ecology* 40: 1099-109, 2014.

REA, J. H. et al. Trap cropping to manage green vegetable bug *Nezara viridula* (L.) (Heteroptera: Pentatomidae) in sweet corn in New Zealand. *Agricultural and Forest Entomology* 4: 101-7, 2002.

REAY, S. D. et al. Isolation and characterization of endophytic *Beauveria* spp. (Ascomycota: Hypocreales) from *Pinus radiata* in New Zealanda forests. *Biological Control* 54: 52-60, 2010.

ROSSETTO, C. J. *Resistência de plantas a insetos*. Piracicaba: Esalq, 1973.

RUDI, N. et al. Economic impact analysis of marker-assisted breeding for resistance to pests and post-harvest deterioration in cassava. *African Journal of Agricultural and Resource Economics* 4: 110-22, 2010.

SALIM, M.; HEINRICHS, E. A. Impact of varietal resistance in rice and predation on the mortality of *Sogatella furcifera* (Horváth) (Homoptera: Delphacidae). *Crop Protection* 5: 395-99, 1986.

SARFRAZ, M.; DOSDALL, L. M.; KEDDIE, B. A. Diamondback moth-host plant interactions: implications for pest management. *Crop Protection* 25: 625-39, 2006.

SAVARY, S. et al. A review of principles for sustainable pest management in rice. *Crop Protection* 32: 54-63, 2012.

SCHMALE, I. et al. Combining parasitoids and plant resistance for the control of the bruchid *Acanthoscelides obtectus* in stored beans. *Journal of Stored Products* 39: 401-11, 2003.

SCHMITT, A. T.; SILVA, A. C. F. Controle químico, biológico e integrado da broca do pepino *Diaphania* spp. (Lep., Pyralidae). *Horticultura Brasileira* 3: 90, 1985.

SCHUSTER, M. F., LUKEFAHR, M. F.; MAXWELL, F. G. Impact of nectariless cotton on plant bugs and natural enemies. *Journal of Economic Entomology* 69: 400-2, 1976.

SHARMA, H. C.; LOPEZ, V. F. Comparison of economic injury levels for sorghum head bug, *Calocoris angustatus*, on resistant and susceptible genotypes at different stages of panicle development. *Crop Protection* 12: 259-66, 1993.

SHARMA, H. C. et al. Host plant resistance to sorghum midge, *Contarinia sorghicola*. *ISMN* 35: 30-41, 1994.

SHARMA, H. C. Bionomics, host plant resistance, and management of the legume pod borer, *Maruca vitrata* – a review. *Crop Protection* 17: 373-86, 1998.

SHARMA, H. C.; ORTIZ, R. Host plant resistance to insects: an eco-friendly approach for pest management and environment conservation. *Journal of Environmental Biology* 23: 111-35, 2002.

SHIKANO, I. et al. Indirect plant-mediated effects on insect immunity and disease resistance in a tritrophic system. *Basic and Applied Ecology* 11: 15-22, 2010.

SINGH, B. U.; PADMAJA, P. G.; SEETHARAMA, N. Biology and management of the sugarcane aphid, *Melanaphis sacchari* (Zehntner) (Homoptera: Aphididae), in sorghum: a review. *Crop Protection* 23: 739-55, 2004.

SMITH, C. M. *Plant resistance to arthropods: molecular and conventional approaches*. Berlin, Germany: Springer, 2005.

SMITH, C. M.; CLEMENT, S. L. Molecular bases of plant resistance to arthropods. *Annual Review of Entomology* 57: 309-28, 2012.

ST. LEGER, R. J.; WANG, C.; FANG, W. New perspectives on insect pathogens. *Fungal Biology Reviews* 25: 84-88, 2011.

STARKS, K. J.; MUNIAPPAN, R.; EIKENBARY, R. D. Interaction between plant resistance and parasitism against greenbug on barley and sorghum. *Annals of the Entomological Society of America* 65: 650-55, 1972.

STIEGEL, M. R.; LATCH, G. C. M.; JOHNSON, M. C. Fungal endophytes of grasses. *Annual Review of Phytopathology* 25: 293-315, 1987.

STOUT, M.; DAVIS, J. Keys to the increased use of host-plant resistance in integrated pest management. In: PESHIN, R.; DHAWAN, A. K. (eds.). *Integrated pest management innovation – development process*. Berlin, Germany: Springer, 2009. p. 163-82.

TABASHNIK, B. E. Evolution of resistance to *Bacillus thuringiensis*. *Annual Review of Entomology* 39: 47-79, 1994.

TALEKAR, N. S.; SHELTON, A. M. Biology, ecology, and management of the diamondback moth. *Annual Review of Entomology* 38: 275-301, 1993.

TREACY, M. F. et al. Role of cotton trichome density in bollworm (Lepidoptera: Noctuidae) egg parasitism. *Environmental Entomology* 15: 365-68, 1986.

TOZATTI, G.; GRAVENA, S. Atratividade da *Cordia verbenacea* (Guérin) sobre a coleobroca *Diploschema rotundicolle* (Serville). *Ecossistema* 11: 99-102, 1986.

UGINE, T. A.; WRAIGHT, S. P.; SANDERSON, J. P. A tritrophic effect of host plant on susceptibility of western flower thrips to the entomopathogenic fungus *Beauveria bassiana*. *Journal of Invertebrate Pathology* 96: 162-72, 2007.

VAN DEN BERG, J.; VAN RENSBURG, G. D. J.; VAN DER WESTHUIZEN, M. C. Host--plant resistance and chemical control of *Chilo partellus* (Swinhoe) and *Busseola fusca* (Fuller) in an integrated pest management system on grain sorghum. *Crop Protection* 13: 308-10, 1994.

VEGA, F. E. et al. *In vitro* effects of secundary plant compounds on germination of blastospores of the entomopathogenic fungus *Paecilomyces fumosoroseus* (Deuteromycotina: Hyphomycetes). *Journal of Invertebrate Pathology* 70: 209-13, 1997.

VELTEN, G. et al. Effects of a plant resistance protein on parasitism of the common bean bruchid *Acanthoscelides obtectus* (Coleoptera: Bruchidae) by its natural enemy *Dinarmus basalis* (Hymenoptera: Pteromalidae). *Biological Control* 43: 78-84, 2007.

VON MÉREY, G. E. et al. Minor effects of two elicitors of insect and pathogen resistance on volatile emissions and parasitism of *Spodoptera frugiperda* in Mexican maize fields. *Biological Control* 60: 7-15, 2012.

WANLEI, W. et al. Impact of intercropping aphid-resistant wheat cultivars with oilseed rape on winter aphid (*Sitobion avenae*) and its natural enemies. *Acta Ecologica Sinica* 29: 186-91, 2009.

WAY, M. J.; VAN EMDEN, H. F. Integrated pest management in practice – pathways towards successful application. *Crop Protection* 19: 81-103, 2000.

WEKESA, V. W. et al. The effect of host plants on *Tetranychus evansi*, *Tetranychus urticae* (Acari: Tetranychidae) and their fungal pathogen *Neozygites floridana* (Entomophthorales: Neozygitaceae). *Journal of Invertebrate Pathology* 107: 139-45, 2011.

WILSON, R. L.; WILSON, F. D. Nectariless and glabrous cottons: effect on pink bollworm in Arizona. *Journal of Economic Entomology* 69: 623-24, 1976.

WISEMAN, B. R. Successes in plant resistance to insects. In: WISEMAN, B. R.; WEBSTER, J. A. (eds.). *Economic environmental and social benefits of resistance in field crops.* Lanham, USA: Thomas Say Publications in Entomology, 1999. p. 3-16.

YOKOYAMA, M. *Efeito da raiz de taiuiá, Ceratosanthes hilariana Cogn., Cucurbitaceae, sobre alguns artrópodos*. Piracicaba, 64p. Tese (Doutorado) – Escola Superior de Agricultura “Luiz de Queiroz”, Universidade de São Paulo, 1998.

# ÍNDICE REMISSIVO


2-tridecanona 64, 154, 200, 203, 218, 223, 224, 350, 356, 373, 374

(E)-ß-farneseno 104, 105

## A

abacateiro 280

abacaxizeiro 280

abelha 73, 89, 94-96, 140, 160, 269

abeto 194, 195

aboboreira 34, 48, 52, 231, 282, 458

abobrinha 33, 41, 52, 53, 58, 227, 231, 247, 354, 357, 445

*Abrus precatorius* (L.) 208

Acacia 74

*Acalymma vittata* (Fabricius) 48, 382

*Acanthoscelides obtectus* (Say) 31, 35, 53, 57, 167, 177, 179, 195, 223, 326, 357, 453

*Aceria mangiferae* Sayed 35

*Aceria tosichella* Keifer 32, 237, 346

ácido abscísico (ABA) 370

ácido chiquímico 102, 115, 117, 371

ácido clorogênico 115, 119, 198, 204, 329, 355

ácido jasmônico (AJ) 87, 111, 123, 124, 243, 370, 371, 385

ácido salicílico (AS) 87, 115, 124, 125, 370, 384, 385

acilaçúcares 154, 198, 199

*Acremonium coenophialum* Morgan-Jones y Gams. 383, 387

*Acremonium strictum* W. Gams 383

*Acyrthosiphon kondoi* (Shinji) 345

*Acyrthosiphon pisum* (Harris) 30, 38, 48, 161, 205, 227, 231, 345, 439, 451

*Adenia digitata* (Harv.) 208

*Adenia volkensii* Harms 208

*Aegilops tauschii* Coss. 235

*Aelia* 76

*Aeneolamia reducta* (Lallemand) 227

*Aeneolamia varia* (Fabricius) 242

*Agave sisalana* Perrine 280

*Ageratum conyzoides* L. 167

*Agrobacterium tumefaciens* Smith & Towsend 395

*Agrotis ipsilon* (Hufnagel) 194, 456

*Agrotis* spp. 336

*Agrotis subterranea* (Fabricius) 34, 337

*Alabama argillacea* (Hübner) 34

álamo 168, 348, 403

alcaloide 66, 102, 108, 113, 114, 165, 167, 188, 200, 201, 376, 383, 451, 456

aleloquímico 138, 356

*Aleurodes brassicae* (Walker) 452

alface 202, 279, 324, 325, 345

alfafa 38, 171, 226, 231, 232, 263, 279, 281, 311, 437, 444, 464, 469

algodoeiro 28, 30, 34, 37, 48, 78, 107, 116, 146, 147, 149, 151, 157, 161, 166, 168, 202, 226, 227, 231, 276, 277, 279, 280, 282, 288, 325-327, 329, 334, 335, 341, 375, 384, 399, 400, 405, 415, 422, 436, 438, 439, 441, 444, 446-448, 452, 453, 455, 461

algodoeiro-bravo 109

alho 279, 403

alho-poró 168

*Allium cepa* L. 279

*Allium sativum* L. 279

*Allium* spp. 279

alomônio 83, 138-140, 160, 164, 188

*Alpinia oxyphylla* Miq. 104

amendoinzeiro 54, 61, 197, 280, 282, 309, 336

aminoácido 109, 112, 115, 212

amoreira 66, 161, 269

*Amphorophora agathonica* (Hottes) 345

*Amphorophora idaei* (Born) 345

*Amphorophora rubi* (Kaltenbach) 345

*Amrasca devastans* (Distant) 327, 360

*Anacardium occidentale* L. 280

*Anacharis zealandica* Ashmead 454

*Ananas comosus* (L.) Merril. 280

*Anastrepha fraterculus* (Wiedemann) 35

*Anastrepha ludens* (Loew) 116

*Anastrepha suspensa* (Loew) 202

*Anisosceles foliacea marginella* (Dallas) 35, 53

*Annona mucosa* Jacq. 114, 133

*Anomis flava* (Fabricius) 329, 438

*Anopheles gambiae* (Giles) 114

*Antheraea assama* Westwood 293, 313

*Anthonomus grandis* Boheman 30, 34, 58, 146, 161, 168, 277, 334, 400, 446

antibiose 20, 41, 49-52, 56, 124, 138, 140, 186-189, 194, 200, 202, 209, 225, 226, 233, 234, 236-239, 241, 246, 258, 262, 288, 289, 306, 310, 311, 331, 333, 343, 346, 347, 355, 383, 438

*Anticarsia gemmatalis* Hübner 34, 36, 40, 118, 133, 134, 170, 202, 331, 376

antimetabólitos 111, 112, 188

antimônios 83, 139

antixenose 20, 32, 41, 49-52, 137, 138, 140, 141, 146-149, 156, 161, 165-168, 186, 188, 198, 200, 225, 226, 233, 234, 246, 258, 260, 262, 271, 296, 297, 306, 310, 331-333, 338, 339, 341-343, 346, 438 antocianinas 117, 119

*Apanteles glomeratus* Linnaeus 452

*Aphidius colemani* Viereck 221, 457

*Aphidius ervi* (Haliday) 451

*Aphidius* spp. 449

*Aphis craccivora* Koch 345, 352, 356, 444

*Aphis fabae* Scopoli 330, 464

*Aphis glycines* Matsumura 31, 40, 155, 228, 231, 346, 348, 437

*Aphis gossypii* Glover 31, 34, 41, 202, 382

*Apion godmani* Wagner 31

*Apis mellifera* (Linnaeus) 269

*Apium graveolens* L. 332

apneumônio 366

*Arabidopsis* 104, 106, 109-111, 126, 174, 197, 202, 219, 222, 380, 386, 390, 427

*Arabidopsis thaliana* L. Heynh. 104

*Arachis burkartii* Handro 309

*Arachis hypogaea* L. 280

*Arachis* spp. 309

arcelina 60, 209, 221, 326, 453

*Aristolochia erecta* L. 324

arnica 152, 153

arrestante 294

arroz 21, 22, 30, 43, 58, 59, 63, 64, 151, 163, 176-178, 182, 190, 215, 226, 228, 229, 238, 241, 251, 273, 277-279, 281, 282, 288, 289, 297, 311, 312, 317, 320, 325, 327, 328, 334, 349, 358, 360, 377, 386, 399, 439, 452, 453

arruda 113, 167

arruda-da-síria 113

*Artemisia tridentada* Nutt 381

*Aschersonia aleyrodis* Webber 455

*Ascia monuste orseis* Godart 34, 62, 75, 149, 179

*Asclepias syriaca* L. 109

*Asparagus officinalis* L. 279

aspargo 279

*Atherigona soccata* (Rondani) 31, 194

atraente 70

*Atta* spp. 39

aveia 26, 279, 402

*Avena sativa* L. 279

*Axonopus jesuiticus* (Araújo) Valls 375

*Axonopus scoparius* (Flüggé) Kuhlm 375

*Azadirachta indica* A. Juss. 23, 167

azadiractina 169

azevém 192, 456

azevém-perene 192

## B

*Bacillus* 23, 30, 94, 276, 317, 382, 392, 397, 424-434, 450, 467, 470, 472

*Bacillus thuringiensis* Berliner 23, 30, 276, 392, 450

*Bactericera cockerelli* (Sulc) 31, 353, 458, 469

*Bactrocera cucurbitae* (Coquillett) 161, 173

bambuzeiro 279

bananeira 58, 279

batata 23, 26, 58, 59, 61, 63, 64, 156, 157, 165, 198, 204, 211, 212, 280-282, 344, 382, 388, 399, 402, 403, 439, 441, 450

batata-doce 64, 280-282

*Battus philenor* (Linnaeus) 146, 324

*Bauhinia brevipes* Vogel 202, 380

*Bauhinia purpurea* L. 207

bazuca 274, 275

*Beauveria bassiana* (Bals.) Vuill. 455

*Beauveria* spp. 456, 471

*Bemisia argentifolii* Bellows & Perring 167

*Bemisia tabaci* (Gennadius) 31, 33, 53, 124, 142, 171, 175, 194, 202, 216, 227, 329, 346, 360, 384, 387

berinjela 226, 279, 282

*Bertholletia excelsa* Humb. e Bonpl. 280

besouro-da-batata 344, 399

besouro-mexicano 22, 33, 110

*Beta vulgaris* L. 279

beterraba 160, 279, 464

bétula 348

*Betula papyrifera* Marsh. 348

bicheira-da-raiz 334

bicho-da-seda 60, 66, 269

bicho-mineiro 39, 57, 75

bicudo-do-algodoeiro 151, 335, 400, 402, 446

biribá 114

*Blissus leucopterus* (Say) 227, 443

*Blissus occiduus* Barber 227, 240

boldo 167

bombardeira 118

*Bombyx mori* (Linnaeus) 141

borboleta-monarca 109

botão-vermelho 161

*Botrytis cinerea* (Pers.) 330

*Bouteloua dactyloides* (Nutt.) 240

*Brachiaria brizantha* (Hochst.) Stapf. 230

*Brachiaria decumbens* Stapf. 230

*Brachiaria* spp. 242, 246, 250

*Bracon mellitor* Say 452

bráctea frego 277

braquiária 227

*Brassica* 44, 62, 156, 160, 173, 174, 176, 179-181, 202, 223, 279, 363, 429, 432, 438, 444, 454, 465, 466

*Brassica juncea* (L.) 444

*Brassica napus* L. 156, 202, 279, 432

*Brassica oleracea* var. *acephala* 44, 363

*Brassica rapa* L. 160, 454

*Brassica* spp. 279

brássicas 147-149, 159, 444, 445, 452

*Brevicoryne brassicae* (Linnaeus) 34, 106, 146, 161, 205, 345, 441, 452

broca-da-cana 49, 150, 228, 288, 328

broca-da-laranjeira 445

broca-das-cucurbitáceas 353, 445

broca-do-colmo 177, 308, 310, 317, 360, 377

broca-gigante-da-cana-de-açúcar 400

broca-pequena 40

*Bruchus pisorum* (Linnaeus) 214, 402

*Bt* 30, 60, 85, 296, 313, 316, 321, 392, 397-399, 404, 408-411, 413-418, 421-427, 429, 431-434, 450, 455, 462, 465, 468

*Buchloe dactyloides* (Nutt.) Columbus 227

*Busseola fusca* (Fuller) 228, 253, 275, 415, 460, 472

*B. tabaci* biótipo B 40, 41, 147, 157, 167, 198, 199, 228, 231, 232, 331, 355

*B. tabaci* biótipo Q 343

## C

cacaueiro 280, 439

cafeeiro 34, 39, 279, 288

*Cajanus cajan* (L.) Millsp. 279

cajueiro 280

*Callosobruchus chinensis* (Linnaeus) 118, 213

*Callosobruchus maculatus* (Fabricius) 35, 56, 164, 202, 205, 342

*Calocoris angustatus* Lethiery 439, 460

Calotropis procera Aiton 118

campânula-branca 403

*Campoletis sonorensis* (Cameron) 450

cana-de-açúcar 31, 34, 56, 59, 150, 151, 176, 177, 227, 243, 279, 288, 312, 328, 329, 349, 359, 377, 400

*Canavalia ensiformis* (L.) DC 207

canola 156, 160, 174, 180, 282, 380, 443

capim-pé-de-galinha 309

caquizeiro 40

carboidrato 74, 82, 115, 125, 192, 195, 204, 208, 269, 402

*Carica papaya* L. 280

carobinha 196

carvalho-negro 48

castanheira-do-pará 280

*Castnia licus* (Drury) 400

caupi 31, 35, 55, 56, 63, 152, 164, 202, 203, 279, 342, 345, 352, 356, 358, 443

*Cayaponia tayuya* (Vell.) Cogn. 446

cebola 40, 54, 149, 159, 279, 282, 287

cenoura 279, 282, 405

centeio 39, 279, 282

Centros de Diversidade 278-280

*Cephus cinctus* Norton 32, 161, 439

*Ceratitis capitata* Wiedemann 80

*Ceratosanthes hilaryana* Cogniaux 446

*Cercis canadensis* L. 161

cerejeira 116, 279

cerejeira-ácida 116

cerejeira-de-inverno 168

*Cerotoma trifurcata* Forster 31, 33

*Ceutorhynchus obstrictus* (Marsham) 202

cevada 31, 211, 226, 227, 237, 238, 243, 273, 277-279, 281, 282, 352, 457

*Chenopodium ambrosioides* L. 167

cherovia 168

*Chilo infuscatelus* Snellen 191

*Chilo partellus* (Swinhoe) 228, 275, 443, 469, 472

*Chilo suppressalis* (Walker) 163, 168, 173, 191, 216, 229, 277, 377, 387, 399, 441

*Chloridea virescens* (Fabricius) 168, 202, 275, 398, 444

*Chloroxylon swietenia* DC 104, 130

*Chlosyne lacinia saundersii* Doubleday & Hewitson 35, 59, 332

*Choridea virescens* (Fabricius) 34, 75, 441

*Chrysodeixis includens* (Walker) 34, 40, 123, 201, 331, 462

*Chrysomela scripta* Fabricius 399

*Chrysopa septempunctata* (Wesmael) 105

*Cicadulina mbila* (Naudé) 399

*Cicer arietinum* L. 279

cigarrinha-do-milho 277

cigarrinhas-das-pastagens 375, 387

cinamomo 169

cisgênico 393

citros 34, 106, 202, 279, 380, 445, 446

*Citrus reticulata* L. 143

*Citrus sinensis* L. 143

*Citrus* spp. 143, 169, 279

*Clavigralla tomentosicollis* Stål 444

*clip-cage* 234

*Cnaphalocrocis medinalis* (Guenée) 327, 439, 468

*Cocos nucifera* L. 279

Coffea 39, 57, 279

*Coffea* arabica L. 279

*Coffea brevipes* Hiern 39

*Coffea liberica* Hiern 39

*Coffea salvatrix* Swinn & Philipson 39

*Coffea stenophylla* G. Don 39

*Coleomegilla maculata* (De Geer) 450

*Collaria columbiensis Carvalho* 383, 387

*Collaria scenica* (Stål) 383

*Colletotrichum lagenarium* (Pass.) Ellis & Halst. 382

*Colletotrichum orbiculare* (Berk. & Mont.) Arx 382

colônia 32, 74, 104, 140, 257, 262, 268-271, 273, 274, 293, 308, 314, 444

composto fenólico 115, 124

compostos secundários 22, 75, 77, 82, 100, 109-111, 115, 118, 120, 125, 126, 144, 148, 269, 374, 376

compostos orgânicos voláteis (COVs) 106, 367
condicionamento pré-imaginal 324, 338, 340
coqueiro 279
*Cordia verbenacea* D.C. 445
*Corymbia citriodora* (Hook.) 167
*Cosmopolites sordidus* (Germar) 34
*Costelytra zealandica* (White) 168
*Cotesia congregata* (Say) 450
couve 34, 35, 55-57, 64, 75, 146, 149, 160, 164, 282, 337, 351, 363, 405, 441, 452
couve-flor 35, 55, 405
*Cratasomus flavofasciatus* Guérin 445
cravo-de-defunto 167
*Crocidosema aporema* (Walsingham) 36
crotalária 279
*Crotalaria juncea* L. 279
crucíferas 110, 279, 351, 438, 444
*cry* 128, 392, 395-398, 400, 402, 413-415
Cry 30, 397-400, 402-404, 410, 413-415, 417, 419, 422-424, 430, 433
*Cucumis melo* L. 279
*Cucumis sativus* L. 279
*Cucurbita maxima* L. 280
*Cucurbita* moschata Duchesne ex Poir 231
*Cucurbita pepo* L. 231
*Culex pipiens pallens* (Coquillett) 108
cultura-armadilha 141, 443-446
curuquerê-da-couve 75
curuquerê-dos-capinzais 75
*Cylas formicarius* (Fabricius) 48
*Cyperus esculentus* L. 309
*Cytorhinus lividipennis* Reuter 452

## D

*Daktulosphaira vitifoliae* (Fitch) 27, 32, 266, 335, 346, 385, 436
*Dalbulus maidis* (Delong e Wolcott) 276
*Danaus plexippus* (Linnaeus) 109
*Daucus carota* L. 279
dedaleira 168
*Delia antiqua* (Meigen) 168
*Delia flavibasis* Stein 228, 250
delta-endotoxina 392
*Dendroctonus micans* (Kugelann) 195
*Deois flavopicta* (Stal) 229, 247
Diabrotica 31, 33, 53-55, 58, 61, 169, 170, 183, 203, 206, 215, 229, 230, 286, 382, 400, 410
*Diabrotica speciosa* (Germar) 33, 58, 61
*Diabrotica undecimpunctata howardi* Barber 31, 382
*Diabrotica virgifera virgifera* LeConte 31, 169, 170, 183, 203, 206, 215, 229, 400
*Diadegma semiclausum* Hellen 454

*Diaeretiella rapae* (McIntosh) 106

*Diaphania nitidalis* (Stoll) 33, 353, 458

*Diaphorina citri* Kuwayama 34, 54, 143, 170, 171

*Diaprepes abbreviatus* Linnaeus 380

*Diatraea grandiosella* Dyar 31, 250, 275

*Diatraea lineolata* (Walker) 276

*Diatraea saccharalis* (Fabricius) 31, 34, 40, 54, 58, 150, 191, 228, 321, 328, 433

*Diatraea* spp. 227, 231

DIBOA 203

*Dichelops melacanthus* (Dallas) 36, 228

*Dichelops* sp. 337

*Dicyphus errans* Wolff 158

*Dilobopterus costalimai* Young 34, 59

DIMBOA 22, 169, 170, 179, 183, 202, 203, 221, 360

*Dinarmus basalis* (Rondani) 453

*Dione juno juno* (Cramer) 35, 52, 54

*Dioryctria albovittella* (Hulst) 336

*Diploschema rotundicolle* (Serville) 445, 472

*Ditylenchus dipsaci* (Kühn) Filipjev 464

*Diuraphis noxia* (Kurdjumov) 31, 203, 227, 228, 342, 346, 437

DNA shuffling 399, 425

*Doru luteipes* (Scudder) 52, 453, 465

*Drosophila melanogaster* (Meigen) 104, 269

*Dysaphis devecta* (Walker) 31, 345

*Dysaphis plantaginea* (Passerini) 31

## E

*Earias vitella* Fabricius 231

*Edessa meditabunda* (Fabricius) 76

*Elasmopalpus lignosellus* (Zeller) 336

*Eldana saccharina* (Walker) 191, 219

*Electrical Penetration Graph* (EPG) 156, 298, 315, 316

eletrorretinografia 294, 305

*Eleusine indica* (L.) 309

elicitor 124, 194, 366, 382

*Empoasca* 30, 31, 153, 168, 177, 179, 227, 231, 249, 250, 288, 307, 316, 319, 436, 441

*Empoasca fabae* (Harris) 30, 31, 153, 168, 179, 227, 441

*Empoasca fascialis* (Jacobi) 30, 436

*Empoasca kraemeri* Ross & Moore 288

*Enneothrips flavens* Moulton 34, 54, 57, 60

*Epicauta atomaria* (Germar) 35, 341

*Epicauta* spp. 169

*Epicauta vittata* (Fabricius) 33

*Epilachna paenulata* (Germar) 120

*Epilachna tredecimnotata* (Latreille) 48

*Epilachna varivestis* Mulsant 31, 33, 110, 332, 441

*Episyrphus balteatus* (De Geer) 106
*Epitrix hirtipennis* (Melsheimer) 376
*Eranthis hyemalis* Salisb. 208
*Eremochloa ophiuroides* (Munro) 47
*Erinnyis ello* (Linnaeus) 36, 109
*Eriophyes gossypii* Banks 28
*Eriosoma lanigerum* (Hausmann) 27, 31, 276, 345, 436
erva-de-santa-maria 167
erva-mate 35, 52, 280
ervilha 31, 76, 160, 279, 282, 402, 439, 455
ervilha-de-vaca 279
*Erwinia tracheiphila* (Smith) 382
escala de notas 39, 285, 287, 311
*Escherichia coli* T. 393
estimulantes de alimentação 83, 139, 169
estimulantes de oviposição
estratégia **K** 291
etileno 370
eucalipto 167, 339-341
*Eucalyptus camaldulensis* Dehnh 340
*Eucalyptus* sp. 339
*Eulophus pennicornis* (Nees) 403
*Euphydryas gillettii* (Barnes) 296
*Eurhizococus brasiliensis* (Hempel) 36
*Eurosta solidaginis* (Fitch) 152
*Euscepes postfasciatus* (Fairmaire) 34, 64
*Euschistus heros* (Fabricius) 124, 228, 335
*Eutropidacris collaris* (Stoll) 443
excitantes 139

## F

fagoestimulante 109, 148, 159
fava 279, 280, 330, 451
feijoeiro 53, 60, 61, 64, 75, 76, 110, 152, 153, 157, 159, 167, 171, 178, 195, 205, 209, 213, 214, 221, 226, 231, 279, 280, 282, 288, 326, 330, 348-350, 352, 357, 451, 453, 455
feijoeiro-de-lima 110
feijoeiro-fava 330, 451
feijoeiro-guandu 455
*Festuca arundinacea* Schreb. 383
*Ficus carica* L. 279
figueira 279
filoxera 20, 27, 28, 266, 276, 436
fitness 127, 186, 282, 290, 305, 306, 311, 363, 368, 369, 454
fito-hormônios 87, 189
flavomonas 382
flavonoide 130
flor-de-cuco 335
*Flourensia oolepis* DC. 120
formigas-cortadeiras 160
forrageiras 32, 35, 57, 186, 201, 230, 282

*Fragaria vesca* L. 280

framboesa 345

*Frankliniella occidentalis* (Pergande) 202, 221, 455

*Frankliniella schultzei* Trybom 193

## G

*Galanthus nivalis* L. 206, 403

*Garlerucella lineola* (Fabricius) 170

*gene stacking* 398

genômica 365, 369, 395

gerânio 202

giberelina (GIB) 370

girassol 26, 59, 64, 296, 332, 338, 357

glucosinolato 111

*Glycaspis brimblecombei* Moore 35, 61, 339

*Glycine max* L. 55, 130, 172, 279, 362

*Glycine soja* Siebold & Zucc. 123

goiabeira 35, 280

gossipol 107, 202, 384

Gossypium 54, 133, 151, 216, 279, 386

*Gossypium arboreum* L. 279

*Gossypium herbaceum* L. 279

grama-centípede 47

grama-esmeralda 227

grama-missioneira-gigante 375

gramíneas forrageiras 35, 57, 230

*Grammia incorrupta* (Hy. Edwards) 454

grão-de-bico 279, 282, 455, 461

*Griffonia simplicifolia* (DC.) Baill. (GSII) 206

groselha-preta 116

guandu 279, 455

guaranazeiro 280

## H

*Harmonia octomaculata* (Fabricius) 452

*Helicoverpa* 30, 31, 33, 35, 106, 107, 119, 128, 131, 134, 151, 166, 168-170, 196, 202, 219, 223, 224, 227, 230, 276, 315, 329, 335, 339, 358, 359, 362, 380, 385, 386, 400, 403, 422, 424, 438, 439, 441, 461-463, 466-468, 470

*Helicoverpa armigera* (Hübner) 107, 119, 169, 202, 224, 329, 358, 359, 362, 385, 403, 438, 466, 468

*Helicoverpa zea* (Boddie) 30, 31, 33, 35, 106, 151, 166, 168, 170, 196, 202, 224, 227, 230, 276, 335, 380, 400, 439, 441

*Heliothis* spp. 48, 141, 446

herbivoria prévia 48, 329, 381, 390

*Herpetogramma phaeopteralis* Guenée 193

*Hevea brasiliensis* L. 280

hibisco 168

*Holhymenia histrio (Fabricius)* 35, 53

*Homoeosoma electellum* (Hulst) 168, 202, 338

*honeydew* 177, 206, 298, 301

*Hordeum sativum* Jessen 279

hormese 379

hormoligose 379

*huanglongbing* (HBL) 143

*Hylobius abietis* (Linnaeus) 438

*Hylurgus ligniperda* (Fabricius) 456

*Hypera postica* (Gyllenhal) 30, 166, 311

*Hypocala andremona* (Stoll) 40

*Hyposoter ebeninus* (Gravenhorst) 110

*Hyposoter exiguae* (Viereck) 385

*Hypothenemus hampei* (Ferrari) 288

## I

*Ilex paraguayensis* A. St. Hil. 280

impropriedade nutricional 189

incitantes 139

índice SPAD 234, 235

inibidor de protease 105, 210, 212, 401, 402

inibidor de proteinase 111, 371, 372, 379, 380, 385

interação tritrófica 100

*Ipomoea batatas* (L.) Lam. 280

## J

jabuticabeira 280

*Jacaranda decurrens* Cham. 196

jasmonato 372

*Juglans regia* L. 116

junquinha-mansa 309

## K

*Keiferia lycopersicella* (Walsingham) 200, 347

## L

labelabe 443

*Lablab purpureus* L. 443

*Lacanobia oleracea* (Linnaeus) 206, 403

*Lactuca sativa* L. 279, 454

lagarta-da-espiga 287, 400, 415

lagarta-da-maçã 75

lagarta-do-cartucho 60, 61, 120, 163, 174, 218, 285, 308, 309, 321, 325, 331, 388, 400, 415, 422, 430

lagarta-rosada 446, 447, 448

*Laodelphax striatellus* (Fallén) 31

lectina 205-208, 213, 399

*Lens culinaris* Medik 279

lentilha 26, 76, 227, 279, 282

*Leptinotarsa decemlineata* (Say) 31, 106, 145, 166, 199, 202, 223, 344, 379, 399, 449

*Leptoglossus gonagra* (Fabricius) 34, 53, 55

*Leptoglossus zonatus* Dallas 35, 63

*Leptopharsa heveae* Drake & Poor 36, 58, 64, 109

*Leucaena leucocephala* (Lam.) 112

leucena 112

*Leucoptera coffeella* (Guérin-Méněville) 34, 39, 75

linho 109, 279

linkage drag 394

*Linum usitatissimum* L. 279

lipoxigenase (LOX) 370

*Liriomyza huidobrenisis* (Blanchard) 456

*Liriomyza trifolii* (Burgess) 198

*Lissorhoptrus oryzophilus* Kuschel 229, 334

*Locusta migratoria migratoroides* (Linnaeus) 161

*Lolium perenne* L. 192, 456

lótus 168

*Lychnis flos-cuculi* L. 335

*Lycosa pseudoannulata* Boesenberg & Strand 452

*Lygus disponsi* Linnavuori 48

*Lygus* spp. 444

*Lymantria dispar* (Linnaeus) 48, 348, 379, 399

*Lysiphlebus testaceipes* (Cresson) 457

## M

macieira 27, 31, 35, 39, 43, 55, 57, 116, 276, 282, 345, 436

*Macrosiphon euphorbiae* (Thomas) 438, 470

*Macrosiphum avenae* (Fabricius) 346

*Mahanarva frimbriolata* (Stål) 34

*Malacosoma disstria* Hübner 348, 403

*Mamestra brassicae* Linnaeus 380

mamoeiro 280

mamoneira 35, 60, 279, 282

mandarová 109

mandioca 20, 21, 108, 109, 119, 226, 227, 231, 280-282, 446, 469

mandrágora-americana 169

*Manduca sexta* (Linnaeus) 141, 144, 168, 187, 203, 350, 373, 402, 450

*Mangifera indica* L. 61, 279

mangueira 35, 61, 279

*Manihot esculenta* Crantz 131, 280

maracujazeiro 35, 52-55, 280, 341, 357

maria-preta 445, 446

mariposa-cigana 348

*Maruca testulalis* (Geyer) 152, 178, 444

*Maruca vitrata* (Fabricius) 152, 205, 444

*Mayetiola destructor* (Say) 27, 32, 266, 317, 346, 437, 446

MBOA 203, 219

*Medicago sativa* L. 279

medidor de área foliar 284

*Megachile centuncularis* (Linnaeus) 160

*Megalurothrips sjostedti* Trybom 444

*Melanaphis sacchari* (Zehntner) 228, 439, 471

*Melanoplus* spp. 29

*Melia azedarach* L. 169

meloeiro 55, 157, 161, 279, 282

meloeiro-amargo 161

*Meloidogyne incognita* (Kofoid & White) 123

*Meloidogyne javanica* (Treub.) 124

menta 105, 106

*Mentha asiatica* Boriss 105

*Mentha pulegium* L. 167

mentrasto 167

*Metopolophium dirhodum* (Walker) 193

Microcyclus ulei (Henn.) Arx 109

*Micromus tasmaniae* Walker 454

milheto 276, 282, 415, 444

milho 21-23, 26, 29, 30, 40, 45, 54, 57, 60, 61, 63, 64, 85, 104, 151, 163, 167, 170, 174, 191, 192, 197, 211, 212, 214, 218, 221, 226, 229, 230, 243, 274, 276-278, 280-282, 284-287, 308, 312-315, 321, 333, 334, 337, 351, 356, 377, 388, 392, 399, 400, 411, 412, 415, 422, 423, 426, 430, 431, 434, 439, 441, 443, 444, 449, 455

milho-doce 282, 444

MIP 21, 26, 49, 101, 186, 226, 347, 366

missioneira-gigante 375

*Mocis latipes* (Guenée) 75

*Momordica charantia* L. 161, 173

*Mononychellus* sp. 227

morangueira 280

morangueiro 36, 40, 59, 106, 165, 166, 227, 231, 280

morangueiro-selvagem 280

*Mormidea* 76

*Morus alba* L. 66

*Morus nigra* L. 66

*Morus* spp. 269

mosca-branca 33, 40, 41, 53, 124, 142, 147, 149, 157, 158, 167, 171, 231, 233, 330, 331, 343, 383-385, 455

mosca-das-frutas 55, 116

mosca-de-hesse 20, 27-29, 39, 276, 446

mosca-do-melão 161

mosca-do-sorgo 39, 45, 46, 49, 297, 310, 441

mostarda 110, 169, 228, 282, 380, 444

mostarda-branca 444

*Murraya paniculata* (L.) Jack 143

murta-de-cheiro 143

*Musa* spp. 279

*Musca domestica* (Linnaeus) 108

*Myrciaria cauliflora* Mart. 280

*Myrciaria jaboticaba* Vell Berg. 280

*Mythimna separata* (Walker) 107

*Myzus persicae* (Sulzer) 31, 105, 198, 202, 329, 378, 388, 439, 441, 450, 467, 470

## N

nabo 160, 279

não preferência 20, 50, 62, 137, 258, 294, 304

*Nasonovia ribisnigri* (Mosley) 345

*Neodiprion edulicolus* (Ross) 336

*Neodiprion sertifer* (Geoffroy) 48

*Neoleucinodes elegantalis* (Guenée) 36, 40

*Neotyphodium coenophialum* (Morgan-Jones & W. Gams) Glenn, C.W. Bacon & Hanlin 383

*Neotyphodium lolii* (Latch, Samuels and Christensen) Glenn, Bacon & Hill 456

*Neozygites floridana* (Weiser & Muma) Remaudière and S. Keller 455

*Nephotettix cincticeps* (Uhler) 345

*Nephotettix impicticeps* (Motschulsky) 441

*Nephotettix virescens* (Distant) 166, 345

*Nezara viridula* (Linnaeus) 36, 48, 61, 76, 123, 162, 228, 332, 444, 468, 470

*Nicotiana attenuata* Torr. ex S. Watson 381

*Nicotiana tabacum* L. 280

*Nilaparvata lugens* (Stål) 22, 31, 161, 166, 179, 193, 227, 229, 252, 273, 318, 345, 441, 453, 466

nim 23, 167, 169

nogueira 116

nós-vômica 169

*Nysius natalensis* Evans 292

## O

*Oebalus* 76

olfatômetro 141, 143, 273, 294, 295

*Oligonychus yothersi* (McGregor) 35, 52

olmo 352

*Omiodes indicata* (Fabricius) 75

*Oncometopia facialis* (Signoret) 34, 59

*Ootheca mutabilis* (Schonherr) 336

*Ophiomyia phaseoli* (Tryon) 444

*Orseolia oryzae* (Wood-Mason) 345

*Oryza sativa* L. 63, 279

*Oryzophagus oryzae* (Costa Lima) 317, 349, 358

*Ostrinia nubilalis* (Hübner) 22, 31, 169, 170, 203, 206, 227, 230, 276, 356, 423, 439, 441

*Oulema melanopus* (Linnaeus) 32, 2 03, 220

ovideterrentes 139, 148

oviestimulantes 139, 148

## P

*Pachydiplosis oryzae* (Wood-Mason) 31

*Paecilomyces fumosoroseus* (Wize) Brown & Smith 455

*Paederus fuscipes* Curtis 452

painço 21, 46

*Pandora neoaphidis* (Remaudière & Hennebert) Humber 454

*Panicum* spp. 243

*Panicum virgatum* L. 242, 250

*Panonychus ulmi* (Koch) 35, 57

papo-de-peru 324

*Parasaissetia nigra* (Nietner) 28

*Passiflora alata* Curtis 342

*Passiflora edulis* Sims 280

*Passiflora laurifolia* L. 342

patchouli 167

*Paullinia cupana* Kunth. 280

PCR 347

*Pectinophora gossypiella* (Saunders) 30, 170, 415, 446

*Peganum harmala* L. 113, 132

*Pemphigus bursarius* (Linnaeus) 202

*Pennisetum glaucum* (L.) 444

*Pennisetum typhoides* (N. L. Burman) 46

pepino 194, 279, 282, 382, 383, 385, 445, 455, 471

percevejo-de-renda 64, 109

percevejo-marrom 124

percevejo-verde 123

percevejo-verde-pequeno 123

pereira 279

*Peridroma saucia* (Hübner) 168

*Perileucoptera coffeella* (Guérin-Méneville) 57

peroxidase 59, 116, 194, 232, 251, 384

*Persea americana* Mill. 280

Phaseolus 53, 57, 110, 126, 127, 153, 175, 178, 179, 209, 211, 213, 218, 219, 223, 224, 279, 281, 362, 465

*Phaseolus lunatus* L. 110, 211

*Phaseolus vulgaris* L. 53, 175, 178, 209, 279

*Phenacoccus manihoti* Matile-Ferrero 119, 231, 250

*Philosamia ricini* (Drury) 35, 60

*Phoenix dactylifera* L. 141

*Phoradendron californicum* Nutt. 209

*Phryxe vulgaris* (Fallén) 452

*Phthorimaea operculella* (Zeller) 34, 36, 59, 63, 200, 203, 399

*Phyllocnistis citrella* Stainton 34, 62

*Phyllodecta vulgatissima* (Linnaeus) 169, 170

*Phyllophaga cuyabana* (Moser) 78, 92, 95

*Phyllotreta albionica* (LeConte) 161

*Phyllotreta cruciferae* (Goeze) 118, 157, 228, 247

*Phyllotreta nemorum* (Linnaeus) 109

*Phyllotreta striolata* (Fabricius) 441

*Phytophthora* sp. 382

*Picea abies* Karst 195

*Picea* spp. 105, 194

*Pieris brassicae* Linnaeus 378

*Pieris rapae* (Linnaeus) 110, 149, 168, 169, 351, 452

*Piezodorus guildinii* (Westwood) 36, 123, 162, 178, 228

pilosidade 22, 152-154, 156, 157, 198, 452
pimentão 202
pimenteira 166
pimenteira-de-águia 169
pimenteira-do-reino 279
pinheiro 105, 336
pinheiro-branco 105
pinus 438
*Pinus edulis* Engelm. 336
*Pinus pinaster* Ait. 438
*Pinus ponderosa* Douglas ex Lawson 336
*Pinus radiata* D. Don 438
*Pinyonia edulicola* (Gagne) 336
*Piper nigrum* L. 279
piramidamento 41, 394, 396, 398, 399, 402, 404, 420
*Pissodes strobi* (Peck) 105
*Pisum sativum* L. 160, 279, 432
*Plagiodera versicolora* (Laicharting) 330
plantas evidentes 68, 87
*Plectranthus neochilus* Schlt. 167
*Plodia interpunctella* (Hübner) 114, 127, 414, 455
*Plutella xylostella* (Linnaeus) 35, 108, 148, 351, 380, 398, 438
*Podisus nigrispinis* (Dallas) 118
poejo 167
*Pogostemon cablin* (Blanco) 167
polifenoloxidase (PPO) 116, 371
*Polygonatum multiflorum* (Allem.) 209
*Popillia japonica* Newman 78
*Populus* 172, 176, 348, 379, 388, 403, 434
*Populus tremuloides* Michx. 348
*Prostephanus truncatus* (Horn) 449
*Prunus cerasus* L. 116
*Prunus* spp. 279
*Pselactus spadix* (Herbst) 196
*Pseudatomoscelis seriatus* (Reuter) 227
*Pseudococcus* spp. 378
*Pseudomonas* 382, 432
*Pseudoplusia includens* (Walker) 56, 123, 201, 331, 462
pseudorresistência 39, 45, 48, 62
*Psidium guajava* L. 60, 280
*Psila rosae* (Fabricius) 202
psilídeo-de-concha 339, 341
pulgão-da-couve 146, 149
pulgão-da-soja 40, 155, 448
pulgão-lanígero 20, 27, 39, 276
pulgão-verde 56, 172, 215, 272, 273, 277, 287, 310, 385, 437
*Pyrrhalta luteola* (Müller) 352
*Pyrus communis* L. 279
*Pyrus* spp. 279

## Q

quássia 443
*Quassia amara* L. 443, 465

quimiorreceptores 168

quina 443

quitinase 371, 384, 403

quitosanase 380

R

*Raphanus sativus* L. 279

receptores gustatórios 168

repolho 36, 64, 75, 146, 149, 164, 282, 351, 452

resistência constitutiva 366, 371

resistência ecológica 48

resistência extrínseca 42

resistência horizontal 41, 346

resistência induzida 22, 23, 46, 48, 49, 366-369, 371, 384

resistência intrínseca 42

resistência múltipla 33, 40, 41, 50, 233, 278, 399, 464

resistência vertical 41, 346

*Rhagoletis pomonella* (Walsh) 174, 345

Rhizobium 110, 117, 121

*Rhopalomyia solidaginis* (Loew) 152

*Rhopalosiphum maidis* (Fitch) 29, 31, 36, 193, 203, 346, 441

*Rhopalosiphum padi* (Linnaeus) 31, 169, 202, 228, 330

*Rhynchophorus ferrugineus* (Oliver) 141

*Rhyzopertha dominica* (Fabricius) 113

*Ribes nigrum* L. 116

*Ricinus communis* L. 209, 279

*Rodolia cardinalis* (Mulsant) 451

*Rophalosiphum padi* (Linnaeus) 170

*Ruta graveolens* L. 167

rutina 118-120, 122, 130, 168, 170, 198, 329, 355

S

*Saccharum officinarum* L. 279

*Saccharum* spp. 328

*Sahlbergella singularis* Haglund 227, 439, 465

*Saissetia nigra* (Nietner) 28

salgueiro 169, 170, 330

*Salix eriocarpa* Fr. & Sav. 330

salsão 332

*Sambucus ebulus* L. 209

*Sambucus nigra* L. 209

*Scaptomyza flava* Fallén 454

*Schistocerca americana* (Drury) 330

*Schistocerca gregaria* Forskal 191

*Schizaphis graminum* (Rondani) 169

*Scirpophaga incertulas* (Walker) 325, 357

*Scolytus ventralis* LeConte 166

*screening* 127, 134, 249, 315

*Scymnus (Pullus) argentinicus* (Weise) 450, 467

*Secale cereale* L. 279

seleção hospedeira 66, 67, 77, 80, 138, 140, 141, 147, 148, 160, 162, 189, 271, 294, 298, 299, 344, 366

*Selenaspidus articulatus* (Morgan) 34, 58

semioquímico 138, 165

*Senecio longilobus* Benth. 454

sensila 144, 147, 148, 295

seringueira 36, 61, 64, 108, 109, 280

*Serratia* 382

*Sesamia calamistis* Hampson 276

*Sesamia cretica* Lederer 276

*Sesamia nonagriodes* Lefèvbre 203

sesquiterpeno 103-106, 107, 165, 167, 169, 199, 201

*S. graminum* biótipo E 235

silício 163, 172, 174, 190-194, 215, 218, 376-378, 386, 388, 439

*Sinapis alba* L. 202

sinigrina 75, 110, 148

sinomônios 83, 139, 457

*Sipha flava* (Forbes) 228, 242, 286

sisal 280, 282

*Sitobion avenae* (Fabricius) 116, 169, 170, 193, 203, 228, 443

*Sitodiplosis mosellana* (Géhin) 32

*Sitophilus oryzae* (Linnaeus) 34

*Sitophilus* spp. 43, 151, 178

*Sitophilus zeamais* Motschulsky 34, 114, 167, 287

*Sitotroga cerealella* (Oliver) 34, 58, 151, 176

*Sogatella furcifera* (Horváth) 31, 193, 452, 471

*Sogatodes orizicola* (Muir) 441

soja 21, 22, 30, 32, 33, 40, 46-49, 54, 55, 58-62, 64, 78, 85, 94, 95, 118, 119, 121-125, 129, 130, 133-136, 155-159, 162, 170, 176, 188, 201, 202, 210, 226, 231-233, 264, 265, 269, 276-279, 281, 282, 314, 331-333, 335-337, 342-344, 348-350, 353, 354, 359, 376, 380, 381, 389, 390, 398, 399, 405, 422, 437, 438, 444, 448, 449, 457, 462-464

*Solanum* 58, 62, 135, 154-156, 170, 177, 178, 180, 181, 198-200, 202, 214, 216, 260, 279, 280, 350, 374, 467, 470

*Solanum berthaultii* Hawkes 154, 198

*Solanum habrochaites* f. *glabratum* (C. H. Mull.) 200

*Solanum habrochaites* S. Knapp & D. M. Spooner 350

*Solanum hirsutum* f. *typicum* Humb & Bonpl. 199

*Solanum lycopersicum* L. 154, 199

*Solanum melongena* L. 214, 279

*Solanum tuberosum* L. 280

*Solidago altissima* L. 152

*Sorghum bicolor* (L.) Moench 317, 319, 321

Sorgo 18, 21, 31, 32, 36, 38, 39, 46, 49, 52, 54, 56, 58-60, 62, 108, 109, 141, 161, 169, 170, 172, 176, 194, 215, 226, 228, 234, 235, 240, 241, 272, 273, 276, 277, 279, 281, 282, 286-288, 297, 308-312, 317, 319, 346, 373, 415, 426, 429, 433, 437, 439, 441, 443, 453, 455, 459, 460, 465

*Spartium junceum* L. 451

*Sphenostylis stenocarpa* (Hochst. ex A. Rich.) 205

*Spodoptera* 31, 34-36, 40, 47, 54, 55, 59, 63, 104, 106, 110, 120, 126, 128, 131, 133, 136, 161, 166, 168, 169, 174, 178, 191, 192, 198, 202, 217-219, 221, 224, 227, 231, 250, 265, 276, 286, 289, 314, 315, 317, 324-326, 334, 336, 337, 341, 357, 362, 375-377, 380, 387, 388, 399, 400, 403, 424-428, 430-433, 472

*Spodoptera cosmioides* (Walker) 36, 54

*Spodoptera eridania* (Stoll) 35, 36, 40, 168

*Spodoptera exempta* (Walker) 168, 191

*Spodoptera exigua* (Hübner) 106, 110, 198, 202, 324, 375, 403

*Spodoptera frugiperda* (J. E. Smith) 31, 34, 55, 120, 161, 169, 174, 191, 218, 231, 250, 276, 314, 325, 357, 377, 388, 400, 433

*Spodoptera littoralis* (Boisduval) 104, 161, 166, 169, 202, 399

*Spodoptera litura* (Fabricius) 104

*Stegasta bosquela* (Chambers) 34

*Steinernema carpocapsae* (Weiser) 456

*Stenodiplosis sorghicola* (Coquillett) 31, 32, 36, 141, 180, 287, 441

*Stomoxys calcitrans* (Linnaeus) 207

switchgrass 243, 250, 253

## T

tabaco 166

tabaco-silvestre 381

*Tagetes erecta* L. 167

tâmara 141, 142

taxa de crescimento 88, 89, 195, 242, 305, 330, 331, 380, 385, 401, 402, 440

*Telchin licus* (Drury) 400

*Telenomus sphingis* (Ashmead) 450, 467

*Tenebrio molitor* Linnaeus 399, 456

Teoria da Coevolução 22, 67, 68

Teoria da Trofobiose 378, 386, 463, 466

Teoria dos Mosaicos Geográficos 69

*Teretrius nigrescens* (Lewis) 449

terpenoides 66, 102, 103, 105, 165, 167, 169, 371, 376, 438

*Tetranychus evansi* Baker & Pritchard 36, 62, 455

*Tetranychus pacificus* McGregor 385

*Tetranychus* spp. 48

*Tetranychus turkestani* Ugarov & Nikolsik 165

*Tetranychus urticae* Koch 31, 36, 59, 165, 166, 202, 227, 231, 356, 380, 439, 455

*Thaumetopoea pityocampa* (Denis & Schiffer-Müller) 438

*Thellungiella halophila* (C. A. Meyer) 197

*Thellungiella parvula* (Schrenk) 197

*Theobroma cacao* L. 251, 280

*Therioaphis maculata* (Buckton) 30, 38, 161, 231, 263, 345, 436, 441

*Therioaphis trifolii* (Monell) 227

*Thrips palmi* Karny 31, 193, 214

*Thrips* sp. 227

*Thrips tabaci* Lindeman 34, 40, 54, 149, 441

*Thymus vulgaris* L. 167

*Thyrinteina arnobia* (Stoll) 35

*Tibraca limbativentris* Stål 34, 63

*Tineola bisselliella* (Hummel) 169

tolerância 20, 39, 41, 49-52, 85, 225-242, 244, 246, 253, 258, 262, 287-289, 306, 311, 346, 393, 394, 399

tomateiro 31, 36, 40, 41, 53, 54, 56, 59, 60, 62, 64, 104, 105, 116, 142, 154, 156, 165-167, 169, 171, 198-200, 204, 217, 223, 226, 231, 261, 280, 282, 329, 331, 338, 339, 343, 344, 346, 347, 350, 353, 355-357, 371-373, 378, 379, 383, 385, 402, 403, 415, 450, 456, 458, 467

tomateiro-selvagem 350

tomatina 169, 202, 203, 355

*Tomato yellow leaf curl virus* (TYLCV) 343

tomilho 167, 169

traça-das-crucíferas 149, 351, 398, 438

trevo-amarelo 169

trevo-subterrâneo 169

*Trialeurodes vaporariorum* (Westwood) 34, 145, 198, 346, 383, 455

*Tribolium castaneum* (Herbst) 112, 169

*Trichoplusia ni* (Hübner) 33, 118, 166, 168, 175, 202, 324, 414, 426, 455

tricoma 50, 85, 101, 104, 105, 152-160, 165, 167, 178, 189, 198-201, 204, 328, 350, 352, 353, 355, 356, 401, 455, 459, 467

trigo 16, 20, 21, 26-29, 32, 39, 94, 161, 169, 170, 194, 203, 205, 213, 226, 228, 234-237, 239, 243, 266, 274, 276, 278, 279, 281, 282, 290, 342, 346, 377, 378, 385, 387, 437, 439-441, 443, 444, 446, 449, 451, 455

*Tripterygium wilfordii* Hook 107, 131

triterpeno 103, 169

*Triticum aestivum* L. 205, 279

*Tuta absoluta* (Meyrick) 36, 54, 64, 169, 200, 203, 218

## U

*Ulmus americana* L. 352

*Ulmus parvifolia* Jacq. 352

*Ulmus pumila* L. 352

*Uromyces viciae-fabae* (Pers.) 330

## V

vernônia 169

*Vicia faba* (L.) 279, 330

videira 20, 27, 28, 40, 59, 107, 266, 276, 279, 282, 335, 385

videira-trovão 107

*Vigna* 56, 62, 217, 224, 279, 281, 356, 443, 444, 459, 466, 468

*Vigna sinensis* L. 279

*Vigna unguiculata* (L.) Walp 56, 62, 279, 356, 443, 468

*Vigna vexillata* A. Richard 444

*Viscum album* L. 209

*Vitis* spp. 335

*Vitis vinifera* L. 28, 279

## X

*Xanthogaleruca luteola* (Müller) 120

## Z

*Zabrotes subfasciatus* (Boheman) 31, 35, 57, 58, 60, 167, 179, 180, 221

*Zanthoxylum lemairei* De Wild 114

*Zea mays* L. 215, 221, 280

zingibereno 167, 199

*Zulia carbonaria* (Lallemand) 227